U0260047

精彩由此展开……

中侨彩图馆

刘凤珍　主编

300种美鱼彩图馆

王嘉　编著

中国华侨出版社

图书在版编目（CIP）数据

300种美鱼彩图馆 / 王嘉编著. — 北京：中国华侨
出版社，2015.12
（中侨彩图馆 / 刘凤珍主编）
ISBN 978-7-5113-5886-8

Ⅰ．①3… Ⅱ．①王… Ⅲ．①鱼类—普及读物 Ⅳ.
①Q959.7-49

中国版本图书馆CIP数据核字(2015)第304080号

300种美鱼彩图馆

编 著/王 嘉
丛书主编/刘凤珍
总 审 定/江 冰

出 版 人/方 鸣
责任编辑/茂 素
装帧设计/贾惠茹
经 销/新华书店
开 本/720mm×1020mm 1/16 印张:27.5 字数:780千字
印 刷/北京鑫国彩印刷制版有限公司
版 次/2016年3月第1版 2016年3月第1次印刷
书 号/ISBN 978-7-5113-5886-8
定 价/39.80元

中国华侨出版社 北京市朝阳区静安里26号通成达大厦3层 邮编:100028
法律顾问:陈鹰律师事务所
发行部:(010)64443051 传真:(010)64439708
网 址:www.oveaschin.com
E-mail: oveaschin@sina.com

如发现图书质量有问题,可联系调换。

Preface 前 言

　　鱼是最古老的脊椎动物。真正的鱼类最早出现于3亿多年前，今天生存在地球上的鱼类，几乎栖居于地球上所有的水生环境里，从淡水的河流湖泊、清澈的山泉、冰冷的极地海洋，一直到热带珊瑚礁和漆黑的深海，都是它们的乐园。世界上已知的鱼类约有26000多种，约占所有脊椎动物种类的一半。

　　也许听起来难以置信，其实世界上根本没有一种叫"鱼"的东西，"鱼"这一概念只是为方便起见所采用的总括语，用于描述那些不属于水生哺乳动物、龟等的水生脊椎动物。事实上，虽同属于鱼类，七鳃鳗与鲨鱼之间的差别甚至比蝾螈与骆驼的差别还要大。

　　鱼类相比于陆生动物，在种类之繁多、生物特性之丰富方面，都有过之而无不及，但由于其生活环境与人类迥异，一般人对其了解并不多。水下的世界，对于大多数人而言仍然相当神秘。许多人对鱼类的了解仅仅限于它们可以作为食物，或能作为观赏水族，或为栖身在池塘的物种。

　　不同的人对鱼的形象的认识会截然不同。在有些人看来，绝佳的鱼类形象就是牙齿锋利、能在海洋中优雅而轻松地捕猎的鲨鱼，另一些人会把鱼类视作自家鱼缸内迷人的小动物，而钓鱼者则认为，鱼类是需要绞尽脑汁以智猎取的狡猾猎物……

　　现代分类学家给"鱼"下的定义是：终生生活在水里、用鳃呼吸、用鳍游泳的脊椎动物。此定义虽然笼统，但根据其要素，起码可将鲸鱼、鱿鱼、娃娃鱼、章鱼、文昌鱼等名字中带"鱼"的物种从鱼的家族中排除出去，而在一般人看来一点都不像鱼的海马、海龙、弹涂鱼等却千真万确是鱼。

　　在种类繁多的鱼类"大家庭"中，有海洋里的庞然大物——鲸鲨，也有体长仅几毫米的小虾虎鱼；有身上长着"大旗"游速极快的旗鱼，也有头上长着"钓竿"的鮟鱇鱼；有眼睛长在身体同一侧的比目鱼，也有完整保留其祖先特征的腔棘鱼。有的鱼体极长，有的极短；有的侧扁，有的扁平，有的呈棍形；有的鳍大或形状复杂，有的退化乃至消失；口、眼、鼻孔的形状位置变化也极大；也有的鱼用肺呼吸，甚至有的长期浸入水中会淹死。

　　在生理特性上，鱼类世界更是异彩纷呈。有的会发声，如康吉鳗会发出"吠"音，电鲇的叫声犹如猫怒，海马会发出打鼓似的单调音；有的会发电，如电鳐、电鲇、电鳗、电鳐等；有的会发光，如龙头鱼和深海烛光鱼；有的多姿多彩，赏心悦目，如孔雀鱼、蝴蝶鱼；有的生性凶猛，令人生畏，如恐怖的大白鲨和有"水中恶魔"之称的食人鱼；有的会变性，如小丑鱼和红鲷鱼；有的雄性会寄生在雌性身上，如深海琵琶鱼；有的会喷水射猎物，有的会变色，更有的鱼会行走，有的会飞……

　　鱼，相伴人类走过了漫长的历程，与人类结下了不解之缘，与人们的生活密不可分。鱼是人类的重要食物，鱼肉富含动物蛋白质和磷质等，营养丰富，滋味鲜美，易被人体消化吸收，而鱼体的其他部分可制成鱼肝油、鱼胶、鱼粉等，很多种类还有药效。有些鱼类体态多姿、色彩艳丽，具有较高的观赏价值，有些鱼则是重要的垂钓鱼，它们都极大地丰富了人类的生活。

鱼还是行为学、生态学及医学的重要实验动物，对鱼类的有关研究能有助于人们解决许多复杂的外科及内科医学问题。

当然，鱼更是人类的伙伴和朋友，是生物多样性的重要组成部分和维护生态平衡的重要力量，也是人类社会可持续发展的重要物质基础。因此，认识和了解鱼类，以便更好地减少对环境的污染，防止过度捕捞，保护濒危鱼类等，对人类社会同环境的和谐发展具有重要的意义。

本书分鱼的分类常识、缤纷的观赏鱼、适合垂钓的鱼类、鱼类趣谈等几部分，将系统阐述与分类展示相结合，重点介绍了全世界近300种常见鱼的相关生物特征、地理分布、生理习性、保护状况及养殖方法、垂钓须知等。全书语言生动流畅，读来令人兴趣盎然并深受启发。近千幅精美插图全景再现了各种鱼的生存百态和精彩瞬间，将读者带入一个多姿多彩、叹为观止的鱼的奇妙世界，带给读者前所未有的震撼和享受。

深入奇妙有趣的鱼类世界，亲近多姿多彩的水下精灵，就从本书开始吧！

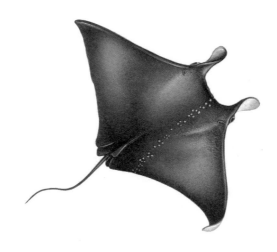

Contents 目 录

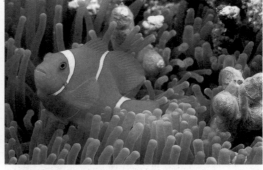

1

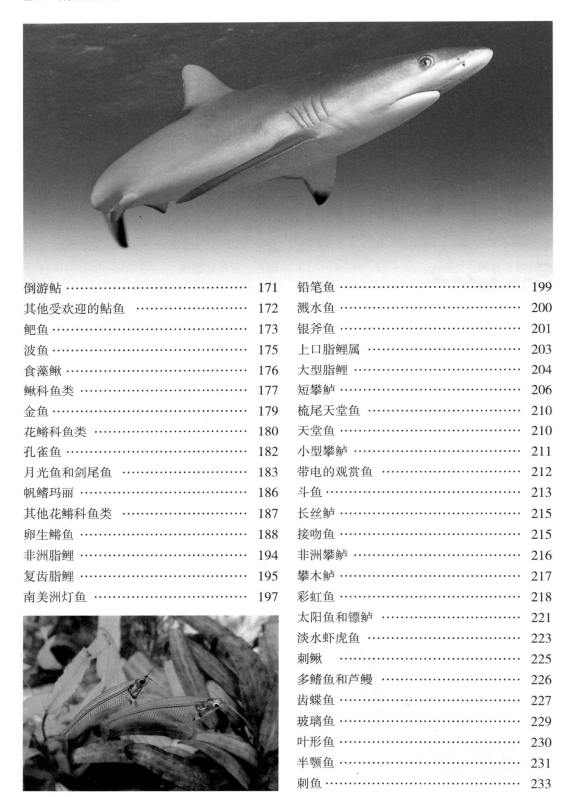

第三篇　适合垂钓的鱼类

第四篇　鱼类趣谈

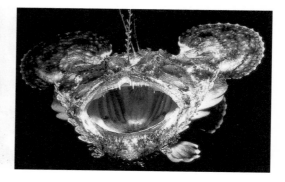

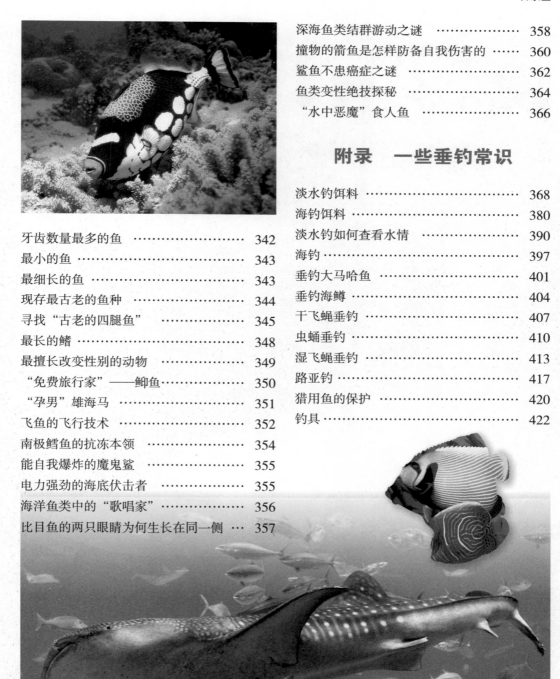

附录　一些垂钓常识

第一篇

鱼的分类常识

鱼的概述

　　早在30亿年前，地球的水域中就可能出现了生命，但在非常漫长的一段时间中，都没有生命留下的痕迹。已知最早的多细胞无脊椎动物出现在约6亿年前。在一段约1.2亿年的间隔后（从地质学角度而言），地球上就出现了最早的水生脊椎动物——鱼类。如今许多我们十分熟悉的动物就是从这些早期鱼类中进化出来的，如鸟类、爬行动物、哺乳动物。

　　如今现存的脊椎动物中，鱼类所占的比例超过一半。鱼类能像其他脊椎动物一样生活，同时具有许多自己的独有特性，例如，只有鱼类能自行发光（生物发光），能产生电，有完整的寄生状态，而某些鱼类从孵化至成体产生的体积变化之大也是其他动物难以企及的。

　　不同的人对鱼类的印象也截然不同。在有些人看来，绝佳的鱼类形象就是牙齿锋利、能在海洋中优雅轻松地捕获猎物的鲨鱼；而另一些人则把鱼类视作自家鱼缸内迷人的小动物；钓鱼者认为，鱼类是需要绞尽脑汁以智取之的狡猾猎物；渔夫却将鱼看成是被拖至渔船甲板上的一大堆挣扎着的动物；而在生物学家眼中，鱼类则集合了一系列极富挑战性的问题，这些关于其进化、行为和形态的研究带给人们的疑问，远比研究本身能获得的答案要多得多。

　　鱼类形态多样，不仅物种数量众多，部分物种的个体数量也十分惊人。它们不仅十分有趣，对人类的部分研究还具有启发作用，因此非常有益。显然，许多物种的大片鱼群（倘若能对其保持有序的管理）能成为人类及其他动物极具价值的食物来源。但许多人还未意识到的是，对鱼类的有关研究也能有助于人们解决许多复杂的外科及内科医学问题。例如，在进

⊙ 鱼类身体形态及体型相差迥异，图为细小的海马。

无颌总纲

2科，12属，约90个物种

头甲鱼纲

七鳃鳗（七鳃鳗目）

约40个物种，分为6属1科

盲鳗纲

盲鳗（盲鳗目）

43～50个物种，分为6属1科

有颌总纲

约467科，约4180属，约24510个物种

软骨鱼纲（软骨质的鱼）

34科，138属，约915个物种，14目

皱鳃鲨（皱鳃鲨目）

1个物种皱鳃鲨

六鳃鲨和七鳃鲨（六鳃鲨目）

5个物种，分为3属1科

猫鲨（猫鲨目）

87个物种，分为约15属3科

平滑狗鲨（平滑鲨目）

30个物种，分为9属1科

角鲨或杰克逊港鲨（虎鲨目）

8个物种，分为1属1科

须鲨（须鲨目）

31个物种，分为13属7科

白眼鲨（真鲨目）

约100个物种，分为10属1科

剑吻鲨及其同类（砂锥齿鲨目）

7个物种，分为4属3科

长尾鲨及其同类（鲭鲨目）

10个物种，分为6属3科

白斑角鲨及其同类（角鲨目）

约70个物种，分为约12属1科

扁鲨（扁鲨目）

10个物种，分为1属1科

锯鲨（锯鲨目）

5个物种，分为2属1科

鳐、魟及锯鳐（鳐目）

约465个物种，分为约62属12科

银鲛（银鲛目）

31个物种，分为6属3科

肉鳍鱼纲

5科，5属，8个物种，3目

腔棘鱼（腔棘鱼目）

2个物种，分为1属1科

澳洲肺鱼（澳洲肺鱼目）

1个物种澳洲肺鱼

南美肺鱼及非洲肺鱼（美洲肺鱼目）

5个物种，分为3属3科

辐鳍鱼纲（硬骨鱼纲）

约428科，约4037属，约23600个物种，分为39目

鲟鱼及匙吻鲟（鲟形目）

27个物种，分为6属2科

弓鳍鱼（弓鳍鱼目）

1个物种弓鳍鱼

雀鳝（半椎鱼目）

7个物种，分为2属1科

大海鲢及其同类（海鲢目）

8个物种，分为2属2科

北梭鱼、棘鳗及其同类（北梭鱼目）

29个物种，分为8属3科

鳗鱼（鳗鲡目）

738个物种，分为141属15科

吞噬鳗及其同类（囊鳃鳗目）

约26个物种，分为5属4科

鲱及凤尾鱼（鲱形目）

约357个物种，分为83属4科

龙鱼及其同类（骨舌鱼目）

约217个物种，分为29属6科

狗鱼及小泥鱼（狗鱼目）

10个物种，分为4属2科

胡瓜鱼及其同类（胡瓜鱼目）

约241个物种，分为74属13科

鲑、鳟及其同类（鲑形目）

66个物种，分为11属1科

圆罩鱼及其同类（巨口鱼目）

约320个物种，分为50属4科

狗母鱼（仙女鱼目）

约225个物种，分为约40属15科

灯笼鱼（灯笼鱼目）

约250个物种，分为35属2科

脂鲤及其同类（脂鲤目）

约1340个物种，分为约250属约15科

鲇鱼（鲇形目）

约2400个物种，分为约410属34科

鲤鱼及其同类（鲤形目）

约2660个物种，分为约279属5科

新世界刀鱼（裸背电鳗目）

约62个物种，分为23属6科

牛奶鱼及其同类（鼠鱚目）

约35个物种，分为7属4科

鲑鲈鱼及其同类（鲑鲈目）

9个物种，分为6属3科

新鼬鱼及其同类（鼬鳚目）

355个物种，分为92属5科

鳕鱼及其同类（鳕形目）

约482个物种，分为85属12科

蟾鱼（蟾鱼目）

69个物种，分为19属1科

琵琶鱼（鮟鱇目）

约310个物种，分为65属18科

银汉鱼（银汉鱼目）

290个物种，分为49属6科

鳉鱼（齿鲤目）

800个物种，分为84属9科

青鳞及其同类（颌针鱼目）

200个物种，分为37属5科

鲈鱼（鲈形目）

约9300个物种，分为约1500属约150科

比目鱼（鲽形目）

约570个物种，分为约123属11科

扳机鱼及其同类（鲀形目）

约340个物种，分为约100属9科

海马及其同类（海龙鱼目）

约241个物种，分为60属6科

棘鳞鱼及其同类（金眼鲷目）

约130个物种，分为18属5科

海鲂及其同类（海鲂目）

约39个物种，分为约20属6科

刺鱼及其同类（奇金眼鲷目）

约86个物种，分为28属9科

黄鳝及其同类（合鳃目）

约87个物种，分为12属3科

棘鱼（刺鱼目）

约216个物种，分为11属5科

甲颊鱼（鲉形目）

约1300个物种，分为约266属25科

桨鱼及其同类（月鱼目）

约19个物种，分为12属7科

行人类心脏及肺移植时，会产生组织排斥现象，如果能像雄性琵琶鱼融合在雌性琵琶鱼身上而并不起任何排异反应那样，该有多好。对少数几个关系紧密的有眼和有色表皮的物种及身体粉红的无眼穴居物种的研究，还能有助于我们了解基因代码与环境之间的关系。像这样的例子不胜枚举。

鱼类对人类的意义重大。千百年来，它们给人类带来了许多意想不到的惊奇，这绝不仅仅只因为它们的栖息地与人类的截然不同而已。人与鱼这些千丝万缕的联系无时无刻不向我们提出这样一个至关重要的问题：什么是鱼类？

什么是鱼类？
基本参数

也许听来有些令人难以置信，事实上，世界上根本没有一种叫"鱼"的东西。"鱼"这一概念只是为方便起见所采用的总括术语，用于描述那些不属于哺乳动物、龟或其他动物的水生脊椎动物。如今现存的鱼类共分为 5 个泾渭分明的类群（纲）（另外还有 3 个已灭绝的类群），它们彼此之间关联甚少。将这些不同类群都置于"鱼"这个总括概念下，就如同仅因为所有会飞的脊椎动物——即蝙蝠（属哺乳动物）、鸟类，甚至飞蜥——均具有飞翔的能力，就将它们都置于"鸟"这个简单的概念下一样。

七鳃鳗与鲨鱼之间的差别甚至比蝾螈与骆驼之间的差别更大。

然而，数百年来，"鱼"这个概念早已深入人心，为方便起见，本书也将采用这一概念。但需要重申的是，用"鱼类"来代表现存的 5 个不同鱼类群就如同将所有其他动物都视作四足动物一样，其中甚至还包括一些足部已经逐渐退化或变异的物种。

现存的 5 个类群包括 2 个无颌鱼类群——盲鳗和七鳃鳗，3 个有颌鱼类群——软骨鱼（鲨鱼和鳐）、肉鳍鱼（腔棘鱼和肺鱼）和硬骨鱼（剩下的其他所有鱼类）。其中最后 2 个类群的物种具有骨质骨骼，而不仅仅只是软骨质骨骼。

现存的 5 个类群所包含物种的数量差别极大，其中有约 43 种盲鳗和约 40 种七鳃鳗。现今的鱼类以有颌鱼为主：其中鲨鱼、鳐及银鲛就有约 700 个物种，而物种最多的当数拥有超过 26000 个物种的硬骨鱼。

主要类群的简史
进化

最早确认的鱼类遗迹是岩石上破碎变形的小化石，源自迄今 4.9 亿～4.43 亿年前的奥陶纪中期。（超过 5 亿年前的寒武纪早期就出现了其可能的遗迹，但专家尚未确认它们属于鱼类。）这些化石板是无颌鱼的部分外部骨质甲壳。现存的无颌鱼虽然都没有任何外部保护

鱼类身体形态及体型相差迥异，图为可怕的肉食性大白鲨。

⊙ 人们在德国巴伐利亚省索伦霍芬的石灰石采石场发现了许多各式各样的化石，图中是其中的侏罗纪鱼类，它与现代硬骨鱼的身体形状极其相似。

甲，但在早期物种中，拥有大型防御性头部甲的鱼类却屡见不鲜。遗憾的是，迄今为止，人们还是无法得知最早鱼类的整个身体形状究竟如何。

在鱼类产生约 1.5 亿年后，无颌鱼渐渐进化为许多各式各样的物种，它们都与如今的鳗形鱼截然不同。部分泥盆纪时期（4.17 亿~3.54 亿年前）物种的甲壳已经退化为一系列薄杆，使动物的身体更加灵活。其中一个不大为人类所知的类群的甲壳甚至只由单独的微小结节组成，如今我们只能通过岩石上有阴影的轮廓来寻觅这些结节的踪迹。

泥盆纪无颌鱼大多体型较小，但身体前半部分覆盖有大块保护板的甲胄鱼却长达 1.5 米，在无颌鱼中实属罕见。泥盆纪老红砂岩中含有具盾形头板的头甲类的化石，它们也是人们最熟知的化石无颌鱼物种之一。在一次考察中，专家们幸运地发现了部分被埋藏在精细泥浆中保护完好的头甲类化石，经过精心准备，专家们顺利清理出该化石物种的神经及血管遗迹。

首个被确认的七鳃鳗化石是在美国伊利诺伊州的石炭纪（宾夕法尼亚纪）岩石中被发现的（3.25 亿~2.9 亿年前），然而迄今为止还未发现任何毫无争议的盲鳗化石。

刺鲛是最早的具有真正颌的鱼类，这种大眼的有鳞类群的脊骨化石来自于迄今 4.4 亿年前的志留纪岩石。人们认为它们能在上层水域中通过视觉进行捕食。其中部分体长超过 2 米的大型物种具有颌，是非常活跃的肉食动物，与现在的鲨鱼十分相似，但大多数刺鲛还是小型物种。最早的刺鲛物种栖息在海洋中，随后进化的刺鲛物种则栖息在淡水中。

刺鲛有骨质骨骼、硬鳞（为原始鱼类所特有，由最外的数层珐琅质、牙质——一种坚硬且富有弹性的物质，也被称为象牙质——以及一或数层骨组成）和位于除尾鳍外的各鳍前方的短粗棘刺。其中大部分物种在胸鳍和腹鳍之间都有一排棘刺，其尾巴的上叶长于下叶，形同鲨鱼尾（歪尾）。尽管它们也具有脊骨和鳞片，但其尾巴的形状和拥有的棘刺却使其得名

鱼类身体平面图

　　鱼类是地球上最古老的脊椎动物，为了适应水中的生活，鱼类显示出许多有趣的身体适应性。它们在游动中，依靠鳍控制向前行进的方向，并产生向上的提升力。鳔还能为它们提供浮力。它们复杂的呼吸系统——鳃及弓鳃——能使鱼类吸收并聚集水中稀少的氧气，而极其敏感的侧线则能使它们探测出周围潜在的猎物或敌人。

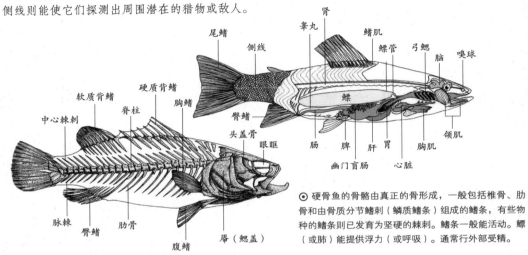

⊙ 硬骨鱼的骨骼由真正的骨形成，一般包括椎骨、肋骨和由骨质分节鳍刺（鳞质鳍条）组成的鳍条，有些物种的鳍条则已发育为坚硬的棘刺。鳍条一般能活动。鳔（或肺）能提供浮力（或呼吸）。通常行外部受精。

⊙ 鲨鱼、鳐、虹和银鲛都有软骨质骨骼。这些骨骼能钙化以增强其强度，但事实上这种情况很少发生，因为一旦发生，其骨骼就会骨化。其椎骨由围绕着脊索的数层软骨组成。它们都具有颌（颌与齿并未连接在一起），有奇鳍和成对的鳍，但它们的鳍刺（角质鳍条）柔软，不分节。它们没有鳔，而是通过大的油肝获取浮力。行内部受精。

- ● 肝
- ● 脑和脊神经
- ◐ 鳃和消化系统
- ◐ 心脏和主要血管

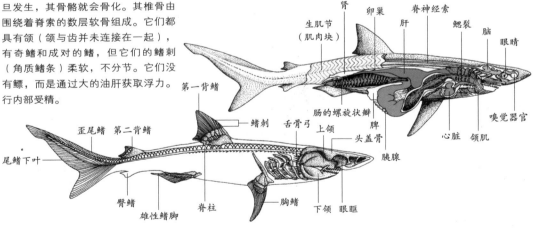

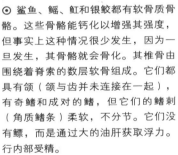

⊙ 鱼类的侧线器官由鱼鳞下的一系列液体管组成，它们的感受器极其敏感，能探测轻微的波动。1.侧线的纵向截面，显示了液体管与外界的连接及感受器的位置；2.单一压力感受器的细节图。

⊙ 鱼（图中是马西尔鱼，鲤科鱼）的主要外部特征。鱼类通常有2套成对的鳍——胸鳍和腹鳍，及2个单独的鳍——背鳍和臀鳍（也称为奇鳍），还有一个复杂的尾鳍。

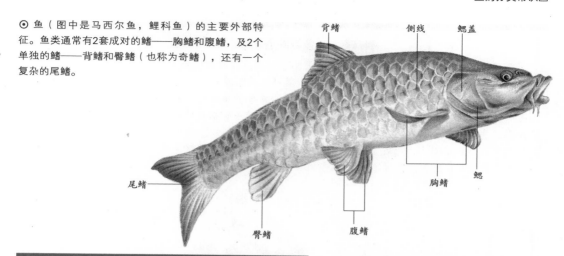

背鳍　侧线　鳃盖　鳃　胸鳍　腹鳍　臀鳍　尾鳍

鱼类之最

* 最小：侏儒虾虎鱼，体长（发育成熟的雄性）仅9毫米。

* 最大：鲸鲨，一种软骨鱼，体长达12.5米。

* 最快：佛罗里达海岸附近的旗鱼速度能达110千米/小时。

* 最快反应：蟾鱼吞食周围游过的鱼只要区区6毫秒，速度快到同一鱼群的其他鱼类毫无察觉。

* 最常见：深海圆罩鱼，它们在世界各大洋中的个体数量都十分丰富，一般栖息在海面下超过300米处的深度。

* 产卵最多：海洋太阳鱼一次排卵就能产下约2.5亿个卵。

* 最低产卵率：砂锥齿鲨每2年才能产下1~2头幼鲨。

* 寿命最短：非洲齿鲤，它们生活在雨季的水塘里，只有12周的寿命，是所有脊椎动物中最短的。

* 寿命最长：湖鲟的寿命能达80年。

* 最毒：毒鲉的毒能使人类致死。

⊙ 鱼鳞的4种基本样式：1.栉齿鳞，为大多数现代硬骨鱼所具有，各鳞片彼此重叠，像瓦片一样排列，后缘呈齿状；2.圆形鳞（如鲑的鳞）外表呈圆形，有光滑的后缘；3.菱形硬鳞，为某些"原始的"现代鱼类所有，如多鳍鱼、雀鳝和弓鳍鱼；4.盾形鳞，或称"皮齿"，为鲨鱼、鳐及其他软骨鱼所有。

⊙ 为适应不同的生态环境及不同物种的摄食方式，鱼类嘴的形状差别极大：1.呼吸空气的暹罗斗鱼的嘴朝上，适于捕食蚊子的幼虫及其他昆虫；2.金点满天星，一种鲇鱼，嘴上长着特有的长触须，这些肉质凸起有助于这些有吸附器官的底栖动物寻找并定位食物；3.镰鱼的嘴小巧并向外突起，还有许多长长的刚毛状齿，它们能用这些齿刮蹭岩石上的薄壳状动物；4.吞噬鳗以甲壳类动物为食，因此它们的颌向后大幅度延伸。

鱼类的进化

最早产生的鱼类是无颌鱼（无颌总纲），它们出现在奥陶纪时期（4.9亿～4.43亿年前），后来就逐渐进化出具有笨重甲壳的鱼类物种。其中便包括异甲目物种，它们与现存的盲鳗目（盲鳗）略有关联。这种底栖滤食动物栖息在浅海中，其头部和有鳞的尾部都覆盖着皮甲。到了此后约0.5亿年的志留纪，首次出现了有颌鱼的化石记录。其中包括刺棘鱼在内的刺鲛类群就生活在志留纪至二叠纪的时期内，人们也常将它们称为"棘鲨"。刺鲛虽然灭绝了，但另两个与之不同的类群却幸运地存活至今，那就是软骨鱼纲（软骨质鱼）和硬骨鱼纲（硬骨鱼）。硬骨鱼纲的物种在所有鱼类物种中所占比例超过95%，在所有脊椎动物物种中的比例也超过一半。

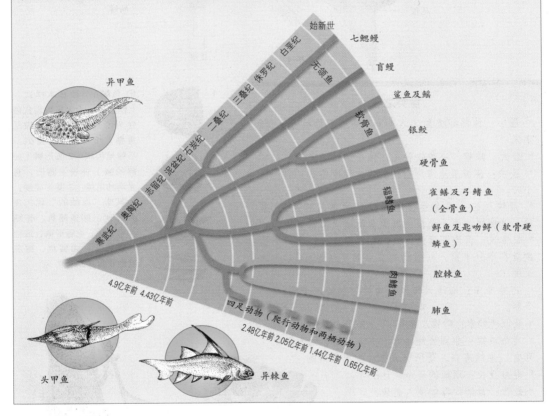

异甲鱼

头甲鱼　　异棘鱼

始新世

七鳃鳗

盲鳗

鲨鱼及鳐

银鲛

硬骨鱼

雀鳝及弓鳍鱼（全骨鱼）

鲟鱼及匙吻鲟（软骨硬鳞鱼）

腔棘鱼

肺鱼

无颌鱼　软骨鱼　辐鳍鱼　肉鳍鱼

寒武纪　奥陶纪　志留纪　泥盆纪　石炭纪　二叠纪　三叠纪　侏罗纪　白垩纪

4.9亿年前　4.43亿年前

四足动物（爬行动物和两栖动物）

2.48亿年前　2.05亿年前　1.44亿年前　0.65亿年前

"棘鲨"。近期的研究显示它们可能更接近于硬骨鱼。刺鲛没有进化出身体扁平或营底栖生活的物种形态，出现1.5亿年后就灭绝了。

另一个已经灭绝的鱼类类群是盾皮鱼，这一奇特的物种纲可能与鲨鱼或硬骨鱼有关，或与两者同时有关，甚至有可能与所有其他有颌鱼类有关。关于它们的进化关系，尚没有明确结论。它们身体的前半部分围绕着骨质板，由此形成的头部保护盾与其身体保护层结合（形成一个关节）在一起。其中大多数物种都具有匍匐的（如扁平的）身体，在水域底部栖息；

只有长达6米的节颈鱼一个物种可能具有快速游动的能力，能主动捕食猎物。节颈鱼与现存的鲨鱼也有所类似。盾皮鱼中的另一个类群为胴甲鱼，它们也是所有鱼类中最奇特的物种之一。胴甲鱼体长约30厘米，躯干上覆盖着甲壳板，横截面呈三角形。它们的眼睛极小，彼此紧挨着，位于头顶。它们的"胸鳍"十分奇特，在所有脊椎动物中也是独一无二的，这是因为所有其他脊椎动物都具有内骨骼，而这些胴甲鱼的"胸鳍"却如同甲壳类动物一般，形如螯虾的足，即能在肌肉的控制下移动的管形分节骨质板。这些身体附肢的具体功能还不得而知，可能是当它们被困在泥浆或岩石缝中时，能缓慢地用附肢将自己拖拽出来。胴甲鱼还有一对内囊，其作用等同于肺。盾皮鱼中另一个类群的腹鳍则具有二态性，即其雄性和雌性物种的腹鳍并不相同，其中雄性的腹鳍较长，类似于鲨鱼的鳍脚。从这一点可以断定它们是行内部受精的。

大多数早期及部分后期盾皮鱼都栖息在淡水中，其他则是海生物种，其中便包括有趣的胴甲鱼。这一神秘的类群出现在约4亿年前，经过7000万年后又灭绝了。

▎人工养殖鱼类的历史
食物和观赏

地球表面上约70%的地方都被水域覆盖，水域与陆地截然不同，能提供三维的生活空间，鱼类就分布在水域中几乎各个角落里，因此鱼类占所有动物总量的比例也相当可观。4000多年前人们就开始对鱼类产生兴趣，但由于它们不像鸟类和哺乳动物那样在自然界中随处可见，因此长久以来鱼类并没有获得它们应该得到的关注。

人类不知从何时开始人工养殖鱼类，最初的动机现在也不得而知，极有可能并非出于审美需要，而是为了储备足够的新鲜食物。大约4000年前，中东地区十分潮湿，土壤也比如今肥沃得多，特别是底格里斯河和幼发拉底河的新月沃地更是如此。就在那个时期，苏美尔人在自己的神庙里修建了现在被确认的第一个鱼塘，随后亚述人等也渐渐开始人工养殖鱼类。可以想象，当时的人们发觉洪水过后留下的鱼类能在有水的凹陷处存活一段时间，因此便萌发了建鱼塘养殖鱼的念头。但我们现在无从知晓当时在鱼塘里饲养的究竟是何种鱼类。亚述人虽然将鱼描绘在自己的钱币上，但却勾勒得不够准确，因此无法确定这些鱼类到底是何物种。

在埃及人民中流传的鱼的故事也不尽相同，埃及人的具象派艺术造诣极高，使现在的人们能依据画作判定当时所养殖的鱼类物种。他们甚至将部分重要的养殖鱼物种制成木乃伊，更便于后人考校画作的准确性。画作中包括多种罗非鱼（也是当地的珍贵食用鱼）、尼罗河鲈和长颌鱼（象鼻鱼）。埃及人还为鱼塘增加了一种新的功能，即供人们观赏娱乐。埃

◉ 日本的大阪水族海洋馆拥有世界上最大的室内水族箱，深约9米，里边包括了太平洋的动物群，甚至还有2条大型鲸鲨。

⊙ 一部分经选育繁殖出的受欢迎的金鱼物种
1.布里斯托朱文锦；2.普通金鱼；3.兰契；4.长尾；5.水泡；6.绒球。

关于鱼类的史料记录。只有通过历史学家卡西多拉斯（约490～约585年）的记录，人们才能了解，当时活的鲤鱼从多瑙河被运送至住在意大利拉文纳的哥特人领袖西奥德理克那里，而查理曼大帝甚至将自己饲养在鱼塘里的活鱼拿到市场上交易。

养殖鱼类的传统毫无疑问是由神职人员和贵族秉承至今的。譬如，英国《土地志》（1086年）中记载，圣埃德蒙斯的阿伯特将自己鱼塘所产的鱼供应给修道院，而约克郡的罗伯特·马勒特拥有20个鱼塘，仅税金一项就相当于20条鳗鱼的价值。围池在中世纪的修道院中十分普及，由于教堂禁止周五食用肉类，围池的存在就显得尤其重要。所谓"围"，意思是"限制于其中"，是由古法语中estui演变而来，而不像人们通常所认为的那样，是将鱼储备起来以供食用的意思。

现代鱼类养殖始于19世纪上半叶。1833年，在英国科学联合会的一次会议上，科学家们展示了水生植物所具有的能吸收二氧化碳并产生氧气的特性，指出其有利于鱼类的生长。直到1846年，泰恩夫人才首次尝试着用水生植物来保持海生鱼类的活性和水中的养分。仅仅6年之后，伦敦动物园就展出了首个大型水族箱。从维多利亚晚期至今，许多家庭都拥有了自己的水族箱，随着加热器和加热管的发明，越来越多的奇异鱼种都能在自家水族箱中养殖了。

金鱼是所有观赏鱼中最为人熟知的一种，它们原产自中国，外形美丽，4500多年前，人们就开始养殖金鱼。公元前475年，范蠡在《养鲤经》中记载，鲤鱼能以家蚕的粪便为食，因此鲤鱼就与家蚕一起养殖。约公元前2000年，中国人就已在渔业专家的指导下人工孵化鱼卵。自公元350年起，人们开始养殖红金鱼，唐代（约公元650年）甚至将金色的鱼形徽章

及的壁画上描绘了人们用竹竿和线钓鱼的情形，这种方式不如用网大量捕鱼那样高效，因此一定是为了休闲取乐而已。同时埃及人对鱼类也十分崇拜。

罗马的马尔库斯·泰尔穆斯·瓦罗（公元前116～公元前27年）在《论田间事物》一书中描述了2种鱼塘：由小农阶级养殖的淡水鱼塘（淡水池），用于获取食物和谋求利益；只有富裕的贵族才能拥有的咸水池塘（海水池），用于娱乐。红鲻垂死时身体的颜色变化十分剧烈，用于待客时，客人既能欣赏这种奇特的景象，又能在随后享用美食，所以养殖红鲻在当时十分风行。大型海鳗也是当时受欢迎的养殖物种，有人甚至用珠宝装饰海鳗，并将多余或犯错的奴隶给它们做食物（参见"大海鲢、北梭鱼、鳗鱼和背棘鱼"）。

尽管罗马人拥有玻璃的制造技艺，但没有记录表明他们制造了任何形式的水族缸。古罗马人养殖鱼类并不完全只是为了观赏和展示。他们探寻鱼类养殖的方法，资料显示他们输送过鱼类受精卵，他们通过剥离雄鱼与雌鱼使鱼卵在外部受精。

罗马帝国灭亡后的初期，西方世界鲜有

作为高官的标志。到了 10 世纪，人们发明出一些基本的鱼药，如能去除金鱼鱼虱的部分特殊树皮。

野生金鱼为古铜棕色，当它们被首次引入英国（约在 1691 年）时，就已经有了金色、红色、白色和具各色斑点的物种。到了 1728 年，商人和经济学家推动了金鱼贸易的急速发展，马修斯·德克爵士还引入了大量金鱼物种，并使它们进入了许多家庭中。18 世纪，金鱼被引入美洲大陆，并很快成为当地最常见的鱼类之一。如今，金鱼不仅是水族缸里最多见的物种之一，也是所有宠物中最受欢迎的一种。

濒危鱼类
环境和保护

1982 年，美国鱼和野生动物局将蓝梭子鱼和阿尔佩白鲑从美国"濒危及受威胁野生动物名录"上移除，这绝不是因为这 2 个物种的数量已经回复到应有的正常水平，恰恰相反，而是因为它们已经彻底灭绝了。蓝梭子鱼原本栖息在尼亚加拉河、伊利湖和安大略湖，自 20 世纪 60 年代早期就再也没有了它们的踪迹；阿尔佩白鲑原本栖息在密歇根湖、休伦湖和伊利湖，它们的最后一次出现是在 1967 年。它们在存活了数千年后为何又会灭绝？究其原因，原来这 2 个物种都直接或通过食物链间接受害于被污染的环境。此外，自连接安大略湖和伊利湖的韦兰运河修建以后，使当地的寄生性海生七鳃鳗的数量剧增，对阿尔佩白鲑造成了极大的威胁。

1938 年，南非发现了一种小型鲤科鱼山鲤，然而仅仅过了几年，它们就在其产生地纳塔尔灭绝了。纳塔尔当地没有开凿任何运河，污染也并不严重，但为供当地英国移民取乐而引进的外来物种棕鳟却严重威胁到了山鲤的生命：小棕鳟与山鲤竞争同类食物，而大棕鳟则以山鲤为食。20 世纪 70 年代末期，在莱索托德拉肯斯堡山脉苏里卡纳河上的瀑布上游，人们又幸运地发现了少数幸存的山鲤物种。瀑布虽然能阻止棕鳟的物种扩散，但近年来棕鳟已经逐渐迁徙至瀑布上游了。尽管人们已经采取措施尽力使山鲤远离被捕食的危险，但随着毗连陆地的不断扩张使河流日渐淤堵，并改变着河流的水质，山鲤的生存依旧受到严重的威胁。

马来西亚、斯里兰卡和马拉维湖的部分地区，一些色泽绚丽的淡水鱼类的踪迹越来越罕见。过去，人们常捕捉这些鱼类用于水族宠物交易，从而使它们的数量有所下降。如今人们采用大规模的商业养殖，其产量几乎能满足全球对这些美丽水族的需求。人工养殖虽然能一定程度上缓解野生物种数量渐少的问题，但其他威胁鱼类生存的问题仍然严峻，譬如对鱼类

⊙ 20世纪90年代在俄罗斯伏尔加河捕获的鲟鱼
鲟鱼卵能制成鱼子酱，随着当地大坝的修建，以及不断增长的非法捕鱼，鲟鱼的数量急剧下降。

11

自然栖息地的直接和间接危害等。

从前，美国国土的西北部曾有大量湖泊，在后更新世时期，随着湖水的干涸（例如约10万年前），其中的鱼类也逐渐减少，如今部分鳉鱼及相关物种只在极少数地区存活。例如，魔鳉仅栖息在内华达州南部的一个荒凉湖面下18米处的小池中，大小仅为3米×17米，这必定是世界上自然分布范围最小的脊椎动物。那里近水面处有一处3米×5.5米的岩石架，一些特有的无脊椎动物就栖息在岩石架的藻类上，魔鳉就是以这些无脊椎动物为食的。尽管它们的栖息地处于死亡谷纪念碑的保护区域中，但远处的地下水抽取使当地的水位降低，岩石架随之逐渐暴露在空气中，从而威胁到魔鳉仅有的食物来源。人们曾尝试着将部分魔鳉迁徙至其他地方，但都以失败告终。因此专家们只能在该地区的水下低处匆忙安装了一个人造岩石架。在最高法院颁布禁令前，他们还在3个特制的水池内储备了一些魔鳉。随着事态的日趋严重，最高法院下令禁止抽取当地的地下水，确保了其水位的稳定，保护了魔鳉。

上面的例子向我们展示了事情发展的全过程以及人类所采取的相应措施。上文提到的鱼类都是淡水物种，其栖息地较小，便于对濒危物种的个体数量变化进行控制。海生物种的这类相关详细信息却十分缺乏，这是因为它们的栖息地广阔，使得这类信息的收集十分困难。

在多种因素的共同作用下，相当数量的鱼类物种都面临灭绝危险。为此，人们采取了好几种措施以保证鱼类的生存。许多国家都签署了《濒危野生动植物种国际贸易公约》（CITES），其成员国将各国的受危动植物列成名册，并一致同意不会进行这些物种的非法交易。在最新版的世界自然保护联盟（IUCN）红皮书中，哺乳动物和鸟类占了绝大多数，还有约750个鱼类物种被列入3个最高的受危等级：极危、濒危和易危。然而，实施这些条例绝非易事，特别是主要负责实施条例的海关官员必须要确保特定船只中装载的鱼类就是船主所声称的物种。这些海关官员没有足够的技术支持来准确分辨可能遇到的5000个物种——由于许多判断特征都在鱼类的体内，因此这种辨别即便对鱼类专家来说也是极其困难的。而且，一旦非法交易的鱼类被发现并扣押下来，如何处置也是一个需要考虑的问题。就算能将鱼类运回其原产地，也无法保证它们会被放回最初的栖息地中。公共水族馆和动物研究机构只能接纳一小部分非法交易的鱼类，对于其他部分专家们只有2种处置方法：其一是将鱼类销毁，其二是允许非法船只进港，但在他们出示合法的文件前，禁止其销售。

有些国家比其他国家更遵从这些保护法律的精神，譬如，美国科罗拉多河上的大坝修筑使许多当地物种无法繁殖，导致这些物种的数量急剧下降，面临灭绝

⊙ 意大利撒丁岛渔网中捕获的一条剑鱼

这一物种肉质厚实，倍受追捧，有时也是捕捞其他鱼时的附带捕捞物种，这些都使剑鱼种群处于受危的状况。

的威胁。经过科学家们的努力，一座德克斯特国家鱼类培育所在新墨西哥州建成，这些濒危物种就在那里进行繁殖养育。这项繁殖项目获得了巨大成功，每年都将许多繁殖出的新生个体送返至合适的栖息地。在这些人工养殖项目中，也有一些失败的例子，譬如，阿米斯塔食蚊鱼原栖息在德克斯特被芦苇所围绕的湖中，已于1996年灭绝。由于它们原来栖息的绝佳泉的底部源头已经永久性干涸，因此人工繁殖养育的物种也无法放回其原产地。包括弗朗西斯鳉在内的另一些物种则只能通过人工围养存活，它们的原栖息地挤满了其他外来物种或受到严重污染，因此也无法被放回。

有些持悲观怀疑态度的人可能会问，人们极力挽救这些濒临灭绝的小鱼，究竟意义何在？于公，这些鱼类的生命与人类一样平等；于私，人类最终总会从这些鱼类身上获益。栖息在阿曼洞穴中的一种小型无眼鱼（墨头鱼物种）个体数量仅为约1000条，但它们却能再生出约1/3个大脑（视叶），在人们所知的脊椎动物中，这种能力是独一无二的，这对人类的神经外科研究具有十分重要的参考价值。人类何其幸运，能找到并研究这种鱼类，而那些已经灭绝的鱼类身上又该蕴藏着多少极具价值的秘密呢？

濒危物种中的一部分面临的情形比其他物种要严峻得多，但总体说来，这些受危物种的命运都掌握在人类手中。若想保存这些濒危物种，就必须采取正确的措施，而且越早越好。

▌鱼类的未来
生态

1882年之前的几年，美国在东部近海展开了大范围的马头鱼捕捞，尤其集中在楠塔基特岛至特拉华湾一段。马头鱼营养丰富、味美可口，体长约90厘米，平均重达18千克，主要栖息在温暖水域中90～275米深处的大陆架边缘上。1882年3～4月，数以百万计的死马头鱼漂浮在海面上，当时，一艘渔船在海面上航行了整整两天，所见全是这些马头鱼的尸体。此后的20年间，马头鱼再没有出现在人们的视野中，直到1915年，它们的数量才有所回升，可供人们进行小范围的捕捞。

虽然关于马头鱼的记录时间间隔较长，但可以肯定的是，当时一定有足够多的物种存活下来，才能在20年后十分有限地重建这一物种群。1882年的马头鱼大灭亡产生的原因尚不清楚，专家们确信，洋流的改变使马头鱼原本栖息的温暖水域被迅速上涌的深海冷水所充斥，致使鱼类死亡。尽管许多鱼类物种都能承受自然气候的变化，但出于某些原因，一次重大的自然灾难也足以使它们遭受灭顶之灾，如果当时该物种的个体数量不足，就很有可能导致物种的灭绝。幸运的是，当年洋流变化时，马头鱼的数量还非常多。

工业化程度较低的地区，河流自然就清澈，这是不证自明的道理。至少对苏格兰的部分地区就是如此，其经济生存能力主要依靠大西洋鲑鱼的产卵洄游。1个多世纪以来，当地的主要经济支柱都是旅游业和酒店业，重点面向希冀钓到鲑鱼的垂钓者。用网捕鱼者守候在更靠近海岸的地方，将刚开始逆流迁徙的鲑鱼捕获并作为奢侈品销售到南方市场。这些产业一直保持稳定繁荣，到了20世纪50年代晚期，一个偶然的发现改变了这一切。

在那之前，没人了解鲑鱼在海洋中生长时究竟会经过何方，这时，一艘美国核潜艇在戴维斯海峡（位于格陵兰岛和巴芬岛之间）的冰层下发现了大量鲑鱼群。当这一消息传播开来后，大量商业渔船便趋之若鹜，导致鲑鱼的数量急剧下降，回到原来栖息的河流产卵的鲑鱼越来越少。由于可供网渔者捕获的鱼日渐减少，他们的生计因而受到了极大的影响，垂钓者能钓上来的鲑鱼就更为稀少，鲑鱼也几乎无法通过排卵来增加物种的个体数量。

在塔伊河上2个著名的池塘中，垂钓者过去在5月前一般能钓上约500条鲑鱼，1983年，却仅仅能钓到36条。这样，垂钓者渐渐不再涉足此地，那些原本在新年后还要开放一段时间的酒店也受到冷遇，直到复活节才开始有生意，这也导致这个原本就已经压力重重、没有其他就业机会的地区面临更快的经济滑坡，就业压力也逐渐上升。

此外，还有2个深远因素使当地难以捕获鲑鱼的尴尬情形加剧。首先，气候变化趋缓，使春季洄游产卵的鲑鱼数量下降；其次，鲑鱼的人工养殖非常发达，足以满足大部分市场需求，因此也没有必要继续在海洋中捕捞野生鲱鱼。从生物学角度而言，保存健康强壮的野生物种作为基因储备，也能有效避免人工养殖物种的基因被削弱。这种观点绝非仅仅只是假设，例如，具有较短颌的鲑鱼不易摄食，生长率也较低，而在人工养殖的新生鲑鱼中，短颌个体所占的比例（至少在部分养殖群体中）远比野生群体中的比例要高。

上述例子向我们展示了鱼群的价值所在。鱼类不应是少数人用以谋求利益的短期资源，而是一种能不断自我更新的资源，如果能合理使用这些鱼类资源，它们就能保持长盛不衰。"二战"以前，人们用流刺网捕获鲱鱼，那时每晚都要在北海上架设起超过 1600 千米的网墙。由于鱼类能在水中上下游动，而网墙却只能覆盖水面以下 6 米的范围，因此许多鲱鱼都能躲过流刺网，进行洄游产卵并维持稳定的个体数量。若改变捕鱼策略，如采用回音测深器并调整流刺网的深度，自然能提高投入产出比，但同时也会造成鱼群数量的急剧下降。仅在 20 世纪 80 年代早期，人们为了保护鱼群数量就采取了比较极端的措施（如禁渔令），而如今人们为了保护另一种日渐减少的物种大西洋鳕鱼，在欧洲水域采取了十分严格但并非完全禁绝的禁渔令。鲱鱼危机的教训促使人们更早地采取保护鱼类的措施，因此大西洋鳕鱼的数量回升速度较快。

受到威胁的不仅仅只有主要的食用鱼物种，部分栖息在深海的鱼类物种也不断被捕捉，如鼠尾鳕和水珍鱼，人们可将它们的肉制成鱼丝，裹上面包后压模做成"炸鱼条"。如果人们无法从这些捕获的鱼类身上获得利益，那又会是怎样的局面呢？事实上，在所有鱼类面临的威胁中，还有一项非自然形成的因素，即人为的自然灾害，如工业废料的倾倒和原油的泄漏。这不光会毒害当地的鱼类物种，更重要的是，有毒物质会沿食物链聚集起来，最后集中到人类所食用的位于食物链顶端的鱼类身上，对人类本身造成危害。原油泄漏还有许多其他显而易见的危害，例如，会阻止水面附近的卵孵化成新的成体。然而，为了生活的舒适，人类不可避免地需要弃置废物，通过海洋运输原油，人们还用带有较小网眼的渔网捕获大型物种中尚未排卵的成体，用于繁殖。此外，拖网也会破坏鱼类的产卵场。

包括尚未被人类所意识到的所有这些因素是否必然会造成鱼类的灾难呢？在经过定期讨论达成的国际协议获得广泛遵守和拥护前，这个问题的答案不再是不置可否，而是"是"。如果人类能小心谨慎、着眼长远地开发海洋，那么海洋也会相应为人类提供大量的资源。鱼类的未来是人类的责任，它们与人类生活的质量息息相关。因此我们必须意识到这一点，并切实保护鱼类资源，避免最糟的一幕真正降临在它们身上。

鲱鱼与历史

经济鱼类鲱鱼是北欧许多国家的主要食用鱼种，在这些地区的历史中扮演着重要角色。中世纪时期，波罗的海南部沿岸的商业同业公会城市不仅在本埠鲱鱼供应充足，当地人还善于运用经济头脑，将这些鲱鱼制成罐头出口到整个欧洲，因此促成了这些城市的繁荣。

很快鲱鱼逐渐远离波罗的海，并在北海中栖息生存下来。随着商业同业公会联盟政治及经济上的崩溃，荷兰紧接着掌握了鲱鱼的控制权。强大的荷兰舰队常在英国海域捕获大量鲱鱼，英王查理一世意识到，向荷兰收取鲱鱼捕捞特权的税金正是补充英国国库资金的大好方法。为强制执行这种不受欢迎的税金征收，也为了保护英国海域内的鲱鱼，查理一世开始着手重建衰败的皇家海军。不久以后，荷兰为了保护自己的舰队，不惜与英国兵刃相见，展开血战。

更早的"鲱鱼之战"发生在1429年，当时，英国的萨福克公爵正率军围困奥尔良，约翰·法斯托夫爵士则押运鲱鱼送往前线的英国军士，并与法军狭路相逢，由此展开战役。

尽管这些小摩擦最终都被一一化解，但关于以鱼类为代表的"移动"资源的最终归属的争论仍然延续着。例如，关于北大西洋开发深海鱼类资源至今都没有形成公认的国际条约。20世纪80年代关于欧盟成员国间的鲱鱼配额分配的大争论，只不过是现代各国之间礼貌的政治炮弹而已。

七鳃鳗和盲鳗

在泥盆纪时期（4.10亿～3.54亿年前），世界上的河流和海洋里满是有着厚重铠甲的无颌脊椎动物。如今这类动物的骨板和头骨在化石中十分常见，这也证实了当时它们的分布是何等广泛。但随着有颌鱼类的产生，这些无颌物种渐渐减少，如今它们只有区区2个代表类群：七鳃鳗（头甲鱼纲）和盲鳗（盲鳗纲）。

这2个类群与泥盆纪时期的物种类型并不相似，这些现存物种都呈鳗形，皮肤中无骨板。它们都位于动物组织结构中相对较低的位置（处在预颌期），但它们都具有各自独立的漫长进化史，两者之间也存在许多根本的内部差别。关于这2个现存类群的彼此关系以及它们与化石物种的关系一直存在许多争议；1991年首个盲鳗化石的发现，证实了这2个类群间根本没有紧密的联系。为方便起见，本节将这2个类群并在一起介绍。

七鳃鳗
七鳃鳗科

七鳃鳗栖息在南北半球的寒冷水域中，它们具有明晰的幼体期（沙隐虫），其结构或生活方式几乎都与成体毫无相似之处。七鳃鳗成鱼呈鳗形，具有1或2条背鳍、1条简单的尾鳍，无成对鳍。它们的嘴呈盘状，适于吮吸，上有许多排列复杂的坚硬刮齿，每个物种刮齿的具体排列方式不尽相同，这也是判定其物种分类的重要依据。七鳃鳗有7个鳃，每个都具有各自单独的鳃孔。

水流从七鳃鳗两侧靠近嘴部的鳃孔流入，顺着任意一条鳃道从7个外鳃孔中的一个流出体外。它们的每条鳃道都具有肌肉质囊，能促使水流从此通过。其头顶上的两眼之间、单一的中间（位于正中）鼻孔之后，还有一小块透明的皮肤，下面就是七鳃鳗的松果眼，这是它们的感光器官，从这里接受的光强直接控制着动物的荷尔蒙水平。（高等的脊椎动物没有这类感光功能，但它们的荷尔蒙仍由此类器官的遗存部分控制。）七鳃鳗的皮肤上有腺体，能分泌有毒的黏液，能防止被较大鱼类捕食。（其黏液会引起人类胃部的极端不适，因此在食用前需将黏液去除。）

硬骨鱼和高等脊椎动物的内耳由3个互成直角的半规管组成，它们不仅能维持动物的平衡，还能负责听觉功能。七鳃鳗仅具有2个垂直的半规管，没有水平的半规管。

从生物学角度来看，七鳃鳗可分为2个相互关联的类群：成鱼多在海洋栖息、但需返回淡水繁殖的类群（不同于那些整个成体期都在

15

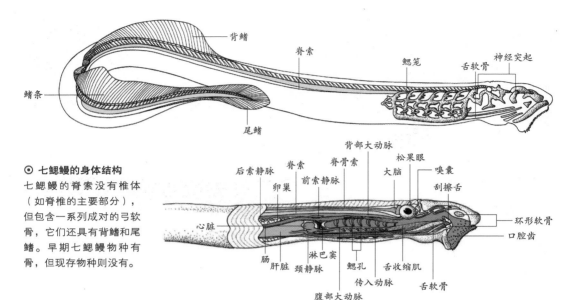

背鳍　脊索　鳃笼　舌软骨　神经突起

鳍条

尾鳍

⊙ 七鳃鳗的身体结构

七鳃鳗的脊索没有椎体（如脊椎的主要部分），但包含一系列成对的弓软骨，它们还具有背鳍和尾鳍。早期七鳃鳗物种有骨，但现存物种则没有。

后索静脉　脊索　脊骨索　背部大动脉　松果眼　大脑　嗅囊

卵巢　前索静脉　刮擦舌

心脏　环形软骨　口腔齿

肠　肝脏　颈静脉　淋巴窦　鳃孔　舌收缩肌　舌软骨

传入动脉

腹部大动脉

淡水中度过的物种），以及成鱼寄生在其他鱼类上的类群（不同于那些以小型无脊椎动物为食的物种）。

所有七鳃鳗在一定程度上都需要洄游产卵。比淡水物种体型更大的海生物种则须溯河产卵，即从海洋向上游至河流中产卵。当它们从咸水游至淡水中时，所要面临的一个现实问题就是如何调整其血液和体液中的盐度。

七鳃鳗洄游的时机因物种和其所在的地区而有所不同：例如，欧洲西北部的溪七鳃鳗在9月或10月开始洄游，亚得里亚海的七鳃鳗洄游高峰在2月和3月，而俄罗斯西北部的七鳃鳗则有春季洄游和秋季洄游。南半球的七鳃鳗洄游产卵的时间较长，有时它们甚至在重返

淡水后的 1 年或更长时间内都不产卵。其产卵场一般距离河口数百千米远，七鳃鳗就是通过这些河口从海洋进入到淡水中的。在水流速度较缓的流域中，七鳃鳗能以每天 3 千米的速度向前溯行，筋疲力尽时（七鳃鳗在途中并不摄食）它们会暂时用吸盘附着在岩石上休息。

七鳃鳗在洄游迁徙和随后的产卵过程中，身体形状会发生一些改变。其中有的改变毫不起眼，譬如 2 个背鳍和臀鳍相对位置的变化。有的改变则十分重要，譬如包括澳洲七鳃鳗和 2 个澳大利亚袋七鳃鳗物种在内的南方种属中雄性的吸盘的变长。澳洲七鳃鳗和南美物种短头袋七鳃鳗（并非袋七鳃鳗属中的其他物种）也会发育出大而醒目的囊状咽凸起，其功能至今未明。

七鳃鳗通常年复一年地使用同一产卵场，这些产卵场都具有特殊的要素，其中最重要的便是包含有特定大小并适于幼鱼生长的沙砾层；产卵场的其他要素并不是必需的，但七鳃鳗更倾向于在水深超过 1 米且水流和缓的地点产卵。产卵时，雄海七鳃鳗首先到达，并开始

⊙ 图中清晰地显示了海七鳃鳗有齿的吮吸口部和 7 个分开的鳃孔。当七鳃鳗附着在鱼身体上取食时，水流还是能通过通气孔（第一个鳃孔）进入其体内。

七鳃鳗和盲鳗

总纲　无颌总纲

纲　头甲鱼纲，盲鳗纲

约 90 个物种，分为 13 属 2 科。

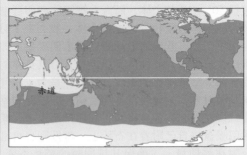

赤道

分布：呈世界性分布，栖息于寒冷的海洋及淡水中。

体型：长 20～90 厘米。

七鳃鳗

七鳃鳗科

约 40 个物种，分为 6 属和 3 个亚科。

七鳃鳗亚科

约 36 个物种，分为 4 属。分布于北半球。物种包括溪七鳃鳗、欧洲河七鳃鳗、北方溪七鳃鳗、海七鳃鳗。伦巴底溪七鳃鳗被列为濒危物种，希腊溪七鳃鳗被列为易危物种。

澳洲七鳃鳗亚科

本亚科下仅有 1 个物种澳洲七鳃鳗，分布在澳大利亚南部、塔斯马尼亚岛、新西兰、智利、阿根廷、福克兰群岛及南乔治亚，可能也分布于乌拉圭及巴西南部。

袋七鳃鳗亚科

袋七鳃鳗属有 3 个物种，其中便包括短头七鳃鳗，分布在智利、澳大利亚东南部及塔斯马尼亚岛。非寄生性七鳃鳗被列为易危物种。

盲鳗

盲鳗科

43～50 个物种，分为 6 属和 2 个亚科。

盲鳗亚科

15～20 个物种，分为 4 属，分布在大西洋、太平洋，还包括阿根廷和新西兰沿岸。属和物种包括：北大西洋盲鳗、南盲鳗、新盲和长体线盲鳗。

黏盲鳗亚科

28～30 个物种，分为 2 属，分布在大西洋、印度洋和太平洋，包括黏盲鳗和副盲鳗。

移动周围的石块筑成以碎石为底的椭圆形浅巢，它们先将大石块摆放在逆流面，再将较小的石块依次垒放。所有七鳃鳗物种所筑的巢都十分相似，但不同物种中，负责筑巢的物种性别不同，有时也不一定保持一致。

产卵通常为群体行为，溪七鳃鳗的产卵群包括 10～30 条个体，而海七鳃鳗的产卵群中包含的个体数量较少，这些个体一般 2 个 1 对占用 1 个巢。欧洲河七鳃鳗还有求偶现象：即雄性在筑巢时，雌性从巢顶经过并将其身体的后半部分贴近雄性的头部，这可能是为了用气味刺激对方。七鳃鳗行外部受精，即雄性和雌性缠绕在一起，各自将精子和卵排至水中。雌性用吸盘将自己附着在石块上，雄性则将自己吸附在雌性身上，确保其排卵时的姿势不变。雌性溪七鳃鳗身上一般吸附着 2 或 3 条雄性。七鳃鳗每次只能排出少数几个卵，因此在数天的交配期内它们频繁交尾。其受精卵具有黏性，能粘在沙砾上，随后亲体用更多的沙砾覆盖在受精卵上。在产卵结束后，亲体即死去。

七鳃鳗的受精卵被孵化为穴居幼鱼（沙隐虫），其结构与成鱼并不相似。它们的眼睛很小，隐藏在皮肤下，依靠近尾部的感光区域探测光线。其具有突起齿的吸盘嘴还未发育出来，但却有头冠，形如斗篷或延伸出来的上唇，头冠基部是被一圈细丝（触毛）围绕的嘴，这些触毛能像滤网一样过滤食物颗粒。沙隐虫的嘴后有一个具有阀形结构的隔膜，水流就在鳃囊和这一隔膜的作用下穿过头冠。头冠的内层表面有数排细毛（纤毛）和大量黏液，能将水中的食物颗粒捕获，并顺着嘴进入到位于沙隐虫咽基部的复杂腺体管（内柱）中。沙隐虫分

⊙ **七鳃鳗和盲鳗的代表物种**

1.底部的幼鱼——沙隐虫幼体正从水中滤取碎屑；2.欧洲河七鳃鳗幼鱼的头部及头冠；3.欧洲河七鳃鳗成鱼嘴中的突起齿，这些头部盘边缘上的齿能为寄生期的七鳃鳗提供许多必要的拉力，使其紧紧地附着在鱼类宿主的身体侧面，一旦附着在宿主身体上，七鳃鳗就用口盘中舌头上的齿刺穿宿主；4.溪七鳃鳗以海鳟为食（50～60厘米）；5.海七鳃鳗正在筑巢（1米）；6.盲鳗（盲鳗属物种）的头部，包括嘴和被触须环绕的鼻孔；7.盲鳗属的一种盲鳗，身体呈鳗形（60厘米）；8.盲鳗（盲鳗属）正准备进入猎物的体内，它能扭成一个结，从而获得更多杠杆力，有助于将自己插入猎物鱼类的体内。

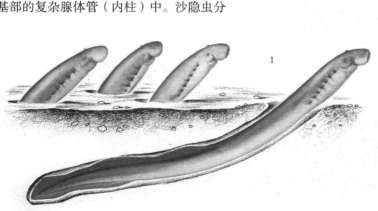

泌黏液的能力至关重要，这不仅能帮助它们摄食，还能封闭它们栖息的洞穴并避免其坍塌。

沙隐虫极少离开自己的洞穴，只是偶尔在夜间离开，但却常常变换姿势。它们用一部分背部躺在洞穴中，尾巴朝下，头冠面朝水流方向。这种姿势可以充分利用其尾部的感光区域，使它们能正确地调整自己的方向。沙隐虫幼体期（常被称为全盛期）是七鳃鳗整个生命周期中最长的一段时间，例如海七鳃鳗的沙隐虫幼体期就长达7年，而北方溪七鳃鳗为6年，溪七鳃鳗为3～6年，短头七鳃鳗则是3年。

七鳃鳗的沙隐虫幼体期和成体期都十分稳定，但从幼鱼变形至成鱼的阶段则是它们的一个难关，总是会发生较高的死亡率。这种变化十分深刻彻底，整个嘴、摄食和消化系统都要重组，眼睛变得发达，并摒弃穴居习性而改为以自由游泳为生。这一时期约持续8个月，在此期间内，七鳃鳗不进行也无法进行摄食。例如，某年早春，在俄罗斯就曾经发现大量死亡的处于变形期的七鳃鳗，它们鳃上的皮肤和嘴被黏液所堵塞，导致隔膜破裂窒息而死。

⊙ 欧洲河七鳃鳗用吸盘紧紧地附着在岩石上，抵御水流的冲击。七鳃鳗的嘴十分有用且高效，除了能用于摄食，还能用于筑巢时搬运石块及交尾。

北半球七鳃鳗通常在夏末开始变形，但各地的沙隐虫几乎都在同一时间开始变形，时间均集中于数周之内。环境状况能触发七鳃鳗的变形，例如，较冷水域中的七鳃鳗变形开始得较早。开始时，具有新眼睛的成鱼并不活跃，随着顺流迁徙的开始，寄生性和非寄生性七鳃鳗之间的差异逐渐凸显。在变形后，非寄生性七鳃鳗不需摄食，在繁殖后死去，因此它们的生长都在幼体期完成。寄生性七鳃鳗则恰恰相反，它们能以鱼类的血液和体液为食生活约 2 年时间，有时还能形成十分壮观的景象。

在寄生期内，七鳃鳗的移动范围极广，那些返回海洋的七鳃鳗物种有时会在距离海岸数千米、深达 1 000 米的地方被捕捉到。七鳃鳗靠视觉探测其猎物，通常附着在猎物身体中间 1/3 部分的下侧表面上。它们在前行时保持吸盘关闭，以此减少水的阻力。在攻击前又能将吸盘打开。在附着后，它们还可移动至更舒适的位置。海七鳃鳗唾液中的抗凝血物质能确保其获得连续的血流供给。

七鳃鳗的吸盘开口及上面的牙齿是它们附着的重要工具。它们能牢牢地附着在其他鱼类

身上，只有少数几个物种能游至水面并迅速翻身，使附着在身上的七鳃鳗的头部暴露在空气中，从而摆脱它们。在七鳃鳗的寄生期内，它们总共需要摄取 1.4 千克鱼类血液来保证自己完成从变形至产卵的全过程。很少有鱼类物种能躲过七鳃鳗的攻击，甚至连周身覆盖着坚硬的钻石形鳞片（鳞板）的雀鳝（雀鳝科）也不例外。有时，同一条鱼会被数条七鳃鳗同时攻击，那些刚完成变形的七鳃鳗个体，尤其凶狠贪婪。

七鳃鳗适应能力极强，因此环境中的哪怕一点点小小的改变，都可能对其他物种造成难以预计的后果。例如，19 世纪早期，北美大湖区域的鲑鱼渔业十分发达，利润颇高。为了疏通尼亚加拉瀑布，并使安大略湖和伊利湖之间通航，人们修建了韦兰运河（完工于 1829 年），这也使得海七鳃鳗能进入这些湖区。虽然此后约 1 个世纪的时间内（至 1921 年），伊利湖中的海七鳃鳗都没有引起人们的注意，但随后它们便迅速从伊利湖蔓延至休伦湖、密歇根湖和苏必略湖。到了 20 世纪 50 年代中期，海七鳃鳗已经在各大湖区稳稳地扎下根来，并严重威

胁到鲑鱼的存在。为了控制七鳃鳗并使鲑鱼数量回升，人们采取了大量措施，但这些代价高昂的举措最终都徒劳无功。现在人们只能寄希望于湖区的鱼类在被消灭殆尽前，能与七鳃鳗达成生物平衡。

盲鳗
盲鳗科

盲鳗外表平庸，毫不起眼，呈鳗形，体呈白色至灰棕色，扁平的后（尾）部上有肉质奇鳍，嘴部环绕着 4 或 6 条触须。然而，它们貌似简单的结构下却隐藏着许多特别的、甚至是独一无二的特性。盲鳗既没有颌也没有胃，却能寄生于大型鱼类。少数几种鱼类物种会捕食盲鳗，此时盲鳗能分泌大量黏液来抵御它们的攻击，当盲鳗的鼻孔被黏液堵住时，能"打喷嚏"将黏液喷出去。它们甚至能将自己的身体打成结，还拥有多个心脏。

盲鳗约有 50 个物种，其中部分体长能达90 厘米或更长，栖息在有着柔软沉积物的寒冷海洋的 20 ～ 300 米深处。由于盲鳗缺乏公认的切实特征，而且各个物种间的不同程度未明，因此其确切的物种数量尚不得而知。（其中最为人熟知的 2 个属为粘盲鳗和盲鳗。）人们对盲鳗与其他现存（活的）无颌鱼七鳃鳗的关系尚不了解，因此这一论题至今还存在许多争论。1991 年，美国伊利诺伊州东北部发现了一块重要的（也是迄今为止独一无二的）盲鳗化石，其可追溯至 3 亿年前的石炭纪晚期（宾夕法尼亚纪），它与现存物种的形态十分相似，

这意味着盲鳗类群在其进化的历程中甚少发生改变。

盲鳗的嘴周围环绕着 4 或 6 条触须，具体数量依物种不同。它们没有眼睛，但其头部上的 2 块有色凹陷以及头部和泄殖腔（生殖及排泄腔）的其他无色部位都能探测光线。它们具有极佳的触觉和嗅觉。其嘴部连接至咽，嘴上方中间有单鼻孔。它们还具有能探测味道的盲嗅囊。

盲鳗呼吸时，水流进入鼻孔，并被隔膜泵至约 14 对从咽通向体外的鳃囊中。在鳃囊中，血液吸收水流中的氧气，同时将二氧化碳排出。有人认为盲鳗的皮肤也能吸收氧气并排出废弃的二氧化碳。鳃囊在盲鳗体外排列为一系列小孔，越靠近身体后端的孔越大，鳃孔后紧接着的是一排黏液腺孔。盲鳗仅有的齿位于其舌之上。

盲鳗主要以将死或已死的鱼类为食，它们也能积极寻找并捕食蠕虫和其他无脊椎动物。当它们发现猎物时，会迅速逆流而上将其截获。它们具有灵活的身体，能用有齿的舌快速在鱼身体的一侧刮出一个缺口。当猎物是大型的鱼类时，它们会将自己的身体绕成一个半结，以结的前部分为支点，像杠杆那样产生更大的力，使自己的头部能戳入猎物的身体。盲鳗摄食很快，很快就会完全进入到猎物的体内，贪婪地吞食鱼肉。事实上，拖捞船经常能捕捉到几乎中空的可怕的鱼类残骸，其中便躺着吃饱喝足的盲鳗。

盲鳗将自己身体打结的本领还有其他用

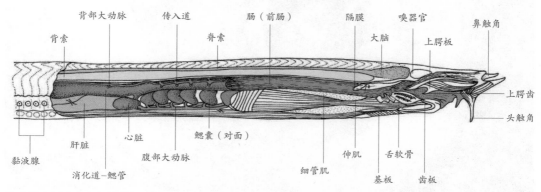

背部大动脉　传入道　肠（前肠）　隔膜　嗅器官　鼻触角
背索　脊索　大脑　上腭板
上腭齿
头触角
黏液腺　心脏　鳃囊（对面）　上腭齿
肝脏　腹部大动脉　伸肌　舌软骨
消化道–鳃管　细管肌　基板　齿板

⊙ 盲鳗在 3.3 亿多年间的进化过程中几乎毫无变化，它们虽具有部分头骨，但却没有脊椎，只有一条普通的柔韧脊索，其骨骼由软骨组成。

途，例如，利于躲避敌人的捕捉，特别是盲鳗在打结的同时还能分泌出黏液，就更能有效地抵御捕食者了。它们还能将身体从结中穿出，擦去身上分泌出的黏液，避免这些黏液堵塞鳃孔而引起窒息。但通过这种方式无法清理鼻孔上的黏液，因此它们还能打有力的"喷嚏"，从而保持鼻子的清洁。

盲鳗分泌至水中的黏液形如棉花状的细胞群，一旦接触到海水就会快速扩散、凝结并形成极具黏性的黏层——一条长 45 厘米的北大西洋盲鳗能在几分钟内就使一桶海水完全变为黏液。

盲鳗与大多数鱼类相似，都有一个能将血液泵入鳃中细小血管的心脏。此外，它们还有一对能使穿出鳃的血流速度加快的心脏，另一个心脏则能将血液泵入肝脏，它们另外还有一对靠近尾部的小心脏，类似于循环泵。这些辅助心脏的存在十分必要，这是因为盲鳗的血液并不总局限在血管中。相反，它们体内有一系列开放的空间或"血湖"，被称为窦，此处的血压会有明显的降低。分布在这些窦后的辅助心脏能升高血压，并推动血液进入下一部分的循环系统。但其尾部心脏的功能至今仍是一个

谜，它们如此细小，无法泵大量的血液，甚至连皮肤的刺激都会使其停止工作。（尾部心脏在一个活塞状软骨杆的带动下工作，该软骨杆则被心脏外身体的运动所带动。）而且，一旦去掉其尾部心脏，对盲鳗并未造成很多不便。专家们还发现盲鳗至少有部分心脏被弯曲成能分泌荷尔蒙的内分泌器官（无管腺体）。

人们对盲鳗的繁殖所知甚少。它们只能产不多的卵（可能少于 30 个），卵长约 2.5 厘米，呈椭圆形，卵的后端有黏性丛毛，能将卵彼此连接并附着在海底。卵产下后约 2 个月，新生盲鳗会从靠近卵后端的薄弱处破卵而出。盲鳗无交尾（交配）器官，因此人们断定其卵为外部受精，但受精究竟是如何实现的至今还是一个谜。盲鳗成鱼只有一个生殖腺（性器官），当它们成熟时，该生殖腺能发育为卵巢或睾丸。尽管盲鳗产卵数量不多，但某些地区的盲鳗个体数量却极其庞大，曾有记录显示某地的盲鳗竟达 15 000 条。它们没有幼体期（与七鳃鳗形成鲜明对比），其生命期的长短也未明。由于它们对伤口感染具有惊人的抵抗力，因此人们推测其生命期可能较长，但盲鳗也可能时常面临黏液堵塞的危险。

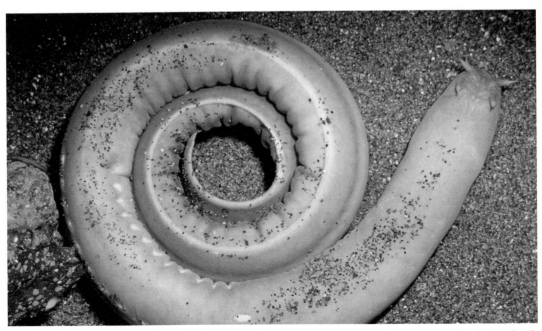

⊙ 太平洋盲鳗通常栖息在泥沼中的洞穴内，很少摄食。它们的新陈代谢速率较低，能贮存大量脂肪。它们饥饿时会抬起头、伸展着触角，四处游动，探测食物的味道。

鲟鱼及匙吻鲟

　　鲟鱼及匙吻鲟是晚白垩纪（0.95亿～0.65亿年前）的古老鱼类类群中仅存的物种，它们组成了软骨硬鳞亚纲（还有5个已灭绝物种目）。如今它们仅栖息在北半球，分别集中在太平洋和大西洋。鲟鱼是所有淡水鱼类中体型最大、寿命最长的物种，其鱼卵制成的鱼子酱深受世界各国美食家的青睐。

　　鲟鱼及匙吻鲟的受危状况比其他鱼类类群更为严峻。过度捕捞及人类对其栖息地的大肆破坏导致其数量的剧烈下降，25个物种中的23个都被IUCN列为易危、濒危或极危物种。鲟鱼及匙吻鲟性成熟较晚，因此过度捕捞对其造成的危害更大。据估计，自1900年起，世界主要河流中鲟鱼的数量下降了约70%。

▌鲟鱼
鲟科

　　鲟鱼具有沉重的、几乎呈圆柱形的身体，皮肤上有数排象牙形结节，位于腹部的嘴周围有触须，还具有歪尾（其上叶比下叶长）和软骨质骨骼。

　　有些鲟鱼栖息在海洋，但在淡水中繁殖，其他鲟鱼则终其一生都栖息在淡水中。人们对溯河产卵的鲟鱼（需从海洋迁徙至河流）的海生生活状况不甚了解。它们的摄食范围似乎十分广泛，猎物包括软体动物、多毛类蠕虫、虾和鱼类。其成鱼几乎没有敌人，但曾有鲟鱼被海七鳃鳗攻击甚至致死的记录。波罗的海或大西洋鲟鱼栖息在大陆架附近深度超过100米的海底峡谷中。卡卢加鲟鱼栖息在俄罗斯远东库页岛的渔场中，然而直到1975年，人们才在日本北部北海道附近的渔场中发现第一条卡卢加鲟鱼。白鲟终其一生能在海洋中穿行1000多千米。淡水鲟鱼通常则待在大型湖泊和河流的浅水区，捕食小龙虾、软体动物、昆虫幼虫和许多其他无脊椎动物，极少以鱼类为食。鲟鱼的季节性迁徙是指它们在夏季从浅水移动到深水，而在冬季又返回浅水。伏尔加河的鲟鱼整个冬天需要穿越430千米的距离，聚集在水底的凹陷处。

　　溯河产卵的鲟鱼在春夏两季产卵，部分物种还有所谓"春季"和"冬季"形态，能在各自的季节逆流而上，其中春季形态的鲟鱼在到达上游后很快产卵，而冬季形态的鲟鱼则在次年

知识档案

鲟鱼及匙吻鲟

目　鲟形目

27个物种，分为6属2科。

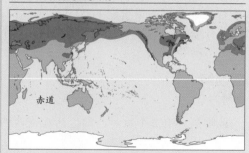

鲟鱼（鲟科）

25个物种，分为4属。**分布**：北大西洋、北太平洋及北冰洋及其支线河流。**体长**：（成鱼）0.9～9米。**物种**：普通鲟鱼或波罗的海鲟鱼，湖鲟鱼，小体鲟，白鲟，欧鲟，卡卢加鲟鱼，铲鲟。**保护状况**：锡尔河铲鲟为极危物种，船鲟为濒危物种。

匙吻鲟（匙吻鲟科）

2个物种，分为2属。**分布**：密西西比河和长江。**体长**：（最大的成鱼）约3米。**物种**：中华鲟，美洲鲟。**保护状况**：两个物种都严重受危，其中长江中华鲟被列为极危物种。

春季再产卵。此外，有些鲟鱼成鱼每年都能产卵，而另一些只能间歇地产卵。淡水鲟鱼从原来的栖息地逆流至上游或大型河流的中游地区产卵。北美湖鲟鱼在无法寻觅到合适的安静产卵场所时，还能在有浪的环境中在岩石上产卵。这些物种的求偶行为包括在水底跳跃和旋转。

潮河产卵鲟鱼和淡水鲟鱼物种在产卵期都会中止摄食，它们产下的卵数以百万计——体长 2.65 米的大型雌性波罗的海鲟鱼产卵数量超过 300 万枚。鲟鱼卵有黏性，能附着在植物和石头上，其孵化时间约为 1 周。人们掌握的关于新生鲟鱼发育过程的资料十分有限，但一般认为它们在最初的 5 年内发育十分迅速，可达约 50 厘米长。

鲟鱼的体型和寿命都十分惊人。北美白鲟和俄罗斯欧鲟是世界上最大的淡水鱼类。1892 年在美国俄勒冈州捕获的一条白鲟重达 800 千克，曾在芝加哥世界博览会上展出。而人们唯一实际称量过的大白鲟 1912 年捕获于哥伦比亚河，长 3.8 米，重 580 千克。长 1.8 米的白鲟年龄介于 15 ~ 20 龄之间。最大的湖鲟鱼捕获于 1922 年，重达 140 千克。寿命最长的则是 1953 年捕获的一条 154 龄的鲟鱼。1926 年，人们曾经捕获了一条重逾 1000 千克的欧鲟，其中共有 180 千克鱼卵及 688 千克鱼肉，这条白鲟至少为 75 龄。

▮ 匙吻鲟
匙吻鲟科

匙吻鲟共有 2 个物种，即生活在密西西比河的美洲匙吻鲟和生活在长江的中华鲟，它们的化石则来自于白垩纪和始新世（1.35 亿 ~ 0.38 亿年前）的北美。

匙吻鲟伸出的上颌形如长而扁平的阔口吻，这也是这一物种的标志。它们的大嘴呈囊状，游动时嘴保持张开，能捕捞水中的甲壳类动物及其他浮游动物。美洲匙吻鲟栖息在塞满淤泥的水池及河流中，体长超过 1.5 米，重达 80 千克，它们的鱼卵也能制成鱼子酱。这一物种主要在夜间活动，白天则在深池底部休息。

人们仅在 1961 年首次并且也是唯一一次观察到匙吻鲟的产卵过程。水温达到 10℃时，会促使成体匙吻鲟逆流而上，到达浅水区，等到四五月间水温约为 13℃时，匙吻鲟便开始产卵。雌性匙吻鲟的产卵量约为 7500 枚卵 / 千克体重，约需一周时间进行孵化。

匙吻鲟上颌的作用尚不明确，人们认为它可能是一种电感应装置，能探测浮游群；也可能是为抵消巨大的嘴部产生的压力以平衡头部的稳定器，或为匙铲；也可能用于掘泥（但现在人们否定了这种推测）；甚至可能为将小生物从海生植物中驱赶出来的敲打器（但那些意外丧失匙吻的个体饱胀的胃却显示，它们也能正常摄食）。

人们对中华鲟的生物特性了解甚少，但可以确定的是它们主要以鱼类为食，（这与以浮游生物为食的美洲匙吻鲟截然不同，）因此其鳃耙（能从水中滤出悬浮食物颗粒的"筛"形结构）数量较少。中华鲟号称能达 7 米长，但迄今为止获得的最大个体体长仅为 3 米。

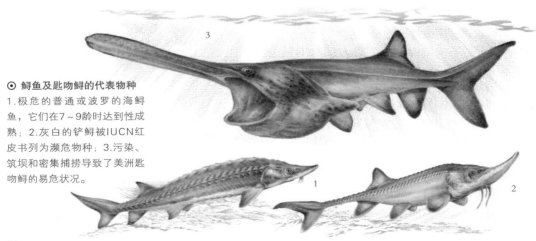

⊙ **鲟鱼及匙吻鲟的代表物种**
1.极危的普通或波罗的海鲟鱼，它们在 7 ~ 9 龄时达到性成熟；2.灰白的铲鲟被 IUCN 红皮书列为濒危物种；3.污染、筑坝和密集捕捞导致了美洲匙吻鲟的易危状况。

雀鳝和弓鳍鱼

雀鳝和弓鳍鱼是数种曾广泛分布但现已灭绝的鱼类类群的仅存物种。例如雀鳝已灭绝的 Obaichthys 属物种在白垩纪时期（1.42 亿 ~0.65 亿年前）栖息在南美洲，而 2 个现存雀鳝物种的化石则来自于欧洲、印度和北美的白垩纪和第三纪沉积物中。弓鳍鱼的先祖类群一度包含 50 属，谱系可追溯至侏罗纪（2.06 亿 ~1.42 亿年前）时期。弓鳍鱼在第三纪（6500 万 ~180 万年前）广泛分布至欧亚大陆及北美。

如今，这 2 科物种的分布都十分有限。弓鳍鱼仅有 1 个物种存活至今，分布在北美中部和东部。雀鳝仅分布在北美及墨西哥，大雀鳝属物种的分布则更加倾向于南部，从美国南部延伸至美洲中部（哥斯达黎加和古巴）。

雀鳝
雀鳝科

雀鳝身体较长，为肉食性动物，它们习惯于埋伏在附近隐密的支流中，窥伺猎物的到来。它们以长颌、无数伸出的牙齿以及沉重的钻石形鳞甲为特征。其鳔与食道或咽喉相连，即具有从嘴的后端到胃的管道。这种结构能实现肺的功能，使雀鳝能够呼吸。

鳄雀鳝是北美最大的淡水鱼类之一。人们曾在路易斯安那州捕获一条重逾 135 千克、长 3 米的鳄雀鳝，而今这一物种在其分布区域内（从韦拉克鲁斯到俄亥俄州的一段弧形内海平原和密西西比河）已十分少见了。

海钓船通常用鳄雀鳝来捕食水域中的游钓鱼类和水鸟，从而降低水域中的鱼类及其他野生动物的数量。然而，详细的研究显示这一物种其实很少以游钓鱼类或水鸟为食，而主要捕食草食性鱼类和蟹。有报告称鳄雀鳝会捕食其他雀鳝，更曾有一例报导称鳄雀鳝能将一条小鳄鱼一分为二！另两个大雀鳝物种为尼加拉瓜的热带雀鳝和古巴雀鳝，人们对它们的生物特性几乎一无所知。热带雀鳝栖息在尼加拉瓜湖受保护的较浅水域中，其个体体长超过 1.1 米，重逾 9 千克；古巴雀鳝能长至约 2 米。

雀鳝属物种在北美分布广泛，从大湖地区北部直至佛罗里达，及密西西比河流域。斑雀鳝遍及密西西比河流域，体长超过 1.1 米，重 3 千克。长鼻雀鳝的分布比斑雀鳝更广，也栖息在咸水的沿岸地区。短鼻雀鳝分布在美国得州东北部、蒙大拿、俄亥俄州南部和密西西比河，佛罗里达斑雀鳝除分布在上述地区外，还栖息于乔治亚低地。

⊙ 长鼻雀鳝的典型栖息地是水流缓慢、富含水下植物的溪流、死水和湖泊，在那里它们以小型鱼类和甲壳类动物为食。长鼻雀鳝很少被捕获用于食用，其卵有毒。

长鼻雀鳝身体长逾 1.8 米，重 30 千克。雌性体长超过雄性，在第 10 或 11 龄时，两者的差异能达 18 厘米。雄性的寿命很少能超过 11 龄，而雌性却能存活 22 龄之久。长鼻雀鳝通常由一条雌性和数条雄性一起繁殖，称为群体产卵，产卵期集中在 3 ~ 8 月，依所在位置而有所不同；产卵地则在温暖浅水的植物上或由雌性掘出的凹陷处。它们的卵有黏性，每条雌性能产下约 27 000 个卵，有时会多达 77 000 个，这些卵在排出后的 6 ~ 9 天内被孵化出来。弓鳍鱼的幼鱼用吻上的黏垫附着在植物上，其生长速度很快，每天能增长 2.5 ~ 3.9 毫米。

弓鳍鱼
弓鳍鱼科

弓鳍鱼在鱼类历史分类中的地位多年来一直是学术界争论的热点。在所有硬骨鱼中，

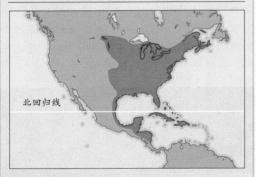

知识档案

雀鳝和弓鳍鱼

目	半椎鱼目、弓鳍鱼目
科	雀鳝科、弓鳍鱼科

8个物种，分为3属。

雀鳝（雀鳝科）

7个物种，分为2属。**分布：**美洲中部、古巴、从美洲北部北延至大湖地区。**体长：**75厘米~3米。**重量：**7~135千克。**物种：**鳄雀鳝、古巴雀鳝、热带雀鳝、佛罗里达斑雀鳝、长鼻雀鳝、短鼻雀鳝、斑雀鳝。

弓鳍鱼（弓鳍鱼科）

该科下只有一个物种。**分布：**北起大湖地区南至美国佛罗里达的区域，及密西西比河流域。**体长：**45~100厘米。**重量：**最重达4千克。

弓鳍鱼的结构是人类研究得最为透彻仔细的，1897 年，仅就其头骨结构就专门出版了一篇 300 页的专论（作者：爱德华·艾里斯）。当前的学术观点则认为，弓鳍鱼是最接近于真骨鱼的物种，即所谓的有"真正骨头"的鱼类。

"弓鳍鱼"这一俗名源自该物种波浪形的长背鳍，在大湖地区被称为狗鲨，美国南部各州通常称为 grindle，其他地区给这个物种也赋予了五花八门的名称，如泥鱼、棉花鱼，最令人难以理解的是居然有人将它们命名为"律师"。弓鳍鱼的另一个典型特征是其结实平直的头部和圆柱体形的身体。其鱼尾基部的上端有一个暗斑点，雄性的暗斑点边缘呈橙色或黄色（可作为辨别物种性别的一种标志），而雌性则没有这些边缘，有的雌性甚至连暗斑点也没有。大多数弓鳍鱼体长能达 40 ~ 60 厘米，少数甚至能达 110 厘米，重达 4 千克。

弓鳍鱼的鳔能像"肺"一样工作，在无水的状态下，只要保持其身体的湿润，它们就还能生存多达 1 天的时间。因此，它们多栖息在沼泽、缺氧的水域中，而这些地方往往不适于其他捕食弓鳍鱼的鱼类生存。此外，干燥时它们还能将自己埋在水底的泥土中，进入到蛰伏或休眠状态，也被称为夏眠。

弓鳍鱼在春季产卵，此时雄性游至较浅水域，咬断河底或湖底的植物，准备好一个直径为 30 ~ 60 厘米的碟形巢。雄性积极地捍卫自己的巢，以免被其他雄性占领。一条雄性一般能与数条雌性交配产卵。雌性能产下约 3 万枚具有黏性的卵，雄性则负责护卵。8 ~ 10 天后，被孵化出来的新生个体用黏性吻垫附着在植物之上，雄性继续保护幼仔，直至其长到约 10 厘米长。这些新生个体的发育相对缓慢，大概需要 3 ~ 5 年时间才能发育成熟。

弓鳍鱼为肉食性动物，主要以其他鱼类（太阳鱼、鲈鱼、河鲈、狗鱼、鲇鱼和鲦鱼）、蛙、小龙虾、虾、其他多种水生昆虫、龟、蛇为食，甚至能捕食水蛭和啮齿动物。弓鳍鱼的肉质并不美味，加上它们数量众多又会大肆捕获游钓鱼类，因此不受垂钓者和自然资源保护者的青睐。而有些人则认为，要是没有弓鳍鱼，许多垂钓的流域中鱼类会变得十分拥挤，并阻碍游钓鱼类的生长，这反而会降低当地对垂钓者的吸引力。

大海鲢、北梭鱼、鳗鱼和背棘鱼

　　鳗鱼一直深受人们的喜爱，在中世纪时期还曾一度作为人们的主食。很早以前，人们就认为鳗鱼十分特别，这是因为它们与其他淡水鱼类不同，在繁殖季节的开始并不产卵或排出精子。这一神秘的现象引起了许多猜测和解释，但这些解释都只是空想而已。直到19世纪末期，人们才真正解开这一谜团。今天，人们已经掌握了许多鳗鱼的生物特性，但它们的生物习性中仍蕴藏了许多未为人知的秘密。

　　大海鲢、北梭鱼、鳗鱼和背棘鱼可分为4个目，其中的物种除特定的结构相似外，彼此外表各不相同。它们的共同点是，都具有与成鱼截然不同的幼鱼，幼鱼通体透明，呈柳叶或带形，美其名曰"柳叶鳗"。这4个目为：包括大海鲢、海鲢或女仕鱼的海鲢目，包括北梭鱼、海蜥鱼和棘鳗的北梭鱼目，包括15个鳗鱼科的鳗鲡目，包括吞噬鳗、囊喉鳗及其同类的囊鳃鳗目。

大海鲢及其同类
海鲢目

　　大海鲢及其同类（海鲢目）身体不呈鳗形，拥有悠久的历史，这一类群的化石源自晚白垩纪欧洲、亚洲及非洲的沉积物（0.96亿～0.65亿年前）。它们都具有柳叶鳗幼体期，下颌的两侧间还有咽板——咽喉皮肤表面的一对骨结构。咽板在古代鱼类身上十分常见，但这种结构在现存鱼类中却不多见。该目下的物种主要为海生鱼类，有时也会进入淡水中栖息。

　　大海鲢是海鲢目中最大的物种，重达160千克。在海钓中，上钩的大海鲢会高高跃起至空中，翻转过身来摆脱钓钩，与垂钓者形成对抗，因此深受垂钓者的喜爱。这一物种栖息在大西洋两侧的热带和亚热带水域中，成鱼在海洋中繁殖，而幼鱼在变形时会迁徙至近海岸的水域中。新生的大海鲢成鱼在环礁湖和红树沼泽区域栖息和生长，这类湿地通常氧气含量低，但大海鲢能呼吸大气氧气，此时这种技能正好得以施展。

　　印度洋—太平洋大海鲢与其大西洋近族外表相似，甚至连背鳍上长长的最末鳍刺都如出一辙。它们的生命周期也与大西洋大海鲢相似。2个物种只在结构上有微小差别，如印度洋—太平洋大海鲢的鳔道紧靠头骨中的内耳区，鳍条和椎骨的数量也与大西洋大海鲢不同。此外，两者最显著的区别是印度洋—太平洋大海鲢一般较小，很少超过50千克重。

　　海鲢（海鲢物种）也是温水物种，栖息在热带和亚热带大西洋水域。尽管它们的俗名并不起眼，但这一物种却能长至 6.8 千克重。

北梭鱼、棘鳗及其同类
海鲢目

北梭鱼广泛分布在热带海洋的浅水域中，它们是群集鱼类，以底栖无脊椎动物为食，常栖息在海水的极浅处，有时其背鳍和尾鳍的上叶会伸出海面。北梭鱼的重量很少超过 9 千克，体长也很少超过 1.1 米。尽管肉质不佳，但由于它们骁勇善斗，因此常被海钓者追逐。

海蜥鱼（海蜥鱼科）和棘鳗或背棘鱼（背棘鱼科）都是有鳞的深海鱼类，它们很少超过 2 米长。它们的嘴前有延伸出来的吻部，直指向前。其头部通常是整个身体中最长的一部分。身体部分呈鳗形，沿尾部方向逐渐变细。部分物种有小巧的尾鳍，而其他物种的臀鳍和尾鳍则结合在一起，即连接起来了。有背鳍的物种，其背鳍短小，位置靠前。背棘鱼的背上和臀鳍前有一系列单个的棘刺，因此它们除了棘鳗外还享有背棘鱼这一俗名。它们较短小粗壮。背棘鱼呈世界性分布，以海底的棘皮动物（参见海胆和海星）、海绵动物和海葵为食。

海蜥鱼也呈世界性分布，大多集中在 1800 米的深处，但鼻海蜥鱼却曾被捕获于北大西洋 5200 米的深处。它们以无脊椎动物为食，主要捕食那些栖息于深海的物种，至少部分海蜥鱼物种能用吻将猎物从海底驱逐出来。

知识档案

大海鲢、北梭鱼和鳗鱼

总目　海鲢总目

目　海鲢目、北梭鱼目、鳗鲡目、囊鳃鳗目

约800个物种，分为约156属，约24科及4目。

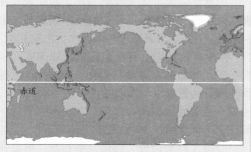

分布：各大洋；热带和温带水域中。

⊙ **大海鲢鱼群**
大队的大海鲢鱼群（深受海钓者所喜爱）常在固定栖息地生活数年。大海鲢以小型鱼类为食，如沙丁鱼。

其他海蜥鱼物种则捕食小型乌贼，大西洋的深海海蜥鱼的头顶上还排列着一排可能是味蕾的结构。海蜥鱼颜色多十分灰暗，但欧氏海蜥鱼却呈闪耀着银光的粉红色，它也是少数几个口腔顶有深浅交替条纹的鱼类物种之一。

北大西洋西部的吸口背棘鱼的嘴内没有牙齿，能像吸尘器一样吮吸入大量软泥，软泥中所含的有机物质数量可能较少，但这种棘鳗有很长的肠，能最大化地吸收软泥中的营养物质，事实上它们正是依靠这种不被看好的食物而生存下来的。

在 1928 ~ 1930 年间的科研航程中，科研舰丹纳号在南非沿海捕获了一条长 1.84 米的柳叶鳗幼鱼。一时间，人们对此众说纷纭，伪科

学论者甚至提出这样的论调："如果长10厘米的康吉鳗幼鱼能长成长2米的成鱼，那么这条柳叶鳗幼鱼就会长成超过30米的成鱼。因此这是一条海蛇幼体，也就是说海蛇就是鳗鱼。"

人们还捕获了另一些巨型柳叶鳗幼鱼，并为其命名为巨柳叶鳗。20世纪60年代中期，人们又捕获到一条巨型柳叶鳗，这一次人们得到了幸运女神的眷顾——当时捕获的幼鱼正处于变形中期，可以确定其成鱼正是背棘鱼。随后人们在其他巨型柳叶鳗的身上一再验证，证明其确能变形为背棘鱼，因此也奠定了背棘鱼与鳗鱼的关系，粉碎了关于海蛇的一系列无稽之谈。然而，背棘鱼与其他鳗鱼有所不同，它们在变形后几乎很难继续生长发育，所谓30

米长的成鱼——"海蛇"——只不过是人们天马行空的妄自猜测罢了。

鳗鱼
鳗鲡目

鳗鱼物种科的确切数目至今尚未确定，专家们对这一问题持有不同观点，这是由于他们对部分物种知之甚少——有时仅有一个或数个标本以供研究。此外，人们在将已知的柳叶鳗幼鱼与已知的成鱼进行匹配时，也遇到了很多困难。

欧洲鳗鱼的幼鱼在藻海被孵化出来后便漂回至湾流，随后经过约3年时间游到寒冷清澈的欧洲沿岸浅水域中，在那里它们慢慢收缩变

29

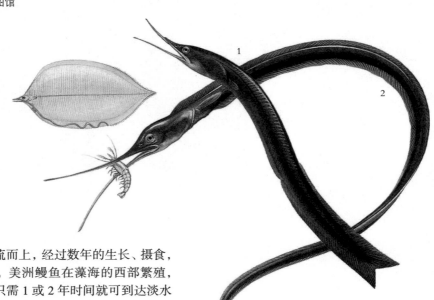

形为鳗线并溯流而上，经过数年的生长、摄食，直至再度迁徙。美洲鳗鱼在藻海的西部繁殖，其柳叶鳗幼鱼只需 1 或 2 年时间就可到达淡水域中。

并非所有鳗鲡鱼的繁殖场都已被人类发现，例如，极具经济价值的日本鳗的产卵场就不为人知。南非东部的鳗鱼都在马达加斯加岛东面的深海处繁殖，包括斑点鳗、北方鳗和东非或长鳍淡水鳗。

欧洲、美洲和日本鳗的成鱼呈世界性分布，而东非的第 4 个鳗鱼物种马达加斑点鳗分布在许多太平洋岛屿、远东和北面的中国香港及日本南部。与之形成鲜明对比的是，加里曼丹鳗鲡则栖息在婆罗洲的渤河，西里伯斯岛长鳍鳗则仅分布在西里伯斯岛东北部。鳗鱼的其他物种分布在上述区域的中间，都有能通往其繁殖场的通道。它们究竟是怎样到达那些繁殖

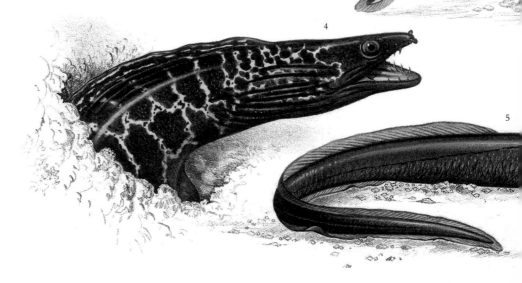

⊙ **鳗鱼和背棘鱼的代表物种**

1.短尾棘鳗，月尾鳗科下的两个物种之一；2.鹬鳗（线口鳗属），线口鳗科；3.休氏唇鼻鳗，属于伪海鳗科（草鳗科）；4.波纹裸胸鳝，海鳝科；5.北方凶残鳗或考氏剑齿鳗，合鳃鳗科；6.线蚓鳗，蚓鳗科；7.海蜥鱼（海蜥鱼属，海蜥鱼科，属于北梭鱼目）；8.魏氏糯鳗，糯鳗科；9.吞噬鳗或宽咽鳗，宽咽鱼科下的唯一物种。

场的,又为什么会去往那里繁殖呢?我们不知道答案,但有几个十分有趣的可能性可供参考。

欧洲鳗鱼的幼鱼被湾流带走,那么其成鱼为什么不追随着返回繁殖场呢?又或者,若繁殖场对温度、盐度和水压3个参数都有特定要求,那么这些参数可否指引鳗鱼返回呢?事实上,用特定的参数来指引鳗鱼的方向几乎是不太可能的。例如,在水温的指引下从欧洲北部而来的鳗鱼成鱼能到达藻海,而从意大利来的鳗鱼就不会到达藻海(地中海的水温比相邻的大西洋要高)。大西洋靠近欧洲附近的水压(可体现为水下的深度)则比其他部分更适合鳗鱼的繁殖。此外,人们并不难理解的是,由于鳗鱼成鱼在早期迁徙中就能自如地适应从淡水到咸水的过渡,因此它们对盐度的改变并不敏感。

人类对于鳗鱼的认识还存在许多盲点,但却并不妨碍人类对此做出许多十分有趣的推测。首先,许多动物都能利用地球磁场来导航,尽管迄今为止人们还没有在鳗鱼身上发现磁场探测器官,但却不能完全否定其存在的可能性。

第二个推测与大陆的运动,即大陆漂移有关。欧洲的大部分与北美曾经连为一个大陆,非洲与南美也是如此。在形成如今的大陆分布状况的过程中,一定有一段时期在这2块大陆之间存在一片狭窄的海洋。那么是否存在这种可能,即当鳗鱼刚出现时,它们就在这片狭窄的海洋中繁殖,因此就算它们不擅游泳也不得不跋涉数千千米到达此地,因为只有在这里的物理环境才能保证其顺利繁殖。

人们对做标记的迁徙鳗鱼进行的研究显示,它们的迁徙耗时4~7个月,在此期间它们并不进食。更令人难以理解的是,那些随着湾流被带往摄食场的柳叶鳗,在穿越大洋的2~3年迁徙期间内也不摄食。它们的消化道内没有食物,而它们所具有的前伸的特殊牙齿大部分位于颌外,绝不用于捕获食物。然而,它们却能在迁徙的过程中不断生长,直至变形前才收缩,牙齿也会消失。

对于这些令人费解的难题,如下几条线索也许能做出部分解释。对康吉鳗幼鱼的研究显

⊙ 鳗鱼在柳叶鳗幼鱼与成鱼阶段之间,还必须经过一个身体形状虽然改变但仍保持透明的时期,即"玻璃鳗",它与紧随其后发育而成的鳗线都能烹饪为佳肴。

示，它们能从海水中吸收营养物质和重要矿物质。这一物种的嘴上有成行的细小突起（茸毛），能吸收营养物质。然而，鳗鲡鱼却并不具备这类结构。由于鳗鱼的变形十分迅速，因此它们必须储备大量钙质以便快速完成骨骼的矿化并顺利地从幼鱼进入到成鱼阶段。柳叶鳗在变形过程中消失的前伸牙齿富含钙质，因此这些牙齿有可能是幼鱼为变形所储备的必要钙质。

在柳叶鳗的变形期内，它们原本扁平的身体逐渐变为成鱼的形状，发育出腹鳍、鳞片，身体也具有了相应的颜色。在色素出现前，这些幼鱼被称为玻璃鳗，色素出现后则被称为鳗线。依据当地外在环境的不同，大量溯河而上的可能是玻璃鳗，也可能是鳗线。19世纪河口污染以前，人们能捕获数百万条鳗线，并举行专门的鳗线交易会。捕获于英国塞文河的鳗线特别著名，主要用做食物。在欧洲其他地方，鳗线还可用做防腐剂和黏合剂。如今人们仍然捕获鳗线，但主要是将其送至鳗鱼养殖场，在那里它们成熟的时间比在野外所需的时间要短。鳗鱼成鱼营养丰富，不论是烟熏或是焖炖，在世界许多地方都深受欢迎，凝胶鳗鱼则一度在贫困的伦敦东区十分盛行。

尽管鳗鱼的血液中含有一种危险的鱼毒素（鱼毒），但它们仍然十分受欢迎。因此在烹饪鳗鱼时，特别要注意不要让鳗鱼的血液接触到眼睛或其他黏膜。这种鱼毒素在烹饪时会很快被破坏，因此大多数食鳗鱼者都开心地享受美味，丝毫不会察觉它们的毒素。

海鳗是古罗马时期统治阶级钟爱的宠物。地中海海鳗的学名正是为了纪念公元前2世纪末期的一位罗马时期的富豪李西尼斯·穆拉纳（Licinius Muraena）。根据普林尼的记载，李西尼斯围养海鳗，用以向大众炫耀自己的财富。到了儒略·恺撒（Julius Caesar）时期，盖阿斯·海尔斯（Gaius Herrius）甚至为自己的海鳗建造了一个专门的池塘，这一行为震惊了当时的皇帝恺撒，并提出要购买这些海鳗。盖阿斯拒绝了这一要求，但可能是为了与皇帝保持良好的关系，他仍同意借给恺撒6000条海鳗用以在宴会上展示。此外，还有许多其他故事，描述了当时的富豪如何用珠宝装饰自己的宠物海鳗。

罗马帝国时期的颓废社会中流传的关于鳗鱼最为臭名昭著的故事，可能要数维迪斯·保罗将反抗或多余的奴隶投给海鳗作食物，用以给自己的晚宴贵宾取乐。这一故事和其他一些类似传说都反映了鳗鱼的凶残可怕，因此演变为一些深入人心的神话传说，其主旨都声称潜水者的皮肤一旦接触到海鳗，就只有死路一条。这些传说中充斥着这样的情景：海鳗攻击潜水者时，会在咬伤他们的同时释放毒素，一旦海鳗用牙齿咬住潜水者就绝不会松口。事实上这些谣传并不可信。首先，海鳗的咬伤是无毒的，任何伤口引起的感染都是继发感染。其次，海鳗的牙齿适于捕捉小型猎物，它们长而薄，较大的牙齿互相铰合，能使猎物顺利地进入到自己的胃中。但这并不意味着海鳗在咬住猎物后就绝不松口，特别是当海鳗咬住的是人类这样大而难以吞咽的猎物时，它们就更不会一直咬住不放了。

海鳗大多具有与地中海海鳗相似的牙齿，而热带蛇鳝属物种却有钝而圆的牙齿，正好适于碾碎其主要的食物螃蟹。管鼻海鳝（管鼻鳝属）的前鼻孔延伸成特有的长叶形结构。蓝体管鼻海鳝色泽艳丽，深受观赏鱼爱好者喜爱。其雄性呈土耳其玉色，明黄的背鳍还镶有白边，头部的前端和下端呈黄色，其他部分则为蓝色；其雌性通体均为黄色，臀鳍为黑色。

海鳗的分布遍及所有热带海洋，常栖息在较浅的水域中，偶尔也会进入到淡水域中。

伪海鳗（草鳗科，有时也被称为伪海鳝科）可能与海鳗有许多密切的关联，它们与海鳗相似，都没有鳞片，连续的奇（中）鳍上覆盖着厚厚的皮肤，胸鳍退化，其中至少有1个物种的胸鳍已完全消失。其体色也与许多海鳗一样，上有许多斑点。但与海鳗相比，它们头上的孔更小，身体更薄，这足以证明它们是独立于海鳗的一个单独物种科。伪海鳗的代表物种呈世界性分布，但由于它们行踪隐秘，因此人们对它们几乎一无所知。

双色伪海鳗的柳叶鳗幼鱼在地中海水域极其常见，但迄今为止，人们对其成鱼的了解仍然十分有限。100多年前人类就已有关于这一物种的记载，但仅有极少数个体标本被收藏于博物馆中，随着潜水员尝试着将水下麻醉剂用

⊙ 短管星太阳珊瑚丛中的2只斑点海鳗幼鱼的头从窝中探出，摆出一副其特有的姿态。该物种在礁石旁十分常见。

于麻醉这些动物，这才慢慢捕获到更多个体标本。这一物种也分布在美国佛罗里达近海，体型较小（短于 25 厘米），无胸鳍，背部呈深棕色，腹部为浅棕色。

科研舰比尔比利号在圣安德鲁河口的科特迪瓦水域的 50 米深处，发现了一条鳗鱼个体，这就是奥洛草鳗（Chlopsis olokun，名称是以居住在该地区的约鲁巴民族所敬仰的海神奥路昆 Olokun 命名的）。弗氏伪康吉鳗一般广泛分布在太平洋水域，奥洛草鳗则是这一物种属中第一个在大西洋栖息的物种。

"线蚓鳗"这一俗名贴切地描述了蚓鳗科中约 6 个物种的外形特征：身体长而薄，表面无鳞片，背鳍及臀鳍通常极不发达。它们有时也被认作"蠕鳗"，但事实上"蠕鳗"这一俗名更适合于蛇鳗科物种。线蚓鳗在印度洋—太平洋十分常见，少数物种也栖息在大西洋，特别是大西洋西部水域。它们分明的背鳍有的呈叉形（有两叶），有的则呈三叶，这在鳗鱼中极其少见。

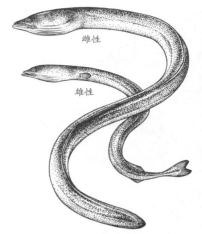

⊙ 诸如线蚓鳗这样的部分鳗鱼物种都呈明显的两性二态性。图中不同性别个体的大小和鳍的轮廓都迥然不同。

线蚓鳗的部分物种两性之间呈现明显的区别，譬如，西印度蠕鳗雌性的体长接近于雄性体长的 2 倍，雌性的椎骨比雄性多，心脏在身体中的位置也更靠近身体的后端。这些不同之处在过去曾经多次引起物种的误认。

⊙ **蓝体管鼻海鳝**
图中为该物种的雄性，具有黄色的背鳍。该物种是海鳝中唯一一个在性别和体色上都有明显区别的物种。

花园鳗的群落

花园鳗约有25个物种，分为2个属（园鳗属和异康吉鳗属），所有花园鳗物种都具有相似的日常行为和生命史。花园鳗群落一般栖息在水流平稳、又有足够光线供其寻找食物的浅水域中，在那里，它们如同会抓握食物的手杖一般，面朝水流而立。其中最密集群落的密度约为每隔50厘米就有一条花园鳗，群落的密度越高，其在海洋中所处的位置就越深。群落中每个个体之间的距离与其个体的长度有关，这是因为每个个体都能覆盖以近似于其体长的长度为半径所围成的半球形水域，因此只有保持这个距离才能保证每个个体与相邻的个体分隔开来。

专家们对红海的西氏园鳗群落进行了细致的研究，并得到许多有趣的信息。它们的洞穴是旋绕的，上边布满了鳗鱼皮肤分泌的黏液（在专家们研究的期间，它们从来未曾离开自己的洞穴）。日出前半小时左右，它们便开始一天的活动：从洞穴中探出头来觅食，但一有任何风吹草动，整个园鳗群落都会躲进洞穴中。中午前后，园鳗会回到洞穴休憩，下午至日落这段时间，它们又会再度探出头来觅食。十分有趣的是，当群落中的个体完全缩回洞穴休息时，它的摄食范围会被另一个毫无关联的鱼类所覆盖——毛背鱼科的钻沙鱼，它们摄食的深度正好与园鳗探出的头部所在的深度一致。当园鳗探出头时，钻沙鱼就会像它们名字所显示的那样，钻入沙中藏起来。

花园鳗甚至在交配时都离不开洞穴的保护。雄性花园鳗从洞穴中探出身来，用闪光的鱼鳍朝着相邻的雌性摆动，若雌性愿意接纳，便从自己的洞穴中探出来，与雄性缠绕在一起。在交尾时，花园鳗能排出少量卵，同时使其受精。一对花园鳗一天中可交尾20次。对花园鳗群落分布的详细研究显示，雌性从不移动自己的洞穴，但有些雄性为了靠近雌性，有时也会移动自己的洞穴。然而，这种洞穴的移动却从未被人类观察到，据推测，这类活动多半发生在夜间。在繁殖过后，雄性也会将自己的洞穴朝远离雌性的方向移动。

经过柳叶鳗幼鱼期后，小小的新生花园鳗便会聚集在一起固着下来，直到它们长至约25厘米长，这个新生花园鳗群落才会瓦解，其中的个体会在成鱼群落中寻找相应的地方安定下来。成鱼十分厌恶这种新个体的入侵，除非新个体能承受该群落中其他个体对它的攻击，否则它便只好移走，或在该群落的边缘"苟活"。

花园鳗的主要敌人是鳐，它在花园鳗群落中穿梭时，就像割草机在修剪草坪一样具有杀伤力。而这些花园鳗在受到攻击时，究竟是能及时缩回洞穴还是更容易被捕捉，至今人们还没有得到令人满意的研究结果。

线蚓鳗为穴居鱼类，但与其他穴居物种不同的是，它们总是先用头部入穴，并喜欢栖息在沙质或细石的水底。太平洋的大鳍蚓鳗具有典型的线蚓鳗生命史，其蠕虫形柳叶鳗幼鱼仅有细小的眼睛和退化的鱼鳍，当它们变形时，也同时开始掘穴。此后它们除了偶尔在夜间出动之外，极少离开洞穴，直至达到性成熟，此时其眼睛和鱼鳍变大，变形后的成鱼就在夜间四处游动，寻觅交配的对象。

花园鳗（糯鳗科，异糯鳗亚科）在水中群生，它们半埋在海底，随着海流摇来摇去，如同植物一般，因此得名花园鳗。它们与康吉鳗密切相关，以长而薄的身体、小巧的鳃孔、身体后端的坚硬肉质点以及皮肤下隐藏的臀鳍为特点。它们用尾部入穴，发达的尾部还可刺入沙层中。其分布状况与线蚓鳗类似。

盲糯鳗科（合鳃鳗科）可分为 3 个类群：剑齿鳗或芥末鳗（软泥鳗亚科或前肛鳗亚科），包括约 16 个物种；盲糯鳗（合鳃鳗亚科），包括约 9 个物种；单型扁鼻寄生鳗亚科，包括扁鼻寄生鳗。它们的柳叶鳗幼鱼都具有不同寻常的伸缩眼睛，体现了彼此之间的紧密相关性。

前肛鳗物种的口腔顶上都有特殊的长牙（犁齿），胸鳍有退化消失的趋势。这些物种的身体呈两侧扁平的倾向，沿朝向尾部的方向均匀变细。它们的鳍十分长，鼻孔呈管形。本书在此介绍这一毫不起眼的印度洋－太平洋亚科物种（软泥鳗亚科或前肛鳗亚科），主要是因为关于箭齿前肛鳗属的如下历史集中体现了鱼类学家所面临的部分问题。

有一次，有人将一条鱼带到日本高知附近的鱼市里，但没有人知道那是条什么鱼，科学家们以它为标本，描述并建立了一个新的物种和属——深海昏糯鳗。在第二次世界大战期间，这一标本遭到毁坏，直到 1950 年，人们才在日本和夏威夷近海捕获到该物种的一个新标本。尽管搜寻这种棕色无鳞鳗鱼的过程并不艰辛，但的确反映了在其原栖息地十分常见但却是科研界唯一仅有的标本物种，是多么容易

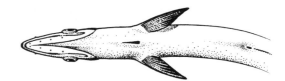

⊙ 盲糯鳗有单一的腹部鳃裂，该科（合鳃鳗科）的部分物种分布于大多数大洋中，营寄生生活。

在一次意外中就毁于一旦。

盲糯鳗或合鳃鳗以几乎在腹部连接起来的鳃裂为特征，它们也因此得名。深海科研舰"加拉蒂亚"号在一次搜寻中获得了珍贵的 12 个合鳃鳗标本，为安全起见，人们将这 12 个标本分装成 3 个包裹，寄往新西兰的研究人员处。不幸的是，包含了 5 个标本的第二个包裹于 1961 年 7 月，在包裹存储室中被大火所毁。

盲糯鳗栖息在平均温度为 5℃的寒冷深水域中，以甲壳类动物和鱼类为食（一只从 1000 米深处拖上来的考氏合鳃鳗标本甚至吞吃章鱼的卵）。这种身体厚实的有鳞鳗鱼还有较大的颌和较小的齿，其鳞片形状与扁鼻寄生鳗的鳞片相似，有些物种腹部上还有特有的凹痕，正好位于胸鳍之下。个别属物种没有鳞片，是此亚科中的异类。这些鳗鱼物种都呈世界性分布，栖息在 400 ～ 2000 米的深度。成鱼营底栖生活，幼鱼具有伸缩眼，除此之外，人们对它们的生命史一无所知。

该类群的第三个物种（扁鼻寄生鳗）也是该亚科中的唯一一个物种，但事实上，学术界对此观点并未形成共识。这种深海鳗鱼体长约 60 厘米，在加拿大东部沿海、太平洋西部和北部以及南非和新西兰近海都能捕获到。这种分散的捕获地点分布究竟是由于各地物种不同，还是由于

⊙ 大眼康吉鳗为太平洋物种，它在夜间将头斜伸出基质觅食。

人们在各地捕获时所付出的努力不同而造成的，尚很难断定。扁鼻寄生鳗的数量非常多，常被大量捕获，这也意味着它们是纯群聚物种，或为需要在特定栖息地点生活的物种。它们的头部线条平滑，上有一个横向的小嘴，其颌和颌肌十分强韧。它们的鳃裂较短，在胸鳍下呈水平排列，背鳍正好生长在臀鳍之前。它们的身体大部分呈圆柱体形，自末端的肛门开始收缩。它们身上的小鳞片成组排布，角度都指向身体的侧线。

⊙ **金点蛇鳗**
该科（蛇鳗科）物种的尾部坚硬，能在沙地中掘穴，并半埋在洞穴中伺机攻击小型鱼类和甲壳类动物。

新生扁鼻寄生鳗以小型甲壳类动物为食，成鱼则可能至少营部分的寄生生活，或为食腐动物。第一条扁鼻寄生鳗标本的胃中满是鱼肉，后来的大多数标本也是如此。来自北大西洋的标本则显示它们也以大比目鱼和其他大型鱼类为食，但可能仅仅只吞食那些受伤或垂死的鱼类。

鳗鲡目的其他科都是深海鳗鱼，为了适应不同的生活环境，它们都具有各自不同的身体结构变化。

鹬鳗（线口鳗科）为眼大、身体极长的动物，它们身体的后端几乎完全是被皮肤裹住的脊骨延伸段。其椎骨十分脆弱，硬化度极低，即包含的骨物质很少，因此人们很少能捕获完整的鹬鳗标本。未破损的鹬鳗标本包含 750 个以上的椎骨，这是人们所知的最多的椎骨数目。它们长而发光的颌如同鹬类的喙一般奇特，其俗名也由此而来。过去人们曾认为鹬鳗中有 2 个类群，即有极长分支颌的类群和只有较短分支颌的类群。但迄今为止捕获的标本都显示成熟的鹬鳗雄性为短颌，而成熟的雌性及未成熟的所有鹬鳗均为长颌。在达到成熟前，鹬鳗的内外颌都被朝后伸出的小齿包裹，有些类似砂纸。这有可能是因为成鱼已经失去大部分牙齿而很少进食，也有可能是由于它们在繁殖后很快就会死去。

由于鹬鳗的颌只在很后端才能关合，也就是说吻的两尖端一般无法闭合在一起，因此人们对它们的进食方式了解甚少。海底科研舰对少数活的深海鹬鳗的观察显示，它们生命中的大部分时间都保持嘴朝下的姿势，垂直悬在水中，有时静止，有时则轻微波动。少数几个胃中仍有食物的标本显示，它们主要以深海虾为食。这些虾都具有长触须和腿，这可能意味着，鹬鳗主要依靠触觉捕食，即鹬鳗的内颌或外颌一旦捕捉到这类甲壳动物的长触须和腿，就会顺着猎物的触须或腿靠近它们并将其吞食。

鹬鳗有 3 个已确认的物种属（喙吻鳗属、线口鳗属、唇线鳗属），它们广泛分布于深至大洋下 2 000 米处的温暖水域中。其柳叶鳗幼鱼具有细长的尾丝，十分容易辨认，这些尾丝会发育为成鱼长长的尾部。当幼鱼长至 30 厘米长时，就开始变形为成鱼。

吞噬鳗及其同类
囊鳃鳗目

剩余的 4 个物种科都是深海吞噬鳗或囊喉鳗。其中短尾鹬鳗（月尾鳗科）中的 2 个单型物种属尤其与众不同，它们形如飞镖，长而薄的身体被分为腹、背两部分。这些鳗鱼物种栖息在所有热带和亚热带大洋的 500 ~ 5 000 米

⊙ 图为鹬鳗（线口鳗物种）的长颌，它们的锉齿能缠绕住深海甲壳类动物的长腿和触角。

同。典型的柳叶鳗呈柳叶形（仅有些小变化），而短尾鹬鳗的幼鱼则随着深度的增加而变长。人们掌握的有限资料显示，这些物种的幼鱼期大概至少持续 2 年。

这 3 个深海鳗鱼科——单颌鳗（单颌鳗科）、囊喉鳗（囊喉鳗科）和吞噬鳗或宽咽鳗（宽咽鱼科）——都具有类似的嘴，因此有时它们都被归属于"吞噬鳗"下。

单颌鳗有约 14 个来自大西洋和太平洋的标本，它们的学名意指"单一的颌"，是由于这些物种没有上颌骨，而较大的下颌骨却能长过其头部，故而得名。它们的所有已知标本都很小，其中最大的仅有 16 厘米长，只有一个物种有颜色。有人认为单颌鳗是囊喉鳗（囊喉鳗科）的幼鱼，但囊喉鳗成鱼的椎骨数目却比单颌鳗多。由于最大的单颌鳗的椎骨

深处，较之更深的地点则甚少涉足。它们为身体扁平的小型鱼类，体长能达 15 厘米。月尾鳗具有深色光滑的皮肤和小而锐利的眼睛，新胚鳗体呈亮红色。人们对它们的生物特性所知有限，但在其已知的繁殖过程中有许多有趣的特性。许多鳗鱼都对繁殖地点的物理环境有明确界定，使之符合其严格的生理要求；与之形成鲜明对比的是，大西洋的短尾鹬鳗则在海洋北部大片的温暖水域中产卵。

吞噬鳗的幼鱼与其他鳗鱼的幼鱼截然不

数目最多，因此人们推测这一物种在生长时，其椎骨数量也随之持续增加。只有当人们寻找到性成熟的单颌鳗，或是建立起清晰的单颌鳗—囊喉鳗发育关系，即发现能显示从单颌鳗发育至囊喉鳗的结构变化的标本时，才能真正解开它们彼此之间关系的谜团吧。

囊喉鳗是典型的深海鱼类，它们具有大嘴、具弹性的胃、有齿的颌以及尾部的发光器官。囊喉鳗研究中存在的一个疑点是，目前仅有 9 个囊喉鳗物种得到普遍确认（基于不足 100 个

标本），而一般确认的单颌鳗物种却约有 14 个。如果说单颌鳗是囊喉鳗的幼鱼，那么必然至少有 5 个囊喉鳗物种有待人们发现，或者是有 5 个单颌鳗物种的确认有误。

在人们获得的标本中，仅有少数是活的。在大西洋人们曾幸运地用拖网捕到过一条活的哈氏囊喉鳗。它虽在 1700 米的大洋深处被拖网捕获上来，但当时它却并不在拖网中，只是牙齿被缠绕在拖网口，因此在拖网被拖上来的过程中，它依靠自身重量挣脱拖网而逃。由于它没有鳔，因此在靠近海面的时候，由于水压的降低导致鳔内气体的大量膨胀而无法逃远。

囊喉鳗是深海鱼类中较大的物种，能长至超过 2 米长，但身体的主要部分却是尾部。毫无疑问，它们的大嘴必然经过许多形态上的变化，例如，弓鳃离头骨距离较远，并分裂为 2 个侧鳃瓣，它们没有厣（鳃盖）骨，鳃室并不完全被皮肤覆盖。这些变化说明囊喉鳗的呼吸机制与其他鱼类并不相同。除了缺少骨盆带，它们身上的另一个有趣之处就是其侧线器官并不位于皮下管中，而是通过单个的乳突或突起位于身体皮肤之上。人们猜测这样的改变可能是为了使它们对水波变化更为敏感，从而提高它们捕获合适的猎物来填满其可膨胀胃的几

率。它们的上颌上有 2 排圆锥形的弯齿，下颌上有一排大小交错的小齿，因此猎物一旦被咬在嘴里，就很难逃脱。

所有囊喉鳗逐渐变细的长尾末端都有一个复杂的发光器官，其作用至今不详。事实上，这个发光器官的排布实在令人难以理解。它们头顶上的 2 条凹沟一直延伸至尾部，其中的白色发光组织能发出微弱的光。凹沟分别沿背鳍的任一侧向尾部延伸，每一分支都有 2 条成角度的小沟，它们也包含了相似的白色发光组织。其尾部器官则被限制在身体最后约 15 厘米处，即其身体最薄处的腹部皮肤上的一个粉色棒形触角。它们的身体从此点往后略微丰满，背部上有 6 个、腹部上有 7 个红色凸起（乳突），凸起的基座无色。发光器官的主体部分位于凸起之后，为透明的叶形结构，上边布满了丰富的血管。其背部和腹部边缘延伸出来，呈红色；发光器官因其中包含血管而呈粉色，并被一块黑底红点的板分为两区。囊喉鳗更靠近尾部的身体很细，与身体的其余部分呈现为黑色不同，这里呈红色和紫色。此处还分布了许多手指状乳突，这些小小的乳突能发出稳定的粉色光，而叶形尾部器官则能在发出稳定的红光后还能不断闪烁。

◉ 大口蛇鳗能长至1.2米长，具有十分强韧的颌部。这一物种能吞食孔雀比目鱼。

这种发光器官可作为诱饵，但若要将其用做诱饵时，囊喉鳗必须把身体扭曲起来。即便它们身体细长，也可能善于盘曲，但保持这样一种扭曲的姿势也不可能向前猛扑而捕获猎物，因此所谓诱饵一说，似乎不太可能。

该深海鳗鱼类群中的最后一个科同样十分奇特，其中吞噬鳗或宽咽鳗便是该科（宽咽鱼科）下的唯一物种。它们的嘴甚至比囊喉鳗还要大，颌的长度能达身体长度的25％，通过一层黑色弹性隔膜连接在一起。它们的眼睛和大脑很小，局限于嘴前一块很小的区域中。

人们对吞噬鳗的生物特性几乎一无所知。它们的牙齿细小，因此很可能以微小的生物体为食。其尾部附近有一个复杂的小器官，但目前尚不清楚它是否能发光。它们没有鳔，但体内却有广泛的充满液体的管系（淋巴系统），能为其提供浮力。它们的侧线器官位于体外，为小肿块上的2或3个乳突。

吞噬鳗幼鱼在短于4厘米时就会变形，但即使是这么小的一个生物都已经有了一张大嘴。有趣的是，其幼鱼的栖息处比成鱼更靠近水面，而成鱼常栖息在水域的更深处。

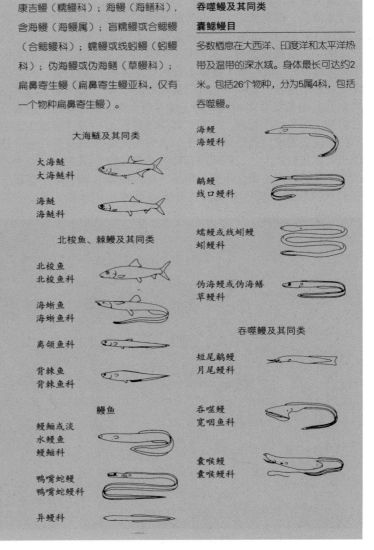

大海鲢、北梭鱼和鳗鱼的目

大海鲢及其同类
海鲢目
多数栖息在热带海洋中，很少栖息于咸水或淡水中。身体最长可达约2米，最重可达160千克。包括约8个物种，分为2属和2科，包括印度洋-太平洋大海鲢、大海鲢、海鲢或女仕鱼。

北梭鱼、棘鳗及其同类
北梭鱼目
多数栖息在热带海洋中（北梭鱼）和世界各地的深海中（海蜥鱼和棘鳗）。身体最长可达约2米。包括约29个物种，分为8属和3科，包括北梭鱼和吸口背棘鱼。

鳗鱼
鳗鲡目
分布在所有大洋、北美、欧洲、东非、马达加斯加、印度南部、斯里兰卡、东南亚、马来群岛、澳洲东部及北部、新西兰。身体最长可达约3米。包括约738个物种，分为约141属和约15科，包括：鳗鲡或淡水鳗鱼（鳗鲡科），含美洲鳗鱼、欧洲鳗鱼、日本鳗鱼；鹬鳗（线口鳗科）；

康吉鳗（糯鳗科）；海鳗（海鳝科），含海鳗（海鳗属）；盲糯鳗或合鳃鳗（合鳃鳗科）；蠕鳗或线蚓鳗（蚓鳗科）；伪海鳗或伪海鳝（草鳗科）；扁鼻寄生鳗（扁鼻寄生鳗亚科，仅有一个物种扁鼻寄生鳗）。

大海鲢及其同类

大海鲢
大海鲢科

海鲢
海鲢科

北梭鱼、棘鳗及其同类

北梭鱼
北梭鱼科

海蜥鱼
海蜥鱼科

离颌鱼科

背棘鱼
背棘鱼科

鳗鱼

鳗鲡或淡水鳗鱼
鳗鲡科

鸭嘴蛇鳗
鸭嘴蛇鳗科

异鳗科

吞噬鳗及其同类

囊鳃鳗目
多数栖息在大西洋、印度洋和太平洋热带及温带的深水域。身体最长可达约2米。包括26个物种，分为5属4科，包括吞噬鳗。

海鳗
海鳗科

鹬鳗
线口鳗科

蠕鳗或线蚓鳗
蚓鳗科

伪海鳗或伪海鳝
草鳗科

吞噬鳗及其同类

短尾鹬鳗
月尾鳗科

吞噬鳗
宽咽鱼科

囊喉鳗
囊喉鳗科

鲱及凤尾鱼

世界上最为人类所熟知的鱼类物种当属仅包含 4 个现存物种科的目：鲱和凤尾鱼，以及齿头鲱和宝刀鱼。它们的影响巨大而深远。极具经济价值的北大西洋鲱鱼曾引发战争，它们的迁徙曾导致政府的垮台。

鲱及其近族是呈世界性分布的大型海生鱼类类群，与其他类群相比，它们特征明显、易于辨识。鲱和西鲱的淡水代表物种栖息在美国东部、亚马孙河流域、非洲中部及西部、大洋洲东部，偶尔也分布在其他一些零星地区。凤尾鱼分布在所有温带及热带地区的近海区域，其淡水物种则分布于亚马孙河及东南亚。宝刀鱼均为海生物种，齿头鲱科中的唯一一物种则栖息于西非的少数淡水河流中。

鲱和西鲱
鲱科

在本类群中，鲱和西鲱所在的物种科所包含的物种数量最多（约 214 个），它们都极具经济价值。由于它们从前数量庞大，肉质富含营养，又素喜大片群生，因此成为渔船追逐的主要目标。1936 ~ 1937 年间，在世界上所有捕捞的鱼类中，该科物种所占的重量比例竟达37.3%，其中约一半都出自同一物种，即太平洋沙丁鱼。

在北大西洋进行的鲱鱼捕捞由来已久。公元 709 年，盐渍鲱鱼就从英国的东英吉利出口至弗里斯兰岛，此渔业甚至被载入《英国土地志》（1086 年）中。鲱鱼（及其近族）的最大优点就是它们可以用多种方式保存：用盐水腌制、盐渍、热熏及冷熏（可先盐渍再将其劈裂，也可直接熏制，制成腌熏鲱或红鲱）。在冷冻及制罐头的方法产生前，人们就是用上述这

⊙ **鲱鱼和凤尾鱼的代表物种**

1.小鲱，以浮游甲壳类动物为食；2.北大西洋鲱鱼；3.沙丁鱼，它能在开放的海洋或靠近海岸处产卵，能产下5万～6万个卵；4.在产卵时，部分地区的凤尾鱼会涉险游至湖泊、河口和环礁湖中；5.一对宝刀鱼。

些保存技法来保存可食用鲱鱼的。

成群的鲱鱼在温暖的季节产卵，在海底排出一团黏有黏性的卵，孵化出来的幼鱼营浮游生活（在水域的上、中层自由游动）。鲱鱼在其整个生命史中都以浮游动物为食，特别是小型甲壳类动物和大型甲壳类动物的幼虫。它们的最大游速可达 5.8 千米/小时。

知识档案

鲱鱼和凤尾鱼

总目　鲱形总目

目　鲱形目

约357个物种，分为83属，4个现存（活的）科。

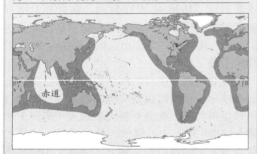

赤道

鲱（鲱形科）

约214个物种，分为约56属。**分布**：世界各大洋中，约50个物种分布在非洲的淡水中。**长度**：最长可达90厘米。

物种：包括西鲱、拟西鲱、河鲱、美洲鲥、北大西洋鲱、沙丁鱼、小鲱、太平洋沙丁鱼。

凤尾鱼（鳀科）

约140个物种，分为16属。**分布**：世界各大洋中，约17个物种分布在淡水或咸水中。**长度**：最长可达约50厘米。**物种**：包括秘鲁鱼和秘鲁鳀。

宝刀鱼（宝刀鱼科）

2个物种，分为1属：宝刀鱼和长颌宝刀鱼。**分布**：印度洋和太平洋西部。**长度**：最长可达约1米。

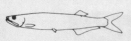

齿头鲱（齿头鲱科）

是该科下的唯一物种。**分布**：西非的河流中（靠近尼日利亚和贝宁的边界）。**长度**：最长可达约8厘米。

小鲱是鲱鱼的小型近族，它们常作为另一种鲱鱼物种沙丁鱼的幼鱼在市场上销售。银鱼则是北大西洋鲱鱼和小鲱的幼鱼。

西鲱（西鲱物种）是鲱鱼中较大的物种。大西洋的美洲西鲱体长接近 80 厘米。1871 年，它们通过河流被引入太平洋，如今已经遍布美国的太平洋沿岸，体长已达 90 厘米。欧洲的北大西洋水域里有 2 个十分稀少的鲱鱼物种：拟西鲱和河鲱。其中河鲱有一些非迁徙性小型个体分布在基拉尼湖（爱尔兰）和部分意大利湖泊中。美洲拟西鲱也具有淡水物种。

鲱科物种的外表十分相似，大部分都为银色（背部颜色较深），头部无鳞。它们的鳍上无棘刺，鳞片十分容易脱落（暂时性鳞片）。

凤尾鱼
鳀科

凤尾鱼科中的物种比许多鲱科物种更长更薄，它们有大大的嘴、伸出在外的垂悬吻部和圆圆的腹部，其腹部上没有鲱科所具有的由鳞甲覆盖的脊骨。

太平洋东部的一种凤尾鱼能长至约 18 厘米，人们对其需求量极大，主要用来制油或做食物，而非上等佳肴，只将捕获的一小部分制成罐头或鱼酱。过去它们的数量比现在多出许多，例如，1933 年 11 月的一次围网中就有超过 200 吨的捕获量记录。

更南部的秘鲁鳀广泛分布于食物丰富的洪堡洋流中，它们也是太平洋沿岸南美国家的主要鱼类资源。在厄瓜多尔、智利，尤其是秘鲁，都能捕获到大批的秘鲁鳀鱼群，但自厄尔尼诺的南方振荡发生以来，其数量已经急剧下降。

凤尾鱼栖息于北大西洋和地中海的温暖水域中。在凤尾鱼通过各种形式出售前，都要将它们用盐封装在桶中，在 30℃ 的温度下保存 3 个月，直至其肉变为红色。凤尾鱼很少长至 20 厘米长，它们可存活 7 年左右，一般在第 1 或第 2 年年底就会达到性成熟。它们用长而薄的鳃耙过滤海水中的可食用浮游动物为食。

宝刀鱼和齿头鲱
宝刀鱼科，齿头鲱科

宝刀鱼科仅包括一个属和 2 个物种，即宝刀鱼。这种鲱中巨鱼体长能超过 1 米，栖息在印度洋—太平洋的热带区域中（西至南非和红海，从日本直至新南威尔士）。它们的身体长而扁平，还有锋利的腹脊骨。它们的颌上有大尖牙，舌和口腔顶上还有小齿。宝刀鱼是积极的捕猎者，能进行长距离的跳跃。这些物种的腹壁间有无数刺，而且一旦将之捕获，它们会猛烈挣扎并猛咬包括渔民在内的所有能触及之物，因此一般不将其用于食用。它们的肠内有螺旋瓣，能增加其吸收表面。具有螺旋瓣的硬骨鱼是十分少见的。

齿头鲱是齿头鲱科的唯一代表物种，它们长约 8 厘米，仅栖息在尼日利亚与贝宁边界少数流速极快的河流中。它们体呈银色，两侧有深色的条纹。它们虽貌不惊人，但其头部和身体的前端有许多醒目的锯齿凸起，并因此得名；但这些凸起的具体功能尚不明确。它们的化石与现存物种几乎并无二致，系源自坦桑尼亚从前的湖泊沉积物——约 0.2 ~ 0.25 亿年前。现存的齿头鲱被认为是鲱形目中最古老的物种。

⊙ 图为一个大西洋鲱鱼群，它们用银色身体的两侧并排聚集成群，具有出色的听力，逃跑时反应迅速，因此能躲开敌人在海洋中生存。大西洋鲱鱼仅依靠自己的视觉寻找食物。

龙鱼及其同类

主要为热带淡水生的龙鱼、齿蝶鱼、月眼鱼、弓背鱼和象鼻鱼组成了一个多种多样的鱼类类群，即骨舌鱼。部分羽鳍鱼也栖息在咸水中。它们虽然都有有齿的颌，但却主要用舌骨上的齿与口腔顶上的齿相碰来咬合。由于这一特性，这一类群有时也被统称为骨舌鱼。

骨舌鱼目的物种具有许多共同的结构特性，不仅具有相似的鳞片花纹或装饰纹，消化道中肠的分布也不同寻常地都位于咽和胃的左侧（大多数鱼类的肠则都位于咽和胃的右侧）。

广泛的范围
骨舌鱼科

龙鱼是具有显著眼睛和鳞片的鱼类，身体可从中等长度直至十分巨大，背鳍和臀鳍位于其长长身体的后端。巨型亚马孙骨舌鱼号称能长达 5 米，重达 170 千克；但这种说法从未得到证实，如果确有其事，那么它们很可能是淡水鱼类中的"巨人"。不过，毫无疑问的是，野生巨型亚马孙骨舌鱼的确能长至 3 米长，重逾 100 千克，这也已是庞大得惊人啊！

巨骨舌鱼的鳔连接至咽喉，内有一层肺形内衬，因此它们除了能像普通鱼类一样用鳃呼吸外，还能用鳔呼吸空气中的氧气。非洲龙鱼或尼罗河龙鱼的鳃上有辅助的呼吸器官，还具有与巨骨舌鱼类似的鳔结构。究竟它们能呼吸多少空气，人们对此并不十分确定，但这 2 类鱼都能进入不适宜栖息的缺氧沼泽中产卵，都能筑巢保护其卵。尼罗河龙鱼能用植物碎片筑成有壁的巢，直径约为 1.2 米。而 2 种南美龙鱼（银带和黑带）、亚洲龙鱼和澳洲龙鱼则都在自己的嘴内孵化鱼卵和幼虫。南美龙鱼和龙鱼由雄性负责孵化，而澳洲星点龙鱼却由雌性负责孵化，至于珍珠龙鱼的孵化职责由谁承担，目前人们对此尚无足够了解。

龙鱼为肉食性动物，以昆虫、其他鱼类、两栖类、啮齿动物为食，甚至还能吃鸟类、蛇和蝙蝠。异耳鱼则以泥沼、浮游生物及植物碎屑为食。

骨舌鱼类群中最小的鱼类是栖息在神秘西非的齿蝶鱼，其体长仅为 6 ～ 10 厘米。这一物种也能呼吸空气，栖息在长满草的沼泽里，并贴近水面游动。当它们捕食漂浮的昆虫和鱼类时，长而分开的腹鳍会露出水面。由于它们还能从水中跃起并在水面滑行一段较长的距离，因此它们还能捕食飞行的昆虫。

月眼鱼为中等长度的鲱形鱼，它们将骨舌鱼的分布范围扩展到北美。月眼鱼有 2 个物种：月眼鱼和金眼鱼。它们都是淡水物种，身体扁平（即从一侧向另一侧收缩为扁平状），具有银色的鳞片。它们还具有如脊棱般的腹部。月眼鱼为肉食性动物，以其他鱼类及昆虫为食。这 2 种鱼都具有经济价值，特别是金眼鱼。

弓背鱼为身体扁平的鱼类，其臀鳍从小小的腹鳍延伸至尾尖，它们能通过摆动这条长长的臀鳍在水中游动。斑鹿弓背鱼是 2 个亚洲弓背鱼物种之一，体长能达 1 米，有护卵行为。其雄性围绕鱼卵（位于凹陷支流或其他坚硬的表面）游动，在鱼卵 5 ～ 6 天的发育期间负责保护。其他弓背鱼比斑鹿弓背鱼小，其中非洲刀鱼（驼背鱼属和光背鱼属）的鳃上也有辅助呼吸结构，因此也能栖息在沼泽池塘中。这些鱼都有大嘴，为肉食性动物，主要以水生无脊椎动物及其他较小的鱼类为食。

象鼻鱼或锥颌鱼是许多非洲湖泊、河流和水池中的主要鱼类物种，它们大多为底栖动物，以蠕虫、昆虫和软体动物为食。部分物种有长吻，另一些物种的吻却向前或向下延伸出来，有些物种（这类鱼中的许多都被称为"鲸"）则根本没有吻。该科物种的头部形状千奇百怪。象鼻鱼体长从较小至中等长度，都有小小的嘴、

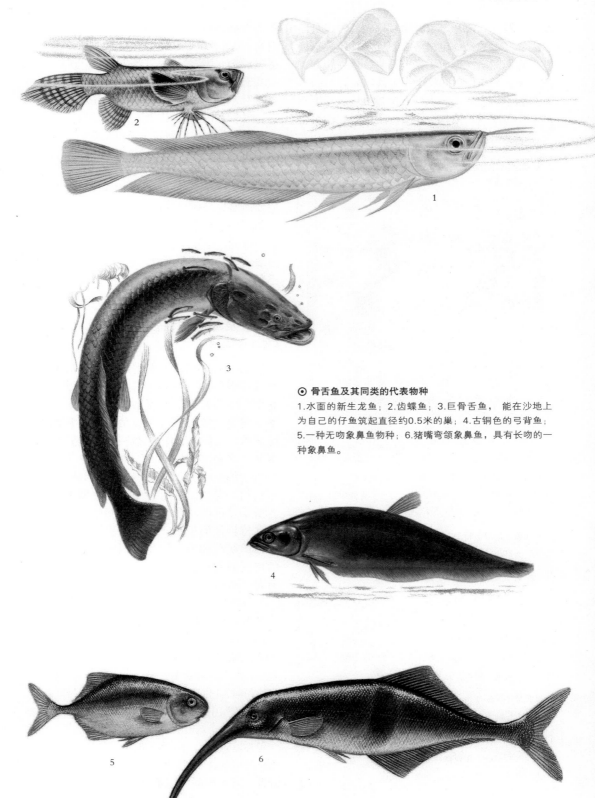

⊙ **骨舌鱼及其同类的代表物种**

1.水面的新生龙鱼；2.齿蝶鱼；3.巨骨舌鱼， 能在沙地上为自己的仔鱼筑起直径约0.5米的巢；4.古铜色的弓背鱼；5.一种无吻象鼻鱼物种；6.猪嘴弯颌象鼻鱼，具有长吻的一种象鼻鱼。

眼睛、鳃孔和鳞片。其背鳍和尾鳍都位于身体后端，其中分叉的尾鳍还有不同寻常的狭窄肉茎，它们的肌肉形成了带电器官，能在鱼周围的连续区域内以不同频率产生微弱电流。而且，其大脑中扩大的小脑内还有电接收中心（锥颌

鱼的大脑是所有低等脊椎动物中最大的）。它们的小脑非常大，延伸出了前脑的表面。这种电感应系统如同雷达一般，当有物体靠近时，电感应系统能探测到该物体身上的电场。这可能是对夜间生活习性的一种适应性进化反应，使它们能在黑暗水域中进行群体生活和繁殖沟通。

人们曾在尼罗河魔鬼鱼身上进行了大量电产生行为的早期研究，最近分类学者则将其从锥颌鱼中分出来，独立为裸臀鱼科。它们是大型的肉食性骨舌鱼，有报道称其体长达 1.6 米。尼罗河魔鬼身体形状特殊，无臀鳍和尾鳍，主要靠延伸于整个身体的背鳍的摇摆来游动。裸臀鱼形如一个 1 米长的细颈瓶，它们的鳔像肺一般，通常漂浮在水中，它们素以积极保护自己的草巢而著称。它们能产下约 1000 个卵，孵化时间约为 5 天。

虽普及却面临许多困境

保护和环境

除科学研究外，人类与骨舌鱼的关系还涉及许多层面。人们捕捞南美的巨骨舌鱼和龙鱼、西非及白尼罗河上游的尼罗河龙鱼和尼罗河魔鬼鱼。大型象鼻鱼在非洲各地被广泛捕捞，但却无法作为食物被大众普遍接受。例如，许多东非的妇女因为迷信吃了这种象鼻鱼生的孩子会长出象鼻来，因此坚决不食用它们。龙鱼、月眼鱼和裸臀鱼则都是垂钓者所喜爱的游钓鱼类。在池塘中，这些鱼类能保持良好的生长。而由于尼罗河龙鱼具有超强的跳跃能力，能越过围网，因此对它们的捕捉遇到许多困难。与之类似的还有尼罗河龙鱼的南美、亚洲和澳洲近族。

齿蝶鱼、弓背鱼和许多小型裸臀鱼由于具有许多特性，因此特别受观赏鱼爱好者的青睐，但由于它们在人工养殖中不易繁殖，因此并不十分普遍。有些较大物种在公共水族馆中特别受欢迎，尤以巨骨舌鱼为最。当大型骨舌鱼被放入水族箱时，它们可能会试图穿过箱壁，带来麻烦，在人工养殖中，巨骨舌鱼也由于不能适应而不易繁殖。而数个塘养物种的繁殖却初见成果，其中便包括巨骨舌鱼。在远东地区，龙鱼的人工养殖历史已持续许多年，由于它们所具有的象征意义，因此许多优质的大型龙鱼往往售价昂贵。

知识档案

龙鱼及其同类

目 骨舌鱼目

约217个物种，分为29属，6科。

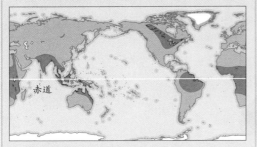

赤道

分布：南美及北美、非洲、东南亚、澳洲的河流、沼泽和湖泊中。**体型**：长度6厘米至3米；重量最大可达100千克。**食物**：多种多样，包括昆虫、鱼类和浮游动物。

龙鱼（骨舌鱼科）

7个物种，分为4属。**分布**：

南美、非洲、马来西亚、新几内亚、澳洲。**物种**：巨骨

舌鱼、尼罗河龙鱼、龙鱼、澳洲龙鱼、南美龙鱼（骨咽鱼物种）。**保护状况**：龙鱼为濒危物种。

齿蝶鱼（齿蝶鱼科）

齿蝶鱼科的唯一物种。**分布**：西非

月眼鱼（月眼鱼科）

月眼鱼属共2个物种——月眼鱼和金眼鱼。**分布**：北美。

弓背鱼（弓背鱼科）

8个物种，分为4属。**物种**：非洲、东南亚。**物种**：驼背鱼、非洲刀鱼。

象鼻鱼（象鼻鱼科）

近200个物种，分为18属。**分布**：非洲。**物种**：皮氏锥颌鱼、象鼻鱼。

尼罗河魔鬼鱼（裸臀鱼科）

裸臀鱼科下的唯一物种。**分布**：非洲。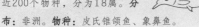

狗鱼、鲑、水珍鱼及其同类

　　包括狗鱼、胡瓜鱼、鲑鱼及其同类在内的物种目，引起了许多人的兴趣。它们中有珍贵的垂钓鱼类和重要的食用鱼类，而且许多鱼类都具有迁徙的习性，因此也引起了生物学家的极大兴趣。它们中的许多都能双向迁徙，即在海洋和淡水之间迁徙：那些在淡水中产卵的迁徙物种称为溯河产卵，而那些在海洋中产卵的则称为入海产卵。

　　原棘鳍总目最初是为了涵盖所有原始硬骨鱼类而设的，包括狗鱼、鲑、灯笼鱼和南乳鱼等。然而，研究结果表明，这种人为的分组主要是基于物种所具有的原始特性，却不能反应它们之间的真实关系。因此这一总目及其下属的目、科不断被修订，其整体结构并不稳定。目前被广泛认可的分类方法包括3个目：狗鱼目、胡瓜鱼目和鲑形目。

狗鱼
狗鱼科

　　狗鱼是著名的游钓鱼类，部分狗鱼的体型十分庞大，一旦被钓钩钩住，就会激烈挣扎。它们是强大而富进攻性的肉食动物，主要以其他鱼类为食，一般营单生生活。在许多鱼类类群中，狗鱼的捕食会对小型物种的数量和行为产生重大的影响。

　　狗鱼一般分布在极地附近。在5个狗鱼物种中，只有白斑狗鱼广泛分布于北美、欧洲和亚洲，其他物种的分布则较为集中，1个分布于西伯利亚，另3种则分布于北美。狗鱼中最

大的当属北美狼鱼或北美狗鱼，它重达30千克，长达1.5米，白斑狗鱼的体重也逾20千克，长达1米。

　　如今大部分专家认为北美小狗鱼包括2个物种——暗色狗鱼以及含带纹狗鱼和虫纹狗鱼2个亚种的美洲狗鱼。它们都是小型鱼类，其中带纹狗鱼和虫纹狗鱼很少长至30厘米。而暗色狗鱼体型稍大，当其栖息地有其他鱼类时，它们可能会与之杂交，产下体型惊人的带纹狗鱼或暗色狗鱼。事实上，分辨这2个或3个物种绝非易事，要了解其杂交鱼类的真正特性就更加困难了。

　　所有狗鱼物种的外表都十分相似，它们有纤细的长身体，略呈扁平，具有类似于鳄鱼的长而扁的吻。它们的嘴也较长，内有伸出来的大齿。狗鱼最显著的特征可能是其成丛的背鳍和臀鳍，它们的鳍都集中在身体后端，能使其在游动中迅速加速，它们与其他具有相似鱼鳍排布的鱼类因此得名"潜伏鱼"或"埋伏攻击鱼"：它们会躲藏在湖泊或河流边缘的植物中，伺机冲出来捕捉经过的猎物。

⊙ 栖息在河流中的白斑狗鱼是出色的捕食者，它们的
身体呈流线型，并有一排锋利的牙齿，能吞食猎物。它
们是世界上分布最广泛的淡水物种。

⊙ 带纹狗鱼广泛分布于北美，栖息在沼泽、湖泊和死水中，它们的吻比许多其他狗鱼物种都短。

狗鱼主要栖息在淡水中，但也有少数能进入到略咸的加拿大湖泊和波罗的海中。早春时节，它们会在浅水域边缘处静止或缓缓波动的植物上产卵，此时，交配的雌性和雄性用数小时的时间排出几批较大体积的卵（直径2.3～3.0毫米），并使之受精。体型较大的雌性一次能产下成千上万个卵。陆生植物所在的水位高度，以及夏末的温度都会影响狗鱼的繁殖，其中水下的陆生植物是狗鱼产卵的绝佳地点。狗鱼幼鱼也会被自己的同类甚至狗鱼成鱼攻击。它们从被孵化出来就是肉食性动物，最初捕食昆虫，很快就像成鱼一样吞食鱼类，大型狗鱼偶尔也会捕食小型哺乳动物和鸟类。

狗鱼倍受垂钓者喜爱，在欧洲尤其如此。在北美，鲑鱼物种多样、数量众多、随处可见，因此狗鱼受追捧的程度并不太高，但许多垂钓者还是十分渴望捕获到一条大北美狗鱼。

荫鱼
荫鱼科

荫鱼与狗鱼之间有十分紧密的联系，如今则自成一科。它们现在的分布并不连续，这仅是其历史分布中遗留的一部分。它们在欧洲和北美留下的化石记录显示，其早期分布应该与现存的狗鱼物种十分类似。现今的荫鱼栖息在欧洲东部、多瑙河和德涅斯特河流域、北美东部、美国华盛顿州的奇哈利斯河以及阿拉斯加河与西伯利亚东部。

荫鱼为小型鱼类，体长很少超过15厘米。它们的尾鳍为圆形，背鳍和臀鳍与狗鱼一样位于身体的最后端。荫鱼体色呈棕色或橄榄色，上有斑点，十分便于隐藏。它们都是肉食性动物，能快速前冲捕获小型无脊椎动物和幼鱼为食。荫鱼是行动迟缓的单生物种，一般躲在植物丛中，待猎物靠得很近时便将其捕捉。

荫鱼能摄取空气中的氧气，因此能密集地栖息在缺氧的沼泽中。在干旱的环境中，它们能在柔软的泥沼和软泥上掘穴并躲藏其中。它们还能忍受寒冷的气候，特别是阿拉斯加黑鱼，光从其栖息的地点就可以想象其抗寒能力的强大。许多书本中都有关于阿拉斯加黑鱼能抵御冰冻的记述，这种频繁出现的描述其实是不真实的，它起源于1886年L.M.特纳（L.M.Turner）的一本书。他在《阿拉斯加对自然历史的贡献》一书中这样写到："这种鱼的生命力十分惊人，它们在……草覆盖的桶中能生存数周，当人们将其带入室内并为其解冻时，它们活蹦乱跳起来。拿出其中被冻住的阿拉斯加黑鱼给狗吞食，它们便会被狗的体温融解开来，并在狗的胃里蹦跳，促使狗将其活活地吐出来。我就曾亲眼目睹了这一幕……"很遗憾的是，严格操作的试验显示，尽管阿拉斯加黑鱼能在极低的温度下存活，但它们却无法承受冰冻或冰封。

水珍鱼
水珍鱼科

水珍鱼身体能发出银色光，因而得此俗名，由水珍鱼属和长颌水珍鱼属2个物种属组成，两者均为海生物种。由于它们有脂鳍，表面上看来与溯河产卵的淡水胡瓜鱼十分相似，因此有时也被称作胡瓜鱼。水珍鱼大多体型较小，一般体长短于30厘米，身体长而细，呈银色，背部颜色较深，通常没有醒目的花纹或体色。

知识档案

狗鱼、胡瓜鱼、鲑等

总目	原棘鳍总目

目	狗鱼目、胡瓜鱼目、鲑形目

超过300个物种，分为89个属，16个科。

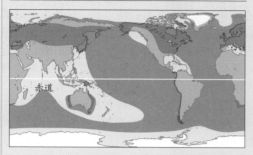

赤道

分布：分布于世界所有海洋及淡水中。

它们体披鳞片，十分发达的旗形背鳍高高地位于背上，腹部的腹鳍则紧接在背鳍之后。水珍鱼的头部较长，并有一个伸出的吻，吻的末端是小小的嘴。它们的眼睛很大，这也是大多数海洋鱼类共有的特性。水珍鱼广泛分布于各大洋，尽管如此，人们对其了解却不多。

它们栖息在约1000米深的水域，大部分物种生活的区域甚至还要再深几百米，它们在那里大片群生，或形成有组织的鱼群。它们的牙齿形状和胃中的物质显示，水珍鱼主要以小型甲壳类动物、蠕虫和其他一些动物为食。它们较小的体型及其在海洋中所处的深度，使得它们的经济价值并不明显，但仍可作为食物，同时还可作为许多深海大型经济鱼类的鱼食。

水珍鱼的成鱼虽然栖息在深海，但其幼鱼和卵却在大洋的表层水域中，一般位于大陆架之上。卵直径介于3～3.5毫米。水珍鱼发育缓慢，寿命很长，据估计，其寿命能达20年或更长。

小口兔鲑

小口兔鲑科

小口兔鲑虽然分布极广，但人们对它们的研究却十分有限。这种身体细长的水珍鱼物种生活在海洋中层，可能以浮游动物为食，通常营单生生活。它们在地中海水域内终年都能产卵。粗水珍鱼身体也较长，栖息在大陆斜坡区域，具有营浮游生活的卵和幼鱼。奇眼珍鱼外形奇特，它们的管状眼向前看去如同一对汽车前灯一般。

深海胡瓜鱼

深海鲑科

深海鲑科均为深色大眼的小型鱼类，呈世界性分布，其中许多物种会每天垂直迁徙到约3500米的深处。它们主要以浮游生物为食，有些物种也捕食磷虾类动物（发光的虾形甲壳类动物）。

后肛鱼

后肛鱼科

后肛鱼科分为6个属共10个物种，分布在热带及温带海洋中约1000米深处，都具有管状眼。后肛鱼、大鳍鱼、冬肛鱼属物种都身体厚实，眼睛直指向上；而胸翼鱼和拟渊鲑属的物种身体纤细脆弱，眼睛直指向前；剩下的物种的眼睛则介于上述两者之间。该物种仅有3个标本可供研究。

大鳍后肛鱼体长约10厘米，栖息在北大西洋。它们的身体呈银色，背上布有暗色的斑点，两侧还有很深的鳞片。它们都有鳔。它们的头骨透明，因此活的或刚死物种的大脑都能清晰地显示在其眼睛之后。其管状眼中的球形

⊙ 南非透吻后肛鱼是一种后肛鱼，能依靠细菌产生生物光。它们外形奇特，因此也被称为鬼鱼。

晶状体呈灰绿色。它们身体的腹部边缘扁平，并延伸成浅浅的凹槽，被称为腹板。腹板的基部发银光，上边覆盖着大而薄的鳞片，呈深色。腹板能将靠近肛门的腺体中的细菌所发出的微光反射出来，这些光随即被扁平板上的投影腔向下反射出去。

后肛鱼是一种分布更为广泛的物种，它们的腹板上分布着有色的图案，这一点和它们唯一的同类物种大鳍后肛鱼截然不同，因此当它们栖息在同一地点时，可通过腹板来区分物种。后肛鱼的管状眼直指向上，有良好的双视能力，因此能轻易探测到射向下的光线。北大西洋物种（大鳍后肛鱼）主要以小型的水母状生物为食。

胸翼鱼
平头鱼科

棕吻鬼鱼的身体纤细易断，其个体数量十分稀少。它们的鱼鳍很长，如同细丝，体内无鳔。这类物种其肌肉极不发达，事实上，其腹部的大部分肌肉组织都已退化，其大部分腹肌已完全消失，消化道仅为一层透明的皮肤所包裹。因此，这类物种可能极不擅长游泳，其管状眼则能有效地帮助它们规避敌人的追捕。与后肛鱼不同的是，它们的眼睛还具有一个发光器官。在所有热带和亚热带大洋的 350 ~ 2 700 米深处，偶尔能捕获到这一物种。

平头鱼、纤唇鱼
珍鱼科，纤唇鱼科

珍鱼科包括深海黑鱼亚科和珍鱼亚科，下属至少 63 个物种，可分为约 24 属。深海锯平头鱼形如狗鱼，栖息在印度洋南部和大西洋北部及东南部约 2 500 米深处。它们在水域中徘徊，当小型鱼类或甲壳类动物靠近时，它们会变动鱼鳍的位置，猛冲过去捕获这些猎物。

纤唇鱼科下只有纤唇鱼属，仅包括 3 个稀有物种，人们对它们的生物特性毫无了解。

管肩鱼
管肩鱼科（肩灯鱼科）

平头鱼的头部上覆盖着一层光滑的皮肤，身体上却覆盖着大的鳞片，因此得此俗名。它们中的大部分物种为深棕色、紫色或黑色。平头鱼很少具有发光器官，但裸平头鱼属物种的头部和身体下侧却有凸起的小发光器官。

人们现在将管肩鱼科也称为肩灯鱼科，它们都是深海鱼类，有对光极度敏感的大眼。其头部的侧线槽极长极宽。它们栖息在除极地外的所有水域中，共有的特点是，胸鳍上的肩部有一个独特的发光器官。它们的发光细胞被包裹在一个暗囊中，并有一个向后的开孔。当它们受到惊扰时，便会喷出一团发亮的烟雾，并在烟雾消散之前的数秒时间内逃之夭夭。

肩灯鱼属的一个物种在被触摸时，就能在水中喷射出一团发亮的烟雾，这种光亮包含无数亮点，呈蓝绿色。它们身体的下侧还有一系列带状或圆形发光器官。

胡瓜鱼
胡瓜鱼科

欧洲胡瓜鱼和胡瓜鱼科的几个其他物种体内都能散发出强烈的黄瓜味道，它们的俗名也因此而来。这些鱼类物种大多体型较小，体呈银色。它们栖息在北半球的海岸或寒冷的咸水域中，并有溯河迁徙的习性，在河中产卵。胡瓜鱼为肉食性物种，能用锋利的圆锥齿猎捕小型无脊椎动物为食。

胡瓜鱼物种对远北地区的渔业发展至关重要，它们数量众多，脂肪含量很高。不列颠哥伦比亚海岸的居民会将吃不完的胡瓜鱼晾干保存起来，由于其体内富含脂肪，能被直接点燃当作天然蜡烛一样使用，因此也被称为蜡鱼。

香鱼（有时也被归属于单型物种科香鱼科之下）是该科中一个十分著名的物种，栖息在日本和亚洲的邻近地区，具有极大的经济价值。它们的身体呈橄榄棕色，侧面有灰黄的大斑，张开的背鳍和其他鳍都呈红色。在繁殖季节，它们身上的颜色会变得愈加鲜艳，特别是红色，此时日本人称其为"sabi"而不是香鱼，意指其身体所呈的红褐色。繁殖期开始时，雄性及雌性身上就会长出凸起的交配疣，雄性的上颌变短，而雌性的臀鳍变长。这些改变自夏季开始，到了秋季，香鱼便开始繁殖了。

香鱼在河流的上游发育成熟，并会顺流入海繁殖。它们通常先掘成一个 10 厘米的小坑，

⊙ 细鳞胡瓜鱼常成群栖息在一起，春季会游至海岸产卵。在这一过程中，许多个体会被困在海滩，在加拿大纽芬兰岛的海岸就很容易见到这种景象。

并在夜间产卵。每个雌性能产下约 20 000 个黏性卵，卵的孵化时间约持续 3 周，具体因当地温度不同而有所不同。其幼鱼在河流中长至约 2.5 厘米长，便会迁徙至海洋中栖息。

香鱼幼鱼的入海迁徙是其生存策略中十分有趣的一部分。若秋季产卵发育而成的幼鱼停留在河流中，就势必要经受寒冷气候的考验，还会与那些春季产卵物种（大多数物种都在春季产卵）的较大幼鱼形成食物上的潜在竞争。而冬季海洋的温度比河流更为稳定，海洋中的食物也较为充足。此外，香鱼幼鱼还具有相应的生理（渗透）机制，使其小小的身体能适应从淡水到咸水的环境巨变。在冬季，香鱼以浮游动物和小型甲壳类动物为食。到了春季，它们已长至约 8 厘米，便聚集成大片鱼群逆流而上返回至河流。此时人们能大量捕获这种鱼类，并将其置于养殖池中围养，使其快速生长，成为一种易得的食物来源。漏网之鱼会继续逆流而上，到达水流湍急的上游地区，每个个体都在岩石和石块间自行栖息，以硅藻和海藻为食，到了夏季或秋季才会顺流而下产卵。香鱼是一年生鱼类，成鱼大多在产卵后死去，只有极少部分能在产卵后继续存活，并在海洋里度过整个冬季，然后继续其生命循环。

香鱼在从幼鱼到成鱼的发育过程中，从咸水迁徙至淡水，它们在 2 个阶段的食物也有所不同，因此牙齿也发生了显著的变化。在海洋中，香鱼幼鱼为肉食性，用其圆锥形齿捕捉小型甲壳类动物和其他无脊椎动物为食；而香鱼成鱼则以藻类为食，因此拥有一整套呈梳齿状的牙齿，更令人啧啧称奇的是，它们的牙齿居然长在嘴外。

香鱼迁徙至淡水中时，其圆锥齿脱落，并从颌下的皮肤萌发出梳状齿。每条梳状齿包括 20 ~ 30 个齿，其中每个都形如固定在小棒上的月牙。所占平面虽窄，但其横向面积却极宽；月牙的开口朝内，由于各齿弯曲的程度各不相同，因此整排梳状齿变得蜿蜒不齐。但当嘴闭合时，它们上下颌的梳状齿均并置于嘴外。其下颌的前端均延伸出骨质的凸起，与上颌上的凹陷正好契合在一起。其口腔底部的中线上有一圈凸起的组织，这条凸起缘前低后高，并在后端分为 2 个分支，每个分支自身又折返回前端，其高度逐渐降低并保持与颌的两侧平行，与香鱼鳃上的中骨通过肌肉相连。

香鱼成鱼对自己的领地戒备森严，它们以领地中的藻类为食，但人们对其摄食的方式仍不甚了解。在香鱼领地中覆盖有藻类的石块上，时常留有刮擦的印记，通常人们认为，这些印记是由它们的梳状齿留下的。然而，香鱼的齿

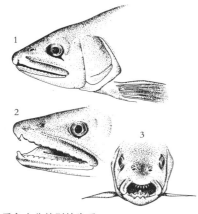

⊙ 香鱼十分特别的齿系

1.颌外有并置的梳状齿；2.肉质吻后有少数犬齿；3.嘴内还有细密的皮肤叠层。

在颌外，如果它们仅用齿刮擦藻类，那么刮下来的食物很容易被水流冲走，这样香鱼岂不是一无所获？

本书认为香鱼与须鲸类似，都是滤食性动物。香鱼的肉质吻略悬于上颌之上，吻后方是位于上颌前的 1 排共 8 个小型圆锥齿，一些复杂的帘状结构从其上颌垂下，它们与口腔底上的各种凸缘都密切相关。因此香鱼很可能采用的摄食方式是，用圆锥齿迎向水流并刮擦岩石上的藻类，这样藻类就会顺着水流的方向进入它们的嘴内；随即它们将嘴紧闭，使口腔底紧靠上颌，将水挤压出去，而海藻颗粒则残留在垂悬的帘状结构边缘，并可被香鱼吞食。但它们具体的吞食机制尚不为人知。若梳状齿也是香鱼整个滤食系统的一部分，那它们仅能作为宽宽的阻物口；但若如此，香鱼究竟如何将梳状齿所截获的食物吞食下去又难以解释。显然，对于这种极富经济价值又十分神秘的物种，人们需要了解的还有许多。

冰鱼
银鱼科

银鱼科中的面条鱼体型小而纤细，周身透明，栖息于太平洋西部。它们为海生物种，但却会迁徙至河口处产卵。它们头部很小，直指向前。其身体的最低处恰好位于背鳍之前。体长 10 厘米的日本冰鱼的腹部上有 2 排黑色小

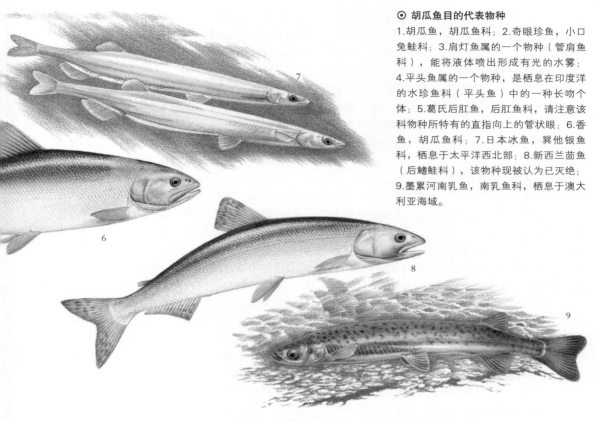

⊙ 胡瓜鱼目的代表物种
1.胡瓜鱼，胡瓜鱼科；2.奇眼珍鱼，小口兔鲑科；3.肩灯鱼属的一个物种（管肩鱼科），能将液体喷出形成有光的水雾；4.平头鱼属的一个物种，是栖息在印度洋的水珍鱼科（平头鱼）中的一种长吻个体；5.葛氏后肛鱼，后肛鱼科，请注意该科物种所特有的直指向上的管状眼；6.香鱼，胡瓜鱼科；7.日本冰鱼，巽他银鱼科，栖息于太平洋西北部；8.新西兰茴鱼（后鳍鲑科），该物种现被认为已灭绝；9.墨累河南乳鱼，南乳鱼科，栖息于澳大利亚海域。

斑，这也是它们身上仅有的颜色。它们虽体型纤小，但有时却数量众多，易于捕获为食物。日本人视之为佳肴，并称其为白鱼。

冰鱼成鱼的形状和透明的身躯都类似于部分其他鱼类的幼鱼，事实上，如果不是人们已经获得性成熟的冰鱼个体，那么就很可能将该科的成鱼视作某种未知物种的幼鱼。低等脊椎动物的部分物种在发育中可能会经历幼期性成熟或幼体发育，即身体发育虽已停滞，但性发育却仍在继续的状况。有时，部分物种无法发育成成鱼形态，故而就产生了新的物种。银鱼科和与之关系密切的巽他银鱼科就是这样产生的，因此可以称其为幼期性成熟。

巽他面条鱼
巽他银鱼科

巽他银鱼科最早的 2 个小型淡水物种栖息于泰国和婆罗洲，到 1981 年才被人们发现。该科其他 5 个物种则在 20 世纪 90 年代晚期被人们发现。它们的身体透明无鳞，无脂鳍，头

骨中的部分骨骼缺失。表面看来，它们与面条鱼十分类似，但却有一些自身独一无二的特性，如具有成对的鳍带和弓鳃。它们是最小的鱼类物种之一，其中部分在达到成熟后也仅有 1.5 厘米长。

新西兰胡瓜鱼
后鳍鲑科

后鳍鲑科分为南茴鱼亚科和后鳍鲑亚科，共包括 3 属 5 个物种，其俗名分别为南茴鱼和南胡瓜鱼。

南茴鱼亚科的物种有鳞，体呈圆柱形，仅有 2 个代表物种：新西兰南茴鱼和澳洲南茴鱼。这些新西兰物种于 1870 年被首次发现并被命名，当时它们数量众多，是极佳的食物来源之一。而其已知的最后一个个体却是在 1923 年偶然被毛利人的渔网所捕获的，如今通常认为该物种已灭绝。虽然目前人们掌握的关于现存南茴鱼的资料很少，但就目前所知的资料看来，它们与澳洲南茴鱼一样，体内仅有一个卵巢或

睾丸。早期有关南茴鱼身体颜色的记录并不一致，有人称其背部为石板色的，两侧融为银色，腹部则有天蓝色的斑点，其鱼鳍为橙色，鳍尖端为石板黑，而鱼臀则微染金色。它们定期从海洋迁徙至淡水产卵。尽管过去它们一度数量众多，但如今仅存不到40条个体，保存于各大博物馆中，其中一个填塞的标本则保存在新西兰纳尔逊国家公园鹿网联盟所在的罗托伊蒂所。

澳洲南茴鱼与新西兰南茴鱼处境相似，逐渐趋于灭绝，目前处于严重濒危的境地。究竟是什么原因造成这两个物种的数量如此迅速衰减，目前尚不清楚。一般认为新西兰南茴鱼的灭绝主要是由于森林采伐使南茴鱼栖息地逐渐减少，以及引入鲑鱼物种的影响共同造成的。但迄今为止对于这个问题还没有定论。

后鳍鲑或南胡瓜鱼是身体纤细的小嘴鱼类，栖息在大洋洲东南部、塔斯马尼亚岛和新西兰，其中部分物种具迁徙性，而其他物种则限于内陆水域。由于它们形态多样，因此对它们的分类划分也存在许多不明之处。一般认为，它们包括2个大洋洲物种和2个新西兰物种，分别以塔斯马尼亚胡瓜鱼和南茴鱼为代表。

南乳鱼
南乳鱼科

南乳鱼科包括塔岛南乳鱼亚科、单甲南乳鱼亚科、南乳鱼亚科3个亚科，共有约40个物种，分为8属。其中南乳鱼亚科物种无一例外都是小型鱼类，栖息在南方的主要地区（澳大利亚、新西兰、南美和南非）和部分偏远的南方岛屿，如新喀里多尼亚、奥克兰、坎贝尔和福克兰群岛。1777年，库克船长与自然学家一道在新西兰首次发现了南乳鱼，它们呈深橄榄黑，上边还有许多小金点，如同银河中的繁星一般。南乳鱼除具有上述特征外，其身体无鳞，并有光滑的皮质表皮，在众多鱼类中独树一帜。与它们的其他北方近族

不同的是，南乳鱼无脂鳍，单一的背鳍正位于臀鳍之上并指向尾部。它们大多体型较小，体长10～25厘米，只有一个物种长达58厘米。也有一些更微小的物种，只有3～5厘米长。大部分南乳鱼呈管状或雪茄形，头部线条平缓，有厚实的肉质鱼鳍和短尾；少数物种的身体粗壮结实，多为在溪流或湖泊中的巨石、圆木或残骸中偷偷穿行的物种。南乳鱼多单生，也有少数喜群生。它们都分布在淡水域中，只有约6个物种例外。也有少数为海生迁徙性物种，其仔鱼和新生成鱼都栖息于海洋。

迁徙性物种大多在淡水中而很少在河口处产卵，孵化而出的仔鱼约长1厘米，在海洋中栖息。它们的适应能力很强，能应对从淡水至海水这种生活环境的突变。在春季迁徙回淡水域之前，它们会在海水中栖息5～6个月，直至发育为身体纤长的透明新生成鱼。部分南乳鱼需要数月才能发育成熟，而另一些物种则需要约1年时间，剩下的物种甚至需要2～3年。

这些鱼类的产卵也同样具有自己的特色。南乳鱼的产卵一般与月运周期或潮汐周期同步，会在大潮的高潮位时在布满植物的河口边缘产卵。潮落后，鱼卵便落在植物群中，依靠潮湿的空气来避免脱水。卵的发育在水外进行，直至2周后第二次大潮涨起时它们才会又浸入水中。带纹南乳鱼栖息于密布着植物的小溪流中，它们在洪水季将卵产在溪流边缘的杂草叶中。当洪水退去时，卵便置身于腐烂的草叶中，

◉ 图为澳大利亚维多利亚地区伍兹坡的棕南乳鱼，它们栖息在雪线上以沙砾或岩石为基质的清澈山泉中。

⊙ 澳洲胡瓜鱼在淡水中十分常见，也能经受咸水环境。它们广泛分布于澳大利亚东南部。

并在那里发育。直到下次洪水来临，卵才能被孵化出来，产生的仔鱼便顺流而下进入到海洋中。显然，这2种产卵方式都有许多风险。上述的繁殖习性只是南乳鱼物种中的特例，事实上，大多数南乳鱼物种会在巨石和岩石之间产下成簇的鱼卵，只有少数小型物种会成对产卵并将卵排放在水生植物的叶片上。

尽管南乳鱼栖息的地点都有着十分潮湿的气候，但其中部分物种却能适应干燥的气候，并在此期间夏眠。有些南乳鱼物种栖息在潮湿的有罗汉松（南半球松类）林的池塘中，这类水域的浅处覆盖着罗汉松落下的碎叶，南乳鱼就在距水面仅数厘米深处的碎叶间游动。夏末和秋季，这类池塘常会干涸，此时它们就会躲在松树根中的天然空洞中。几周以后，当雨季来临，雨水重新将水池填满后，它们又会游出来并产卵。随着池中水位的不断升高，仔鱼便能扩散到松林的其他地方，并在合适的地点栖息下来。

体型如此之小的鱼类却有很高的经济价值，这的确少见。然而，19世纪欧洲开拓者到

达新西兰的时候，发现部分南乳鱼物种的海生仔鱼却在春季大批迁徙至河流中。当时新西兰的毛利人大量食用这种鱼类，因此欧洲人也与毛利人一样开始食用南乳鱼。由于南乳鱼与英国当地一种毫无关联的鱼类十分相似，因此欧洲开拓者将其命名为银鱼。如今人们能捕获到的南乳鱼数量早已大不如前，但在部分河流仍能获得较高的捕获量。每次捕捞所获个体的数量众多，但其中每条鱼却仅重约0.5克，因此1千克南乳鱼约包含了1800条。各渔夫的捕获量也不尽相同，从极少到好几千克都有，有的人一天之内甚至还能捕获到几百千克。它们能制成味道鲜美的海鲜大餐，因此在市场上售价高昂。

条纹单甲南乳鱼分布极广，在巴塔哥尼亚和福克兰群岛也被称作鳟鱼。它们外表美丽，身体无鳞，背部和两侧还有垂直的深色条纹。当年查尔斯·达尔文到访福克兰群岛时，首次为该物种取样。但不幸的是，从欧洲被引入福克兰群岛的棕鳟却严重威胁了条纹单甲南乳鱼的生存。近期的取样显示，它们可能已进入至

南半球的狗鱼

如果说南乳鱼是南半球的鲑鱼物种，而鲑鱼又与狗鱼相关联，那么在南半球是否有狗鱼呢？答案很可能是肯定的。

直到1961年人们才发现了小型鱼类鳞南乳鱼，它们约4厘米长，是该科（鳞南乳鱼科）下的唯一物种，在澳大利亚西部有许多栖息地。人们原认为它们是南乳鱼，但与南乳鱼不同的是，它们却有鳞，背鳍和臀鳍的

位置也更靠近身体的前端。成熟雄性的臀鳍上还发育出粗糙带钩的棘刺和特殊的皮翼，在内部受精时如同插入器官一般。鳞南乳鱼主要以水生昆虫的幼虫和小型甲壳类动物为食。

人们对这种奇特物种的生物特性所知甚少，但它们能在泥沼中或潮湿的叶片下掘穴，因此显然能经受干旱的气候。它们的分布似乎局限于小型的暂时性酸性池塘和沟渠中，主要栖息于澳大利亚西部布莱克伍德和肯特河之间的沙原地区。

海岸水域生活。此外人们对它们的生物学特性所知甚少。

分布广泛的南乳鱼自古以来就引起了人们的热切关注。很早以前，动物学家就提出这样一个问题：一种淡水类群怎么能在南半球分布得如此广泛？所谓广泛，并不仅仅只指该科物种的分布，仅大斑南乳鱼这一个物种就分布于澳大利亚、塔斯马尼亚岛、智利、阿根廷和福克兰群岛各处。它们分布如此之广，可称得上是已知分布最广的淡水物种之一。正是意识到这一点，19世纪晚期的动物学家指出，它们所分布的这些地区从前一定有某种关联，并由此提出了隔离分化生物地理学。有些专家认为，南极洲或古代冈瓦纳大陆可能也与之有关。还有人则认为，这些鱼类是通过海洋迁徙至这些分布广泛的栖息地的（扩散生物地理）。

这一争论一直延续至今，如今人们则普遍认为，以冈瓦纳为基础的隔离分化生物地理论或扩散生物地理论两者之间并非互斥的。然而，近期人们对南乳鱼及其他南半球鱼类的分布形态进行了广泛深入的研究，包括其起源、形态、近期扩散事件和寄生虫学，研究结果都支持扩散生物地理的理论，或与之保持一致。南乳鱼在古代确实栖息于冈瓦纳大陆，但没有足够的确凿证据显示它们如今的分布地是早期冈瓦纳大陆所辖的范围。

鲑、鳟及其同类
鲑科

鲑科分为白鲑亚科、茴鱼亚科和鲑亚科3个亚科，总共包括约66个物种，分为11属。该类群包括鲑、鳟、红点鲑和白鲑，它们是北半球最著名也是最重要的鱼类之一。由于它们既可作为食物，又是重要的游钓鱼类，因此极具经济价值，理所当然地获得了科学家们的倍加关注和详细研究。

人们一般将白鲑亚科的鱼类通称为白鲑，其实白鲑可以专门指代该亚科中的至少2个物种，也能被用于指代一组毫无关联的海生鱼类物种。白鲑身体较扁平，体呈银色，主要栖息

⊙ 一条12天大的棕鳟幼鱼正在取食。

⊙ **鲑形目的代表物种**

1.大西洋鲑鱼；2.彩虹鳟；3.茴鱼；4.红大马哈鱼；5.红点鲑；6.海鳟、溪鳟或棕鳟；7.短颌白鲑。

⊙ 雌雄两条棕鳟正在悉心照料它们的巢。巢建在水流很快的清澈河底浅滩上。

在亚洲、欧洲和北美寒冷的深湖中。白鲑亚科分为 3 个属，但事实上该亚科中物种的形态和遗传因素极其多样，因此就算能借助现代分子技术，长久以来专家们对它们的属分类还是纷争不断。白鲑亚科中的少数物种需溯河产卵，但大多数却只栖息于淡水中。其中许多物种既具有极高的经济价值，又是重要的休闲垂钓鱼类，如白鲑鱼和欧洲白鲑。

茴鱼亚科下仅有一个茴鱼属，它们的鱼肉散发出类似茴香的味道，因此而得名。它们栖息在水流湍急的寒冷河流中，有时也会在咸水中生存。茴鱼广泛分布于亚洲和欧洲，体色略微鲜艳的北极茴鱼还分布于北美的高纬度地区。

鲑亚科是世界上最重要的鱼类之一，其中的大西洋鲑鱼最为人们所熟知。人们乐意为一品它们的细腻鱼肉而一掷千金，甚至愿意出高价在风景优美的地方享受海钓鲑鱼的乐趣。它们也是商业捕捞者追逐的目标，但商业捕捞行为在其分布区域内已经受到了严格控制。虽然鲑鱼如今已成为一个象征奢侈的名词，但在 19 世纪的伦敦，情况却截然不同，曾有学徒抗议他们一周中的 6 天都只有鲑鱼可吃。

大西洋中唯一的鲑鱼物种在其生命史的不同阶段都有特殊的名字，这无疑更凸显了它们的重要地位。它们刚孵化出来时被称为初孵仔鱼，很快便长成仔鱼；当长至几厘米时，身体上长出深色大斑或幼鲑纹时，它们被称为幼鲑；迁徙入海后，幼鲑纹逐渐被银色所覆盖，它们就成了降海鲑；降海鲑在海洋中度过一个冬天后，便返回淡水中产卵，此时它们被称为产卵鲑或一龄降海鲑，有时降海鲑会在海洋中再多度过一个或多个冬天，然后才返回淡水中产卵，这时它们已是大型的春季洄流鱼或多龄降海鲑；产卵后它们成为产后鲑鱼，鲑鱼大多在产后死去，也有部分存活下来并返回海洋，以后还会进行新一轮的产卵迁徙。

鲑鱼成鱼在其初生河流产卵，产下的卵会在沙砾中停留相当长的一段时间。当地的水温决定了鲑鱼卵的孵化时间，在北欧，鱼卵的孵化一般集中于 4 月和 5 月间。

孵化出来的幼鱼长约 2 厘米，在最初的 6 周左右时间内，它们栖息在沙砾层中，以自己的卵黄囊为食。当卵黄逐渐消耗殆尽时，仔鱼会从沙砾层中游出来捕食昆虫幼虫及其他无脊椎动物。经过不断发育，仔鱼长成幼鲑，它们的幼鲑纹能为其提供掩护，以便积极主动地捕食猎物。幼鲑在淡水中发育成降海鲑所需的时间各不相同，在北方地区需要 5 年左右，而在南方则只需要 1 年。

并不是所有一龄期降海鲑都会迁徙至海洋，还有少数雄性降海鲑会停留在淡水中直至达到性早熟，并与交配的雄性一样排出精子。迁徙的降海鲑会在河口逗留一段时间，逐渐适应咸水环境。它们在海水中发育得很快，3 年左右的时间就能长至 14 千克重。它们以鱼类为食，经过多达 4 年的海洋生活，逐渐为产卵迁徙储存了足够的能量，在它们返回出生淡水河流的途程中，其速度能达 115 千米／天。

部分内陆鲑鱼栖息在美洲和欧洲的远北湖泊中，它们的体型不及其他鲑鱼那么大，也能溯游而上产卵。一般认为，它们通往海洋的通道在最后一个冰河时代后已被阻隔。

太平洋鲑鱼可能包括 7 个物种，均属于大马哈鱼属，"大马哈"即"钩形鳟"的意思。它们的生命史与大西洋鲑鱼十分相似，其中两个北美物种——红大马哈鱼和彩虹鳟，和日本琵琶湖的不确定物种还都具有栖息于内陆的物种形态。生活在大西洋中的大西洋鲑鱼能长至约 32 千克，而太平洋大鳞大马哈鱼的体重还曾达到过 57 千克。

栖息于欧亚的哲罗鲑属包括多瑙河纤细的哲罗鲑和中亚地区的其他物种。19 世纪，人们曾尝试着将哲罗鲑转移至英国的泰晤士河，但尚无可靠的资料显示该转移最终获得了成功，而今那些更具有环境意识的渔业运营者甚至不敢冒险尝试这类物种的转移。

红点鲑属的红点鲑栖息于欧洲和北美寒冷的深湖和河流中，其中仅有栖息在大西洋极北部的物种才具有迁徙性。该属中的唯一欧洲物种北极红点鲑外形多样，直至最近，人们才大致按照它们栖息的各湖泊名称为不同物种命名。在繁殖季期间，其雄性的腹部会呈现醒目的深红色，红点鲑也因此得名。如果说红点鲑的肉质优于鲑鱼的话，那一定是指在月桂叶中稍稍煮沸，经过冷却而制成的红点鲑排。美洲东部的七彩鲑——俗名为河鳟，事实上也是一种红点鲑。在其原产地，迁徙性七彩鲑能长到近90 厘米长，而引入到欧洲的七彩鲑却很少长至该体长的一半。在欧洲，溪鳟或棕鳟能与当地河鳟或

◉ 20世纪60年代，挪威就率先尝试在海中围养大型鲑鱼，随后被许多国家争相效仿，成为一种利润极高的产业。然而，鱼类疾病成为这种高密度养殖的巨大威胁。

⊙ 图为一对产卵的红大马哈鱼，右侧为具有独特隆起的钩形颌的雄性。人们在北美太平洋沿岸广泛捕捞该物种。

其他棕鳟及外来彩虹鳟杂交，产生的下一代身体上有条纹，被称为老虎鳟或斑马鳟，丧失了繁殖能力。

欧洲棕鳟的命名体系有许多混乱之处，不论是物种形态还是生活习性，棕鳟都呈现出极端的多样化，因此它们的俗名也不计其数，如棕鳟、海鳟、湖鳟和鲑鳟。栖息于湖泊的棕鳟能长至十分庞大，并能猎捕同类为食，也常被称为湖鳟或猛鲑。能迁徙至海洋摄食的棕鳟体呈银色，被称为海鳟或鲑鳟（它们并不是鲑鱼和棕鳟杂交的产物，尽管这种杂交现象确有发生）。由于海洋中取食的机会相对较大，因此迁徙性棕鳟的体型几乎为非迁徙性棕鳟的 2 倍。

栖息于北美西岸的彩虹鳟命名体系的复杂程度也与棕鳟相似。这种养鱼场中常见的外来物种在欧洲的自然分布十分广泛，其中栖息于分布范围北部的彩虹鳟为迁徙性物种，与南方物种相比，它们体型更大，体色也更为鲜艳。加拿大人将迁徙性彩虹鳟称为钢头鳟，非迁徙性物种则被称为彩虹鳟。好几年前，英国的一个养鱼场曾打算从北美购入一批彩虹鳟来提高自家的鳟鱼养殖率，不幸的是，他们购入的却是迁徙性物种，所有投资都血本无归。

鲑鱼和鳟鱼作为游钓鱼类和食用鱼类，被引入许多国家。棕鲑如今已分布于北美西部和几乎所有南半球国家，它们甚至能在部分热带国家中的高纬度清泉中茁壮成长。大英帝国时期商人们曾从殖民地大量引入鲑鱼用作游钓鱼类，如今鲑鱼亚种的分布状况大致与当时相同。

说到鲑科这一重要的物种科，还有两个少为人知的不确定分支物种不能不被提及。其一是栖息于前南斯拉夫的马其顿共和国同阿尔巴尼亚边界上的奥赫里德湖中以及希腊水域中的钝吻鲑属物种，它们可能为南方内陆鲑鱼；其二是分布于蒙古、中国和韩国境内河流中的细鳞鲑属物种，由于该物种可供研究的标本少之又少，因此关于其分类关系，至今为止还没有获得令人满意的结论。

圆罩鱼、有鳞龙鱼、深海斧鱼和灯鱼

尖细的牙齿、发光器官、柄眼——这都是巨口鱼目物种的部分特征，这一呈世界性分布的深海鱼类群包括4个科和7个亚科。该目的分类目前十分模糊，是人们积极研究的课题，因此本文中提及的部分科和亚科的划分也许将来仍然需要进行调整。

所有的巨口鱼目物种都有发光器官，其中许多还具有用作诱饵的发光颏须。它们是食肉鱼类，有能张得很开的有齿大嘴。巨口鱼多数无鳞，体呈黑色或深棕色，只有一个科的圆罩鱼（钻光鱼科）是个例外，它们几乎呈银色，栖息在中等深度的水域中。一般而言，巨口鱼都具有脂鳍，但部分物种的脂鳍、胸鳍和背鳍却已经消失。

圆罩鱼
钻光鱼科

钻光鱼科的圆罩鱼素以尖细的鬃毛状牙齿著称。圆罩鱼属有约12个物种，分布于所有海洋中。就个体数量而言，圆罩鱼与串光鱼一样，可谓是世界上最常见的物种属：拖船一次就可以捕获到数万条小型圆罩鱼。它们以小型甲壳类动物和其他无脊椎动物为食，自己本身也是大型鱼类的重要食物来源，它们的部分近族物种也以这些圆罩鱼为食。

巨口鱼物种的体型由其所在环境的资源丰富程度所决定：在资源丰富的孟加拉湾和阿拉伯海，巨口鱼可长达6厘米；而在如地中海深处那类污染的水域或食物匮乏的地区，巨口鱼的体型就小得多。

有些物种呈世界性分布，而另一些物种的分布却极其有限。除地图上显示的二维分布外，

圆罩鱼及其同类

纲	辐鳍鱼纲

目	巨口鱼目

约320个物种，分为50多个属，约4个科。

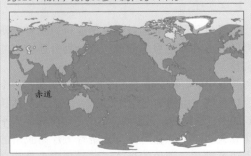

赤道

分布：分布于温带的所有大洋中，但在其间的分布并不均衡。

体型：成鱼最长达35厘米，大部分鱼则小得多。

⊙ 大西洋钻光鱼白天主要在300～600米深处活动，而夜间则上潜至50～200米深处。它们是卵生物种，能产下营浮游生活的卵和幼鱼。

还有一种三维分布可显示出物种在垂直方向的分布。一般说来，银色或透明的物种靠近水面而栖，深色的物种则远离水面。此外，与栖息于水面处的物种相比，栖息在水域深处物种的发光器官较少也较弱。圆罩鱼的鳔极不发达，这也许就是它们不像许多深海鱼类那样进行日常的垂直迁徙的原因吧。

圆罩鱼物种两性之间有明显差别，与灯笼鱼一样，不同性别圆罩鱼的发光器官类型不尽相同，鼻的复杂程度也不尽相同：成熟雄性的嗅觉器官从鼻孔中长出，而雌性却并非如此。包括圆罩钻光鱼在内的部分物种还能通过其长吻来缓解延伸出来的鼻板（片）所带来的水压。

有鳞龙鱼
巨口鱼科

巨口鱼科目前约包括6个亚科，随着新研究的开展和新信息的涌现，这种划分还有可能调整。

其中的有鳞龙鱼（巨口鱼亚科）只包括一个巨口鱼属，由约11个物种组成。它们是身体狭长的肉食性物种，无脂鳍，栖息于印度洋—太平洋和大西洋中。它们身上覆盖着大片易脱落的六边形鳞片，深色的身体因而呈现出十分漂亮的蜂窝形。巨口鱼物种无鳔，因此它们能轻而易举地在水域中进行大范围的垂直迁徙，此外它们身体腹部的边缘上通常有2行小型的发光

器官。最长的有鳞龙鱼也很少长于30厘米。

残牙鱼（星衫鱼亚科）物种的背鳍从其身体的中点渐渐开始，在臀鳍前完全展开。除细杉鱼属外的所有残牙鱼物种属都具有脂鳍。残牙鱼是栖息在中等深度水域中的肉食性物种，它们扁平狭长的身体通常呈黑色。

黑色龙鱼（奇棘鱼亚科）是身体狭长的无鳞鱼，也没有鳔。由于它们呈世界性分布，因此其确切的物种数量尚不明确，可能只包括不足6个物种，也可能仅由1个变异的物种组成。

栖息于北大西洋的带形锯尾鱼素以两性间的显著差别和奇特至极的幼鱼而著称，其幼鱼只有在长至约4厘米时性别才能被确定。这一物种十分不同寻常，因此一度被归入单独的一属，后来人们才发现它们其实是奇棘鱼的幼鱼。它们有柄眼，即位于软骨杆末端的眼睛，这种软骨杆能长达身体长度的1/3。它们通体透明，肠延伸出尾部，无腹鳍，但胸鳍（成鱼无胸鳍）却十分发达。它们的幼鱼也没有成鱼所具有的发光器官。

在变形（从幼鱼发育为成鱼）的过程中，幼鱼的眼柄逐渐变短，直至眼球回复至头骨上眼眶内的合适（正常）位置。幼鱼的胸鳍消失，只有雌性才具有腹鳍。此外，雌性还有发光颌须，身体上还有数排小型发光器官，以及有薄薄钩齿的有力颌。雄性既没有触须也没有牙齿，但其眼睛之下却有一个大型的发光器官。雌性体呈黑色，雄性则呈棕色。雄性在变形后就不再生长，因此其体长一直保持不足5厘米的长度，而雌性则一直积极捕获大小合适的猎物，因而往往能长至30多厘米长。

人们对奇棘鱼的基本生物特性所知甚少。人们曾在极深的水域中捕获到奇棘鱼最小的幼鱼，而处于变形期的奇棘鱼则在约300米深处被捕获，因此它们很可能是在相当深的水域中产卵的。由于人们偶尔才能捕获到奇棘鱼幼鱼，有人认为它们可能是以鱼群或聚集的方式生存的。其成鱼白天会从1800米的深处垂直迁徙，到了夜间便会到达水面。

蛙鱼（蛙鱼亚科）中有约6个物种，均属于蛙鱼属。它们是栖息在中等深度水域的物种，呈世界性分布于各大洋的北纬60°至南纬45°区域。蛙鱼在各大洋中都有出现的记录，

但有些记录者却意识到它们其实是呈清晰的离散分布的，也就是说，所谓分布于"各大洋"并不一定意味着它们会均匀地平衡分布在所述的区域中。海洋中的水质在温度、盐度、水流、食物含量等方面都有所不同，因此鱼类在不同水中的分布也不尽相同，蝰鱼物种在大洋中的分布状态正好说明了这一点。

达氏蝰鱼和小蝰鱼（无俗名）是蝰鱼属的2个小型物种，它们分别栖息在大西洋北部和南部的中央水域中。大型蝰鱼则栖息在食物匮乏的中央水域周围那些富含食物的区域内，据称其体长逾30厘米，是中央水域物种体长的2倍多。就连水域中的氧气含量也能左右物种的分布：譬如，黑蝰鱼仅栖息在氧气含量较低的阿拉伯半岛和马尔代夫附近的深海中，为适应当地的环境，它们的鳃丝也比其近族长得多。

蝰鱼物种是十分特殊的肉食性动物，其背鳍的第2条棘刺长而灵活，末端还有一个能发光的诱饵。它们不同物种的牙齿形状各异，但每个物种本身的牙齿形状却如出一辙。其上颌的前齿尖端附近有4个锋利的突起，能用以刺穿猎物。蝰鱼下颌靠前的2个齿最长（这也意味着其张口宽度同样十分可观），它们保持嘴巴紧闭时，这两个齿便露在上颌外，一旦它们刺穿猎物时，牙齿的自然曲度便会将猎物带入自己的口腔顶内。它们第二、第三上颌齿的基部有一个向侧面伸出的小齿，可能是用于保护眼睛下方的大型发光器官。

蝰鱼为适应肉食特性所进行的变异绝不仅限于牙齿而已，其心脏、腹部大动脉（主要血管）和鳃丝都比一般物种更靠前：事实上，心脏及腹部大动脉位于下颌两侧之间，而鳃丝几乎要伸展至下颌的前方了。鳃丝如此脆弱，对它们又十分重要，那么蝰鱼在将猎物吞入口中的时候又怎么会不损伤鳃丝呢？奥妙就在它们的脊椎。几乎所有的鱼类脊椎都由一系列咬合紧密的骨骼组成，具有一定的灵活性，而蝰鱼没有前端椎骨，脊椎柱也是一个灵活的软骨质杆（比骨骼更柔软）。胚胎和新生物种的软骨质脊椎是十分常见的，但一般当其发育为成鱼时，脊椎就会被骨质椎骨所取代。

蝰鱼的软骨质脊椎能使其头部获得更大的自由度。首先，由于其背部肌肉能将蝰鱼的头部向前提拉，上下颌之间的铰合处也被推向前。同时，其嘴保持张开，心脏所附着的肩带被向下向后拉，特殊的肌肉便将弓鳃及鳃丝向下拉，使之远离猎物入口的通道。最后，喉上的移动齿便抓住猎物，并缓缓将其送入弹性胃中。当猎物被吞入后，上述器官又可恢复原状了。

人们曾从深海潜艇观测到活的蝰鱼，它们在水中保持静止不动，头略低于尾，长长的背鳍刺向前弯曲，正好位于嘴前。它们的身体上覆盖着一薄层表皮或"皮肤"包裹的潮湿厚鞘，这层凝胶层背部、腹部最厚，而两侧最薄，其中包含神经、血管和许多小发光器官。

除用作诱饵的外，蝰鱼物种还有各种不同的发光器官。它们的腹部上布有复杂的器官，分别由色素层和接收器2种分泌细胞组成。这类器官位于眼睛下，依赖于牙齿和透明骨的保护，其中色素层和接收器的排布方式能确保光线被它们的眼睛接收，人们确信，这种排布方式能使它们的眼睛对光线更加敏感。位于其眼睛上方和前方的小发光器官能照亮可能出现的猎物，这意味着对于蝰鱼而言，光线对其摄食十分重要。

蝰鱼的凝胶状鞘和嘴内都散布着小发光器官，活蝰鱼的这些发光器官能发出蓝光。球形的发光器官中央充满了生物发光物质，与腹部发光器官不同的是，它们受神经的控制。尽管人们对它们的具体功能尚不了解，但却有一些十分有趣的发现。

蝰鱼休息时，其腹部发光器官能发出蓝光，一旦有东西触碰到，这些发光器官发出的光亮便会照亮它们全身。此外，试验结果还显示，蝰鱼能依据从其上方接收到的光量来调整腹部发光器官所产生的光强。在最清澈的大洋中，所有光线都能在约900米的深度被完全吸收。有趣的是，栖息在超过900米深度的鱼类就根本不具有腹部发光器官。蝰鱼的栖身处高于900米，因此会受到较弱光线的影响。它们眼睛附近的发光器官能依据腹部发光器官的光强进行相应变化，据推测，蝰鱼的腹部发光器官能发出适宜的光强，以平衡动物内外部的光线，使其融入背景光亮中，从而不容易被下方的敌人发现。

柔骨鱼亚科的黑色柔骨鱼属物种也被称作

松颌鱼，它们的口腔无底，带有长齿的裸颌如同凶残的齿夹式捕兽陷阱（常用于陆上非法诱捕哺乳动物）那样有力。该科的部分物种还有一个能发出红光的鳃发光器官（大部分发光器官只能发出蓝绿色的光）。

无鳞黑龙鱼栖息在各大洋中，为肉食性动物。它们中的一部分身体细长，另一些则较为宽厚；它们都具有背鳍和靠近身体极后方的臀鳍，还有犬牙状的齿和成排的小型腹部发光器官。几乎所有的本亚科物种都有颏须，有些物种的颏须为十分细小的多分支状，有的则长达其体长的 6 倍之多。

深海斧鱼及其同类
褶胸鱼科

褶胸鱼科物种的身体侧向收缩——即两侧呈扁平状，胸部很厚，因此也被称为深海斧鱼。它们中的一部分物种有管眼，其中许多物种的嘴为垂直方向分布。银斧鱼属物种向上伸出的管眼中还有黄色的球形晶状体。它们以极小的甲壳类动物为食，部分物种能进行小范围的日间垂直迁徙。烛光鱼属包括 30 多个物种，大部分都栖息在太平洋西部，其中最为人所熟知的可能便是纳氏斧鱼和三棘斧鱼。它们都栖息在 45 ~ 450 米的深度，与该科中的所有物种一样，斧鱼都有向下伸展的精细的大型发光器官。

人们对低褶胸鱼属中 4 个物种的发光器官研究得最为深入，这其中便包括高光斧鱼。这些物种的口腔顶上有 2 个椭圆形的斑点，该斑点既无色素，也无接受器或有色过滤器。它们能发出冷光，并与腹部发光器官彼此独立，互不干扰，其冷光能持续约半小时，并渐渐淡去。这些光除了能像人们推测的那样用于吸引猎物外，还能起光线的引导作用，即将这些光亮中的一部分汇聚在动物的眼睛附近，从而与从其腹部发光器官所发出的光相平衡，使它们与背景光融为一体。

深海斧鱼是十分美丽的银色鱼类，但它们所呈的斧头外形究竟有何优势，人们还不得而知。珠边鱼是一种小型的小鲱状鱼类，在夜间的北大西洋面上十分常见，人们认为它们是深海斧鱼的原始近族。珠边鱼与深海斧鱼在许多内部结构上都十分相似，但它们的身体更接近于传统的鱼形，因此被归属于一个单独的亚科，其中包括约 13 个物种，分为 7 个属。上面提到的 3 个属都有它们自己的亚科。

灯鱼
褶胸鱼科

灯鱼栖息在大西洋、印度洋和太平洋中，白天主要位于 200 ~ 400 米的深度，夜间则在 100 米的深度生活。它们主要以桡足类动物为食，一般在下午至傍晚集中捕食。灯鱼的身体形状与钻光鱼相似，并有十分发达的鳃耙。该科物种都没有下颌须，除刀光鱼属外其他属的物种都有脂鳍。

⊙ 圆罩鱼及其同类的代表物种

1.黑巨口鱼，属于无鳞黑龙鱼；2.雌性带形锯尾鱼；
3.太平洋蝰鱼，其腹部上有一排发光器官；4.蝰鱼；
5a.黑柔骨鱼，栖息于水中0～2 500米的深度；5b.黑柔骨鱼惊人的可扩张颌；6.太平洋斧鱼。

狗母鱼和灯笼鱼

　　狗母鱼和灯笼鱼所在的两个目中包括各种十分奇特的鱼类物种，如以其腹鳍和下尾叶栖息于极深水底的短吻三刺，头骨顶端有极其扁平眼睛的炉眼鱼属网眼鱼，能用来制作佳肴的龙头鱼，大型肉食动物帆蜥鱼，高度进化的奇特望远镜鱼，身上分布着发光器官的灯笼鱼和其他一些鱼类。

　　这些目中包括约17个科，有些专家曾一度认为这些科实际上应归属于同一目，而本书则遵循最近的一种分类方法，即将灯笼鱼科和新灯笼鱼科分为灯笼鱼目，将其他科物种分为仙女鱼目。目前人们普遍推测，灯笼鱼目物种更接近于高等的硬骨鱼，而并非更类似于仙女鱼目物种。

狗母鱼及其同类
仙女鱼目

　　仙女鱼目中的物种结构各异，但它们鳃的骨骼中部分小骨的排列都呈现特殊的排列方式，因此被归属为一类。人们虽然对这种特殊的变异鳃结构的功能尚不了解，但还从未在其他任何非仙女鱼目物种身上发现过这种结构，由此可见其重要性。在过去几十年中，人们就该目下属和科的结构提出了无数划分方法，最近对该类群的2次详尽研究将仙女鱼目划为4个亚类群。

　　在这4个亚类群中，只有一个类群的物种主要栖息在温暖的浅水域中。旗鳍鱼属于仙女鱼目的同名物种科，是仙女鱼目中最原始的物

种形态，栖息在大西洋、太平洋的部分区域和南部沿岸地区。旗鳍鱼是有鳞的底栖鱼类，身体细长，头部较大，以背鳍的第2条长棘刺为其特征。它们有一条脂鳍，细小的牙齿排列成密集的数排，主要以小型无脊椎动物为食。

　　旗鳍鱼是鱼类中少见的色彩极其鲜艳的物种，栖息在900米左右的深度，其中约有12个物种分别呈棕色、红色和粉色。紫仙女鱼是一种澳大利亚的可食用鱼，色彩艳丽，其鱼鳞呈紫色或鲜红色，鳞片边缘则为深红色，黄色的鱼鳍上还布有数排红点。紫仙女鱼的俗名为"贝克中士"，据称是源自最初在新南威尔士捕捉到这一物种的士兵的名字，这一传闻至今还没有确凿的证据，但确实有许多红色鱼类都有与军事相关的俗名，与英国步兵的红色制服颇有关联。

　　这一栖息在温暖的浅水域或较浅水域的类群中的其他物种大多属于狗母鱼所在的狗母鱼科。狗母鱼是底栖物种，大部分时间内它们都以腹鳍支撑身体，等待猎物的经过。它们不仅头部酷似蜥蜴，摄食速度也十分惊人，因而得名狗母鱼。该科中最为人熟知的物种当属龙头

⊙ 两点狗母鱼所在的狗母鱼属有一个特征，即其嘴的每侧都有单排颚齿。

鱼，印度的餐馆常将这种恒河口的大嘴鱼类盐渍晒干，做成咸酥的餐前小点供应给顾客。龙头鱼的圆柱形身体十分纤细，有一条柔软的背鳍和一条脂鳍，这是许多狗母鱼的典型特征。龙头鱼大多为肉食性动物，以其弯曲的针状齿捕食鱼类和无脊椎动物。

下一个亚类群青眼鱼科由各种不同的鱼类组成，既包括栖息在较浅水域的青眼鱼，也包括在极深水域中生存的炉眼鱼。绿眼鱼，又称青眼鱼，是该科中的代表物种，它们两侧扁平，体呈银色，眼睛较大。它们能长至 30 厘米长，有向前伸展的背鳍和腹鳍，臀鳍之上还有一条脂鳍。由于该科部分物种的脉络膜层（眼睛视网膜的反射层）能反射出青色的光，因而得名青眼鱼。它们的晶状体通常呈黄色，黄色能像选择性过滤器那样，使鱼类能"看穿"那些小型甲壳类动物腹部发光器官向下射出的掩护光线，而将其捕食。

青眼鱼分布广泛，在北大西洋它们成群栖息于 200 ～ 750 米的深处，数量尤其众多。所有青眼鱼的侧线都十分发达，许多都扩展为吻、头部、鳃盖上的特化器官，能使鱼类探测到小型猎物的行踪。

肛周器官（围绕肛门的器官）发出的微弱光线是由细菌产生的。人们确信这种光线能使鱼类与其同类保持联系，在繁殖季节可能还有助于同类之间的交配。包括胡瓜鱼在内的10 个物种曾一度被归属于青眼鱼科，但这些物种都没有肛周器官。这 10 个物种如今被归于仙女鱼物种的一个新科——拟仙女鱼科的拟仙女鱼属，人们认为它们与狗母鱼的关系比与青眼鱼的关系更为密切。事实上，对物种身体结构的详尽研究通常会引起其分类体系的重大变更。

炉眼鱼属中的短吻三刺鮋栖息在 6000 米深处，人们曾经拍到它们面朝水流的方向栖息在深海底，以坚硬的腹鳍和下尾叶支撑身体，拍形的胸鳍像前伸的鹿角一般覆盖在头顶。短吻三刺鮋约有 18 个物种，广泛分布于深水域中，它们对栖息地的温度和咸度都有特殊的要求，因此仅栖息在特定的一类大洋水域即中海中。小眼深海狗母鱼栖息在 300 米深的浅水域，而长尾深海狗母鱼则栖息在 6000 米的深处；胸丝深海狗母鱼仅栖息在南美沿海，而长头深海狗母鱼则呈世界性分布。不论在哪里，它们都只能栖息在海底为软泥或细沙的水域中，因为只有这些物质能为其鳍提供坚固的"支撑着力点"。虽然地球上还有大片符合它们理想栖息条件（就可见的条件而言）的深海水域，但却无法从中找到它们的任何踪迹，譬如北太平洋，这实在令人疑惑。短吻三刺鲀是深海鱼类中十分常见的物种，在巴哈马群岛沿海展开的详尽研究显示，那里的短吻三刺鲀分布几乎可达 90 条 / 平方千米。它们的拍状胸鳍上分布着细密的神经，能负责感觉，但人们对其具体功能尚不了解。它们的眼睛极小，因此人们推测它们仅依靠鱼鳍探测周围水流中漂浮的小型甲壳类动物为食。由于它们通常都为深海物种，因此包括其生命史在内的许多方面对人类而言都还是谜。

短吻三刺鲀与包括炉眼鱼在内的其他几个属一起，归为炉眼鱼科。炉眼鱼包括 3 个物种，其中一个被称为网眼鱼，外型有些类似没有三刺的扁平短吻三刺鲀。它们无眼，由于其头顶上有 2 块谜一般的扁平灰黄大斑，长久以来一直赢得人们的关注。半个多世纪以来，人们都将其视为发光器官，能发出向上的光线，但深海照片却显示它们实际上具有极强的反射性，它们曾将深海照相机发出的闪光清晰地反射回去。人们在深海进行的采集为科学家提供了数个研究样本，这 2 个斑块的谜团也随之迎刃而解：原来它们是变异的眼睛和头骨的混合体。每个斑块均达头部宽度的一半，其实是一个透明的头骨，其下的反射层实际上是高度变异的视网膜。它们没有普通的眼睛结构，如晶状体，只保留了感光的视网膜，这层视网膜覆盖了头部顶端，并为头骨所保护。这种结构十分精妙，但其对鱼类的具体作用为何，人们尚很难了解。它们能探测到自上而下的光线，却无法聚焦于一个物体。炉眼鱼仅以海生蠕虫为食，而海生蠕虫却生活在这些鱼类下方。

仙女鱼目中的鲻蜥鱼类群中集合了另一些各式各样的物种，它们都栖息在深深的大洋中。鲻蜥鱼科中的鲻蜥鱼外表类似珊瑚礁中的肉食性梭鱼，因而得此俗名，而事实上它们之间并无关联。鲻蜥鱼身体纤细，有大颌，上颌上有许多锋利外伸的小齿，下颌上混杂了许多大些

狗母鱼和灯笼鱼

目 仙女鱼目和灯笼鱼目

约475个物种，分为约75个属，17个科。

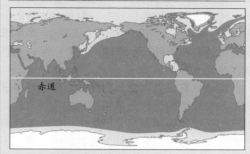

赤道

狗母鱼及其同类（仙女鱼目）

约225个物种，分为约40属，15科。栖息在海洋从浅至深的各处。体长最长可达2米。科包括：旗鳍鱼（仙女鱼科）；狗母鱼（狗母鱼科）；青眼鱼（青眼鱼科）；短吻三刺和网眼鱼（炉眼鱼科）；鲻蜥鱼（鲻蜥鱼科）和剑齿鱼（法老鱼科），含剑齿鱼；帆蜥鱼（帆蜥鱼科），含长鼻帆蜥鱼；齿口鱼（齿口鱼科）；珠目鱼（珠目鱼科）；望远镜鱼（巨尾鱼科）。

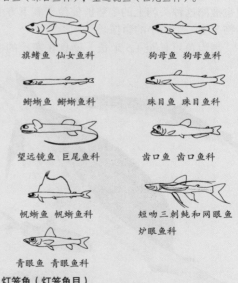

旗鳍鱼 仙女鱼科　　　狗母鱼 狗母鱼科

鲻蜥鱼 鲻蜥鱼科　　　珠目鱼 珠目鱼科

望远镜鱼 巨尾鱼科　　　齿口鱼 齿口鱼科

帆蜥鱼 帆蜥鱼科　　　短吻三刺鲀和网眼鱼
　　　　　　　　　　　　炉眼鱼科

青眼鱼 青眼鱼科

灯笼鱼（灯笼鱼目）

约250个物种，分为35属，2科。栖息在各大洋的深处。体长最大可达30厘米。科包括：新灯笼鱼科；灯笼鱼（灯笼鱼科），含蓝灯笼鱼、鳄珍灯鱼。

灯笼鱼 灯笼鱼科　　　　　新灯笼鱼科

的刺齿。它们有一条小小的脂鳍，身体的后半部上还有一条软棘状的背鳍。其中部分物种有鳞片，这些鳞片易碎易脱落，这可能是为了使其身体具有更好的伸展性，以便吞食大型猎物吧。许多物种的肛门和臀鳍之间还有肉质骨。

鲳蜥鱼科呈世界性分布，但每个物种的分布却十分有限。考氏背鳞鱼能长至10多厘米长，仅分布在南极洲水域中，而带形鲳蜥鱼则栖息在北太平洋东部。

鲳蜥鱼有发光器官，因此在仙女鱼目中显得格外与众不同。裸蜥鱼属物种的体内有从头部贯通至腹鳍的体管，那里的细菌能产生灰黄色的亮光，但人们对这种发光器官的功能还不了解。由于有发光器官物种的皮肤色彩绚丽，通体透明，因此人们推测这些发光器管可能并不是为了掩护，而可能是像灯塔一样，使同类物种的个体能互相辨识。

鲳蜥鱼的眼睛所在的位置保持其双目并视的最佳视野在其正下方，但潜水艇中观察到的鲳蜥鱼却保持头朝上或接近朝上的姿势，这样它们就能保持水平的视野（朝前看），因此人们也推测这种头朝上的姿势能使位于其下方的猎物产生一个较小的影像。

剑齿鱼可长至1.5米长，栖息在寒冷的极地水域中。它们曾一度被归属于鲳蜥鱼科，但大多数专家如今却赞成将其与其他2个类似物种一起归属于一个单独的法老鱼科。剑齿鱼能捕食约为自身体长一半的猎物，人们曾在南极一条鲸的胃中发现了一条长75厘米的完整无缺的剑齿鱼，它吞食了2条长分别为27厘米和18厘米的鲳蜥鱼，而这两条鲳蜥鱼满腹都是磷虾。

帆蜥鱼是栖息在中等深度的大型肉食帆蜥鱼科物种，它们虽都没有发光器官，但却有大刺齿和可扩张的胃。帆蜥鱼属的物种能长达2.2米，但它们的身体十分纤细，这种大小的鱼类仅重1.8～2.3千克。它们的形状类似剑齿鱼，但有一条长而高的背鳍，这条背鳍能折入背上的深沟中，完全不可见。人们对该大背鳍的功能尚不了解，但有人认为它可能是像旗鱼的大背鳍一样有助于将一群小鱼聚集在一起。长鼻帆蜥鱼以深海斧鱼、鲳蜥鱼、鱿鱼、章鱼和其他几乎任何能捕到的猎物为食，这些猎物大多不会进行日间迁徙，而那些日间迁徙的灯笼鱼，尽管数量极其庞大，却很少为帆蜥鱼所食。而一旦有机会时，金枪鱼和其他栖息在水面的肉食物种会积极捕食帆蜥鱼。

其他帆蜥鱼科物种还包括与之关系密切的两个物种，即栖息于海洋中层的齿口鱼科的齿口鱼和珠目鱼科的珠目鱼，它们中的一部分能在夜间迁徙至更浅的水域中。正如其名字所显示的那样，齿口鱼有许多栖息在海洋中层鱼类所特有的长犬牙，而珠目鱼则因其眼睛上的白点或珍珠状器官而得名，这种珍珠状器官能帮助它们在较广的范围中探测到光线。珠目鱼还有向上和向前伸的可伸缩眼。

仙女鱼目中的最后一个亚类群是巨尾鱼科中的奇特望远镜鱼，它们呈银色的圆柱状，吻后方有前伸的管眼，无鳞片和发光器官。它们的胸鳍高高地位于身体之上，尾鳍有长长的下叶，无脂鳍和腹鳍。此外它们也没有大量骨骼。事实上，它们的成鱼已失去了许多其近族都拥有的特性，而且现有的许多骨骼都是软骨质的。望远镜鱼大而锋利的牙齿能下沉，便于吞入较大的食物。其口腔和胃的内层上有密集的黑色色素层，有人认为，这层色素层能隔绝其所食食物的发光器官发出的光。它们的腹部富有弹

⊙ **狗母鱼和灯笼鱼的代表物种**

1.印度洋－太平洋的纤细狗母鱼或细蛇鲻，在浅环礁湖和礁台中十分常见；2.南极背鳞鱼；3.长鼻帆蜥鱼，卵生，幼体营浮游生活；4.金属灯笼鱼，以浮游生物为食。

⦿ 带底灯鱼体长最长可达10厘米，它们在夜间栖息于大洋中约200米深处。本图中它们的发光器官可见，如同小亮点一般。

性，这也意味着望远镜鱼能吞食比自己大许多的食物。它们的胸鳍插在鳃面之上，可能有助于大型鱼类顺着望远镜鱼的喉部缓缓下滑，当然，部分这类结构也能有助于水流穿过封闭的口腔进入到鳃内。

长久以来，望远镜鱼都被归属于单独的一目，其成鱼的鳃骨骼变化极大，譬如它们并不具有其他仙女鱼目物种所特有的部分变异鳃结构，而极小的望远镜鱼的鳃骨骼却为软骨质，体现了典型的仙女鱼目物种的鳃结构模式。极具讽刺意味的是，它们的幼鱼虽然足以证明望远镜鱼确属仙女鱼目，但这些幼鱼与成鱼之间存在着显著差异，以至于直至近期人们还将它们的幼鱼视作一个单独的物种科。望远镜鱼广泛分布于热带和亚热带大洋中，栖息深度约在3 350米处。它们都是小型物种，体长很少超过15厘米。

灯笼鱼及其同类
灯笼鱼科

灯笼鱼目包括约300个物种，由于它们身上有大量的发光器官所形成的斑点，因此通常被称为灯笼鱼。该科物种的准确俗名包括鳄珍灯鱼和蓝灯笼鱼，分别用以描述其醒目的装饰性发光器官的特质。这些肉食性鱼类栖息在各大洋的中等深度处，体长很少超过30厘米。它们身体的整体形状大致相同，但各物种的发光器官各异，因而成为其物种区分的基础依据。除小型发光器官外，它们还有较大的器官——上腺和下腺，这些大型器官大部分靠近尾部，是个体性别的标识。在一般情况下，雌性没有上腺，下腺很不醒目，有的物种甚至没有下腺。灯笼鱼对光线信号极其敏感，一条观赏鱼类甚至对研究员的发光腕表表现出浓厚的兴趣，而更加明亮的光源则对它们几乎没有任何刺激。

灯笼鱼栖息在300～700米的深处，有银色和深色2种物种形态。它们中的许多都有夜间向上迁徙的特性，偶尔能迁徙至50米深处。那些有鳔的物种比无鳔物种的脂肪含量低，这是因为脂肪比水轻，因而有助于无鳔物种获得中性浮力。与之相反，蓝灯笼鱼的鳔中无空气，其身体也几乎没有任何脂肪，因此它们受到的浮力是负的，也就是说，它们的密度比水的密度还大！

脂鲤、鲇鱼、鲤鱼及其同类

　　鲤鱼、鲇鱼、脂鲤、鳅鱼及其同类是欧亚和北美主要的淡水鱼类，在非洲和南美也同样如此。（只有鲇鱼是澳大利亚的本地物种。）这其中约有 6 500 个物种主要都是淡水鱼类，只有鲇鱼的 2 个科和鲤科的 1 个物种栖息在海中，也有少数几个属的物种会在咸水中栖息一段时间。

　　专家们将这些物种划分为数个主要类群（尽管人们对它们之间的关系仍然存有许多争议），而来自婆罗洲的低唇鱼的归属却仍是一个谜团，尽管有的专家确信它应属于河鳅（爬鳅科），但看来似乎找不到特别适合它的一个类群。

种类多样，数量繁多
分类和形态

　　骨鳔总目分为 2 个系列：骨鳔系和无耳鳔系，其中前者包括的物种数量是后者的 200 倍。骨鳔系具有 2 个主要的一致特征：首先，当它们受到威胁时，大多能从皮肤的腺体中分泌出"警报物质"或信息素，从而引起其他骨鳔系物种的警觉。有厚甲的鲇鱼科物种并不具有这种警报物质，这是容易理解的，但令人费解的是，某些穴居脂鲤和鲤科物种居然也没有这类物质。

　　骨鳔系的第 2 个特征是韦伯氏器，即鱼类前端少量精细的椎骨（单个脊椎骨）所形成的一系列杠杆，也称鳔骨，能将鳔收到的压缩高频声波传送至内耳。由此可见骨鳔系具有敏锐

的听力。至今尚无人知晓究竟它们是如何进化出这类"助听"结构的，但无耳鳔系所具有的"头肋"可能就是这种"助听"机制的原型，可以借此对韦伯氏器的来源一探究竟吧。

　　无耳鳔系是一个物种各异、就某种程度而言也不尽一致的类群。牛奶鱼（虱目鱼科的唯一物种）是一种栖息在东南亚的食用鱼类，它们酷似有银色小鳞的大型鲱鱼，但却没有腹部

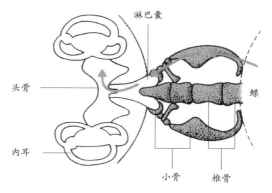

⊙ 图为从上往下看的韦伯氏器，它是骨鳔系中许多鱼类的特有器官，能将鳔中产生的波动传输至内耳，极大地提高了鱼类的听觉能力。

鳞甲（"鳞板"）。许多地区都在鱼池中密集饲养牛奶鱼。它们能长至1米多长，也能适应不同盐度的水域。

鼠鱚是其所属科（鼠鱚科）中的唯一物种，它们栖息在温带及热带印度洋－太平洋的浅水域中，身体细长，有长吻，嘴位于腹部，无鳔。人们曾在加拿大的阿尔伯达发现了一个可能是鼠鱚近族的化石。

与鼠鱚不同的是，栖息在西非淡水中的铰嘴鱼或枕枝鱼的嘴位于背部，能伸展为短潜望镜。它们的鳔被分为数个小单元，能呼吸大气。当其长至15厘米长以上时，便局限在尼日尔和扎伊尔盆地的部分区域生活。

无耳鳔系还包括克奈鱼及与之密切相关的物种（克奈鱼科），它们是栖息在热带和非洲尼罗河流域淡水中的小型淡水生物种，以藻类为食。它们呈明显的两性二态性，雄性的靥或鳃盖上有一个特殊的星号，但其作用尚不为人知。克罗麦鱼属和油奈氏鱼属都是性早熟物种，即它们在保持幼态体形的时候就已经达到性成熟了。部分专家认为这两属都属于克奈鱼，其他专家则将其视为一个单独的物种科。克罗麦鱼和油奈氏鱼都是栖息在西非河流的小型透明鱼类（这与其邻近科的物种不同），无鳞，无侧线。

脂鲤、鲇鱼、鲤鱼和新世界刀鱼都是非常成熟的物种类群，它们高度融合了其旧有的特质和极度激进的进化特征，同时它们所包含的物种多种多样，适应性极强，因而导致对其物种的分类十分困难。它们虽十分常见，但也是谜一样的类群。

脂鲤及其相关物种
脂鲤目

脂鲤目中有超过1340个现存物种，其中约210个都分布在非洲，其他则分布在美洲中、南部。这种不连续的分布状况意味着约1亿年前，脂鲤目广泛分布于冈瓦纳大陆，该大陆随后分裂为非洲、南美洲、南极洲和大洋洲。

从外表上看，脂鲤目物种与鲤鱼科（鲤科）物种十分相似，但它们的尾鳍和真背鳍之间通常还有一条肉质脂（"第二"背）鳍，此外，它们的颌上还有齿，而咽或喉部却无齿。它们

在正在用的一整套实用的牙齿之后还有一套备用齿。部分脂鲤物种会先脱落上下颌一侧的旧齿并换上新齿，当该侧的新齿位置稳固后再更换另一侧的齿；而肉食性脂鲤则会一口气脱落全部旧齿并换上新齿，牙齿的更换一旦完成，它们的备用齿槽上就会长出一套新的备用齿。

非洲的脂鲤目包括3个科（分为几个亚科），都是肉食性和杂食性物种，但不及新热带区的脂鲤物种那么多种多样。其中最原始的是鳡脂鲤科中的唯一物种喀辅埃河梭或非洲梭，它们常暗暗等在一旁伺机捕食鱼类，由于它们有一张带有强力圆锥齿的大嘴，因此能有效防止猎物逃脱。它们在漂浮的泡沫巢中产下数千个卵并在一旁护卵（其卵是烹饪的佳品），这对脂鲤目物种而言绝不寻常。孵化出来的幼鱼能用其头上的特殊黏性器官悬在水面上。

食鳍鱼是身体狭长的琴脂鲤（琴脂鲤科）物种，能大口咬食其他鱼类的鳞片及在鱼鳍上咬出深槽。食鳍鱼与另外两个相对无害的鱼类群密切相关，它们以有锯齿状边缘的鳞片（栉鳞）为特征，而不像其他脂鲤那样仅有光滑（圆形）的鳞片。

非洲脂鲤科包括约18属共100个物种，其中的非洲脂鲤属是脂鲤中最为人熟知的物种类群，在观赏鱼爱好者中知名度极高。它们色彩绚丽，通常有单条侧带和红色、橙色或黄色的鱼鳍，其身体或短而宽，或细而长（纺锤形）。

知识档案

脂鲤、鲇鱼及其同类
总目 骨鳔总目
目 脂鲤目、鲇形目、鲤目、裸背电鳗目、鼠鱚目
约6500个物种，分为至少960个属和约60个科。

赤道

分布： 呈世界性分布，主要栖息在淡水中。

它们的臀鳍形状呈两性二态性：雌性的臀鳍边缘十分整齐，而雄性的臀鳍则是凸起的。它们的尾椎骨也呈现奇特的两性二态性。但究竟这些物种如何识别该差异，这些差异又对物种有何益处，尚不得而知。非洲脂鲤有十分强力的多尖头齿，十分适于刮擦和研磨昆虫、鱼类、昆虫幼虫、浮游生物和各式各样的植物为食。

老虎鱼或狗脂鲤是一个包含了数种极具侵略性的肉食物种的属，在当地臭名昭著。它们的嘴闭合时，其长长的圆锥形齿便与颌外部彼此重叠，同时它们的身体上还有黑色的条纹（尽管这些条纹是横向而非纵向的），故而得此俗名。刚果的巨老虎鱼能长至超过 1.5 米长，重逾 45 千克，它们极富进攻性，有未曾证实的报道称它们甚至攻击人类。老虎鱼和狗脂鲤都是绝佳的游钓鱼类。奇怪的是，老虎鱼会一次脱落全部旧齿，因此偶尔人们还能发现其脱落的单个旧齿。它们开始换上新齿到可以使用仅需数天时间。新热带区的脂鲤多种多样，从凶残的肉食物种，到微小的食草物种乃至不能视物的地下物种。其中剃刀鱼是所有肉食物种中最被人们夸大其词的一个，它们敦实凶猛，有宽宽的头部和短而有力的颌，颌上还有如剃刀般锋利的三角形互锁齿。它们素喜群生，共同捕食小型鱼类为食，或如同传言中所说的那样，捕食受伤或健康的大型猎物为食。

每条剃刀鱼能在肉上咬出约 16 立方厘米的清晰咬痕，其所在鱼群的大小决定了猎物被吃光的速度。在有些地区，水中的一丝血腥便会触发它们的疯狂捕食，往往只需几分钟，猎物便会几乎只剩下一副骨架。人们在涉水或在水中沐浴时，也会遭到它们的攻击，但这种情况少之又少。有一个传说是这样描述的：一人一马掉进水中，后来被捞上来时早就被鱼儿把肉吃光了，但人的衣服却完好无损。很有些讽刺意味的是，在现实生活中，却往往是人类在捕食剃刀鱼——大量鱼类被傍亚马孙河和其他南美河流而居的人类（卡波克罗人）捕捞和食用（常用于煎炸）。

剃刀鱼很少长于 60 厘米，是绝佳的游钓鱼类。钓鱼者用结实的钓竿或用极其简单的带饵钩的手线，便能在很短的时间内成功钓到饥饿的剃刀鱼。

剃刀鱼的近族包括食草或食杂性物种属，它们被观赏鱼爱好者称为银币鱼和帕克鱼。尽管它们外表相似，但其特性却与剃刀鱼大相径庭。帕克鱼还另有强壮的颌和研磨齿，能咬碎坚硬的种子和水果；银币鱼（银板鱼及其同类）则是更彻底的食植物物种。

皱剃刀鱼（下锯脂鲤物种）以其他鱼类的鳞片为食，它们的下颌比上颌长，牙齿外翻，也就是说，牙齿向外伸展，这使得它们仅需简单地向上一刮便能刮下猎物的鱼鳞。如果遇到的是些非常机警的猎物，皱剃刀鱼便只得以昆

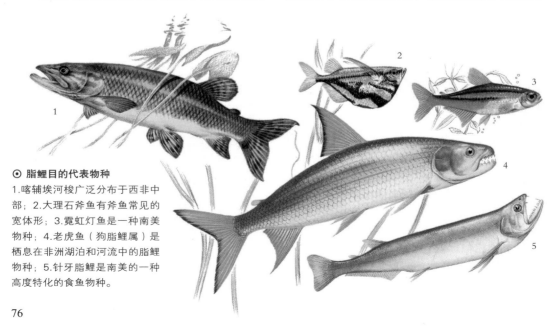

⊙ 脂鲤目的代表物种

1.喀辅埃河梭广泛分布于西非中部；2.大理石斧鱼有斧鱼常见的宽体形；3.霓虹灯鱼是一种南美物种；4.老虎鱼（狗脂鲤属）是栖息在非洲湖泊和河流中的脂鲤物种；5.针牙脂鲤是南美的一种高度特化的食鱼物种。

⊙ "方鳍鱼"这一术语涵盖了许多栖息在南美和非洲的小型脂鲤。红鼻剪刀鱼栖息在巴西和委内瑞拉的奥里诺科河和亚马孙河流域。

飞至水面上90厘米处。飞行对于这一物种所耗费的身体能量究竟有多少，我们还不得而知，但人们猜想它们是在受到敌人的惊吓时才会飞起来的。在通常情况下，斧鱼栖息在水面附近，以昆虫为食。身体细长的斧鱼物种（石斧脂鲤物种）宽厚的胸部也包含了骨骼，还有与其他斧鱼类似的翼状胸鳍。为躲避敌人的追捕，斧鱼能依靠其胸部肌肉和胸鳍跃离水面1米来高，但这却并不是真正的飞行。

脂鲤大多能扩散产卵，但部分脂鲤也有特殊的繁殖行为。譬如，雄性呱脂鲤尾鳍基部或尾部的鳞片发育出特殊的腺体，即人们所知的"尾腺"，这些腺体能分泌信息素——一种异性无法抵抗的化学物质。如果单凭信息素还不足以吸引异性进行交配，部分雄性也会使用一种蠕虫状的诱饵——雄性剑尾脂鲤尤其擅长用此方式对自己心仪的雌性示好。究竟这种诱饵是模拟它们的猎物，还是对雌性的视觉暗示以便将雌性诱至雄性的身旁，与之排成一定的角度，以便雄性将精子送入雌性的生殖（性）孔中，人们还不得而知。它们也是人们所知的唯一行内部受精的脂鲤物种。

红翅溅水鱼属鲖脂鲤科，能在悬垂的树叶或岩石上产卵，这样它们的卵就会比在水中安全得多。其雄性会一直对怀孕的雌性示好，直至雌性开始产卵。此时雄性会引导雌性至自己选定的水面上3厘米左右的悬垂地点，雄性首先尝试着跳向该产卵点，雌性随即依靠水的表面张力粘在其表面，并排出一些卵来，雄性便高高跃起对这些卵进行受精，或两性都同时跃起。在整个繁殖过程中，它们总共产下约200个卵并使其受精。在孵化结束后，雌性便自行离开，而雄性则在产卵点附近，不断将水溅至卵上直至其被孵化出来。孵化过程持续约3天，一旦仔鱼回到水中，雄性的"护卵"行为便宣告结束。

虫和其他小型无脊椎动物为食。

南美"鲑"属的许多特性都表明它们是一个十分原始的物种类群，仅有唯一的标本可供研究。人们原本以为它们仍然存在于世，但自1900年捕获到该标本后就再也没有了它们的踪迹。捕食鳟鱼的肉食性脂鲤（马哈脂鲤属物种）在巴西被称为"多拉多斯"，是迄今为止最原始的脂鲤物种。它们虽是重要的食用和游钓物种，但人们对马哈脂鲤属中4个物种的分类归属仍然存在许多争议。

南美洲区的狼牙脂鲤物种就如同是非洲的脂鲤属物种，它们是有流线型身体的狗鱼状肉食动物，有令人望而生畏的牙齿。它们通常在开放的水域中捕食，能进行短促而高频的猛冲，甚至还能跃出水面。

淡水斧鱼的物种科（胸斧鱼科）则全然不同，它们由有长长胸鳍的宽体鱼组成，其体长很少超过10厘米，能有力地飞起来。它们宽厚的胸部上有强有力的肌肉，足以使胸鳍实现翅膀的功能。在飞起前，斧鱼最多可"滑行"12米，滑行的大部分时间内它们的尾部和胸部都停留在水中。它们飞起时，快速拍打自己的鱼鳍，发出明显的嗡嗡声。其飞行距离很少超过1.5米（但在理想条件下甚至能达39米），通常能飞至10厘米高，但也曾有人目击到它们石脂鲤是一种巴拿马脂鲤物种，也能在水外产卵。该物种喜爱聚成一群在陆地上产卵，即约 50 条成鱼依靠身体的侧向摆动或尾部的拍打游至岸边，并在潮湿的陆地上产卵。其雄性有凸起的臀鳍，鳍刺上还有骨质的短骨针（微小的针状结构），十分易辨。它们没有护卵行为，其卵的孵化耗时约 2 天。

观赏鱼爱好者对大多数南美脂鲤情有独钟（如今它们大多被归于未定属）。这些极其成功的鱼类中的许多都色彩鲜艳，因此它们在观赏鱼产业中具有很高的经济价值，而且也便于在野外将同族物种聚集成群。脂鲤是食杂物种，它们甚至能吞食任何能塞入嘴中的东西，但其中大多数是肉食性物种，主要以小型昆虫和水生无脊椎动物为食，墨西哥盲穴脂鲤就是该类群中的一个。

鲇鱼
鲇形目

鲇鱼约有 2400 个物种，分为约 34 科，它们大多为热带淡水生物种，但也有部分分布在温带地区（鮰科、鲇科、复须鲇科和鳠科），还有 2 个科（鳗鲇科和海鲇科）为海生物种。

鲇鱼因其长须而得名，这长须使其貌似有髯的猫（尽管并非所有鲇鱼物种都有须，须也不是该类群的特质）。鲇鱼的特征有：前 4～8 个椎骨结合成一体，其骨骼或小骨链还常将鳔和内耳连接起来；无顶骨，即头骨顶的成对骨头；头部的血管呈特殊的排列方式；无特有的鳞片，有些有强壮的背鳍刺和胸鳍刺。

鲇鱼无鳞，但大多数鲇鱼的身体并非完全是光秃秃的。棘甲鲇（棘甲鲇科）、亚洲山溪鲇鱼（鳅科）和鳅鲇鱼（平鳍鳅科）的侧线感觉孔周围都有骨质鳞甲或甲板，有时连背部也覆盖着鳞甲，甲鲇鱼和有甲美鲇鱼则全身都包裹着这种鳞甲。有些鲇鱼有强有力的锯齿状胸鳍和背鳍刺。这些棘刺依靠锁定机制保持直立，能与骨质鳞甲一道有效抵御鲇鱼的潜在敌人。鲇鱼的鳔部分或全部包裹在骨质囊中，其鳔明显退化，因此它们有在海底栖息的习性。人们对该结构的形成原因尚不了解。例如，退化和裹于囊中的鳔常为游动迅速的下眼鲇（下眼鲇科）物种和瓶鼻鲇鱼或无须鲇鱼所有，而底栖的电鲇鱼（电鲇科）的鳔却是所有鲇鱼中最大的！

南美的鲇鱼物种数量比其他各分布地点的

⊙ **鲇鱼的代表物种**

1.甲鲇鱼及其独特的鳞片形状；2.海鲇鱼中的硬头鲇鱼，它们的鱼卵在雄性的嘴中孵化；3.能在两块水域之间的陆地上穿过的胡鲇；4.寄生鲇是一种寄生性物种，能在大型鱼类的鳃内吸食宿主的血液；5.渠鲇鱼是美国一种珍贵的游钓鱼类；6.蛙嘴鲇是分布于南亚的夜间活动的肉食性物种；7.巨鲇鱼是栖息于越南湄公河的一种濒危物种；8.倒游鲇能倒转着游泳，搜寻树叶背面的活性食物和藻类为食；9.欧洲六须鲇是一种大型鲇鱼，它们能长至 5 米，在鲇鱼中格外引人注目。

总和还要多，世界上最小和最大的鲇鱼都分布在那里。玻利维亚的矮甲鲇（矮甲鲇科）是一种部分有甲的小型物种，其成鱼体长短于13毫米。而栖息于亚马孙河的油鲇（鸭嘴鲇物种）则可长至3米多长，鲇科的欧洲六须鲇的体长也与之相若。分布于南美的16科鲇鱼物种大多栖息在亚马孙河流域，另有4个物种科是安第斯山脉的本地物种。

⦿ 玻璃鲇鱼（鲇科）的身体异常透明，这是它们用于掩护自己的一种适应性表现，但其生理特性尚不为人知。

有甲吸口鲇（甲鲇科）是所有鲇鱼物种科中最大的一科，约包括600个物种。正如其名字所显示的那样，它们的嘴呈吸盘状，上有栉状的薄齿，适于刮擦藻丛。它们大多在夜间活动，白天则躲藏在岩缝和木头中。部分物种雄性的鳃盖骨（形成鳃盖的骨头）上有长刺，能在与其他雄性进行正面地盘性保护争斗时攻击对方。管吻鲇是细长的有甲鲇物种，身体长而薄，形如枯萎的细枝，因而得名。

攀鲇（视星鲇科）与有甲鲇关系密切，该科的40个物种栖息在安第斯山脉的急流中。这些特化的物种能用腹部表面的肌肉攀爬几乎垂直的光滑岩面，还能用吸盘般的腹鳍从旁协助攀爬。

有甲美鲇鱼（美鲇科）有盔甲般的鳞板，能在池塘干涸时防止其水分流失。其中数个属（如美鲇属和铁甲鲇属）的物种还能经受极端的温度变化，并能用腹鳍推动自己在干涸的表面上滑动。它们还能筑起漂浮的泡巢。兵鲇属包括近200个物种，是观赏鱼爱好者熟知的物种，他们曾记录下许多兵鲇物种的繁殖特性和发育过程。不同寻常的是，有些雌性兵鲇在交配中能吞食精子，精子会快速（并无丝毫变质）地滑过雌性的消化道，通过肛门释放到其腹鳍所形成的囊中，使囊中的数个卵受精。一旦受精完成，雌性便将受精卵置于合适的物体表面并自行离开。

囊鲇物种的体型差异极大，小至琴鲇（5厘米），大至骨须鲇或食螺鲇（1米）。它们大多为底栖物种，素有食水果的习性，并能有助于植物的种子扩散（种子不会被它们消化，在鱼体内穿过时能毫发无伤），实在令人称奇。

长须或有触角的鲇鱼（花鲇科）有300个物种，是一个形态多样的物种科，包括了许多为人熟知的鲇鱼物种，如红尾鲇鱼。它们大多为食杂物种，体型较大的物种却是肉食性的，或以其他鱼类为食，还有一个物种曾有吞食掉入水中的猴子的记录。部分亚马孙河流域的花鲇具有较高的经济价值。

寄生鲇鱼（毛鼻鲇科）包括约155个物种，其中部分为寄生性物种，栖息在大型花鲇的鳃腔内并在那里产卵。寄生鲇可能是该科中最为臭名昭著的一个代表物种，当哺乳动物（包括人类）浸入水中时，这种纤细的鱼类便会侵入哺乳动物的尿道。可能是由于寄生鲇错把尿道的液体当作大型鲇鱼鳃室中排出的水流，因此它们"逆流而上"进入尿道，依靠自身有力的鳃盖刺在那里栖身。在一般情况下，它们会在宿主的鳃上磨出一个创口，以宿主的血液为食。一旦它们错误地寄生在哺乳动物尿道内，便无法离开那里（就如同它们寄生在鱼类宿主的鳃室中一样），因此会对宿主造成极大的危害。通常这种困在尿道的寄生鲇只能靠外科手术移除。

毛鼻鲇科除包括几个无眼物种外，还包括2个特殊的非寄生性物种属，这些物种的胸鳍上有充满脂肪的大器官。其中的肉鼻鲇属迄今仅有一个长4厘米的标本为人所知，它是在

1925 年由卡尔·特内兹博士在加拿大黑河省的圣加布里河中发现的。40 年后，乔治·梅尔博士又在同一地点捕获到另一条十分相似但却属于一个新物种属的鱼。人们对这些神秘的物种仍不了解。

鲸鲇鱼（似鲸鲇科）有 12 个物种，人们对它们的了解也同样不多。其中部分物种特别凶残，能用其锯状齿咬食其他鲇鱼的圆形肉块。蓝鲸鲇鱼可能是该科中最为人熟知的物种。

浮木鲇鱼（项鳍鲇科）包括约 60 个物种，以身体上醒目的斑点和条纹为其特征。它们分布在从巴拿马至拉普拉塔的区域中，为夜间活跃物种，以碎屑为食，白天则列队栖息在中空的木头中。浮木鲇鱼行内部受精，这在鲇鱼中十分少见。雌性将受精卵排在水底上或植物丛中，这些毫无保护的受精卵在排出后约 1 周时间便会孵化出来。

下眼鲇或低眼鲇（下眼鲇科）则更不同寻常，与大多数鲇鱼不同的是，它们能用精细的鳃耙滤取水中的浮游生物为食。其长须也有助于将浮游生物送入自己的嘴中。由于下眼鲇物种多在水面摄食，因此其较高的脂肪含量和纸般轻薄的骨头都能增大其浮力。

在非洲的 8 个鲇鱼物种科中，只有 3 个是当地物种，有 4 个物种科也分布于亚洲，最后一个海鲇鱼（海鲇科）物种也遍及亚洲、大洋洲以及南美、北美的沿岸水域中。非洲的鲇鱼物种虽不及南美鲇鱼那样形态多样，但也有许多奇特的物种，其中几个与南美的异常物种十分相似。非洲的扎伊尔河就如同美洲的亚马孙河，那里聚集了非洲境内最丰富的鲇鱼物种。而鲇鱼物种在 2 块大陆分布的显著区别在于，非洲的里夫特山谷中有一系列湖泊，其中部分湖泊中有许多当地特有的鲇鱼物种。

鲿鱼（鲿科）是非洲分布最广泛的鲇鱼物种，包括 200 多个物种。其中部分尼罗河的鲿鱼物种重逾 5 千克。里夫特本地的小型鲿鱼栖息于急流，而大金鲿则是红腹鱼属中的"巨人"，这种鱼类栖息于坦噶尼喀湖，重达 190 千克。普通的鲿科物种也遍及亚洲。

胡鲇（胡鲇科）包括约 30 个物种，分为 10 属。这种长体的物种有长长的背鳍和臀鳍，还有扁而宽的头部。其中有些物种的鳃腔顶端的器官还能使它们呼吸大气，因此当水中缺氧时它们仍能生存。胡鲇与南美的美鲇一样，能穿过陆地到达另一片水域。最大的胡鲇物种是长丝异鳃鲇，重逾 50 千克；其他胡鲇物种则是小型的鳗鲡形（鳗形）物种，营穴居生活；索马里的无眼胡鲇没有眼睛，在地下生活；纳米比亚的穴胡鲇也同样没有眼睛。胡鲇科也遍及亚洲，但那里仅有少数几个淡水物种。

本地性电鲇科下有 2 个物种，是电鲇鱼的唯一物种科。所有鲇鱼都能探测电活动，但只有电鲇属物种能主动产生电。它们的两侧上部有高脂肪的密集电器官，使鱼体呈圆柱体状，形如腊肠。这些鲇鱼能产生很强的电脉冲（高达 450 伏特），既能抵御敌人，又能电击猎物。部分电鲇物种长逾 1 米，重达 20 千克。

尖声鲇或倒游鲇（双背鳍鲿科）仅分布于非洲，包括约 170 个物种，其中的 100 多个都属于倒游鲇属，其中少数物种能倒过身来游泳，就像在水底正常摄食那样取食水面的食物。该科中至少部分物种能发出声音，再加上其倒游的习性，因而得名尖声鲇或倒游鲇。

本地性鳅鲇鱼科（平鳍鮡科）包括约 47 个小型物种，其中部分（如山溪鞭尾鱼、护尾鮡、安氏细尾鲇）都有细长的板状身体，与南美的管吻鲇十分相似。平鳍鮡科物种栖息在湍急寒冷的河流上游，附着于鹅卵石的基质上。

锡伯鲇（锡伯鲇科）在非洲有约 20 个物种，也遍及亚洲。它们有短小的背鳍和宽而扁平的身体。它们喜欢成群快速游动，个体数量众多，既能捕食其他鱼类，自身也是食鱼河鲈的主要食物来源。锡伯鲇无所不在，它们的食物范围极广，能迅速适应诸如有坝的湖泊和蓄水池这样的人工环境。

在亚洲的鱼类动物群中，鲇鱼的重要性仅次于鲤鱼及其同类。与非洲鲇鱼相比，人们对亚洲鲇鱼所知不多，它们的分布极广，涵盖印度尼西亚群岛以及中国和亚洲中部各分离的河流与湖泊。在亚洲它们有 12 个物种科，其中 7 个都是地方性物种。

鲿鱼分布广泛，其中又以所含物种丰富的鳠属（包括约 40 个物种）最为典型。鳠属物种大多体型较小——长 8～35 厘米；但其中部分却能长至约 60 厘米，如亚洲红尾鲿。婆罗洲和苏门答腊岛的骑兵鲇名字起得恰如其分，其成鱼的背鳍刺几乎与鱼身一般长，十分奇特。

鞘鱼（鲇科）是重要的鲇鱼物种科，分布于欧亚大陆、日本及部分岛屿。该科既有体长2米的凶残肉食性叉尾鲇，也有所有鲇鱼中最大的欧洲六须鲇。叉尾鲇在逆流洄游时，常跟在鲤鱼群之后，能在捕食醋畅时漂亮地跃出水面。

⊙ 鲇鱼因其长须而得名，黑色牛头鲇鱼的长须尤其明显，这种北美物种喜爱在淤泥沉积的混浊水域中栖息。

本地性亚洲山溪鲇鱼（鳅科）包括100个物种，钝头鮠（钝头鮠科）则包括约10个物种，它们都是栖息于山溪中的小型物种，依靠其腹部的皱褶形成的部分真空附着在基质之上。婆罗洲的蛙嘴鲇（连尾鳅科）是身体扁平、有巨嘴和大头的鱼类，能极好地伪装自己。它们与部分琵琶鱼类似，并采用相似的摄食方式，能用诱饵将猎物诱至自己的嘴边。

鲨鲇（鱼芒鲇科）包括约21个物种，它们可能是东南亚最具经济价值的鲇鱼物种科。泰国在鱼塘中用水果和蔬菜饲养鱼芒鲇的历史已经持续了1个多世纪，其销售量也十分惊人。湄公河的巨鲇鱼是世界上最大的淡水鱼类之一，体长能达3米，尽管各地旅游者间流传着关于它的各种神乎其神的传说，但事实上它却是完完全全的草食物种。

鳗鲇（鳗鲇科）包括约32个物种，其中部分物种栖息在印度洋—太平洋，鳗鲇属和新鳗鲇属（鳗尾鲇）2个物种属则栖息在澳大利亚和新几内亚的淡水中；其中鳗鲇属物种的标本可重达7千克。这些鱼类能用小鹅卵石、沙砾和黏土筑起直径约为2米的圆形巢，其卵的孵化需7天时间，在此期间雄性负责护卵。

囊鳃鲇科与胡鲇（胡鲇科）关系密切，也被称为刺鲇或气囊鲇，其每个鳃腔都有向后延伸出来的长气囊。它们还能扎刺敌人，其刺上的毒素足以使人致死。

海鲇鱼（海鲇科）分布在环热带，主要栖息在海洋中。雄性物种负责口孵，能将50个较大的受精卵含在嘴中达2个月之久，在此期间雄性无法摄食。

除少数几个海鲇物种分布于北美沿岸外，就只有北美淡水鲇一个物种科分布在北美境内，包括约45个物种，分为7个属。扁头鲇鱼是其中最大的一种，重达40千克上下，而蓝鲇鱼和渠鲇鱼则是北美大湖地区和密西西比河流域鲇鱼捕捞的主要对象。石鮰包括约25个物种。该科还包括3个穴居无眼的鮰物种，它们似乎是经由完全独立的进化线发育而来的。墨西哥盲鲇仅在墨西哥科阿韦拉州的一口井中存在，阔口盲鲇和无齿盲鲇则仅栖息在美国德州圣安尼奥喷水井的300米深处，人们猜想它们可能是在很深的含水层中存活。

鲤鱼及其同类
鲤形目

鲤鱼是主要由淡水产卵鱼类组成的重要鱼类群。它们都无颌齿，但其中大部分的咽或喉部都有一对长骨，其牙齿能抵住相邻颌骨和头骨的基。鲤鱼另一个不起眼的共有特征是它们的小骨，该小骨能使其上颌延展伸出。大多数鲤鱼头部无鳞，为欧亚大陆、非洲和北美的本土物种。与其他主要骨鳔系物种不同的是，鲤鱼并非南美和大洋洲的当地物种。

鲤鱼的5个科包括2660多个物种，分为约280属，其中最大的当属包括2000多个物种的鲤科。鲤科（白首鲤、米诺鱼、印度鲃、鲤鱼、须鲃等）能体现鲤鱼的分布状况，是淡水垂钓者和观赏鱼爱好者十分熟悉的物种。即使是在它们自然分布未及的地方，渔民、护塘人和美食家也对许多鲤鱼物种津津乐道。

普通鲤鱼是该科的代表物种，它们可能是中欧及亚洲的本地物种，为了延续其他大洲的鱼类生命，被陆续引入到各大洲。普通鲤鱼耐受各种环境的能力十分惊人，譬如当年它们作为外来移民的食物被引入非洲中部，随后便在那里顺利扎下根来，如今已经是当地最常见的鲤鱼物种了。大约在古罗马时期，普通鲤鱼被引入英国并受到垂钓者的青睐，人们也以钓到18千克重的普通鲤鱼为其终生目标。20世纪早期，普通鲤鱼被引入南非，人们曾在那里捕捉到一条重38千克的个体。

日本饲养鲤鱼则是为了美化生活，几百年的集中饲养培育了各种颜色的鲤鱼，许多景观池和水族馆所用的"锦"鲤（被称为锦鱼）售价极高。这些多彩的鱼类十分受欢迎，因此大型养殖和出口中心也随之在日本、中国、新加坡、马来西亚、斯里兰卡、美国、以色列和几个欧洲国家应运而生。在其原生地欧亚大陆，鲤鱼主要被作为食物，即便如此它们还是发生了一些进化变异。细选首先产生了少鳞的鲤鱼（镜鲤）和随后的无鳞鲤鱼（无鳞鲤），深入的选择性培育又产生了无须状间肌骨的物种，这种间肌骨会给食用者带来不小的麻烦。

大部分鲤鱼都十分短小，其成鱼仅10～15厘米长。而栖息于喜马拉雅和印度河流的金印度鲃能长至2.7米，重达54千克，是鲤鱼中体型较大的特例。栖息于北美科罗拉多州和萨克拉曼多河流的科罗拉多叶唇鱼能长至1.8米多长，是上述地区居民重要的食物来源，该物种如今已在科罗拉多州灭绝（因筑坝之故），萨克拉曼多的叶唇鱼个体也更小更少了

⊙ **鲤鱼、刀鱼和牛奶鱼的代表物种**
1.印度鲃；2.北美鲤；3.玫瑰鲃；4.普通鲤鱼；5.两条腹吸鳅属的山溪鲤鱼；6.鲔鱼；7.鲸鱼；8.吸鳅或中国食草鳅；9.飞狐；10.锐项亚口鱼；11.鬼刀鱼；12.电刀鱼；13.牛奶鱼。

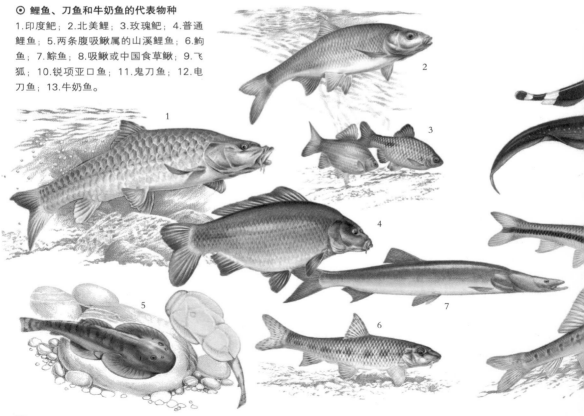

（因过渡捕捞之故）。栖息于中国东北黑龙江的黄鳃鲇鱼与科罗拉多叶唇鱼的体长相近。上述2个物种都是特化的肉食鱼物种，在鲤鱼（没有牙齿）中显得极不寻常。其他小型的肉食鱼物种还包括栖息在东非极少数河流中的玛利亚鲃，栖息于中国南部、有不成比例的长头部的鲸，以及栖息于湄公河的大鳍鱼。其中大鳍鱼是一种两侧极其扁平的物种，有成角度的嘴，下颌上还有钩和凹槽，当它们猛冲向猎物时，会扬起头以便张开自己的大口。

包括印度鲃在内的鲤鱼大多无所不食：碎屑、藻类、软体动物、昆虫、甲壳类动物，甚至包括奶酪三明治！中国的大头鲤鱼和银鲤鱼（鲢属物种）的鳃耙变异为精细的过滤器官，专以浮游生物为食。草鲤鱼物种以植物为食，因此被引入许多国家，用以清除沟渠、河流和湖泊中的杂草。

鲤鱼咽齿或"喉"齿的形状和排布通常决定其食物的类型。以软体动物为食的鲤鱼有排列密集的能碾物臼齿；以鱼类为食的鲤鱼有带钩薄齿；以植物为食的鲤鱼有刀状薄齿，能用于撕扯；食杂鲤鱼的牙齿则介于上述各形状之间。例如，在非洲，栖息在无螺湖泊中的大眼高臀鲃物种有"中立"齿，而栖息在几千米以外的多螺湖泊中的物种则有

11

12

13

8

10

厚而低的齿，齿形也更圆。但事实上，它们的幼鱼却具有完全一样的齿形。

鲃属（除鲃外，有些书中还以鲃指代鲫鱼、二须鲃、四须鲃）分布广泛，所含物种也十分丰富，因其（通常）嘴周围的4根须而得名。其须上有味蕾，它们能在吞食食物前，用味蕾先尝试味道。部分非洲鲤鱼物种呈现不同的嘴形及唇厚，分别与其食物相对应。阔口鲤鱼的宽下颌上有锋利的边缘，能以石面藻类为食，包括岩石层上的壳状藻类；窄口鲤鱼有弹力厚唇，能吮吸石块及其附近的动物；同一物种所呈现的这2个极端嘴形和唇厚形态正好解释了为何这一物种从前却有50多个不同的名字。

鲤鱼大多不呈两性二态性，但部分小型鲃物种却是例外。在扎伊尔中部，4厘米长的小型蝴蝶鲃物种栖息在水下的树根丛中，其中便包括赫尔氏鲃和蝴蝶鲃；其雄性和雌性的色彩和图案呈现极大的差异，十分引人注目。

一般说来，鲤鱼的色彩不及脂鲤那样鲜艳，但部分东南亚波鱼也有与脂鲤相若的亮丽色泽。小型的马来西亚鲤鱼布氏波鱼和阿氏波鱼在鲤鱼目中的地位就如同极受欢迎的灯鱼和霓虹灯鱼（脂鲤目）。

地下鲤鱼的身体则完全没有任何颜色。鲃属、墨头鱼属和盲鲤属的穴居物种完全没有任何体色，眼睛也是如此，这是由于它们在地下的无光环境中生存的习性所造成的。

地表（如地面以上）的墨头鱼物种分布于非洲、印度和东南亚，这种底栖鱼类的头部背面有吮吸和感觉盘。与之相关的"鲨"属（野鲮属和角鱼属）与墨头鱼物种的分布十分相似，它们有精细的吮吸嘴，以刮擦藻类为食。野鲮属的一个非洲物种还专以浸在水中的河马周围的浮游生物为食。

少为人知的雪鳟（裂腹鱼物种）栖息在印度和中国西藏寒冷的山泉中，它们的生命形态与鳟和鲑十分相似。雪鳟身体较长，体长达30厘米，身上的鳞片极小（或无鳞片），仅在臀鳍基部有一排瓦片状鱼鳞。尼泊尔渔民用金属线绕成蠕虫状，外套一个环结，置于水下捕食雪鳟，一旦雪鳟向"蠕虫"扑来，该环结就会收紧将其捉住。

鲤鱼主要为淡水生物种，但也有部分能在

盐度相当高的水域中生存：日本的红鳍（三块鱼属）物种能在海洋中游出 5 千米之远；欧洲的淡水拟鲤和鳊鱼也能栖息在波罗的海，那里的盐度约为 50%。但这些仅是少数几个特例而已。

如果说鲤鱼并没有什么怪异的生活习性，这种说法可能还有待商榷，因为其中至少有 2 个物种嗜酒！在东南亚，大风子树的果实掉入水中后，雪茄"鲨"（细须鲃属物种）和银红鲃都会吞食其发酵的果实，它们甚至会在"营业时间"之前就聚集在发酵的果实周围。一旦这些鱼醉倒，便会毫无知觉地浮在水面，但由于它们的肉在酒精的作用下并不美味，因此就算全无知觉也还是相对安全的。欧亚大陆的丁鲅在民间素有"医生鱼"的美誉，这也弥补了鲤鱼不喜群聚的习性。据报道，受伤的鱼会找到丁鲅并在丁鲅的黏液中摩擦自己的伤口。尽管丁鲅的确拥有一层丰富的黏液膜，但该黏液的治疗特性却从未得到任何科学证明。

吸盘鱼（亚口鱼科）在北美有许多物种，在亚洲北部也有少数几个物种。由于其咽（喉）骨和齿的形状，长期以来它们都被视为最原始的鲤鱼物种。吸盘鱼的上弓鳃骨也发育为十分复杂的囊结构，加之该物种的分布状况也十分特殊，因此如今倾向于将之视作一个高度特化

的鲤鱼类群。吸盘鱼通常为毫不起眼的无毒鱼类，只有 2 个物种属是例外：中国帆鳍吸盘鱼和科罗拉多的锐项亚口鱼。这 2 个属的物种都有宽厚的身体，有三角形的外轮廓，这种奇特的形状能使它们在山洪暴发时紧贴河流底部（这 2 个物种都栖息在易发洪水的河流中）。它们也是平行演化的绝佳例证。

"真"鳅鱼是有嵌入小鳞的（通常）呈鳗形的物种科（鳅科），嘴周围还有许多须。由于其鳔的大部分或全部都包括着骨质，因此它们的正常体积不易变化。鲤鱼物种的鳔和咽之间都有体管连通，能使它们吸入或排出空气，但由于鳅鱼的鳔有骨质的约束，因此它们使用体管的几率比其他鲤鱼物种频繁得多。几个世纪以来，东欧的气象鱼或气象鳅都被农夫视作活的气压计，随着大气压的变化它们会排出体内的空气，因此便开始晃动和持续"打嗝"，这可昭示着雷暴的到来，因此它们也成为最早的"气象预报器"。

其实并非所有鳅科物种都呈鳗形，譬如鳅鱼就较短小，其身体通常扁平，还有伸出的吻。该类群仅包括 3 个物种属，其中最为人熟知的便是沙鳅——包括一些人们熟悉的观赏鱼物种，其中最著名的就是皇冠鳅。该物种侧躺着休息，造成已死的假相，这一生活习性极不

◉ 斜齿鳊广泛分布于欧洲，是当地熟知的物种，受到休闲垂钓者的喜爱。它们适应性极强，能在较差的水质中存活。当它们被引入一个水域时，甚至能侵占该区域，是一种十分成功的物种。

寻常。

大多数鳅鱼都有小型的背鳍，臀鳍对称排列在身体的尾部。而长鳍鳅（爬鳅物种）的背鳍却与其身长相当，虽然人们对这一物种并不了解，但这个名字的确起得十分贴切。鳅鱼（就其最宽泛的意义而言）可划分为2个亚类群：眼睛下有直立刺的鳅鱼和没有直立刺的鳅鱼。它们多数为潜行物种，白天喜欢藏在石块之下。1976年，人们在伊朗发现了首条穴居的鳅鱼物种，在这一迟来的发现后不久，人们又在中国西南部发现另外2个相关物种。鳅鱼栖息在欧亚大陆，尚未分布于非洲（除那些尚存争议的外来欧洲北非物种以外）。

双孔鱼或食藻鱼（双孔鱼科）虽名为食藻，但却主要以碎屑为食。它们仅包括4个物种，都分布于东南亚。双孔鱼外伸嘴位于其腹部，如同吸尘器的管一般，能吮吸细小的基质（还能刮下结成壳的藻类）并滤出其中的可食用物质。

双孔鱼物种无咽齿，但究竟其咽齿是已经退化还是从未发育出来，人们尚不清楚。这些鱼类——常被误认为"吸盘鳅"——的鳃盖几乎全与身体连在一起，仅有顶端和末端的小开口，这种结构在鲤鱼物种中是独一无二的。其顶端鳃盖孔上覆有阀，能吸入水流以便为鳃注入氧气，这些水流又从其末端的鳃孔中排出体外。因此，它们的呼吸是经由鳃盖实现的，而非嘴，这也与其他鱼类形成了鲜明的对比。

河鳅、爬鳅或平鳍鳅（平鳍鳅科）包括2个亚类群：大多栖息在东南亚湍急河流乃至急流中的扁鳅（平鳍鳅科），以及分布主要局限于欧亚大陆的腹吸鳅（腹吸鳅科）。平鳍鳅身体极其扁平，胸鳍和腹鳍都发育为吸盘。其嘴位于腹部，当它们在食物丰富的水域中刮擦藻类为食时，一种特殊的骨结构能保护其吻，而其他鲤鱼物种的这种骨结构通常则是位于眼睛之下的。山溪鲤鱼物种的这种强化骨结构弯曲于其吻部之前，如同碰碰车的缓冲器一般。

欧亚大陆的腹吸鳅呈鳗形，整体外形类似于气象鳅及其近族。其中神秘的深条鳅却栖息于非洲。1900年，德根先生在埃塞俄比亚的察纳湖口处获得了一个鱼类标本，并将其保存于大英博物馆，数年后该标本也被命名为德根先生。但是从这以后，却再也没有发现该物种的标本。究竟是因为没有人故地重游，并采用与当年相同的捕捞方式，还是由于它们在博物馆的归类原本就是错误的呢？

同样充满疑点的还有对婆罗洲低唇鱼的描述和勾勒。它们的最初标本在1868年就已经遗失，许多年来都没有再获得它们的任何个体标本。如今人们虽在马来西亚和泰国发现它们的行踪，但对其仍然不甚了解。

新世界刀鱼
裸背电鳗目

新世界刀鱼包括裸背电鳗目下的6个物种科，它们都呈不同程度的鳗形，都没有腹带、腹鳍和背鳍。但臀鳍却极长，有140多条鳍刺，能前后摆动，是其游动所需推进力的主要来源。它们的尾鳍或高度退化或已完全消失。

新世界刀鱼或南美刀鱼有电器官，其中大部分物种的电器官都由特殊的变异肌肉细胞组成，而鬼刀鱼（线鳍电鳗科）的电器官则由神经细胞发育而成。在大多数情况下，它们的电场微弱，主要用于夜间导航（大部分物种在夜间活跃）、寻找食物、同类物种间的交流。而通常被称为电鳗的电刀鱼所产生的有力电脉据说能使马晕厥。它们能长至2.3米，其电力既能使猎物致晕，也能用于自卫，因此它们既是夺命的捕食者，又是可怕的竞争对手。

牛奶鱼及其同类
鼠鱚目

鼠鱚目中分布最广也最具经济价值的物种当属牛奶鱼。这种流线型的银色鱼类与乌鱼大小相似，喜欢在环岛礁石和大陆架上的温暖水域中聚集成群，人们对其捕捞和养殖并用做食物的历史十分悠久，在菲律宾、中国台湾和印度尼西亚尤其如此。

另一个海生物种长喙沙鱼或鼠鱚分布于南太平洋、印度洋、纳米比亚和南非的大西洋东南部的海岸线。在该分布区域中，人们对鼠鱚进行商业捕捞。

淡水铰嘴鱼能将自己的嘴伸展为小型长嘴，并因此而得名。它们的鳔能实现肺的功能，因此该物种能在缺氧水域中生存。

鳕鱼、琵琶鱼及其同类

　　副棘鳍总目因其重要的经济地位而闻名，在年度海洋捕捞量中，鳕鱼及其同类所占的比例极高。副棘鳍总目包括了各式各样的物种形态，从呈典型鱼形的物种，如鲑鲈鱼、鳕鱼、狗鳕、黑线鳕，到那些体形和体色都十分奇特的物种，包括从头到脚扁平得像烤薄饼一样的物种、有极强伪装的物种、栖息在各式各样的无脊椎动物体内的物种，以及那些有生物发光诱饵的物种和能通过性寄生来繁殖的物种。

　　依据当前系统分类结构，副棘鳍总目最初创建于 1966 年（分别在 1969 年和 1989 年进行过相应修改），包括 5 个物种目，是除刺鳍鱼（棘鳍总目）的主要类群外的大量类群的总和，也就是说，所有这些物种形态都处于相似的进化等级，但都没有刺鳍鱼的特征。尽管副棘鳍总目的建立能够使棘鳍总目的界定更加简洁明了，但有关副棘鳍总目的正确性仍存在许多争议。这一类群划分在过去数年间不断受到各种困扰和质疑，面临的最主要问题是该类群物种缺少共有的独一无二的特性。一些最优秀的当代鱼类研究者曾对此进行数度尝试，但至今仍然没有为该类群给出严格的定义，换言之，仍然无法得到令人满意的基础依据来支持其成为一个自然类群。

　　几乎所有副棘鳍总目的物种都是海生物种，它们中的大多数栖息在浅水域，也有些物种栖息在非常深的中海区、深海区和世界大洋的海渊区。还有一些（仅有约 20 个）特殊的非海生物种栖息在淡水中，它们与鲑鲈及其同一物种目的 9 个物种一道仅栖息在北美的淡水栖息地。

鲑鲈鱼及其同类
鲑鲈目

　　鲑鲈鱼及其同类都是小型鱼类，最大体长不过 20 厘米。其结构介于包括鲑、鳟和鲱鱼在内的软鳍原始鱼类与包括岩石鱼和鲈鱼在内的刺鳍鱼类之间，它们是一个曾经分布广泛的大型物种类群在现今的遗留物种，显然属于该类群（海生畸头属）的化石源自晚白垩纪（0.95 亿 ～ 0.65 亿年前）的欧洲，此外还有几个北美的始新世（约 0.55 亿 ～ 0.34 亿年前）淡水物种属化石。

　　鲑鲈科鲑鲈鱼的 2 个物种因其鳟形脂鳍和模糊的第 1 条鲈形背鳍而得名，该背鳍前端有刺，而后端则由软鳍组成。沙滚鱼的分布仅局限于美国华盛顿、俄勒冈和爱达荷州境内布满杂草、流速缓慢的哥伦比亚河泄洪区。它们的鱼鳞具有栉状空白边（栉鳞），体呈奇特的绿色，上有暗点。其最大体长约为 10 厘米，只有它们的同类鲑鲈鱼的一半大，鲑鲈鱼比沙滚鱼分布更广泛，涵盖从加拿大西海岸到北美五大湖和密西西比—密苏里河流域。鲑鲈鱼虽然也有2排斑点，但它们的身体却是透明的，因此从侧面就可以看到其腹腔的内层。这2个物种都以底栖无脊椎动物为食，它们本身也是许多肉食鱼类的猎物。

分布于美国东部的静水和流速缓慢水域中的喉肛鱼是喉肛鱼科唯一的物种，这种行动迟缓的深色鱼最长可达13厘米，没有鲑鲈鱼那样的脂鳍，以无脊椎动物和小型鱼类为食。它们最与众不同的特性在于其肛门的奇特发育过程：幼鱼的肛门处于通常的位置，即在臀鳍的前方，但随着鱼的成长，肛门不断前移，因此成鱼的肛门则位于喉下。

洞鲈科包括5个属，其中3个属的物种仅栖息于美国肯塔基及其相邻州境内的石灰岩穴中。沼泽鱼是一种有眼有色物种，栖息于从美国西弗吉尼亚州到佐治亚州的静水和滞水中。尽管它们的眼睛具备视觉功能，但仍然躲避光线，在白天藏匿在石头和木桩下。春洞鲈栖息在肯塔基和田纳西的地下水域中，它们虽没有自己唯一同类所具有的黑色条纹，但是仍然有有用的眼睛。这2个物种的皮肤上都有一系列发达的感觉器官，尤以春洞鲈为最。

该科的其他4个物种都是盲物种。南方洞鲈不仅无眼，也没有体色和腹鳍。它们的身体和尾鳍上有几排乳突，对波动十分敏感。它们分布在从美国奥克拉荷马到田纳西和北阿拉巴马的大片地区，人们认为这是因为它们能在地下水域穿行所形成的。北方洞鲈呈白色，有着被皮肤覆盖的微小眼睛和细小的腹鳍。与其近族一样，北方洞鲈的身体上也有垂直排列着的乳突。它们的繁殖机制很特别：雌性产下少数几个相对较大的卵，待其受精后，雌性便将受精卵置于自己的鳃腔内长达10周，直至其孵化出来。洞鲈科的最后一个属宽吻盲鮰属特别稀少，仅包括阿拉巴马洞鲈1个物种，该物种被IUCN列为极危物种。

新鼬鱼及其同类
鼬鳚目

新鼬鱼及其同类包括5个外表十分相近的物种科，它们都有着非常小的头、逐渐变细的

长身体和长长的背鳍，它们的臀鳍向后延伸，通常与尾部相接。当有腹鳍时，其腹鳍位于身体前方的鳃盖下甚至喉下，有的也位于下颌之上。

隐鱼或者珍珠鱼（隐鱼科）大多栖息在温暖的热带海洋中，它们都是纤细修长的物种，有伸出的长尾巴。它们的生命史十分复杂，需经过2个不同的幼鱼期，即跗端幼生期和房客幼生期。在一段很长的时间里，人们曾将这2个幼鱼形态视为2个毫无关系的单独类群。

所有的隐鱼都是潜行的，栖息在各种各样的海洋无脊椎动物的身体里，包括海参、蛤、被囊动物、海胆，或其他任何有着合适体腔的动物。牡蛎体内的一些小型隐鱼物种被埋于其壳壁内，因而被称为"珍珠鱼"。普通珍珠鱼是一种常见的地中海物种，体长约为20厘米，栖息在大海参的体腔内。与其许多近族一样，普通珍珠鱼也是以尾巴先入的方式通过肛门进入到海参体内的；它们素以宿主的内脏器官为食而闻名，着实令人惊讶。其幼鱼营自由生活，只有成鱼才具有半寄生的习性。隐鱼通常以底栖无脊椎动物或小型鱼类为食。

鼬鳚科包括一些并不知名却十分有趣的鱼类，通常即指新鼬鱼或鳚鱼。它们都是有着长背鳍和臀鳍的长体鱼类，其臀鳍通常与尾鳍连在一起。鳚鱼的身体通常比新鼬鱼宽厚，其头部也比鼬鱼宽得多，它们的头部末端还有线形腹鳍。新鼬鱼的腹鳍也具有类似形状，位于

鳕鱼、琵琶鱼及其同类

总目　副棘鳍总目

目　鲑鲈目、鼬鳚目、鳕鱼目、蟾鱼目、鮟鱇目

约1 225个物种，分为267个属和39个科。

赤道

分布：呈世界性分布于各大洋热带和温带水域中。

⊙ **鲑鲈鱼、新鼬鱼和鳕鱼的代表物种**

1.鲑鲈鱼，鲑鲈科；2.喉肛鱼，喉肛鱼科的唯一物种，其物种2a的特性是，随着鱼类的不断生长，其肛门的相对位置也随之不断变化——幼鱼的肛门位于身体的极后端，当其发育为成鱼时，肛门则向身体的前端移去；3.珍珠鱼，隐鱼科，其成鱼栖息在海参体内；4.新鼬鱼，鼬鳚科；5.长尾鳕，长尾鳕科；6.发光鳕鱼，发光鳕鱼科；7.非洲鳕或蓝牙鳕，鳕鱼科；8.大西洋鳕鱼，鳕鱼科；9.蝌蚪鳕鱼，稚鳕科。

喉的下方。部分物种的雄性有着阴茎状的插入器官，此器官可以把精子包传入雌性的生殖道中。部分物种为产卵物种，另一些则在母体内孵化受精卵，孵化后出现的就已是完全成形的新生个体。

　　新鼬鱼大多为栖息在温暖海洋的潜行穴居小型物种。太平洋东部的泰勒唇鼬鳚以尾巴先入的方式在沙地或岩石缝隙上掘穴；当它从洞里出现时，会将自己的身体调整到垂直方向，只将身体的后部留在基质内。岬羽鼬仅分布在南非近海从鲸湾港到阿尔戈湾的区域内，栖息在50～450米深的广大水域里。岬羽鼬最长可至1.5米，是新鼬鱼中最大的物种。其肉质极佳，尤以肝为最，深受美食家的追捧。由于对它们的捕捞并无规律可循，所获数量也不多，因此经济价值并不明显。

　　鳚鱼呈世界性分布，大多栖息在深水域中。少数栖息在浅水域的物种较易受惊，喜潜行生活，躲藏在岩石或珊瑚间。这种避光性可能导致了墨西哥犹卡坦半岛和古巴的穴居物种的产生。它们的洞穴都靠近海洋，里边均为咸水，但咸度不一。墨西哥盲穴鱼仅栖息在墨西哥犹

卡坦的巴拉姆穴中，十分稀少，仅有极少的几个标本可供研究。它们的眼睛很小，上面还覆盖着皮肤。盲须鳚物种是该科中最具淡水生特性的物种，它们的体色多变，从白色到深紫罗兰色或深棕都有，令人印象深刻。它们能产下完全成形的新个体。就目前所知，岩穴盲须鳚仅在巴哈马群岛有一处与外界隔绝的分布，它们是1967年在靠近拿骚的石灰岩地区里的小面积淡水水池——美人鱼池被发现的，1970年，它们被界定为新的物种，其未来如今正受到商业开发的严重威胁。

鳕鱼及其同类
鳕鱼目

　　鳕鱼目包括鳕鱼及其同类，是5个副棘鳍目中最大的一个，约含500个物种。它包括无数极具经济价值的物种（占世界海洋捕捞量的1/4强），如大西洋和太平洋鳕鱼、狗鳕、黑线鳕、青鳕，还有许多栖息在深水域的小型物种，这些小型物种的生物特性虽十分有趣，但其应用价值甚微。

　　鳕鱼类群广泛分布于各深海和浅海中，涵

盖从热带到南北极地区。它们大多为长体鱼类，腹鳍位于身体的极前端，一般在胸鳍之前。它们的背鳍和有时与尾鳍相连的臀鳍都很长，背鳍常分为2或3个独立的单元，臀鳍常分为2

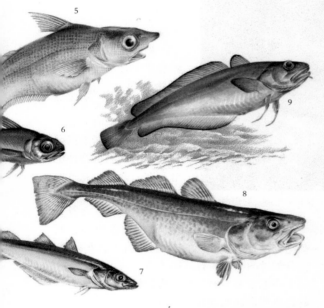

个独立的单元。它们的鱼鳍上都没有真正的刺。

许多具有经济价值的鳕鱼都聚集成群，在未遭受严重的过度捕捞之时，各鱼群包含的个体数量往往十分惊人。许多年来，每年在北大西洋捕获的大西洋鳕鱼约有4亿条，其间的任意时间中，该物种的数量都相当巨大。一条雌性大西洋鳕鱼一般能产下超过600万个卵，因此，有些生物学家预测，如若任其发展，那么它们的总量会在很短时间内恢复至其原有水平。

在鳕鱼目已确认的12个物种科中，有部分物种经济价值相对较小，因此只对其进行简要的介绍。

包括长尾鳕或鼠尾鳕在内的长尾鳕科是一种栖息在深海、分布广泛的大型物种科，有逐渐变细的长身体。它们的嘴位于大头的背面，几乎都有一个不同寻常的前伸的长吻。其中许多物种的雄性的鳔上都有鼓肌，能发出震耳的声音，这应该是为了生殖的需要而吸引异性的注意吧。它们多有功能不明的发光器官，纵向排列于其腹部皮肤之下，发光器官与外界连接

的开口正好在肛门之前。

稚鳕科是一个呈世界性分布的深海鳕鱼科，几乎遍及各大洋，从南极到北极无所不在。它们包括约100个物种，分为18个属，其中近一半物种都属于须稚鳕属和丝鳍鳕属。它们的背鳍和臀鳍配置各异，一般有1～2条背鳍，极少物种有3条背鳍，此外还有1或2条臀鳍。该科物种很少长至90厘米长。

蓝狗鳕分布于北太平洋、大西洋北部和南部、印度洋约500～1300米深处，其实是一种稚鳕物种。它们短小的第1背鳍的第1刺十分长，其体色从深紫直至深棕。红稚鳕也是一种稚鳕，是澳洲南部、塔斯马尼亚岛、新西兰近海的常见物种，是那里的食用鱼类。与其近族相比，红稚鳕的栖息地要浅得多，从50米深处就有其踪迹，但大多数情况下还是在200～300米的深处用拖网将其捕获的。它们的第1个标本是詹姆斯·库克船长在其第2次航程（1772～1775年）中获得的，并在1801年由知名的马库斯·艾利瑟·布洛赫与乔安·歌特洛·施奈德团队正式予以描述确认。日本稚鳕有发光器官，该科中的许多其他物种也是如此。这种发光器官呈球根状，并有一条管将其与肛门附近的直肠连通起来。它们的腺体上有反射体，光就通过肛门前的无鳞区域射向外界。

通常所称的海鲋鳅是海鲋鳅科物种，该科包括约12个物种，均属于一个属（海鲋鳅属），栖息在热带和亚热带的表面水域中。它们都是海生物种，也有少数能进入到河口区域。它们的臀鳍和第2背鳍互成镜像，都较长，前后两端高而中间较低。它们的第1背鳍仅有1条单刺，从头部的背面延伸出来，其水平位置正好位于眼睛之下。它们都是小型鱼类，最大体长仅为约12厘米。与该科的其他物种相比，麦克克莱得海鲋鳅的地理分布极广，而且栖息的深度范围也较广，从水面延伸至4000米深处。海鲋鳅科物种很难界定和辨识，人们对它们的生物特性几乎一无所知。

无须鳕科狗鳕的身体较长，有短小的第1背鳍和长得多的第2背鳍；它们的第2背鳍和臀鳍都与其尾部分开。太平洋狗鳕的臀鳍和第二背鳍上都有深槽，几乎但并不完全将这些鳍一分为二。欧洲狗鳕的分布范围延伸至地中海，

⊙ 细长臀鳕是一种小型的鳕鱼物种，大量分布于大西洋东部和地中海。它们在当地是食用鱼类，也可制成鱼粉产品。

最长可达 140 厘米，重逾 15 千克。在历史上，它们一直是西欧人民的重要食用鱼物种。欧洲狗鳕在夜间摄食，它们的大嘴喜捕食鱿鱼和小型鱼类，甚至还捕食自己的同类。人们能在水域中央捕获到它们，但它们在白天就会栖息在水底附近。它们的产卵开始于 12 月，或直至 4 月才开始，常在 180 多米深的地方产卵，但随着季节的变迁，它们也会迁徙至较浅的水域产卵。它们的卵漂浮在水面，将来的个体数量主要由当时的气候决定。若风将卵从食物丰富的海岸地区吹走，那么能存活下来的新生幼鱼就十分有限，从而导致今后几年的捕捞业都不甚理想。

深海无须鳕分布在南非，特别是食物丰富的南非西海岸地区。它们与欧洲狗鳕外形相似，但体型较小，其雌性（82 厘米）和雄性（53 厘米）的最大体长差异明显。该物种栖息在近水底处，即深度为 200 ~ 850 米的大陆架面上。它们的产卵可能发生在 9 ~ 11 月间，与欧洲狗鳕形成鲜明对比。人们主要靠海底拖网来捕获该物种，有时也用多钩长线进行垂钓。新鲜的深海无须鳕肉质鲜美、口感上佳；其陈鱼的味道和质感都较为逊色。

狗鳕也分布在新西兰近海（南方狗鳕），以及南美的太平洋和大西洋沿岸（分别为南太平洋狗鳕、智利狗鳕以及阿根廷狗鳕）。与该科的其他物种一样，这些物种都有很高的经济价值，即使不作为人类的主要食物，也能制成宠物食物、鱼粉和肥料。

鳕鱼科大概是副棘鳍总目中最具经济价值的物种科，包括约 30 个物种，其中大多数都分布于北半球的大陆架上，只有 1 个属（三须鳕属）的岩鳕鱼物种也分布在新西兰、克革伦群岛以及南非的沿岸海域。鳕鱼有 2 或 3 条背鳍，1 或 2 条臀鳍，其鱼鳍都没有刺。其中许多物种都有 1 条下颚须，部分物种的吻上还有其他长须。

一般说来，鳕鱼物种都是海生的，而有斑的棕色鳗形江鳕却是个例外。它们的第 1 背鳍较短，正好与长长的第 2 背鳍相接；广泛分布于欧亚大陆和北美北部的寒冷滞水或静水中。20 世纪，它们在从约克郡南部至英吉利东部的英国东海岸一带十分常见，如今它们在那里可能已经灭绝了，近年来，人们再也没有发现任何关于其出现的可靠报告。对当地排水系统和管道的疏浚是造成这种灭绝状况的主要原因，疏浚不仅移除了能给新生江鳕提供保护的杂草，也使江水的流速变快，素喜滞水的江鳕则无法适应这种新的环境。

江鳕在冬季和早春产卵，就其整个分布地区而言，其产卵集中于 11 月至次年 5 月间，但加拿大江鳕的产卵季则是从 1 月至 3 月。江鳕的大型雌性素以能产下数量惊人的卵而著称，人们估计在加拿大，一条 34 厘米长的江鳕能产下 45 600 个卵，而一条 64 厘米长的江鳕则能产下 1 362 077 个卵！江鳕多数在夜间活动，以无脊椎动物和底栖鱼类为食。尽管江鳕的肉质营养丰富，其肝脏还富含大量维他命 A，但却未能被广泛用做人类食物。不过，芬兰、瑞典、俄罗斯的欧洲地区都将其视作商业捕捞

⊙ 江鳕是鳕鱼目中唯一的完全淡水生物种，它们以下颚上的单须为其特征，栖息在流速缓慢的宽阔河流或深湖中，在黄昏或夜间摄食。

布区域几乎与长鳍鳕重合，但它们在格陵兰岛水域的分布区域更小，也几乎未在地中海西北部出现。它们在水下约 300 米处最为常见，一条大型雌性鳕鳕可存活 15 年之久，重达 22 千克。鳕鳕经济价值很高，但它们却素以出众的繁殖能力闻名于世。人们曾在一条 1.5 米长、24 千克重的雌性鳕鳕的卵巢内发现了 28 361 000 个卵，这也是脊椎动物中产卵数量的最高记录。

的对象，阿拉斯加和加拿大的江鳕也有少许经济价值。

长鳍鳕（鳕鳕属）包括 2 个物种，外形类似大型海生江鳕。蓝鳍鳕分布在巴伦支海和西至格陵兰岛（包括冰岛）及纽芬兰岛的地区，以及环英格兰岛和南至摩洛哥的地区，并延伸至地中海。其姊妹物种简称为鳕鳕，它们的分

大西洋鳕鱼和黑线鳕都是北大西洋出产的倍受推崇的食用鱼类。19 世纪当北大西洋渔场刚被开发出来时，曾经在那里捕获到长 2 米重达 90 千克的大西洋鳕鱼；由于密集捕捞之故，如今那里一条 18 千克重的大西洋鳕鱼就可被称作巨型鱼了，而多数商业捕捞的个体尚不足 4.5 千克。在其分布区域中，大西洋鳕鱼的种群呈现极强的离散性（一般称作亚种），但它们的个体会

⊙ 长期以来，大西洋鳕鱼都是一种极具经济价值的鱼类物种，但在21世纪初期，过度捕捞和气候变化使物种数量极大萎缩，尤其是北海地区最为严重。

从一个种群迁徙至另一种群，这也避免了其亚种状态的一致化。

冬末和早春，大西洋鳕鱼会在 180 米以上深度处产卵。它们的卵漂浮在水中，随着水流广泛扩散开去。新生仔鱼在水面被孵化出来，以小型浮游生物为食。当它们约 2 个月大、长至约 2.5 厘米长时，便会栖息在靠近水底的地方。

大西洋鳕鱼的成鱼以大型无脊椎动物为食，但在其生长的过程中也捕食大量的鱼类。白天它们会聚集成群在水底活动，夜间它们就会"单打独斗"，营或多或少的单生生活。北方大西洋鳕鱼物种会向南迁徙产卵。黑线鳕的生活形态类似于大西洋鳕鱼，但它们体型更小，很少能重达 3.5 千克。

北大西洋和北太平洋还栖息着许多经济价值不太明显的小型鳕鱼物种属。细长臀鳕在大西洋十分常见，数量众多，据说味道不错，但尚未对其进行大范围的捕捞。在丰年，长臀鳕每年的产量为 22 000 余吨，蓝鳕每年的产量为 708 000 吨。青鳕虽然经济价值较低，但却常被制成新鲜或冷冻制品销往市场。经济价值很高的绿青鳕与大西洋鳕鱼和黑线鳕十分相似。在太平洋中，太平洋鳕鱼和阿拉斯加青鳕则是鳕鱼科中数量最多、最重要的物种，其中太平洋鳕鱼如今已是大不列颠哥伦比亚拖网捕捞上来的主要底栖鱼类物种。加拿大和北太平洋西部所采用的主要捕捞工具是拖网，有时也使用多钩长线、曳绳和手执钓丝。太平洋鳕鱼虽由许多具有不同行为模式的各异种群组成，但其总体的生物特性还是与大西洋鳕鱼迥然不同。壁眼青鳕如今已是世界上最大的底栖鱼类资源，它们在北太平洋有 12 个主要的分布点，近年来其产量已超过 6 700 000 吨。

蟾鱼
蟾鱼目

蟾鱼是在滞水底栖的物种，大部分都分布于较浅的温暖海洋中。它们的身体短而粗壮，头部较宽，眼睛位于头部顶端。它们的大嘴中有牙齿，这也反应了蟾鱼的肉食性生活方式。其中许多物种都有与其背景相适应的掩护体色。部分物种还有育幼行为，如美洲东部沿海的牡蛎蟾鱼。它们在有保护的地方产下大卵，

在幼鱼孵化出来之前，都由雄性负责护卵。毒蟾鱼仅分布于加勒比海南美沿岸的 30 ～ 60 厘米深处。正如它们的名字所显示的那样，毒蟾鱼会给毫无戒心的沐浴者和捕捞者造成十分严重的伤害，据说它们的扎刺是所有鱼类中最为发达的。它们的背鳍和鳃盖上的刺中空，与其毒囊相连通。毒蟾鱼埋在沙砾中，通常只将眼睛露出来，当它们被踩时，其刺就如同皮下注射针一般扎入侵入者足中，并释放出毒素。

太平洋的太平洋平鳍蟾鱼和大西洋的大西洋蟾鱼白天躲在穴中，它们的两侧都有一种发光器官，能用于求偶。在求偶时，它们的鳔鼓肌还能发出各式各样的声音，包括口哨声、咕哝声，乃至咆哮声。

印度洋—太平洋的小孔蟾鱼属的部分物种能栖息于淡水中，有时也在观赏鱼店铺中售卖。它们的鳃盖上也有毒刺，因此观赏鱼爱好者在购买这种神秘的肉食性鱼类之前可要再三考虑。

琵琶鱼
鮟鱇目

琵琶鱼可简单地分为 3 个类群：第 1 个类群包括鮋鮟鱇鱼或和尚鱼，第 2 个类群包括躄鱼、掌鱼、阔口鱼和蝙蝠鱼，第 3 个类群包括深海角鮟鱇鱼。鮟鱇目约包括 310 个物种，几乎所有物种都以位于吻尖的第一背鳍刺为其特征，它们的这根刺能作为其钓鱼的工具。上述前 2 个类群主要由底栖物种组成，而最后 1 个类群则主要由栖息在海洋中部、深海及深渊地区的浮游物种组成，除了少数物种能进入到河口区域外，大部分物种都仅分布于海洋中。

鮟鱇鱼或和尚鱼（鮟鱇科）包括约 25 个物种，是身体扁平的大型底栖物种，其头部和嘴十分巨大。普通鮟鱇鱼广泛分布在从巴伦支海到北非的欧洲沿岸，以及从地中海到黑海的区域，栖息深度从水面直至 1 000 米深处。它们体长能达 1 米，是十分凶猛的肉食物种。琵琶鱼通常喜欢在水底摄食，它们躲藏在岩石和植物之间，半埋在沙砾或泥土中，它们的一系列肉质皮肤片使其整个身体轮廓不再清晰可辨，此时它们会摇动其色彩绚丽的诱饵，将猎物吸引至自己的大嘴附近。然而，它们也与该科的其他物种一样，常常会游至水面攫取鹅、

◉ **在太平洋中潜水员身边的鳘鱼**

在开放环境中，鳘鱼奇特的外形十分容易辨认，一旦它们躲

在岩石丛中，其拟护体色就能为其提供极强的保护作用

鸭、鸬鹚、鸥和其他海鸟（它们的俗名"鹅鱼"也由此而来）。曾有不止一例的报道称琵琶鱼由于吞食了过大的海鸟被噎致死，还曾有报道称在拖网中的鮟鱇鱼即使已然满腹其他鱼类，仍然无法克制地继续吞食拖网中的鱼类，这更证实了它们的贪食性。鮟鱇鱼对食物并不挑剔，能吞食任何其附近的东西。

该科中的鮟鱇鱼及其他物种通常在春季会迁徙至较深水域中产卵，如与鮟鱇科密切相关的拟鮟鱇属、黑鮟鱇属和宽鳃鮟鱇属。雌性产下的卵包裹着一层特殊的带形黏液鞘或膜，这层膜长9米，宽60厘米；该浮力较大的膜能将卵带至水面，它们便在那里被孵化出来，取食水面丰富的浮游生物并不断发育起来。最后当其发育成熟时，便固着于水底而栖。

虽然常有人将鮟鱇鱼的外形描述成"松散又可憎"，但这一外形却恰好掩饰了其肉质鲜美的本质，事实上它们在欧洲十分受欢迎，在售卖时常被称为和尚鱼。它们尾部的肉呈白色，质地有些类似挪威海蛰虾。然而不幸的是，在它们的分布区域中，鮟鱇鱼及其近族遭到了严重的过度捕捞，如今它们的数量日渐减少，受到了严重威胁。

蟾鱼科的蟾鱼很少长至约30厘米长，它们或两侧扁平，或呈近球形。这种十分神秘的

○ 琵琶鱼和蟾鱼的代表物种

1.牡蛎蟾鱼，蟾鱼科，这一物种有带毒的背鳍刺，分布在美国马萨诸塞州南部的大西洋沿岸和西印度群岛；2.鮟鱇鱼，鮟鱇科，它们向上的大颌上还有纤细的弯曲齿；3.长饵躄鱼，躄鱼科；4.副棘茄鱼，一种蝙蝠鱼，蝙蝠鱼科；5.琵琶鱼（黑犀鱼属），黑犀鱼科；6.琵琶鱼（树须鱼属），树须鱼科——其大舌骨须显示应为雌性；7.琵琶鱼（大角鮟鱇属），大角鮟鱇科，其吻的末端有一个长长的鞭状钓饵。

物种几乎都躲藏在水底的海草、岩石和珊瑚之间，只有斑躄鱼1个物种分布于世界各地的温暖水域中，附着于漂浮的海草丛上。与该科的其他物种一样，斑躄鱼的长胸鳍和长腹鳍都为肌肉质，如同胳膊和腿一般能使其在漂浮的植物丛中"爬行"。斑躄鱼的诱饵并不发达，只比纤细的小丝略强一点。而与之关系密切的底栖物种的钓具结构则十分复杂，如躄鱼科的其他物种。其中许多物种的钓具较长，长度约为其身体的一半或更长，其终端还有通常为亮色的肉质钓饵。部分物种的钓饵模拟小型水生生物的样子，如蠕虫、虾和其他甲壳类动物。热带太平洋西部的疣躄鱼的钓饵则类似于小鱼，不光钓饵的形状与鱼相似，琵琶鱼本身也模拟鱼游泳的方式在水中舞动自己的钓饵。

单棘躄鱼科由2个物种属组成，即单棘躄鱼属和渊躄鱼属，但其所含物种的数量尚不可知。许多科学著作都称它们只含1个分布广泛

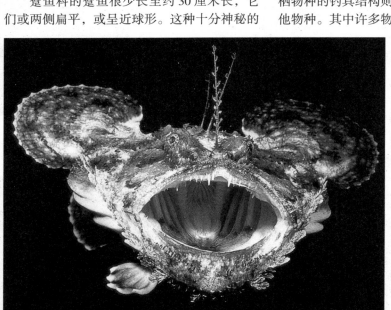

○ 富于进攻性的鮟鱇鱼是鮟鱇科物种，它们常作为和尚鱼被大量售卖。除开头（其头部能达整个身体长度的一半）外，它们可能毫不起眼。

的物种，但部分鱼类学家估计其物种数量应为14个。单棘躄鱼科物种有大嘴和松弛的皮肤，身体呈球形，栖息在90～2000米的水底深处，体长最大可达约35厘米。该科所有物种的体色从粉色至深橘红色不等。

　　蝙蝠鱼（蝙蝠鱼科）是身体极其扁平的物种，主要分布于世界各地的热带和亚热带海洋中。从其上方看去，它们的形状或为三角形，或为圆形，身体后方还有一条窄而长的尾巴。其嘴巴位于末端，位于背部的眼睛很大，臂状胸鳍直指向后。它们的腹鳍位于身体前方的咽下，能像许多其他深海琵琶鱼的腹鳍一样，与胸鳍一起一前一后地拍动，使自身在海底"行走"。它们退化的鳃孔靠近身体的后端，正好位于胸鳍之前。蝙蝠鱼大多栖息在深水域（甚至约2500米）中，白天则都在水底诱捕猎物。大部分蝙蝠鱼体色灰暗，介于浅灰和棕色之间，但巴哈马群岛和墨西哥湾的圆点蝙蝠鱼则周身覆盖着黄色和橘红色的斑点，尾尖为黑色，腹部为亮铜红色。南非物种圆蝙蝠鱼曾有出现于淡水中的记录，当时它们已远离海岸游至纳塔尔的盖拉河中。分布于北大西洋西部的蝙蝠鱼科中最为人熟知的物种当属短鼻蝙蝠鱼，那里的蝙蝠鱼素以吞食各种螺、部分多毛蠕虫和甲壳类动物而著称。究竟螺怎么会被蝙蝠鱼所舞动的诱饵所惑，还值得研究。

原棘鳍总目乃至所有动物中最怪异的物种就是深海角鮟鱇鱼。鮟鱇鱼、躄鱼及其近族的第1背鳍刺都在身体前端，位于吻尖之上，这根刺在那里精准的肌肉控制下能像钓竿一样四处活动，加上其末端还有一个肉质物，能作为钓饵。这一整套系统在有日照的浅水域十分奏效，但在角鮟鱇鱼所栖息的乌黑的深水域中就毫无作用，因此这些深海物种的肉质钓饵便进化为生物发光器官，依靠数百万个紧密成簇的共生细菌来发光。角鮟鱇鱼约160个物种中的梦角鮟鱇物种短杆琵琶鱼和剑状棘蟾鮟鱇的钓具都很短，只相当于附着在吻上的一个球状发光器官；而大角鮟鱇属物种的钓具长度则是其体长的5倍多；毛颌鮟鱇属物种的发光钓饵上甚至还附有一些锋利的骨质钩。

奇鮟鱇目前仅有约30个标本可供研究，是一个人们知之甚少的物种，它们的钓具穿透其口腔顶端，也就是说，其钓饵正好悬于它们的犬牙状大齿之后。这些物种中最难以琢磨的也许要算新角鮟鱇，它们居然没有钓具，没有人知道它们究竟如何摄食。

深海角鮟鱇鱼与其浅海近族的区别还在于，它们呈极强的两性二态性，还具有独一无二的繁殖模式：矮小的雄性附着（暂时性或永久性）在相对巨大的雌性身体之上。其中部分物种的附着甚至使两者的组织结合在一起，最终它们的循环系统也融为一体，这样雄性就永久地依赖雌性的血液所传送的营养物质而活，而雌性则成为一种自我受精的雌雄同体物种。

尽管角鮟鱇鱼呈世界性分布，遍及从高纬度的北极到南部大洋的各个区域，但其分布却并不连续，倾向于栖息在食物丰富的水域中。一般说来，它们在热带水域的栖息深度比在北极的栖息深度更甚。但所有这些概述都会受到当地因素的影响。部分栖息在较浅水域的物种，如卡氏梦角鮟鱇，在300～400米的深度最为常见，但它们中许多种的栖息地却更深，平均介于1000～2500米之间，甚至还有部分栖息在至少深及3700米的地方。也有一些物种紧贴水底而栖，如双杆琵琶鱼。身体扁平的奇鮟鱇属物种则毫无疑问营完全的深海生活。而最令人吃惊的发现则是，潜水艇拍摄到大角鮟鱇物种颠倒着在水底游动，它们的钓饵拖在基质上，显然是在钓海底栖息的生物体。

⊙ 疣躄鱼的体色依据其栖息地的不同而呈现显著差异，它们栖息在印度洋－太平洋的岩石缝，用其大型的鱼形诱饵摄食。

银汉鱼、鳉鱼和青鳉鱼

鱼儿在巡游繁衍，通常被用来控制蚊子，并且依据月亮的周期产卵：这些都是在银汉鱼目发现的一些不同寻常的鱼的生活方式。由于它们在胚胎发育试验研究中的广泛应用和在水族馆饲养条件下的良好适应性，银汉鱼目中一些种类的鱼是非常著名的。

银汉鱼目的鱼约有1290种，体型从非常微小到中等，广泛分布在温带和热带地区的淡水、咸水和海水中。下面将介绍3种目的鱼：银汉鱼、鳉鱼和青鳉鱼以及它们的同类。

银汉鱼
银汉鱼目

银汉鱼的鲜明特征是在其身体中部有一条银光闪闪的条带，由此得名为银汉鱼，但是在许多其他种类的鱼身上也具有这个特征。多数银汉鱼身体狭长，但是也有一些银汉鱼身体肥厚。例如在新几内亚生活的一些舌鳞彩虹银汉鱼通常被用来当作食物。幼年银汉鱼的特征是在背缘上有一行载黑素细胞。

许多银汉鱼需要耗费长达1周或更长的时间去孵化鱼卵，这与多数硬骨鱼仅花费1～2天的时间孵卵是不同的。小银鱼，尤其是加利福尼亚银汉鱼（加利福尼亚滑皮银汉鱼）是一种生活在从加利福尼亚南部到墨西哥下加利福尼亚的北美洲西海岸附近的银汉鱼，由于其根据月球的周期产卵的习性而广为人知。加利福尼亚银汉鱼在涨潮的时候产卵，受精卵在落潮的时候搁浅在海岸上，在2个星期后浪潮回来的时候受精卵便会孵化出来。

一些银汉鱼，例如在北美洲海岸和海湾中生活的北美银汉鱼通常被用来作为鱼饵。银汉鱼另一个常用的名字是胡瓜鱼，尽管它们实际上与胡瓜鱼科没有任何关系。

鳉鱼
齿鲤目

对一般公众来说，最熟悉的鳉鱼可能是花鳉科的一些观赏鱼，它们深受水族馆养鱼爱好者的喜爱，其中包括孔雀鱼——毫无疑问这是一种饲养最普遍的观赏鱼——和食蚊鱼。食蚊鱼以蚊子的幼虫和蛹为食，在全世界范围内都被用来作为控制蚊子的自然天敌。生物学家对花鳉鱼十分感兴趣，这是因为现存的一些种类花鳉鱼几乎全部为雌性（详见"无雄性的生活"的相关内容）。在古代和现代，热带鱼家族的一些单唇鳉科和珠鳉科的鳉鱼都是流行的观赏鱼和害虫天敌。毫无疑问，它们之所以能成为广受欢迎的水族观赏鱼主要是由于其鲜艳亮丽的色彩和顽强耐受的天性。据说养鱼爱好者经

⊙ 鱼类产卵与月亮周期保持一致的最著名的例子是北美洲太平洋海岸的加利福尼亚银汉鱼。这是一种在满月和新月时随着潮汐移动到近海岸并在夜晚将卵产到海滨沙滩上的海洋鱼类。当潮汐涌来的时候，这些鱼来到近海岸，将卵产在海潮上缘线附近松软潮湿的沙滩中，并使之受精。通常受精卵藏在沙滩表面下8厘米处。受精卵在沙滩中逐渐发育，等待12～14天后的第二次涨潮的来临。那时受精卵将会孵化，小鱼将随着落潮游入大海。

常在全世界范围内邮寄它们以相互交换，只需把它们放在一个只有少量水和空气的塑料袋中然后再放在一个保温容器中就可以托运或邮寄了。这2种热带鱼家族还包括一年生鳉鱼，之所以如此称呼是因为成年鳉鱼的寿命很少能够超过一个雨季。它们在雨季末期产卵，并将受

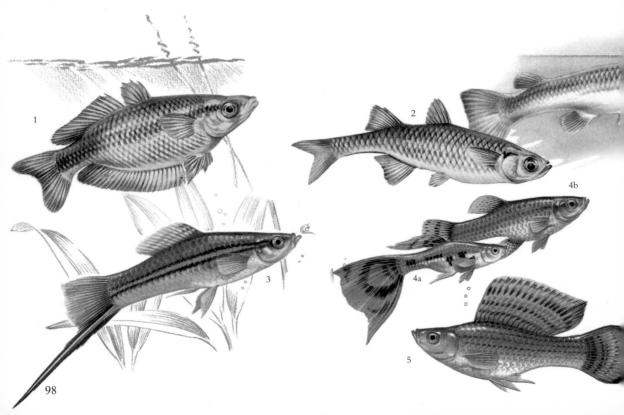

精卵留在干旱泥沼的底层。受精卵在整个干旱季节埋藏在泥沼中，静静地躺在那里等待下一个雨季的到来。当雨季再次来临的时候，这些受精卵便会发育孵化，然后一个新的生命周期又开始重复。

北美鳉鱼的色彩相对不够鲜亮，这与大多数温带鱼一样，但它们却同样著名，至少对于生物学家来说是如此。在从加拿大到美国南部的咸水中发现的底鳉被广泛应用在胚胎学试验研究中。人们对于它的生物学特性可能比任何其他多骨鱼类都了解得更多。

一些最特殊的齿鲤科鱼可能是四眼鱼，它们生活在从墨西哥南部到南美洲北部的地区中。这是该目中体型最大的鱼，最长可以长到30厘米。它们因其广为人知的名字四眼鱼而著名。它们的每只眼睛被水平划分为两部分，上下部分分别为角膜和视网膜。四眼鱼通常可以在水面下被发现，从上面看通常只能看到它们眼睛的上部分突出在水面上。上面的眼睛用来观察水面以上的情形，下面的眼睛则用来观察下面的情形。

四眼鱼科和花鳉科的一些鳉鱼种类是

胎生的（例如有一些种类是由雄性鳉鱼使卵在雌性鳉鱼体内受精，然后雌性鳉鱼生出幼体鳉鱼）。这些胎生种类中雄性的臀鳍演化为输精管，在花鳉科和四眼鱼科中一些鱼的臀鳍比其他种类的更长更精细，并且演化成生殖足。在谷鳉科中，雄性具有一根称为输精管的臀鳍或"切口"。曾经所有的胎生鳉鱼被认为组成了一个自然群体，因为它们相对于其他卵生鳉鱼来说彼此之间的关系更加密切，因此被认为是属于一个特殊的胎生群体。这种对于鳉鱼关系的观察带来了对胎生的普遍关注，人们认为这种在解剖学和行为上的演变是在鳉鱼进化过程中多次出现过的生命方式。

青鳉鱼及其同类
颌针鱼科

颌针鱼科包括青鳉鱼、鱵鱼、飞鱼、针鱼和

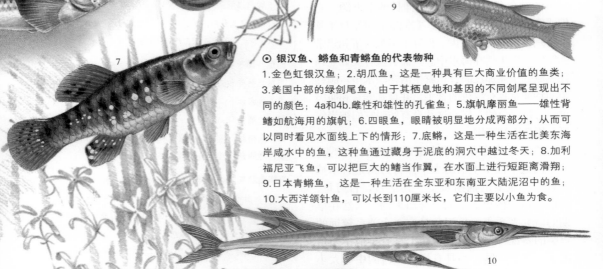

⊙ 银汉鱼、鳉鱼和青鳉鱼的代表物种

1.金色虹银汉鱼；2.胡瓜鱼，这是一种具有巨大商业价值的鱼类；3.美国中部的绿剑尾鱼，由于其栖息地和基因的不同剑尾呈现出不同的颜色；4a和4b.雌性和雄性的孔雀鱼；5.旗帆摩丽鱼——雄性背鳍如航海用的旗帆；6.四眼鱼，眼睛被明显地分成两部分，从而可以同时看见水面线上下的情形；7.底鳉，这是一种生活在北美东海岸咸水中的鱼，这种鱼通过藏身于泥底的洞穴中越过冬天；8.加利福尼亚飞鱼，可以把巨大的鳍当作翼，在水面上进行短距离滑翔；9.日本青鳉鱼，这是一种生活在全东亚和东南亚大陆泥沼中的鱼；10.大西洋颌针鱼，可以长到110厘米长，它们主要以小鱼为食。

无雄性的生活

亚马孙摩丽鱼（亚马孙花鳉鱼）并不生活在亚马孙盆地中，而是生活在更北部的美国得克萨斯州和墨西哥附近的海水中。这种鱼的名字取自一个神秘种族的女战士，并且事实也正是如此，它们生活在一个几乎没有雄性的社会中。非常奇特的是，亚马孙花鳉鱼通过雌核进行繁殖，这是一种无性繁殖方式。2个相近种类（拉丁美洲花和墨西哥花鳉）的雄性鱼提供精子，但是这些精子的唯一作用就是诱发鱼卵中的细胞分裂。由于没有雄性精子进入鱼卵中并使之受精，雄性染色体组对于下一代的基因形成毫无贡献，因此后代和前代一样全部都是雌性。另外，和所有的无性繁殖物种一样，亚马孙摩丽鱼具有相同的基因，遗传自一个单一的雌性祖先。

竹刀鱼。

所有的青鳉鱼都包含在一个单一的科中。它们之所以被如此称呼是因为它们最初是在北方的稻田中被发现的。青鳉鱼的常用学名青鳉（Oryzias）就是直接取自稻谷的学名（Oryza）。青鳉鱼通常生活在从印度次大陆到东南亚和中国、日本，并沿着印度—澳大利亚一直到苏拉威西岛的淡水和咸水中。青鳉鱼在生物学试验中是著名的试验样本。

鱵鱼生活在淡水和海水中，其特征是有一个伸长的下颌和一个短上颌，所以得名为"半喙"。多数鱵鱼都是卵生的，但是有些种类的鱵鱼，例如印度—澳大利亚鱵鱼具有一个内受精器并且是胎生的。

飞鱼科的鱼事实上并不像它们的名字指示的那样能够飞翔。它们具有膨胀的胸鳍（或者是腹鳍），这可以帮助它们在跃离水面后在空中滑翔几秒钟。

颌针鱼科的鱼具有一个伸长的上下颌，它们或多或少是属于全喙的。它们的名字来自于颌上特别狭长的针状牙齿。世界上多数温带和热带的颌针鱼都生活在海水中。然而有些种类如亚马孙流域的圭亚那江颌针鱼就生活在淡水中。颌针鱼的特征是具有绿色的骨头，并且其器官和肌肉也通常是绿色的。然而这并没有妨碍它们被当作可食用鱼而被享用。

竹刀鱼是商业应用中最重要的颌针鱼类。在东西太平洋中生活的太平洋竹刀鱼是日本捕鱼业一个重要的捕捞鱼类。其学名是竹刀鱼，是由鲭鱼和梭鱼2个词复合而来的。显然在早期的研究者看来，竹刀鱼具有2个关系较远的鱼类的特征——背鳍和臀鳍上具有类似于鲭鱼的5～7个小鳍，而具有强壮牙齿的中等大小的颌又类似于梭鱼。

知识档案

银汉鱼、鳉鱼等

总目 棘鳍总目

目 银汉鱼目、齿鲤目、颌针鱼目

约3目20科，170属，1 290种。

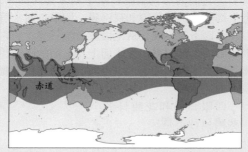

赤道

银汉鱼 属于银汉鱼目，具有6个科，49个属，290种。分布在全世界范围内的淡水和海水中。体长最大60厘米。科名如下：银汉鱼科；拟银汉鱼科，包括加利福尼亚银汉鱼（加利福尼亚滑皮银汉鱼）；小银汉鱼科；虹银汉鱼科；背手银汉鱼科；精器鱼科。6个濒危物种，包括瓦讷舌鳞银汉鱼和巴布亚新几内亚岛的巴氏丘那银汉鱼。

鳉鱼 属于齿鲤目，具有9个科，84个属，800种。分布在泛热带和北温带的淡水和咸水中。体长最大为30厘米。科名如下：四眼鱼科，包括四眼鱼；单唇鳉科；齿鲤科；底鳉科；谷鳉科；花鳉科，包括孔雀鱼和食蚊鱼；深鳉科；珠鳉科和强鳉科。18个濒危物种，包括墨西哥的剑尾鱼和美国得克萨斯州的博文鳉。

青鳉鱼及其同类 属于颌针鱼目，具有5个科，37个属，200种。分布在全世界范围内的淡水和海水中。体长最大为1米。科名如下：飞鱼（飞鱼科）；鱵鱼（鱵科）；针鱼（颌针鱼科）；青鳉鱼（青鳉科）；竹刀鱼（竹刀鱼科）。2种濒临灭绝，即生活在印度尼西亚的怪颌鳉和波氏异色鳉。还有2种濒危物种和8种脆弱物种。

鲈鱼

　　没有任何其他科的鱼在种类、数量、形态、结构和生态学多样性上能够与鲈鱼相媲美。事实上鲈形目是所有脊椎动物分类中最大的目，具有约 1 500 个属，超过 9 300 种鱼。这几乎占到全部鱼类的 40%。

　　对鲈鱼的分类至今依然值得商榷。它们是否属于一个自然的种类是值得怀疑的。目前鲈

⊙ 梳齿鱼是最小的鲈鱼，并且有些已经练就了老练的生存策略。图中这只红海拟态鱼生活在岩石缝隙中，其具有和有毒的黑纹稀棘鳚相同的颜色，因此可以避免被捕杀。这种现象被称为警戒拟态（贝氏拟态）。

形目被错误地定义，并缺乏一个单一的独特特征（或者是复合特征），无法寻找到定义这一群体的共同祖先（例如，它们不是单源的）。

　　最早的化石记录可以追溯到上白垩纪（距今约 9 600 万 ~ 6 500 万年）。通常其他目的鱼都有多刺的鳍，鲈形目鱼在背鳍的前部（或者在背鳍柔软部的前面）和臀鳍上都有刺，另外在腹鳍上也有刺。

　　大多数鲈形目鱼生活在海岸边。只有大约 1/15 的种类——也包括著名的鲈鱼本身（鲈科）和多数的慈鲷鱼（慈鲷科）——生活在淡水环境中。

广泛分布及多样性
鲈形目

　　鲈形目形态学上最典型的种类是鲈科。典型的鲈鱼身体是肥厚细长的，2 个背鳍彼此分离，腹鳍靠近"喉咙"，鳃盖末端锐利呈针状。它们非常适应北半球的温度，温暖的冬天延缓了精子和卵子的成熟。

　　欧洲鲈鱼是一种原生定居种类，喜欢栖息在湖泊、运河和流速缓慢的河流中。欧洲大陆

和英国南部的梅花鲈是一种食底泥鱼，通常生活在运河、湖泊和河流下游。令人迷惑不解的是这种鱼具有连在一起的背鳍。

梭鲈原生于欧洲东部，但它们已经作为一种垂钓鱼类被引入到欧洲的其他地方。这种食肉鱼以蟑螂、鲈鱼和棘鱼为食，深受钓鱼者喜爱，并具有食用价值。北美梭鲈自然生长在或宽或窄的河流以及湖泊中。

北美镖鲈是外表最美丽的鲈鱼，具有约145种。它们的名字来源于它们喜欢在石头间来回穿梭的习性。它们是底栖鱼，没有鱼鳔。然而许多种类的镖鲈都具有鲜艳的色彩，通常是红色和绿色的。东部沙滩镖鲈是一种并不引人注意的半透明鱼，它们通常把自己埋藏于沙床中，只有眼睛和嘴巴伸在外面。

和所有其他的硬骨鱼一样，鲈鱼的骨架基础是硬骨，另外还有一些软骨，而鲈形目中的鳉鲭（鳉鲭科）和褴鱼（褴鱼科）的骨架则全部是软骨的。鳉鲭，鳉鲭科的唯一物种，可能与鲭和鲔鱼有联系。它们生活在热带海洋中，体长可以达到1.8米，整个身体呈锥形并略带有桃红色。它们的胸鳍为镰刀形，腹鳍很小，

背鳍和臀鳍非常长并且低，一直延伸到身体的后部。鳉鲭以水母为食，它的肠子非常长，肠内壁具有许多突起，这可以增加其肠壁表面积以增强吸收功能。为什么它们的骨架是软骨的至今还是个未解开的谜。

褴鱼也是褴鱼科的唯一物种，它们的名字来源于其几乎没有骨头的外表，当它们被扔到地上的时候，看起来像一块破抹布。褴鱼可以长到2.1米，外表的颜色是如巧克力般的褐色，体形为椭圆形，并缺少鱼鳞、脊骨和臀鳍。褴鱼分布在太平洋东北部和中部地区，从日本到阿拉斯加和加利福尼亚南部都有分布，渔民通常用18～366米的拖网捕获褴鱼。它们以其他鱼类和鱿鱼为食，同时它们本身也是抹香鲸的食物。

具有巨大斑点的石斑鱼是鮨科一种凶猛的食肉鱼类。有时可以在它们的腹腔和内脏上发现黑色的不规则斑块——这是一些干瘪的尖尾鳗鲡。鳗鲡被石斑鱼吞食后，奋力挣扎刺穿了石斑鱼的肠壁，然后被压迫入体腔中并变干瘪。

澳大利亚昆士兰州石斑鱼是澳大利亚海域的原生鱼类，体重可以达到半吨，是另一种胃

⊙ 青星九刺鮨游弋在珊瑚礁间的清澈海水中，张开大嘴进行捕食。这种凶猛的食肉鱼偶尔以甲壳类动物为食，但在多数情况下都是以体型较小的生活在海中的金拟花鮨为食，这是与它们同属一科的一种鱼类。

鲔鱼如何保暖？

鲔鱼与其他鲭科鱼类和其他多数硬骨鱼有所不同，因为它们能够通过肌肉和鳃中的逆流热交换系统以保持新陈代谢的热量。许多鲔鱼的肌肉是红色的，其中包含有大量血管，所以肌肉细胞可以从血液中得到充足的氧气和碳水化合物供应，这可以使它们进行高效的有氧代谢。有氧代谢利用氧气产生能量驱动肌肉并产生热量，产生的热量通过热交换系统被保留在体内。在其他多数鱼类中发现的白色肌肉，血液供应量很少，碳水化合物只能进行无氧代谢，这只能产生驱动肌肉的能量。

鱼类通常在用鳃进行呼吸的时候丧失热量，但是鲔鱼的逆流热交换系统可以确保代谢热能返回到体内。鲔鱼这样做具有双重优点，肌肉在较高的温度下进行运转活动可以帮助它们达到很高的速度，并且可以允许它们在更远更寒冷的北部生存。

口极大的海鲈鱼。这种鱼以喜欢潜近捞珍珠和贝壳的潜水者而著名，这个习性也引发了毫无根据的昆士兰州石斑鱼吞食潜水者的故事。

鮨科还包括一些体型非常微小并且色彩极其绚丽的鱼类，例如生活在印度洋—太平洋暗礁中的彩色花鲈。这种体型巨大的暖水鱼族包括几百甚至上千种鲜艳的红色鱼类，吸引了广大的钓鱼爱好者，并且这种鱼可能是世界上最上镜的鱼类。除此之外，它们以及其他许多与之有关系的鱼类都深受观赏鱼养殖爱好者的宠爱。

鸡鱼属（仿石鲈科）的一些鱼类以及白花鱼（鼓鱼或噪鱼）（石首鱼科）是美丽的热带海鱼，由于其发出的声音而得名。鸡鱼由于磨咬发育良好的咽头齿而发出声音。白花鱼（鼓鱼或噪鱼）发出的声音来自于肌肉振动鱼鳔，这种振动不是直接的接触而是从腹部传导到鱼鳔上面的肌腱上。肌肉的快速抽搐振动鱼鳔壁，鱼鳔壁具有的复杂结构恰如一个共鸣器，将声音放大如敲鼓。无鳔石首鱼属的鱼没有鱼鳔，所以只能通过摩擦牙齿发出微弱的声音。2个属的鱼类中都有几种具有重要商业价值的鱼，在世界上许多地区都有捕捞。

金梭鱼科的梭鱼是有报道的另一种攻击潜水者的鱼类。它们是生活在一些地区的热带海洋鱼类，尤其在西印度海分布居多，它们比鲨鱼更可怕。它们的体格狭长有力，颌上武装有锋利的匕首状的牙齿。梭鱼以其他鱼为食，并且从表面上看起来成群捕猎，这使捕猎更加容易。成年个体倾向于独自行动，但是年轻的梭鱼喜欢群体活动。梭鱼味道鲜美，但由于偶尔发生的它们从吃掉的食草鱼中聚集起毒素而引发的中毒事件而声名狼藉。某些食草鱼的体内聚集有来自于所食用的海藻所含的毒素。

鲭、鲔鱼和鲣鱼（鲭科）都是味道鲜美的鲈形目鱼类。鲭鱼是在开阔海洋中群居的鱼类，游弋的速度可以高达每小时48千米。它们的身体是完美的流线型，末端有一个新月状的尾鳍。有些鲭在身体的背部表面有一条沟槽，沟槽中生有刺状背鳍，由此可以减少水的阻力。在背鳍和臀鳍后面是一系列的小鳍，这些小鳍的数量因鱼种而异。在该科所有种类的鱼中鱼鳞都减少或消失。

一般在大西洋的两岸都可以发现鲭。在欧洲它们分布在从地中海到爱尔兰的广袤海域。

知识档案

鲈鱼

总目　棘鳍总目

目　鲈形目

约有150个科，1500个属，超过9300个物种。

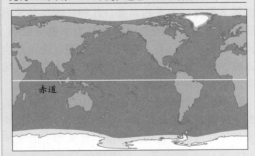

赤道

分布：生活在全世界范围内的海洋和淡水中。

体型：体长从1厘米到5米；体重可重达900千克。

⊙ 一群锐齿梭鱼群（布氏金梭鱼）正在游动。锐齿梭鱼上下颌上的2排锋利的牙齿用来猛击和撕碎猎物，因为梭鱼的喉咙不够大，无法将猎杀的鱼整个吞下。

这是一种远洋鱼类，夏天在海岸附近的海面上形成巨大的鱼群，捕食小甲壳类生物和其他的浮游生物。冬天鱼群解散潜入深海，在那鲭鱼进入冬眠状态。

飞鲔是一种世界性的海洋鱼类，它们的名字来源于其喜欢在海面上空"滑翔"以捕捉更小的鱼类的习性。

长嘴鱼（属于旗鱼科和箭鱼科）都是和鲭科鱼关系密切的、游泳速度最快的鱼类，包括剑鱼、旗鱼、矛鱼和枪鱼。它们之中包括一些世界上最流行的垂钓鱼类。几种长嘴鱼是著名的洄游鱼，洄游的原因可能是为了追寻食物。长嘴鱼是食肉鱼类，它们竖起背鳍以防止猎物逃脱。当它们冲入鱼群的时候还通常利用长嘴撞击猎物以使猎物丧失逃脱能力。

旗鱼在由幼鱼长大的过程中经历了显著的变化过程。旗鱼幼鱼只有 9 毫米大，上下颌长度相等并具有圆锥形的牙齿，在头部上的眼睛上方有一系列刚毛，在脑袋的后方有 2 个长长的尖鳍，背鳍很长并具有很短的边缘，臀鳍由 2 个小短芽代替。当幼旗鱼长到 6 厘米长的

⊙ 日本旗鱼是世界上游得最快的鱼类之一。其体表光滑，身体呈流线型，背鳍发达，其泳速记录达到110千米/小时。

时候就开始像成年旗鱼了：上颌伸长，牙齿消失，背鳍分为 2 个鳍，脑袋后面的刚毛逐渐减少直到消失。幼年剑鱼也会经历类似的成长变化过程。

鲈形目的一些鱼是热带海洋中最美丽和色彩艳丽的鱼类。齿蝶鱼（齿蝶鱼科）分布在全世界范围内温暖海域岸边的礁石中。目前已经发现了齿蝶鱼科的 115 个种类。发现的多数种鱼都具有异常鲜艳的色彩，通常都具有非常复杂的眼睛样式的伪装，这使潜在捕猎者难以分辨其头顶和尾巴。更令人惊奇的是，为了增加这种迷惑性，许多鱼在尾鳍附近还有一个眼斑。齿蝶鱼还可以通过缓慢的向后游动来迷惑猎食者，一旦猎食者冲向尾端的眼斑时，齿蝶鱼便快速向前游动，使猎食者迷惑不解，趁机逃脱。印度洋—太平洋齿蝶鱼中有著名的钳子鱼或长鼻齿蝶鱼，之所以有这样的名字是因为它们的鼻喙非常长，恰如 2 把钳子，可以伸入海岸岩石的缝隙深处。

大多数齿蝶鱼都是专性珊瑚虫捕食者，因此全部都依靠浓密的珊瑚礁而生存。在许多地方由于人类的直接影响破坏或温度的变化诱发了珊瑚礁的大量减少和珊瑚虫的大量死亡，于是齿蝶鱼的数量也在急剧减少。

齿蝶鱼美丽的外表和体态受到了观赏鱼养殖爱好者的热爱，但是它们很难被囚禁在水族缸中（相应的也有极少的例外），只有具有丰富经验和高超养殖技巧的爱好者才能饲养好。

与齿蝶鱼科关系密切并在过去曾与它们归为一个科的是天使鱼。现在天使鱼被分为一个单独的科即盖刺鱼科。天使鱼与齿蝶鱼的区别在于前者体型更加巨大，并且身体呈长方形，腮盖上长有厚重的刺。盖刺鱼科有超过 80 个种类，从只有 8 ~ 15 厘米的体型微小的矮侏儒天使鱼到体型可以达到 0.5 米生活在加勒比海的女王天使鱼。在观赏鱼饲养者那里能看到许多天使鱼，天使鱼在人类的照顾下可以生活得很好，因为相对于齿蝶鱼而言它们多数对于食物的要求并不高。其中有几种天使鱼是味道鲜美的食用鱼，出现在多数热带鱼市场上，但是它们的经济价值并不高。

小丑鱼（或称为海葵鱼）和雀鲷鱼（或称

◉ 盖刺小丑鱼（透红小丑鱼）生活在礁湖和珊瑚礁附近，通常与一种奶嘴海葵共生在一起。这一科（盖刺鱼科）的鱼主要生活在印度洋－太平洋地区。

为豆娘鱼）的 28 个种类都属于盖刺鱼科。它们是生活在温暖浅海中的体型微小、色彩绚丽的鱼类。小丑鱼与巨大的海葵共生在一起，它们之间的关系是非常密切的：当海葵收回触须的时候，小丑鱼被掩盖在触须之中，由此可以躲避捕食者的猎捕，所以它们从不远离海葵。但海葵在没有小丑鱼的情况下却可以生活得很好。海葵的刺细胞对非共生的鱼类来说是致命的，但小丑鱼带有黏液的体表比其他相关种类厚度更大，并缺乏诱发海葵刺细胞的化学成分。小丑鱼美丽的颜色图案和温顺的习性使它们成为世界上最普遍的人工驯化养殖的观赏鱼之一。它们在鱼缸中可以很容易地繁殖，并且目前已经建立起许多流行种类的商业养殖基地。

刺尾鱼（刺尾鱼科）是另一种生活在珊瑚礁中的色彩绚丽的鱼，它们大约有 72 种。这个名字暗示着它们的尾梗两侧各有一根如剃刀般锋利的柳叶刀状的刺。多数刺尾鱼的尾刺在通常情况下都藏置于一个沟槽中，只有当它们被打扰或兴奋的时候才竖立起来。这种刺是有力的武器，当刺尾鱼左右甩动它的尾巴时可以

刺伤猎物。刺尾鱼通常独立游弋或者结成小群集体活动，它们利用自己细小的门牙状牙齿咬珊瑚礁或岩石上的植物和动物。但在特殊的情况下，一些种类如蓝粉刺尾鱼会聚集成巨大的鱼群。在鱼群中个体会受到更好的保护以避免捕食者的攻击。有一些刺尾鱼以浮游生物而不是海藻为食。在印度洋－太平洋的某些地区，刺尾鱼被认为是味道鲜美的可食用鱼，但在出售之前，刺尾鱼的尾梗都被切掉。几种体型更小、色彩更鲜艳的刺尾鱼在水族爱好者间被交易。

瞻星鱼（电瞻星鱼科）广泛分布在温暖的海洋中，由于它们的眼睛生长在头顶的上方，仿佛在注视着星空，因此得名为瞻星鱼。瞻星鱼的眼睛后方有一个放电器官，可以放射出高达 50 伏特的电流，足以击晕一些小鱼——这些小鱼被击晕后就被瞻星鱼吃掉。欧洲瞻星鱼广泛分布在地中海和黑海中，它们可以长到 30 厘米长，并且在嘴巴中有一个下垂的器官可以模仿小虫子，以诱惑猎物来到。瞻星鱼可以通过竖立起每个胸鳍上的具有沟槽的刺而避免被

捕食者捕获。在这些刺的根部有一个毒腺，当刺刺破皮肤的时候，毒液便会顺着刺上的沟槽流入被刺者的伤口中。瞻星鱼通常将身体埋藏在沙中，只有眼睛和鼻子露在外面。

有些鲈形目的鱼与其他脊椎动物甚至是浮游生物之间具有非同寻常的关系。鲫或印头鱼（鲫科）是通常附着在鳐、鲨鱼、大鱼甚至有时是海龟身上的体形狭长的鱼类。它们的背鳍形成一个吮吸的圆盘状，边缘抬高，沿着边缘排列的鳍刺在圆盘和欲附着的动物之间形成强大的真空。目前还无法明白这种附着对于鲫和其所联合的其他动物之间有什么益处。人们曾经推测鲫只是"搭乘"其他动物，这是一种被称为共泳的现象，或者与鲨鱼在一起只是为了获得鲨鱼的猎物的碎屑。曾经观察到鲫进入鲨鱼和喙鱼的嘴中，因此人们认为鲫可能担任一种类似于清洁鱼的角色。但是没有任何资料表明鲫负责清洁任务。

除了通常附着在鲨鱼身上外，鲫还经常是"寄主"的游泳竞争对手，能把"寄主"远远抛在后面。当成群自由游弋的时候，最大的鲫游在队伍的上部，而最小的位于鱼群的底部，恰如一堆圆盘。鱼群进行圆周游动，看起来它们不喜欢单独游泳。古代传说中鲫可以阻止船的前进甚至使船停止。有报道称鲫具有魔力，服用后可以延缓女性的衰老和减慢爱情的进程！

舟鰤科的舟鰤也是和鲨鱼以及鳐附着在一起。通常认为舟鰤可以指引鲨鱼找到猎物，同时舟鰤会从如此强大的伙伴那里得到庇护，免于被其他鱼类猎食。尽管舟鰤在鲨鱼的捕食中也有所贡献，但事实上鲨鱼和鳐还是自己寻找食物的。

鲹科幼鱼，如常见的颌圆鲹，掩身于一种宽边水母的下面。为什么这种小鱼不会被水母蜇伤目前还不清楚，但原因可能是在其黏液体表中没有谷胱甘肽（这是一种可以刺激水母刺细胞的氨基酸），从而不会刺激水母而获得保护。

其他2个科的鱼也与水母共生在一起。齿蝶鱼幼鱼最近被认为是缺乏腹鳍而掩身于一种被称为"葡萄牙战舰"的水母之下以获得庇护。双鳍鲳科的漂流鱼常被称为战舰鱼，它们与前者的区别是具有腹鳍。同样，目前也无法知道为什么这些鱼能免于受到水母刺细胞的伤害而与之得到很好的共生。

在虾虎鱼科中，一些属于艾虾虎鱼属的鱼生活在海绵中。这些小鱼的身体细长，几乎是圆柱体状的，可以使它们轻松地穿过海绵表面的空隙。鱼鳞要么消失要么变得稀少，但在体侧的后面有2列巨大的彼此分离的鳞片，这些鳞片的末端形成了长刺。4列刺形的鱼鳞位于身体中线臀鳍的后面。通常认为鱼利用这些结构进入海绵洞中的内部层面。

剑鱼的秘密

剑鱼是剑鱼科的唯一的代表种。这是一种喜欢独自行动的鱼，体重可达675千克。它的鼻子进化成为有力的扁平的剑状。剑鱼生活在所有的热带和亚热带海洋中，有时候也进入温带海域，偶尔能向北游弋一直到达冰岛。

剑鱼的剑上有一个布满小齿的剑套，在鲨鱼身上也发现了类似的小齿。它的作用目前还不得而知，有人认为这可以作为武器（例如剑鱼向鱼群冲刺，刺伤猎物然后将它们吃掉），并且可以作为体前的分水流线，而鼻子正如破浪角。

大型鱼类攻击船只的统计有很多，但是在统计中并没有区分剑鱼、矛鱼和旗鱼，因为这3种鱼都具有相同的习性。毫无疑问剑鱼可以刺穿船底，并可能在用力撤回的时候把剑折断。在伦敦的自然历史博物馆中保存着一段剑鱼鼻子刺入深达56厘米的木头。还有报道称HMS大无畏号木船是由锡兰（即现在的斯里兰卡）到伦敦的航程中漏水了，检查表明在船体外侧有一个深2.5厘米的洞，洞穿了铜外壳，据怀疑这是剑鱼所为。偶尔会在鲸脂中发现剑鱼的剑鼻。这些对于船船和鲸的攻击是否是故意而为，目前还不清楚。最有可能的解释是当一条剑鱼——其速度可以快达每小时100千米——遇到一艘船或一条鲸的时候，发现自己已经没有时间改变方向，所以一场撞击便在所难免。

　　许多印度洋—太平洋虾虎鱼，例如五橘带虾虎鱼属和虾虎鱼属被发现与枪虾（鼓虾属）共生在一起。通常会在枪虾忙于挖掘的洞穴口发现虾虎鱼，当危险来临的时候，虾虎鱼立刻钻入洞穴，同时向里面的枪虾示警。除非虾虎鱼再次出现在洞口值守，否则枪虾便不会出来。

　　弹涂鱼属的弹涂鱼（属于虾虎鱼科）生活在非洲、亚洲、大洋洲，在低潮的时候弹涂鱼花费大量的时间迈过或"跳过"红树根。在弹跳的过程中，它们的鳃中依然充满水，氧气交换一直在继续。当鳃中水所含的氧气消耗尽的时候，它们会从附近的池塘中换入新的充满氧气的水。弹涂鱼还可以用皮肤进行呼吸，它们的嘴和咽中充满血管，在其中可以进行气体交换，因此经常可以看到它们张着嘴"坐"在那里。

　　一些隆头鱼（属于隆头鱼科隆头鱼属）与其他鱼类具有非同寻常的"清洁"关系：它们可以清除其他鱼类的皮外寄生物，并且清洁伤口或清除碎屑。大约有500种隆头鱼，色彩绚丽，通常并不形成鱼群，可以在所有的热带和温带海洋的暗礁附近发现它们。隆头鱼具有发育良好的"门牙"，伸出后如从伸长的嘴中探出的2把镊子，在某些不进行清洁工作的隆头鱼中，这些牙齿被用来移动其他鱼类的鳍和眼睛。

　　作为"清洁工"的隆头鱼体型非常微小，生活在特定区域即"清洁工区域"的暗礁中。它们的主要食物是其他鱼类皮肤和鳃中的寄生生物。这种"清洁工"和"顾客"之间的关系并不是永久的。需要清洁的鱼聚集在清洁工工作区域，然后通过一种特殊的行为模式邀请清

洁工开始工作。顾客允许清洁工移动自己身体的所有部位，包括一些敏感区域如眼睛和嘴巴，甚至是进入鳃洞中以清除其中的寄生虫。清洁工在清洁的时候或者在其他的时候都可以免受捕食，虽然许多顾客都是以和隆头鱼体型差不多的其他鱼类为食。

在北大西洋中还有一些隆头鱼也对其他鱼具有类似的清洁行为。在鲑鱼养殖场逐渐利用金隆头鱼和巴兰隆头鱼幼鱼、库克文隆头鱼以及其他类似鱼类来清洁鲑鱼身上的寄生虫，而不是用生物杀灭剂。许多隆头鱼是可以食用的，但是由于体型很微小，它们更适合于做汤而不是直接烹制。在亚洲许多隆头鱼都被作为食用鱼。毫无疑问，最著名的隆头鱼是拿破仑鱼或驼峰头隆头鱼，在许多地区它们被过度捕捞，

⊙ 鲈形目的一些代表种类

1.欧洲鲈鱼（鲈科）；2.加州犬形黄花鱼（石首鱼科），这种鱼在东南亚被过度捕捞以获取鱼鳔，它们的鱼鳔可以被做成美味的鲜汤，因为这一原因，这种墨西哥鱼类濒临灭绝；3.黄色鲷（非洲王子）是一种分布在东非马拉维湖的口育热带鱼类，属于唇色鲷属；4.杰克马鲹是一种东大西洋鱼类，属于鲹科；5.黄鳍鲔鱼是一种重要的商业食用鱼类，属于鲔科；6.大西洋鲭鱼，属于鲭科；7.矮侏儒刺鳍鱼属于虾虎鱼科——其体长只有1.5厘米，是生活在菲律宾的世界上体型最小的淡水鱼；8.弹涂鱼是生活在红树林沼泽的鱼类，属于虾虎鱼科；9.大西洋蓝枪鱼，属于旗鱼科；10.鞍背齿蝶鱼，属于齿蝶鱼科；11.帝王天使鱼，是一种在观赏鱼贸易中非常流行的鱼类，属于盖刺鱼科；12.鸡心倒吊（心斑刺尾鱼）属于刺尾鱼科；13.公主鹦嘴鱼，属于鹦嘴鱼科。

主要原因是作为标本的需求量极其巨大。这种鱼可以长到230厘米长，重量超过200千克，但是大型标本越来越稀少。

鹦嘴鱼属与隆头鱼属关系密切，许多种类在身体周围分泌一种黏液"睡衣"，分泌形成这样一种黏液茧需要花费半个小时以上的时

◉ 鹦嘴鱼得名于它们的颌齿接合在一起恰如鹦鹉的喙。和这种鸟一样，它们也具有绚丽的色彩。图中的一条在婆罗洲附近暗礁中睡眠的鹦嘴鱼很好地展示了这一特点。

间，并且可以一直保持。有趣的是这种黏液茧并不是每个夜晚都分泌，只有在特殊的条件下才分泌，分泌黏液茧的诱发因素目前还是个秘密。看起来黏液茧是一种保护装置，可以防止鹦嘴鱼身上的气味被其他猎食者如海鳗嗅到。

叶鱼属（南鲈科）的鱼依靠隐匿（假装成其他东西）以获取食物，可以在非洲、东南亚和南美的热带淡水中发现它们的身影。东南亚叶鱼是真正的鲈形目鱼——没有拟态的叶子，身体稍扁。这一区域最常见的叶鱼是变色鲈（有时被列为单独一个属变色鲈属），它们具有大量的不同的色彩图案，可以在印度和印度支那的溪流中发现它们。最引人注目的叶鱼是在南美发现的。这些鱼外形厚重，具有柔软的背鳍。它们在轮廓和纹理上都与漂浮的叶子非常相似——甚至它的下颚伸出，恰似一个叶梗。叶鱼通常藏身于岩石下或岩石的缝隙中，在那里它们看上去像一片干枯的叶子，但是有猎物来到附近的时候，它们会突然跃起捕获猎物。最著名的叶鱼是枯叶鱼，它们生活在南美的亚马孙盆地和里约尼格罗盆地。它的身形如叶子，鼻子锥形突出，具有恰似树叶叶梗的一条前须。这种鱼体长可达10厘米，体色是斑驳的棕色，恰如一片枯叶。它们随水流漂浮，当靠近潜在的猎物时，叶鱼便快速出击，在伸出的大嘴的帮助下，可以吞下为它们体长一半的其他猎物。

鲈形目中种类最多的是慈鲷科的鱼，即使是保守的估计也至少有1300种慈鲷科鱼，有些科学家相信最终关于慈鲷科鱼的统计将有5000种左右。与之相联系的是，仅仅在整个南美洲的统计记录就表明大约有3000种慈鲷科鱼生活在那里的淡水中。慈鲷科鱼广泛分布在中美洲和南美洲、非洲、叙利亚、伊朗、马达加斯加岛以及印度南部和斯里兰卡等地的淡水中。目前发现的慈鲷科鱼有半数以上生活在非洲，尤其是生活在大湖中（维多利亚湖、马拉维湖和坦噶尼喀湖），每个湖都号称有100种或更多的

当地特产鱼类。巨大数量的特产鱼类和快速的物种形成使这些湖成为慈鲷科鱼区系划分和进化理论研究的有趣例子。仅仅马拉维湖实际上就有大约1000种慈鲷科鱼，其中多数是本地特产鱼类，但是由于目前的分类法是传统的分类法，通常对于物种的划分方法很难应用于慈鲷科鱼身上。慈鲷科鱼的特征是头部两侧各有一个单独的鼻孔，并且身体两侧各有2条横线。咽骨是三角形的，位于"喉咙"底部，咽骨的作用是在头骨基部的硬垫上压碎食物。咽骨在物种判断确定上也具有重要的标志作用。

慈鲷科鱼包括各种各样的齿系，这使它们能够应付不同的食物。食草鱼在颌上具有细小的槽齿，有时还有一个外突的凿状的牙齿以切开种子或从岩石上凿下海藻。食鱼（肉）鱼类巨大的口腔中具有强壮锐利的牙齿，以咬紧挣扎的猎物。以软体动物为食的慈鲷科鱼具有强壮的钝咽头齿以磨碎软体动物。有些种类中侧颌齿有所改变，这可以帮助它们将蜗牛从甲壳中拖出来吃掉。最后在有些慈鲷科鱼中齿系大量减少，并且深深嵌入膨胀的嘴中的齿龈里。这些种类的鱼几乎全部以鱼卵为食，并且幼年的口育慈鲷科鱼通常逼迫它们的双亲"咳出"鱼卵。

慈鲷鱼是非常流行的养殖观赏鱼，它们的一些种类如淡水天使鱼和铁饼鱼，和金鱼一样，是真正的驯养鱼，已经培育出了数量巨大的各种颜色的品种。

丝足鱼（丝足鲈科）、攀援丝足鱼（攀鲈科）、接吻鱼（沼口鱼科）和蛇头鱼（鳢科）是4种

⊙ 东南亚的珍珠丝足鱼（属于丝足鲈科）是一种"迷宫鱼"。之所以有这样的称谓，是因为它们脑袋两侧可以呼吸空气的呼吸器官有着迷宫般的结构。

⊙ 七彩凤凰（或袖珍蝴蝶鲷）自然生活在南美洲奥里诺科河盆地的小溪流中，它们体型微小，色彩绚丽，深受观赏鱼养殖爱好者的喜爱。它们在低层产卵，成年鱼会保护它们的卵和鱼苗。

蛇头鱼与丝足鱼关系密切，但其身体呈长圆柱状，且具有一个扁平的如蛇头一样的脑袋。这种鱼生活在东南亚的河流、池塘和滞水池中。蛇头鱼与其他相近鱼类的区别在于呼吸空气的习性。它们的呼吸器官比其他科的鱼更加简单，具有一对由增厚的血管和折叠的隔膜形成的中空器官。这些如肺一样的器官是由袋状的咽而不是鳃腔发育而来的。

蛇头鱼还可以在陆地上移动，但它们是通过胸鳍的划动做到这一点的。在长时

以可以呼吸空气而著称的鲈形目鱼。前3个科的鱼还被称为迷宫鱼，这是由于它们具有迷宫样的呼吸器官。这些呼吸器官位于每个鳃腔中，它们是中空的，由鳃腔中的血管发育而来。随着鱼慢慢长大，这些器官变得更加盘旋绕结以增加表面积增强呼吸能力。这类鱼依靠空气存活，如果无法到达水表面，它们会很快窒息而亡。

最美丽的一种迷宫鱼是暹罗斗鱼。这种鱼色彩绚丽，通常被养殖在水族缸中，但是野生的暹罗斗鱼没有棕红色的。这是利用选种培育形成的另一种驯化鱼，就和驯化其他宠物（如猫和狗）一样。

间的干旱中，蛇头鱼可以通过将身体埋藏在淤泥中夏眠得以存活。在干旱炎热的季节，它们进入蛰伏状态。由于蛇头鱼的几个种类是广受欢迎的食用鱼，它们经常在还活着的时候就被运至市场上出售，因此目前存在将蛇头鱼引入其非原生地区的危险。由于许多蛇头鱼是巨大凶猛的捕食者，在一些偶然引入它们的地方，蛇头鱼对当地的动物群产生了可怕的破坏。因此对于那些携带活蛇头鱼的人来说一定要多加小心，以避免它们逃脱而分布蔓延到新的区域。在本书写作的时候，美国有13个州明令禁止携带活的蛇头鱼。

射落昆虫

射水鱼科的6种射水鱼自然生活在从印度和马来群岛一直到澳大利亚北部地区的淡水和咸水中。它们具有高超的狩猎技巧，可以射出水滴以击落猎物。射水鱼口腔上部有一个凹槽，舌头前端细长灵活，舌头后端厚重，具有一个肉质的结瘤，舌头前后之间由一条肌腱相连。当舌头和结瘤顶到口腔上颚的时候便形成了一个细管。细长灵活的舌头末端正如一个阀门。当射水鱼瞄准昆虫的时候，舌头收缩抵到口腔上颚，腮盖猛然收缩，舌尖快速弹出，从而将水滴弹射出。射水鱼能够通过将身体置于猎物的正下方以补偿光线的折射。一条成年射水鱼的射水距离可以达到1.5米，而幼年射水鱼只能在几厘米的射程范围内才不会失去准头。然而对于成年射水鱼的试验研究表明，射水鱼射落目标可能带有很大的偶然性，因为昆虫的"被射落"可能更多的是由于它们躲避火力而不是直接被击落。

比目鱼

正如这一属的名字所显示的一样，比目鱼因其扁平的身体和眼睛只生长在身体的一侧而闻名。由于具有鱼类中独一无二的不对称结构，比目鱼被认为是从一种习惯单侧休息的基本对称的鲈形鱼（海鲈鱼）进化而来的。

世界上大约有570种比目鱼，可以划分为11个科。比目鱼中最原始的科是鳒科，具有非常类似于鲈鱼的胸鳍与臀鳍，只有眼睛和长长的背鳍和海鲈鱼有所差异，这说明比目鱼是从鲈形目祖先进化而来的。

所有的成年比目鱼都是底生鱼类，但是它们的卵中包含着油滴，会漂浮到海面附近。几天后卵便会孵化，孵化出的幼鱼体形是对称的，两只眼睛分别位于头顶的一侧，嘴巴位于腹中线上，这更进一步表明了它们是从鲈形目鱼进化而来的。当幼鱼长到约1厘米长时，便发生了变形变化，对对称的颅骨产生了巨大的影响，最终形成了我们所见到的不对称的比目鱼。整个变化是从一只眼睛移动到鱼头的另一侧开始的，这是通过头颅上的软骨条再吸收而做到的。同样鼻孔也移动到具有2只眼睛的一侧或有颜色的一侧。除了鳒科鱼之外，其他科的比目鱼的嘴巴也和眼睛一样移动到相同的平面。眼睛移动的形式也是某些特殊科的典型特征。如菱鲆科和鲆科的鱼被称为"左眼比目鱼"，这是由于它们的右眼通常发生移动，所以最终身体朝上的带颜色的一侧是左侧。鲽科的鱼是"右

眼比目鱼"，这是因为它们的左眼通常发生移动而最终右侧朝上。在鳒科中，右眼和左眼比目鱼的数量是相同的。

当发生这些显著变化的时候，幼鱼便沉入海底。比目鱼没有鱼鳔，所以它们一直保持以没有眼睛的一侧朝下躺在海底或靠近海底的姿势。成年比目鱼的身体形状是各不相同的——欧洲大比目鱼和其近缘种的体形是宽和长几乎相等；而舌鳎（舌鳎科）的体形则是又长又窄。通常比目鱼通过击打沙子或身体的蜿蜒钻动将自己埋藏起来，只把眼睛和上鳃盖露在外面。鳃腔与外界是通过一个特殊的通道相连接的，水从嘴巴通过鳃盖被吸入，呼出的水则通过埋藏侧的鳃腔中的特殊通道排到体外。

许多比目鱼带有颜色的一侧主要是棕褐色的，它们通常带有橙色的斑点和斑块，这使它们能够和海底的色彩融合在一起。鲽科比目鱼是鱼类中的伪装大师，它们可以改变自身的颜色以和海底的颜色相匹配。当它们被放置在一个格子底板上时，有些种类可以以合理的精度重新将体色改变成方格的色彩。所有的比目鱼都是食肉鱼类，但它们捕捉猎物的方式却是各

不相同的。左眼鲆科羊舌鲆在白昼捕食其他鱼类，它们灵活地跟在猎物的后面游泳，视力非常好。鳎科的鳎鱼和舌鳎（舌鳎科）在夜间捕食软体动物和沙蚕，它们主要依靠嗅觉发现猎物。这些科的比目鱼在身体没有眼睛的一侧的头部都有受神经支配的纤维结而不是鱼鳞，这可以增强它们的嗅觉能力。鲽鱼的捕食方法是两者兼有，有些种类如大比目鱼是灵活地跟在猎物后面捕食的，而有的则如欧鲽一样依靠敏

锐的嗅觉和灵活的行动捕食沙蚕和甲壳动物。

比目鱼的绝大多数是生活在海洋中的，但是也有一些种类能够生活在淡水中。欧洲比目鱼经常从海洋迁徙到河流捕食，在夏天可以沿着河流上溯到65千米处的内陆，当秋天到来时，它们会返回海洋产卵。褐鳎是一种淡水鱼类，通常在水族馆中都有养殖。它的体表面积和体重的比例非常巨大，可以舒展身体浮在水面。它们还可以通过在身体下侧面和水底面之

间创造真空"粘"在岩石或水族缸的壁上。

尽管雄羊舌鲆通常具有一些纤维状的胸鳍和臀鳍或其他可见的性二态，但多数比目鱼种类的雌雄两性之间没有明显的区别。

许多比目鱼如多佛鳎鱼、鲆鱼和大比目鱼都被当作食用鱼，并且有些种类具有相当重要的商业价值。比目鱼特殊的结构非常适于烹饪：它们能够迅速均匀地被烹熟，其鱼刺易于剔除，可以很容易地做成鱼片。

知识档案

比目鱼

系	鲈形系
总目	棘鳍总目
目	鲽形目

该目具有11个科，123个属，共约570种。种和科包括：鲆鱼（鲆科），包括孔雀鲆或盘鱼；欧洲鲆、菱鲆或左眼鲆（菱鲆科），包括欧洲菱鲆、帆鳞鲆；鲽鱼或右眼鲆（鲽科），包括拟庸鲽、欧洲鲽、柠檬鳎鱼、大比目鱼；鳒鱼（鳒科）；鳎（鳎科），包括欧洲鳎；舌鳎（舌鳎科）；美国鳎（无臂鳎科），包括褐鳎或淡水鳎。

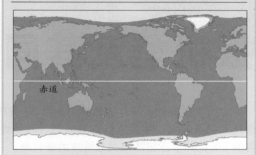

赤道

分布：分布在全世界范围内的海洋和淡水中。

体型：体长从4.5厘米到2.5米，体重从2克到316千克。

鳒鱼 鳒科

保护状况：大比目鱼被划分为受危物种，而黄尾鲆被划分为脆弱物种。

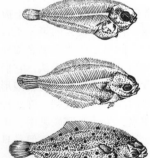

⊙ 刚出生的比目鱼体形和正常的鱼类是一样的，2只眼睛位于头顶两侧，并具有一个居中的嘴巴。当幼鱼逐渐长大，一只眼睛便逐渐移动到头顶，直至另一侧，嘴巴也逐渐扭曲，直到成年比目鱼永久性地以单侧躺在海底。这整个变形过程可以从上图中豹鲆的进化图中看得很清楚。左图展示的是印度洋－太平洋海中的汤加比目鱼。

扳机鱼及其同类

公元 1 世纪的罗马作者普林尼在他 37 卷的自然历史百科全书中介绍了鸡泡鱼（即河豚）和海洋太阳鱼等鱼，并为它们奇异的形状和特性而着迷。目前，鲀形目鱼约占世界上热带海洋鱼类的 5%，其中还包括一类最特殊的硬骨鱼。

鲀形目鱼多数生活在海洋中，其牙齿变形为喙，在它们之中包括一些具有毒性的鱼、气囊鱼和最大的海洋硬骨鱼之一。鲀形目的鱼都没有鱼鳞，但是它们的身体被刺覆盖，或皮肤非常厚以至于很难刺穿。

扳机鱼（鳞鲀科）得名于它们第 1 条和第 2 条背鳍鳍刺具有内锁型的类似于扳机一样的内锁型机制，在相对较大的第一条背鳍刺被压下之前，较小的第 2 条背鳍刺必须松开。扳机鱼具有多刺鳞，非常容易辨认，它们对立且几乎对称的背鳍和臀鳍呈灵活的波浪形运动，这是它们主要的游泳推动机制。许多种类具有惊人的色彩图案，生活在珊瑚礁中。单角鲀（单角鲀科）比扳机鱼体型更小，但是具有非常细小的粗糙鱼鳞，并且背鳍刺比扳机鱼更向前突伸。单角鲀的嘴巴极其微小，仅依靠捕食微小的无脊椎动物生存。许多在下颚和臀鳍之间具有可以膨胀的喉囊。

箱鲀和角鲀属于箱鲀科，它们可以被描述成一个多刺的立方体箱子，箱子上有嘴巴、眼睛等孔和鱼鳍以及排泄口。有些种类在眼睛上方还有 2 个微小的角状物，所以被称为角鲀。

坚硬的外骨骼由接合在一起的多刺鳞甲构成。箱鲀是游泳速度缓慢、色彩鲜艳的浅海热带鱼。

⊙ 长角牛鱼（角箱鲀）具有奇怪的外表，没有已知的性别二态性，它们在海底的沙滩上通过吹喷水流以深海无脊椎动物为食。成年长角牛鱼是独自生活的，但是幼年长角牛鱼通常以小群体生活在一起。

在遭追捕时，如果它们的鳞甲不能完全抵御捕食者，箱鲀还具有一个秘密武器，即剧毒毒素。大约有 33 种箱鲀，有些可以长到 60 厘米，多数体长小于 30 厘米。

鸡泡鱼或河豚（鲀形科）得名于它们可以用水（如果离开水后则用空气）使身体膨胀的能力，以此作为一种防卫策略。在身体膨胀状态下，它们不可思议地变成一个球，对于猎食者来说这看起来既不可思议又无从下口。这一科的特征并不典型，事实上有些鸡泡鱼是生活在淡水中的。

淡水鸡泡鱼（淡水河豚）体色为鲜艳的黑黄两色，广泛分布在整个扎伊尔河流域和其他的一些西非河流中。这种鱼以及其他一些非洲淡水鱼偶尔会被养殖在水族缸中，但是它们具有很强的攻击性。所有的河豚都有毒，但有的味道极其鲜美。尤其在日本，有些种类的河豚常被食用。这种鱼只有经专门经过训练的厨师烹调后，才可以避免任何有毒的部分被食用或污染其他肉类。这些致命毒素即四齿鲀毒存在于河豚的肠子、肝脏、卵巢和皮肤中。误食没有处理干净的河豚会发生严重的中毒反应。

海洋太阳鱼（翻车鲀科）是鲀形目中的庞然大物。海洋太阳鱼是最大的物种，体重可以达到 2 300 千克。从侧面看来，这种棕蓝色的鱼几乎是圆柱体状的，尾鳍退化成一个纯粹的皮肤质边缘，但是背鳍和臀鳍发育成用来游动的"桨"。它们被看到时通常都是单侧躺在地面上，看上去像在晒太阳，但可能已经死去。一段关于一条年轻海洋太阳鱼的录像显示它们可以通过张开的鳍用力划动而快速上潜。这种鱼通常以水母、甲壳类动物、软体动物和浮游动物为食。它们无鳞的皮肤下面是一层很厚的坚硬软骨。海洋太阳鱼生活在全世界范围内的热带和亚热带海洋中，但平时并不常见。

⊙ 这种小丑扳机鱼栖息于印度洋－太平洋水域中，是最有价值的水族观赏鱼之一。其嘴呈明亮鲜艳的黄色，往往能使掠食者望而却步。

海马及其同类

　　海马形状奇特，非常与众不同，这使得人们很难相信海马也是一种鱼。海马具有直立的外姿，头像马，长着非常强壮的、蜷曲的尾巴，呈现出一种非常奇特的形象。然而，海马仅仅是一个综合大型目即海龙鱼目中一种非常著名的鱼。

　　和海马一样，其他海龙鱼目的鱼类（如海龙、管口鱼、喇叭鱼、长吻鱼、虾鱼）完全都是海生鱼类。仅有少量的海龙个体永久性栖息在淡水中。这些鱼都具有的一个重要特征是长着细长的嘴，这是第一节脊椎的延伸（虾鱼中，前6节脊椎的长度超过了脊柱长度的3/4），它们的背鳍也具有特殊的结构，并非由鳍线组成，而是由和脊椎相关的延长的连续段组成的。

　　虾鱼具有完全掩盖在薄骨片下的极其扁平的身躯，仅仅弯角后部的身躯可以活动。虾鱼生活在温暖海域的浅水域，有时躲在海胆的刺之间寻求保护。深色长吻鱼生活在深海区，身体四周长着多刺的小齿，胸部长着一排鳞甲。除了缺乏亲体的关爱外，它们的生殖习性人们所知甚微。

　　然而，海龙具有非凡的适应性生殖系统。海龙亚科中，最简单的生殖策略就是将卵松散地贴在雄性海龙的腹部。颚部外伸形成管状吻的科类中，甚至是将卵分别嵌入到覆盖在雄性腹板上的海绵组织中。在其他海龙群落中，更多的保护通过发展半遮盖卵的腹板来实现更多的保护。这些例子中，都是雄性海龙完成携带卵的整个过程。

　　海马（其实是头部和身体呈直角，长着善于抓握的尾和能够控制方向的背鳍的海龙）呈

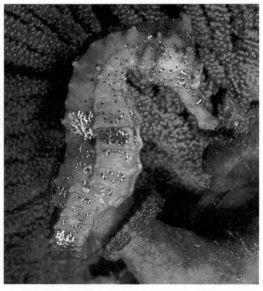

⊙ 太平洋海马体长可以超过30厘米，这是世界上最大的海马种类。海马用它们灵活有力的尾巴缠绕住植物、珊瑚或海绵。图中的太平洋海马正缠绕在一棵红柳珊瑚上。

现了最优秀的卵保护能力。这种卵保护能力一直发展到育儿袋（或育幼袋）的形成。育儿袋具有一个独立的肛后囊孔。雌性有一个产卵器，卵被放置在雄性的育幼袋中，直到育幼袋被装满。显然，这种简单行为即使在没有意外的情况发生时也不一定总能成功，有时一些卵可能会丢失。

孵化的季节随着温度而发生变化，在育幼袋中 4 ~ 6 周后就能孵化出幼鱼。在一些较大的种群中，雄性用腹部摩擦岩石来帮助幼鱼孵化，在其他种群中，雄性则通过强有力的肌肉抽动以相当可观的速度孵化出幼鱼。"生产"后，雄性通过一张一缩来冲洗血囊，排出残留的卵及其他残骸，为下一个生育季节做准备。可能不久后就会进行下一次孵化，每年孵化 3 窝幼鱼的例子也已经被人们所知。

近几年来，海马的保护引起了极大的关注。对海草生长地（这对大多数的海马种群是非常重要的）的破坏在世界范围内以惊人的速度进行着。另外，作为中国传统的药材，商业捕捞也加剧了一些地区存在的问题。用于古董贸易和水族贸易的小规模捕捞也在进行。2004 年 5 月，华盛顿公约（CITES）贸易准则中提出了有限的关于对所有海马种群的保护条款，同时在包括中国在内的许多国家中通过促进农业发展来保护海马。同时，栖息地破坏的势头可望得到控制，这将有助于保护这些稀有的鱼类。

除了少量的水族贸易外，其他的海龙鱼科鱼类经济价值并不高。

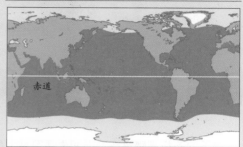

知识档案

海马及其同类

系	鲈形系
总目	棘鳍总目
目	海龙鱼目

具有大约6个科，60个属中大约有241个种类：海马和海龙（颚部向外成管状吻类科），包括海马（海马属）；鬼龙（沟口鱼科）；管口鱼（管口鱼科）；喇叭鱼（烟管鱼科）；长吻鱼（长吻鱼科）；虾鱼（虾鱼科）。

赤道

分布： 全世界热带和温带海域，一些分布在海水域和淡水域中。

体型： 长2厘米至1.8米。

保护状况： 至少27个种受危，包括被列为濒危物种的河海龙（瓦氏海龙）和岬海马；其余的被列为易危鱼种（其中20种是海马）。

⊙ 在温暖的南部海洋中生活着鬼龙。体型较大的雌性（图中）其臀鳍形成一个育儿袋，在育儿袋中，卵被附着在短丝上。

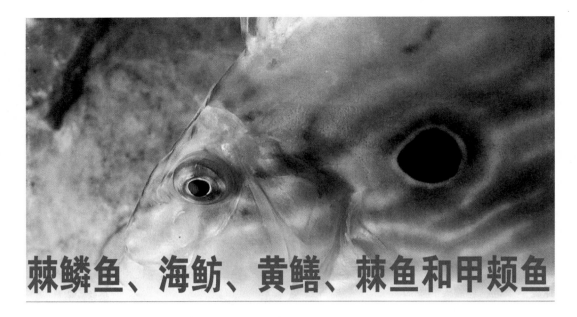

棘鳞鱼、海鲂、黄鳝、棘鱼和甲颊鱼

剩下的各科刺鳍鱼在形态和生活习性上都具有很大的差异，包括从棘鱼到奇异鱼和高度变异的鲉形目等各种鱼类群体。

棘鳞鱼及其同类
金眼鲷目

金眼鲷目（包括5个科）是在热带和温带海洋中发现的头特别大的海鱼类，许多生活在深海中，以穴居生活为主。正如其中一科松球鱼科所显示的一样，该目多数科的鱼都具有厚硬的鱼鳞。松球鱼科只包括2个属（松球鱼属和光颌松球鱼属）的4个物种。它们是体形圆滚的以小群生活在印度洋—太平洋中的小型鱼类。它们的体表覆盖着不规则的骨质盘状鳞，在柔软的背鳍之前是许多巨大的可以随意改变角度的刺，臀鳍厚大、直立。尽管松球鱼不会长到超过23厘米长，但是它们在日本具有商业价值，可以作为食用鱼出售。它们的下颚两侧各有2个微小的发光器官，发光器官内具有许多发光细菌，能发出蓝绿色光，松球鱼可以通过张开或闭上嘴巴来打开或关闭光线。

著名的发光金眼鲷科的发光鱼眼睛下面也具有发光器官。这些发光器官在白昼是特殊的无光白色，在夜晚却发出蓝绿色的光芒。有些种类通过旋转整个腺体来控制发光器官的关闭或打开，而有的种类则是通过打开或闭合眼皮状的眼膜来控制发光器官的开闭。光亮以重复的模式打开和关闭，通常典型的模式是打开10秒钟左右然后关闭5秒钟左右。这些具有发光器官的鱼的发光特性有3个主要作用：首先，发光可以把鱼类在完全黑暗的空间中聚集在一起；其次，发光可以吸引浮游甲壳类生物到面

知识档案

棘鳞鱼、海鲂、黄鳝、棘鱼和甲颊鱼

系　鲈形系

总目　棘鳍总目

目　金眼鲷目、海鲂目、奇金眼鲷目、合鳃鱼目、刺鱼目、鲉形目

包括6个目，53个科，大约355个属，至少1858个物种。

赤道

前，从而将其捕食；最后，发光可以迷惑猎食者，以保护发光鱼免遭猎捕。发光鱼生活在红海、印度洋—太平洋的暗礁中，通常以 20 ~ 50 条鱼的规模群居。它们通常生活在海面以下 30 米的深处。除了少量作为养殖观赏鱼外，它们的商业价值不高。如果被捕捉后，它们的发光器官可以被取下作为渔夫的钓饵。

金眼鲷科的鱼生活在海洋中部和深处，这些鱼类眼睛巨大、身体扁平。常见的种类有金眼鲷。金眼鲷科的多数鱼类都是红色或粉红色的，因此有时被当作"红鱼"或"红鲤鱼"出售。金眼鲷科鱼类肉味鲜美，在市场上以高价出售。2 种非常相似的金眼鲷即红金眼鲷和金眼鲷生活在热带和亚热带海洋的环地圈中。

所有金眼鲷目鱼类中最著名的鱼是鳂科的棘鳞鱼以及锯鳞鱼。66 种已知的该科鱼类中绝大多数都是在微光环境和黑夜活动的栖息在珊瑚礁中的鱼类。它们白天躲藏在暗礁洞穴或裂缝中，由于它们鲜亮的红色图案在岩缝间非常显眼，因此很容易被潜水者发现。它们生命力顽强，可以在水族缸中作为观赏鱼饲养，但是由于性格贪婪不能真正流行和受欢迎。尽管在

全世界的鱼类市场上都有销售，但由于体型相当小并且多刺，它们作为食用鱼的需求量也并不是太大。

海鲂及其同类
海鲂目

海鲂目包括一些身体极度扁平的鱼类，最常见的鱼类是海鲂，澳洲海鲂具有可发声的前突的颌颚，以小鱼和浮游动物为食。这种鱼的俗名的来源广受争议。有些人认为它们的名字取自于法语 jaune d'oree（即具有黄边的意思），来自于它们黄色的身体。在一些国家它们的俗名为"圣彼得鱼"（法语中是 Saint-Pierre，西班牙语中是 pezde San Pedro），这个名字来自于它们身体两侧各有一个黑斑，这被浪漫地认为是圣彼得的拇指和食指印记，因为圣彼得曾称从它们的嘴中取出了贡金。但其他国家的黑线鳕也具有相同的特点（尽管《圣经》中的故事是发生在加利利海中，而加利利海是淡水海）。海鲂生活在大西洋东部和地中海中，在印度洋和太平洋中也具有相近、相同或略有差异的海鲂。海鲂可以制成容易脱骨的味道鲜美的白色

⊙ 鲉形目的红狮鱼是一种可怕的捕食者。它们通常在夜间捕猎，用扇状突出的胸鳍困住较小的猎物，然后用有毒的胸鳍将它们刺晕，最后再将它们整个吃掉。

⊙ 底栖鱼类远东海鲂可怕的外表会使许多人不敢吃它们，但实际上它们是一种味道极其鲜美的食用鱼类。它们的体长可以长到66厘米。

鱼肉片，在地中海和澳大利亚地区售价昂贵。

奇金眼鲷、仿鲸口鱼及其同类
奇金眼鲷目

奇金眼鲷目（其中有些科的鱼被单独划分为一个目即鲸头鱼目）的鱼知名度并不高，但其中包括一些迷人的深海鱼类。孔头鲷科的孔头鲷，包括大约33个品种，它们都是非常著名的。它们是小型的（体长最长为15厘米）近圆柱体状的鱼，具有硕大的脑袋、又钝又短的鼻子和非常窄长的尾梗。鱼鳞通常非常巨大，清晰可辨。奇金眼鲷目的另一种特殊鱼类是异鳍鱼科的披发异鳍鱼，它们的特征是短小的发髻状的刺覆盖全身，它们还有分为两半相互重叠的尾鳍和巨大的翼状臀鳍。通常认为这种鱼绝大多数时间都生活

在极深的海水中，人们只是通过在亚述尔群岛北部所捕获的一条长约5.5厘米的这种鱼的标本才对它们略有了解。

黄鳝及其同类
合鳃鱼目

合鳃鱼目包括一些类似于鳝鱼的淡水鱼类。黄鳝（合鳃鱼科）生活在美洲中部和南部、非洲、亚洲和澳大利亚西北部的广大地区。它们的俗名来自于它们的形状以及事实上它们通常生活在氧气贫乏的水中的特性。它们不是在头顶两侧各有一个可以开口的鳃，而是在头顶下部有一条裂口。有些种类在鳃腔内部又利用一个隔墙（隔膜）将每个鳃腔划分为两半。鳃腔通常很膨大，因为里面充满水，这种鱼在陆地上穿行时可以"呼吸"。生活在滞水中的种类可以通过富有充血血管的变异的内脏呼吸空气，或者通过鳃腔中突出的肺状鳃室进行呼吸。在这2种情况下，空气都是通过嘴巴进入的。

至少有一种鳝鱼即斑纹黄鳝在泥中挖洞，并且如肺鱼一样夏眠以躲避干旱。黄鳝的胸鳍和腹鳍已经退化消失，背鳍和臀鳍也退化成皮肤边缘状而没有鳍列。

亚洲的米纹黄鳝占据着稻田中的灌溉沟渠。它们可以长到1米长，并且是重要的食用鱼，只要保持潮湿，它们就能存活，保证肉味鲜美。雄性米纹黄鳝可以制造一个泡沫巢穴，让雌性鳝鱼在里面产卵。雌性鳝鱼和新孵化的小鳝鱼受到雄性良好的保护。

刺鳅科的鱼在一些地区是颇有价值的食用鱼。许多色彩鲜艳的鱼类被当作观赏鱼。刺鳅的栖息地具有很大的差异性，从东非内陆清澈的湖泊中到沼泽地带。许多种类都可以呼吸空

⊙ 合鳃鱼目的代表物种
1.小刺鳅生活在东南亚的大型河流中；2.南亚的米纹黄鳝是一种颇有价值的食用鱼，在干旱季节它们在泥中打洞夏眠。

气，因此可以利用这一本领在缺乏空气的水中或泥沼中存活。小刺鳅通过身体的扭曲摆动下潜挖掘出泥洞，和许多其他种类一样，它们白天躲藏在泥洞中，只把鼻孔露在外面。

棘鱼
刺鱼目

刺鱼目最常见的鱼是棘鱼。"微不足道"的棘鱼生活在欧亚大陆和北美洲的大多数淡水和咸水中，有时甚至是海水中。它们在形态上有很大的差异性，以至于有些权威认为它们是一个非常复杂的种群，而不是单一物种。尽管多数是"三鳍"和"两鳍或四鳍"的个体，但在加拿大也有一些是完全没有臀鳍的。淡水种类通常比咸水和海水种类具有更少的骨鳞。通常棘鱼的体长不会超过 7.5 厘米，但是在英属哥伦比亚海岸附近的女王夏洛特群岛的湖中，有些黑色棘鱼可以长到 30 厘米长。

十五鳍棘鱼是独居的海洋鱼类，生活在欧洲大西洋海岸附近的海水中。九鳍棘鱼（它们通常具有 10 个鳍）最多只有一些很小的鳞，它们的分布几乎和三鳍棘鱼一样广泛，但是很少生活在咸水和海水中。有 2 个属只生活在北美：溪棘鱼（通常具有 5 个鳍）分布相对广泛，甚至可以在北部盐分较低的海水中发现它们的身影；四鳍棘鱼只生活在北美的东北部。尽管具有保护性的背鳍和腹鳍，棘鱼却是食物链中重要的一环，它们是较大鱼类、鸟类和水獭的食物。

在北太平洋寒冷的海水中，管吻刺鱼是刺鱼近缘种。美国的管吻刺鱼与欧洲十五鳍棘鱼非常类似，它们生活在巨大的浅滩中。它们不建造巢穴，但是雌性产的卵具有黏性，可以粘在巨大海藻的叶柄上，这些叶柄首先被折弯然后被黏结起来。雄性会保护卵。它们的日本亲戚日本管吻刺鱼少为人知，但一般认为它们是将卵产在海藻上。

尽管与棘鱼具有密切的联系，海蛾鱼（海蛾鱼科）在外表上却与之有很大不同。它们是小型的热带海水鱼，具有内嵌入身体的骨鳞和奇特的高度发达的鼻吻。海蛾鱼科只有 2 个属 5 种鱼。因为它们古怪的外表，再加上被取出内脏晒干后也会保持外形，它们在远东地区通常作为古玩被出售。除了知道它们是生活在海底的产卵鱼类，以无脊椎动物如蠕虫和软体动物为食外，人们对它们的生物学特性知之甚少。

在缅甸、哥伦比亚、马来西亚西部和泰国，发现了一种特殊的被称为披甲棘鱼的鱼类。它们生活在具有柔软底部和茂密植物的淡水池塘中。这种鱼在分类体系中的位置曾经广受争议。从表面上看来，这种鱼非常类似于上面提到的管吻刺鱼，但形态学上的证据表明它们可能与合鳃鱼目具有更近的关系。目前通常认为这种

三鳍棘鱼的红胸

三鳍棘鱼最著名的可能是它们特殊的繁殖方式。雄性在春季繁殖时胸部会变成红色，身体变成闪亮的蓝色，能被它们的幼鱼轻易地辨认出。雄性用分泌物将水生植物的枝条黏结起来，做成一个粗糙的圆形巢穴。选择筑巢的位置各不相同，奇怪的是有些证据表明具有更多骨鳞的雄性更喜欢在沙质的地方建造巢穴，而具有较少骨鳞的则喜欢在泥质的地方建造巢穴。雄性鲜艳的颜色既可以向雌性宣告巢穴的位置，又可以警告其他雄性，让它们远离巢穴。雄性会向被吸引来的雌性求爱，展示巢穴，如果雌性许可则会把卵产在巢穴中。将会有多个雌性被吸引到巢穴中产卵。受精卵将受到雄性的保护，雄性会翻动它们并移除坏死的卵。在守护受精卵期间，雄性的体色变成不引人注意的暗色。当卵孵化出后，雄性会逐渐破坏掉巢穴，而在孵化出几天后，小鱼就会被留在一边独自生活。

鱼与海蛾鱼具有最近的关系。

甲颊鱼
鲉形目

甲颊鱼或鲉形目鱼是一种主要生活在海洋浅水中的鱼类，但是该目中也包括一些著名的深海鱼类，例如大西洋红鱼就是一种生活在北大西洋 100 ~ 1 000 米深处的鱼类。和红鱼一样，其他许多的鲉形目鱼的身体颜色也主要是红色的。另外，它们的外表和鲈形目鱼非常相似，具有刺形背鳍、栉状鳞，头部有刺并且腹鳍前伸。鲉形目中包括 25 个科，包括鲂鮄、美丽迷人的珊瑚礁狮鱼、有剧毒的澳大利亚石头鱼、杜父鱼以及甲鲂鮄和八角鱼。

杜父鱼科的一些杜父鱼是常见的淡水鱼类，英国的大头鱼就得名于其硕大的脑袋。杜父鱼大约有 300 个种类，它们都生活在海水中。沿北太平洋海岸线具有最大的物种多样性，但在大西洋海岸地区也有许多种类。多数杜父鱼生活在浅海中，但是也有一些种类生活在深达 2 000 米的海洋深处。尽管有许多种杜父鱼可以做成汤食用，但其商业价值并不大。在格陵兰岛，体型巨大的短角杜父鱼（可达 60 厘米）

可用烹饪鳕鱼一样的方法烹制，味道鲜美。

飞角鱼（飞角鱼科）其实并不是鲂鱼，它们也不会飞。它们能够滑翔的秘密在于其极大膨胀、色彩鲜艳的扇状胸鳍，这些鳍的实际作用其实是恐吓潜在的猎食者。飞角鱼是体型沉重的底生鱼类，有着一个重型的多刺头颅。它们多数时间都在水底的沙地上"漫步"，用它们变形的手指状腹鳍去捕捉藏在水底的软体动物、甲壳类动物和蠕虫。真正的角鱼或鲂鮄（鲂鮄科）也具有类似的习性。

多数鲉形目鱼都具有有毒的鳍刺，可以给人类造成严重的伤害，这一点许多有此经历的渔民都了解到了。有些种类的毒素是致命的。对于印度洋—太平洋石头鱼来说，毒素致命这一点更是确定无疑的，印度洋—太平洋石头鱼具有鱼类中最强的毒素和最复杂的毒素器官。从第 9 到第 13 条背鳍刺上具有毒腺，如果不小心碰触或踩到这些伪装得很好的底栖鱼具有毒腺的鳍刺，即使是极轻的触压也会使毒液喷出。刺伤后马上会有灼烧感，通常还伴随有淋巴腺发炎、呼吸困难、呕吐和肌肉痉挛等症状，甚至导致死亡。即使是轻度刺伤，其恢复期也需要几个月。

⊙ 暗礁石头鱼胸鳍刺上的毒液具有强毒性，有时甚至会致人死亡。即便如此，它们也不能避免被体型更大的鲨鱼和鳐鱼捕食。

桨鱼及其同类

在欧洲北部，桨鱼以"鲱鱼之王"而著称，它们及其他月鱼目的鱼类通常在民间传说中作为富裕的先兆或作为稀少的食用鱼。以前它们被归入鲈形目中，但现在却认为它们自己可以单独列为一个目即月鱼目。月鱼目的鱼非常稀少，它们颜色绚丽，形状古怪，当在岸边出现时通常会引发人们的惊奇和兴奋。

桨鱼是银灰色如缎带状的鱼，有一条红色的背鳍纵贯全身。其头顶酷似马头，背鳍的前部延伸突出恰如马头上的"鬃毛"。它们猩红色的腹鳍非常长，末端呈突出的刀刃状（由此得名为桨鱼），尾鳍则退化为彩带状。这种形状独特的鱼可以长到超过 9 米长。它们通常具有的红色"鬃毛"，使它们成为许多海蛇传说故事的起源。

桨鱼是皇带鱼科的两种鱼类之一，在全世界都有分布，通常健康的桨鱼都生活在海洋的中深部（一般在海水表面发现的桨鱼都是垂死的）。人们对于它们的生物学特性几乎一无所知。捕获的一条桨鱼标本显示它们的胃中全是小型甲壳类动物。从理论上通过水平摆动它们长长的红"鬃毛"推测，人们认为桨鱼是以 45° 角进行游泳的。它们的腹鳍上具有许多化学感应细胞。目前人们认为桨鱼的腹鳍如一个化学感应器，可以在还没有靠近猎物的时候就能够察觉到。并且它们的呼吸循环器官可以保证它们高效地吮吸小型甲壳类动物。它们可能是通过摆动背鳍产生一个上举力，在水中游动时相对非常安静。

如果依据身体形状进行划分，月鱼目可以划分为 2 个完全不同的群体。冠带鱼科、鞭尾鱼科、皇带鱼科和粗鳍鱼科的鱼都是缎带状身体。它们都通过背鳍的摆动产生推动力，皮肤都无刺或是瘤结状以减小水流阻力。另一个群体旗月鱼科的鱼身体厚实，游泳推动力来自于膨大的翼状胸鳍，胸鳍由与扩大的肩环相连的红色肌肉拉动。

月鱼的颜色非常特别：它们的背是蔚蓝色的，腹部是银灰色的；两侧为彩虹色，上面分布有白色斑点，当它们死去后，颜色会很快褪掉；鱼鳍则为鲜艳的猩红色。尽管它们没有牙齿，并且看上去体形笨重，但它们却以生活在海水中部的鱼类为食，这正证实了它们翼状胸鳍的游泳效率。只有一种月鱼是在全世界都有分布的，它们的体长可以达到 1.5 米，体重可以超过 90 千克。

缎带状的冠带鱼以"冠毛鱼"一名而为人们所知，这是因为它们的头骨前端向前突出超过眼睛，在嘴巴的前面像一个背龙骨，一些驱动背鳍运动的肌肉就附着在膨大的骨头上。除了它们"超现实主义"的外形外，其肠子附近还有一个墨囊，可以通过排泄腔排射出墨汁一样的液体。目前只发现了极少数完好无损的个体，它们的体长可以长到超过 1.2 米。它们的分布也不确定，但在日本和南非都曾经发现过它们。

缎带鱼（粗鳍鱼科）和它们的亲戚一样都具有银灰色的身体和鳍，但有些种类的体色图案中却增加了深色的斑点和斑条。和其他身体扁长的月鱼目鱼类一样，它们的鱼鳔退化消失，骨骼变得相对较轻，因此可以得到一定的浮力。当成年后，尾鳍上鳍列的一些波瓣片便会扩大，并向上扭转与身体成直角。人们认为缎带鱼的生活习性和月鱼目的其他鱼类大致一样。

⊙ 1.非同寻常的桨鱼，它们是所有鱼类中身体最长的，并且非常罕见。2.斑点月鱼有时是长线钓鲔鱼的副产品。

恐龙鱼、腔棘鱼和肺鱼

　　这 3 种截然不同的鱼之所以在这里被列为同一群，是由于它们都曾经在历史上出现过一段时间，而未能延续到现在。"活化石"这个矛盾的字眼可以看作是描述这 3 种鱼的陈词滥调，而不能真正提高我们对它们关系的真正理解。

　　腔棘鱼化石首先出现在泥盆纪时代（4.17亿～3.54 亿年以前）的岩石里，直到大约 0.7亿年以前的化石都一直存在，随着恐龙的出现，它们的化石便消失了。腔棘鱼相继在 1938 年和 1952 年被重新发现，对它们的科学研究已经持续了约 200 年，新的发现虽然使腔棘鱼的解剖学研究已经变得更加具体，但它们少为人知的生物学和分类学关系仍然悬而未决。事实上，在 1979 年出版的加州科学研究院发表的讨论会卷宗上，发表了几篇矛盾的论文，每一篇论文都认为它们作为腔棘鱼的近缘种，是 3 种不同的鱼类。

恐龙鱼
多鳍鱼目

　　恐龙鱼生存在非洲的淡水水域。这个科包含 2 个属，真正的恐龙鱼至少包括 10 个种的 1个属（多鳍鱼属），另一个属为以草绳恐龙为其唯一代表的草绳恐龙属。对于其他和恐龙鱼群有关的重要鱼群也是备受争论，在 20 世纪，

⊙ **肺鱼的代表鱼种恐龙鱼和腔棘鱼**
1.澳洲肺鱼（肺鱼种中最强壮的鱼种）；2. 短鳍恐龙鱼；3.腔棘鱼，它曾经是唯一的腔棘鱼种，现在在东南亚发现了它的近缘种。

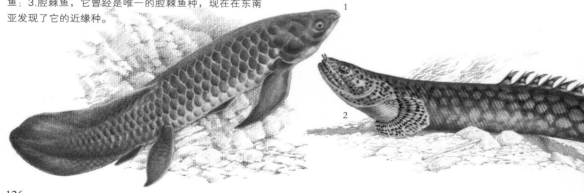

几乎每一个群都曾被建议归属在这一种中。

恐龙鱼长相原始。它们长着厚厚的、菱形的鱼鳞，能够通过"桩和孔"关节，用咽喉板和长在颅骨上的上颚清晰地发音。作为一个群，它们保留了令人惊奇的原始外形，拥有环状尾骨架和2个肺器官（见左下图）。然而恐龙鱼的化石是很罕见的，所知道最早的化石来自于白垩纪时期（1.42亿～0.65亿年以前）。所有的恐龙鱼化石都在非洲，大部分来自于目前的分布区。

真正的恐龙鱼种的属名（多鳍鱼属，名字源自古希腊，意为"许多鱼鳞"）来自于鱼背上一行行小的鱼鳞，每一行都有坚硬的脊柱支撑这些连续的鱼鳞。这种排列有时候被认为是一种"旗帜和旗杆"系统，因此它们又被叫作旗鱼。恐龙鱼胸鳍有一个矮的、长满鱼鳞的基座，其尾鳍对称，内部结构却是原始的，长着可以随意伸展的歪形尾，尾鳍的上叶骨比下叶骨长，和鲨鱼的一样。

恐龙鱼生活在停滞的淡水水域，它们的鱼鳔有极高的脉管层，具有肺的功能，使它们能够生活在不饱和氧的环境中。水溢满后形成的浅沼泽水域是更好的产卵环境，它们一次可在沼泽和水体间孵化几百个卵。通常，鱼卵不到1周的时间就可以孵化出来，孵化的幼恐龙鱼长着形态完好的内腮和原始的形态。

恐龙鱼大部分是夜行鱼，生活方式较呆板。夜间，它们以一些小鱼、两栖动物或者是水上较大的无脊椎动物为食。非洲境内，它们仅仅生活在热带地区的河口区域，并被冲到大西洋或地中海。现存的恐龙鱼通常长度不超过75

厘米，而刚果恐龙王（黄金恐龙王亚种）身长接近1米。但是，通过对恐龙鱼鱼鳞的化石推断，可以认为原始恐龙鱼的实际长度是上述长度的2倍。

草绳恐龙是一种外形纤弱、酷似鳗的真正恐龙鱼的翻版。它没有腹鳍和独立鳍上的辅助性鳍列，体型比大多数恐龙鱼要小（它们大约只能生长到40厘米左右），它们只生活在非洲西部的几内亚湾海岸芦苇丛生的区域，主要以水生无脊椎动物为食。

腔棘鱼
多鳍鱼目

因为没有腔棘鱼的标本被保留至今，它们大部分的生物学特性不得不从它们的解剖学和捕食记录中寻求答案。除了神秘的第一次捕捉外，迄今为止，在科摩罗群岛和昂儒昂岛远海域深达70～400米的范围内已将所有的腔棘鱼都捕捉到了。大多数都在一年中季风季节的头几个月被捕捉到。这两座岛屿由吸附力极强的火山岩组成。其肾的结构提供了一些可能的确证——腔棘鱼可能生活在淡水中，随着雨水被冲进海。但这种说法一直备受争议。在2000年，腔棘鱼种（矛尾鱼）的范围急剧扩大，远离南非北部夸祖鲁－那塔尔岛的圣露西亚海洋生态保护区中的索德瓦纳湾耶西峡谷的一些活标本可以证实这一点。

腔棘鱼是一种潜在的肉食性动物，在它们的胃里发现了剩下的鱼的残骸。腔棘鱼的卵非常大：从一条长1.6米的雌性腔棘鱼体内发现的一个卵大约是网球的20倍。这只仍含有卵黄囊、距出生还有1年多时间的腔棘鱼胚胎，长度已经超过32厘米了。雌性腔棘鱼比雄性腔棘鱼体型大，而且雌性腔棘鱼能够存活至少11年。

矛尾鱼和近来（1997年）已发现的近缘种矛尾鱼，它们在外形上都与最近发现的腔棘鱼化石非常相似，但从解剖学角度考虑却并不相同。现在的腔棘鱼，不像白垩纪时代的腔棘鱼，它们的鱼鳔已经失去功能，里面都是油脂。当然，现在的腔棘鱼依然保留着白垩纪时代的腔棘鱼具有三尾、一对圆形的鳍、带有铰链的头骨和粗糙的齿鳞的特征。

这些"落后于时代的"生物的发现也许有可能解决有关进化的争论，然而事实上，这些非凡的鱼类却引发了更多的问题：例如，为什么一些鱼发生了分类变化而另一些却没有发生？如果它们具有像淡水鱼一样的肾，那为什么它们却生活在海洋中？胚胎需要花费多长的时间发育成形？卵子是如何在体内受精的？正如已经被提出的，胚胎间是否存在相互嗜食的现象？它们真的像它们出现的那样分布广泛吗？我们该如何解释在 2 个种之间存在的巨大的地域差距呢？

肺鱼
澳洲肺鱼科、美洲肺鱼科和非洲肺鱼科

包括 3 个属、6 个种的肺鱼生活在亚马孙、非洲中部和西部及澳大利亚昆士兰州东南的玛丽和布利特河流域的淡水中。在从格陵兰到南极以及澳大利亚的地区都已经发现了肺鱼的化石，这些化石是与其他古代鱼类的化石一起被发现的。我们知道肺鱼在从水生脊椎动物到陆生脊椎动物的进化过程中具有重要的组织优势，但对于它们是如何形成这种特殊的结构的问题，目前还无法确定。

现存的肺鱼可以划分为 3 个群组：南美肺鱼具有自己的科即美洲肺鱼科，非洲肺鱼（包括 4 个物种）组成了非洲肺鱼科，澳洲肺鱼则是澳洲肺鱼科唯一的代表种。

澳洲肺鱼比它们其他的近缘种保留了泥盆纪祖先更多的特征。它们具有巨大的重叠的鱼鳞，分瓣的成对的鳍上面具有比支撑骨骼数量更多的鳍列，胸鳍、背鳍和尾鳍都连接在一起。然而与它们的近亲不同，澳洲肺鱼无法在干旱环境中生存，如果缺水一段时间后它们将会死去。它们的肺在食道的位置有一个缝，空气通道沿着背部往下，两瓣肺位于其他硬骨鱼的鱼鳔所在的位置上。这一点与其他脊椎动物不同，后者的肺位于腹部。澳洲肺鱼在恶劣的环境中可以呼吸空气，通常使用它们的鳃进行呼吸。

肺鱼是食肉动物。当它们完全长大后（大约有 1.5 米），会捕食大型的无脊椎动物、青蛙和其他小鱼。它们每个颚上的牙齿都有一对锋利的骨质突起，可以用来撕裂食物。

在每年的 8 月可以观察到澳洲肺鱼的繁殖活动。在经历过一段雄性向雌性原始的求爱过程之后，受精卵被排在一片茂密的野草丛中，然后进行孵化。没有任何证据显示亲鱼双方对卵的孵化有任何额外的关注。尽管澳洲肺鱼只原生于 2 条小的河流流域中，但对于这种稀有鱼类的关注使人们把澳洲肺鱼引入到了其他的澳大利亚河流中。目前至少将澳洲肺鱼引入到其他的 3 条河流中的试验是成功的，它们已经在那里开始繁殖生长。

人们对于非洲肺鱼的生物学习性了解得更多。至少目前已经了解到来自于西非和南非的 2 种非洲肺鱼以及来自扎伊尔盆地的斑点肺鱼都是依靠一种特殊的在茧中夏眠的方式来度过干旱季节而幸存下来的。分布广泛的东非肺鱼、埃塞俄比亚肺鱼或斑点肺鱼被认为是具有夏眠能力的，但在野外它们很少夏眠，因为水流几乎不会干涸。其他的非洲肺鱼也具有相同的夏眠能力。

非洲肺鱼比它们的澳大利亚近亲体型更

 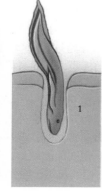  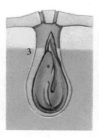 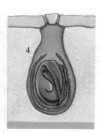

◉ **非洲肺鱼的夏眠**
1.当水分蒸发后，肺鱼便钻入泥浆中；2.然后它将反转身体；3.在洞穴中用尾巴将自己缠绕起来；4.最后它分泌一个黏液质的外壳即茧以阻止体内的水分蒸发。

⊙ 南美肺鱼生活在亚马孙盆地和巴拉那河冲积平原缺乏氧气的沼泽中，它们可以通过在水面上进行呼吸以获得足够的氧气需求。

长。它们的身体覆盖着细小的鱼鳞，成对的鱼鳍细长如线形。它们是凶猛的捕食者，埃塞俄比亚肺鱼可以长到超过 2 米长。它们的肺成对长在腹部位置，这一点和陆生脊椎动物是一样的，并与它们的澳大利亚近亲形成鲜明的对比。和硬骨鱼不同，用肺进行呼吸需要一个四腔的心脏。肺鱼的心房（心脏上部的腔）和心室（心脏下部的腔）从功能上被一个隔膜分开，所以血液可以进行肺部循环并构成全身和腮部循环——这是哺乳动物及人类所具有的循环方式。

所有的非洲肺鱼都建造巢穴。埃塞俄比亚肺鱼通常由雄性在泥浆中挖掘一个深深的洞穴，然后在那里保护新孵化的小肺鱼达 2 个月之久。为了便于潜出洞穴进行捕食，它们通常让巢穴中充满水。斑点肺鱼的巢穴更加精致，还具有一个水下的入口，在洞穴的最深处是一个孵化室，孵化室通常都位于潮湿的地上，顶部开口，卵在那里进行孵化。雄性还会建造洞穴的通风口。

非洲肺鱼（以及南美肺鱼）的幼鱼还具有外部的鳃，鳃的发育程度因水中氧气含量的不同而各有差异。在发育变形（即由幼体变成成体的过程）中，外部的鳃被重新吸收，由肺和鳃呼吸器官取而代之。然而，偶尔这些外部的鳃也会终生保留。

非洲肺鱼生活在经常容易干涸数月的泥沼和小溪流中，为了在如此艰难的环境中生存，当水位下降的时候，肺鱼便在柔软的泥浆中挖掘洞穴以藏身其中。通过嘴的挖掘和身体的压力，肺鱼将泥洞的底部拓宽直到它能将身体翻转过来。当水流流入洞穴中后，肺鱼便用一块多孔渗水的泥巴将洞穴的口封闭起来，然后将身体在洞穴下部蜷曲起来，并分泌出大量的特殊黏液，在身体周围形成一个茧状的外壳，只在嘴巴处留有开口。茧状外壳可以帮助它们保持体内水分，多孔的泥巴塞可以透气供它们进行呼吸。和其他动物的冬眠一样，肺鱼在夏眠期间，新陈代谢速率急剧降低，维持生命所需的基本能量来自于肌肉器官的分解。相关资料显示，在这种状态下，肺鱼可以在干旱中生存长达 4 年之久，不过通常这种禁闭生活只需持续几个月。最后，当雨季重新来临，河水上涨，水流便会溶解掉茧状外壳。于是肺鱼便破茧而出，重新进行正常生活。

南美肺鱼看上去和非洲肺鱼一样，具有鳗鲡形的身体和触须状的胸鳍，但是具有肉质的宽大腹鳍。它们还具有软骨脊椎动物的基本特征，和一个进行排泄、产卵和排出精子的共用通道。

南美肺鱼也可以进行夏眠，但它们的避难方式比它们的非洲近亲简单，它们并没有茧状的外壳。在繁殖季节，南美肺鱼制造精致的巢穴。雄性肺鱼的腹鳍具有大量充血的细丝，这些充血的细丝的作用目前还不得而知，但是据推测，这些充血细丝可以向巢穴的水中释放出氧气，或者是作为鳃的补充，以使肺鱼在护卫幼鱼的时候减少浮出水面的次数。

鲨鱼

　　老船员的故事和现代媒介的夸张使得大多数人认为鲨鱼是凶猛的食肉动物，但事实上仅仅只有少数鲨鱼是这样的。鲨鱼群落已经生存了大约 4 亿年，软骨鱼（鲨鱼、虹鱼和鳐鱼）在头部两侧都长有 5 个以上的鳃裂和软骨骼。这些特征使它们有别于其他鱼类，后者在头部两侧各有一个鳃盖和骨架。鲨鱼长着奇异的感觉器官，而且有些鲨鱼种类可以生小鲨鱼。

　　由于鲨鱼的自然天敌即猎食者很少，所以许多鲨鱼生长缓慢、发育迟缓，而且幼鲨的数量很少。近年来东南亚人们生活的富足导致对鱼翅（即鲨鱼鳍）的需求量大增，市场需求日益增长。目前人们正以超过鲨鱼自身繁衍的速度对鲨鱼进行捕捉，如果这种势头得不到控制的话，一些鲨鱼种类将会遭受灭顶之灾。

熟练的猎手
牙齿和感觉系统

　　鲨鱼最明显的特征是它的牙齿。一头巨大的食肉鲨鱼长着巨大而锋利的牙齿，其可以将它们的猎物撕裂和磨碎成供食用的大小。当咬住猎物时，它们通过旋转身体或者快速转动头部来撕裂猎物。那些以鱼类为食的鲨鱼长着又长又细的牙齿，帮助它们猎取和磨碎鱼。以海洋底部生物为食的鲨鱼长着平顶的牙齿，以便压碎软体动物和甲壳类动物的外壳。大多数的鲨鱼嘴中都可能长着许多排牙齿。只有前两排牙齿用于捕食，其余的牙齿作为替代牙齿以在新牙长出前备用。当它们用于捕食的牙齿破碎

知识档案

鲨鱼

纲	软骨鱼纲

目	皱鳃鲨目、六鳃鲨目、虎鲨目、须鲨目、猫鲨目、平滑鲨目、砂锥齿鲨目、鲭鲨目、真鲨目、角鲨目、扁鲨目、锯鲨目

鲨鱼包括12个目，21个科，至少74个属，370种（在其他的分类方法中例如尼尔森1994年第三版中将鲨鱼分为8个目）。

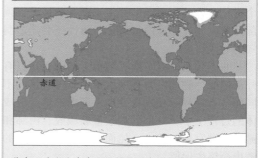

赤道

分布：鲨鱼分布在全世界范围内的热带、温带和极地海洋中的所有深度范围内。

体型：体长在15厘米到12米之间，体重在1千克到12000千克之间。

⊙ 鲨鱼通过上百万年的进化形成了完美的流线型体形和强有力的肌肉，这使它们成为高效的捕猎者。另外，鲨鱼的鱼吻上还有高度敏感的感觉探测器。图中所示的灰礁鲨正展示了鲨鱼以上的这些特征。

或脱落的时候，备用牙齿将会通过一套传送带系统前移以替代脱落的牙齿。鲨鱼中最大的种类，即姥鲨和鲸鲨，具有在捕食中毫无作用的细小的牙齿。事实上，它们的捕食方法与须鲸类似，即通过过滤水流以获取浮游生物。姥鲨具有变异的鳃栅而鲸鲨具有鳃拱支撑的海绵状器官，可以吞咽下小型的鱼群。

鲨鱼可以通过一系列的感觉系统发现它们的猎物。许多种类的鲨鱼具有超乎人们想象的良好视力，并且与多数硬骨鱼不同的是，它们还可以控制瞳孔的大小。在暗光或黑暗中捕食的鲨鱼具有一个反光组织，可以放射光线，因此可以二次刺激视网膜，在黑暗中，鲨鱼的眼睛闪闪发光，使它们看起来像猫的眼睛一样。许多鲨鱼具有一个眨眼隔膜，它们的作用正如保护性眼睑一样。当鲨鱼接近猎物时，它们会合上眨眼隔膜，并切换到其他的感受器上，尤其是它的洛化兹壶腹上。大白鲨没有眨眼隔膜，但当它们攻击猎物的时候可以将眼睛向后转以进行保护。劳伦氏壶腹是围绕鱼吻的一系列凹点，它们对其他刺激非常敏感，但其最主要的作用是作为电感受器。通过

使用这些电感受器，鲨鱼能够捕捉到百万分之一伏特电流的刺激，这些能够捕捉到的电流远远小于动物身体神经系统产生的生物电流，所以鲨鱼能够通过自然的生物电磁场来定位它们的猎物。有些种类的鲨鱼还可以根据地球的磁场来进行定位以帮助它们进行迁徙洄游。

和其他所有鱼类一样，鲨鱼具有一个侧线系统——即沿着身体两侧具有一系列的感受器，可以感觉到其他动物运动甚至是自身向一个固定物体运动时所产生的水波压力。有些种类的鲨鱼在它们的嘴巴周围具有一些感觉触须，可以触探海底以进行捕猎。鲨鱼具有极其敏锐的嗅觉，可以觉察到海水中百万分之一浓度的血液。

⊙ 大白鲨所具有的锥形锯齿状牙齿使它们成为可怕的捕食者。当鲨鱼用力摆动头部的时候，锯齿状的牙齿可以从大型猎物身上撕下大块的肉。

131

⊙ 鲨鱼的代表种：1.皱鳃鲨（皱鳃鲨目中的关键种），最原始的鲨鱼种类；2.项虎纹鲨（须鲨目）；3.鲸鲨（须鲨目），这个易受伤害的物种是世界上最大的鱼种；4.古巴光唇鲨（猫鲨目）；5.豹鲨（平滑鲨目），在东太平洋既为商业捕捞的对象，又为娱乐垂钓鱼类；6.剑吻鲨（砂锥齿鲨目），这种鲨鱼具有特殊的颚，可以突然伸向远方以抓住猎物；7.大白鲨（鲭鲨目）；8.细尾长尾鲨（鲭鲨目），广泛分布在热带和温带海洋中；9.长鼻锯鲨（锯鲨目），这种鲨鱼偶尔出现在澳大利亚海岸附近；10.丽扁鲨（扁鲨目），生活在东印度洋。

皱鳃鲨
皱鳃鲨目

目前存活的最原始的鲨鱼种类是皱鳃鲨，皱鳃鲨是皱鳃鲨目的唯一代表鱼类。它们具有只有在鲨鱼化石中才能发现的宽基的具有 3 个尖的牙齿。它们的名字来源于其长长的松软的鳃翼，这些鳃翼在头顶周围形成褶皱，这些都是它们科的唯一的原始的特征。皱鳃鲨最初是 19 世纪 80 年代在日本的相模湾被发现的。深网捕捞表明它们生活在澳大利亚、智利、加利福尼亚、欧洲和南非（在南非的种类可能是一个单独的皱鳃鲨属）广阔的海洋中 300 ～ 600 米的深度范围内。皱鳃鲨可以长到 2 米长，身体狭长如鳗鱼。它们以小鱼为食，而且是将猎物整个吞下。雌性皱鳃鲨的卵在体内进行发育，每窝可以产下 6 ～ 12 条小皱鳃鲨（即这种鲨鱼是胎生的）。

六鳃鲨和七鳃鲨
六鳃鲨目

六鳃鲨和七鳃鲨（通常被称为牛鲨）之所以如此得名是因为它们具有 1 组或 2 组额外的鳃裂。它们喜欢冷水，在热带则生活在深水中。

这些鲨鱼种类没有眨眼隔膜。它们以其他鱼类为食，体长可以达到 4.5 米。它们的上颚牙齿很长，下颚牙齿较短，并具有独特的强壮有力的多重锯齿。这种鲨鱼的卵也是在体内发育，每窝可以产下多达 40 条的小鲨鱼。

猫鲨和伪猫鲨
猫鲨目

猫鲨和伪猫鲨包括大约 18 个属，87 个种类，多数生活在冷水或深水中，可以在全世界范围内发现它们的踪迹。它们中的许多具有斑点图案，这些图案在长大成熟后也不会消失。它们生活在海底或靠近海底的地方，以软体动物、甲壳类动物和底栖鱼类为食。有些种类具有感觉触须，可以帮助它们定位猎物。

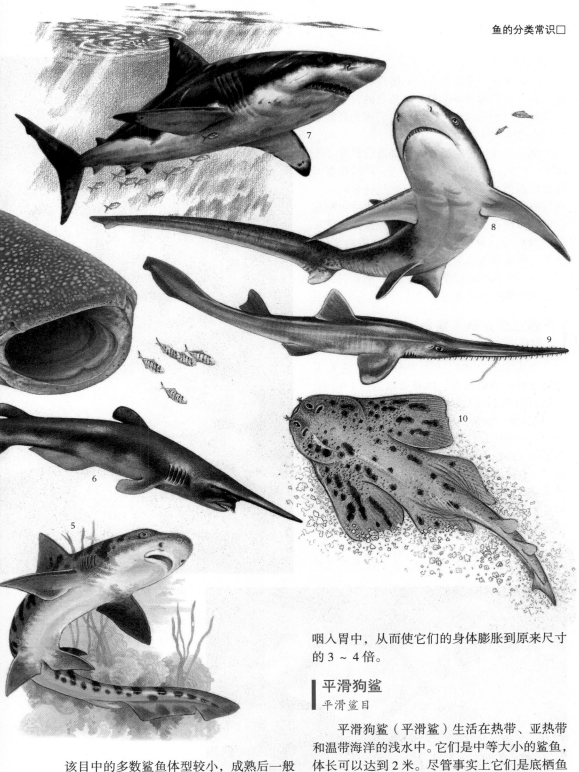

咽入胃中，从而使它们的身体膨胀到原来尺寸的 3 ~ 4 倍。

平滑狗鲨
平滑鲨目

平滑狗鲨（平滑鲨）生活在热带、亚热带和温带海洋的浅水中。它们是中等大小的鲨鱼，体长可以达到 2 米。尽管事实上它们是底栖鱼类，以软体动物、甲壳类动物和其他鱼类为食，但它们并不会躺在海床上或在海床上爬行。该目中的多数种类都具有变异的、适合压挤和磨

该目中的多数鲨鱼体型较小，成熟后一般在 1 ~ 1.5 米之间，但是有些种类体型较大，如伪猫鲨的体长可以达到 3 米。当受到威胁的时候，一种叫膨鲨的鲨鱼会将大量的水或空气

碎食物的牙齿。

生活在太平洋东北部的豹鲨具有美丽的彩色图案，它们的身体颜色是银灰色的，上面布有灰黑色到黑色的斑点，这使它们成为公共水族馆中广受欢迎的鱼类。

事实上该目中的所有种类都进行长途迁徙洄游，它们在热带海域度过冬天，然后在夏天迁徙回温带海域。证据表明这些迁徙活动是由水温决定的，并且海水温度反过来也会影响鲨鱼的产卵地点。这些种类中的雌性鲨鱼在子宫中孕育胚胎，每次会产下 10 ~ 20 条幼鲨鱼。尽管这些鲨鱼被认为是不会伤害人类的，但是至少有一个权威可信的例子表明，豹鲨在加利福尼亚北部曾经攻击过人。

▌角鲨或杰克逊港鲨鱼
▌虎鲨目

角鲨生活在印度洋和太平洋中。它们是行动缓慢的底栖鱼类，体长可以达到 1.65 米。它们有时在白天成群躺在海藻床上或珊瑚礁上，偶尔也会躺在沙地上。当夜晚来临的时候，它们便分散去进行捕食，因为在夜晚它们的猎物更加活跃。它们的属名虎鲨目（或称为异齿鲨目，希腊语的意思是"具有不同牙齿"）显示了它们具有突出的前牙和臼齿状的槽牙，这种牙齿组合非常适合咬住、咬碎和磨碎带壳的软体动物和甲壳类动物。这些种类的鲨鱼体格粗壮，它们的眼睛上方具有明显的前突的眉骨，这使它们看起来仿佛长了角，它们也因而得名

⊙ 在中美洲哥斯达黎加海岸附近，一群白尾礁鲨聚集在一起进行捕食。这些体形细长、体格较小的鲨鱼在白天行动迟缓，但在夜晚却非常活跃，行动敏捷。它们通常生活在礁湖和珊瑚礁附近。

⊙ 角鲨（例如杰克逊港鲨鱼）的鲜明特征包括眼睛上方角状的眉骨、前突的前牙、适合磨碎食物的后牙以及底栖的生活习性。

为角鲨。该目的鲨鱼为卵生，它们产下的卵为极其独特的螺旋状。雌性鲨鱼将卵产到岩石的裂缝或珊瑚之间，每个卵可以孵化出一条小鲨鱼。

须鲨
须鲨目

须鲨是热带和亚热带海洋中的鲨鱼近亲。它们多数生活在印度洋—太平洋中，但在大西洋中也发现了须鲨目的 2 个种类。

从体型上来讲，须鲨目鲨鱼的体长范围从肩章鲨（体长 1 米）到鲸鲨不等，据可靠报道，鲸鲨的体长可以超过 12 米，它们是世界上最

大的鱼类。须鲨目的多数幼鲨在出生的时候都带有斑点状或带状图案，这些图案在它们长大成熟后逐渐消失。

须鲨目的多数种类都产卵（即卵生的），但是有些种类却是在体内孕育卵（即胎生）。它们每次产卵或生产的数目通常都少于 12 个。

除了鲸鲨之外，须鲨目其他的所有种类都是底栖鱼类。它们腹鳍的骨骼发生变异，因此能够使用这些鳍在海床上"行走"。即使在受到惊扰时，许多须鲨目的鲨鱼都是爬行着离开而不是游走。

多数须鲨目的鲨鱼都是以软体动物和甲壳类动物为食，它们具有适合挤压和磨碎甲壳的

⊙ 斑点须鲨头部扁平，在鼻吻末端具有一圈鲜明的珊瑚状皮翼。它们生活在澳大利亚南部海岸边的浅水中。

牙齿。该目中所有种类的鲨鱼在嘴巴周围都具有感觉触须。须鲨主要以鱼类为食，所以它们具有细长的牙齿。鲸鲨是滤食动物，它们具有特殊的鳃拱，可以过滤出浮游生物体和小型动物，所以它们以磷虾、鱿鱼、凤尾鱼、沙丁鱼以及鲭鱼为食。它们的牙齿非常短小。鲸鲨巨大的体格需要持续的能量供应，因此它们不断游来游去过滤海水以获得食物。它们分布在全世界所有的热带、亚热带和温带海洋中。这种鱼类是首先被史密斯描述的，首次发现的时候所用的属名是 Rhineodon，但在后来的描述中他所使用的属名为 Rhincodon and Rhineodon。鲸鲨属（Rhincodon）这个属名目前被广泛采用，有些研究者认为鲸鲨应该被划分为一个单独的科。

砂虎鲨、伪砂虎鲨和剑吻鲨
须鲨目

砂虎鲨、伪砂虎鲨和剑吻鲨都是体型相当巨大的鲨鱼种类，它们的体长可以达到 3 ~ 3.5 米。砂虎鲨（只有 5 个种类，其中有一种可能是在哥伦比亚马尔佩洛岛附近发现的新种类）生活在全世界范围内温带和热带海洋中的浅水中。它们是巨大的鱼类捕食者，具有从口腔中突出的细长的牙齿，看起来十分恐怖，再加上它们温顺的脾性，使它们成为水族馆中供公众

参观的理想鱼类。北美洲的虎鲨、澳大利亚的灰护士鲨和南非的斑点糙牙鲨都属于一个种类，该种类的学名由灰色护士鲨变为戟齿砂鲨，后来改为比锥齿鲨，最后又变回灰护士鲨鱼。砂锥齿鲨目的繁殖方式是胎生的，即在子宫内孕育胚胎，和其他鲨鱼种类一样，幼鲨在子宫内都会自相残杀互相为食。在最初阶段，雌鲨在子宫内每胎孕育 6 ~ 8 个胚胎，但是当小鲨鱼胚胎逐渐长大的时候，最大的小鲨鱼将在子宫内吞食它的同胞、别的胚胎和其他未受精的卵，最后生产的时候只有 2 条小鲨鱼被产出。

伪砂虎鲨或鳄鲨生活在中国沿海和非洲东西部沿海的深水中，剑吻鲨可能是现存的所有鲨鱼中外貌最奇特的。它们的"前额"上有一个扁平的铲状的如同角的突出物，目前对这一角状突出物的作用还不得而知。它们的嘴巴可以前伸超过角状突出或者缩回到眼睛下面。日本渔民在第一次捕捉到这种鲨鱼时称它们为"剑吻鲨"。和皱鳃鲨一样，剑吻鲨最初是 19世纪 90 年代在日本的相模湾被捕获的。从那以后在全世界各地深度为 300 米或 300 米以上的海水中都曾经捕获过剑吻鲨。然而除了了解它的体长为 4.3 左右米之外，人们对这一物种的其他特性知之甚少，但 DNA 研究表明它们在进化过程早期发生了特殊变化。活着的剑吻

鲨的颜色是半透明的银白色，但死去后它们的颜色会变成深暗棕色。

白眼鲨
真鲨目

白眼鲨可能是目前存在的鲨鱼中种类最多的群体，它们具有 10 个属，大约 100 个种类。从身体形状和行为方面看来，它们都是人们所认为的"典型的"鲨鱼。它们生活在所有的热带和温带海洋中，体长可以达到 3.5 米。

牛鲨生活在全世界范围内的热带和亚热带海岸边，有时也能够长时期地进入到淡水中。有报道表明牛鲨曾经上溯到亚马孙河入海口以上 3700 千米之处，以及曾经从海洋沿着密西西比河向上游动到 2900 千米的地方，还曾经沿着赞比西河向上游动到距入海口 1000 千米的地方，另外在尼加拉瓜湖中也曾经发现它们的身影。最初错误地以为这些淡水中的鲨鱼绝对不会游到海洋中，因此将它们划分为一个单独的种类，并以这些鲨鱼的发现地命名，例如尼加拉瓜真鲨。

真鲨所有的种类都分布广泛，在夏天，有些种类的真鲨会长途迁徙到温带海洋中。它们的背部是金属灰色或棕色的，但有些种类的鳍缘是白色或黑色的，因此它们被称为银鳍鲨、白鳍鲨和黑鳍鲨。体型最大的真鲨是虎鲨，体长可以达到 6 米，虎鲨毫无疑问是所有鲨鱼中最危险的种类之一。作为凶猛的清道夫，它可以吞咽下能从喉咙咽下的任何东西——包括鞋子、罐头、鸟类以及人类的肢体。幼年虎鲨在银灰色的皮肤基色上具有黑色的条带状，这些条带状如虎纹，由此它们得名为虎鲨，但当它们成年后这些斑纹便会消失。

锤头鲨的得名是因为它们的头顶横向延伸，2 只眼睛位于延伸的末端。除了它们独特的脑袋之外（正是这些独特的脑袋的形状被用来命名锤头鲨属的属名，或者可能是 2 个属的属名），它们是典型的真鲨。有人认为锤头形状的脑袋有助于使它们的身体呈流线型，或者使它们的视野更开阔，但是进一步的研究表明，延长的头部包含有额外的电传感器，即洛仑兹壶腹。锤头鲨通常在海底的沙滩上像使用金属探测器一样摆动脑袋，然后迅速地潜入到沙中抓住隐藏在那里的鱼类——多数情况下是线鳐；它们还可以跟随地球的磁场进行有规律的迁移。大锤头鲨是体型最大的种类，体长可以超过 5 米，而圆齿锤头鲨是潜水者最常见的锤头鲨种类。

白斑角鲨和其同类
角鲨目

白斑角鲨是生活在冷水中的鲨鱼种类，在

⊙ 锤头双髻鲨分布在全世界的温暖海域，经常遭到商业捕捉（它们的鳍非常昂贵）或者是无意捕获。图中两条海鱼正为一头锤头双髻鲨清洁皮肤。

全世界范围内都有分布。该目的所有种类都是卵生的，每次大约产下 12 枚卵。白斑角鲨的大小从 30 厘米至 6 米以上。该目中的多数种类尤其是深水种类都以鱿鱼和章鱼为食。

在北大西洋常见的白斑角鲨（也被称为盐狗鲨）是一种重要的食用鱼类，每年都有数以千万计的白斑角鲨被捕捞和储存。白斑角鲨的体长很少超过 1 米，它们成群游动，并进行长途迁徙，每个夏天从大西洋迁徙到北冰洋中。它们的每个背鳍前面都有一根刺，刺上具有能够分泌有毒液体的器官。这些毒液能让人类感觉到剧痛，但没有致命危险。

多数深水种类，尤其是乌鲨属的身体两侧具有发光器官，可以吸引作为它们深水中猎物的鱿鱼。它们还可以通过"逆光"进行伪装。其巨大的眼睛在暗光条件下非常敏锐。

体型非常细小的雪茄鲨（尤其是达摩鲨属）下颚上有巨大的延长的牙齿，它们靠近某巨大的动物（例如一条大鱼、鱿鱼甚至是鲸），然后咬它们，通过扭动身体从这些大猎物身上撕下一块鲜肉。这种捕食技巧使它们得到了另一个俗名——"甜饼切割师鲨"。

睡鲨是白斑角鲨中体型巨大的种类，也是永久生活在北极海水中唯一的鲨鱼种类，通常生活在冰川之下。它们以海豹和鱼类为食，被认为是唯一具有对人类和狗都有毒害作用的鱼肉的鲨鱼种类。

棘鲨是具有非同寻常的巨大扁平的突出在皮肤外面的牙齿的鲨鱼种类，这使它们从外表看起来像是长满刺棘。可能包含 2 个种类，一种生活在大西洋，另一种生活在太平洋。尽管它们的体型巨大，体长可以超过 2.7 米，但它们的骨骼却没有钙化，非常软。

长尾鲨、鲭鲨和巨口鲨
鲭鲨目

长尾鲨、鲭鲨和巨口鲨是世界上最大的鲨鱼种类，它们生活在热带和温带的海洋中。

长尾鲨得名于它们在尾鳍后面长着的非常细长的上瓣叶，其尾巴的长度几乎占了整个体长的一半。当它们游入小鱼群的时候，便会摇动尾巴，如挥动鞭子一样在鱼群中抽打，将小鱼杀死或击晕，然后吃掉。它们可以长到 6 米左右，产下的小鲨鱼数量不多。但是鲭鲨目中最大种类的鲨鱼所产下的幼鲨体长可以达到 1.5 米！

令人激动兴奋的一次关于鲨鱼种类的新发现是发现被称为"巨口鲨"的鲨鱼。巨口鲨最早于 1976 年 11 月在夏威夷岛被发现。巨口鲨的体长可以超过 5 米，目前在日本、印度尼西

⊙ **正张开大口的鲭鲨目的姥鲨**
姥鲨生活在温带海洋中，以靠近海洋表面的浮游生物为食。它们具有发育良好的鳃栅，牙齿则已经退化。尽管它们体型巨大，外表恐怖，但事实上却对人类没有威胁。

亚、菲律宾、美国、巴西和塞内加尔附近的海域都发现有它们的存在。巨口鲨是滤食动物，进行垂直迁移。它们白天潜入深水中，夜晚则向上游动到达距海面 12 米左右的海水中进行捕食。据推测，巨口鲨可以利用嘴上部发出的光来吸引猎物。研究者认为它们可能是姥鲨的远亲，但它们之间具有足够的差异表明两者是不同的鲨鱼种类。巨口鲨是雪茄鲨的猎物。另外令人担心的是，随着深海捕捞的发展，巨口鲨越来越多地成为捕捞的副产品。

8 个鲭鲨科中包括一些非常著名的鲨鱼种类，如鼠鲨、灰鲭鲨、姥鲨以及毫无疑问最为臭名昭著的大白鲨。这些鲨鱼体型巨大，多数生活在所有的热带和温带海洋中。姥鲨的体长可以达到 10 米，但它们只被发现生活在温带海洋中。该科中的所有鲨鱼都具有一个非同寻常的尾鳍，尾鳍上长有几乎等长的瓣叶，尾骨位于尾巴的两侧，它们的游泳速度相对都较快。鲭鲨中的多数种类以各种鱼类为食。有些种类还具有"跃泳"行为，即从水中极其壮观地跃向空中。产生这种行为的原因目前还不得而知，但有推测认为，这是为了驱逐皮肤上的寄生物。据说姥鲨的这种跳跃可以掀翻船只。在鲭鲨科鲨鱼中，即使不是所有的种类，那也至少有大多数种类都是恒温的，即它们保持比周围环境温度更高的体温。

灰鲭鲨的体长可以超过 6 米，它们是世界上游泳速度最快的鱼类之一，有记录称灰鲭鲨的游泳速度曾经超过每小时 90 千米。

毫无疑问，世界上最"臭名昭著"的鲨鱼是大白鲨——有时也被称为蓝鲨、食人鲨，或简称为白鲨。它们是在提到鲨鱼攻击人类时候最常被引用的鲨鱼种类，尽管其实这些对人类的攻击中有许多是虎鲨和牛鲨所为（详见"鲨鱼的攻击"的部分内容）。

大白鲨主要以海洋哺乳动物为食（它们是唯一以海洋哺乳动物为食的鱼类）。它们宽大锋利的牙齿可以从鲸、海豹和海狮身上咬下大块的鲜肉。目前已知的体长最大的大白鲨可以达到 6.7 米，它们的平均体长为 4.5 米。大白鲨的繁殖方式为胎生，发育中的胚胎以吞食未受精的卵为食。和许多鲨鱼一样，大白鲨身体的颜色为逆向隐蔽色，腹部白色，背部表面为蓝灰色到灰棕色或灰铜色。

鼠鲨和鲑鲨（有时也被称为太平洋鼠鲨）的体长大约为 2.7 米，它们是鲭鲨科中最小的鲨鱼种类，分别生活在大西洋和太平洋中。

姥鲨是体长仅次于大白鲨的鲨鱼。它们通常可以达到 10 米长。姥鲨是滤食动物，它们的牙齿退化，并具有发育良好的栅格可以过滤浮游生物。它们的肝脏含有大量的脂肪和油，因此成为太平洋北部当地渔民捕捞的对象。姥鲨的名字（Basking, 舒适、取暖之意）得自于它们喜欢在海面游泳和休息的习性。

扁鲨
扁鲨目

扁鲨的外形非常奇特，它们的身体扁平，被认为是比其他鲨鱼更接近魟鱼和鳐鱼的鲨鱼种类。它们的体长可以超过 1.8 米，在扁鲨属中，有 12 ～ 18 种鲨鱼生活在所有的热带到温带的海洋中。它们的胸鳍前面有一个鳍瓣，延伸到腮裂的前面。扁鲨具有细长的牙齿，它们能在很浅的水中很好地伪装起来，等待猎物游近，当有猎物靠近时，它们会迅速扑出，用前伸的颚抓住猎物。尽管它们通常都是昏昏欲睡，行动迟缓的，但它们却可以非常快速地游动以捕捉猎物。扁鲨是胎生的，每次能够产下 10 条左右的幼鲨。

锯鲨
锯鲨目

锯鲨具有长长的扁平的刀片状鼻吻，鼻吻的末端有不同大小的牙齿，它们与锯鳐非常相像，但它们却是真正的鲨鱼。锯鲨非常稀少，体长可以达到 1.8 米，其中的一个种类六腮锯鲨包括一套额外的腮。锯鲨属具有 7 个种类的鲨鱼，多数生活在西太平洋和印度洋的西南部，其中也有一种生活在巴哈马群岛、古巴和佛罗里达附近的深水中。它们锯齿状的牙齿下面长有一对细长的触须，可以帮助它们在海底发现软体动物和甲壳类动物。它们的牙齿扁平宽大，可以磨碎猎物，它们的"锯"只有在防卫的时候才会用到。锯鲨是胎生的，每次可以产下 3 ～ 22 条幼鲨，刚产下的幼鲨的锯齿是回缩的，以防止刺伤它们的母亲。

鲨鱼的攻击

鲨鱼最著名的特征是一些说法宣称的它们具有击杀和吃掉人类的倾向，但实际上只有极少数的鲨鱼种类会在无挑逗状态下对人类进行攻击。所谓的鲨鱼等待人类进入水中便进行攻击的说法是错误的。如果将鲨鱼攻击人类的数目进行比较可以发现，每年有更多的人被蜜蜂蜇伤至死，约有多于10倍的人被闪电击毙，更有数千倍的人被其他人杀死或者在交通事故中丧生。有关国际鲨鱼攻击人类的文件资料表明，每年鲨鱼在未受挑衅状态下无缘无故攻击人类的事件大约有70~100例，约有5~15例中有人丧生。

大白鲨是最为臭名昭著的攻击人类的鲨鱼种类，但实际上大白鲨主要以海洋哺

⊙ 澳大利亚海岸附近的一条大白鲨正在攻击一个躲在笼子中的潜水者。大白鲨对于人类的攻击通常是属于错误辨认后的攻击，因为游泳者或在水面戏水的人从水下看来与海豹非常相像。

乳动物为食。大白鲨通常向它们的猎物猛咬一口，然后后退等待猎物死亡。由于这样的原因，许多人在受到大白鲨攻击后如果被及时救治就可以幸免遇难，但由于大量失血或组织器官受到损坏也会导致死亡。

其他鲨鱼种类的攻击是为了捕食充饥的，统计表明其他最危险的鲨鱼种类是虎鲨、牛鲨和砂虎鲨。毫无顾忌地潜入到具有300个圆齿的锤头鲨所捕食的鱼群中的潜水者是会有一定危险的。所有捕食的鲨鱼在黄昏和夜晚都会更加活跃，如果有机会出现，多数鲨鱼都会吞食腐肉。它们能够敏锐地嗅察到渔民所持有的死鱼的味道，垂死的、被钓在鱼钩上或穿在鱼叉上的鱼的挣扎，以及其他正在受到其他捕食者攻击的鱼类的振动，因此许多鲨鱼的攻击都是和这些事件相关的。同样游泳者游动时候水花所引起的振动也会吸引鲨鱼到来。对于任何猎手来说，处于水面附近的任何其他鱼类都将身处麻烦之中并且很容易被捕获，因此潜入水中的潜水者会比在水表面的潜水者或游泳者更安全些。

虽然鲨鱼对血液极其敏感，但它们也会受到腐烂的鱼的强烈吸引，潜水者和渔民通常利用鱼油、死鱼、冻鱼或马肉来吸引诱惑鲨鱼。由此带来的一个问题是当游泳者在靠近渔民弃置其宰杀鱼的废弃物或清洗鱼的区域的时候，容易受到被吸引而来的鲨鱼的攻击。近些年来，有些潜水者冒险靠近或进入钓鱼饵球布置区域，而这些区域已经处于鲨鱼和海豚的攻击之下，它们有时会咬错对象也并不奇怪。同样当鱼群靠近海岸的时候也会发生类似的情况——佛罗里达海滩的空中监视表明当游泳者在靠近海岸的鱼群中嬉戏时，他们显然容易受到鲨鱼的攻击，因为鲨鱼通常以这些鱼群为食。

现在每年都有越来越多的潜水者进入水中，他们之中的许多都有可能遇到鲨鱼。这看起来似乎会增加人类受到鲨鱼攻击的机会，但事实并非如此。事实上目前每年受到鲨鱼攻击的人数越来越少，并且越来越多的人已经意识到，如果他们留心注意一下自己所去的区域和所做的事情，那么受到鲨鱼攻击的机会将会微乎其微。

目前对于如何阻止鲨鱼攻击已经进行了大量的研究。不同的化学物质（包括清洁剂和红海莫赛斯产生的皮肤分泌物）、斑纹网衫、全封闭袋、空气泡以及减缓心跳和体内生物电场的方法都被尝试使用。多数方法都是无效的，另外有些方法虽然能够阻止某几种鲨鱼的攻击，但同时却会引诱其他种类的鲨鱼进行攻击。在公众游泳海滩修筑防护网可以阻止各种大小鲨鱼的攻击，但这些防护网有时会使许多鲨鱼陷身其中而死亡。一副厚重的锁子甲可以阻止大于2米的鲨鱼的攻击，但避免更多鲨鱼攻击的唯一有效方法是躲在一个坚固的笼子中。

鳐鱼、魟鱼和锯鳐

对于一个水手来说，对鳐鱼的印象就是巨大的魔鬼鱼、剧毒的刺鳐、电鳐或电鳗，它们可以击晕粗心的水手。所有的这些描述都是真实的，并基于解剖学之上的。但这些鲨鱼的近亲所做的都只是在我们试图抓住它们的时候而进行的防卫。在许多关于捕鱼的文化中都有鳐鱼和鱼的踪迹。

鳐鱼和魟鱼在全世界范围内都有所分布，有些种类可以进入咸水中，刺魟亚科的3个属共18个种生活在南美洲流向大西洋的淡水河流中。锯鳐的有些种类可以逆河而上一直抵达尼加拉瓜湖中。

该目中的物种和角鲨以及锯鲨的关系最为密切。所有种类的胸鳍都前伸到鳃拱的前面，并与头部两侧相连，鳃缝位于身体的下方。多数种类都为定栖性，以软体动物、甲壳类动物和小鱼为食。它们在身体下部具有开孔（通气孔），可以清除随水吸入的沙子，并从鳃缝中泵出。

非同寻常的外形
鳐鱼科、魟鱼科和锯鳐科

锯鳐科的鱼很容易辨认出来，它们的身体前端伸出和锯鲨一样长长的"锯"。这种"锯"既可以被用来捕捉猎物又可以用来作为防卫武器。当锯鳐冲入鱼群时，便来回挥动大锯，击晕或击毙鱼群中的鱼，然后吃掉所有无法移动的猎物。锯还可以用来挖掘躲藏在水底的猎物。

锯鳐锯上牙齿的数量因种类不同而不同。其颚上的牙齿短小平坦，可以用来磨碎软体动物或甲壳类动物的壳。包括锯的长度在内，希腊锯鳐的体长可以超过7米。淡水锯鳐通常

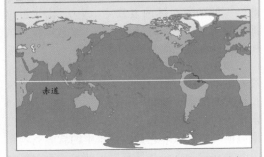

知识档案

鳐鱼、魟鱼和锯鳐

纲　软骨鱼纲

目　鳐目

包括12个科，62个属，超过465个物种。

分布：分布在全世界范围内的热带、亚热带和温带水域中。

体型：长30厘米～7.3米，宽在10厘米～6.7米。

⊙ **鳐鱼和虹鱼的代表种类**
1.蝠鲼，它展开双翼大约有7米长；2.云石电鳐，生活在西印度洋中；3.棘背鳐，因其成年鱼的身体上部和下部表面都覆盖着刺而得名；4.蓝鳐或普通鳐鱼；5.单眼河刺鳐，生活在南美洲的淡水中，被其刺伤后极其疼痛；6.外形与众不同的普通犁头鳐。

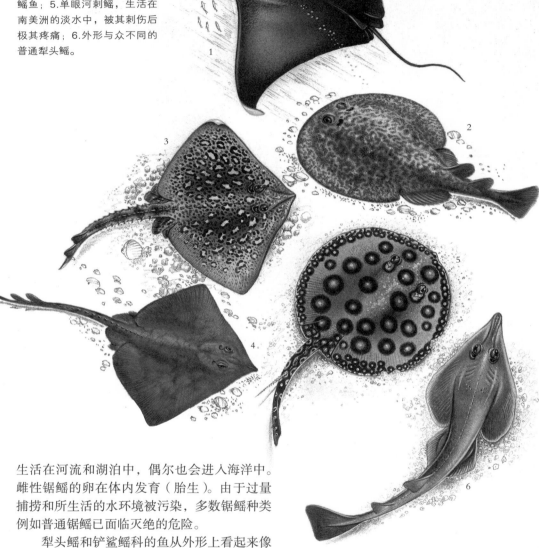

生活在河流和湖泊中，偶尔也会进入海洋中。雌性锯鳐的卵在体内发育（胎生）。由于过量捕捞和所生活的水环境被污染，多数锯鳐种类例如普通锯鳐已面临灭绝的危险。

犁头鳐和铲鲨鳐科的鱼从外形上看起来像没有锯的锯鳐，但它们具有更大的胸鳍。其体长从大西洋犁头鳐的75厘米到白斑犁头鳐的3米不等。犁头鳐具有一个非同寻常的嘴巴可以像波浪一样起伏。它们以浅水中的软体动物和甲壳类动物为食，并具有扁平的、适于磨碎食物的牙齿。所有种类的卵都是在体内发育的。

犁头鳐属和尖犁头鳐属种类的鱼具有一个前突成身体前端圆盘状的突起，圆盘状突起呈心形。其他的属（圆犁头鳐属、团扇鳐属、强鳍鳐属和中国团扇鳐）具有更短的喙，圆盘状突起呈圆形。许多种类的背部表面有扩大的皮齿，也通常称为鱼棘。

电鳐和小电鳐科所有种类的鱼都能够产生电流。多数种类生活在浅水中，但有些种类也生活在非常深的水中。它们游泳缓慢，多数时间都待在海底，以鱼类和无脊椎动物为食。电鳐在捕食时首先将猎物电晕然后进食。它们的电器官以及与之结合的肌肉组织位于身体两侧的胸鳍和头部之间，这些组织发出的电流可高达 220 伏特，除了用来捕食之外还可以用于防御。在古希腊和古罗马，地中海电鳐可以被用来治疗诸如头疼等疾病。

小电鳐的体长只有 30 厘米，而大西洋电鳐的体长可以超过 2 米。它们的圆盘结构是圆形的，多数种类的尾巴短小，眼睛细小。有些种类如生活在新西兰深水中的盲眼电鳗视力非常微弱，这种鱼使用电感应器代替眼睛察觉物体。所有种类的皮肤上都没有鳞片，并且多具有美丽的图案。繁殖时，受精卵在体内发育直至孵化。

该目中最大的科是鳐科，大约包括超过 250 种鱼类。它们生活在全世界范围内的冷水中——即使是在温带，它们也通常生活在深度超过 2100 米温度较低的深水中。它们通常待在海床上，将身体藏在沙中或泥中，只有眼睛和通气孔露在外面。多数情况下它们以软体动物和甲壳类动物为食，偶尔也会捕食鱼类。鳐科最小的种类是小鳐鱼，生活在大西洋的北美洲海岸附近，它们的体长只有 50 厘米。生活在太平洋西海岸到北美洲海岸的大鳐鱼最大可以超过 2.5 米。

该科鱼扩大的胸鳍和相当长的鼻吻使它们的圆盘状突起呈菱形。刺鳐、鹰鳐和蝠鳐以及魟鱼的扩展的胸鳍都被称为翼，从它们游泳时优雅地上下扇动胸鳍的姿势就可以明白这些胸鳍为什么被称为翼。在有些种类的鳐鱼中，腹鳍极度扩大，它们可以使用这些腹鳍在海床上"行走"。鳐鱼的尾巴具有微弱的电器官，电器官又细又长，外面包着又粗又锋利的刺，通常被用来作为防卫武器。多数种类在身体的背部都有刺或棘状结构或"防御盾"。

典型的鳐鱼（鳐鱼科）在尾巴处有 2 个背鳍，单鳍科的鳐鱼只有一个背鳍，而无鳍科的鳐鱼则没有背鳍。鳐鱼卵囊呈似皮革状的椭圆形，在角部具有硬尖，它们经常被海浪冲上海滩，被称为"美人鱼钱包"。和鲨鱼一样，鳐鱼和魟鱼的寿命很长，并且比多数鱼类产生的后代都少，所以它们更容易受到过度捕捞的威胁。由于人类为获得它们美味的双翼而加以过度捕捞，所以在世界上许多地方它们的种群数量都在急剧减少。

刺鳐得名于它们尾部背鳍侧的一条或多条刺。它们生活在全世界范围的温暖的热带和亚热带海水中，有些在夏季迁徙进入温暖的温带海水中。它们许多时间都待在海底，部分身体上覆盖着沙子将自己伪装起来。它们通常以软体动物和甲壳类动物为食，具有扁平的适合于磨碎食物的牙齿。它们的圆盘状突起可能是菱形的或者是近似圆形的，由此可以区分圆刺鳐和方刺鳐。蝴蝶鳐的 2 个属具有宽广的翼和短硬的尾巴。

刺鳐尾巴上的刺具有毒液，可以用来进行防御，如果被阻挠它们会甩动带刺的尾巴。每个刺上都有角状的倒钩，可以轻易刺入皮肤，但是却很难取出。鲨鱼，尤其是锤头鲨通常以刺鳐为食，看起来它们似乎对毒钩具有免疫力。刺鳐的毒液可以使人类产生刺痛感，但很少有

⊙ 当成群的金牛鼻鳐鱼聚集在加拉帕哥斯群岛（位于厄瓜多尔西部）附近时，场面极为壮观，整个鱼群可能包括上百条鳐鱼。

◉ 图中的斑点鹰鳐具有独特的图案和符合体动力学的流线型体形，它正游弋在加勒比海的海水中。

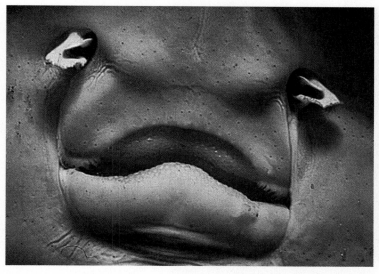

⊙ 图中的蓝鳐紧闭鼻孔和嘴巴。这种数量一度非常繁多的底栖鱼类由于受到过度捕捞，目前已经被列为濒危物种。

活在全世界范围内的热带和亚热带海洋中。它们的翼展开可以达到 2.4 米。它们的前端没有突起（即鼻吻），使其看起来如哈巴狗的鼻子。它们鞭状的尾巴的长度可以达到身体圆盘长度的 2 倍，在尾巴的基部具有 1 条或多条刺。双翼向外延伸，末端逐渐变尖。眼睛和通气孔都是非常巨大的，牙齿具有许多适合磨碎食物的盘状结构。它们以甲壳类动物为食，通过从嘴中喷出水流激走沙子来寻找猎物。鹰鳐的游泳速度非常快，可以冲出水面在空中滑行。

致命危险，和多数鱼类的毒液一样，它们是高分子重蛋白质，在加热情况下很容易分解，被刺伤的伤口应该浸入人类可以忍受的温度的热水中 60 ~ 90 分钟。为避免被刺鳐攻击，当进入到浅水中时，人们应该拖着脚走而不是抬起脚走。

大西洋刺鳐的体长只有大约 30 厘米。最大的刺鳐种类是生活在印度洋 – 太平洋中的滑刺鳐，其总长度可以超过 4.5 米，圆盘状突起的宽度可以超过 2 米。在澳大利亚的几例死亡事件就是由这种鳐鱼造成的。许多非常巨大的刺鳐可能躲在浅水中，用它们长度超过 30 厘米的刺刺穿游泳者的胸部或背部。

尽管多数种类都是生活在海水中的，但有些南美洲种类却只生活在淡水中（例如黑珍珠虹和副河虹）。它们的渗透调节生物组织功能已经完全适应淡水，如果身处海水中则会立刻死亡，它们所能承受的最大咸度是海水咸度的 50%。它们具有一个近乎圆形的圆盘状突起，并且具有极其美丽的斑点和斑条。它们躲藏在浅水中，身体上覆盖着泥，因其带有毒液毒刺而变得非常可怕。和所有其他的刺鳐一样，雌性的卵在体内发育，每次可以生产超过 12 条的小鱼。

鹰鳐的 3 个属（圆吻鹰鳐属、斑鹰鳐属、牛鼻鲼属）——得名于它们巨大的胸翼——生

蝠鲼是鳐鱼和虹鱼中体型巨大的种类，并且具有鱼类中最大的大脑。尽管它们是无刺的，但却和刺鳐具有近缘关系。蝠鲼的名字来源于西班牙语的蝙蝠，翼展可以超过 6.7 米，而最小的幼年蝠鲼的翼展只有 1 米。魔鬼鳐的翼展在 1 ~ 3 米之间。蝠鲼的嘴巴位于脑袋的前端，只有下颌上有牙齿，而魔鬼鳐的嘴巴位于脑袋的稍下方，并且 2 个颌上都有牙齿。魔鬼鳐主要为远洋鱼类。

蝠鲼是巨大的滤食动物，它们巨大的延伸胸鳍被称为头瓣叶，可以延伸到头顶前方，形成一个漏斗以使浮游生物和鱼类进入嘴中，这些瓣叶类似于喇叭。它们有摩擦船锚以去除身体皮肤上的寄生虫的习惯，从而导致锚被拽走。除了繁殖时节，它们通常都是独自行动的，它们可以远洋游泳，但却更喜欢靠近大陆的区域。如果食物充足，它们会待在近海岸的暗礁中。当下午浮游生物从海底浮到海水表面时，它们和姥鲨一起来到海水表面捕食。和鹰鳐一样，它们的游泳速度非常快，更为奇特的是它们可以跃出海面，这可能是为了驱除身体上的寄生虫。它们的繁殖方式为卵胎生，在母体内部由卵孵化出的 1 条或 2 条小鱼以子宫分泌的牛奶状液体作为营养食物，直到出生。在菲律宾和科特斯海人们通常使用拖网对蝠鲼进行商业捕捞。

银鲛鱼

　　银鲛鱼的特征是具有一个巨大的钝边头部，第一背鳍的前端有1根可以直立的刺，鳃盖下是一个具有4个鳃腔的鳃，只留下一条鳃缝。银鲛鱼是以希腊神话中一个狮头羊身蛇尾的怪兽的名字而命名的。这些外形丑陋的鲨鱼的近亲又被称为兔银鲛，这个属名的字面意思是"水兔"。

　　银鲛鱼生活在冷水中，通常在极深的海洋深处生存——有记录称它们生活在深达2400米的海水中。它们的游泳技术很差。它们并不像多数鱼类尤其是鲨鱼那样依靠左右摆动身体游泳，而是通过上下摆动胸鳍笨拙地游动。银鲛鱼通常在靠近海床的地方一动不动，依靠它们鳍的支撑在海底栖息。

　　和所有的软骨鱼一样，雄性银鲛鱼具有腹须可以将精子注入雌性体内。雄性银鲛鱼在腹鳍前面还有一对可以回缩的卷须，其功能可能是为了在交配的时候抱住雌性银鲛鱼。成年银鲛鱼在前额还有一条触须。长鼻银鲛鱼和犁鼻银鲛鱼还具有一个伸长的、肉质的、灵活的鼻吻，鼻吻上密布着许多电感受器和化学感受器。

　　银鲛鱼是硬食动物者，即它们习惯以坚硬的东西为食。它们的牙齿组合在一起形成3个适合磨碎食物的齿盘，1个齿盘位于下颌上，2个位于上颌上。齿盘可用来磨碎它们以之为食的软体动物和甲壳类动物的甲壳和一些小鱼。它们硕大的眼睛能很好地适应深海中黯淡的光线。

　　幼年银鲛鱼身上密布着粗短坚硬的皮齿（小牙齿），这些皮齿在银鲛鱼长大成熟后会消失，只有长鼻银鲛鱼会终生保留部分身上的皮齿。所有的银鲛鱼都会产非常巨大的卵，卵的长度可达15～25厘米，卵外面包裹着一层坚硬的皮革状外壳。银鲛鱼的卵需要经过6～8个月才会孵化。

　　多数鲨鱼都是从嘴中吸入水流，从鳃中排出，但银鲛鱼却是从具有特殊通道的鼻孔中将水流吸入鳃中。和鲨鱼不同，银鲛鱼具有一个可以保护鳃的鳃盖。

　　在澳大利亚、新西兰和中国都食用银鲛鱼肉，但在食用之前最好先浸泡在淡水中以去除轻微的氨水味道。在过去，银鲛鱼的肝脏可以用来炼制供机器使用的油料。

◉ 有着长长的尾部的兔银鲛鱼。

第二篇
缤纷的观赏鱼

丽鱼

丽鱼产于热带的美洲和非洲，少数来自中东和亚洲。丽鱼主要是淡水鱼，只有少数种类需要或能忍受有盐度的水。成鱼的标准长度为 2 ~ 91 厘米，在外形、食性和习性上相似，但有差异。有些丽鱼颜色很绚丽，因而很有魅力。但是，有许多养鱼者对它们感兴趣是因为它们奇特的习性和聪明的特点，大的品种可以说是真正的宠物。

⊙ 谁在看谁？丽鱼对水族箱外面的世界相当感兴趣，是真正的宠物。这是条雌性的多菲豹，是最大的观赏鱼之一，特色鲜明。

丽鱼可以根据地理分布分成许多相似的种群，也可根据生活环境、体型、食性和习性分类。在介绍主要的种类之前，我们必须先总体介绍一下它们的行为特征，更重要的是导致它们行为特征的原因，完全理解这点是饲养成功的关键。

▎丽鱼的习性和管理

丽鱼都习惯在繁殖时守护鱼卵和仔鱼，这能确保鱼卵和仔鱼的高存活率。和靠巨大的产卵数目来保证少量存活率的鱼相比，它的卵数比较少。

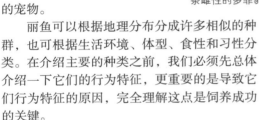

⊙ 这条丽鱼是最小的鱼之一，名叫地图鱼，是坦噶尼喀湖中小贝壳寄居者。这是条雄鱼，雌鱼更小。

丽鱼有两种照顾后代的方式：底沙孵化和口孵化。前一种方式通常是通过把卵附在石块、植物或一块木头上。它们会提防掠食者，并经常用嘴清洁鱼卵，扇动胸鳍以保证含氧的水不断供养鱼卵。亲鱼双方会共同分担这个责任或一方（通常是雌性）照顾鱼卵而另一方守护繁殖的领地。当仔鱼孵化出来时，通常被放在之前就挖掘好的当作托儿所的坑里，有时会隔段时间换一个坑。一旦会自由游动，仔鱼会被护送着去觅食，或者被允许在繁殖领地单独觅食，但须被监护着。亲鱼会看护鱼卵，直到再次产卵（从 10 天到几个月不等，取决于不同的鱼种）。

这种孵化方式，还可以根据产卵底面的地点不同进一步分为"开放孵化"和"洞穴孵化"。这需要一对强壮的亲鱼结合，这种结合可能只持续产卵的一段时间，也可能持续一个繁殖季或持续一生。有些鱼种，一个雄性可能跟几个雌性结合（"一夫多妻"），每个雌鱼在雄鱼超大的领地里占有自己的繁殖领地。

相反，口孵化是一条或两条亲鱼把鱼卵和仔鱼放在嘴里来保护它们，直到它们大到能独立生存。鳃开合时，会吸入干净的含氧的水来清洁和扇动鱼卵。这种看护方法要求亲鱼减少或停止摄入食物，给亲鱼增加了很大的负担。

大多数的口孵鱼属于非洲丽鱼的一两个主

⊙ 丽鱼受人喜欢的一个原因，是它们会照顾鱼卵。蓝玉鲷很容易饲养，交配和繁殖也比较让人省心，可以养在普通的鱼群里。这是条雌鱼，在守护仔鱼。

⊙ 黑皇冠凤凰是原产于扎伊尔河的穴居卵生的丽鱼，动作敏捷。这些大鱼卵是不透明的，在产卵的时候就是这样的，由雌鱼单独照顾。仔鱼也相应较大。

要科属，它们的鱼卵和仔鱼是由雌鱼单独孵化的（口孵化）。通常3周后仔鱼被放出。雄鱼不会和雌鱼一起照顾鱼卵，而是会守护繁殖领地，或通常费力地建造"窝"，从这点上看，它们是潜在的临时伴侣。雄鱼频繁地占领相邻的领地，为了雌鱼而互相竞争（求偶竞争）。雌鱼会把鱼卵不相连地产在窝里。有许多种雄鱼在靠近肛门的臀鳍上有单眼，雌鱼会吸取在从附近的排泄口释放出来的精子，让已经在口中的卵受精。

⊙ 一对蓝面齿蝶鱼在产卵。雌鱼（左边）正在用鼻插入雄鱼的排泄区，吸取精液，使已经在它口中的卵受精。

在罗非鱼的另一个非洲家族，孵化可能由雌鱼、雄鱼或双方一起完成。最后一种通常会使得一对亲鱼结合并分享领地。仔鱼从口中出来后，仍然受到照顾，可能又回到口中或像底层孵化的仔鱼那样被守护。有些种类有眼点，其他的有不同的进化的卵模型，如"生殖穗"和靠近腹鳍有卵状的尾。但是，多数罗非鱼是底层孵化鱼，虽然口孵化已经进化了但还是没有单色鲷属那样先进。

⊙ 这是一条繁殖中的雌性微红扑丽鱼，维多利亚湖的一个单色鲷属。注意它特有的膨胀的喉咙（装有仔鱼）和紧闭的嘴唇。

口孵化是一种很独特的方式，在一些美洲丽鱼中存在，但并不普遍。

繁殖行为可能是季节性的或持续的。呈季节性是因为水体会受到气候等变化的影响，雨季的到来，食物供应中某种物质的增加或水域的变化都会刺激它们。食鱼的鱼类会把仔鱼当作食物，会等到其他鱼的仔鱼增多之后再产卵。有些种类的鱼会在繁殖季节多次产卵，通常只有一个伴侣，在繁殖季结束时它们会分开，下次再选择新的伴侣。

持续繁殖的鱼类通常生活在气候变化影响

⊙ 花小丑鱼的橙色变体正在产卵。

⊙ 求爱的过程可能是激烈的，图中一对珍珠豹正在用嘴打架。

小的地方，如较大的湖。食物供应和繁殖成功的周期性波动会抑制它们的数量过剩。当食物充足时，雌鱼会产大窝的卵，但是最终数目爆炸的仔鱼会耗尽食物供应，从而降低繁殖的成功率，直到食物供应再度恢复。在水族箱中持续充足的食物供应会导致非自然的频繁产卵和产卵过多，这会使雌鱼的身体能量消耗过度，鳃疲劳过度对于口孵化雌鱼来说是很危险的。

大多数的丽鱼可以在水族箱里人工繁育，但是必须知道，对某些鱼类的人工繁育率有下降的趋势。因为它们难相处，或具有破坏性和攻击性等，以致使整个家族得到坏名声。其实，只要了解它们行为的原因并考虑它们身体的需要，再坏的问题也能够解决。

挖掘是丽鱼习性中最自然和最本能的部分，如果抑制它这种特性，如拿掉供其挖掘的底沙，是很残忍的。准备繁殖可用无根的植物供鱼搭"托儿所"或"窝"。由于动物性的驱使，大型的丽鱼可能会试图移动水族箱中的装饰或设备。总的来说，鱼的体型越大，破坏的程度和可能性越大。

如果想保护植物，可以把它们种在花盆里，或石块和鹅卵石之间，或干脆不种。可用不能移动的重装饰物固定设备。应该让水族箱的环境符合它们的自然习性。

丽鱼需要占有私有领地来吸引配偶（口孵鱼）或育雏（底面孵化鱼）。它们本能地把室友当作竞争者、入侵者，或潜在的掠食仔鱼的鱼，所以会尽力消除这些威胁。虽然养鱼者意识到丽鱼有地域性的需求，但很少会了解底面孵化

所需要的空间大小。尽管一些小鱼会得到满足，但是人工繁育要和自然条件一样，许多其他鱼需要在自然条件下占有最大的空间，它们会非常和睦地生活在120×40厘米的水族箱里，并划分好各自的领地。尽管许多鱼种可以放入丽鱼群，但有些丽鱼必须在专有的水族箱饲养。

有时地域性的雄鱼会对雌鱼产生敌意。在自然条件下，当雌鱼不愿和雄鱼交配时，她可以轻松地游开。停留表示雌鱼对雄鱼感兴趣。水族箱里的空间小，雌鱼不能游开，雄鱼会设想雌鱼愿意和它交配，如果雌鱼拒绝它的求爱，它会将雌鱼当成入侵者而进行攻击，如果雌鱼没有地方可逃，可能会被雄鱼杀死。所以水族箱的长度要大于雄鱼自然领地的半径长，否则必须看护性成熟的成鱼，通常只要用透明的隔板把它们分开，直到雌鱼对雄鱼的展示有回应就可以。

雌雄两性之间可能会发生战争，缺少性别区分也会阻碍雌雄交配，所以最好一共饲养6～8条仔鱼，让它们自由配对，这样它们会更容易和谐相处。可把"落单"的鱼重新拿回普通水族箱。

即使一对亲鱼相处和睦而且结合了，可能已经产下鱼卵或仔鱼，可是如果它们在水族箱里单独相处，雄性可能会突然兴奋，攻击雌性。它有保护领地和"家庭"以防止入侵者的本能，但如果没有真正的敌人，它会把唯一能接触到的大小合适的鱼当作敌人。要解决这个问题，可以把它们的水族箱靠近另外一个水族箱，在里面装上能构成威胁的大鱼，然后给雄鱼提供"目标鱼"。但是目标鱼要有足够的生存空间，不要让它们彼此有真正侵略性的接触。

当注意到亲鱼突然吃掉它们的仔鱼时，初次饲养丽鱼的人通常会感到崩溃。在自然条件下仔鱼会逐渐离家越来越远，最终变得独立。但是水族箱里通常没有足够的空间。亲

鱼容忍着仔鱼，直到它们长大，能够参与竞争，或者再次繁殖的冲动让它们把仔鱼当成潜在威胁。如果要饲养仔鱼，必须在这个阶段前把它们移走。

口孵鱼在繁殖期时，不需要领地守护仔鱼，只有在空间拥挤时它们的地域性才会被激发出来，所以在只有一条成熟的雌鱼的情况下，雄鱼对它的渴望达到顶点才会有强烈的领地意识。通常不能单独饲养一对这样的丽鱼，因为雄鱼会为了让雌鱼和它交配而一直缠着雌鱼，同时，雌鱼的出现就意味着它愿意。但如果是在拥挤的鱼群里，雄鱼有许多让它分心的事，而雌鱼也可以藏在其他鱼中间，这样的水族箱里的鱼群会比较活跃。最好把产卵的雌鱼单独放在一个小的繁殖缸里，直到它把仔鱼孵出来。

地域性意识主要是针对同种鱼，因为它们会因为适宜的生活环境、配偶和繁殖空间进行竞争。后来的鱼，尤其是大小和外观相近的（通常是同科的丽鱼）才会对它们造成威胁。至于非丽鱼科的鱼，只有在繁殖时才会造成威胁，如果不在繁殖季节，又和它们保持距离，这种威胁就可以忽略。

把新鱼放入装有地域性丽鱼的水族箱时需要小心看护，还有同种和种类相近的丽鱼最需要严密监视。新鱼以及一段时间没有露面的鱼（比如从繁殖缸中的鱼）将变成水族箱里的陌生人，会失去原来地位。

◉ 底层孵鱼如血鹦鹉经常在底沙上挖坑来充当"托儿所"。

◉ 口孵鱼也会挖掘，它们中有的会挖掘大的弹坑一样的巢。

如果到现在你还在犹豫要不要饲养丽鱼，那么这个疑虑会很快打消。只要看到一对丽鱼亲鱼和它们的仔鱼，或者看见口孵鱼释放出它的仔鱼，许多不喜欢鱼的人都会心软。还有许多种类的丽鱼都可以在普通鱼群里饲养。但是在购买任何丽鱼前你必须要研究它的习性和对环境的要求。

◉ 隐带丽鱼属的鱼儿偶尔也要用隔板分开。

中美丽鱼

这一种类的丽鱼包含几种和南美罗汉属密切相关的丽鱼，也曾叫英丽鱼属，现在这个名字仍然被使用。它们分布在中美洲、美国南部和加勒比海的一些小岛的湖泊、河流和小溪中。这些区域的水通常是碱性的硬水（pH值7.5～8.0），水流是静止或缓慢的中等流速。这类鱼的养护和繁殖温度是24℃～27℃。

所有这类鱼都是"一夫一妻制"，季节性的底层孵化，需要相当大的领地（直径大概是成年雄鱼身长的5～10倍）。其中许多鱼都有很强的竞争性，只有最小的鱼种在中美洲最受欢迎，但只能放在大水族箱里。不要将它们和其亚马孙"表亲"混养，它们对水温和水质的要求完全不同，尽管有些丽鱼可以在南美西北部的硬水区生存。中美洲的鱼喜欢频繁地挖掘。

中美丽鱼的雄鱼通常比雌鱼大，鳍更长，颜色也更绚丽。理想的亲鱼应该单独放在的水族箱里，至少在繁殖时单独饲养，长约80厘米的水族箱只能饲养最小的鱼种。有些种类的雄鱼可能会对雌鱼有威胁。

始丽鱼属、湖丽鱼属和壮非鲫属（7.5～18厘米）为杂食性鱼，可用无脊椎动物和蔬菜饲养。壮非鲫属和玉斑虎的体型较大而有好斗倾向。另有一种鱼在洞穴和其他隐蔽地点孵化（如岩石之间和悬挂物的下面），是食虫的鱼。

副湖丽鱼属和驯丽鱼属（13～30厘米）

⊙ 这种丽鱼（Thorichthys pasionis）和它的更有名的近亲火嘴一样，鳃盖上有眼点，当鳃盖向外展开时，看起来个头会大很多。

⊙ 九间菠萝，曾被称为"犯罪丽鱼"，体型很小，但地域性很强，这一特点可能是由于在自然界繁殖地点的竞争很激烈而形成的。

⊙ 珍珠火口鱼相对文静，其繁殖方式在中美丽鱼中是独一无二的。图中展示的是雌鱼。

⊙ 一条雌性的网纹狮头。这种吸引人的食草鱼不像流行的绿咬鹃丽鱼那样容易买到。

也是穴居产卵鱼，相比其他中美丽鱼，它们生活的水域水流更快。副湖丽鱼属的鱼类喜欢食草，其他几种基本上都喜欢食虫。珍珠火口是难得一见的底层孵化鱼，它把卵不连续地产在坑里，放在口里清洁。

得克萨斯丽鱼属、副驯丽鱼属和维佳丽鱼属（20～35厘米）是喜欢食草的开放式孵化鱼，总的来说性别区别不明显。相对于体型来说，在繁殖时需要私有的领地（最小120×50厘米）。

双冠丽鱼属（20～30厘米）是底沙孵化的杂食鱼。有些开放式孵化鱼完全不能容忍跟同种鱼和外形与其相近的鱼类在一起生活，雄鱼可能会对雌鱼产生严重的威胁。

璨丽鱼属（15～75厘米）是喜欢食肉的开放式孵化鱼，有食鱼的倾向。在繁殖期时它们喜欢独居，所以不能跟其他鱼和平相处。但是要交配的一对亲鱼，很能容忍对方，也会团结起来同其他鱼竞争。

大型和中型南美丽鱼

这些鱼中大多数产自亚马孙地区和巴拉圭河流域，圭亚那的河流中也有，水质为软水，pH值从强酸性（pH值<5.0）到弱碱性都有。以弱碱性的软水开始饲养是比较好的。有些种类的鱼已经能适应硬水了，繁殖时需要良好的条件。养护温度为26～27℃。

这些地方的丽鱼多数不是食肉鱼，所以很少待在开阔处（在那里它们会被其他鱼类和鸟类以及爬行类捕获），它们生活在湖泊、河流和小溪中，可以躲避在外伸的植物茎秆、根部和落叶之间，有些发现于漂浮的植物碎片下面。它们中多数喜欢静止和水流缓慢的水域，不喜欢强烈的阳光。

下雨时，这些水域周围的森林可能会积几米深的水，这给丽鱼提供了广阔的生长和繁殖领地，在这种条件下多数种类会繁殖，而人工繁育可能需要进行一系列的刺激（如使水变多，

◉ 苏里南珠母丽鱼现存数量很多，种类很复杂，很长时间里这些鱼被当成一类，有底层孵化的，也有口孵化的，现在这些鱼被分为几类。

食物供应增加，温度升高）。在旱季它们的领地会缩小，这意味着许多鱼是群集生活的。通常只有在繁殖期领地才是问题，但它们的要求也不过分，不会为繁殖领地而激烈竞争。性别差异很特别，在没有雌性时许多种类的雄性会在水族箱里结合。经常会挖掘和筛底（除了七彩神仙鱼）所以植物会遭到破坏。

许多种类的丽鱼生活于南美西北部偏碱性的硬水环境中，那儿很少有洪水，所以繁殖领地很珍贵。这个地区的鱼种通常地域性更强，仅有一部分南美丽鱼适合和中美丽鱼混养，饲养时需要很小心。

丽体鱼属、实丽鱼属、冰岛虾虎鱼属和克罗比丽鱼属为小型到中型的（10～18厘米）杂食鱼。冰岛虾虎鱼属是比较原始的双亲口孵鱼，其他的是底层孵化，有时会利用洞穴。有

◉ 绿实丽鱼来自南美的西北部，那儿的水比亚马孙流域的水硬度更大，碱性更强，温度和中美丽鱼需要的相似。

153

⊙ 这是地图鱼，初学养鱼的人在购买时通常不了解它们的习性和成鱼大小，这是多种水族箱综合征的起因。

的实丽鱼属来自南美的西北部，可能有攻击性。

珠母丽鱼属、撒旦丽鱼属、裸光盖丽鱼属、双耳丽鱼属、姜鳃丽鱼属和后臀丽鱼属是非常善变的鱼种，繁殖方式从通过双亲口孵化、底层孵化到先进的繁殖竞争和雌鱼口孵化。这些鱼类在热带南美都有发现。许多是筛底鱼，需要精细的底面。后臀丽鱼属生活在流速快的水里。由于种类的多样化，需要研究详细的需要。

英丽鱼属、高地丽鱼属、中丽鱼属和三角丽鱼属是中到大型鱼（18～45厘米），是相对比较文静的。亚马孙丽鱼繁殖时要为其提供大水族箱（超过180厘米），英丽鱼属和中丽鱼属通常被当作普通的鱼出售，但成鱼的体长能达到20～30厘米和18～20厘米，许多人在了解了这一点后需重新考虑。英丽鱼属是半素食鱼，而三角丽鱼属会在一个晚上吃光所有的植物，同时热衷于挖掘。其他几个品种是食肉鱼。所有种类都是开放孵化，底层孵化；中丽鱼属在自然条件下会把卵产在植物和碎片下面，从下面带领它的仔鱼而不是上面，这种做法是很独特的。

地图鱼很大（能长到38厘米），有破坏性，地域性较强，是亚马孙的开放式孵化鱼，它们因为颇具特色而十分受欢迎。最好单独或成对地养在专门的水族箱里，除底沙之外，所有东西都要固定好。（一条鱼需要的水族箱最小为100×40厘米，一对需要120×40厘米）它们完全没有性别之分（一对雌鱼可以结合），所以养一组仔鱼只要留一对。除非有多样的食物，否则它们倾向于吃单一的食物，如果饵料不合适（如大量的丸状饵料），会造成它们消化紊乱。它们天生喜欢食鱼，也会吃虫子和蚯蚓。

天使鱼可能是最受欢迎的丽鱼，通常同其他鱼混养。它们是底层孵化中将卵产在叶片上的鱼，文静，容易养，没有破坏性。但它们会吃水族箱里的小室友。它们来自亚马孙流域，和七彩神仙鱼有很近的亲缘关系，通常在同一地区被发现。有一个关于铁饼的很特别的神话故事暗示它们是不同的鱼，但有时养鱼者忽视了它们特殊的要求而把它们放在混养缸里。在这种情况下建议不要养它们，如果你想，就提供有植物的亚马孙水族箱、文静的小室友、像池塘环境里一样的多样性食物。这种鱼的仔鱼开始时要完全依靠亲鱼身上的黏液生存，所以不能和亲鱼分开。

矛丽鱼属有许多变种，现在越来越流行，因为养鱼者意识到其食鱼的特性并不一定意味着具有攻击性（尽管有些种类的鱼是这样）。这类鱼大小为7.5～60厘米，在森林的小溪和静止的湖水中，所有的矛丽鱼属都是食肉鱼，

⊙ 三角鲷鱼的仔鱼，比如这些七彩神仙鱼的仔鱼以亲鱼体表的黏液为食。但是亲鱼的行为不是义务的。三角丽鱼属的仔鱼食量很大，而且什么都吃，很快会变成"有鳍的大肚皮"，其成鱼则是"温柔的巨人"。

多数埋伏在植物根部和外伸处捕食经过的猎物。仔鱼和小的品种喜欢吃无脊椎动物和鱼，因此养鱼者需要给在野外长大的成鱼准备活鱼，至少在开始阶段。所有的矛丽鱼属都是有性别区分的底层孵化鱼。它们一定不能放在普通鱼群里，也不能同小于它们大小2/3的鱼混养（包括同种鱼），初学者最好不要养这种鱼。

南美短鲷

在安第斯山脉东面的雨林和大草原的静止或水流缓慢的小溪和池塘，里面有许多小的丽鱼（10厘米），它们的大小和大概的生活环境同前面提到的较大的种类十分相似。它们都是季节性底层孵化鱼，大多数在大小、颜色和鳍上有性别差异，雄性体型更大，颜色更绚丽。由于体型小，容易受到食肉鱼的攻击，因此它们在水族箱里容易紧张，除非提供大量的遮挡物——植物、洞穴等，而且光线要适中。在水族箱里放一群小脂鲤会让它们相信附近没有掠食者。

弱酸性（pH值6.5）的软水适宜这些鱼，尽管有的需要在偏碱性的水中繁殖。少数适应碱性的硬水，但是最好避免pH值太高。水质要很好，温度在25～28℃。有些种类需要细底沙，因为在繁殖期它们会进行挖掘。所有种类都喜欢植物，在人工繁育时要提供像池塘环境里一样的多样性食物。

隐带丽鱼属、纹首丽鱼属和矮丽鱼属是穴居产卵鱼，实行"一夫多妻制"。小噬土丽鱼

⊙ 隐带丽鱼属的"妻妾群"中每一条雌鱼以一个洞穴为中心，占有一个很小的（30厘米）的繁殖领地。图中两条雌性的丝鳍隐带丽鱼在争夺领地。

⊙ 隐带丽鱼属的洞穴应该有个小的入口。雄鱼不能进入，它用尾巴把精液扇进去，洞顶很低，可以保证精液接触到鱼卵。产卵后，雌鱼把自己关起来，直到仔鱼能自由游动。

⊙ 南美的雨林和大草原很大，隐带丽鱼属很小，生活得也很隐密，许多种类到现在还没有被发现。诺氏隐带丽鱼（图中是条雄鱼）最近才被发现。

⊙ 矮丽鱼是常被忽视的小鱼，能在碱性硬水里成功产卵。仔鱼没有颜色，但长成成鱼后，雄鱼会变成橙色，而雌鱼会变成绿宝石色。

⊙ 熊猫小鱼丽鱼像多数的隐带丽鱼属鱼一样，有明显的性别特征。雄鱼比雌鱼大很多，是蓝色的。隐带丽鱼属的"鱼妈妈"墨黑色的腹鳍会向仔鱼发出信号。

点。交配的一对亲鱼要放在60厘米或50厘米的水族箱里饲养。群养是可以的，但是因为有地域性（一对需要直径38～50厘米的面积，隐带丽鱼属中每一条雌鱼需要25～30厘米），因此要把小鱼的数量控制在很少的范围，这些没有破坏性的文静的丽鱼也可以放在普通的鱼群里。雄鱼通常有很强的竞争意识，所以比较好的办法是一个水族箱里的每种鱼只留一条雄鱼。有些种类的仔鱼很小，开始可能需要以纤毛虫为食物。

属、弦尾丽鱼属、双缨丽鱼属、悦丽鱼属和高眼鲽属是开放式孵化鱼，总是待在隐蔽的地

东非湖丽鱼

尽管具体的情况不同，但东非的湖水基本上是碱性的硬水。维多利亚湖水的硬度只有中等，酸碱度为中性或弱碱性，透明度很差，水质一般。马拉维湖水硬度中等（8～10dH），碱性（pH植为7.5～8）。坦噶尼喀湖水硬度稍大（15～20dH），碱性更强（pH7.5～8）。后两种水域是很大的内陆湖，湖水几乎透明，十分纯净，湖面的浪能使水具有很高的含氧量。养东非湖丽鱼水族箱合适的温度在26℃～27℃。

所有三个湖都含有很多生物小区，主要是岩石的海岸线，有苦草属床沙的海岸线，多泥的河口，以及开阔的水面。最后一种是远洋的种类，一般是掠食者，通常不在水族箱里饲养。出于清洁原因，养这些来自泥泞湖底的鱼应该在水族箱里放入底沙。

总的来说，不要把不同的丽鱼放在一起，除非能凭个人的知识和经验让敏感的鱼配对。每个湖都含有许多形态和习性相似的丽鱼群，加上许多单独的鱼。混养需要非常小心。

事实上所有马拉维湖和维多利亚湖的丽鱼都是口孵单色鲷属，坦噶尼喀湖丽鱼既有底层

⊙ 淡黑镶丽鱼是罗卜那族群中最文静的鱼，以岩石上海藻里的无脊椎动物为食。鱼鳍上有黑线的是雌鱼。

⊙ 斑马雀有几种颜色，有些被证明是独有的种类。

孵化也有口孵化的鱼。有的进行持续性繁殖，有的是季节性的，取决于它们的饮食。我们只讲主要的种类。

最常见的马拉维湖丽鱼是罗卜那族群，发现于靠近海边的岩石里，它们很少离开那儿。其主要有拟斑丽鱼属、唇斑丽鱼属、黑色鲷属、唇色鲷属、岩罗非鱼属和犬齿非鲫属（7.5 ~ 18厘米）。它们有强烈的竞争意识，应该被饲养在高密度的水族箱里（最小1米）。它们需要大量做好的岩石。过滤器必须频繁地清洗，水也要经常换。

天然的食物主要包括藻类和水里面的无脊椎动物和浮游生物。有些种类的鱼跟其他丽鱼相比，鱼鳍和体型都很奇特。需要注意饵料和水中化合物离子的数量，避免鱼患上马拉维肿胀。

这些鱼的繁殖行为是自然发生的，这方面的一个常见问题是由于雄鱼的过度关注，使没成熟的雌鱼过早死亡。只要在刚把仔鱼放进水族箱时按一条雄鱼配两条或多条雌鱼的比例，这种情况基本上可以避免。最好在产卵以后很快将产卵的雌鱼移出繁殖缸。

彩头鲷属（9 ~ 11厘米）生活在多岩石水域的外围和开阔沙面上。仔鱼十分绚丽，而雌鱼呈单调的橄榄色。它们的头上有感觉孔，能让它们用一种声波定位的方法检测底面的无脊椎动物，它们靠潜在沙下捕捉猎物。它们的水族箱应该铺设一些做好的岩石和有细沙的底面。这种丽鱼不会伤害其他的鱼，不能跟狂暴的罗卜那族群混养，因为后者会胁迫它们。也不要把它们和外表相似的孔雀鱼混养，因为你区分不出不同种类的雌鱼，区分雄鱼也有困难。合适的"室友"是龙占丽鱼属，它们会筛底找寻食物。

后者包含桨鳍丽鱼属的许多种类（10 ~ 18厘米），前者像许多其他马拉维湖丽鱼一样包含在单色鲷属和隆背丽鲷属，两个名字都很常用。单色鲷属现在限于只指维多利亚湖丽鱼，而隆背丽鲷属指马拉维湖的一种。隆背丽鲷是相对文静的以浮游动物为食的鱼，常在底层沙上被发现。

另一种比较受人喜欢的单色鲷属包含蓝隆背丽鲷（20厘米），是比较文静的食浮游生物

⊙ 阳光孔雀来自马拉维湖。它们生活在岩石和沙的交界处，岩石用来隐蔽，沙子则提供无脊椎动物。

⊙ 蓝海豚是很受欢迎的马拉维湖丽鱼品种。

⊙ 迷彩鲷或花鲷因长有斑点，可以模仿鱼的腐烂尸体。这种食肉鱼会平躺在沙子上，露出身体一侧，假装死鱼，直到猎物靠近。

⊙ 云斑尖嘴丽鱼像同属的其他鱼一样，能够向下和倒着游，总是用它的腹部对着附近的岩石表面。

的鱼，通常被称作蓝海豚。扁头恐怖丽鱼（20厘米）是一种非常扁的丽鱼，潜伏在苦草上，

主要捕捉小鱼和虫子。尽管据说它吃其他鱼的眼睛（因此通常叫作"咬眼鱼"），但在鱼的比例合适的水族箱里它通常不会表现出这种倾向，事实上这是一种比较胆小的鱼。尼氏鹦嘴鱼属（18～25厘米）体表有斑点，以小鱼和虫子为食，偶尔会比较具有攻击性。这些鱼都需要大而开阔的有岩石的水族箱。

坦噶尼喀湖也提供了多样化的生物环境，但是那里岩石区的主要居住者体型较小（4～15厘米），是洞穴产卵底层繁殖的鱼，包括亮丽鱼属、雅丽鱼属、新亮丽鱼属、高身亮丽鱼属、勒纹丽鱼属、尖嘴丽鱼属和沼丽鱼属。它们主要是以浮游生物为食，需要和罗卜那族群相近的岩石环境，但不要用石灰石，这种材料太粗糙，不适合做产卵底面。总的来说其对地域性的要求比较小，但是必须重视它们的这种要求，比如120厘米的水族箱只能养三四对5～7.5厘米的鱼。分开的石堆能帮它们划分领地。或者，一对亲鱼单独放在一个水族箱（6～100厘米，取决于鱼的大小）里。这类鱼需要的水温和生活习性不能像罗卜那族群那样简单概括，所以想购买之前都要专门研究每种鱼。但是，在一个水族箱里每种鱼放一对，或者把它们和相似的鱼属放在一起都是不对的。

有些鱼在产卵时挖掘的范围很小。许多种类的鱼被称作"滴流卵生"，不断产下小卵。先孵化出来的仔鱼可以在亲鱼的领地长到可以参与竞争的大小（通常超过2.5厘米），它们要照顾"弟弟"和"妹妹"，而亲鱼通常不会帮助它们。

贝壳寄居者，通常用一种蜗牛的空壳做掩体或繁殖的洞穴，因此必须提供适宜的贝壳。它们以浮游生物和无脊椎动物为食。领地需求通常很小，一对亲鱼（或一小群）可以在60厘米的水族箱里生活，也可以在无竞争者的情况下放到有岩石群的水族箱里。不同的种类有不同的习惯。

爱丽鱼属（7.5～10厘米）以浮游生物为食，很文静，雌鱼口孵鱼，在靠近岩石的开阔水面生存和繁殖。最好饲养在有岩石或贝壳寄居的水族箱里，可以填补上层水域的空缺。

桨丽鱼属、剑齿丽鱼属和虾虎丽鱼是小型的（7.5～10厘米）双亲口孵鱼，在有浪的地方生活，那儿海浪会打在海岸岩石上。它们会

⊙ 高身亮丽鱼属很害羞，在水族箱里可能需要几个月才能安定下来。雄性的侧扁高身亮丽鱼（上图）比雌鱼大很多，这一属的其他成员也一样。

⊙ 这是巴氏新亮丽鲷的雄鱼在看护仔鱼，这些仔鱼是从雌鱼洞穴里出来寻找食物的。

⊙ 在野外，亮丽鲷在湖底的泥中挖掘出的地道里生活和繁殖，在水族箱里可以用贝壳代替地道。图中是条雄鱼，雌鱼没有条纹，而且生活在贝壳里较深的地方。

⊙ 虾虎丽鱼（下方）和一对羽鳍鲷亲鱼（上方）。

互相打架，一对亲鱼可以放在有岩石群可供它们寄居的水族箱里，但不能放在底层孵化鱼的水族箱中。

大眼非鲫属、杯咽丽鱼属和库宁登丽鱼属是中等大小（15～20厘米）的雌鱼口孵鱼，在雄鱼伸长的腹鳍尖部有鱼卵采精台。它们吃小片状的东西，生活在岩石区的边缘，在那儿它们用沙子做弹坑，有时在岩石上做。它们最好放在大型专用水族箱（最小150厘米）里，一条大的雄鱼或几条小点的雄鱼还要有五条或五条以上雌鱼。

蓝首鱼属和岩丽鱼属是雌鱼口孵鱼，习性和坦噶尼喀湖的罗卜那族群有相似之处。除非只在大水族箱里少量饲养，否则最好不要放在底层孵化鱼的水族箱里，因为它们很暴躁，会威胁到其他鱼。驼背非鲫是另一种岩石寄居口孵鱼，长得比你想象的要大（25厘米），尽管和同等大小的鱼相比更文静，但还是会吃小鱼（比如小的岩石寄居鱼）。

维多利亚湖里的许多种丽鱼都已经灭绝，仅剩下尼罗河尖嘴鲈和其他一些濒临灭绝的鱼。养鱼者能买到的种类很少。虽然已经较完整地记录下人工繁育计划中剩余的鱼，但还是有些引进到市场的鱼没有其记录，也缺乏生活

⊙ 正在产卵和孵小鱼的雌驼背非鲫鱼要隔离，不仅仅是因为雄鱼会骚扰它们，而且雄鱼还会吃掉仔鱼。

区的资料。多数有售的品种是朴丽鱼属和溪丽鱼属。

如果养鱼者有幸买到这些丽鱼，就有责任尝试去繁殖它们，这时爱好和科学研究之间会有一些联系。要研究每一种鱼的产地，否则只是不断进行小心试验很难成功。维多利亚湖的水质很差，所以这些丽鱼在水族箱环境（清水、亮光）中会很胆小，饲养一群同种的鱼可以让它们感觉更好，雄性之间的竞争也会抵消这种胆怯。但是，如果是地域性很强的鱼种，就不能这样做。

西非丽鱼

矛耙丽鱼属、彩短鲷属、副南丽鱼属、缘边丽鱼属（都是洞穴卵生鱼）和缨丽鱼属的鱼是南美鱼种，和西非森林的鱼是同类，它们需要的生活环境相似（可以放在一个水族箱里），尽管彩短鲷属在野外生活在有岩石的水域。总的来说雌鱼比雄鱼体型小，色彩绚丽，通常由雌鱼承担求爱的责任。这些鱼是很好的混养鱼，尽管一对孵卵的亲鱼会稍微有些地域性。一对亲鱼可以单独养在60或80厘米长的水族箱里，但彩短鲷属不行，因为这种鱼的雄鱼会攻击雌鱼，特别是在繁殖期，所以最好一条雄鱼配两三条雌鱼，每组需要1米长的水族箱。

⊙ 这雄性的裸头彩短鲷，是最近引进的种类，与它相似但明显不是同一种类的是蓝腹彩短鲷。这两个种类的雌鱼都是深色的，怀孕时看上去像吞了弹球。

⊙ 带纹矛耙丽鱼是当地有名的生物之一（可能是独有的种类），像它的近亲矛耙丽鱼一样。这种鱼的性别差异很明显。图中是一条雌鱼。

需要弱碱性或中性的软水，水温26℃~27℃，高含氧量但水流不太急的水域——记住这种鱼更喜欢急流中水流平稳的地点。尽管野生的个体有地域性，但是雄鱼对雌鱼很友好，当它们互相需要时攻击性可能就自然消失了。如果需要，开始时可以在水族箱里放几个透明的隔板把它们分开。人工繁育的品种从开始就比较驯顺。有些种类，特别是刚果隆头丽鱼，适合跟普通鱼群混养。它们不破坏植物，很少挖掘，对待非丽鱼属的鱼类也很友好，即使在碱性硬水里也能繁殖。

结耙非鲫属有性别二态性，属于口孵鱼，不同品种会一方或双方孵化。尽管它们可以长到15厘米长，但它们相当害羞、文静，是很好的混养鱼。它们和短鲷要求的生长条件一样。

隆头丽鱼属和亮丽鲷属（不要和坦噶尼喀湖的种类弄混），以及金线丽鱼属是小型的丽鱼（7.5~15厘米），生活在流速较快的扎伊尔河和其支流里。它们萎缩的鱼鳔导致它们在水里缺少浮力，这使它们能够停留在岩石后面的旋涡里而不被快速的水流冲走。因为生活的环境特殊，而且人们对它们的自然习性了解得还很少，但它们的胃部提取物表明它们以无脊椎动物为食。这类鱼都是洞穴孵化底层孵化，

⊙ 布氏金线丽鱼的雌鱼尾鳍外缘是白色的，很容易区分。繁殖时，白色的条纹会消失，腹部出现漂亮的鲑肉色。尽管这种鱼习惯于生活在水域底部，但它们的跳跃能力非常强，需要有盖子的特殊水族箱。

其他非洲丽鱼

宝石丽鱼有很强的地域性和食鱼倾向。在野外它们生活在各种生物区，从森林到埃及沙漠中的绿洲。人工饲养的话要用中性的水。原则上一对亲鱼需要单独的水族箱（最少1米长，要种很多植物），否则它们可能会打架。

其他的包括4个属：罗非鱼属、口孵非鲫属、寻齿非鲫属和奥利亚非罗鱼。在整个非洲和中东都有发现，它们生活于有各种化合物离子的水域，包括咸淡水水域，它们因为能忍受各种水质和水中的各种离子而倍受关注。相对于大型的鱼，它们的体型为中等（20~35厘米），有食草习性并热衷于挖掘，有早熟繁殖的倾向而且会大量繁殖。

罗非鱼属是底层孵化鱼，有些鱼种的个头较大的雄性非常好斗，包括和雌鱼打架。口孵非鲫属通常由雌鱼口孵鱼，但是，雄鱼对雌鱼不会造成威胁，所以通常一对亲鱼可放在一起饲养。寻齿非鲫属是口孵鱼，要在自己的繁殖

⊙ 宝石丽鱼数量已经减少，因为已经出现了其他色彩绚丽但更适应生活环境的鱼。像其他的伴丽鱼属一样，它天生是独居的掠食者，但在出售时通常被说成是群居的鱼。

领地里交配，不同种类有单方孵化的也有双方孵化的。

生长在河中的朴丽鱼属包括杂色褶唇丽鱼（埃及口孵化鱼）和南方褶唇丽鱼等。这几种鱼都是雌鱼口孵鱼，相对文静，对饵料、水中的成分和水质要求不高，放在强酸性的水（pH值 <6.5）中也可饲养。褶唇丽鱼属可以同一般鱼群一起养——它们只会追赶同类的鱼。

马达加斯加岛丽鱼为中到大型鱼，和罗非鱼属亲缘关系很近。共有五个属：副非鲫属、副热带鲷属、尖非鲫属、褶丽鱼属和 Ptychoch-romoides，原产于马达加斯加岛，都是底层孵化鱼。这些鱼种类都濒临灭绝，但幸运的是有养鱼爱好者已经人工繁殖了许多这种鱼。

⊙ 黑领帚齿丽鱼是最近引进的口孵罗非鱼，上面的那条鱼是一种未经确认的底层孵化罗非鱼品种。

注意：非洲丽鱼的成员副丽鱼属会在介绍海鱼的部分提到。

鼠鱼、弓背鲇属和盾甲鲇

这些披甲的小鲇鱼很适合饲养在混养缸，它们可以在里面一小群一小群地游来游去寻找食物。兵科鲇属鱼总共有 100 多种，通常是最先放入水族箱的鲇鱼。长须双鳍鲇和条纹鲇同兵科鲇属鱼同科，但能长到 14 厘米。它们性格文静，非常适合装饰好的水族箱。尽管盾甲鲇属鱼比多数兵科鲇属鱼小，但是两者很相似。盾甲鲇属鱼有十几种，弓背鲇属鱼只有 3 种，

⊙ 兵科鲇属鱼中最漂亮的品种之一是胡须甲鲇，成熟的雄性更鲜艳，鳍刺和触须都较粗。

总的来说体长比兵科鲇属鱼大，大概是后者2倍大小，但同样很文静。这些鱼在南美的热带地区都有发现，经常会被引进用于水族箱养殖。它们在身体两侧各有两排真皮的骨板，几乎完全包住整个鱼身。两对短须很适合筛底寻找食物，而触须越长、越细、结构越复杂，越容易磨损。吃食时，这些触须会在吻前形成漏斗，帮助品尝食物的味道，并识别出不能吃的东西。

兵科鲇属鱼和它的"亲戚"会突然冲到水面，又回到水族箱底部。这是因为这类鱼可以在含氧量很低的水里存活，它们用鳃呼吸空气来补充氧。鱼冲出水面吸入空气，并贮存在血管密集的肠内。氧气会在那里直接交换到血液里。兵科鲇属鱼在水族箱里这样跑到水面上并不意味着水的溶解氧量低，而只是无意识的反射动作。所有这类鱼在健康时鱼身上都有光泽。

弓背鲇属鱼比兵科鲇属鱼身体要长，特别明显的是背鳍更长：兵科鲇属鱼只有6~8条背鳍线，而弓背鲇属鱼有10~17条。3类中唯一需少量养殖的是弓背鲇属鱼皇冠青鼠，这是这一属中最小的一种，是最常出售的。

这些鱼应该少量饲养，一群只养4~8条。它们是少数几种白天活动的鲇鱼，其他鲇鱼都在夜间活动。这些鲇鱼最好的食物是无脊椎动物，如水蚯蚓和水蚤，可以用人工食品补充。在繁殖时推荐这种饮食。

繁殖

兵科鲇属鱼的交配很容易。雌性成鱼比雄鱼更华丽、更丰满，也更健康。从上方看这种

差异更明显。许多兵科鲇属鱼的性别差异体现在腹鳍的形状上，雌鱼的腹鳍鳍条呈扇子状，雄性呈茅状。最容易繁殖的种类是胡椒甲鲇。

为了繁殖兵科鲇属鱼，建议把它们从混养缸移到小的专有水族箱里，因为如果兵科鲇属鱼在混养缸里产卵，鱼卵有可能被其他鱼吃掉。繁殖缸只需要10升左右的容积，铺细底沙，再用一两株宽叶植物稀疏地进行装饰。繁殖缸需要专门的过滤器。按照雄鱼和雌鱼2：1的比例放入兵科鲇属鱼。比较好的做法是在10升左右的水族箱里放6条鱼，每3条为一组。

如果有繁殖条件，它们通常不需要刺激就能产卵，但如果不能顺利产卵，可以在5天内逐渐抽出水族箱里30%~40%的水，第6天用温度稍低的淡水代替抽出的水。这是模仿在雨季开始时兵科鲇属鱼产卵所需的自然条件。

⊙ 条纹鲇很容易通过其黑白斑纹的尾鳍把它和它的近亲D. longibarbis区分开来。图中这条鱼生活在一个有很多掩体的安静的水族箱中。

⊙ 图中所示的金珍珠鼠是需求量很大、很受欢迎的一种鱼。如果你想繁殖它们，需要有两条雄鱼和一条雌鱼。

在水族箱里，雄鱼通常会在雌鱼找寻合适的产卵地点时形影不离地跟随它，这表明雌鱼就要开始产卵。有一条雄鱼会把身体横在雌鱼前面，形成经典的 T 字形。当雌鱼产下少量鱼卵时，两条雄鱼会全身抖动，鱼卵会紧贴着雌鱼的腹鳍（因此腹鳍部位会膨胀）。同时雄鱼会释放精子，使鱼卵受精。然后雌鱼会把鱼卵放在之前就打扫干净的平面上。这个平面可以是放平的树叶，更常见的是水族箱的一侧。不管在哪里，都是位于上层水域，而不是岩石或底面上。

有一点要建议的是需要移走成鱼或鱼卵。鱼卵可以用剃刀刀片或类似的东西移走，千万要小心，不要伤到它们，把它们放在塑料筛子里面，将筛子悬挂在水下靠近水面的地方。用气动过滤海绵不断补充筛子里的水，以保证仔鱼一直有充足的氧气。它们会在 48 小时里孵化出来。

等仔鱼吸收完卵黄囊的营养，就可以把它们运到空着的小水族箱里，用刚孵化的淡水虾喂养，在它们的成长过程中，为其提供纤毛虫和弄碎的食物碎片。

当你掌握了繁殖最简单的种类如胡椒甲鲇的技巧后，你可以尝试比较难养的品种如熊猫鼠。这种鱼因为其体色得名，它亮白的身体配上黑色的眼睛，看起来很像熊猫。

为了繁殖这种可爱的鱼，你需要以养兵科鲇属鱼类似的步骤开始，并且需要从缸顶悬挂一些人造产卵布。熊猫鼠通常会把卵产在产卵布上而不是开阔的地方。下面的工作比较简单，把产卵布上的卵小心地弄出来，用跟之前介绍的同样的方法孵化。这种鱼产卵不多，一次大约只有 20 个，而普通种类每次能产 100 个。熊猫鼠有季节性产卵倾向，所以不论提供什么条件，它都会在雨季开始时这一特定的时间产卵。

总体来说盾甲鲇属鱼比兵科鲇属鱼小，尽管两者表面相似，但是头骨在解剖学上有不同的特征。将其放入水族箱之后的养护工作和盾甲鲇属鱼相似。

繁殖水族箱中的盾甲鲇属鱼比繁殖普通的盾甲鲇属鱼难，但是水族箱中盾甲鲇属鱼的繁殖方式和野外捕捉的盾甲鲇属鱼相同。水族箱

◉ 如果你想把兵科鲇属鱼养护到好，使之达到最好状态，必须要提供含氧量高的成熟水质。这儿展示的是黑箭斜纹鼠。

◉ 许多初学者喜欢饲养胡椒甲鲇。如果饲养方法正确，它也是最容易繁殖的兵科鲇属鱼之一。

◉ 兵科鲇属鱼是群集鱼，小天使鼠（如图所示）也不例外，你最好在水族箱里饲养几只同一种的兵科鲇属鱼。

◉ 如果你成功饲养了兵科鲇属鱼，可以挑战一下青铜鼠。在尝试繁殖时不要用3条鱼，而要用一对亲鱼。

应该注有软水，在角上悬挂一块产卵布。产卵布的顶部需要刚好在浸入水面下。另一块产卵布可以放在水族箱底部，为成鱼提供掩护。最好不要在繁殖缸里铺设底沙。

可以使用繁殖兵科鲇属鱼的一些方法让盾甲鲇属鱼交配。盾甲鲇属鱼的性别从鳍条上很难进行区别。挑选亲鱼时，要选择身体强壮、漂亮的雌性和漂亮活泼的雄性，且只养一对亲鱼。应将进行繁殖的亲鱼放在繁殖缸里并为其提供充足的活饵。

盾甲鲇属鱼通常在早晨日出前产卵，所以你早上的第一件事就是找鱼卵。鱼卵呈琥珀色，最有可能被产在产卵布水面以下的部分。产卵后可将成鱼和繁殖缸底部的产卵布移到别的水族箱。如果将鱼卵留在产卵布里孵化，它们可能会因为水缺少流动而长霉菌。应该小心地把鱼卵从产卵布上移出，使其分散在水族箱底部。用这种方法几乎能使所有的鱼卵都孵化。

幸运的话雌鱼一次会产下超过100枚卵。这些鱼卵会在第4天孵化出来，再过一两天之后仔鱼就可以自由地游泳了。开始时仔鱼需要以新孵化出的淡水虾作为食物，接着可以吃活饵和商业加工的食物。养得好的鱼宝宝会在10周内长到3厘米。

仔鱼看起来更像蝌蚪，因为它们的鳍条还没有完全长好。背鳍、脂鳍、臀鳍和尾鳍还是合在一起的一条长鳍，包着大约一半的身体。在这条"超级鳍"分化成4个单独部分的过程中，臀鳍最先分化出来，接着是背鳍，然后是小的脂鳍。

◉ 青铜鼠的仔鱼看起来和成鱼不一样，经验不足的人，可能会将其误认为是兵科鲇属鱼，在市场上有时也被当作帆鳍兵科鲇属鱼出售。

◉ 巨无霸是最近引进的鱼，很难适应水族箱的环境。适合有经验的养鱼者饲养，不适合初学者养。

◉ 青铜鼠是极具魅力的鱼，会给人留下深刻印象。健康个体的体表会有绿色的光泽，触须没有磨损的迹象。

粗皮鲇

粗皮鲇属于南美的疣体鲇科。它们被发现于森林浅水区腐败的落叶堆里，看上去像枯叶，从而利于隐蔽自己。养鱼者通常可以买到最小的鱼（小于12厘米），可以放在装饰好的水族箱里，它们会在底沙上挖洞，只露出眼睛。尽管很少活动，但是它们中有些

◉ 图中这种粗皮鲇没有破坏性，且喜欢"隐居"。主要在黎明时活动，会冒险出来吃蠕虫和其他的无脊椎动物。

⊙ 有木头和树叶的底沙可以让粗皮鲇躲藏和觅食。

鱼一看见食物就从沙中钻出来的情景还是很壮观的。

▌饲养

饲养粗皮鲇很简单，因为它们什么食物都吃，特别是洗干净的水丝蚓。它们没有攻击性，只吃很小的仔鱼，还有那些离它们很近、不用费力追赶的猎物。有关这种鱼人工繁育的说明很少，而且很模糊。其中大多数建议在底沙上弄出一块洼地让它们产卵并保护卵。

异型管吻鲇鱼

这是一种来自南美的异型鲇鱼，这科鱼在体形和大小方面同其他鲇鱼完全不同，长着管形吻，且这类鱼多数是食草鱼。它们不善游泳，会用嘴粘附在固体上以免被水流冲走。身体被骨板包围，这些组织是由仔鱼早期的皮肤发展形成的，这也使它们长大以后难以游动。

异型管吻鲇鱼的小型变体是适合养在混养缸里的极好的观赏鱼。优雅苗条的管吻鲇属和锉甲鲇属尤其受人欢迎。钩鲇属也比较好，能在有植物的水族箱里自由生活。另外两种强力推荐的是筛耳鲇属和耳孔鲇属鲇鱼，它们很少超过 3 厘米长。

⊙ 几种小的异型，如这里展示的筛耳鲇，特别适合小的混养缸。这个品种的鱼喜欢弱碱性的软水，水温不要太高，含氧量要高。经常可以见到这些鱼靠近动力过滤器的出水管。

许多种类的下口鲇属长大后会超过 30 厘米长。尽管

⊙ 锉甲鲇属的眼睛适合亮的环境。眼球呈欧米加型的突起，可以自由地向上向下动，减少射入眼睛的光线，以免烧伤视网膜。

这些文静的食草鱼太大、太笨重而不容易养在有植物的混养缸，但它们很适合跟中美丽鱼和南美丽鱼混养。有些大的口鲇属在天然环境中没有水的时候要"夏眠"，它们会在河床上挖洞，在湿的泥里做茧，等待雨季回来。

　　介于两者之间的有巴拉圭鲇属和鲟身鲇属，前者太暴躁而不适合混养，而后者尽管能长到 20 厘米左右，但体态优雅，所以可以放在任何有植物的水族箱里。巴拉圭鲇属还会跟同种的其他鱼互相争斗，它们有地域性，会巡视水族箱里自己的地盘。

饲养

　　养护所有的异型鲇鱼（特别是小型的和中型的品种）方法都是相似的。异型鲇鱼多数是食草性的，可以消灭水族箱里的绿色水藻。吃完水藻，它们会排出大量的排泄物。大多数水族箱里水藻的数量并不能满足它们所有的进食需要，所以需要用人工饵料和蔬菜做的食物来补充。也可以喂它们青豆和莴笋。

　　冻的青豆应该先放在热水里解冻，用大拇指和食指捏每颗青豆，将里面的果实变成两瓣豆瓣剥出来。豆瓣是它们最爱吃的美味。其他鱼种也喜欢。

　　异型鲇鱼喜欢的另一种佳肴是莴笋，特别是外面的叶子。莴笋在放进水族箱前，先要洗干净，再用手轻轻压碎。把叶子插入底沙中，或者用石头压着并用橡皮筋捆住，否则它们会漂浮起来，那样管吻鲇鱼就吃不到了。莴笋会把鲇鱼的注意力从水族箱里有叶子的植物上移开，否则这些植物会因为它们不断的锉磨而损坏。用莴笋做饵料时要保证莴笋没有用化学物

⊙ 作为代替吃海藻的鱼的一种，将下口鲇养在大的水族箱很流行。但是，人们很少意识到，一条这种小鱼很快就会因长得太大而不适合原来的水族箱了。

⊙ 饲养红尾小精灵的基本条件是装饰好的成熟水族箱、高效的过滤器、经常换水以及绿色食物。

⊙ 鞭尾鲇有性别差异，雄性有浓密的胸鳍刺。鱼卵会产在玻璃上，饲养者有可能看到仔鱼的生长过程。准备孵化鱼卵时亲鱼会事先把它们含在嘴里。

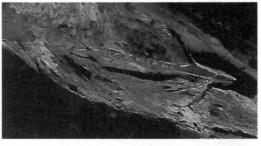

⊙ 在所有的异型鲇鱼中，帝王鞭尾可能是最受欢迎的鱼之一。它们的体型和华丽的鳍条特别适合有植物的大混养缸。图中展示的是一条仔鱼。当它们成熟时，鳍条和体色会更漂亮。

⊙ 很多养鱼者常常养了很久都不知道自己养的是什么鱼，比如图中这条锉甲鲇属的鱼。

处理过。也可以喂菠菜，但是菠菜在水中会很快腐烂，导致过滤器阻塞，污染水质。

放在水族箱中的木头对这类鲇鱼很有用。它们会在木头上挖洞，供撤退时使用，所以木头不能涂漆，以免鲇鱼中毒。如果饲养管吻鲇属、鲟身鲇属和锉甲鲇属，木头是很必要的，因为这几类鱼大部分时间都会在中层水域的木头里面休息。

▎繁殖

许多体型小的异型鲇鱼可以在水族箱里面繁殖。最好从钩鲇属开始养起。大胡子异型鲇鱼是很贴切的名字，因为可以交配的成年雄鱼的吻上面和周围会长有触角状的东西，雌鱼只在嘴边缘长有类似的较小的东西。钩鲇属鱼头的一侧靠近胸鳍的底部长有尖鳃盖刺。雄鱼身上的这些刺特别大而且直立，在成鱼争夺领地时有用。

因为成鱼有地域性，因此饲养的数量（尤其是用于繁殖目的时）应该限制为一对。应该在混养缸繁殖，这比给它们单独准备条件适宜的水族箱更容易。它们通常会选择在一根沼木上挖洞作为产卵地点。如果洞的大小不合适，它会把洞锉大。

琥珀色的鱼卵附在洞的内壁上，亲鱼会守护它们不被其他鱼掠食。大概 3 天后仔鱼就成形了。相比其他鱼，它们的亮琥珀色的卵黄囊很明显，所以亲鱼会照顾它们直到囊消失，之后仔鱼身体上会显出斑点的花纹，这有助于隐

蔽。当仔鱼 10 天大时会到更远的地方去冒险，而亲鱼不再保护它们。通常繁殖活动最初的迹象是水族箱里出现 10 天大的仔鱼。

前面提到的莴笋叶，是仔鱼的理想食物，一片莴笋叶足够二十几只仔鱼吃一天。

饲养和繁殖锉甲鲇属和相近的属（鞭尾鲇

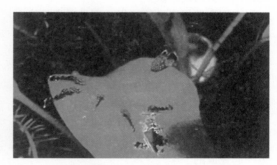

⊙ 丁氏毛鼻鲇的繁殖几乎不需要养鱼者的帮助，只需提供亲鱼。它们繁殖的迹象是仔鱼的出现。这些10天大的幼鱼是群集的。

⊙ 一窝丁氏毛鼻鲇仔鱼会在半天内吃光一片大莴笋叶，所以要确保有足够多的新鲜叶子。仔鱼从3周大时开始更加独立。

鱼）都比较容易。它们身体苗条，通常会附在木头、岩石和有叶的植物上。每一种鲇鱼吻和触须的结构都不同，但它们都有管状吻和两排能锉东西的利牙，通常只有简单的（无分支的）触须。有些种类如侧头拟半齿甲鲇，是鞭尾鲇鱼中真正的大鱼，有整齐排列的分支状触须。还有些鞭尾鲇鱼，如另一个大品种甲鲇属的雄鱼，会把大量的鱼卵粘在嘴唇上搬运。

后面两个品种很少引进，而大多数能买到的品种长度不会超过15厘米，很适合在有植物的水族箱生活。它们的习性、要求和繁殖的许多方面与鲟身鲇属和管吻鲇属相似。无论如何，水质要干净，水流应比较快，这可以由动力过滤器提供。钩鲇属鱼的繁殖也一样，主要需要蔬菜类食物。

有些鱼的交配是由雄鱼决定的，特别是鲟身鲇属鱼。管吻鲇属和锉甲鲇属这几个品种，脸颊有触须。鲟身鲇属的一些种类交配的迹象可以通过胸鳍观察出来，胸鳍向下斜的是雌鱼，胸鳍向上斜的是雄鱼。

它们会选择自己的伴侣，而且通常是终生的。雌鱼开始产卵时，雄鱼会打扫出一块平整的地方。这个地方通常是水族箱的玻璃，通常是水族箱的背面，因为那儿比较安静。等到雄鱼把那个地点打扫满意了，就会把雌鱼引诱到那儿去。雌鱼会在干净的繁殖地点连续产下大量的鱼卵，雄鱼会跟在卵后面使它们受精。总的来说，雄鱼负责照顾卵，但是有的品种是双方一起完成的。

亲鱼会不断移走没有受精的和变脏的卵，以免污染健康的鱼卵。它们还会用腹鳍在鱼卵旁边扇动，让温和的水流冲走杂质，带来氧气。孵化出来的仔鱼看起来像亲鱼的微缩版，应该喂以蔬菜为主的食物，尤其是软莴笋叶。

尽管它们体型很小，看上去好像很适合养在装饰好的混养缸中，特别是有植物的，但筛耳鲇属和同它们类似的耳孔鲇属却很少被养在水族箱里。筛耳鲇属鱼适宜生活在水流平缓、溶氧量高的水中。

其他要寻找的异型品种属于老虎异型，外形和钩鲇属相似，除了嘴上缺少触须外。没有关于这类鱼在水族箱产卵的记录，但是以后一定会成功的。主要是要发现它们繁殖所需的

⊙ 丁氏毛鼻鲇（图中是雄鱼）会把水族箱的海藻都吃光，当海藻吃完，要给它们喂足够的蔬菜食物，否则它们会吃水族箱中的植物。

⊙ 有些异型鲇鱼有很华丽的触须，像这里看到的侧头拟半齿甲鲇。这种鱼是最大的鞭尾鲇鱼之一，很难饲养，对水质要求特别高。需要有细底沙，这样它们精致的触须才不会损坏。

⊙ 科学家重新划分了图中这个品种，以前是老虎异型，现在的名字则是Panaque maccus。这种有地域性意识的鱼需要空间。

⊙ 如果你的水族箱中能达到生态平衡，就可以养这条斑马异型。

刺激。老虎异型的一些品种展现出惊人的颜色。

和老虎异型相似的是斑马异型，它们象牙白的身体上粗黑条纹的"衣服"非常鲜明。不幸的是，供不应求使得这种鱼的价格有点贵。

近些年来发现了很多异型的新品种，因为鱼类太多了，以至于有的品种还没有被命名和描述。这些新发现的鱼刚开始被提及时只有代号。例如，斑马异型在被科学形容之前，开始只是叫L46，这对于如此有魅力和让人印象深刻的鱼来说，是一个太不起眼的名字了。

棘甲鮎

棘甲鮎科通常被叫作谈话鮎鱼，因为它们能发出噪音，但是它们不是唯一用声音来交流的鮎鱼。

棘甲鮎科主要通过两种方法发声。在移动鳍刺时，关节部分锁上胸鳍时会发音。要发出大的声音，动作也要大。另一个是所谓的'弹性弹簧机制'，有根肌肉连接鱼鳔的前面和头的后面，肌肉很快地收缩和舒张，引起装有空气的鱼鳔共鸣。它们发出的声音用途很多。通常在商店里被抓和运送过程中它们都会发出声音，声音还可以让在它们广阔的南美水域找到同种鱼的位置。声音在水里传播的速度比在空气中快。

⊙ 新放入水族箱的黑白盔甲猫需要多次少量地喂食，以使它们安定下来，增强体质。

棘甲鮎科还有一个特点，就是两侧下方各有一排侧板，每个后面至少长有一根向后伸的刺。这是用来自我保护的，所以抓它们有点困难。不建议使用网，因为鱼刺会缠在网上，网被割破后鱼会掉出。最好是用手搬动它们，但这也不是很容易，主要的问题在于它的胸鳍有锯齿(在胸鳍和有刺的侧板之间)，如果不小心，很容易把手指弄破，有过一次教训，你将会终

⊙ 星额陶乐鮎比较少见。这种多刺但安静的鱼的成鱼很适合水族箱生活。

⊙ 咕叽盔甲猫是一种没有破坏性的小陶乐鮎，和中等大小的鱼混养在一起会很安静。

⊙ 白点说话鮎很贪吃，它经常会暴食，看上去像吞了一个高尔夫球。

生难忘。窍门在于用一只手抓住尾巴，另一只手掌平抬着鱼的身体。这种方法对于大的鲐鱼和小一点的品种一样有用。

棘甲鲐科有80多种鱼，大小各不相同，有些太大了，只能放在展览的水族馆里，也有一些小的棘甲鲐科适合放在家庭的水族箱里。这类鱼很少可以人工繁育。可能最常见的是咕叽盔甲猫，相对小（大约10厘米）的品种很文静。这种鱼主要吃虫子，很喜欢吃孑孓和水丝蚓，也能吃人工食物。

这种鱼最好成群（三四条鱼）饲养，它们白天多数时间是藏起来的，所以要提供有隐蔽处和裂缝的木头和岩石（最好是前者），让它们可以隐藏。

◉ 尽管艾尔温妮铁甲武士有可能长成大鱼，但是当它们在水族箱里安定下来后就很少甚至几乎不惹麻烦。

◉ Opsodoras stubeli用它的触须"清扫"底沙来寻找食物。它们特别喜欢蠕虫和甲壳虫。

另一种适合放入水族箱的"道具"是浸水的枯树枝和橡树叶。底沙上铺上这些树叶的话，钝囊鲐属在白天会更常见，它们会在树叶下挖洞找食物。

所有陶乐鲐都不是积极的捕食者，但是许多品种都长得很大，会吃比自己小的鱼。相对比较小的黑白盔甲猫可以长到15厘米长，如果有机会会吃小鱼。白点说话鲐如果条件允许的话会暴食，直到吃得看上去像吞了高尔夫球。这两种鱼在白天都很难见到。艾尔温妮铁甲武士和欧氏大陶乐鲐和铁甲武士体型都较大，即

使是仔鱼也很贵。随着它们长大，要准备相应的大水族箱。艾尔温妮铁甲武士和欧氏大陶乐鲐长得很慢，对新环境适应得也很慢。可能在放入水族箱后1周左右它们都不吃食，而且禁食后身体会有损耗。这种仔鱼喜欢吃蜗牛，也吃丸状的食物。注意，艾尔温妮铁甲武士和欧氏大陶乐鲐会长到超过60厘米，这样体型的鱼对于过滤器的要求也很高。

铁甲武士能长到70厘米以上，虽然体型很大，但是性格很温顺。很明显，它们不适合放在混养缸里，主要因为它们在活动时会损坏

◉ 尽管这条铁甲武士能长到70多厘米，但是它在水族箱里是真正的"温柔的大个子"。

植物。可以和小的胎鳉放在50厘米长的水族箱里混养，胎鳉不会受到伤害。最好两三只一起养而不是单独饲养。它们喜欢吃丸状的食物。尽管它们长得很慢，但优势是它们很长寿。

玻璃鲇鱼

亚洲玻璃鲇鱼，在很多方面都很独特。正如它的名字所暗示的，它是透明的，内部的一些器官和骨架清晰可见。它也是少数非深海鲇鱼之一，生活在中层水域。类似于其他深海的鱼，它们的身体是扁平的。它们是群集的鱼，必须一小群饲养而不能单独饲养，否则它们会绝食。缺鳍鲇在休息时依然待在中层水域里，身体倾斜，头在上面，游泳时身体是水平的。水质对于它们的生长是至关重要的。水要完全透明，含氧量高，水流快而平稳，碱性不能太强。在多数有植物的水族箱里饲养玻璃鲇鱼是很理想的。可以喂薄片状的食物，还有水蚤、刚孵出的孑孓等食物。

◉ 亚洲玻璃鲇鱼要养就需要养一小群，因为如果单独饲养它们会拒绝进食并"隐居"。

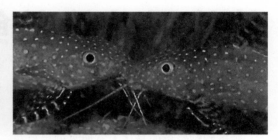

◉ 满天星反游猫之间会有争斗，因此最好只养两条。

倒游鲇

鲍科家族里的一些品种是反游猫，因为它们肚皮朝上地倒着游泳。倒着游泳的好处在于，它们可以捕到水面上的昆虫，因为倒游时嘴在上面。倒吊鼠这种反游泳猫鱼可以呼吸空气中的氧气。

倒吊鼠是一种始终倒游的鱼。这个家族里

◉ 杜鹃鸟鲇鱼会把卵产在口孵丽鱼附近，让丽鱼帮忙照顾鱼卵和仔鱼，因此叫杜鹃鸟鲇鱼。

◉ 大倒吊鲇鱼用它膜状的触须寻找食物。

最小的鱼只有 5 厘米长，很文静，可以在混养缸里饲养，但最好只养一小群。要为它们提供一个悬着的岩石洞，如果在接近水面处挂一块木块更好。它们会在那儿倒着休息，在白天时可以看见。它们大多在黄昏时吃东西。推荐喂它们生活在水面的小型无脊椎动物如孑孓等，薄片状的饵料也可以。它们不能人工繁育。

大多数鲍科鱼长得比较大，体长超过 20 厘米，但许多都太暴躁了，不适合养在有植物的混养缸中。但是有些品种还是值得考虑的。其中之一是满天星反游猫。它们与众不同的颜色和斑纹使其成为很受欢迎的品种。满天星反游猫有的有斑点，有的有网状的浅条纹。它们

能长到 20 厘米长。需要有岩石装饰且能提供很多隐蔽地点的水族箱。在空间受限制的水族箱中，两条成鱼会为领地而争斗，但这种情况在大水族箱里则不多见。

如果想把鲇鱼和坦噶尼喀湖丽鱼或马拉维湖丽鱼混养，比较好的选择是杜鹃鸟鲇鱼。这名字来自于它们的繁殖方式：在繁殖时它们会把卵产在靠近口孵丽鱼（如蓝面蝴蝶或珍珠蝴蝶）的地方，由丽鱼负责把它们的卵放在口中进行照顾。刚孵出的仔鱼也由丽鱼照顾。这样养鱼的话，需要的水况和坦噶尼喀湖丽鱼或马拉维湖丽鱼需要的水况相似，水族箱里需有岩石装饰。许多反游猫，有明显的性别二态性。

其他受欢迎的鲇鱼

在 2000 多个品种的鲇鱼中，本书只介绍了有限的几种。下面将介绍其他几种受欢迎的鲇鱼。

豹斑脂鲇银色的身体上有明显的黑色花纹。这种南美鲇鱼能长到 14 厘米长，在白天活动。成鱼会吃比自己小的鱼，但仔鱼通常无害。跟许多其他鲇鱼一样，它们背鳍和胸鳍上的刺很尖锐，因此非常难抓。如果鳍刺划破皮肤，这些鱼身上的黏液会让你中毒，会让你疼一两个小时。

花鲇科包括大型的食肉鲇鱼如黑白鸭嘴。这种鱼鼻部平，嘴较大，触须长。成鱼能长到 50 厘米长，只有仔鱼适合家庭水族箱。更大的品种是红尾鲇鱼，可以长到 1 米。近几年小一些的（5 厘米）品种已经有出售，因为养鱼者习惯把不再适合家庭水族箱的大型鱼类的仔鱼提供给公共水族馆，这使得公共水族馆中鱼的数量过剩。如果要饲养大型的动物，不管是鱼、狗、马，还是其他动物，都不能逃避一直饲养的责任。记住无论

你买什么鱼，都应该了解它们的习性，并满足它们的需要。

对于那些想要寻找刺激的养鱼者，可以试试养非洲电鱼。其成鱼可以长到 40 厘米，能产生 200 伏的电。电鱼靠放电来击晕猎物和保护自己。放电后，10 ~ 15 分钟就可以重新充满电。它是不移栖的鱼，很少从它们安定的窝里迁移。这种鱼，不能和其他鱼混养，需要专门进行处理。

上面的例子似乎告诉人们不要饲养鲇鱼，但事实绝非如此。还有许多其他优雅、新奇的品种，而且非常适合混养。非洲三纹玻璃鲇就是这种鱼，很适合养在家里。它们对食物要求不高，最好成群饲养，是放到水族箱中养的理想的鱼。

⊙ 尽管红尾鸭嘴的颜色很漂亮，但是除非你能够提供合适的大水族箱和支撑体系，否则不要饲养它。

鲃鱼

非洲和亚洲的鲃鱼的野生数量很少，如斯里兰卡的樱桃鲃。但是由于人工繁育的推动，爱好者还是能买到的。小的鲃鱼在亚洲东部、南非、东欧和美国东部被大量繁殖。人工繁育的鱼易于运送，对水环境的改变没有野生鱼那么敏感，所以很容易适应。

鲃鱼在各种水体里都有发现，从小溪、河流到湖泊等都有，是群集的鱼。

在购买时要注意这个特点，因此要买6～10条鱼，如果能提供足够的空间，可以买更多。饲养在植物稀疏的水族箱中较好，因为这样在中低层水域就给它们留了游泳的空间。虎皮鱼是例外，多数的小鲃鱼能和同等大小的鱼混养并和谐相处，虎皮鱼则因为生性好斗而容易引起问题。要解决这个问题，可以把8条或更多的虎皮鱼和其他鱼放在一个大的水族箱里，那样，它们会忙于相互争斗，而不会去在意其他鱼了，只有在饲养数量少时，才会找其他鱼的麻烦。

有些中等大小的品种，在水族箱里会隐藏得很好，它们也会偶尔出来，特别是到喂食时间。

⊙ 尽管天竺圆唇鱼体型很大，但是很文静，可以在大的混养缸里和其他需求的自然环境相似的鱼一起饲养。

对于小的水族箱（不超过60厘米），建议

⊙ 饲养丘氏鲃的话要养一小群，因为它们会相互回应，成为水族箱里的焦点。

⊙ 虎皮鱼是以攻击性著称的。饲养的话至少要养一群（8条），以防它们骚扰"室友"。

⊙ 如果想要饲养奥德萨鲃，要保证亲鱼合适，雄性至少18个月大，雌性要12个月大。

饲养樱桃鲃、金鲃、丘氏鲃、少鳞鲃、玫瑰鲃、条纹鲃、奥德萨鲃、舒伯特鲃、绿虎皮鲃、斯托利坎鲃，这些鱼即使完全长大也不会超过7.5厘米长，可以和脂鲤，鲤科鱼以及小点的胎鳉愉快相处。

如果你想要更小的鱼，或许蓝鲃适合你。它最多能长到5厘米，对水况的要求比其他鲃鱼更高，需要弱碱性的成熟软水。如果要养这种鱼，水族箱里其他鱼的体型也要小，性格要文静。一次饲养六七条这种鱼比较好。如果数量少，它们会不高兴，会绝食并躲起来。

对于大点的水族箱（长达1米），三线鲃、丑鲃、黑点鲃等是适合养的品种。这些品种的仔鱼比成鱼色彩更绚丽，比如黑点鲃的仔鱼是铜色的，体表有黑色的竖条纹，背上有亮红色的部分，尾鳍梢是鲜红色。成鱼则呈银白色，身上有粉红色的光泽，只有尾梢上有黑点。当三线鲃和黑点鲃的雄鱼成熟时，它们的背鳍会长得更大。

对于超过1米长的水族箱，养锡箔鲃比较合适。这种文雅的鱼会超过30厘米，因此你必须能够提供充足的空间。

喂养鲃鱼很简单。它们是杂食的鱼，但如果有选择，它们更喜欢绿色食物，它们可能会咬你的水草。它们的嘴角有一对触须，可以帮助它们在底沙上寻找食物。它们嘴里没有牙，会用咽喉齿碾碎食物。

⊙ 三线鲃的仔鱼在商店里通常被人忽视，它们只有在稍大些以后才会展示出它们真正的颜色和长鱼鳍。

⊙ 少鳞鲃是混养缸里最好饲养的鲃鱼。

⊙ 绿虎皮鲃是很文静的鱼，在混养缸里能够很好地生活。

▌繁殖

有些品种，如少鳞鲃，区分它们的性别很容易，因为这种鱼的雄性比雌性的颜色更绚丽，身体更苗条，但是对其他的，如锡箔鲃，需要一个一个仔细区分，因为它们没有外在的性别差异。

鲃鱼是产卵的鱼，是比较容易繁殖的。对于初养者来说，玫瑰鲃、少鳞鲃和绿虎皮鲃是最容易产卵繁殖的鱼。有些把鱼卵产在底沙上，另一些会把卵射向植物中。一对亲鱼会离开鱼群，在中层水域一起抖动身体，射出大量的鱼卵和精液，它们也会在有叶植物的枝叶丛中进行同样的步骤。亲鱼不照顾鱼卵，把鱼卵留在那里让它们自己生长。在混养缸，这么多鱼卵会吸引其他鱼，亲鱼甚至也会吃掉自己的鱼卵。

在专门的繁殖缸可以成功繁殖这些鱼，它们会把鱼卵产在大理石上，或将卵产在植物里，饲养者要在亲鱼吃仔鱼前把它们移走。

你需要足够的活饵和宽阔的空间饲养仔鱼，一对亲鱼比如玫瑰鲃，会产几百枚卵。

⊙ 在大水族箱鱼群中，没有比锡箔鲃更令人印象深刻的了。对于不移栖的大鲇鱼来说，它们是最好的伙伴。

⊙ 喂养小黑点鲃要喂各种活饵，冻食和绿色植物也可以。

⊙ 黑条鲃的雄性比雌性更大，颜色也更鲜艳。要将它们养在有植物的水族箱中。

⊙ 条纹鲃是一种胆小的鱼，喜欢温暖的呈弱碱性的软水环境，可以和其他文静的鱼混养。

波鱼

这类鱼是容易被养鱼者忽视的鱼，但是市场上出售的数量还是不少的。它们在静止和流动的水里都可以生活，在水表面可以看见大群的鱼。波鱼属产于东南亚，它们主要吃虫子，但也吃食物碎屑。饲养者需要为它们提供多样的食物（特别是在繁殖时），包括小的活饵、冻的水蚤和同等大小的其他食物。

波鱼可以根据身体形状分为两类，一类是细长的，几乎是鱼雷形的，另一类是 deeper-bodied。在后者中有一些有名的品种，如异型波鱼、亨氏波鱼和火波鱼。细长形的包括红尾波鱼、红

⊙ 异型波鱼有一种很奇特的产卵方式，在树叶下面上下运动。

线波鱼、斑点波鱼和剪刀尾波鱼。

　　大多数的波鱼可以在混养缸饲养，只有少数对水质的要求较高，最好在专门的水族箱中饲养。其中小斑点波鱼最多可以长到 2.5 厘米长。这种鱼需要酸性软水环境，如果想要长时间饲养或是繁殖，需要喂给丰富的小活饵。

　　其他鱼有的对水质有特殊要求，特别是在繁殖期间，包括火波鱼、异型波鱼、红线波鱼等，所有这些鱼都要求碱性软水的水质。

繁殖

　　除了异型波鱼和亨氏波鱼以外，一对亲鱼会在长满叶子的植物间穿行产卵，直到产下所有的卵，这些鱼卵会紧粘在树叶上。鱼卵大约 30 小时可以孵出来，小的仔鱼会挂在水中的植物上。当它们可以自由游泳时再喂小块的食物。

　　异型波鱼和亨氏波鱼会把卵产在宽大植物叶子的下面，椒草是它们的最爱。鱼卵也要经过 30 个小时才能孵化出来，可以给仔鱼喂些小的活饵。

　　对有些品种的鱼来说，亲鱼是否配合会成为问题，如果它们拒绝产卵，要换另一对亲鱼。需要注意的是，有些亲鱼会在相处一段时间后才产卵。斑点波鱼就是个典型的例子。

⊙ 亨氏波鱼跟小的文静的鱼混养比较合适。

⊙ 火波鱼需要温暖的弱碱性软水环境。

⊙ 剪刀尾波鱼需要足够的游泳空间，还要在水族箱上盖紧顶盖，否则它们会跳出来。

食藻鳅

　　湄公双孔鱼在出售的时候有很多名字：印度食藻鱼、中国食藻鱼和吸附泥鳅。其仔鱼在混养缸里会生活得很好，但有可能长成大鱼（25 厘米以上），它们长得很快，性格会越来越狂暴，会在沙砾上挖洼地，让别的鱼更为讨厌的是，它们会把身体贴在一条大点的鱼的一侧，会破坏其他鱼身上的保护黏液（有些吸口鳅甚至把黏液当作食物），使这些受害的鱼易受感染。仔鱼会用吸管嘴把自己挂在水族箱的一侧，看上去像小的恒温器，头上的小通气孔可以让水从嘴里流进再从鳃流出，同时依然把自己吸在缸壁上。除了吃海藻还吃小的无脊椎动物、碎片食物和冻食。

⊙ 湄公双孔鱼常被饲养用来吃水族箱里的海藻。不幸的是，它们会变得很大，很狂暴，因此会骚扰其他的鱼。

鳅科鱼类

作为生活在底层的品种，鳅科鱼类的身体横截面呈蛇形或三角形，腹部很平，可以接触底面。鳅科鱼全身有小鳞片，如果只有部分的鳞片或全身无鳞片，这是由于鳞片从腹部脱落。对于鳞片的脱落饲养者要注意，如果脱落的是腹部的鳞片，可能在它爬越石块或粗糙的沙砾时脱落了，脱落部分的表面容易受感染。

鳅科鱼的产地覆盖欧洲和亚洲，向南包括马来群岛和非洲最北部（摩洛哥）。养鱼者经常接触到的属有：小刺眼鳅科、刺眼鳅种、沙鳅科、鳅科、薄鳅科、泥鳅科和平鳍鳅科。其范围如此之大，从温带一直到热带地区，有些属，比如泥鳅科，包含适合热带水族箱的属（如中国泥鳅）和其他的（欧洲泥鳅）在冷水水族箱里养殖的品种。

鳅科鱼在眼睛下面有一个两半的刺（尖端分两叉），可以随意竖起或落下。这些刺非常尖，只要在网里缠上，就会对其他鱼造成伤害。鳅科鱼在害怕的时候会把刺竖起，运送时候的许多袋子就是这样被刺破的。为减少鳅科鱼把袋子刺破，要保证袋子的角被系上。鳅科鱼也会用刺来守护领地：在水族箱里它们通常躲在洞穴里，以此抵御敌人。

它们的吻上有3～4对触须（取决于品种），藏有味觉感受器，这可以帮助它们在底面上寻找食物。在野外，它们主要的食物是小蠕虫和孑孓，在水族箱里它们吃碎片和小块的食物，也吃小的冻食活饵和海藻。它们也很喜欢吃其他鱼的鱼卵，甚至会去偷有亲鱼照顾的鱼卵来吃。

许多鳅科鱼能用它们的鳃从空气中吸取氧气，所以它们在含氧量低的水中也能存活。它们对大气压很敏感，有时这会让它们在水族箱里乱撞。在这点上最有名的是泥鳅（天气泥鳅）。

在水族箱里要给鳅科鱼提供软的底面。有些如马脸鳅，喜欢在沙子下面挖洞，直到只有眼睛露出来。石块和植物间的洞穴也是必要的，

◉ 皇宫沙鳅是养鱼爱好者们一直喜欢的鱼，但是养鱼者通常会失败，因为水质差，温度太低或不了解这种鱼长大后的体型。

◉ 巴基斯坦沙鳅身上颜色条纹的变化十分丰富。在人工环境这种鱼会很好斗，如果饲养得多要有足够的空间。

◉ 马脸鳅喜欢把自己埋在底面里，所以需要有细密纹理的底面。

◉ 橙鳍沙鳅是夜间活动的鱼，要在水族箱灯关闭而室内的灯还亮着时喂食。

⊙ 库氏刺眼鳅需要比较细的底面，让其挖洞，甚至会渗透到过滤器里，所以在养护时不要把过滤器扔掉。

这样每条小鱼就有一块小领地了。多数鳅科鱼和其他鱼能和谐相处，但有一些如缅甸沙鳅和巴基斯坦沙鳅会互相争斗，橙鳍沙鳅则会为了表现得不同就和其他鱼打斗，但更喜欢待在自己的群里。在争斗时会有滴嗒的声音。有人认为这是两半刺在它牙槽里快速颤抖引起的。

沙鳅科的鱼的尺寸从小的小沙鳅（只能长到 5 厘米）到让人印象深刻的 30 厘米长的皇宫沙鳅。这两种鱼在养鱼者中很流行，小沙鳅因为其小体型和温柔的性格而非常适合混养缸，皇宫沙鳅则有十分惹眼的颜色。

小沙鳅很容易在成熟的水族箱里饲养，它们是群集的鱼，所以要把几条养在一起。与同属的其他鱼不同，小沙鳅在白天大多数时间在植物洞穴里或底面的嫩枝上休息，或成群在水族箱的中层水域游泳。它们会猛吃小的活饵如纤毛虫或红蚯蚓，同时也吃碎片或小块食物。多样的食物和好的水质是让它们保持健康的关键。

皇宫沙鳅是比较难饲养的鱼。由于它们群集的天性，多饲养几只就是一个好的开始。它们的大小使它们适合大的水族箱，放在 15 厘米或 20 厘米的水族箱里比较好。它们容易感染白斑病，治疗时要很小心——在任何情况下不要超过治疗说明上的剂量，否则会让鱼致命。它们喜欢的温度在 25℃ ~ 28℃。

在细长的品种中，库氏刺眼鳅比较受欢迎。但问题在于一旦放入水族箱，它们会消失在沙砾里，藏在底沙过滤器下面，如果你忘记换滤网，它甚至会进入外部动力过滤器的进水管。

⊙ 在混养缸里一小群小沙鳅会在水中游泳或在木头和植物上休息。

⊙ 条鳅应该和三刺鱼一起从小饲养，是适合初学者最容易饲养的鱼。

⊙ 花鳅是另一种适合初学者的鱼，它们需要水族箱里有干净、透明的、含氧量高的冷水。

但是它们很适合混养缸，因为它们不会制造麻烦。你需要一次买三到四条，因为很有可能一条鱼不卖。它们会出来寻找食物或在植物之间休息，但是由于爱挖掘的习性，它们可能是最难抓的鱼。它们吃活的碎片冻食，很快会从像鞋带一样大的小鱼长到蚯蚓大小。8～10厘米的个体是比较好的品种。这种鱼已经可以人工繁育：它们浅绿色的鱼卵会粘附在靠近水面的植物上。

泥鳅是季节性引进的鱼，比较大。泥鳅可以长到50厘米，尽管20～25厘米在水族箱里更常见。其产地有西伯利亚、中国、韩国甚至日本，尽管在夏天能忍受暂时25℃以上的温度，但似乎更喜欢冷的环境。它们是典型的鳅科鱼，多数时间埋在底面里。在春末夏初时繁殖，卵会产在植物或根须上，自己生长。

金鱼

金鱼的饲养历史非常悠久，可能是所有水族箱或池塘鱼中最有名的观赏鱼。野生的品种是暗绿色到棕色的，很难推荐做观赏鱼，但是通过改良，它身上的金色斑点最终会使整条鱼都变成金色。

有记载的第一次成功繁殖是1728年在荷兰。在出生地中国，历史更久（大约公元800年开始），已经繁殖出了许多奇特的种类。标准的金鱼是理想的池塘观赏鱼，从野生的绿色和灰色品种发展到我们现在所看到的红色和金色。

人们已经培养出许多变种，有单尾的和双尾的，颜色也多种多样。总的来说，单尾的品种，包括普通金鱼，是极佳的观赏鱼。这些鱼中小的品种是很好、生命力很强的观赏鱼，寿命有的能超过20年。双尾的金鱼是更精致的品种，最好在比较温暖（10～15℃）的水族箱中饲养，那儿可以更好地欣赏它们精巧的身体形状。

金鱼能适应大多数的水况，但是想饲养得好需要大的水族箱。旧式的碗状水族箱不合适，因为水面面积太小不能溶解足够的氧气，没有过滤体系，缺乏游泳空间。水族箱会让金鱼更快乐，有些公司会生产一种包装好的商品，里面有水族箱和过滤系统，你只要加入鱼、植物和水就可以了。注意金鱼是食量很大且很贪婪的鱼，所以会有大量的排泄物。不用说，要有高效的过滤系统来处理。可以买到各种各样的金鱼鱼食，但是不要忘记蔬菜、活饵或冻食。

不要让你的金鱼

⊙ 同样，双尾的金鱼也要在水族箱里饲养。养鱼爱好者们会把它们繁育到不能自由游泳的程度，因为它们拉长的鳍条会造成过多的阻力。

⊙ 金鱼是许多人工繁育的变种改良而来的，如这条长尾品种。其呈彗星形态，鳍的变化很多。

太拥挤，这样会使它们感到紧张。如果水温太高或溶氧量低时，它们会到水面呼吸，鳍会贴紧身体，有鱼鳍充血的迹象出现。这时可以兑一部分的水来降低温度，或者检查一下过滤系统来解决这些问题，但也有可能是它们太拥挤了。

▍繁殖金鱼

金鱼的繁殖相对容易。在公园的池塘里它们会自然繁殖，有些仔鱼会存活下来长到成熟。在人工繁育时，要给你选择的一对亲鱼提供活饵。繁殖前，雄性会在头上长出细菌瘤，雌性身体会明显变圆。

使用 100×30×30 厘米的水族箱，把产卵用的产卵布倒挂在里面，在产卵布周围游泳时它们会产卵并使卵受精。一旦产卵完成，把亲鱼移出，让鱼卵在里面孵化。需给仔鱼提供大量的活饵。必须提供充足的空间，如果没有足够的空间，可淘汰一些鱼而不要让它们太拥挤。

人工繁育会制造出一些可怕的品种，有些器官变大了，如球状的眼睛变凸了，这些需要非常小心，确保没有尖的物体让金鱼受伤。

但不管是不是你想要的品种，这都是你自己选择的。

⊙ 饲养金鱼不仅是为了它的体态，还有颜色。近亲繁殖的品种比普通的金鱼更精致。但最好在环境更好的水族箱里，而不要在公园池塘里饲养。

花鳉科鱼类

水族养殖爱好者碰到的卵胎生鱼类大多都属于"美洲鱼"家族，我们这里使用"美洲"这个词是因为这些鱼中最具代表性的品种的故乡在美国南部各州、中美洲、南美洲直至最南面的阿根廷，加勒比海的许多岛屿也产这些鱼类。不过，卵胎生鱼类的产地并不仅限于这些区域。

起初，孔雀鱼集中在南美洲、巴巴多斯

⊙ 霍氏食蚊鱼曾被用来预防生物性害虫，它们会吃掉子孑，从而控制疟疾的蔓延。

⊙ 帆鳍玛丽鱼（如这条雄鱼）是大型鱼类，体长可达10厘米，不用说，它们需要空间较大的水族箱。

⊙ 曾经广受青睐的孔雀鱼现在在某些地方已经变得令人讨厌，因为逃出来的孔雀鱼已挤满了当地的水域。

岛和特立尼达岛水域。而如今，孔雀鱼已在多个国家得到了商业化人工繁育，从美国一直到亚洲东部地区、以色列和欧洲的各养鱼场都有培育。偶尔从养鱼场意外溜出来的孔雀鱼又在近代将其繁殖区域不断扩大。在19世纪，孔雀鱼还被引进到热带地区，用来吞吃当地

⊙ 红剑尾鱼可在不借助养殖者任何帮助的情况下进行繁殖。不过要确保你的水族箱不会变得太拥挤。

⊙ 红尾金月鱼很多产，喜欢包括绿色饵料在内的多样化食料。

⊙ 经过人工繁育，红尾金月鱼已培育出不同颜色的个体，鳍条也有不同的形状。但需要留心安排品系内部繁殖，以保持其特点。

的子孓，降低爆发疟疾的可能性。后来人们发现霍氏食蚊鱼在吞吃子孓方面更出色，所以世界上的很多地区都引进了这种鱼。

实际上这种鱼之所以被称为食蚊鱼也正是出于这一原因。近代由于引进食蚊鱼而对当地鱼类造成的破坏性后果已显而易见，数十种当地鱼类因为这种鱼的引入而数量锐减，甚至濒临灭绝。所以今天食蚊鱼又获得了"鱼类杀手"的绰号，有时甚至因其对当地动物群的破坏作用而被称为"生物污染源"。

由于所有的卵胎生鱼类的繁殖步骤之一都是体内受精，因此它们必须在进化过程中形成一种可将精液从雄鱼移至雌鱼体内的方法。对于花鳉科的鱼类，雄鱼的臀鳍已经进化成为交尾器——个繁殖器官，由臀鳍的第三、四和第五根鳍棘结合在一起构成。交尾器的尖端生有常被称为"固定装置"的刺和小钩，用于交配时将雌鱼固定住。交配时，雄鱼将交尾器向前伸出，形成一个向下倾斜的小槽，将精液导入雌鱼的泄殖腔内。

所有的卵胎生鱼类，其仔鱼都是在雌鱼的体腔内发育而成的，产出时已

⊙ 月光鱼性情温和，适合在混养水族箱中饲养，可以买到几个变体品种。

⊙ 最好将体型细小的食蚊小鳉饲养在水草覆盖良好、水质呈碱性的专用水族箱中。

完全成形，有照料自己的能力。

由于仔鱼出生时就已经具备良好的发育状态，因此雌鱼不需要每次产下数百只仔鱼，每窝大概平均 20 ~ 40 只不等。不过，大型的雌性剑尾鱼每次却会产下超过 250 只的仔鱼。

十分有趣的是，绝大多数的花鳉科鱼类都有储存精液的能力，所以一次交配过后，雌鱼可以连续产下数窝仔鱼。花鳉科鱼类中赫赫有名的类属是花鳉属，包括孔雀鱼，以及含月光鱼和剑尾鱼在内的剑尾鱼属。

孔雀鱼

野生的孔雀鱼体型娇小，雄鱼的鱼体上布有五颜六色的斑点，雌鱼的体色是单一的灰色或褐色，排卵口附近有深色的三角状类似妊娠斑的花纹。这些野生的孔雀鱼和我们今天所熟悉的人工培育的孔雀鱼外形一点儿都不相像，所以即便您将一种孔雀鱼当成另外一种完全不同的鱼也是正常的。孔雀鱼比较强的生殖能力和较短的成熟期使其成为人工繁育（尤其是商业性人工繁育）的理想鱼品，目前已培育出多种花色的鱼。人们对品系内部育种而产生的雄鱼不是很满意，所以还特意通过人工配种来改变雄鱼尺寸以及鳍部的形状和大小。后来大家又更多地关注起了雌鱼，现在这些原本有点单调的土褐色鱼的尾巴变得色彩绚丽，连身体的颜色也开始变得鲜艳起来。然而不幸的是，尽管使用激素可以让雌鱼穿上华美的外衣，但也会出现一个问题——这种人工诱导的方法会产生副作用，导致雌鱼失去生殖能力。

饲养条件下，商业化人工繁育孔雀鱼时，应给它们提供水草茂密的水族箱环境，使混养的其他鱼类既不能欺负孔雀鱼也不能夹住它们平滑的鱼鳍。多条雄性孔雀鱼在一起时容易撕咬对方的鳍

⊙ 为了保持孔雀鱼的体色和鳍条特征，必须尽快把年轻的雌鱼和雄鱼分开，以控制配对繁殖的亲鱼组合。

部，所以要尽量在水族箱中放养不同性别的鱼。

孔雀鱼对水环境不挑剔，只要水质不是过软就行；在饵料要求方面，只要是嘴巴能吃得进的东西就可以，孔雀鱼绝对不偏食，会接受投喂的任何饵料。它们的肠子很长，胃却很小，这就意味着它们一次只能吃下少量饵料，不过半个小时过后，它们就会又开始寻找下顿美餐的着落了。为了抵御不断袭来的饥饿感，孔雀鱼会不断夹捏水族箱里的水草，尽管这看起来很让人恼火，但它们却不会对水草造成实质性的破坏，它们喜欢刮掉水草叶片表面的水藻，但不会将叶片撕破。不过虽说如此，有时新冒出的嫩芽却也不翼而飞了。给它们投喂一些莴苣或豌豆会有助于解决这个问题，注意一天之内少量多餐。孔雀鱼还会贪食各种活饵，包括它们自己的仔鱼在内。

用水族箱饲养的孔雀鱼的雌鱼每月会间断地产下仔鱼，如果水族箱内有充足的高至水面的水草或是一层钱苔作为遮蔽物，部分仔鱼便可存活下来。还可以将雌鱼移至专门的产卵箱或产卵槽中让其产卵。

要是希望仔鱼继承亲鱼斑纹的色彩或是鳍条的形状，就必须提供一个专门的产卵箱，这样就可以监控鱼群，确保它们按照你所期望的方式配对产卵。否则，若是将花色各异的孔雀鱼放在一起饲养，结果是十分可怕的，它们会

⊙ 孔雀鱼的性别很容易区分，雄鱼有生殖足，鳍条也更为华美艳丽（如图中上面的两条鱼）。相比之下，雌鱼体色较暗淡。

互相杂交，繁育出的仔鱼体色杂乱无章，鳍也千奇百怪。

月光鱼和剑尾鱼

月光鱼和剑尾鱼几乎与孔雀鱼一样多产。和孔雀鱼一样，雌性月光鱼也可以在一次受精后产下数窝仔鱼，而且它们也是经过商业化人工繁育的巧妙安排后，才有了斑斓的体色和形态各异的鳍条。

月光鱼喜好偏硬的水质，能够适应新搭建的水族箱环境，所以可成为新水族箱中饲养的第一批鱼，当水中的亚硝酸盐浓度高峰过去后将它们放入水族箱，能促使水环境达到成熟。月光鱼喜欢水草，水草既可以做它们的遮避物，又能做饵料，不过它们更喜欢以柔软的绿色藻类为食。

可以利用月光鱼喜好藻类的特点，帮助我们克服新装的水族箱中经常出现的藻类生长繁盛问题。尽管月光鱼偏爱藻类，但它们对饵料也绝不挑剔，只需定时投喂一些优质的加工饵料作为基本食物，如果希望它们达到最佳生长状态，就在饵料中添加一些活饵或冷冻饵料。

野生的月光鱼品种繁多，但在零售摊点我们大抵只能看到两个品种的月光鱼，这些都是将月光鱼广泛杂交或是将其与普通剑尾鱼杂交后得到的品种，这样就可以培育出花色和鳍条

⊙ 鱼类研究人员还培育出了像图中所见的小竖琴尾品种的剑尾鱼。

⊙ 红剑尾鱼依然是最受青睐的品种，但很难购买到优质鱼苗。

形态各异的鱼。一旦某种鱼已同其他鱼种进行杂交，无论其后代的样貌如何，都不适合再用原来的学名称呼了。不过，水族养殖爱好者仍然沿用与它们外观相似的鱼类学名称称呼它们。

月光鱼包括许多品种，如红月光鱼、蓝月光鱼、彗尾月光鱼和摆尾月光鱼。最后的一个品种是杂交鱼，因为这种鱼需要结合两种基因，一种是月光鱼品种中的彗尾月光鱼的基因，另一种是普通剑鱼的基因。由红尾金月鱼可以培育出日落月光鱼、万寿菊月光鱼、虎纹月光鱼和红眼白子变种等多款月光鱼。这些品种极易杂交，所以会经常发现有一种鱼的颜色和所有已命名的品种都不相像，不过只要自己喜欢，那就没问题了。

红剑尾鱼（改良过的剑尾鱼）看起来就像放大版的月光鱼。雄鱼可通过交尾器辨认，

⊙ 购买时应仔细查看销售商的水族箱，确保您购买的是健康的鱼苗，没有任何生病的症状——如紧夹住鱼鳍、呼吸急促和鱼体有刮痕等等。

发育成熟的雄鱼还可通过其"鳍剑"——尾鳍下半部分延伸出的鳍棘——来辨认。剑尾鱼在其生命周期进行一半时会经历一次性别逆转，雌鱼会长出交尾器和鳍剑。这已是众所周知的谜了，其实是这样一回事：许多雄性红剑尾鱼较之同等大小的其他红剑尾鱼需要经过更长的时间才会表现出性别特征，所以在交尾器和鳍剑最终长出之前看起来就像是雌鱼；有时年老的雌鱼会停止产卵，长出雄鱼那样的交尾器和鳍剑，不过这些老年雌鱼没有雄鱼保护仔鱼的能力，性别并没有真正改变。

同月光鱼和孔雀鱼一样，红剑尾鱼也是出于商业目的被开发出来的，其鳍条形状奇特新颖，其中包括石斑鱼（有时也叫双剑）和高背鳍红剑鱼。这些品种的鱼色彩斑斓，形态各异，有红剑尾鱼、黑剑尾鱼、小礼服剑尾鱼、白子剑尾鱼和红眼红剑尾鱼等。

饲养这些鱼需要一个相当大的水族箱，因为它们特别活跃，尤其是几只雄鱼放在一起饲养时更是如此，它们会不停地竞相摆姿势，向雌鱼炫耀自己。水族箱内种植可以形成草丛的水草很有用，不光可以为即将产卵或是想躲开雄鱼视线的雌鱼提供遮避场所，还可以为水族箱中愿意主动让道的其他鱼类提供一个去处。在这种熙攘混乱、你来我往的环境中，鱼儿可能会跳起来，所以得确保水族箱已加盖了一个紧的盖子。

无论饲养时间长短，硬水这一条件是必须的，在软水环境中这些鱼儿似乎无法正常生长，但也不要往水族箱里加盐（对孔雀鱼和月光鱼也是如此）。除了这点以外，这些鱼很容易饲养，也很易于人工繁殖。关于人工繁育要提醒一点：完全发育成熟的雌鱼可长到10厘米或者更大些，相对于市场上出售的用于饲养卵胎生鱼类的塑料汽水闸而言，它们的个头太大了。如果在装配了此种精巧装置

⊙ 人工繁育红剑尾鱼比较容易，能很快达到成熟期，专业人员通过对其改良，培育出不同体色和形态的品种，例如本图中的黑色品种。

⊙ 图中这种蓝剑尾鱼被认为最接近野生品种。从图中可以看到那只体型较小的雄鱼完全发育成熟的标志——鳍剑。

的水族箱中无法自如游动，雌鱼就会产生压迫感，宁可身体受伤也要奋力往外跳；或者会变得焦躁不安，甚或造成死亡。使用按同样原理专门改制的水族箱就会好得多。

帆鳍玛丽

现在我们来看看花鳉科家族中更具魅力的成员——帆鳍玛丽。

帆鳍玛丽共有 3 个品种，其中的两种，即宽帆鳉和帆鳍玛丽，是水族养殖爱好者较多饲养的鱼品。多年以来，人们将帆鳍玛丽同月光鱼和剑尾鱼杂交育种，培育出了体色更加绚丽的鱼。

帆鳍玛丽喜欢碱性硬水环境，如果水质达不到这一要求，可适当加入一点饲养盐，大约每 4.5 升加入 5 克饲养盐就足够了，尽管帆鳍玛丽对碱性的承受度还能再大点。事实上，帆鳍玛丽在咸淡至海水的饲养环境里才会达到最佳状态，海水观赏鱼养殖者就经常通过饲养帆鳍玛丽来使新装好的水族箱环境达到成熟。有一点至关重要：在往水族箱里加入饲养盐之前，必须确保水族箱内的其他鱼类和水草能够承受得了，否则，就需要给帆鳍玛丽专门准备一个水族箱了。

宽帆鳉的故乡从美国南部一直延伸至墨西哥境内，能够承受低于热带鱼类通常所需的温度（20℃~24℃），但饲养时最好将水温控制在这一范围的上限温度。宽帆鳉有几种体色，如金色、黑色和白化变种。野生的宽帆鳉鱼体的基色为橄榄绿，侧腹部有七彩的亮片，此外也曾发现过鱼体上带有黑色斑点的野生宽帆鳉，

黑色帆鳍玛丽就是由这个品种演变培育而来的。

雄鱼很容易通过交尾器和雄伟壮观的背鳍辨认出来，在向雌鱼求爱时，雄鱼就会卖弄背鳍以吸引雌鱼注意。雌鱼每四到五周产一次仔鱼。雌鱼生仔鱼时要将雌鱼移至专门的水族箱，里面要已事先种植好茂密的水草，水面上也要铺设漂浮的水草，待雌鱼生产结束后才可将其移开。

自由帆鳍玛丽（多年来一直被认为是黑花鳉的一个品种）产自拉丁美洲的危地马拉等地。这种帆鳍玛丽并不常见，是一种很漂亮的鱼儿，背鳍和尾鳍呈红、黑和白色，较之帆鳍鱼类适应性更强，可以在不加饲养盐的软水环境中生活。

黑玛丽是宽帆鳉中的黑色鱼品和黑花鳉的杂交品种。这个杂交品种也有好多种，其中包括"小竖琴尾"和"气球"。

⊙ 黑玛丽是一种杂交的鱼，由宽帆鳉中的黑色品种和黑花鳉杂交得到，只要保持水环境温暖、水质清新，黑玛丽是很容易饲养的。

▌饲养

只要保持良好的环境，帆鳍玛丽是很好饲养的。当水质恶化、水温太低或者这两种情况同时出现时，帆鳍玛丽常常会最先显出萎靡不振的状态：比如将各鳍夹紧贴到身体上，游动时无精打采，或停在水族箱底部休息；也可能摇动起身体，像跳舞一样。此时如果水温适中，只要换掉小部分水就可以解决这个问题了。

和其他花鳉科鱼类一样，帆鳍玛丽对饵料也不挑剔，几乎给它们喂什么就吃什么。专业人员常常推荐在帆鳍玛丽的食料中添加足量的绿色饵料，有人甚至说，如果不吃绿色饵料，帆鳍玛丽将很难保持良好的健康状态。不过事实并非如此。许多专业帆鳍玛丽饲养人士不给帆鳍玛丽额外喂植物饵料，却也成功地人工繁育出了仔鱼，并将它们养到了成鱼的尺寸。如果没有其他更好的饵料供它们挑选时，帆鳍玛丽就会以莴苣、豌豆、藻类和水族箱内柔软的水草叶片为食，不过那是因为它们总是很饿。帆鳍玛丽还会津津有味地品尝像水蚤、红蚯蚓和孑孓这类活饵以及切碎的鱼肉和冷冻饵料。如果希望你的帆鳍玛丽保持良好的生长状态，就要做到勤喂食。

其他花鳉科鱼类

花鳉科鱼类中有4种需要特别介绍一下，分别是刀鳞鲴、尖嘴蝶鱼、食蚊小鳉和亚洲麦穗鱼。

▌刀鳞鲴

刀鳞鲴沿尾柄的下缘长着两排鱼鳞，看起来就好像是小刀的刀刃一样。健康的刀鳞鲴，鱼体为苍白色，闪耀着七彩的光辉，很有饲养价值。雄鱼大约可长到5厘米长，雌鱼可长到大约7.5厘米长，可以放心地与体型相当、性情温和的鱼类放在同一个水族箱里混养。

雌鱼大约每月产仔鱼100尾。亲鱼有吞食其仔鱼的习性，在水族箱的水面上散放一些漂浮的水草将有助于降低仔鱼的损失。一旦发现水族箱里出现仔鱼，应立即将其移出，放入培育水族箱饲养。刀鳞鲴对所处的位置很敏感，所以转移即将生产的雌鱼并不是明智之举。

刀鳞鲴的最佳饵料是活饵，不过它们也吃加工饵料；仔鱼的饵料应选用刚孵化出的盐水虾。

▌尖嘴蝶鱼

总的说来，尖嘴蝶鱼是一个特别的品种。雄鱼的体长可达到10厘米左右，雌鱼的体长约为18厘米。尖嘴蝶鱼是彻彻底底的食肉动物，小至昆虫的幼虫，大至小鱼甚至它们的同类，只要是会动的它们都吃。就像它们的名字一样，尖嘴蝶鱼长着十分小且排列紧密的牙齿，或许是用来判断饵料是死是活的，不过这个过程很耗时，需要有耐性。

尖嘴蝶鱼的这一本性决定了必须将它们饲养在专用的水族箱里。尖嘴蝶鱼是一种很典型的潜伏性食肉鱼类，喜欢埋伏在水草丛中，待

⊙ 尖嘴蝶鱼极具掠食性，喜欢吃活饵，最好饲养在专用水族箱。

猎物出现，立即跳出将其捕获。这种鱼长大后的体型也决定了必须为它们准备一个足够大的水族箱。水应温暖，保持在 26℃ ~ 28℃，并配置好的过滤装置，定期部分换水，来保持水族箱内清洁。

应让雌鱼在繁殖箱内产卵，产卵结束后再将其放回到原水族箱。一条大型的雌性尖嘴蝶鱼可产下多达 250 尾的仔鱼。为仔鱼准备足量的小型新鲜的活饵可能比较麻烦，因为它们从一开始就能吃下水蚤和一日龄的孔雀鱼，如果饵料不够，它们就会互相吞食。为了将自相残杀造成的损失降到最低限度，可以在水族箱内密密地植上水草。

▌食蚊小鳉

食蚊小鳉是卵胎生鱼类中体型最小的一个品种，雄性食蚊小鳉只能长到 2 厘米长，雌鱼可长到 3.5 厘米，产自北美洲的佛罗里达半岛一带。

饲养食蚊小鳉的专用水族箱里应种植茂密的水草，注入碱性的硬水，水温控制在 20℃ ~ 24℃。夏日里，可将食蚊小鳉放在室外饲养，这样可以让鱼体的棕色逐渐加深，不过鱼体颜色变深也可能是因为不断给它们投喂活饵的缘故。

仔鱼在一个类似"输送带"的系统内繁育，这个系统里有任意特定时间形成的、处于各个发育阶段的胚胎，所以雌性食蚊小鳉会每次产下一至两只仔鱼，系统内及时补充胚胎，整个系统不断运作。较之雌鱼的体型而言，新产下的仔鱼个头可称得上非常大了，有能力自行吞食小型活饵。这样的繁殖方式（异期复孕）使得食蚊小鳉能够保持较高的存活率。

▌亚洲麦穗鱼

成年的雌性亚洲麦穗鱼在靠近臀鳍的位置有一块蓝黑色斑块，覆盖了半个腹部，侧腹部有无数条黑色纵纹，背部有多条黑色的新月形斑纹。雄鱼身体的下半部分从交尾器到尾处呈深蓝黑色，侧腹部和背鳍的斑纹与雌鱼相同，背鳍和尾鳍为黄色或橘黄色。

亚洲麦穗鱼喜欢水族箱内水草覆盖率较高的生活环境，水族箱应配置高效的过滤器，并做到定期部分换水，水温应控制在 22℃ ~ 26℃，饵料的品种应富于变化。

雌鱼每月产仔鱼 10 ~ 50 尾，仔鱼在出生后 1 小时内便可食用小颗粒的鱼食和新孵化出的盐水虾。

卵生鳉鱼

人们一直以来都认为卵生的小软鳍鱼科鱼类会需要特殊的饲养条件，即酸性的软水水质，所以饲养起来会很困难。其中的部分品种的确如此，但并不是所有的小软鳍鱼都是这样。

许多卵生鳉鱼色彩异常艳丽夺目，仅凭这一点就足以使它成为理想的水族箱观赏鱼。不过，如果希望它们达到最佳状态，就需要水族养殖者做出一定的付出了，因为这会需要大量的时间和耐心，要给这些小的观赏鱼布置合适的水族箱，得把鱼卵从产卵布上取下，将泥炭块弄干，然后还得喂养仔鱼。要是水族箱里没有什么空地方的话，就试试用一个单独的水族箱来饲养吧。

◉ 阿根廷珍珠鳉应饲养在专用水族箱，雄鱼的体色较之雌鱼更为斑斓华丽。

野生的卵生鳉鱼，在除了澳大利亚以外的

其他热带地区都有分布，有些品种甚至在温带也可以见到。绝大多数的卵生鳉科小鱼体型都很小，不过有一种体型稍大的卵生鳉鱼——蓝珍珠蜡——已经成为相当稳定的进口鱼种，这种鱼的故乡在坦桑尼亚的坦噶尼喀湖，体长可达 13 厘米，是一种十分漂亮的鳉科小鱼，鱼体的基色为淡黄色，雄鱼的鱼体上有灿烂夺目的蓝色斑点，雌鱼的斑点则为银色。它们喜欢在硬水环境中生活，可以和体型相当的其他鱼类和睦相处，但最好每群饲养 6 ~ 10 条。

卵生鳉鱼主要为食虫鱼类，给它们提供活饵至关重要，因为有些品种的卵生鳉科小鱼根本不吃不能动的饵料。可选用水蚤、蛤类和孑孓作为常备饵料，不过还可以通过孵化盐水虾的卵或培育白虫和微型虫来给你的鱼儿准备饵料。如果希望在人工繁育卵生鳉科小鱼的过程中取得成功——无论是促使成年亲鱼进入繁殖状态还是要将仔鱼饲养大，饵料的选择都是十分关键的。由于没有注意正确安排饵料，会导致许多卵生鳉科小鱼死亡，这种情况经常发生，这也是致使业余水族养殖爱好者无法继续喂养卵生鳉科小鱼的原因。

另外一个导致卵生鳉科小鱼死亡的原因可能是给它们选择了不恰当的混养伙伴。例如，雄性淡水鳉科鱼摇曳的鳍条对许多虎皮鱼而言太具诱惑力，它们会因此而受到骚扰，鳍条会受伤。鳍部受伤可能会引发致命的感染，或是使得它们因受到欺凌而无法获得饵料。毫无疑问，绝大多数的卵生鳉科小鱼都以饲养在单一品种的水族箱里最为适宜。

在底沙中产卵的鱼

底沙中产卵的鳉科小鱼有时也被称作"一年生鱼"。旱季里，这些淡水鳉科鱼栖息的池塘里的水会被蒸发掉，成鱼会因此死亡。为了确保存活率，它们就将卵产在池塘底层的泥里，在随后的降水到来之前，正在发育的鱼卵就一直留在晒干的泥巴里。并不是所有的卵都会在第一场雨降临时开始孵化，这是因为，如果第一场雨下得反常，池塘随后就会再次被晒干，整个鱼群就会全部死亡。因此，一部分鱼卵需要等到第 2 次甚至第 3 次降雨才会孵化。通过这种方式，整个鱼群的存活率得到了保证。

⊙ Pterolebias sp.（中文名不详）产自南美洲，属底沙产卵的品种。与雌鱼相比，雄鱼的体型更大，鳍条也更长。

⊙ 应将三叉琴尾鳉饲养在弱酸性软水环境中，它们在底沙中产卵。

⊙ 三角鲃可能会有攻击性，在将雌雄亲鱼放到一起之前应确保雌鱼已做好繁殖准备。

⊙ 奥氏琴尾鳉将卵产在叶片繁茂的水草上。可使用产卵布然后将卵摘下，放到另外的水族箱中等待其孵化，孵化箱中应用产卵箱中的水做水源。

但在水族箱环境里，有些底层泥产卵的品种可以活到一年以上，因为水族箱里的水资源不会枯竭。

这些鱼类有产自南美洲的珍珠鳉属和鳉属，以及产自非洲的圆尾鳉。每个品种都有自己的特殊要求，例如水温要求、贮藏卵的精确时间要求等，因此需要一一核实这些特殊条件。

人工繁育底沙中产卵的鳉科小鱼

在底沙中产卵的鳉科小鱼雄鱼的体型比雌鱼大，体色也更鲜艳，鳍条更长；雌鱼与雄鱼形成鲜明对照，通常为浅灰色或浅棕色，体型较小，所以很容易辨认出你购买的鱼是否雌雄成对。正常情况下，需要成对购买，不过若是希望通过购买到的鱼来配对繁殖后代，就最好买一尾雄鱼和两尾雌鱼。这是因为在产卵期时雄鱼会拼命地驱赶雌鱼，在水族箱里放上两条雌鱼可以使雄鱼分散注意力。

预备产卵箱时，需要在水族箱底部铺上一层 4～5 厘米厚的泥炭作为底沙，再种植几丛叶茂的水草，比如伊乐藻属水草或禾本科的羽毛草，给雌鱼提供一个遮蔽的场所。水族箱里的水宜为弱酸的熟水，软性水质（用泥炭层就可以达到这一目的），水深约为 25 厘米。有时还需在将泥炭块放入水族箱之前先将其煮熟，这样泥炭块就可以沉到水族箱底了。把泥炭煮熟还可以起到杀菌作用，鱼卵便不容易感染细菌或真菌。

给配好对的雌雄亲鱼投喂充足的水蚤、昆虫幼虫这类的活饵，使其保持良好状态。当雌鱼腹内充满鱼卵时，将其放入产卵箱里，待雌鱼已适应产卵箱的环境后再放入雄鱼。雄鱼在向雌鱼求爱时，会不断炫耀鳍条，摆出各种姿态。如果雌鱼已做好产卵准备，亲鱼就会双双下潜到底层泥里，雄鱼用鳍抱紧雌鱼。一些品种的底层泥产卵鱼会潜入底层泥的表面以下，而其他品种似乎只是将卵推入底层泥里。产卵过程一结束，雌鱼便会立即瘦下来，躺在水族箱底部休息。应将雌鱼捞出，放到另外的水族箱中好好喂养，让其恢复体力。在雌鱼再次做好配对准备之前，应将雄鱼放在另外的水族箱中饲养。

此时，就可以用网排干产卵水族箱内的水，

滤出泥炭层。旧的紧身衣在这时就可以派上用场，不过应确保使用的那一小块没有小洞也没抽丝。排干泥炭层里的水，这样泥炭层就变得潮湿易碎，接下来再检查一下鱼卵，卵粒为球状，直径大约为 1 毫米，由于品种不同，颜色可为棕色或白色。假如你找到了一些卵粒，就把嵌着鱼卵的泥炭放到塑料袋里储存，等待这个品种最佳孵化期的到来，通常需要等待 3～4 个月。在袋子上贴上标签，注明鱼的品种和储存日期。储存鱼卵时温度应控制在 22℃～24℃左右；晾衣橱底部的温度通常最适宜，但也需要每天将可显示最高和最低温度的温度计在那儿放一会儿测量一下，看看平均温度是多少。

经历了不可缺少的储存期之后，就可以对鱼卵进行孵化了。不过在进行鱼卵孵化之前，要建立一个盐水虾培养圃，准备仔鱼的饵料，这样卵的孵化过程就可以同喂养仔鱼配合进行，因为许多仔鱼死亡正是由于不能及时提供饵料所至。

将嵌有鱼卵的泥炭放入水族箱内，加入已升温至 22℃ 的雨水。如果运气好的话，24 小时内就能看到新孵化出的仔鱼了。若是没发现仔鱼，就再往水族箱里加入一些水蚤这类的新鲜的活饵，可以降低水中的含氧量，这有助于促进鱼卵孵化。绝大多数品种的仔鱼个头都较大，足以吞吃新孵化出的盐水虾，享用它们的第一餐。别忘了要将泥炭再次弄干，再储存一个月，然后再浇上雨水，因为泥炭里可能还有处于休眠状态的鱼卵。

属于这个类型的卵生鳉科小鱼的常见品种有：贡氏红圆尾、火麒麟、贝氏珠鳉、怀特氏

◉ 火麒麟产自非洲，是一年生鱼类。应给它们投喂足量活饵。

珠鳉和黑珍珠。

▎人工繁育水草产卵的品种

大家普遍认为人工繁育的、在水草上产卵（或者更准确地说，将卵从水草上悬下）的卵生鳉鱼比较容易。同样，也要装一个产卵箱，不过这种产卵箱的底部应铺上沙砾层和水草或是产卵布。大多数人都使用产卵布，因为产卵布比水草更方便，而且可以每隔几天就取出来收集一下鱼卵。

产卵布的做法是：将纱线固定到一块栎树皮或是聚苯乙烯漂浮物上，这样纱线可以下垂到水里；或者也可以将纱线系到石块上，让纱线往上浮。需要事先核实一下鱼产卵的位置——是位于水草叶片上方还是靠近底部的沙砾层，这样才能相应地安置好产卵布。如果不知道产卵的具体位置，就把这两种产卵布都放在产卵箱里。

同样，在将配好对的亲鱼放入产卵箱之前，给它们喂食新鲜活饵，将它们的状态调到最佳。产卵期里，雄鱼会在水草丛或是产卵布中追逐雌鱼，每次都可以收集到一些卵，所以需要每

隔几天就要检查一下产卵布，将上面的鱼卵摘下。有些品种的鱼会将卵产在产卵布织得最密部分的线节旁边，而另外一些则喜欢将卵产在纱线上偏下的位置。

将卵放到较浅的容器中孵化（小型冰淇淋盒子最佳），用产卵箱里的水做水源。可以把容器放在水族箱的顶部或者让它漂浮在水族箱里，这两种方法都可以避免容器过热或过冷。

孵化期间，给仔鱼喂食新孵出的盐水虾，但一定要保持孵化仔鱼的容器清洁卫生，清除掉由于定期部分换水（而不是全部）所留下的残余物质。待仔鱼长得足够大时，就可以将其移入水族箱中饲养。

琴尾属的许多种鱼都采取这样的方式产卵，这些品种的鳉科小鱼体色鲜艳，异常艳丽夺目，深受广大水族养殖爱好者的赞赏和青睐。其中一些受欢迎品种有时可在水族店找到，包括：五彩竖琴鳉、五彩珍珠琴尾蟡和蓝带彩虹蟡。其他推荐的品种有五间鳉、黑纹鳉和溪鳉。所有的这些品种在人工培育时都需要水质为软水的咸淡水环境。喜欢硬水环境、人工培育方法相同的品种有斑鳉、古巴鳉、金色底鳉以及

⊙ 尼日利亚蓝眼灯有群集的习性，必须饲养在经过处理的水环境中，不易饲养，喂食活饵会对它们有好处。

⊙ 斑点鳉生性怯懦，需要饲养在安静、已植入水草的水族箱中；对太新的水会很敏感。

⊙ 五彩竖琴鳉十分美丽，常见的有两种不同体色的品种，图中是橙色的那种。

⊙ 与斑节鳉不同，五间鳉易于饲养和进行人工繁育，是适合初学者饲养的理想卵生鳉鱼。

唇线鳗。

其他产卵方法

所有类属的观赏鱼总有一部分不符合常规的情况，卵生鳉科小鱼的繁殖方式当然也不例外，许多品种的卵生鳉科小鱼并不像上述两类那样优雅地产卵。例如，异色鳉就是将卵先在体内受精，然后雌鱼将受精卵排出，卵子会像葡萄串似的悬挂于雌鱼的排卵口处。鱼卵会粘附 15 ~ 20 天，在这期间胚囊开始发育，直至孵化。通过这种方式繁殖的鱼类有时也被称作"卵胎生鱼类"。

另一个特殊的品种是美国旗鱼，这个品种的亲鱼会将卵产在水草丛的基部，或者将卵散落在底沙中（对这个品种而言，沙子是最好的基底材料）。产卵过程会持续好几天，之后应将雌鱼捞出另养。雄鱼会继续看护卵和仔鱼，直到仔鱼长到足够大，可以自己进食为止。

可饲养在混养水族箱里的品种

尽管卵生鳉科小鱼很难饲养这一点已经是众所周知的了，可是有些品种还是可以放在混养水族箱中饲养的，比如潜水艇或黄龙、扭半鸟嘴和青鳉鱼。这几种鱼贴近水面生活，可将买鱼时常常忽略的水族箱里的一个区域填满。

潜水艇或黄龙的确名副其实，鱼鳞上的亮黄色斑点在阳光下熠熠闪光，生活在水面附近，背部平直而狭长，背鳍离头部较远；雄鱼比雌鱼体型稍大，体色也更为斑斓，但最主要的区别在于雌鱼的鱼体后部有 6 ~ 8 条的纵纹。黄龙属食肉鱼类，几乎专门以落在水面的昆虫及其幼虫为食。只要条件允许，尤其是当希望人工繁育仔鱼时，应给它们喂食新鲜的活饵，特别是它们爱吃的孑孓。如果没有条件很好地供应活饵，它们也可以吃加工饵料和冷冻饵料，在这些饵料往下沉时，黄龙就会去捕食，这一点对水族养殖者而言无疑是个福音。不过，黄龙不从底层泥上捕食。出于食肉的本性，它们也会吞食小仔鱼，所以一旦选择了饲养黄龙，就别指望水族箱里会有很多孔雀鱼或者剑尾鱼的仔鱼能幸存下来。

在水族箱的水面上种一层漂浮的水草有助

◉ 黄金鳉会在水草繁茂的专用水族箱中大量繁殖。这只是雄鱼，雌鱼的外观比较普通。

◉ 红鲈分布在美国东部沿海的咸淡水域中。

于防止黄龙跃出水面，同时还可以为它们提供一个产卵的场所。黄龙在捕食或者受到其他鱼类的追赶时会跳起来，有了水草，它们就有了一个避身之所，不必再四处逃窜了。

虽说黄龙是在混养水族箱的水草叶片上产卵，但也可以在水族箱里铺上产卵布，它们也会经常在这些产卵布上产下一些卵，随后你就可以把产卵布移出，放到较浅的容器中让卵孵化。假如你用印度水蕨——水胡萝卜或者水芙蓉作为漂浮的水草层，这些鱼就会将卵产在摇曳的水草根部。如果是这样，就可以把水草捞

⊙ 潜水艇或黄龙易于饲养，在近水面水域生活，喂食子孓可让它们苗壮成长。它们在受惊时会高高跃起，所以一定要把水族箱的盖子盖紧。

里。它们喜跳跃，所以得把水族箱的盖子盖好。

若是扭半鸟嘴生活得开心，就会在水族箱里产卵和繁殖，卵常常产在水草叶片上，成鱼会吞食同类，无论是鱼卵还是孵化出的仔鱼都不放过（它们会吃掉任何品种的体型稍小的鱼类）。不过如果在水面上种一层厚实的水草，个别的仔鱼就可以幸存下来。若是希望大量的仔鱼都能存活下来，还有一个办法，

出，但一定要换上新的水草层。有时间的话，就可以从产卵布或是水草根部把鱼卵摘下。孵化过程大约持续两周，新孵化出的仔鱼个头挺大，可以食用刚孵化出的盐水虾和粉状薄片。还有一种更天然的饵料，就是在孵化容器里撒上一层蚊子卵，待子孓孵化出来时，仔鱼就可以进行捕食了。

不用将仔鱼放在孵化容器里太长时间，否则会阻碍它们生长。给它们准备一个饲养箱，以主水族箱里的水为水源，再配一个过滤系统，使水流舒缓即可。水不宜深，但随着仔鱼渐渐长大，可将水族箱里的水逐渐加深。你会看到仔鱼一小群一小群地随着水流游来游去，若在饲养箱里放入一些小型的漂浮水草，比如钱苔属，可以给它们提供一个遮蔽的场所。

扭半鸟嘴的故乡在非洲的马达加斯加岛、桑给巴尔岛和塞舌尔岛。这种鱼十分漂亮，黑黝黝的身体上布有鲜亮的七彩斑点，喜欢割据一方，好勇善斗，但如果将它们和一般大小（如5～7.5厘米）的鱼类一起放在植被覆盖良好的水族箱里喂养时，它们一般也不会伤害其他鱼类。这种鱼会占据水族箱的上层水域，喜欢潜伏在水草

就是先把鱼儿饲养在混养水族箱里，然后再移到一个专用的水族箱，放上足量的水草供它们产卵，待产卵过程一结束（5～7天），就将亲鱼移出，让鱼卵单独孵化。一对成鱼最佳状态下可产下多达200粒的卵，约经过12～14天即可孵化。孵化出的仔鱼会贪婪地吞吃新鲜的活饵，所以要保证有事先备好的盐水虾。

青鳉鱼是一种可爱的群生鱼类，必须以小鱼群的形式喂养，否则它们会日渐憔悴。这种鱼体型娇小，充其量能长到4厘米，只要混养水族箱里没有体型较大的其他鱼类欺负它们，就可以和其他鱼类和睦相处，很适宜混养。要确保水族箱里水草繁茂，因为青鳉鱼会跳起来，所以要将水族箱的盖子盖紧。青鳉鱼对饵料不

⊙ 扭半鸟嘴是一种大型的卵生鳉鱼，体长可达10厘米，与雄鱼相比，雌鱼的体型略小一点，体色也较单调。它们会将卵产在水草上，卵的数量众多，所以得保证有足够的饲养空间提供给孵化出的仔鱼。

挑剔，会接受加工好的薄片状和冷冻饵料，但如果投喂活饵，它们的生长状态就会更好，会更漂亮。

雄性青鳉鱼比雌性体型大一些，鱼体泛出金属般的蓝色光泽，背鳍和臀鳍较大，臀鳍会有部分鳍条稍长，使得臀鳍的边缘看起来参差不齐。部分青鳉鱼的体色呈金黄色，而另外一些则只是普通野生青鳉鱼的外观。其他品种还有黑点青鳉和蓝眼灯。

这些鱼的繁殖方式十分有趣。首先，雌雄亲鱼先让卵子在体内受精，几个小时以后再由雌鱼释出体外（又是一种卵胎生鱼类）。雌鱼最终产下一串鱼卵之后，就用一根线状物使卵附在自己身上，最后在水草上将卵掸掉，之后，鱼卵就会粘附在水草上。这看起来就像是有一串鱼卵粘在雌鱼的排卵口处，在最终将卵子粘附到水草上之前，雌鱼也许会持续好几天都携带着卵串。雌鱼的排卵很有规律，每周都会产下一串卵，不过只要一有机会，它们就会把卵吃掉。所以，无论你打算饲养几只青鳉鱼，都应该让雌鱼在专门的水族箱里产卵，一旦在雌鱼排卵口处发现鱼卵，就得小心翼翼地将它取下，然后放入上面提到的那种小型容器内。等到仔鱼从卵中孵化出来后就可以像饲养其他卵生鳉鱼那样喂养青鳉鱼仔鱼了。

有时会出现卵孵化失败或者仔鱼拒绝进食的情况，但具体原因目前还没有查出，因为其他的水族养殖者们采用的饲养环境尽管差别很大，有的使用酸性软水，有的使用碱性硬水，但都得到了饲养青鳉鱼的巨大成功。

非洲脂鲤

本节谈及的部分鱼包括鲑脂鲤属、非洲脂鲤属、小鲑脂鲤属、平腹脂鲤属、红眼脂鲤属、灯鱼属和亚非脂鲤属。所有这些品种的饲养环境均相似，其中的绝大多数都是适合较大型水族箱的理想混养鱼。这些鱼生性活泼好动，需要充足的游动空间，因此长方形的、水草浓密的水族箱最为理想。可用一个电动过滤器制造出水流，给鱼儿游动时制造一点阻力，但阻力不可过大，否则它们就会被水流冲到水族箱的另一侧。

非洲红眼脂鲤的体长可达8厘米。一个鱼群中应该既有雄鱼也有雌鱼，雄鱼体色斑斓，较细小而且修长，雌鱼体色较深，臀鳍笔直且尖端为黑色。饲养非洲红眼脂鲤的水族箱宜大，以给它们提供开阔的活动空间。水族箱应定期部分换水，投喂足量的肉类饵料，如子孑和红蚯蚓（活饵或者冷冻饵料均可），将有助于成年配种鱼进入繁殖状态。雌性非洲红眼脂鲤产卵时，将卵子散射出来，每对品种优良的这种热带亲鱼产卵量可超过1000粒。只要喂饵得当，仔鱼就会生长得很快，2个月左右时便可长至5厘米。

另一个广受欢迎的品种是刚果扯旗鱼，发育成熟的雄性刚果扯旗鱼外形华丽壮观，鳍条较长，体色精致绚丽。相比之下，雌鱼的鳍条则较短。但年幼时体色相近，鳍的形状也大致

⊙ 幼年的刚果扯旗鱼必须用冷冻的或新鲜的活子孑精心喂养。

⊙ 长鳍鲑脂鲤在阳光下看起来很悦目。但要小心，它们可能会跳起来。

相同，因而无法分辨出性别。最好的办法就是购买一群仔鱼，给它们喂食充足的活饵，尤其是孑孓和红蚯蚓这类饵料，将它们饲养长大。如果没有活饵，冷冻饵料则是一种不错的替代品。通过这种方式，就可以繁殖出优质的刚果扯旗鱼了，而且在价格方面，比起去购买或许已经老得无法再繁殖的成鱼来，又要合算得多。刚果扯旗鱼繁殖时是将卵散射出来，因此若是它们在水族箱内产卵，大多数的卵会被吃掉。不过，如果在水族箱里铺上丝网或是植入爪哇苔藓，刚果扯旗鱼就可以成功繁殖后代了。

其他一些可以考虑饲养且需要条件也相似的脂鲤品种有：长鳍鲑脂鲤、背带鲑脂鲤和尖齿小鲑脂鲤。

假如与其混养的是小型鱼类，水源为弱酸性软水，还有两种体型精巧的脂鲤也适合混养，即毕加索灯鱼和阿多尼斯脂鲤（或称豆形软体脂鲤，这种鱼的俗名容易引起混淆）。这两种鱼体型都很小，毕加索灯鱼充其量可长至4厘米，阿多尼斯脂鲤只能长到2厘米长。饲养这两种鱼的主要要求体现在水质方面：一定要用不含硝酸盐的熟水。投喂足量的小型活饵也对鱼儿有好处，但这点不是很重要。毕加索灯鱼的跳跃能力很强，尤其是受到惊吓时更是如此，所以要确保水族箱已盖好。在水族箱水面敷设一些漂浮的水草也很有好处，因为水草似乎会让鱼儿有一种安全感，这样它们就不再那么希

⊙ 成年的刚果扯旗鱼需要酸性的软水环境，食料中应添加一些植物饵料。

⊙ 非洲红眼脂鲤是较大型混养箱里不可缺少的观赏鱼种。

望跳出水族箱了。

当水质为产卵所需的偏酸性软水时，毕加索灯鱼和阿多尼斯脂鲤便可产卵繁育。阿多尼斯脂鲤将卵产在叶片繁茂的水草间，卵会在36小时后孵化；而毕加索灯鱼则将卵产在水族箱底部一个泥炭块的表面。这两种鱼的产卵量都不大，仔鱼的个头又特别小，因此需要喂食近乎粉状的精细饵料，纤毛虫就是最好的开食饵料，其次是新孵化出的咸水虾。

复齿脂鲤

复齿脂鲤是众所周知的食草脂鲤品种。当水族箱内水的硬度为10～20，即中性稍偏酸，水温为23℃～27℃时，所有的复齿脂鲤都会感觉舒适。

应给它们投喂足量的植物性食料，如莴苣、豌豆、鹰嘴豆、菠菜、豆瓣菜和小胡瓜等，以及薄片状和块状饵料，这类鱼也会吃掉投喂给水族箱内其他鱼类的像红蚯蚓这类的活饵。

水族养殖者可以见到几个品种的复齿脂鲤，其中有两个品种体型很小，一种是多斑复

齿脂鲤，体长只有6厘米，产自扎伊尔盆地中游地区，不过遗憾的是这种鱼极少出口。除了体型小之外，多斑复齿脂鲤性情还很温和，苔绿色的鱼体和黑色垂直条纹也颇具吸引力，是适合混养水族箱的绝佳鱼种，所以出口稀少的确是个不小的遗憾。另一个鱼种是银复齿脂鲤，体长可达12厘米，产自扎伊尔盆地地势较低处，是鲇鱼及一些脾气温和的丽鱼科鱼类的理想混养伙伴。

复齿脂鲤中有3个品种外观很相近，它们

鱼鳍都为红色，背鳍基部都长有斑点。这3个品种分别是：银复齿脂鲤，体长可达12厘米；背斑复齿脂鲤，体长8厘米；彼氏复齿脂鲤，体长15厘米。银复齿脂鲤在接近尾鳍处长有圆形突出物，臀鳍基部比背鳍基部长。背斑复齿脂鲤也在接近尾鳍位置长有圆形突出物，但臀鳍基部比背鳍基部短。彼氏复齿脂鲤与背斑复齿脂鲤的外形十分接近，但其尾鳍末端呈尖形。它们的分布区域也不相同：银复齿脂鲤产自扎伊尔盆地地势较低处，背斑复齿脂鲤产自扎伊尔盆地上游地区，而从喀麦隆到安哥拉都可发现彼氏复齿脂鲤的踪迹。

这一类属中体型较大的品种有：长嘴复齿脂鲤（40厘米），六线妞妞（25厘米），亮银复齿脂鲤（30厘米）。饲养这3种鱼需要大的水族箱，长度不少于150厘米，宽度也要足够，

⊙ 或许你会忍不住想买上一条体色鲜艳的幼年六线妞妞，但请在购买前先考虑一下。虽然六线妞妞在长成成鱼时仍可保留艳丽的体色，但体长却可以达到25厘米，成年六线妞妞力气很大，需要足够大的水族箱和好的过滤系统。这种鱼很容易受到惊吓，所以还必须保证水族箱的玻璃加罩或玻璃盖已盖严，否则可能就会发现你的六线妞妞已在地板上了。

这样鱼在水族箱里才能穿梭自如，另外一个高效的过滤器也必不可少。这些鱼是体型较大而又性情温和的鲇鱼——如西方项鳉、大型虎皮鱼和其他大个头的温和的脂鲤——的绝佳混养伙伴。

⊙ 银复齿脂鲤的体长通常只有7.5厘米，可以与一些精力充沛的鱼儿同箱饲养。应投喂足量的植物饵料，否则水族箱里的水草就会大片遭到破坏。

⊙ 幼年的长嘴复齿脂鲤体色艳丽夺目。随着不断生长，就需要更大的水族箱环境，这时可以将它们与一些较大型的性情温和的鲇鱼同箱饲养，这样它们彼此都不会争抢饵料。

南美洲灯鱼

南美洲灯鱼是品种最为繁多的脂鲤科鱼，包括人们熟悉的所有品种，如红绿灯鱼、银尖灯鱼、荧光灯鱼、宝莲灯、红头剪刀鱼、红鼻剪刀鱼、红心大钩、帝王灯鱼、钻石灯鱼等等，这里仅列出了其中的一小部分。

南美洲灯鱼大多体型很小，非常适宜饲养在混养水族箱中，需要弱酸性的软水环境，就像许多成熟的水族箱里的那种环境。许多人饲养失败，都是因为太操之过急地将它们引入了新装好的水族箱环境。即使是适应能力很强的灯鱼，如荧光灯鱼，在引入之前也要先将水族箱放置几个月。

对于宝莲灯这类更娇弱的品种，使用经过6个月或1年处理的成熟水环境最适宜。南美洲灯鱼有群集的习性，喜欢和自己的同类成群生活，所以购买时不可这个品种挑上一两只，

那个品种再挑一只，其他的几个品种也都分别挑选两三只，而应该一起买下8～10只自己喜欢的品种，另一个品种可以再买上6只或8只。只有这样，您才能看到更多的灯鱼，因为有了同伴，它们就不会躲藏到水草丛中了。

南美洲灯鱼的喂养很简单。加工的饵料可以作为它们的主饵，但为了让它们保持鲜亮的体色，有必要再给它们投喂一些活饵或冷冻饵料。假如希望它们繁殖产卵，就要时常更换饵料的品种，帮助它们达到繁殖的最佳状态。

▌灯鱼的人工繁育

在这些小型的灯鱼中，红绿灯鱼一直以来都被认为是特别难养的品种，然而事实上它们的人工繁育几乎和许多虎皮鱼一样简单。要成功繁育红绿灯鱼，关键要选好育种亲鱼并装一

◉ 为了满足观赏鱼交易市场的需求，数以千计的培育人员不断地培育红绿灯鱼，因此大可不必担心野生红绿灯鱼的储量问题。

◉ 荧光灯鱼鱼源的数量也很庞大。在购买前应检查是否畸形，如生有变形的鳃盖等。

◉ 绝佳的水质对红头剪刀鱼至关重要，它们对水中的硝酸盐积聚程度很敏感。

◉ 红心大钩可通过其长而舒展的鳍条辨认，应饲养在弱酸性的软水环境中。

个合适的产卵箱。

对于健康的红绿灯鱼，很容易区分出其性别：与雄鱼相比，雌鱼的体型更大些，通常鱼体也更圆、更肥一些，当雌鱼腹部充满卵时，区别会更加明显；雌鱼身体上会布有略微弯曲的蓝色纵纹，而雄鱼鱼体的纵纹更直挺一些。后一种区别特征辨别起来会有点儿难度，不过它们的体型差异就足以让你比较轻松地辨认出哪些是雌鱼，哪些是雄鱼了。

注意挑选大小合适的红绿灯鱼作为产卵的种鱼，体型大的、不漂亮的不宜选种，你需要挑选即将完全成熟的红绿灯鱼，体长 2 ~ 3 厘米为最佳。如果你只能在特别大和非常小的红绿灯鱼中挑选，那就挑一群小的，把它们养大，因为与其买回几只可能已无繁殖能力的老鱼，倒不如花几个月时间耐心地等待仔鱼长大。

为了让亲鱼达到能够产卵的状态，需要为配对好的亲鱼准备充足的活饵，如水蚤和刚孵化的咸水虾，同时，降低亲鱼生活的水环境的pH 值和硬度，以及在将亲鱼转移到产卵箱时避免它们受到惊吓也是很重要的。亲鱼达到产卵状态会需要几周时间，在此期间，为了保证亲鱼的活饵供应量，应向水族箱中慢慢添加雨水或软化水，以软化水质和降低 pH 值。

供亲鱼产卵的水族箱不需要特别大，大约 50×25×25 厘米规格的就可以了，但必须保证水族箱清洁卫生，因此应确保水族箱在使用之前已用化学消毒剂或用很浓的咸水彻底清洗过。无论选用何种清洗液，都要确保所有的清洗液残留都已用水冲洗干净。

接下来，就可以向水族箱里注入软化水或纯净的雨水了。雨水的硬度指数会显示为零或稍微偏高一点，这取决于收集雨水的方式。如果指数超过 10ppm，则说明收集的雨水可能是从房顶流下来的，其中溶解了房顶上的某些物质，出现这种情况时，必须重新收集，确保收集到的都是纯净的雨水。

水族箱里注满软化水或纯净的雨水之后，再添入几把泥炭块。开始时泥炭块会漂浮在水面上，但是几天过后便会沉到水族箱底部，在这期间，水族箱里的水会被染成褐色。此时需要检测 pH 值，理想的读数是在 5.5 ~ 6.5，如果太高，就需要再取一些泥炭块，放入装有雨

水或软化水的平底锅中，煮上半小时，待其冷却后，添加到水族箱中。或者，还可以从当地的水族箱商店里购买可以降低 pH 值的化学药品，使用时注意遵从产品的使用说明。

将水中的化学成分清理干净后，应将水温保持在 24 ~ 26℃，在水族箱里放置几块尼龙毛料的人造产卵布，最好选用全新的产卵布或是已清洗干净的旧产卵布。

这样，为有意产卵繁殖的亲鱼所准备的水族箱就做好了。最好在前一天晚间将雌雄亲鱼投入产卵箱，这样就很有可能在次日清晨看到雌雄亲鱼时分时合地不断激烈"拥抱"一两个小时。每次双鱼"拥抱"时，雌鱼几乎直立于

⊙ 钻石灯的仔鱼和本图中展示的这条美丽的雄鱼一点儿也不相像，但只要提供良好的饲养条件，它们就会发育成优秀的成鱼。

⊙ 这是黑裙鱼的最初外观，如今人工繁育人员已经培育出白化变种和长鳍改良品种。

⊙ 企鹅灯经常在中层水域里以一定的角度旋转，有结群习性，喜欢和同类在一起生活。

水中，雄鱼以身体缠绕雌鱼，挤压出一些卵。卵呈半黏着状，其中的一些会从产卵布上脱落下来，沉到箱底。一对亲鱼在理想状态下产卵量可多达150粒。产卵过程结束后，应将亲鱼移到别的水族箱里饲养（饲养水应达到恰当的化学条件）。

有时，在把雌雄亲鱼放到产卵箱时，它们还没有做好产卵准备。这种情况下，可让它们再自由生活几天，观察它们是否有产卵迹象，如果几天之后这对亲鱼还没有产卵，可以把它们移走，换上另外一对试试，或者再等上一周，继续用最初的那对亲鱼尝试。但无论在何种情况下都不要冒污染水质的危险在产卵箱中给亲鱼喂饵。

在亲鱼移出另养之后，应用深棕色纸将产卵箱围住，挡住部分光线。第二天卵即会孵化。卵孵化后的第四天，仔鱼将可以自由游动，需要喂食纤毛虫等极其细小的饵料。大约一周以后，可以投喂新孵化出的咸水虾。一旦以新孵

◉ 熟水对宝莲灯很重要，大多数宝莲灯饲养失败的案例都是因饲养水质不当而致。

◉ 这是一条体色经过改良的墨西哥脂鲤。

化出的咸水虾为饵料，仔鱼就会长得很快，大约12周时就可以分辨出性别了。

铅笔鱼

铅笔鱼属于鲷脂鲤科，其中的许多品种在水族市场上都可以见到。铅笔鱼可以放在混养水族箱里饲养，但是如果水环境不够理想，或是因为更加凶猛的鱼类让它们得不到食物时，则最好给它们准备专用的水族箱。

铅笔鱼体型小，生性羞怯，在接近水面处生活。一天中的大部分时间里会一动不动地停留在水面下，看上去就像一根根的小嫩枝，只有到黄昏时分，它们才苏醒过来，开始觅食掉在水面上的昆虫或小型水栖无脊椎动物。一些品种的铅笔鱼也到底沙中觅食，它们会筛掉泥浆和细沙，从中挑出小蠕虫和其他食物。用水族箱饲养的铅笔鱼会接受加工饵料、咸水虾和小型冷冻饵料，但是它们更爱吃活的水蚤和其他的池塘生物。它们在晚上最活跃，所以晚上是喂饵的最佳时间。

饲养铅笔鱼的最佳水质是弱酸性软水，不含硝酸盐。如果想成功饲养这种鱼，保持好

◉ 与雌性哈氏铅笔鱼相比，雄鱼臀鳍的色彩更加艳丽。

◉ 黑线铅笔鱼有几个品种，是最易饲养的铅笔鱼之一。

的水质是至关重要的，pH值可在 5.5 ~ 7.0 之间变化，只要变化的幅度不要过大就可以。

底沙宜选用深色背景，水族箱里种植成簇的隐棒花属植物，水面上铺设一些漂浮的水草，如小水芹（水蕨科），以减少光线的射入，同时这些蕨类的根部还可以成为鱼儿的隐藏场所。水温应控制在23℃~28℃之间。

铅笔鱼的体色和外观在一天之内会发生变化：鱼体上白天里隐约可见的黑色纵纹，到了夜晚就会变得异常醒目；而那些在白天十分显眼的黑色斑纹到了晚上颜色却会逐渐褪去。

尽管铅笔鱼的人工繁育比较困难，但并不是不可能做到，所需的主要条件有：在产卵箱中铺设细网，让卵可以从网孔落下，细网表面植上一两簇爪哇苔藓，或是人造的替代品；水质应呈弱酸性（pH值约为6.0）、水质较软（硬度不超过2度），光线微弱，水族箱底为暗色（用

⊙ 一旦适应了水族箱环境，三线铅笔鱼的体色就会变得浓艳起来。

黑纸垫在水族箱下面效果很好），用于繁殖产卵的亲鱼应达到产卵状态。如果一切都进行得顺利的话，雌鱼产出卵后，卵就会穿过网孔往下落，这样亲鱼就无法吞食卵了。

但是有时亲鱼会不产卵，这通常是因为饲养者没有正确地喂食饵料，饵料搭配中缺少氨基酸，给亲鱼喂食孑孓和果蝇常常可以起到补救作用。鲖脂鲤科中的南鲖脂鲤鱼属和铅笔鱼属这两个类属中，铅笔鱼属的人工繁育更容易一些。

较好的饲养品种有：尖嘴铅笔鱼、单线铅笔鱼、黑线铅笔鱼、哈氏铅笔鱼、短铅笔鱼和三线铅笔鱼。

⊙ 尖嘴铅笔鱼爱吃活饵，需要酸性的软水饲养环境，其混养伙伴应性情温和。

溅水鱼

溅水鱼和铅笔鱼属于同一科，不过大多数的溅水鱼都不是观赏鱼贸易中的主角，只会偶尔夹杂在其他品种中。其中唯一相对常见的品种，被以整个溅水鱼大类的名字命名。这种鱼的外表显出素雅之美，雄鱼的体型稍大，可达8厘米，鳍条的花色较雌鱼多；雌鱼体长为6厘米。

溅水鱼是很好的混养鱼品种，生活在中层或上层水域。如果条件允许，宜成群饲养，如果不行，也要至少饲养一对，因为这种鱼的最大看点就在其独特的繁殖方式。溅水鱼对水质没有苛刻要求，水的硬度低于12度，pH值为中性左右即可，因此，绝大多数水草茂密的混养水族箱都适合养这种鱼。定期局部换水对保持鱼儿的健康很重要，如果它们变得情绪低落或总是躲藏起来，通常就表明水质有轻微的恶化，通过局部换水可以改变这种状况。

溅水鱼在捕食时或繁殖时会跳跃，在水面添放一些像小水芹这样的漂浮水草并给水族箱配上一个好的玻璃盖，就可以防止它们因为跃

起后落到别处而致死。

因为它们吃薄片状加工饵料、冷冻饵料和活饵，所以溅水鱼的饲养并不困难。但如果希望它们达到繁殖状态，就应该投喂足量的活饵和冷冻的无脊椎动物，如水蚤、红蚯蚓、孑孓，其中活饵为最佳。

⊙ 短翘嘴脂鲤通常贴近水面生活，是鼠鲇和短鲷科鱼类的理想混养伙伴。在繁殖期可能会争强好斗、跃出水面。

▌人工繁育

将雌雄亲鱼放入一个小型的产卵箱（只需要 50 厘米长即可）里，以原来水族箱里的水做水源，确保产卵箱里有一些阔叶水草，如深绿皇冠，叶片要稍稍高出水面。在水族箱上加放一个可盖紧的玻璃盖，同时确保水面和玻璃盖之间有一小段距离。

当做好产卵准备时，雌雄亲鱼会双双同时游动、跳跃，同时将身体贴紧，腹部翻转朝上，然后叶片的背面或玻璃盖就会出现少量卵，所

⊙ 溅水鱼因其繁殖方式而闻名，产卵期间，雌雄亲鱼会双双同时跃起、转身，将卵挤压到水草叶片的背面。由于溅水鱼有喜爱跳跃的特点，所以应确保水族箱的盖子已盖紧，同时在水面上铺设一些漂浮水草以减少其跳跃。

有的这些动作都在一眨眼工夫里完成，并需要重复多次，亲鱼的每次跳跃都会在选定的产卵点产下 8 ~ 10 粒卵。整个产卵过程接近尾声时，产卵量可达 200 粒。卵都在水面上，雄鱼会看护这些卵，大约每间隔 30 秒就向这些卵上溅些水，因而得名"溅水鱼"。如果有未受精的卵从叶片或玻璃盖上掉落，雄鱼会不加理会。大约经过 60 小时以后，卵即可孵化，仔鱼将会掉到水中，在随后的 36 ~ 48 小时里，仔鱼靠卵黄囊的营养生活，之后就需要投喂新孵化出的咸水虾这类的小型饵料了。

这类鱼中的其他成员也可以饲养在混养水族箱中，但它们的繁殖方法属"普通形"。在达到产卵状态后，雌雄亲鱼会在事先清理出的一个水草叶片上产卵，卵由雄鱼看护，大约经过 30 ~ 36 小时即可孵化出仔鱼，仔鱼需要喂很精细的饵料，首选纤毛虫，其次是新孵化出的咸水虾。

红点短颌鲴脂鲤这个溅水鱼品种的体型稍大一些（体长可达到 15 厘米），它们把卵产在底沙上的凹陷处，也是由雄鱼守护鱼卵，孵化期内的饲养方法与其他品种相同。

银斧鱼

当你正考虑着挑选一种近水面生活的观赏鱼放到混养水族箱中饲养时，通常最先在脑海中闪现的是胸斧鱼科类中的银斧鱼。水族养殖者经常碰到的两个类属是胸斧鱼属和银斧属，

这两个类属很容易区分，胸斧鱼属的鱼类体型大些（像银点燕子体长可达 9 厘米），长有脂鳍；而银斧属鱼类的体型则小一些（如阴阳燕子体长仅 4 厘米），没有脂鳍。

⊙ 银燕鱼更适宜饲养在混养水族箱，但饵料也要经常变换。在水族箱水面上敷设漂浮的水草可使它们有安全感，但一定要留出足够的投饵空间。

爱吃果蝇和蚊子，也包括孑孓，所以尽量给它们提供类型多样化的饵料。银斧鱼的嘴是朝上的，这也表明它们是水面捕食鱼类，尽管猎物下沉时它们也会捕食，但沉到箱底的猎物它们就不会再吃了。

阴阳燕子可以在饲养条件下进行人工繁育。产卵箱的水应为非常软的酸性水质；阴阳燕子会将卵产在漂浮水草的根部，但部分卵会沉到箱底；孵化期大约持续 24 ～ 36 小时，仔鱼需要投喂非常细小的活饵。仅是保持阴阳燕子亲鱼的健康就很具有挑战性，要人工繁育就更有难度了。

还有两个品种的鱼偶尔也会碰到，但这两种鱼比阴阳燕子和银点燕子要娇弱得多，即在委内瑞拉的森林小溪里发现的咖啡燕子和产自秘鲁亚马孙河和玻利维亚的霓虹燕子。

银斧鱼具有独特的体型特征：背部轮廓笔直，腹部纵深很大，胸鳍位于身体较高的位置，好似生着翅膀。银斧鱼不光在捕食昆虫时会跃起，在遇到捕食天敌时也会跳跃奔逃。它们还会"飞"——在下喙骨（大纵深的"胸骨"）上长有一组强健的肌肉，可以让它们在跃离水面时极快速地拍打胸鳍。

最常见的两个品种是银点燕子和阴阳燕子。按产地划分，阴阳燕子还有两个子品种：云石燕子生活在秘鲁东北部的伊基托斯城附近，而黑间燕子则产自拉丁美洲的圭亚那。这两个品种中，圭亚那品种更容易饲养。

银斧鱼喜欢在水流较快、溶氧量高的水域中生活，即使在水流强度足以打碎柔嫩水草的激流中也能稳当地停住。所以饲养时，应给它们提供让它们感到惬意的水流条件，但也不要因此而破坏了水草。一定要成群饲养，每群至少 5 只，之所以一直以来人们称银斧鱼很难适应饲养环境，其中很大一部分原因就是，人们总喜欢单养 1 只银斧鱼或至多饲养 2 只，这种饲养方法造成了灾难性的后果。特别是对阴阳燕子的影响更大，因此鱼体上容易出现白色斑点，所以只要有可能，在将银斧鱼放入混养水族箱之前，应至少检疫两周。在销售商的饲养槽里挑选鱼时也要仔细。

遗憾的是，光给银斧鱼喂食薄片状的加工饵料还是不够的，所以还有必要花点儿时间和精力为它们补充一些活饵或冷冻饵料。它们

⊙ 阴阳燕子是近水面捕食鱼类，喜欢外部动力过滤器所制造出的强大水流。该品种不仅需要供应多种多样的饵料，鱼体上还容易生出白点，所以较难饲养。

上口脂鲤属

看到它们细长的流线型身形和向上翘的小嘴，可能会误以为上口脂鲤属是近水面生活的鱼类。但一切还应以事实为本，上口脂鲤属鱼类有时也被称作"头倒立鱼"，生活在多石的河流分支的急流里，人们会发现它们头朝下，躲藏在狭小、垂直的岩石缝隙中。所以将它们放在水族箱饲养时，应在箱内设置一些垂直的缝隙，可以用真正的岩石营造，也可以选用塑料替代品以减轻重量。

⊙ 扁脂鲤是上口脂鲤属中体型更宽、更扁的一个品种，它们在还是仔鱼时还可容忍同伴，一旦长至大约10多厘米时，便再也容不得同类了。

饲养上口脂鲤属鱼类时，可以选择只饲养一只，也可以饲养7只以上的一群，如果饲养几只（少于7只）的话，它们就会变得极具攻击性——这与饲养虎皮鱼时遇到的情况很相似。

上口脂鲤属主要为食草鱼类，以藻类和水草为食。在给水族箱布景时，可将一些莴苣叶片"种植"在底沙里，这样鱼儿就会优先选择莴苣叶片而不是水族箱里的水草了。豌豆是另外一种合适的替代饵料；小型水栖无脊椎动物如孑孓和红蚯蚓等也可以作为它们换口的饵料；仔鱼喜欢吃薄片状加工食品，特别是植物性的加工饵料。

条纹铅笔鱼是最常出售的品种。这种鱼体色异常鲜艳夺目，整个鱼体布满多条深金色和黑色纵带，从头部一直延伸至尾巴处，尾鳍基部点缀着鲜亮的绯红色斑纹。条纹铅笔鱼能很

⊙ 兔脂鲤会与同类发生争斗，但能和其他鱼类和平相处，主要为食草鱼类，可能会咬食水草。

⊙ 斑点倒立鱼经常会因其"以头倒立"的泳姿被误认为是上口脂鲤属鱼类，但事实上它们属于无齿脂鲤科。

容易地适应水族箱环境，并在箱内划分出领地，水族箱应装配强动力的过滤器，最好是每小时将箱内的水翻动两次。但具体细节还无从知晓，目前已可以人工繁育条纹铅笔鱼了。

还有两个品种：特纳兹铅笔鱼有着与条纹铅笔鱼相近的体色，但体型略小一些，尾鳍上没有红色斑纹，性情也比条纹铅笔鱼更温和，但可以用相近的条件饲养；翡翠铅笔鱼同样也是性情温和、喜群集的鱼类，需要的饲养条件与前面两个品种相同。这个品种的鱼体上有一条黑色条纹，身体上表面为金色，下表面为奶油色；到了晚上，体色还会发生变化，基色为褐色，布有模糊的奶油色斑点。

⊙ 饲养条纹铅笔鱼时，应给它们投喂大量的莴苣或豌豆，这样可防止它们大面积地破坏水族箱里的水草。

大型脂鲤

没有哪本对脂鲤科进行介绍的书在末尾处不谈及一些体型较大、外观特别的鱼。在这些鱼类中，最广为人知的便是水虎鱼，这种鱼属于锯脂鲤科，不仅包括食肉的品种，也包括一些性情温驯的大型食草类水虎鱼。

食人鲳就是食肉性水虎鱼的典型代表。好多水族养殖者都梦寐以求想有一天能饲养几条食人鲳，但很少有人真的去这样做。事实上，许多国家，例如美国，因为担心食人鲳逃跑或者担心不负责任的观赏鱼爱好者把它们投放到野外，使已经在当地定居的野生鱼类受到危险，所以不进口。

在搬运食人鲳时需要很镇定，同时也要格外留心，这绝对不是危言耸听。如果受到惊吓，它们的第一反应就是攻击和撕咬，食人鲳那副可怕的牙齿极具威力，能造成严重的伤害。许多当地的渔夫因为碰到过食人鲳而受伤，这倒不是因为在水里游泳时遭到攻击，更多的是由于捕到食人鲳后，食人鲳会在小渔船底部使劲跳动，这时，即使是很小的食人鲳也会咬人。

在将食人鲳带回家时，应用双层塑料袋盛装，两层袋子中间夹放一厚层报纸，这样即使它咬破里面那层塑料袋，牙齿也无法穿破浸了水的报纸，也就不能将外层的袋子刺破了。打包时，每袋只装一条，或者用质地坚硬的容器（如加了盖的水桶）盛装，同样，每个容器只装一条。还有一点需要提醒你：假如手上有任何还未愈合的伤口，就一定不要将手伸到水族箱里冒险。

饲养时，应使用一个大的水族箱，配置一个高效的过滤器以保证水的充分流动。食人鲳对水的水质要求不是很高：软水或中等硬度的

⊙ 作为水族观赏鱼中的"恶棍"，食人鲳早已臭名远扬。你做什么都行，就是千万别在遇到食人鲳时碰碰运气，这些鱼生有一副强健的牙齿，一旦被困至一隅，便会毫不犹豫地向你的手、渔网和其他一切让它们感到有威胁的物体发起攻击。

水，pH值呈中性或弱酸性都行。由于食人鲳是食肉鱼类，会排泄出大量的高蛋白废物，所以过滤器的高效性就显得格外重要，一旦水质有任何程度的恶化，它们都会产生压迫感。在水族箱中种植些深绿皇冠，再用大块的看上去像树根状的木头装饰水族箱，可为食人鲳提供一些遮蔽的场所。

喂养食人鲳很简单，它们会吃所有肉类饵料，无论是死的还是活的，以肉片或鱼片为最佳。对于年幼的食人鲳，应投喂小片的饵料，做到定量喂饵，一次不要喂得过多。要切记，饥饿状态的食人鲳是非常危险的，能将猎物撕成碎片。野生状态下，食人鲳会以其他鱼类的鳍为食，或者捕食一整条鱼。

未成年的食人鲳鱼体基色为银色，身上布满黑色斑点，而胸鳍和臀鳍微红，待其发育成熟时就会失去这些斑点，通体变成银色，背部金黄，喉部和腹部呈红色。如果想成群饲养，最好买一群仔鱼，将它们放在一起饲养大，你会发现鱼群中呈现出各种发育层次。只要你不再继续加鱼从而打乱现状，鱼群就会保持旺盛的生长状态。

在大型水族箱里也可以人工繁育食人鲳，它们会在清晨产卵，产卵量可达1 000粒。最初的24小时，雌鱼会和雄鱼一起守护巢穴，不久之后雄鱼就会将雌鱼驱逐出去，独自看护。仔鱼用咸水虾可比较容易地饲养，但要确保有充足的饲养空间。大约4周后，必须按个头大小将它们分级饲养，否则个头大些的会吃掉个头小的。要想成功地饲养食人鲳仔鱼，必须供应足量的活饵，同时投喂的饵料也应随其成长过程不断加量。

同样也是锯脂鲤科，我们还能找到一些无害的草食鱼类，其中体型最大的一个品种是短盖巨脂鲤，这种大个头的鱼体长可超过1米，不适合在家庭水族箱中饲养，只能饲养在公共水族馆里。有时会看到一些体型小的短盖巨脂鲤，但在购买之前一定要充分预见到它们的生长潜力。假如你能提供一个200×60×60厘米的水族箱，且有配套的过滤系统，那还只完成了一半的工作，还必须做好将它们转移到更大的水族箱里的准备。

短盖巨脂鲤是一种食草鱼类，在野生环境中，它们吃水果和种子，然而在水族箱中饲养时它们几乎什么"植物"都吃，香蕉、无花果、樱桃、西红柿、莴苣和池塘的野草等无一不吃。

◉ 短盖巨脂鲤是一种特大型的观赏鱼，最适宜饲养在公共水族馆里，尽管属水虎鱼品种，但却是一种无害的食草性观赏鱼。

◉ 银板鱼也是一个食草品种，应成群饲养在大型水族箱里，光线宜柔和。购买时要仔细挑选仔鱼，用植物性饵料将它们饲养长大。

◉ 红翅锯脂鲤性情温和，饲养条件下体长极少超过10厘米，但在野生条件下，可能会长至35厘米。这个品种应饲养在高溶氧量、水质清新的水环境中。

它们的信念好像是"只要是植物，我们就来尝一尝"。它们的消化系统效率很低，所以排泄出的废物会成为其他鱼类的食物。体型较大的铁甲武士，是短盖巨脂鲤的理想混养伙伴，这种鱼会用碎石从短盖巨脂鲤排泄物中筛选出自己的食物。

从易于管理这个角度来看，锯脂鲤科还有一些性情温和的食草鱼类，如银板鱼、新月银板鱼和红翅锯脂鲤，在饲养条件下均可长到理想的尺寸（10～15厘米）。这些鱼有群集的习性，是鲊鱼和泥鳅的理想混养伙伴。它们需要充足的空间，仔鱼需要1米或更长些的水族箱，而对于一群（6～8条）的半成熟的鱼，水族箱则至少应为120厘米长。这几种鱼对水质的要求不是很苛刻，只要是弱酸性的软水环境就可以了，水环境应温暖，达到28℃。确保过滤系统高效运作——特别是对红翅锯脂鲤，水中的溶氧量应较高。

要为鱼提供水草茂密的水族箱，但可选用的水草应为人造水草或鹿角铁皇冠或种植在底沙里的大型深绿皇冠这类附生在木头和岩石上的生命力旺盛的水草。在鳍鱼引入水族箱之前，要保证这些植物已经种植好并且生长茂盛。只要用各种各样的植物性饵料（它们特别喜欢吃莴苣）喂养它们，水草将不会受到很大程度的伤害。

银板鱼属可通过臀鳍区分性别，雄性的臀鳍比雌性更长，颜色也更斑斓而浓烈一些。这种鱼有群集产卵的习性，人工繁育相对容易。水需要软水（不超过6度），酸性（pH值6.0～7.0之间），温暖的水环境（26℃～28℃）。这些鱼喜欢在漂浮的水草上产卵，每只雌鱼可产下2000粒卵，卵会掉落到箱底，掉落的卵会被亲鱼忽略。仔鱼用小型活饵很容易饲养，但由于如此众多的仔鱼需要大量空间，也需要大量的饵料，一般的水族养殖者无法满足这些条件，因此许多仔鱼会死去。

红翅锯脂鲤的情况却完全不同，这种鱼比较难分辨出性别，到目前为止还没有人工繁育成功的案例。这种鱼比银板鱼属难饲养，因为它们不能容忍水中积聚的硝酸盐，而且水的溶氧量要很高。

有时红翅锯脂鲤的鱼体上会出现小斑点，是看起来像针头一般大小的小水泡，给人的第一印象是这条鱼浑身覆盖着气泡，其实不是这样，这是一种目前还无法鉴定的疾病的征兆。

短攀鲈

可以肯定地说，攀鲈科中最受青睐的鱼类应是短攀鲈。其中，丝腹鲈属的成员可能是最易于饲养的品种，如蓝色足鲈、金曼龙和珍珠马甲鱼等，因为它们可以适应大部分的水环境，

◉ 蓝曼龙有时会欺凌其他小型的鱼类，所以要确保与其混养的鱼类体型够大，足以保护自己。

◉ 金曼龙会非常羞怯，要克服这一点，可以在水族箱里种植可以形成草丛的水草，水面上也敷设一些漂浮性的水草，给金曼龙营造私有空间和安全感。

⊙ 正如我们从这幅图中可以看到的那样，雄性珍珠马甲鱼在繁殖期内体色较往常更为鲜艳。若成对饲养珍珠马甲鱼，只要水族箱里的其他鱼类不是很暴躁，它们就有可能产卵繁殖。

⊙ 或许您希望在混养水族箱里饲养几条产自西非的尾点非洲攀鲈，但请小心，尾点非洲攀鲈的掠食性远比我们在本节中介绍的其他鱼类要强得多，您混养箱里的小型鱼可能就要失踪了。

⊙ 与雌性丽丽鱼其貌不扬的银色鱼体相比，雄性丽丽鱼的体色要斑斓绚丽得多。丽丽鱼有时会在水族箱里产卵，但别指望会有很多的仔鱼存活下来，尤其是水族箱里还有其他鱼类的时候更是如此。

⊙ 恒河蜜鲈饲养简单，可放在安静的混养水族箱里饲养，假如希望它们繁殖产卵，则可将它们饲养在专门的水族箱里，给它们提供优质的活饵或冷冻饵料。做好产卵准备时，它们就会营造气泡浮巢。

体长中等（10～15 厘米），很适合与其他鱼类混养，但前提是与其共养的鱼类个头不能过小。不过偶尔也会出现一些大型的成年短攀鲈欺凌其他鱼类的情况，这时，就可以将那些大型的短攀鲈移到别的水族箱饲养，这样在新水族箱里它们的个头只能算最小的。不过这样又可能引发另外一个问题，因为与这些短攀鲈同箱生活的鱼类会咬它们的鳍部。

　　从观赏鱼店购买短攀鲈时，要尽量成对购买。有些品种的短攀鲈在年幼时性别无法区分，但成年的短攀鲈性别特征就很明显。最简单的辨别方法是观察它们的背鳍——雄鱼的背鳍比雌鱼的稍长，鳍条最长处可形成一个最尖点。雄性珍珠马甲鱼不仅背鳍更长，有尖角状突出，而且臀鳍的鳍条带有边缘，在状态良好的时候喉部还会呈现美丽的血红色。

　　尽管体型大些的短攀鲈喜欢水温偏暖一些，但并不需要特别的饲养环境，只要水温控

⊙ 腹丝鲈虽然个头很大（体长可超过20厘米），但性情温和，是广受青睐的混养鱼品种。

制在 25℃～28℃之间，放在哪里饲养都可以。水族箱的后部和四周应密密地种上水草，可以再用岩石或沉木营造出几个洞穴。

　　另外一种广受青睐的短攀鲈是丽丽鱼，最长只有 5 厘米，是饲养在较小型混养水族箱中的理想观赏鱼品种。丽丽鱼通常是成对出售的，其主要原因就是雌性丽丽鱼的体色极其普通，

鱼体为银色，带有灰白色纵纹，而雄性丽丽鱼的鱼体则覆盖着鲜艳的红蓝交替条纹，十分悦目。水族养殖新手往往倾向于购买那些体色异常斑斓绚丽的观赏鱼，或许根本就没意识到那些通体银灰的小家伙们是雌性丽丽鱼。

厚唇丝腹鲈属中还有一些品种也适于在较小型的水族箱中饲养，其中数恒河蜜鲈最为常见。与这个属中的其他鱼类相同的是，雌性恒河蜜鲈的体色也极为单调，背部为灰褐色，一条深色条纹从眼睛一直延伸至尾柄处；如果生活的环境让它们感到不安全（比如在销售店的水族箱里时），雄鱼也会呈现出与雌鱼相似的体色，但一旦它们适应了水族箱环境，就会马上充分展示出其斑斓的色彩：背鳍呈柠檬黄色，头部、喉部和臀鳍的前半部均为深蓝黑色，身体的其余部分及鳍部呈现迷人的黄铜色。这种鱼小巧娇弱，所以要有足够的耐心，要等到已具备了较丰富的饲养经验，水族箱的环境也成熟时再开始饲养。

推荐饲养的短攀鲈品种有：蓝曼龙、珍珠马甲鱼、金曼龙、腹丝鲈、恒河蜜鲈、条纹蜜鲈和厚唇蜜鲈。

▌人工繁育

人工繁育这些有吐泡营巢习性的短攀鲈时，水族箱宜大，体型大些的短攀鲈至少需要100厘米长的水族箱，体型小些的品种的水族箱至少也要60厘米长。水族箱里应种植一些

◉ 恒河蜜鲈会在一个安静的角落——通常会在水草丛附近——建巢，在整个建巢过程中，雄鱼会停下筑建工作，向雌鱼炫耀自己。

可以形成草丛的水草，高度应达水面，过滤器只能用最小型的，制造出舒缓的水流。种植水草可以起到两个作用：其一是给雌鱼提供一个隐蔽场所，当雄鱼变得过于粗暴时，雌鱼可以藏身于水草丛中；其二是，有些短攀鲈喜欢将一些水草拢在气泡浮巢周围，让气泡更容易结合在一起。此外，还有一点也很重要，水族箱要配上一个玻璃盖，这样就可以保证水面上方的空气一直保持温暖、湿润。箱内水面至玻璃盖之间的距离应控制在 5 ~ 10 厘米。

要给预备繁殖的亲鱼喂食优质的活饵或冷冻饵料，一旦做好繁殖准备，雄鱼便好像是受到雌鱼逐渐膨大的腹部的刺激，开始对雌鱼发生兴趣。这时，雄鱼就开始在水族箱里挑出一个安静的地方——常常是在水族箱一角或是水草丛旁——筑建浮巢。开始时雄鱼浮至水面吞咽空气，然后将空气从腮部吐出，形成气泡，由黏液包裹着的气泡逐渐上浮，被水面漂浮的水草叶片拦截住，在一个小区域里聚集成浮巢。如果水族箱里的水流过强，精巧的浮巢就会被冲走。

建巢的过程中，雄鱼还会时不时地停下工作，转而向雌鱼求爱。在求爱时，雄鱼常常会将诸鳍充分展开，摆动着身体在雌鱼面前游来游去，向雌鱼展示自己的非凡魅力，激起雌鱼的兴奋感。等到气泡浮巢筑好时，雌鱼就会被激发至兴奋状态，可以马上产卵。然而，假若雌鱼此时还没做好产卵准备，雌雄亲鱼就会发生打斗，雄鱼可能会将雌鱼的鳍部咬伤，倘若发生这种情况，就应将雌鱼从产卵箱中捞出，再换入另外一只雌鱼试试，或是一周后等原来那只雌鱼已达到产卵状态时将其再次放入产卵箱。

等到亲鱼开始繁殖产卵时，就有机会观赏到整个奇妙的过程了。雌雄亲鱼会热烈"拥抱"，雄鱼会弯起身体缠住雌鱼，将雌鱼腹部朝上翻转，并乘机将卵子挤出，同时自己释放出精子。短攀鲈的卵比重小于水，会上浮至水面。雄鱼从产卵行为中恢复过来后，就开始将卵收集到浮巢中心并仔细核查，确保每粒卵子都包裹在一个表面覆有黏液的气泡里。雌鱼在体力恢复后也会帮雄鱼一起收集卵粒。这项工作完成后，雌雄亲鱼会再次"拥抱"，重

复进行上述产卵过程。整个产卵过程中，体型较大的短攀鲈可产1000粒卵，但一般的短攀鲈产卵量都在250粒左右。

产卵结束时，雄鱼会驱赶雌鱼使其离开，自己开始整理浮巢。一开始时，雄鱼会四处搜寻掉落的卵，将它们重新放回浮巢，然后吐出更多的气泡不断扩大和加固浮巢。如果对整个工作觉得满意，雄鱼就会平静下来，安心等待卵粒孵化。整个孵化过程大约持续48小时，之后便可看见仔鱼的尾巴从浮巢中垂下来。雄鱼就会停下工作，开始用嘴接住掉出浮巢的仔鱼，将它们推回浮巢中。

第5天时，仔鱼就会自由游动并照顾自己了。如果再过一会儿，雄鱼就会把仔鱼当成食物而不是家庭成员了，发现一只吃掉一只。很显然，在此之前就必须将雄鱼捞出。

只要及时供应充足的小型活饵，短攀鲈中体型稍大些的品种的仔鱼还是很好饲养的。要选用纤毛虫作为仔鱼的开食饵料之一。纤毛虫可以放在一个单独的容器中，用香蕉皮或其他植物性饵料饲养；也可以直接用市场上有售的洄水喂食仔鱼，洄水会给水族箱中引入足量的纤毛虫。这两种饵料只在第1周时才需要，1周以后，可以逐渐停止投喂纤毛虫或洄水，改喂新孵化出的盐水虾。小型活饵的种类应富于变化，可选用微型虫和筛选过的水蚤等，这样仔鱼才能健康发育。可搭配喂食一些细粉状的干饵，但那些只吃活饵的品种应除外，否则只会让结果更糟糕。仔鱼的生长速度相当快，每窝的仔鱼数量又特别大，因此要保证饲养仔鱼的水族箱里有足够的空间。

丽丽鱼的产卵方式与其他体型较大的短攀鲈品种相似，但恒河蜜鲈的求爱方式和筑巢方法却稍微有点与众不同。其他品种的短攀鲈在筑巢时会使用大量的植物性原料，但恒河蜜鲈却很少用或根本不用。它们的巢也更加凌乱，所有卵粒紧紧地挤在一起，形成块状，堆在浮

⊙ 雄性恒河蜜鲈的体色比雌鱼更加鲜艳，但年幼的恒河蜜鲈鱼体几乎没有任何颜色，所以可以成群购买饲养。

巢的中心处。恒河蜜鲈的求爱方式也略有不同，雄鱼在求爱时以尾巴立于水中（或者说，是将鼻子指向水面），体色更加浓艳，诸鳍充分展开，在雌鱼面前摇摆着身体不停地游来游去。

这些小型短攀鲈品种的仔鱼体型也更小，刚孵化出时就像一根根细玻璃条，仔鱼的饵料当然也要十分微小，一天之内多次少量喂饵要优于每天1~2次的大量饵料投喂。在足量喂食时应保持水族箱清洁，因为残留的饵料会变质，污染水族箱的水质。

曾有在人工繁育蓝曼龙时，在产卵箱底部铺设了柔软的底沙过滤网。起初一切正常，卵和仔鱼都在气泡浮巢里，甚至在接下来的几天里，仔鱼能够自由游动了，似乎也没有什么异常现象。直到后来的一天早上，他朝水族箱里瞥了一眼，发现好多仔鱼被卡在砾石缝里。这些仔鱼本是停在箱底休息的，然而却被看起来十分轻柔的水流卷进底沙里了，造成了灾难性的后果——那些仔鱼的脊柱全都受到了损伤。那窝仔鱼中最优秀的都损失掉了。从那以后，他把产卵箱里的过滤器换成气动式海绵过滤器，繁育的结果非常成功，因为使用这种过滤器不仅可以起到给水族箱过滤的作用，还经常可以看到仔鱼啄食海绵上吸附的微生物。

梳尾天堂鱼

梳尾天堂鱼并不常被推荐为混养观赏鱼品种，因为随着鱼龄的慢慢增大，它们会显得有点儿争强好斗，在繁殖前夕表现得尤为突出，此时雄鱼之间会因争夺同一条雌鱼而发生争斗。在专用水族箱中饲养时，鱼群会排出强弱顺序，体型小些的梳尾天堂鱼会因受到过分侵扰而终日躲藏起来。这些观赏鱼中体型中等至大型的可与那些有足够自我保护能力的其他鱼类混养。

梳尾天堂鱼会在混养水族箱中繁殖、产卵，如果几只一起饲养，它们会生活得很惬意，能自行配对，选择合适的产卵地点，并将其他的鱼类赶离它们选定的场所。雌鱼将集结成块状的卵产在水草叶片下面，通常卵会被包在一层空气泡中。一旦仔鱼可以自由游动，喂食方面会相当方便，它们接受薄片状食物或新孵出的盐水虾。但随着它们慢慢长大，就会出现问题，

⊙ 梳尾天堂鱼争强好斗，混养的鱼类体型和习性应与其相当，否则要将它们饲养在专用水族箱。饲养仔鱼时应将体型较大、攻击性较强的仔鱼捞出另养，给体型较小的仔鱼的成长创造条件。

体型较大的梳尾天堂鱼会欺凌个头较小的同胞，而一窝中又会经常出现大量体型小的个体。

天堂鱼

金鱼是到达欧洲的第一批外域观赏鱼，后来才出现叉尾斗鱼（又称天堂鱼）。叉尾斗鱼的故乡远在中国的东南部和韩国，它们能够在经历了如此长途的颠簸之后到达欧洲，主要原因之一就是这种鱼能够适应恶劣的生活环境，即使水温低至 15℃时，它们也能轻松应对——据说即使是水温降至 5℃他们也能存活下来。不幸的是，叉尾斗鱼会稍微对体型稍小的鱼类表现出攻击性，成年的雄鱼会像暹罗斗鱼那样争强好胜。叉尾斗鱼曾一度被认为是水族观赏鱼世界中的"王者"，不过那已是很久以前的事了，因为后来又出现了更加斑斓俏丽、体型也更加小巧的真正热带鱼品种。今天在水族店里仍旧可以见到"原始"叉尾斗鱼品种，但也会不时见到数目众多的其他叉尾斗鱼品种，这

⊙ 叉尾斗鱼自19世纪晚期开始走进水族养殖爱好者的视野，这个品种的鱼能容忍恶劣的水环境和低温。

些品种中的大多数体型都更小巧，性情也更温和，不过却不再拥有原始叉尾斗鱼品种那种迷人的蓝色和红色纵纹。如今较大型的混养水族箱（最小的观赏鱼体长 10 厘米左右）中还是值得添置一款这种体色的观赏鱼的，成年叉尾斗鱼的最大体长是 12.5 厘米。

叉尾斗鱼常常会在水面上的一片大叶子下面产卵和繁殖，繁殖时采用短攀鲈的典型繁殖方式，雄鱼会先营造气泡浮巢，但假如雌鱼还没有做好产卵准备，就会遭到雄鱼极其粗暴的对待，所以应在水族箱中为雌鱼安排好充足的遮蔽物供它们藏身。

小型攀鲈

　　小型攀鲈中有几个品种是大家公认的难养品种。事实或许的确如此，但只要有一个周密的计划，准备得仔细一点，还是可以饲养并将它们繁育成功的。不过在准备饲养及繁育其中任一种小型攀鲈之前，还需要再多积累点儿经验。

　　巧克力马甲鱼充满让人无法抗拒的魅力。它们要求酸性的软水环境，对水质的要求也很高。保持绝佳的水质似乎是饲养巧克力马甲鱼和其他小型攀鲈品种（如咕鲈）的关键所在，所以要多留心过滤系统，同时记住要做到定期局部换水。

　　最好将这类小型攀鲈饲养在专门的水族箱里，在将它们引入水族箱之前，确保水族箱里水草繁茂，水质已经成熟，装饰物使用木头最好，因为木头可以滤去丹宁酸，这对鱼儿有好处。如此说来，使用一个已制作并使用了 6 ~ 9 个月的水族箱最为适宜。专业人员喜欢这样给巧克力马甲鱼准备水族箱：先在水族箱里饲养上小型脂鲤，一段时间之后将脂鲤移至其他水族箱，然后就可以将一群幼年短攀鲈安置在腾出的水族箱里了。

　　水族箱唯一需要调整的是水温，饲养短攀鲈时水温应稍高一点儿，大约在 26℃ ~ 28℃。鱼群大小取决于水族箱的尺寸，例如：50 × 25 × 25 厘米规格的水族箱可以容纳 6 ~ 8 只的咕鲈，而 60 × 30 × 30 厘米的水族箱则可以饲养 10 ~ 12 只的巧克力马甲鱼。尽管相对于水族箱的尺寸而言，这里所给出的饲养数量可能显得太少，但这样安排会很容易保持水质，而且一旦饲养的鱼儿彼此有矛盾，也可以找到足够的空间躲开对方。比起人工给鱼龄稍大些

的鱼配对，购买仔鱼然后待它们发育成熟后自行配对要更好一些。

◉ 在饲养巧克力马甲鱼时应仔细检查水质，任何程度的水质恶化都会让它们有受到真菌、细菌和体表寄生物侵害的危险。

◉ 咕鲈因其能发出叫声而得名，这种鱼很难适应新环境，应放在鱼儿比较少的水族箱里饲养，开始时投喂活饵或冷冻饵料。

成功饲养这类小型攀鲈的要诀之一就在于喂饵，这些鱼爱吃水蚤、蛤类、孑孓、白虫这类的小型活饵。假如无法提供这类活饵，冷冻饵料也是理想的替代品。这类鱼中大部分品种都会接受薄片状人工食物以及冷冻饵料或活饵。

关于如何人工繁育巧克力马甲鱼还存在着一些争论，这可能与巧克力马甲鱼大致有4个不同的品种，而且每个品种的繁殖过程各异有关。从目前已观察到的两种方式来看，塞拉巧克力飞船鱼在口中孵卵，孵化工作由雄鱼来负责；而另一个品种巧克力鱼则既会在口中孵卵，又能筑建气泡浮巢，其中口孵卵的任务由雌鱼完成。

我们这里谈及的巧克力马甲鱼是口孵卵的，雌鱼将大个的黄色卵粒和孵化出的仔鱼含在口中18天左右，当仔鱼从雌鱼口中孵出时，鱼体呈黄褐色，可以新孵出的盐水虾为食。

雄性咕鲈在靠近底沙处的一片大叶子下面的凹陷处或是一团水草根部中间的洞窟里建巢。产卵过程结束后，雄鱼负责将产在巢外的卵收集起来，吐到浮巢里，并独立承担守护浮巢和仔鱼的责任。最终孵出的仔鱼可达300只，体型相当小，所以要准备好充足的纤毛虫，一段时期以后，再喂食新孵化出的盐水虾。

带电的观赏鱼

前面已经讲过电鲇。不过，除电鲇之外，还有好几种鱼也能放电，有些是为了导航开路，另外一些则是为了自我防卫或击晕猎物。但所有这些都必须借助于一个重要事实，即水是良好的导体。放电的器官是一些改进过的肌肉电池，那些电量能将猎物击晕的鱼类，其放电器官体积大、电力十足（电鳗就是个很好的例子）；那些用电导航的鱼类，放电器官较小，电力也比较微弱。有趣的是，带电的鱼类眼睛都很小，栖息在塞满淤泥的水域里，那里能见度低，电导航正好派上用场。

需要注意的是，带电的鱼类不适合新手饲养！电鳗可以释放出高达500余伏的电压，足以击晕一匹马。即使很希望能饲养一条电鳗来满足一下好奇心，也要三思而后行，因为这些带电的鱼类必须由专业人员饲养，家里如果有小孩，若会把手伸到水族箱里，导致的后果可能是无法想象的。

产自非洲的象鼻科鱼类会使用电脉冲来开辟道路、与同伴交流或是防御外敌侵入自己的领地。象鼻科鱼类的放电器官很小，电力微弱，位于尾柄处附近。这个科属的鱼类对水质的敏感度很高，德国就曾经将它们引入居民的引用水供应源来监控水的纯净度，如果它们释放的电脉冲高于正常的800/分，就说明饮用水的纯度已有下降。

家庭水族箱最常饲养的象鼻科鱼是鹳嘴锥颌鱼。假如你的水族箱已经使用超过一年，一直状况良好，箱内饲养的鱼类又不是十分拥挤，这时，就可以考虑尝试饲养一两条象鼻

⊙ 电鳗的体型很庞大，可能会造成危险，其释放出的电力足以击晕一匹马，在购买前应三思。

鱼了。象鼻鱼性情很温和，但假如打算饲养一条以上，就必须确保它们的体型大致相当，不然有时个头小、瘦弱的鱼会受到个头大些的象鼻鱼的欺凌。

象鼻鱼是夜间活动的鱼类，所以要确保水族箱里有洞穴或者其他合适的地方供它们在白天藏身。如果饲养的象鼻鱼不止一只，就要保证它们藏身的地方是在水族箱的不同角落，这样它们的电场就不会总是相互干扰了。

到晚上再给象鼻鱼喂食，可以选择加工饵料、冷冻饵料和活饵，它们最爱吃的是冷冻的红蚯蚓。摄食时，象鼻鱼会用它们那柔软的吻不断在底沙层上寻觅，这个器官很容易被尖利的石块划伤，所以水族箱的底沙材料更适合选用细沙。

正如我们前面所提到的那样，象鼻科鱼类

对差的水质十分敏感，所以定期部分换水（用放置时间较长或经过处理的水更换）会很有好处。

再看一种电力微弱的鱼类，这次是来自南美洲的品种——魔鬼刀，其得名的原因是拉美的圭亚那部落人认为这种鱼拥有一种魔鬼的灵魂。魔鬼刀的体型很大，可长至50厘米长，较之混养水族箱的尺寸而言，是太过庞大了。这里之所以介绍这种鱼，是因为它们在靠近尾柄处也长有一个放电器官，可以释放出微弱的电压。假如想饲养魔鬼刀，就需要准备一个布局良好的水族箱，里面有足够的藏身场所。一旦它们适应了水族箱的环境，甚至可以接受与体型更大些的温和鱼类共同生活。魔鬼刀是杂食鱼类，在饵料方面没有多大困难，包括肉片和块状食物在内的任何饵料都吃。

斗鱼

在饲养观赏鱼的生涯中，每个人都想尝试饲养一下暹罗斗鱼。尽管暹罗斗鱼常常被饲养在混养水族箱里，但这样的环境其实并不适合它们生活，尤其不适合雄性暹罗斗鱼生活。雄性斗鱼的长鳍条极易招引其他鱼类注意，因此这些游速较缓慢的斗鱼鳍部常常被其他鱼类咬伤或撕破，这会让它们产生压抑感，通常雄性斗鱼会因此而拒绝进食，受伤的鳍部甚至有可能会感染真菌或细菌，最糟糕的后果是它们或许从此便躲藏起来，最终导致死亡。相反，只要与其在一起混养的其他

鱼类不是具有很强的侵略性，雌性暹罗斗鱼在普通的混养水族箱里似乎可以照料好自己。

◉ 雄性暹罗斗鱼尽心守护着浮巢，不断根据需要吐泡修护浮巢，同时不断将掉落出来的卵重新放回浮巢。

⊙ 贝利卡斗鱼也有吐泡营巢的习性，其体型较大，体长可达10厘米左右，应成对饲养。

在水族箱，每条雄性暹罗斗鱼通常被放在一个较大玻璃槽的不同隔间里分开展示。乍看起来，这种饲养方式似乎有些残忍，但事实上这样的特殊装置是为了它们的安全和健康而专门设计的。

生活在相隔的空间里，斗鱼就可以互相炫耀，同时却无法给对方造成实质性的身体伤害，因为如果将它们放在一起饲养，这些斗鱼就会打得你死我活。应保持水族箱里的水温暖、清洁，做到喂食方法得当。即使没有通风装置，暹罗斗鱼也可以凭借直接吸入空气的本领自如应对。

如果想认真饲养和繁育斗鱼，就应该为它们准备专门的水族箱。用带孔的丝网或玻璃间隔物将水族箱分隔成几个空间，丝网或间隔物的上下两端均留有一条小缝，大小控制在可以使水在整个水族箱里自由流动而斗鱼却无法穿过缝隙到达另一个隔间为宜。利用这样的装置，就可以为它们提供经过良好过滤处理的水，保证斗鱼在最适宜的环境中生活。

在人工繁育贝利卡斗鱼时，需准备一个专门的水族箱，水不需要过深，但水族箱里应种植可以形成草丛的水草，这样既可以为雌鱼提供一个藏身的场所，又可以为气泡浮巢提供一个停泊点。在准备将雌鱼引入产卵箱之前，应确保雌鱼已喂饱，腹内已有足量的卵块。

开始时，最好将雌鱼单独放置在一个广口瓶中，使广口瓶飘浮在产卵箱的水面上。然后雄鱼就会开始筑建浮巢，并不时地游到雌鱼跟前，将所有鳍充分展开，摇摆着身体炫耀自己。大约一小时以后，浮巢已经颇具规模，雌鱼也已经十分兴奋，预备着追随雄鱼游到浮巢下方，这时就该将雌鱼引向雄鱼身边了。如果一切进行顺利，雌雄亲鱼会双双游回浮巢，雄鱼以身体卷抱雌鱼，尽量让自己的生殖口同雌鱼的排卵口靠近，然后，亲鱼双双在水中轻轻翻滚，完成产卵排精。贝利卡斗鱼的卵子比重大于水，会沉向箱底。这时，雄鱼会停止与雌鱼拥抱，用嘴接住正在下沉的卵子，然后再轻轻地将卵子推回浮巢；雌鱼体力恢复时会帮助雄鱼完成这项工作。

产卵行为要持续数小时，产卵量可达250粒。一旦亲鱼的产卵过程结束，应将雌鱼尽快捞出，但捕捞时要小心，不要弄坏浮巢。如果雌鱼继续留在产卵箱，雄鱼就有可能在保护浮巢时将雌鱼咬死。接下来的几天里，雄性贝利卡斗鱼会一刻也不休息，全力守护卵。由于卵的比重大于水，所以经常会有一粒或多粒卵掉出浮巢，这时雄鱼就会小心翼翼地用嘴接住它们，再轻轻将这些卵粒推回浮巢里。

第三天时卵即可孵化，但只有等到产卵后的第5天甚至第6天时，孵化出的仔鱼才能自由游动。仔鱼十分小，需要新孵化的盐水虾作为开食饵料。等到仔鱼可以自由游动时，应将雄鱼捞出，否则雄鱼会吞食自己的后代。

养殖爱好者们还可以见到另外几个品种的斗鱼。需要清楚的是，并不是所有品种的斗鱼都适合饲养在混养水族箱，也并不是所有的斗鱼在繁殖时都会筑建气泡浮巢，相反，有些品种的斗鱼是口孵卵的，所以在购买之前一定要做足准备工作。

其中最常见的一个品种是旁那克斯斗鱼，其有口孵卵的习性。只要与其混养在一起的其他鱼类性情温和，一对旁那克斯斗鱼在酸性水质的混养水族箱里会生活得很愉快。这种斗鱼虽然体色相当单调，但繁殖方式却很有趣。

雌鱼每批会产下10～20粒卵，雄鱼将臀鳍拱成杯状将卵接住，随后，雌鱼会用嘴将这些卵粒捡起，再吐到雄鱼的口中，整个过程重复进行，直到卵积累到100粒为止，最后由雄鱼承担孵卵的责任。仔鱼很容易喂养，饵料可选用纤毛虫和盐水虾幼体。

长丝鲈

长丝鲈也是一种主要作为食用鱼的鱼类，个头会长得比较大，可达40厘米长，对于水族箱饲养而言，这样的体长正合适。但据记录，最大的长丝鲈体长可达1米。长丝鲈的寿命很长，一条得到精心照料的长丝鲈在饲养条件下有望活上10～15年，甚至更久。出于这个因素，在从水族店里买一条长丝鲈之前，重要的是要做好可以承担起这项饲养责任的心理准备，因为那些"小宝贝"会长成"大家伙"，而且长得很快。

如果不考虑体长问题，长丝鲈可能会成为饲养新手的理想选择，因为它们能适应绝大多数的水环境，只要是非肉类的饵料，几乎什么都吃（如豌豆、香蕉、芒果、熟米等），而且饲养这种鱼时不会发生打斗现象。或许这就是我们在公共水族馆的大型混养玻璃槽里看到长丝鲈的缘故吧。再结合这样一个事实：许多饲养长丝鲈的人们在长丝鲈个头长得

⊙ 长丝鲈绝对不挑食，只要考虑到饵料的营养因素，无论是投喂豌豆、香蕉皮还是加工饵料和球状饵料，它们都能饱餐一顿。

很大，家庭水族箱里容纳不下时，就会将它们送掉。所以，给您的建议就是：购买之前先想好。要是无法在长丝鲈长大后继续饲养它们，就把它留在销售商的玻璃槽里吧。

接吻鱼

接吻鱼成为人们经常饲养的观赏鱼品种，是因为它们彼此试探力量时会采用一种独特新颖的方式。它们的接吻行为并非我们所想象的那样，是异性之间表达爱意的一种标志，而只是两条雄鱼试探对方力量的形式，或雄鱼为了让"心仪"的雌鱼加深对自己的印象时所举行的求爱仪式的一个部分。将接吻鱼饲养在水族箱里十分有益，因为它们会刮食水草基叶附生的水藻而不损伤水草叶片。它们爱吃的饵料是浮游生物，但饲养条件下无法提供足量的这类饵料，不过它们也吃小型活饵和加工饵料。

接吻鱼有两种体色，即绿色和粉红色。人们认为绿色接吻鱼是野生的品种，而粉红色接

⊙ 野生品种的接吻鱼（绿色接吻鱼，如上图）和粉红色接吻鱼都以浮游生物为食，不过对水族养殖者而言，幸好它们也会接受小型的加工饵料。接吻鱼还会清理水草基叶上附生的水藻。

吻鱼是饲养的品种，其中水族养殖者最常饲养的是粉红色接吻鱼。这种鱼体型可长得相当大，饲养条件下体长可达10～15厘米左右，所以水族箱里应留有足够的空间；粉红色接吻鱼的适应能力也很强，能适应大多数的水环境，不过它们很喜欢在温暖的水中生活，水温在26℃～28℃之间为宜。由于它们生性不爱生事，所以可以放心将它们与体型相当的其他鱼类混养。

尽管接吻鱼可以在水族箱里繁殖，但如果不能保证足够大的空间请不要这样做，因为每对亲鱼产出的卵会多达

⊙ 是一种求爱仪式还是一种无害的试探彼此力量的形式？接吻鱼很难分辨性别，通常雌鱼的鱼体更圆一些，臀鳍也较圆钝。

10 000粒！在接吻鱼的产地，这种鱼是作为可食用鱼类进行商业化繁殖的。

非洲攀鲈

非洲攀鲈属于栉盖攀鲈属，虽然常被以其类属的名称来命名，但这种鱼也经常会被称作树丛鱼，甚至是攀木鲈。为了避免混淆，我们在这里就选用非洲攀鲈作为它们的名字。

乍一看，可能会认为这些短短胖胖、嘴巴可伸出的鱼类属于丽鱼科而不是攀鲈科。自然状态下，非洲攀鲈栖息于森林溪流的杂草丛生的流域、平静的支流、池塘、沼泽中以及灌溉水渠里。这种鱼是食肉鱼类，捕食各类活饵，包括昆虫幼体以及捉到的其他鱼类。出于这一原因，如果混养水族箱里已经饲养了非洲攀鲈，那这个普通的水族箱就不要再放入其他鱼了。不过有些品种的非洲攀鲈还是可以与体型和性情都相近的其他鱼类混合饲养的。

在搬运非洲攀鲈时需要小心，它们的鳃盖边缘呈锯齿状，在受到威胁时鳃盖会张开。如果是两条非洲攀鲈在一起时发生这种情况倒没有什么问题，不过假如这种情况发生在捕捉它们的时候，就会有麻烦，因为鳃盖的锯齿状边缘会缠结在渔网上，这时别试图把它们从渔网上摘下来，而要将渔网连同鱼一起放进水族箱，它们常常会自行从渔网上挣脱下来。如果没有奏效，就要将渔网剪破，不要冒险撕扯，伤到鱼儿。

大部分小型品种都可以同其他体型大到让它们无法吃下的其他鱼类混合饲养，这些小型品种有西非天堂鸟、斑条非洲攀鲈和尖吻非洲攀鲈等。它们喜欢水草茂盛的水族箱环境，要是弱酸性软水，水一定要温暖——只要低于24℃它们就会觉得寒冷。非洲攀鲈的捕食习惯是不动声色地靠近猎物，然后突然跃起捕食。所以如果是将它们与其他鱼类混养，要确保它们有机会捕食，这点很重要。如果在投食时，非洲攀鲈总是没有机会靠近，就尝试一下在水族箱的两端同时投饵，这样更加贪食的鱼类就会不知道该转向哪一端捕食，非洲攀鲈也就有了捕食的机会。如果问题还没解决掉，就将欺凌弱小的大个头鱼移出，或是给非洲攀鲈重新准备一个水族箱。

水族市场上最常见到的品种是尾点非洲攀

鲈，现在许多科学研究人员都认为这种鱼是里氏非洲攀鲈的变种，所以你可能会在销售点发现它们被冠以这个名字。不管学名该叫什么，这种灰色的鱼儿的确很美丽，鱼体上的每片鳞片、每个鱼鳍几乎都有一条白边，轮廓清晰可辨。这些鱼会长得相当大，体长可达20厘米左右，所以不适于放在一般的水族箱里饲养，这不能不说是个遗憾，因为这种鱼饲养起来很简单。

假如你希望尝试一下人工繁育非洲攀鲈，那就需要对每个品种的繁殖特点了如指掌。

有些非洲攀鲈，如斑条非洲攀鲈，靠建气泡浮巢产卵。而另外一些品种则没有孵卵的习性，仅是产出数目众多的卵子，卵粒会浮至水面，尾点非洲攀鲈就采用这种方式产卵。对于

⊙ 小点非洲攀鲈是这个属中接纳性较好的品种，只要同其饲养在一起的鱼类不是个头太小，不会让它们误以为是饵料，小点非洲攀鲈是可以和体型稍小的其他鱼类混养在一起的。应给它们投喂肉食性饵料，特别是像糠虾这类的小型活食。这个品种喜欢生活在安静的水族箱里，拥有充裕的私有空间。

这些品种的鱼，应将卵粒舀出产卵箱，放到别处孵化。如果采用单独孵化仔鱼的方式，应以原来水族箱的水为水源，同时保持孵化箱的水质清新。仔鱼的个头很大，一开始就可以投喂盐水虾幼体了。

攀木鲈

攀木鲈可能是攀鲈科中最著名的品种了，但或许也是最少被人饲养的品种。

东方流传的一个传说中提到：攀木鲈会攀爬到棕榈树上吮吸树液。所以攀木鲈就获得了这样一个名字。

攀木鲈在从一个池塘迁移到另一个池塘时，不仅用各鳍帮助将身体在地面上向前推移，还会将腮盖张开，这样当它用鳍部将身体向前推时，鳃盖后部的尖刺就可以将身体支离地面，攀木鲈就可以左边一下右边一下地拉动身体向前移动。这就解决了池塘干涸时的生存问题。

假如攀木鲈此时无法找到其他的水源，还会将身体埋藏到潮湿的泥浆里维持生存。只要藏身的泥巴还潮湿，即使在没有水的情况下，这种鱼也可以存活48小时之久。由于攀木鲈可以适应如此恶劣的生存条件，所以才能够经受住长途帆船运输。

攀木鲈很容易在水族箱中饲养，能够适应绝大多数的水环境，唯一要求的条件是水要温暖，水温控制在平均26℃最为适宜。水族箱的水面要种上足量的水草，再准备几片木块作为它们避难的场所，同时这样的布景还有利于攀木鲈在水族箱里划分出领地，降低它们发生争端的可能。

217

给攀木鲈喂食是再容易不过的了，只要是能吃的东西，它们都会接受，是真正的杂食鱼类，饵料可以选用颗粒饵料、大米、植物性饵料、活饵、加工饵料等等。最好将攀木鲈与其同类放在一个相当大的水族箱里饲养，在这样的饲养环境中它们会自由配对，甚至产卵繁殖。浮性卵会在大约 24 ~ 36 小时后孵化，但仔鱼很小，所以事先要准备大量的纤毛虫。

彩虹鱼

早在多年以前，水族养殖者们就已经对彩虹鱼有所了解，但直到现在，可常购买到的品种也只有几个，其中真正给人留下印象的只有七彩霓虹、马达加斯加彩鱼和澳洲彩虹。其中澳洲彩虹还常被称作奥氏虹银汉鱼，其大概是到 20 世纪 70 年代才开始被爱好者们饲养的。

◉ 七彩霓虹需要碱性硬水环境，应定期部分换水。

这种曾被人忽视的鱼引起了更多的兴趣和关注，水族店里销售的品种越来越多，专业饲养人员培育的品种也更加多样，饲养彩虹鱼正在世界范围内变得流行。只需了解一下以下即将介绍的彩虹鱼，便不难知道它们广受青睐的缘由所在了。大多数的成年彩虹鱼体长可达 3 ~ 5 厘米，性情温和，十分招人喜爱，能适应大多数的混养水族箱环境。此外，彩虹鱼体色异常斑斓绚丽，很引人注目，能适应较恶劣的环境。以上这些特点使彩虹鱼已成为出色的观赏鱼。

从科学的角度来看，这组被水族养殖者称为彩虹鱼的观赏鱼可分成 3 个科：银汉鱼科、黑线鱼科和鳉银汉鱼科，它们栖息于各种水域，从山间溪流到低地的内河，以及湖泊、池塘、沟渠和沼泽地都能发现它们的踪影。黑线鱼科的鱼类如黑线戴氏鱼、舌鳞银汉鱼可能是最容易饲养的品种，因此建议初学者从这些鱼类开始饲养。

水族箱里应种植茂密的水草，彩虹鱼生性十分活泼，而且有些品种体长可超过 10 厘米，所以水族箱的长度至少为 100 厘米，软性至中等硬度水质（达到 10 ~ 15 度）最为适宜。彩虹鱼对较差的水质十分敏感，如果水质恶化，让它们觉得不适应时，它们就会停在水族箱底部附近，鱼鳍紧夹在身体上。通过定期的局部换水和一个好的过滤装置就可以避免这种情况发生。部分品种喜欢碱性水质，对于这类彩虹鱼我们推荐以下品种：红美人、坎氏溪鲥、瓦纳舌鳞银汉鱼、贝氏银汉鱼、赫氏虹银汉鱼和三带虹银汉鱼。

另外一个值得一提的品种是燕子美人。雄性燕子美人长有拖尾的长鳍丝和旗状背鳍，外形十分引人注目；雌鱼的外形没有那么华丽。这些体型小巧

◉ 澳洲彩虹有好几个子品种。

的"彩虹"体长至多为 3.5 厘米，雌鱼体型则更小一些，通常为 3 厘米。起初水族市场上只有雄性燕子美人，不过现在雌性燕子美人也可以买到了。燕子美人应饲养在水质呈弱酸性的软水中，水温 24℃~ 28℃。

目前无论是群养还是成对饲养，都已经有人工繁育成功的案例。雌鱼将卵产在爪哇苔藓丛中，12 天后孵化。新孵出的仔鱼需要喂食轮虫这类的小饵料，也可以吃一些细小颗粒的成品鱼食或是蛋黄粉末，但不管用哪种粉状饵料投喂都需要格外留心，不要过量喂食，以免造成水质污染。

在水族店里最常见到的一种银汉鱼是马达加斯加彩虹鱼，生活在硬水环境中，需要 6 只以上成群饲养才会真正有安全感。饲养时，必须做到定期部分换水、保持清新的饲养环境，这样才能让它们保持极好的状态。这类鱼的体型较大，饲养条件下体长可达 15 厘米。

银汉鱼科中还有一个最常见到类属——七彩霓虹，这也是一个习惯群集生活的品种，喜欢 6 只以上成群生活，对水质很敏感。马达加斯加彩虹鱼和七彩霓虹这两个品种都需要生活在硬水中，但如果水环境调整的速度合适，同时避免水质呈酸性，它们就能适应大多数情况的水环境。

鲻银汉鱼科的彩虹鱼体型更小，在水族市场上已渐渐有点儿影响力。这个科中大约有 10 个品种，但水族店中经常可见到的却只有其中的 2 种。蓝眼燕子生活在硬质、弱碱性的水域环境中，在咸淡水栖息地也能发现，能很好地适应大多数水族箱饲养环境，但不喜欢酸性水质。雌鱼体色相当单调，鱼体基色为普通的褐

⊙ 马达加斯加彩虹鱼需要足量活饵来保持鲜亮的体色和良好的生长状态。

⊙ 河虹银汉鱼生活在清澈见底、水流舒缓的溪水中。

⊙ 要保持红美人绯红的基色，经常换饵料的品种很重要。

色，鳍透明，而雄性蓝眼燕子的鳍为鲜黄色或桔橘黄色，前缘镶有黑边，感到紧张时臀鳍或

⊙ 每只人工繁育的贝氏银汉鱼，鱼体上的颜色都不完整。

⊙ 三带虹银汉鱼的确非常漂亮，有多种花色和品种。

⊙ 燕子美人在弱酸性的软水环境中饲养起来相当容易。

背鳍会变长。这个品种的最大体长约为5厘米，适合与体型相当的其他鱼类混养。

另外一个品种有时也能见到，是所有小型彩虹鱼中最美丽的一种——霓虹燕子。雌性霓虹燕子的外表很平常，仅在鱼鳍部位泛出一点黄色，但雄性霓虹燕子却拥有金黄色体色，靠后面的背鳍基部和臀鳍为黑色，且镶有金边，尾部中间大约有6根黑色鳍条，上方和下方各有6根明黄色鳍条将中间的鳍条包裹住，圆形突出部的上下两端均镶有黑边。

霓虹燕子性情温驯，对环境的适应能力强，可以很好地适应水族箱的饲养环境，最大体长仅为4厘米，是小型观赏鱼的理想混养伙伴；这种鱼喜欢碱性硬水环境，必须定期局部换水才能让它们保持良好的状态。

为了保证所养的彩虹鱼体色鲜亮、体态健康，需要给它们喂食充足的活饵和冷冻饵料，它们最爱吃的饵料是孑孓、糠虾、红蚯蚓和水蚤，喂食这些饵料还会有助于促使它们达到繁

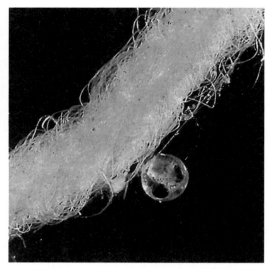

⊙ 彩虹鱼的产卵方式与卵生鳉科小鱼相似，它们会将卵产在产卵布上。从图中我们可以看到一粒红美人卵，卵中小鱼的眼睛都已经可以看到了。红美人的卵子相当硬，可用手将其从产卵布上摘下，放到孵化碟里。

殖状态。

▌彩虹鱼的人工繁育

彩虹鱼将卵产在叶片繁茂的水草丛中，大多数情况下，产卵过程会持续几天，部分换水和清晨照进水族箱的曙光，常常是促进彩虹鱼繁殖的有利因素。在持续几天的产卵期里，雌鱼每天约产下20粒卵（卵的数量会因彩虹鱼品种和亲鱼体型大小而有所差别），卵粘附在线状物上，从水草上悬下。仔鱼孵化时会出现一个问题，因为仔鱼孵化的时间间隔同雌鱼后续产卵的时间间隔相同，所以许多刚刚孵化出的细小仔鱼会和1周龄的卵粒混杂在一起。有些水族养殖者在解决这个问题时，会在水族箱里铺上卵生鳉鱼产卵用的那种产卵布，这样就可以方便地将卵粒挑拣出来，将仔鱼分批孵化。如果只有一个混养水族箱来饲养彩虹鱼，则可以在水族

⊙ 成群的成年彩虹鱼，如三带虹银汉鱼和石美人，是饲养在较大型水族箱的理想鱼品。

⊙ 定期部分换水和不断变换饵料对印尼梦角有好处。

⊙ 雄性红苹果鱼的外观名副其实，但雌鱼的鱼体基色为普通的银色。

箱里铺上产卵布，供雌鱼产卵，然后每隔一两天将布取出，摘下上面的卵粒。

仔鱼的饲养十分困难。部分品种的彩虹鱼体型很小，需要洄水（如果有条件培育一些草履虫会很有帮助）和小的盐水虾幼体这样的饵料。

不过一旦找到合适的饵料，控制好仔鱼孵化的时间和培育饵料的相应时间，仔鱼就会稳步生长，但这种生长绝对称不上"迅速"。最好每天投喂小型饵料 4 ~ 6 次，这段时间里一定要保证饲养箱十分清洁，使用海绵过滤器可以有效达到这一目的，不过同时还需借助虹吸管将盐水虾的残体在腐坏之前从饲养箱中清理出去；部分换水也有助于保持水质的清新。

许多人喜欢将不同品种的彩虹鱼混养在一

⊙ 蓝美人的雄鱼在繁殖期间会呈现非常艳丽的色彩：一条金色条纹向下横穿过头部中间。

个水族箱里，但假如打算用这些彩虹鱼来育种，那混养的做法就不太明智，因为所有品种的彩虹鱼雌鱼外形都很相似，这样就可能造成异种杂交，繁育出毫无出售价值的混种彩虹鱼。

太阳鱼和镖鲈

除了金鱼以外，还有一些不错的品种适宜饲养在冷水环境中，例如太阳鱼和镖鲈。夏季里，这两类鱼都可饲养在花园的池塘里，但因其体色和生活习性的原因，这两种鱼并不常见。

太阳鱼正如它们常有的俗名那样，属于棘臀鱼科的北美品种。棘臀鱼科中的一些体型特大的品种很受钓鱼者们的喜爱，但水族养殖者们则大多数都偏爱体型较小的品种，因为小型的观赏鱼很容易安置到水族箱里。太阳鱼的体色十分引人注目，鱼体上布有无数色彩斑斓的斑点，侧腹部在阳光下会泛出闪耀的光泽，所

以也难怪它们会成为冷水观赏鱼中广受青睐的对象。

小太阳鱼是其中一个体型较小的品种，产自美国东部的北卡罗来纳州至佛罗里达州一带，饲养的水温可有很大差异（10℃ ~ 30℃），常被放在热带观赏鱼水族箱里饲养，这点从其分布的地域或许可以知道。小太阳鱼体型娇小，体长只有 3.5 厘米。

九棘日鲈的 3 个品种体型稍大一些，体长为 8 ~ 10 厘米不等。不建议将其饲养在热带鱼水族箱中，这些太阳鱼喜欢夏日里水温 22℃

⊙ 黑带九棘日鲈这个品种常被水族养殖爱好者所忽视，虽然混养的其他鱼类体型相当时，可将其放在花园的池塘里饲养，但它们最适宜饲养在凉爽的水族箱环境中。

⊙ 蓝点九棘日鲈可在水族箱中饲养并进行人工繁育，但假如希望进行人工繁育，应特别留意其对水温的要求。

左右，而冬季的几个月里水温应降到10℃左右。黑带九棘日鲈的故乡在美国的纽约州、新泽西州和马里兰州；蓝点九棘日鲈的分布范围更广些，从纽约州顺流而下，一直到达佛罗里达州的东海岸；宝石九棘日鲈从新英格兰至佛罗里达州都有分布。

这3种鱼都喜欢生活在水草茂密的水族箱里，要用沙子或细小的沙砾层铺设底沙；都对

恶劣的水环境和大幅度频繁波动的水温十分敏感。在给水族箱换水时应留意，确保水的pH值没有随之升高，例如假如水质突然从弱酸性变成弱碱性甚至碱性更强（超过7.5）就可能对鱼儿造成伤害，尤其是宝石九棘日鲈会感到不适，而且即使是健康的鱼儿也会变得容易受真菌感染，最糟糕的后果是导致鱼儿死亡。

饵料的选择很容易，它们乐意吃红蚯蚓和孑孓这类冷冻饵料，也会接受加工饵料。假如希望它们达到繁殖状态，则有必要将饵料尽量多样化。

人工繁育太阳鱼

冬日里将太阳鱼饲养在温度较低的水中，更有利于太阳鱼产卵。将黑带九棘日鲈饲养在一个50～70升的大桶里，安置外动力过滤装置，用沙子作底沙材料，桶中种植少量水草，将大桶放在不供热的温室中，给它们投喂冷冻饵料或活饵，这样的饲养条件最适宜鱼儿产卵和繁殖。

九棘日鲈鱼类很难区分性别，雌鱼的身形较笨重些，体色也更艳丽些。辨别这些鱼儿的性别需要一点儿耐心，要仔细观察它们的行为。

雄鱼会划分出自己的领地并加以防范，在平常状态下就可以观察到这种行为，在繁殖期内，这种行为则会表现得更为明显。在进入产卵状态后，雄鱼会先进行求爱和筑巢活动。雄鱼会在水族箱中的一个遮蔽场所里挖一个坑，然后极力护卫，随后向选中的雌鱼求爱，最

⊙ 勃氏拟虾虎鱼是食肉鱼类，显然不适合饲养在混养水族箱里。

⊙ 彩塘鳢的仔鱼外观很引人注目，不过成鱼体长会达到17厘米，而且爱吞吃鱼类。

珍珠雷达可产卵1000多粒，每粒鱼卵都由一根细丝粘附在洞穴顶部。雌雄亲鱼都会负责看护鱼卵和仔鱼，仔鱼相当好养，刚开食就可以喂食新孵化出的盐水虾。

虾虎鱼中最美丽也最常见的品种就是皱鳃虾虎鱼。这种鱼身形非常小巧，饲养条件下可长至6厘米，雌鱼的体长通常更小一些，外观相当普通，鱼体基色为银灰色，第二个背鳍上有一个黑斑；但雄鱼体色十分艳丽，鱼体基色为可爱的柠檬黄色，鱼鳍为蓝色，镶有黄色或白色的边缘，与柠檬黄色的鱼体形成鲜明的对比。

皱鳃虾虎鱼也是一种生活在硬水中的鱼类，pH值应大于7.5，硬度应大于12度，水温应保持在24～26℃。水族箱应铺设白色（或其他浅色）背景的底沙，布置充足的岩石和洞穴。雄性皱鳃虾虎鱼会彼此发生争斗，但对其他鱼类很友好。

皱鳃虾虎鱼具有洞穴产卵的习性，会将卵产在洞穴的顶部，有时也会将卵产在开阔的岩石上。无论选择何种产卵方式，雄鱼都会负责看护鱼卵和仔鱼，直到仔鱼可以自由游动。每窝鱼卵可多达50粒，经过7天即可孵化，仔鱼需要新孵化出的盐水虾作为开食的饵料，仔鱼长得很快，仅过3个月即可辨出性别，大约6个月即可发育成熟。

刺鳅

有时或许您也想尝试着饲养一下刺鳅——这个刺鳅科中的一员。尽管本科中有火鳗这一品种，但实际上刺鳅同真正的鳗类并没有关系，仅仅是也拥有鳗类细长的体形而已。刺鳅的故乡是非洲和东南亚。这些细长、蜿蜒游动的鱼类绝对称得上挖洞高手，会破坏掉水族箱里的岩石和水草。刺鳅细长的鼻子有抓握能力，正是利用这样的鼻子，它们才能够穿梭于泥沙之中，寻觅到蠕虫和其他埋藏在泥沙里的食物。随着渐渐长大，刺鳅食肉的习性也更加突出。

家庭饲养的刺鳅不太爱吃薄片状饵料和块状饵料，所以应给它们准备一些冷冻的饵料。可偶尔让它们换换口味，喂食点儿水栖无脊椎动物，给小型的刺鳅投喂一些水丝蚓，体型较大的刺鳅则特别爱吃蚯蚓。

红纹刺鳅是水族养殖业的宠儿，这或许是因为它们看起来十分美。年幼的红纹刺鳅会将身体埋在木头或岩石堆里，只探出脑袋来。水族市场上红纹刺鳅的量很大，很多人购买时并没有意识到它们将来会长得很大，不知道饲养条件下，

⊙ 火鳗需要喂食种类丰富的肉类饵料，如蠕虫、小虾和剁碎的蚌肉。

体型更大些的鲇鱼同槽饲养。水的硬度最高可为 15 度，pH 值为中性偏酸时似乎很适合红纹刺鳅生活。要确保底沙柔软，且没有锋利的沙砾或砾石，以免红纹刺鳅在挖洞时被划伤。

火鳗是这个科中最娇弱的一个品种，在水族箱中饲养时需要十分注意水质。火鳗的跳跃本领很高，还是逃跑高手，哪怕是最细小的开口，它们也能蜿蜒着扭动身躯逃离出去，所以一定要确保水族箱的盖已盖严。

还有两种刺鳅有时也会见到：一种是 M.circumcinctus（中文名不详），体型很小，最长只有 16 厘米；另一种是大刺鳅，可长至 75 厘米。这两个品种的饲养条件与火鳗相似。

长到 50 厘米是再平常不过的了，最长可长至 1 米长。红纹刺鳅属于食肉鱼类，身体又那么庞大，夜间出来觅食时会吃掉体型小的鱼类。

虽然幼年的红纹刺鳅喜欢群集生活，但随着慢慢长大，它们便不能再接纳同类，不过可以将它们与体型大的生活在中层水域的其他鱼类一起饲养，或是与一些体表覆有"盔甲"的

多鳍鱼和芦鳗

在非洲的热带水域里，生活着一个非常有趣的鱼类家族，这就是多鳍鱼科（恐龙鱼、芦鳗、肉鳍梭子鱼）。这些鱼类的体形像蛇，身体上覆盖着彩釉似的菱形鳞片，鱼鳔已经过进化，使它们可以直接吸入空气，所以可以在含氧不足的水域中生存。放在水族箱中饲养时，不管水中的溶氧量如何，它们都会规律性地露出水面吞咽几口空气，如果不让它们接近水面，它们就会死亡。

多鳍鱼是食肉鱼类，会捕食任何可放入口中的猎物，包括鱼、蠕虫、昆虫幼体和青蛙等。在水族箱中饲养时，它们还会吃鱼肉或其他肉类的碎片。喂食小虾或对虾时，可将虾弄碎，保留一些虾壳与虾肉一起投喂。

多鳍鱼有两个属：绿塘鳢属（芦鳗）和多鳍鱼属（恐龙鱼），其中绿塘鳢属只有一个品种，即草绳恐龙，而多鳍鱼属则有好几个品种。只要混养的鱼类体型够大，不会被多鳍鱼认为是

猎物，就可以将它们放在一起饲养。多鳍鱼的脱身本领很高，无论多么狭小的空隙都能蜿蜒着身体逃出来，甚至会从外置过滤器的回槽管逃到水族箱外。为了防止它们逃窜，可以在水族箱的玻璃盖和玻璃槽之间盖上一片细网，这样就可以拦住回槽管这一出口。如果情况需要，可以将网固定到水族箱的外壁上，防止细网滑落。假如还是在地上发现了已经半干的鱼儿，千万不要放弃希望。有人就曾在一天早上发现了他饲养的鱼儿躺在地板上，身体僵直，浑身粘满了地毯上的长纤维，觉得鱼儿一定没救了，然后失望地把鱼放回了水族箱。可 4 个小时过后，那条鱼身上尽管仍粘着长纤维，鳍看起来还没有完全恢复，但又活跃起来，几天后则完全恢复了过来。

草绳恐龙性情温和，即使对同类也很友好，但不要将它们与任何体型很小的鱼类放在一起饲养，否则小鱼会被它们当成食物的。草绳恐

龙的身形细长，最大体长可达 40 厘米。饲养草绳恐龙最理想的环境是弱酸性的软水，一个一般尺寸大小的混养水族箱，混养的其他鱼类体型大小要合适。

当将多鳍鱼属的鱼类放在一起饲养时，它们会发生争端，尤其在水族箱里的隐蔽处不够时更是如此。不过，它们常常不会对其他鱼类表现出攻击性。只要水质条件不超过它们能忍受的最大限度，多鳍鱼属的鱼类可以适应大多数的水环境。水族养殖者通常选择的品种有大花恐龙，可长至 45 厘米长；斑节恐龙，可长至 35 厘米长；非洲恐龙和小花恐龙，这两种鱼的体长都能达到 30 厘米。

有些品种在饲养条件下可以繁殖。产卵时，雄鱼展开臀鳍，略拱成杯状，置于雌鱼的产卵口下方，卵子和精液都会被收入杯状的鱼鳍里。其中一些品种，如大花恐龙，会将卵产在水草丛中，而另外一些品种，如小花恐龙，则让鱼卵落到水族箱底。卵的孵化大约会经

◉ 非洲恐龙和其他品种的多鳍鱼一样，也是逃跑高手，应确保盖严水族箱的上盖。

◉ 小花恐龙产卵时会让卵自行落到水族箱底部。

◉ 大花恐龙的产卵方式与小花恐龙形成鲜明对比，会将卵产在水草丛中。

历 4 ～ 5 天，不过仔鱼孵出后得再过几天才能自由游动，以新孵出的盐水虾为食。

齿蝶鱼

如果您在寻找非同寻常的观赏鱼品种，没有哪种鱼会比齿蝶鱼更适合的了。齿蝶鱼属食肉鱼类，生活在上层水域。这种鱼的嘴巴就像可开闭的吊桥，可以摄食任何昆虫，甚至大小适合放入口中的鱼类。此外，齿蝶鱼还是体型中等（超过 8 厘米）、生活在中层或底层水域的温和鱼类的理想混养伙伴。

饲养齿蝶鱼时，水不需要很深，15 ～ 20 厘米即可。当然，如果是和其他鱼类一起混养，就可以将水族箱里的水加多一些。齿蝶鱼喜欢充分过滤的酸性软水，任何程度的水质恶化都可能导致齿蝶鱼鳍部退化或丧失食欲。

野生齿蝶鱼喜欢潜伏在漂浮的水草层下面，用漂在水面上的软木树皮替代水草层看起

来很自然，而且还可以提供一个地方放上一小碟蛆，让其孵化出苍蝇，为鱼儿提供食物。齿蝶鱼爱跃起捕食苍蝇。水面上漂浮的一层软木树皮或是水草有助于防止它们跳出水族箱，不过有备无患，为了安全起见，应该将水族箱的盖盖紧。其他的食物来源就是生活在上层水域的昆虫，无论其是幼虫还是成虫，比如粉虫、蜘蛛、潮虫、蛆（到渔具店购买一些无色的蛆，放到塑料盒中储藏起来，塑料盒上要留通风小孔，放置到阴凉的地方）。也可喂食大的加工饵料，有时还包括水面飘浮着的颗粒饵料。当冷冻饵料下沉时，齿蝶鱼会进行捕食，但一旦食物落到水族箱底，它们就不再吃了。

目前已有一些普通养殖者人工繁育齿蝶鱼的成功案例。产卵时雄鱼的臀鳍可向外弯曲凸起，臀鳍中间的鳍条形成一个小管子，而雌鱼的臀鳍则呈笔直状。正确投喂饵料对促使齿蝶鱼进入繁殖状态很重要，饵料的品种要富于变化，同时还应给它们喂食足量的活饵。

在产卵期内，雌雄亲鱼每天都会持续产卵很长时间，卵比水轻，会浮到水面上，所以很容易将鱼卵舀出，放到别的水族箱内孵化。孵化箱以亲鱼水族箱里的水为水源。卵开始时呈透明状，大约经过9个多小时以后，会变成深褐色或近乎黑色，孵化期会持续36小时左右。仔鱼的喂食相当困难，可以用盐水虾的幼体作为开食饵料，还要做到定期少部分换水，才有可能饲育成功。

⊙ 齿蝶鱼在捕食昆虫时会高高跃起，所以应将水族箱的盖子盖紧。

玻璃鱼

如同其名字那样，玻璃鱼通体透明，能清晰地看到骨架和部分内脏。玻璃鱼中有两个品种的鱼比较常见，即印度玻璃鱼和沃氏副双边鱼，其中沃氏副双边鱼的体型较大，体长为20厘米，但在饲养条件下即使正确喂饵能达到这般体长的也是万里挑一。

虽然玻璃鱼如今在公共水族馆里已极为常见，但人们在刚开始饲养这种鱼时，却觉得它们是披着神秘外衣的。大家都认为玻璃鱼难养，从某种程度上讲，也的确如此。尽管它们性情温和，但普通混养水族箱里鱼类熙攘的"大都市"环境对它们并没有好处，它们更喜欢专用水族箱的那份宁静。

可用75厘米规格的水族箱来饲养玻璃鱼，选用熔岩碎片铺设箱底，布置出深色背景；不要用泥炭块，那会使水酸化，而玻璃鱼喜欢中等硬度的弱碱性水质。在将玻璃鱼引入水族箱之前，应植入繁茂的水草，使水族箱的环境发展成熟；要选用耐盐性好的水草，因为在水族箱里每11升水加入5～10克的饲养盐会对玻璃鱼有好处。玻璃鱼生性有点羞怯，刚被放入水族箱饲养时可能会躲藏起来，不过一旦它们觉得安全了，就能越来越频繁地看到它们的身影。玻璃鱼具有领地观念，会花上一点时间划分出各自的领地，但一旦领地确定下来，便不会再出现什么问题。

印度玻璃鱼和沃氏副双边鱼这两个品种都能吃加工饵料，但光喂食加工饵料还不足以维系它们的生存，饵料中还应包括小型的无脊椎动物和冷冻饵料。有时会很难确定出合适的饵料搭配方案来饲养好这些小家伙。有饲养者给他的玻璃鱼安排了这样的方案：每天喂食鲜活的水蚤和红蚯蚓，以冷冻饵料和加工饵料作为补充，结果他的玻璃鱼就饲养得比较成功。

只要饵料搭配得当，种类多且富于变化，印度玻璃鱼就很容易繁殖。要用饲养在同一个水族箱里的几对鱼来繁殖，而不是仅仅其中一对。让阳光照射到水族箱上、稍稍提高水温或

⊙ 印度玻璃鱼较难饲养，光靠加工饵料难以存活，需要投喂活饵。

⊙ 沃氏副双边鱼尽管体型比印度玻璃鱼大些，但生性羞怯，适宜饲养在专用水族箱中而不是骚动喧嚣的混养水族箱里。

是添入一些淡水，都可以诱使鱼儿产卵。如果这些方法不能奏效，可将亲鱼分开几天。雄性印度玻璃鱼的背鳍和臀鳍上镶有蓝边，雌鱼身体的黄色更深一些，如果仔细观察其内脏（很容易观察到），会发现雌鱼鱼鳔的前端呈圆形（雄鱼的鱼鳔较尖）。

每个产卵地点都会有大约6粒鱼卵粘附在水草上（爪哇苔藓能很好地起到这个作用）；产卵过程会持续进行，直到每对亲鱼产下约200粒卵为止。虽然亲鱼不会留意到鱼卵和仔鱼，但也最好将鱼卵和仔鱼移出，以免亲鱼饥饿时吞食。卵经过24小时即可孵化，仔鱼非常纤小。

仔鱼在3天以后能自由游动之前会集结于

水草上。这时会出现一个问题：尽管它们会摄食盐水虾的幼体，但不会主动捕食，而是仅仅当身边有盐水虾幼体经过时才会去抓食。用一台海绵气动式过滤器让饵料四处游动可以起到一定作用，但仅仅喂食一种饵料是不够的，就像成年印度玻璃鱼一样，幼年的印度玻璃鱼也需要品种多样的饵料。这就需要不断地用各种体型足够小的饵料逐一尝试投喂，希望

能找到它们爱吃的合适饵料。

需要提醒注意的是，有些人将玻璃鱼进行特殊处理，使鱼体会发出荧光色的弧光，然后冠以"迪斯科鱼"的名字卖给没有防备心理的养殖爱好者。其实这种鱼是被注入了有色染料，这种做法会给鱼儿造成痛苦和伤害，受到此类迫害的不光是印度玻璃鱼，连玻璃鲇鱼也受到了侵害。

叶形鱼

如果想挑选一种稍微与众不同的鱼类，可以考虑一下叶形鱼。这些多棘叶形鲈科的鱼类生活在南美洲、非洲和亚洲：叶形鱼和南鲈科鱼产自南美洲的东北部地区；非洲多棘鲈的故乡在非洲西部；南鲈则生活在亚洲，从印度到泰国一带都有发现。这些鱼的繁殖方法也各异：叶形鱼将卵产在叶片上；南鲈科鱼将卵产在洞穴里；非洲多棘鲈使用气泡浮巢产卵。以上所有的这些鱼类品种在水族市场上几乎都见不到，这里挑选了其中的一个品种来介绍一下这类鱼的部分饲养要求。

叶形鱼生活在秘鲁亚马孙河的静水或水流缓慢的水域里。在这里介绍这种鱼是为了避免有人在不经意间买到一条，然后放到混养水族箱里饲养，造成严重后果。叶形鱼是十足的食肉鱼类，根本不吃死的饵料，所以假如您有饲养这种鱼的打算，请千万要在购买之前三思。

叶形鱼主要为棕色，看起来就像枯死的树叶。体色会不断变化：第一天可能是深棕色，第二天变成金色，第三天又"多云"了。夜晚时呈现出一种只能将之描述为云朵的图案——浅褐色的背景上布着棕色的斑点。

叶形鱼需要饲养在专门的水族箱里，箱内放入木块，植入茂盛的长叶皇冠（南美亚马孙剑齿科植物），用过滤器控制水流缓缓流动。这种鱼生性羞怯，不易适应环境，所以，如果它们已经能适应水族箱环境，就不要再往箱里放入其他鱼类了。饲养时，应为叶形鱼提供成熟的水环境（弱酸性软水）。如果饲养的水不适于它们生活，如硝酸盐含量过高，叶形鱼就

◉ 从图中我们可以看到，叶形鱼的体色千差万别，而且即使是同一只叶形鱼，一开始时为棕色，半小时以后又会变成奶油色。

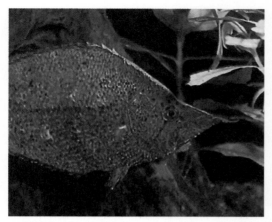

⊙ 饲养叶形鱼必须做好投喂活饵的准备，否则不要考虑饲养它们。谨记叶形鱼会将其他鱼类当作点心吃掉。

会将鳍夹在身体两侧，静止不动并且拒绝进食。

大部分的时间里，叶形鱼会头部朝下，一动不动地在水里漫无目的地漂着，看起来就像随波漂荡的树叶，为了让这样的伪装更加真切，叶形鱼下唇的尖端还长出一根小触须，酷似树叶的叶柄。如果在水里撒入些活饵，这些"树叶"便会立即活跃起来，摆动起鱼鳍，朝猎物缓缓漂过去，待离得足够近时，再张开嘴，一口把猎物吞下。除非能做到持续不断地为它们供应鲜活小鱼作为饵料，否则不要饲养叶形鱼。

叶形鱼的繁殖方式与丽鱼科的一些品种相似，亲鱼会先清理出一片树叶，然后雌鱼就在那片树叶上产卵，鱼卵和孵化出的仔鱼由雄鱼负责看护。如果能提供足量的活饵（也只有在满足这个条件时），仔鱼是很好喂养的。仔鱼每天会吃下与自己体重相当的饵料，所以说，假如您的水族箱里有 300 只这样嗷嗷待哺的小叶形鱼，那消耗的活饵量会十分可观。

半颚鱼

半颚鱼产自东南亚，在淡水和咸水域都有发现。大部分的半颚鱼栖息于淡水和咸水交汇的河口区，已经可以适应淡水的饲养环境（可以每 4.5 升水中加入 5 克饲养盐），所以饲养起来应该不会有什么困难。半颚鱼有群集的习性，在水面附近生活。如果观察它们的背鳍部位，就会发现半颚鱼的背鳍沿着身体往后倒，这是为了不破坏背部轮廓，还可以防止背鳍凸出水面，将自己暴露给捕食者。

这些鱼的下颌向外伸出，保持不动，这样它们在水面下巡游时就可以吃到生活在上层水域及掉落到水面的昆虫。饲养时，这些食虫的鱼儿需要喂食活饵，它们会吃水丝蚓（饲养者投喂）、果蝇，事实上它们会贪婪地吃掉任何种类的小飞虫。饲养时，给它们提供足量它们爱吃的饵料会有些困难，夏季里，到菜园里可以收集到足够多的蚜虫——但不要收集那些身上被喷洒上杀虫剂的蚜虫，此外还有蚊子的幼虫、蛹或成虫，这

⊙ 摔跤半颚鱼是半颚鱼中最容易进行人工繁育的品种，大约每个月都会产下一窝仔鱼。和其他的半颚鱼品种一样，摔跤半颚鱼的下颌在搬运过程中也容易受到损伤，因此购买前应仔细检查。

些都是半颚鱼的可口点心。还可以拿上一张带手柄的网兜（类似饲养鱼用的那种网兜），到草丛深处捕掠一遍，会吃惊地发现自己捕到了一大堆的小甲虫。给鱼喂食时，首先要保证水族箱的盖子能盖严实，不然小昆虫会全跑掉的（盖好盖子还有助于防止鱼儿跳到水族箱外面，半颚鱼可是很善于跳跃的）。把捉到的小甲虫放到水面和水族箱玻璃盖之间的空间里，如果使用的是小蜘蛛这样的爬行匍匐类的饵料，就在水面上放上一小片软木树皮，再把这些小昆虫放到上面，让它们随着这些"小筏子"飘荡，小昆虫爬到"小筏子"边沿时，鱼儿就能发现它们，然后跃起将其捉住。也可以用漂在水面的水草代替树皮充当"小筏子"。

由于半颚鱼生活在上层水域，所以可以将它们饲养在水较浅的水族箱里，水的硬度应该较高，如果所在地区自来水的水质较软，就可以在饲养半颚鱼的水里加入一点盐。如果情况需要，用缓冲器将水的 pH 值大约控制在 7.0。

水族市场上常见到的半颚鱼主要有 3 类：皮颌鳉鱼属、火箭和齿鳉鱼属。这 3 个类属繁殖时都是直接产出小鱼。

如今最常进口的半颚鱼是火箭属的鱼类。这些品种的半颚鱼鱼体比其他类属的要厚一些，下颌更短，几乎不会比上颌凸出，下唇通常为黑色。在市场上销售时，这几个不同品种在销售时可能会被冠以同样的名字——"七彩水针"，体长都可达到 10 厘米。无论哪种动物，只要小到它们可以吞入口中，都会被它们当作食物，它们甚至还会吃掉宝莲灯鱼，所以饲养时要注意必须是跟它们体型差不多的鱼类才可以跟它们混养在一起。

在这个类属中，雄鱼臀鳍的前半部分鳍条变短了，形成交尾器。雄鱼常在太阳刚刚升起时向雌鱼求爱，与之交配。大约 6 周以后，雌鱼会产下 20 多尾仔鱼。尽管刚出生的仔鱼个头就很大（可达 2 厘米），但只要一有机会，亲鱼就会吃掉一些仔鱼，因此应将仔鱼移出，放到另外的水族箱饲养。仔鱼开食时就可以吃刚孵化出的盐水虾，会长得很快，不久就需要喂食与成鱼相同的饵料了。

皮颌鳉鱼属的鱼类也比较常见，这些鱼类还常常被称为"摔跤半颚鱼"，这是因为雄鱼有互相摔跤的习惯，以此来排出强弱次序。最常见到的品种是水针鱼（马来西亚尖嘴鱼），这种鱼的嘴比七彩水针更长一些，但这样的嘴也因此很容易在搬运过程中受到损伤，伤口处常会导致感染和死亡，所以在购买时一定要挑选

⊙ 鹤嘴鱼很难在水族箱中饲养，首先必须保证搬运途中不碰伤它们的吻，其次还必须能够几乎不间断地供应足量活饵。

下颌完好无损的水针鱼。水针鱼是这个类属中最易在饲养条件下繁殖的品种，大约每月都可产下 30 只仔鱼。

另外一种常见的半颚鱼类属是齿鳉鱼属，这个类属中的鹤嘴鱼，与其他成员有点不同，臀鳍的前半部分比其他鱼长，不过相同的是，臀鳍仍然作为配对时用的交配器。可以肯定一点：鹤嘴鱼是这个类属中最难饲养的品种。这种鱼的下颌又长又细，所以在运输过程中常常被碰断，而如果下颌折断，鹤嘴鱼几乎是必定会死亡的。鹤嘴鱼对饵料也比较挑剔。所有的半颚鱼都是食虫鱼类，好在大部分都能改食漂浮在水面上的加工饵料，尽管光喂食这种饵料不足以让它们保持最佳生长状态，但可以让它们度过活饵不足的艰难时期。可是鹤嘴鱼却例外，它们宁愿挨饿也不会接受薄片状食物，所以如果没有足够把握给它们提供一整年的活饵，就不要购买鹤嘴鱼。鹤嘴鱼会从水族箱的上部捕食水蚤和红蚯蚓这类活饵，但与其他半颚鱼不同的是，如果饵料落到更底层的水域，它们就不会再去追捕猎物了。

亲鱼的繁殖会持续好几周，在繁殖期内，亲鱼每天都会繁育仔鱼，每窝仔鱼最终可以达到 30 ~ 40 尾。如果饵料充裕，亲鱼一般不会吞食仔鱼，但为了保险起见，最好将仔鱼移出，放到别的水族箱里喂养。仔鱼会摄食水面上或水面附近的小型活饵。饵料还可选用新孵化出的盐水虾，但要在水族箱的上方安置一只高亮度的灯泡，将盐水虾吸引到水面上，这样仔鱼就可以进行捕食了。一定要用虹吸管将死去的盐水虾及时清理出水族箱，以防止其腐坏。

刺鱼

在欧洲，水族养殖者几乎很少饲养本地鱼，然而其中有许多品种的鱼能达到好的水族箱观赏鱼的所有标准，那就是体型娇小，体色漂亮，习性有趣。刺鱼完全达到这种标准，但极少有人饲养，甚至人们在挑选水族箱观赏鱼时都不会考虑到它们。

刺鱼是小型鱼科，生活在北温带的淡水、咸淡水和海水水域。有两个品种很适合饲养在凉爽的水族箱环境中，即九刺鱼和三刺鱼。通常最好是将这两个品种分开，在单独的水族箱里饲养。水族箱长度应为 60 厘米左右。尽管它们属于群集鱼类，但在繁殖季节，雄鱼的领地观念会很强，如果水族箱过小，它们就会互相打斗并将对方严重打伤。因此明智之举是将一条雄鱼和一群雌鱼一起饲养。

水族箱应用细软的沙砾铺设底沙，种上

◉ 水族养殖者常常会忽略三刺鱼这个品种，但孩子们却对这种鱼情有独钟，他们喜欢捕捉三刺鱼。

◉ 九刺鱼也同样易被忽视，但这两个品种的观赏鱼都十分有趣，也可进行人工繁育。

⊙ 当进入繁殖状态时，雄性三刺鱼的鱼体上会呈现出不稳定的红色。此刻它正准备将愿意配对的雌鱼引到它的巢穴中。

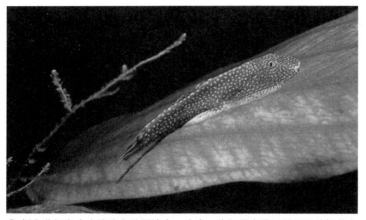

⊙ 侧斑花栖息在水流湍急的溪流中。凉爽、溶氧量高是至关重要的饲养条件，所以不要将它们放在拥挤的混养水族箱里饲养，混养水族箱的溶氧量太低，它们无法生存。

⊙ 非洲刀的体长可达30厘米，好斗，不宜将非洲刀与小型鱼类一起混养，因为非洲刀的嘴很大，会将可吞入口中的任何食物统统吃掉。这种鱼喜欢静止的水域，有夜间活动的习性，所以水族箱的光线宜昏暗，至少应给它们提供一个可退居其中的阴暗处。

大量的水草，造出许多洞穴或放置小罐为它们提供躲藏的场所。除非发现某一品种中众多的鱼类都生活在硬水中，否则需要将刺鱼放在软水环境中饲养。为了维持水中的含氧量，有必要在天气温暖时将水族箱暴露于空气中。在冬季，最好把水族箱放在温度尽可能低（但不结冰）的地方。这有助于刺激它们在来年春天产卵。

一旦适应了环境，它们就会花很多时间到开阔处寻找食物。对于在野外捕捉到的鱼类，需要投喂一些活饵，如红蚯蚓、水蚤、白虫等。刺鱼是稀有的野生鱼种，可以改食加工饵料，大部分会最终接受冷冻饵料和碎的鱼片或肉片。

在春季和夏季，雄鱼将进入繁殖状态，这时人们将会欣赏到这些品种的真正魅力：雄性九刺鱼通体变成天鹅绒黑色，胸鳍为鲜亮的橙色；雄性三刺鱼在鱼体的大部分地方特别在咽喉部位，会显现最迷人的红色。

雄鱼会选择合适的地方筑巢。三刺鱼会把巢穴建在水族箱的底部，其他品种会建在水族箱底层上方几厘米至十几厘米的地方。巢穴是用雄鱼释出的"胶"将水草叶片一片一片地粘在一起做成的。一旦建成，雄鱼就会把一条成熟的雌鱼引到巢穴里，接着就会产卵。当其他的雌鱼做好产卵准备时，雄鱼也会邀请它们到巢穴中产卵。期间，雄性亲鱼会先照料卵，之后护卫仔鱼。仔鱼以新孵出的盐水虾为食，当仔鱼长到足够大时，应将雄鱼转移到另一水族箱中饲养。

我们在本节向您介绍了水族爱好者饲养的一些比较奇特的观赏鱼品种。这些不一般的鱼类中有一些拥有奇特的生活习惯，对饲养环境和饮食要求非常具体，所以不要忘了，不要一时冲动地购买，应首先核实它们的成长潜力、习性以及需要。

◉ 图中这种鱼有两个子品种：蓝帆变色龙和红色变色龙。前者为蓝色，后者主要为红色，都是小型肉食鱼类，外观与南美洲短鲷极为相像，有时也被称为变色龙鱼，产自印度的静止水域，比南鲈科的其他鱼类性情更加温和。

四眼鱼

中美洲和南美洲的淡水和咸淡水水域分布着3种四眼鱼，分别为道氏四眼鱼、小磷四眼鱼和条级四眼鱼。道氏四眼鱼分布在墨西哥、危地马拉、拉美的萨尔瓦多和北美洲的哥斯达黎加的太平洋海岸一带，鱼体呈绿褐色，一条亮黄色条纹横跨整个鱼体，是四眼鱼科中最引人注目的一个类属。这种鱼多见于咸淡水域，但墨西哥境内有一种太平洋四眼鱼却生活在海水域。

小磷四眼鱼分布于南美洲的大西洋海岸线一带，从奥里诺科河（南美洲北部）到亚马孙

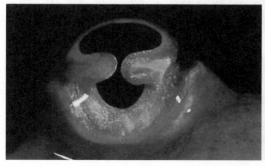

◉ 条纹四眼鱼的眼睛分为两部分，可以同时看到水面以上和水面以下的物体。

河都可以发现其踪影。这种鱼的鱼体两侧带有多条极难辨认出的斑纹，多栖息于海水水域，只有个别品种生活在咸淡水域。

条纹四眼鱼的分布范围与小磷四眼鱼相同，但主要生活在咸淡水域，极少进入淡水或海水环境生活。这种鱼的身体上有5条水平条纹，条纹会随其情绪发生少许变化。条纹四眼鱼在零售水族店很容易见到，在一些批发店还可能见到少量小磷四眼鱼。

所有的四眼鱼类体型都较大（25厘米），属上层水域生活鱼类，因其独特的眼睛构造而得名。四眼鱼的眼睛分为两部分，能够同时看见水面以上和水面以下的物体，这对它们很有用，凭借这种本领，它们就可以在经常栖身的浅咸淡水湖和江河入口处巡游的同时发现猎物或意识到危险。

四眼鱼对饲养条件有特殊要求。应在水族箱内放入浅浅的温暖的咸淡水，水温在25℃~28℃为宜，水面至箱口处的空气应保持湿润。要做到这点，可以在水族箱上盖上一个严实的玻璃盖，这样还可以防止鱼跳出箱外。四眼鱼生性爱跳跃，在捕食苍蝇时会经常跳离

水面。在水族箱里铺上"沙滩"或鹅卵石层，会很受它们欢迎，因为这样它们在偶尔游出水面时就有了休息的场所。

装配一个好的过滤系统很重要。四眼鱼的体型较大，需要喂食高蛋白质的饵料，因此过滤装置必须能够清理它们排泄出的废物。最好使用外置的过滤器，可以将通回水箱的水管固定到一个巧妙的位置，使其成为水族箱的特色，比如让从水管中冲下的水流冲击到沙滩的岩石上，形成"瀑布"。

水族箱里应避免放入任何有尖的物体，以免四眼鱼的眼睛受到伤害。如果选用石块，就选择光滑的鹅卵石，使用木料也同样要选取表面光滑的木块（或者用砂纸自己动手做一下）。可以选择耐盐强的水草做装饰，但一定要保证水族箱上层水域有足够开阔的空间供它们自由游动。

野生状态下的四眼鱼主要以虫类为食，但饲养环境下，喂食四眼鱼相当简单，它们会接受冷冻的红蚯蚓，碎屑状的蚌肉、虾肉及其他肉类。如果喂食时发现它们讨厌其中的某种饵料，就再换一些别的试试，但饵料的品种一定要多样，如果能提供活饵，尽可投喂。大多数的四眼鱼还会接受加工饵料及少量的块状饵料。

▌繁殖

繁殖四眼鱼从一开始就会问题重重，首先水族零售商店的四眼鱼雌性比雄性的数目多，常常是只有运气好的人才能够在销售商的水族箱里从众多的雌性四眼鱼中发现一条雄鱼。但这还仅仅是其中一个问题，另一个问题是，雄性四眼鱼的交配器官有的靠左有的靠右，即部分雄鱼的交配器官向左弯曲，另一部分雄鱼的交配器官向右弯曲，而雌鱼生殖器的开口方向也有的偏左有的偏右。这就意味着交配器向左弯曲的雄鱼只能与生殖器开口偏右的雌鱼配对，反之亦然。要解决这几个问题，就需要饲养几组四眼鱼，让它们自由配对。事实上，这种鱼的仔鱼也比较愿意6～8只成群生活在一起。

四眼鱼十分多产，雌鱼状态好时，每年可产4窝，不过每窝仅8只仔鱼，仔鱼刚出生时个头就比较大，最大体长可达5厘米，但多数仔鱼体长2.5厘米左右。一开始就可以给仔鱼喂食昆虫的幼虫，只要饵料充足，定期部分换水，它们就会稳定地生长。最好是将仔鱼同亲鱼分开饲养，这样可以保证仔鱼得到充足的饵料。

⊙ 条纹四眼鱼的外观很奇特，属食肉鱼类，会从水面上捕食昆虫，也会吞食游到它们身边的小型鱼类。水族箱中不要使用带棱角的材料来装饰，否则会伤到鱼儿的眼睛，在安装过滤管等其他设备时也同样要谨记这方面的因素。

弹涂鱼

弹涂鱼对饵料条件要求很高，是出了名的难以家庭饲养的鱼类。进口的品种有野生弹涂鱼、弹涂鱼和 P.kaelreukeri（中文名不详），不过这些名称常常容易混淆，很难准确辨别出其具体品种。所有的弹涂鱼生活习性都很相似，分布于非洲东海岸的红海至马达加斯加一带，东南亚和澳大利亚也有分布。野生条件下的弹涂鱼栖息于江河地带，像红树林湿地的河口就是它们喜爱的栖息场所。在这些潮水定时涨落的地带，弹涂鱼飞奔于泥浆之上，用胸鳍作"腿"，再加上身体的后半部分，能做出一系列复杂的动作，将身体向前推，这样，它们就可以爬到红树林的根部了。弹涂鱼的行动常常不易觉察，为了向对方发出自己到来的信号，它们会轻轻上下拍动鲜艳的背鳍。若是在晒太阳时危险降临，它们就纷纷轻弹一下尾尖，各自跳回水中的安全地带。湿地上的水退去之后，弹涂鱼就会在泥地上挖出一些小坑。考虑到这些因素，在饲养弹涂鱼时必须设法创造出一个类似于红树林湿地的水族环境，只有这样弹涂鱼才有可能在水族箱里长期健康地生活。

公共水族馆可以提供很好的拟自然养殖条件：四周围上大型围栏，用几台造波器制造出水轻拍岸边的效果，细软的沙性底沙里埋入一些树根，沙子成一定的坡度伸入水下一段距离，沙滩上散落着零星的鹅卵石子，这一切看起来都宛若真正的大自然中的栖息地。底沙中可以种植一些耐盐性好的水草，树根上植上苔藓和爪哇蕨类。如果没有真实的植物，用仿真的塑料陆生和水生植物替代也可以。不过对大部分人而言，在水族箱里装几台造波器只能是个奢望，那就先放弃这个可望而不可及的奢侈品，看看还能准备些什么。

饲养弹涂鱼需要既宽又长的水族箱，因为这样很容易造出长型的浅滩，浅滩应沿着水族箱的长度方向铺设，而不是纵向（纵向铺设也能造出浅滩，但需要底沙的坡度更陡峭一些）。沙子可用光滑的鹅卵石堆到适当位置，鹅卵石

◉ 岩石和树根对弹涂鱼很重要，使它们可以爬出水面。

◉ 弹涂鱼是食肉鱼类，长有一副可怕的牙齿，眼睛高高置于头顶，捕食的场景十分有趣。它们有时会停在浅水处休息，只将眼睛露出水面。

◉ 弹涂鱼这一品种的鱼类通过五彩斑斓的背鳍发出信号。在泥浆里晒太阳或在防御领地时，它们都会上下摇动背鳍，互相交流信息。

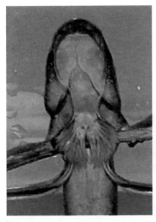

◉ 弹涂鱼如果在水域以外找不到合适的地方休息，就会试图将身体吸附在水族箱的玻璃壁面上。

呈梯田状摆放，如果不用鹅卵石固定，沙子就可能会下滑，达不到预想效果。在水族箱里植入一些蔓生植物，根部置于水下，上部露出水面，这样就可以缚住陆生植物，鱼儿也可以沿着藤蔓爬上来。还有些人喜欢在水面上漂上一小片软木树皮，这样也能辅助鱼儿爬出水面。如果水族箱里没有物体供它们爬出水来，弹涂鱼就会吸附到水族箱的玻璃壁面上。

分量向水族箱里注入深约15厘米的咸淡水，用一台外置的过滤器保持水质清洁。同设计四眼鱼的水族箱的原理一样，在饲养弹涂鱼的水族箱里，过滤器的回槽管可以设计成饲养槽水面上部的一个特色，例如让水成瀑布状流下，冲击底部的树根和鹅卵石。

饲养弹涂鱼时最重要的一点就是要保持水族箱水面以上部分的空气温暖湿润，这部分空气的温度应和水温相当，大约25℃~30℃，否则鱼儿会感到寒冷，也正因为这个原因，要将水族箱的盖子盖好。唯一的缺陷是，如果房间内的温度较低，水族箱的玻璃壁面上就会出现凝结物，这样便很难观察到水族箱里的情况了。

在购买弹涂鱼时需要花时间观察一下它们的觅食情况，确保鱼是健康且进食正常的。弹涂鱼的领地观念很强，有时还在销售商的饲养槽里时就已经争斗起来了，所以购买时要检查一下鱼体上是否有打斗伤痕。一系列的捕捉、搬运，再加上温度或许还有点寒冷，就已经够它们应付的了，所以购买到的弹涂鱼一般不会出现被扯咬受伤而导致鱼鳍受到感染的情况。正是由于弹涂鱼的领地观念很强，所以最多只能同槽饲养3~4只，如果数量很多，它们就会频繁地打斗。饲养时还需要清楚一点：年幼的弹涂鱼体长为5~6厘米，待长到成鱼时体型就会很大，为12.5~16厘米长。

弹涂鱼性情非常温驯，甚至可以从人的手中取食，但一定要当心它们的牙齿。如果很希望"用手喂食"，为了手指的安全起见，最好还是用镊子给投饵。弹涂鱼几乎什么肉类都吃，不过在放入水族箱饲养初期，会偏爱吃活饵。所有的小虫它们都爱吃，蟋蟀会让弹涂鱼的进餐变得妙趣横生，因为可以观赏到它们捕食蟋蟀时的有趣场面。加工饵料和冷冻饵料它们也能接受。投喂加工饵料和冷冻饵料时不可过量，因为腐坏掉的饵料会很快污染底沙，尤其会污染到水面上方的空气。同样，也不要给它们喂食过量的活饵，否则会发现水族箱倒成了昆虫的领地。

金鲳鱼和金钱鱼

金鲳鱼和金钱鱼被归为一个类属，因为这两种鱼都喜欢群集生活，都可以在一个大型的咸淡水水族箱里融洽相处。尽管通常作为小体型鱼品来出售，但实际上这两种鱼的生长潜力都很大，金钱鱼的体长可达30厘米，而金鲳鱼则可长到25厘米长。这两种鱼在淡水、咸淡水和海水水域都有分布，所以购买时一定要搞清楚所购买的品种应饲养在哪种水环境中。金鲳鱼分布于非洲沿岸并一直进入到马来群岛水域，金钱鱼分布于印度洋和太平洋沿岸，生活范围向东最远可至南太平洋的塔希提岛。

金鲳鱼和金钱鱼都需要群养，如果放在装有咸淡水的水族箱内饲养，只要生活空间足够，它们就能和平相处，都爱游来游去，所以饲养的空间一定不能小。水质也很重要，所以

⊙ 成年的金钱鱼外观特征会发生很大变化。为了让所养鱼儿达到成熟状态，应确保水质清新，防止硝酸盐在水中积聚。

⊙ 金鲳鱼是体型较大的群集鱼类，可与金钱鱼混养。为了保持其鲜亮的体色，应不断变换饵料的品种，但随着鱼儿慢慢长大，鱼体的颜色会不断褪去。

要保证过滤装置正常运作，此外还需要补充安装一个撇脂器，水中的硝酸盐的含量应降到最低限度，否则（尤其是金钱鱼）会承受不了。水要定期更换，而不要仅补充蒸发掉的那部分水，这点也很重要。

金钱鱼爱吃水草，所以水族箱背景装饰时不要选用真正的水草，可改用人造水草，其他材料可选用木块和岩石，但在给金钱鱼喂食饵料时就要把它们爱吃水草的本性铭记在心了。金鲳鱼就没那么爱吃水草了，不过如果在饵料中添加一些绿色植物饵料，会对它们很有好处。

金鲳鱼和金钱鱼都是杂食鱼类，饵料的选择范围很广，包括：活饵、加工饵料、莴苣、豌豆、麦片、冷冻小虾和红蚯蚓等。饵料的品种越丰富，鱼儿的体色越鲜艳。在此提醒注意一点：汉斯·拜恩斯奇在他的著作《水族箱观赏鱼》（第一卷）中提到，金钱鱼食用爪哇蕨类后曾出现死亡，而没食用这种蕨类的金钱鱼则存活了下来（爪哇蕨类常被用来作为草食动物的饵料）。

仔鱼的体色异常斑斓：幼年的金鲳鱼背鳍上有大片黄色，银色的鱼体上长着独特的黑色条纹，不过可惜的是，这种鲜艳的色彩随着

⊙ 幼年的金钱鱼拥有引人注目的体色特征。建议用塑料水草或木料布置背景，因为这些杂食的鱼类十分爱吃水草。别忘记饵料中应包含植物性饵料成分。

金鲳鱼逐渐发育成熟而渐渐褪去，成年后鱼体就变成暗灰色或银灰色，偶尔可见黄色和黑色的痕迹；金钱鱼同样在发育过程中体色也发生变化，幼年时体色鲜黄，带有黑色斑点，成年时体色则变成银色－青铜色，依然可见黑色斑点，背鳍表面可看到红色痕迹。

射水鱼

没有谁会对射水鱼这种可将食物射下的鱼类不感兴趣，在公共水族馆里几乎总能看到一小群人围在射水鱼的水族箱旁边，期待着看到射水鱼的精彩表演。

市场上常有售的射水鱼的分布范围很广，从也门的亚丁湾到整个印度海岸线地区，再到东南亚，甚至在澳大利亚北部地区都能发现其踪影。射水鱼也是一种可以生活在淡水、咸淡水和海水水域的鱼类，唯一不能忍受的是低温，合适的水温是 25℃~ 28℃，许多射水鱼在养殖时死亡都是由于饲养的水温过低所致。

射水鱼最适合在沼泽箱中饲养（这种水族箱既含有水下生物，还生长着水面以上的植物）。水族箱应该较大，足以容纳 4 ~ 6 条射水鱼（它们的体长可达 20 厘米左右），箱内种植一些慈菇 (Sagittaria) 和爪哇蕨，再装饰一些

⊙ 在水族箱中可以观察到射水鱼用向苍蝇或蜘蛛这类猎物喷水的方式将其"射"下，或是高高跃起，直接从植物叶片上吞食猎物。

⊙ 要观察射水鱼的捕食行为，需要将它们安顿在沼泽箱中，这样箱内种植的陆生植物的枝蔓就可以悬垂至水面，为射水鱼提供可以捕食的昆虫。

木块。在水族箱的后壁附近高出水面处种植一些陆生植物，让其枝蔓垂向水面，这样，昆虫就可以停落在这些植物的叶子上，吸引射水鱼将它们射下作为食物。

与射水鱼共养的鱼类体型应同它们相当，因为在鱼类世界，大鱼欺凌小鱼的现象很常见——体型较大的鱼会阻止射水鱼取食或者会夹咬它们的鱼鳍，一旦受伤，就很容易发生真菌或细菌感染，所以应该避免这种情况的发生。有些人喜欢将金鲳鱼和金钱鱼与射水鱼一起饲养，但这会造成一个问题，即金鲳鱼和金钱鱼长得过大时就会非常活跃好动，这与射水鱼的习性是不相符的。

▍喂食

射水鱼很容易喂养，喜欢自己从水面捕食，可以接受加工饵料和活饵，在适应水族箱的环境之后也可以接受冷冻的红蚯蚓和类似的饵料。不过，人们饲养射水鱼常常是为了观赏它那捕食猎物的独特方式。

首先，需要准备一些供它们捕食的猎物，

可以到经销爬行动物的店里购买小蟋蟀，也可以用苍蝇替代。方法是：从水族店购买一些无色的蛆，取少量放在边沿平直的碟子里（可用广口瓶盖或类似的容器），然后将碟子放到植物丛里，之后蛆就会化蛹，然后孵化出苍蝇，您的射水鱼就有可捕射的猎物了。在冷柜里长期储备一些蛆，等原来放在碟子里的蛆孵化之后，再重新添入一些，保证射水鱼有足够的苍蝇可以捕食。不过有一个问题是，射水鱼的射水并不是十分精准，往往需要几次才能捉到苍蝇，所以一定要确保水族箱的盖子已盖好，不然的话，恐怕您的屋子里就会绿头苍蝇到处飞了！

射水鱼的射程最远可达 150 厘米，这也就意味着它们可以轻易击中水族箱里任何角落里的苍蝇，但也同样意味着它们能够轻而易举地击中灯泡——炽热的灯泡击上冷水，一定会"开花"的，所以必须得在灯泡上罩上一层玻璃罩。

市场上还可以见到另一个类属的射水鱼，即哈达射水鱼。这种鱼同高射炮鱼的饲养条件相近，饵料也大同小异，不过它们不是将猎物射下，而是直接从水面上捕食猎物。这种鱼同射水鱼的体型和体色也有区别：射水鱼为银白色，身上带有深色大斑点，鱼体较宽；而哈达射水鱼的鱼体则为黄铜色，带有黑色条纹和一个黑色大斑点，体态较纤细。

鲨鲇

绝大多数人都认为鲇鱼是纯粹的淡水鱼类，其实鲇鱼也有生活在海水和咸淡水域的品种。鲨鲇就是一类，有时被称为南美银鲨或乔丹氏银鲛，但在市场上人们都称其为鲨鲇。鲨鲇的进口量虽然会因不同季节而稍有不同，但基本保持稳定。大概是因为游动时体态与鲨鱼相像，因此才得此名。

鲨鲇在刚出现在市场上时，大家都认为这种鲇鱼一定和市场上的其他鲇鱼品种一样（胡子鲇除外）是淡水鱼类。但许多家养的鲨鲇纷纷死亡，人们才开始意识到在水质较硬的水环境中饲养鲨鲇的成活率较高。后来，水族养殖人员研究发现，鲨鲇即使不是海鱼类，可能也该是咸淡水饲养的鱼类，同时发现这种鱼有迁徙的行为。事实证明，鲨鲇在咸淡水中饲养时除了生长速度快、需要大水族箱之外，不存在其他饲养困难。

鲨鲇分布于美洲东海岸一带，从北美的加利福尼亚一直到南美的哥伦比亚都有发现。引

⊙ 这里展示的是南美银鲨，上图是幼年南美银鲨，下图是半成年的南美银鲨。仔鱼成长得很快，但不会互相打斗，因此可以将多只饲养在一起，这无疑是个福音。同样，南美银鲨和其他鱼类也能友好相处（除非那些体型小到可以被它们当作饵料的鱼类）。

进的幼年鲨鮨体长约为5～10厘米，会先在淡水中生活一段时间，随着仔鱼不断生长，就会需要有点含盐量的生活环境。考虑到这个因素，所以最好将鲨鮨饲养在咸淡水环境中。鲨鮨生性活泼，喜欢群集生活。不要希望将幼年的鲨鮨放在混养水族箱里饲养，即使时间很短也别这样做，可以为它们专门准备一个合适的水族箱。这是因为，虽然鲨鮨喜欢与其他鱼类一起生活，但不久人们便会发现其他鱼类已变得精疲力竭，而鲨鮨却舞动着触须，露出得意的神情。

可以将其他的鱼如金鲳鱼和金钱鱼与鲨鮨放在一起，但发现最好的饲养方式是，从一开始就将4～6只的鲨鮨成一小群饲养在装有咸淡水的专门水族箱里，成群生活的鲨鮨更活跃好动，体色也更为浓艳。其实鲨鮨是极少数非夜间活动的鮨鱼之一。水族箱的底沙应选用沙子，装饰材料选用一些表面光滑的沉木，不要选用岩石，因为这些"身体裸露"的鱼儿（鲨鮨只有厚厚的表皮而没有鱼鳞）会被岩石划伤，身体上的任何划痕或擦破处都会清晰显现出来。水族箱内不需要种植水草，所以光线可以暗淡一些。鲨鮨常常喜欢躲在木头上的遮蔽处休息或是在底沙上方巡游。应安装一个过滤装置，这样不仅可以保证水质清洁，还可以制造出力度适当的水流供鲨鮨逆流游动。如果水质恶化或是水流力度不够，都会让鲨鮨感到倦怠、无精打采，最糟糕的情况是它们的触须和鳍膜会开始退化，通过定期部分换水或是安装过滤器，都可以避免这种情况发生。

喂食方面不存在问题，鲨鮨的择食面很广，可以摄食大量的小颗粒饵料、加工饵料（对于个头小的鲨鮨）、肉片、鱼片及对虾，差不多什么饵料都吃。可能人们会忍不住将它们喂得过

饱，但请一定不要这样，要隔天喂食，或者起码在它们上一顿的饱餐之后体态已不再那么圆鼓鼓的时候再给它们喂食。

仔鱼在生长过程中，体色会稍稍发生一些改变。幼年时鱼体呈银色，长有柔软的黑色鱼鳍，一旦发育成熟，体色就变成银灰色，如果饲养得好的话，鱼体还会微微泛出黄铜色光辉。鱼鳍上的黑色会褪去，仅在基部还留下一点痕迹。

需要注意的是，鲨鮨的体型会长得很大，放在水族箱中饲养时，会很快长到30厘米，但这样的长度才只达到它们正常体长的1/3。鲨鮨在家庭水族箱里繁殖的可能性十分渺茫，从对鲨鮨在野生状态下和饲养环境中的观察来看，它们是在口中孵化的，雄性鲨鮨负责孵卵和看护仔鱼。还发现部分品种的雌鱼在腹鳍上长有一个肉质的软垫，据估计，这个软垫是用来托住鱼卵的，这样，雄鱼就可以将卵含入口中孵化了。目前也已在人工饲养的鲨鮨身上中观察到这种软垫了，但软垫的具体作用只有当鲨鮨能在水族箱中繁殖时才能鉴别。

搬运时要很小心，因为它们的背鳍和胸鳍上都长有坚硬的鳍棘，很容易缠到渔网上，如果水族养殖者在清理水族箱时不留神，就会被这些鳍棘锋利的尖扎到，受到严重的伤害——虽然刚被扎到时并不怎么要紧，但伤口常常会肿起来，剧痛难忍。如果被扎到，用热水浸泡伤口有助于缓解疼痛。

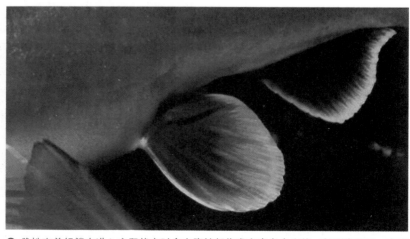

◉ 雌性南美银鲨在进入产卵状态时会在腹鳍部位发育出多个肉垫，但不幸的是，家用水族箱极少能达到如此巨大的规模，容纳不下一对已长到繁殖尺寸的亲鱼。

大黄蜂虾虎鱼

本节要介绍一个体型要小得多的品种——大黄蜂虾虎鱼。大黄蜂虾虎鱼很适合那些没有条件建立大型咸淡水饲养缸的水族养殖者，因为它们很喜欢待在 60×30×30 厘米规格的水族箱里生活。虽然这种鱼的体型十分小巧，但还是不建议使用尺寸更小的水族箱饲养，因为水量少的话很难保证良好的水环境条件。

可以购买到的品种有两个：大黄蜂虾虎鱼和金带短虎鱼。但这两种鱼的外形十分相似，所以销售商将它们都叫作大黄蜂虾虎鱼。这两个品种的鱼体型都很小，最大体长只有 4～4.5 厘米，鱼体上都长有黄色和黑色的垂直宽带条纹，只不过大黄蜂虾虎鱼的条纹要清晰一些；两种鱼都生活在亚洲的淡水和咸淡水域，但大黄蜂虾虎鱼的分布范围要更有限一些。

和其他的虾虎鱼一样，大部分时间里，大黄蜂虾虎鱼和金带短虎鱼都喜欢在岩石块和鹅卵石间飞快地四处游动，或是停在木块上休息，有时还会离开中间水域，向水族箱的底部区域游去，所以在设计水族箱时要考虑到这方面的装饰风格。

细沙砾是很好的底沙，上面再散放一些鹅卵石、岩石块和一截沉木，沉木上缠缚上一些爪哇蕨类，在水族箱的后部和四周种植一些耐盐性较强的水草，形成灌木丛。如果可能的话，再放入个破花盆，随意摆一下或是用石块伪装起来，为鱼儿提供一两个洞穴，一定要保证水族箱里还能找到其他的藏身场所，因为大黄蜂虾虎鱼的领地观念很强，

所以水族箱里必须有足够多的岩石、木头之类才能确保每条鱼都能圈出自己的一小块领地。只要不再放入更多的虾虎鱼，也没有将水族箱里的岩石搬动过，它们就会建立起稳定的关系，即使其中一只不小心闯入了其他鱼的领地也不会爆发真正的"战争"。

给大黄蜂虾虎鱼准备饵料是件很麻烦的事，因为它们几乎不吃加工饵料。如果运气好，它们会吃些冷冻的红蚯蚓和水蚤，如果运气不佳，那就必须得准备各种活饵，大黄蜂虾虎鱼最爱吃的活饵是白虫、线虫和大多数的无脊椎动物。如果所能提供的这几类活饵数量有限，那就建议培育一些盐水虾，在将这些盐水虾投喂给鱼儿之前，先让它们发育一小段时间。

尽管大黄蜂虾虎鱼生活在硬度较大（高于15 度）的淡水里，但它们非常喜欢温暖的咸淡水环境。水环境条件的任何一点恶化都会让大黄蜂虾虎鱼产生不适感，还有可能引起细菌或真菌感染，所以要保证过滤装置正常工作。但这并不意味水族箱里水流要很湍急，流动的速度并不等同于达到的功效，只要保证水流轻

◉ 许多饲养大黄蜂虾虎鱼的人常常以失败告终，这是由于他们并没有意识到这种鱼的饵料必须以活饵为主，虽然它们也能改食冷冻饵料，但几乎不可能接受人工饵料。

轻翻转流淌就可以了,鱼儿可不想被水流冲跑。

▌人工繁育

用淡水更换水族箱里的水(即降低水的含盐量)常常会促使大黄蜂虾虎鱼产卵。雄鱼比雌鱼的体色要艳丽得多,但在产卵期里,雌鱼却比雄鱼更容易辨认出,因为这个时期的雌鱼体态饱满,在产卵前48小时左右鱼体上会长出一根产卵器。亲鱼会在岩石下或洞穴里产卵,每次产卵200余粒。水温保持在28℃时,鱼卵可在4天后孵化。由雄鱼看护仔鱼,在这段时间里,雄鱼会防范任何接近仔鱼的鱼类,也包括雌鱼在内,所以雌鱼必须有一个可以退避的场所。仔鱼在开始自由游动的头几天里,会成群在水族箱较低层的水域游动,但还要过上好长时间才可以像成鱼一样在底层水域里自由生活。饲养方面的一个问题是,必须供应足量的活饵,所以关键要把握好盐水虾的孵化时间,保证这个时间同仔鱼要求喂饵的时间一致。

只要投喂的活饵充足,空间也很充裕,仔鱼就会稳步生长。或许还需要另准备一个专门的水族箱来饲养仔鱼,因为大多数的仔鱼死亡都是饥饿造成的。

将这些小虾虎鱼饲养在专用的水族箱对它们的健康生长非常有好处,但如果只用来饲养这些仔鱼似乎又极大浪费了上层水域,再饲养一对帆鳍玛丽(胎鳉科)就是一种很好的搭配,帆鳍玛丽可以和这些小虾虎鱼和睦相处,在咸淡水中饲养时会真正展示其绚丽的体色,而且不再像饲养在淡水中时那样时而受到细菌和真菌感染。帆鳍玛丽会偷偷吃掉一些原本喂给小虾虎鱼的饵料,但很快养殖者就会意识到这两种鱼在一起生活得多么惬意。

需要注意的是:不要让水族箱里孵出过多的小帆鳍玛丽,否则会让过滤器的负荷过重,导致水族箱内的水质恶化,进而导致虾虎鱼死亡。要是能把这些小帆鳍玛丽移到另外的水族箱饲养,状况会好许多。

亚洲慈鲷

丽鱼科的两个类属:钻石菠萝(体长45厘米)和橘子鱼(体长10厘米)几乎只生活在咸淡水域。钻石菠萝和橘子鱼都分布于印度南部和斯里兰卡的近海地区,主要生活在微咸淡水河口和礁湖里。这两处栖息地的含盐度不稳定,因为不同季节里湖水涨落的情况和淡水的流入量都会有所差异。

钻石菠萝和橘子鱼彼此关系密切,同盐藻层都有着紧密的关系,盐藻层为它们提供藏匿的场所和产卵的地方。橘子鱼会将卵产在水草狭细的叶片上,但由于叶片会随着水的流动来回摆动,

所以这项工作并不简单,为了保证将卵准确地产到叶片上,橘子鱼就用腹鳍固定住叶片的两

⊙ 未发育成熟的橘子鱼很难辨认出性别,应饲养6只左右的仔鱼,让它们自然配对。

⊙ 橘子鱼会给仔鱼提供一段时间的保护，仔鱼开食时以亲鱼分泌的黏液为食。

边。而体型较大的钻石菠萝则喜欢挖一些深坑，将盐藻的根暴露出来，有时就将这些盐藻的根当作产卵的底托。

钻石菠萝性情温和，是食草鱼类，季节性产卵；橘子鱼则无论在觅食还是其他方面都表现出机会主义特性，会以寄生虫和从其大体型的"亲戚"身上清理出的坏死皮肤为食，还会吞食大型鱼类的卵。但因为"亲戚"双方都能从中获益，所以这是一种共生的关系。此外，橘子鱼还吃同类的卵和仔鱼，不过只限于其他亲鱼的卵和仔鱼，它们自己绝对是出色的父母，可以连续几周甚至几个月看护自己的仔鱼。

如果食物充足，橘子鱼会连续产卵。它们有占据领地的习性，如果打算放在水族箱中饲养，每对亲鱼至少需要 180 平方厘米的领地。钻石菠萝必须放在大型水族箱中溶氧量很高的咸淡水环境中饲养，饲养一对亲鱼的水族箱规格至少为 120×45×45 厘米。饲养过程中，太多这种鱼的死亡案例都是因饲养者忽视了这个基本条件所致。钻石菠萝极少产卵繁殖，其原因可能是很少有钻石菠萝能活到完全发育成熟。塑料水草可为它们提供一个遮蔽的场所，而真正的水草可能会被吃掉，而且几乎没有哪种水草能承受钻石菠萝生存所必需的含盐度。

橘子鱼可在类似的环境中饲养，不过橘子鱼在水质较硬的碱性淡水中生命力也很旺盛。必须清楚的是：已经适应咸淡水环境的橘子鱼必须经过一段时间才能适应新环境。同丽鱼科的鱼类相似，橘子鱼利用花盆作为遮蔽场所，而水草（真正的或者塑料的）则被用作产卵的底托，最理想的是那些叶片直、长而细窄的水草（如苦草属）。适于这两种鱼生活的水温是 27℃～28℃。

钻石菠萝的饵料必须是植物性饵料为主，如烫过的莴苣和菠菜以及植物加工饵料和颗粒饵料。同大多数食草的丽鱼科鱼类一样，钻石菠萝也可以吃一些活饵，如生活在池塘里的小昆虫和蚯蚓等。

但橘子鱼却恰恰相反，是彻彻底底的食肉鱼类，饵料应该是大小合适的活饵、剁碎的小虾及合适的干饵等。

虽然雌性钻石菠萝在繁殖期内尾部的上缘和下缘会生出白色斑点，但未成年的和未配对的成鱼身体上并没有明显的性别区分特征，目前还没有可靠的方法辨别出这种鱼的性别，所以最好一次购买 6～7 只，放在一起饲养，让它们自由配对。

无论是在专用的水族箱，还是在混养水族箱中与适应低到中等硬度或是适应咸淡水的鱼类一起生活时，橘子鱼都比较容易繁殖。尽管同类之间很好斗，对体型相当的丽鱼科鱼类会表现出领地意识，但一般情况下橘子鱼不会侵扰玛丽鱼这类无竞争力的鱼类。尽管如此，必须承认它们会将卵胎生鱼类的仔鱼当作可口的点心吃掉！如果水族箱里有足够的空间，可以将这两种慈鲷放在一起饲养，其中钻石菠萝还可和金鼓鱼和金钱鱼这样的咸淡水鱼类同槽饲养，但水族箱的水要足够深（60厘米），这样才可将生活在不同水层的鱼类隔离开来。然而，人们可能会"偏爱"钻石菠萝一点，让它们专

门生活在属于自己的水族箱里。周期性地给水升温、增加水的盐度都会促使鱼儿繁殖，因为这样的条件和它们在自然条件下旱季产卵时的环境一样。

同一些产自南美洲的丽鱼科鱼类（五彩神仙鱼和三角鲷）一样，钻石菠萝和橘子鱼的仔鱼会以它们父母体内分泌的黏液以及一些微生物为食。但年轻的成鱼在起初几窝仔鱼抚育失败后，常常会因此导致孵卵时无法正常同时分泌出黏液。

小丑鱼和雀鲷

对于雀鲷这个科，水族养殖爱好者将其大致分为两组：小丑鱼（或称海葵鱼）和雀鲷。这两组鱼包含的品种都很多，以下将对其中的部分品种给出详细介绍。

雀鲷能容忍海水水族箱体系建立初期高亚硝酸盐和高氨含量的环境，因而通常被认为是忍耐性强的品种。所以一些性急的水族养殖者会在新的水族箱环境稳定后不久就过早地将雀鲷引入水族箱内，这对鱼儿来讲是很不公平的，因为过早将其放入水族箱会给它们造成不必要的压力，易患对白光斑和绒状病。所以说，如果不想让您的海水养殖环境还没真正建立起来时就崩溃掉，就必须有耐心。

雀鲷体型娇小，生性活泼，能给我们的海水水族箱增色不少。如果水族箱够大，有足够的空间让

⊙ 马勒小丑鱼在一个海葵丛中。这些鱼需要品种富于变化的饵料，其中还应包括一些植物饵料成分。

⊙ 成年的白条双锯鱼成对生活在一只海葵中。这个品种已进行商业化人工繁育。

它们圈出各自的领地，就可以将几只雀鲷放在一起饲养，否则，如果空间不够它们就容易互相争斗。大多数的时间里，它们会四处游动，但如果在水族箱里投入一张渔网，它们就会全躲到隐蔽处或是岩石缝里去了，所以说，想要不损害到箱内的装饰背景就捉上一两条来是绝对不可能的。虽然雌性雀鲷的生殖乳突宽大，顶端较钝，而雄鱼的则细窄，顶端较尖，但想要辨别出它们的性别来却并不容易。不过，随着对雀鲷越来越熟悉，通过观察它们的行为表现就能辨别出哪些是支配性较强的雄鱼了。

⊙ 公子小丑鱼的体色繁多，后代会因配种母本的体色而产生差异。

有几类雀鲷体色都为明蓝色，容易混淆，不过好在这几种鱼对饲养环境的要求很相近。饵料也很好准备，无论是活饵、加工饵料、冷冻饵料或藻类，这些鱼都能接受。

雀鲷的中六线豆娘鱼和宅泥鱼这两个类属可在水族箱中繁殖并会将卵堆积在岩石上。

您可能会有兴趣尝试饲养其中的部分品种：蓝雀鲷、中士少校、黄尾雀鲷、三间雀和三斑圆雀鲷。

⊙ 成对的公子小丑会在一只海葵中安家落户，如果在水族箱中生活得开心就可能会产卵繁殖，亲鱼会将产卵地点选在靠近海葵的一个平坦处。公子小丑可能是最有名的海葵鱼品种了。

小丑鱼（或称海葵鱼）因其与海葵（特别是海葵属和大海葵属）的共生关系而得名。小丑鱼之所以能对海葵的刺细胞产生免疫力，主要得益于其体表黏液的保护。虽说水族箱内没有海葵也能同样饲养小丑鱼，但这样就没有机会观察到它们在暗礁上才会表现出的行为和举动了，而且，将它们与息息相关的天然伙伴拆散开来是非常残忍的。正常情况下，如果水族箱里只养一只海葵，就会被其中的一对雌雄小丑鱼占据为自己的居所（野生条件下，一只大型海葵可以同时成为几群鱼的栖身之地），阻止其他同类进入。一个普通大小的水族箱饲养一对小丑鱼就够了，否则，占据统治地位的那对就会攻击甚至杀死其他同类。

市场上很容易买到的几个品种有：银线小丑鱼、白条双锯鱼、印度红小丑、红小丑和公子小丑。

小丑鱼很容易喂养，可以吃市场上常见的任何海洋鱼饵料，如加工饵料、冷冻饵料以及活饵等。此外，有几类小丑鱼还很适合商业化繁育，如果条件允许，购买观赏鱼时应挑选适于水族箱中育种的鱼品，这将有助于保留野生小丑鱼的血统。可供养殖爱好者选择的这类鱼品有：银线小丑鱼、红海双带小丑、白条双锯鱼、印度红小丑、红小丑、红黑小丑、公子小丑、鞍背小丑和透红小丑。

小丑鱼还很容易在水族箱内人工繁育，亲鱼会将产卵地点选择在很靠近"房东"海葵的位置，这样海葵的触手就可以在产卵地点上方轻轻拂动了。雄鱼负责清理产卵地的岩石，雌鱼则先保持一段距离，等到即将产卵时再游过去帮助雄鱼一起打扫。雌鱼会在岩石上产下约200～300枚卵，由雄鱼负责看护。在整个孵化过程中，鱼卵由黄色逐渐变黑，最后我们就能看到仔鱼的眼睛了，孵化过程会持续7～10天。仔鱼要单独放到一个水族箱内喂养，刚开始时可喂食轮虫这类的精细饵料，过一段时间可改喂盐水虾幼体。产卵过程结束后，刚开始在亲鱼的水族箱里会有部分仔鱼死亡，紧接着仔鱼养殖槽也会出现同样的情况，这点要有心理准备，尤其在没有准备充足的活饵或是清理工作做得不够细致时，这种情况就尤为突出了。饲养好几百条仔鱼时情况会很难应对，所以大部分人选择只饲养一小部分仔鱼（比如20几只），结果很成功。

⊙ 公子小丑需要种类丰富的饵料才能达到繁殖状态，饵料应包括成年盐水虾这类的活饵。

⊙ 双带小丑鱼性情温驯，体型很小，最长只有7厘米，对饵料不挑剔，能吃冷冻饵料和成品饵料。和海葵鱼属的其他品种一样，饲养时应同时饲养一只海葵。

刺尾鲷和倒吊

这类鱼的体形独特，呈椭圆形，尾柄上长有尖刺，有些品种的尖刺收放自如，另外一些品种的尖刺则是固定的。正是由于刺尾鲷的边缘似手术刀刀刃，因而得名"刺尾鲷"。人们发现海洋里的刺尾鲷喜欢成群结队地在暗礁上方游弋，但在饲养环境下，如果水族箱的空间不够，鱼群内部便会产生争端。所以，假如饲养的刺尾鲷不止一条，尽量确保它们进入水族箱的时间相同，否则，先在箱里生活的刺尾鲷地位稳固，气势较盛，会攻击后引进的鱼类，尤其是当新入箱的鱼儿同其体型大小相当时，先住进水族箱的鱼会用尾刺将后者刺伤。搬运刺尾鲷时需要十分小心，因为其尖刺不光能穿出渔网和口袋，稍不留意还会将人的手割伤。

刺尾鲷属刺尾鲷科，需要喂食大量的藻类，在水族箱里，它们几乎不停地摄食，吃掉能碰到的所有藻类。如果藻类的数量不够，就得用莴苣和菠菜这类合适的植物性食物来代替，这点很重要。大多数的刺尾鲷还会吃冷冻

⊙ 粉蓝刺尾鲷同类间易于发生争端，宜单只饲养。

的饵料及小型活饵。年轻的刺尾鲷食量很大，要保证少量多餐，这样它们才不会挨饿。

较受欢迎的刺尾鲷中有一品种叫粉蓝刺尾鲷，因其身体漂亮的蓝色而得名。这种鱼爱与同类相斗，所以水族箱中饲养一条即可。经销商那儿每个饲养槽里也只养一条，同样是为了避免发生争斗。得保证所养的粉蓝刺尾鲷有足够大的生活空间，因为这种鱼生性活跃、个头大，饲养条件下能长到20厘米，野生条件下可长至25厘米。饲养时，需要绝佳的水族箱环境：水质条件稳定、藻类茂盛，必要时可在饵料中添入莴苣。

黄刺尾鱼的胆子很大，有领地观念。如果水族箱较小，建议只饲养一只黄刺尾鱼；若是水族箱够大（超过1.5米），就可以考虑多饲

养几只了。建议一个鱼群至少要有6只，因为这样它们就会把时间花在审查对方上，没有时间彼此攻击了。黄刺尾鱼以藻类为食，会在顷刻之间剥去水族箱里的一层海藻。因此可以选择一个专门的水族箱，在石块上培育藻类，待鱼儿将水族箱内鹅卵石上的藻类清理干净后将其换出。尽管这样，海藻的供应量可能还是不足，这时，可再给黄刺尾鱼投喂一些莴苣、菠菜、豌豆或冷冻及薄片状"绿色"饵料。

蓝倒吊就不像黄刺尾鱼那么麻烦，这是一种很美丽的鱼，周身呈品蓝色，带有黑色斑点，尾鳍为亮黄色。通常一个水族箱中饲养几条蓝倒吊是没问题的。需要再次提醒，得保证这个食草品种有足够的绿色植物饵料。

⊙ 高鳍刺尾鲷在幼年时期性情温驯，未成年的高鳍刺尾鲷比成鱼更易适应水族箱环境。但无论体型大小，都会以海洋无脊椎动物为食。

⊙ 如果拥有一个大型水族箱，只要空间够大，就可以成群饲养黄刺尾鱼。它们喜欢以海藻为食。

神仙鱼

海水观赏鱼养殖新手刚开始时会把海水神仙鱼（属盖刺鱼科）和蝴蝶鱼（属蝴蝶鱼科）搞混，这也是正常的。有一个很简单的辨别方法，就是根据神仙鱼鳃盖部的尖刺来区分。神仙鱼色彩绚丽，受到了海水观赏鱼养殖者的广泛青睐，有些品种要价很高。

然而遗憾的是，适合新手饲养的神仙鱼品种却寥寥无几，这是因为神仙鱼对不良水环境十分敏感，许多品种在喂食方面也特别麻烦，尽管饵料丰富多样，活饵、冷冻饵料、藻类应有尽有，部分品种的神仙鱼仍然不肯进食。所以，在购买时，要亲眼看到打算购买的鱼在进食。在着手开始饲养神仙鱼之前最好先饲养一些其他品种的鱼来积累一下经验。这时，卖主一定喜出望外，建议您怎样的水族养殖条件最合适，还会向您推荐几种最适合的鱼。

神仙鱼的领地观念很强，所以水族箱里应该只饲养一对这种鱼。仔鱼比成鱼更易适应水族箱养殖环境。神仙鱼中有几个品种外形十分相像，仔鱼体色为深海军蓝色，鱼体上有白色或蓝色垂直线条，或者体色为黑色，有黄色线

⊙ 这只未成年的蓝纹神仙在发育成熟时体色会发生剧变，不再有现在看到的诸多条纹。

条，例如蓝纹神仙鱼和皇帝神仙鱼。更让人觉得眼花缭乱的是，即使是同一个品种的神仙鱼，经历不同的生长阶段，鱼体的斑纹还会随之发生变化；即使同是成鱼，如果性别不同，鱼体上的斑纹和花色也不相同。

神仙鱼中有一个类属——迷你神仙鱼，很适合家庭水族箱饲养。这些鱼很小巧，可长至10厘米左右，其中一些品种更小一些，如野生的东非火背仙体长 7.5 厘米。另外一些品种则稍大一些，如老虎新娘神仙，野生状态下可长至 11.5 厘米。

⊙ 石美人具攻击性，需用大水族箱饲养。在自然环境中它们以海绵为食，这也决定了其饲养起来会有难度。

⊙ 提供充足的避难场所会让黄鹂神仙鱼生活得很愉快，这种鱼性情温和，可与海洋无脊椎动物一起饲养。

迷你神仙鱼色彩鲜艳绚丽，性情温和，一旦定居下来，会欣然接受绝大多数的活饵、冷冻饵料及成品饵料。此外，藻类也是它们爱吃的饵料，而且是它们饵料的主要来源。与个头稍大些的表亲们不同的是，迷你神仙鱼可以同无脊椎动物放在一起饲养。它们经常成对生活，假如买到的那两条就雌雄成对，说不定就可以靠这对亲鱼繁育仔鱼呢。

也不妨一试这几个品种：金头仙、珊瑚美人和蓝眼黄新娘。

蝴蝶鱼

蝴蝶鱼是珊瑚礁鱼，取食时将长吻伸进珊瑚的缝隙里取食藻类、珊瑚虫和海绵。鱼体扁平侧立（身体好似被从一侧向另一侧压扁了似的），这一特殊的体型使蝴蝶鱼可在珊瑚丛中自如穿梭觅食。

这个类属的鱼也不太适合新手饲养，不过人们很有可能被其独特的外形和亮丽的体色所吸引。饲养蝴蝶鱼需要发展成熟的稳定的环境，水环境发生任何变化都会导致个别进食正常、心情舒畅的鱼儿一夜之间变得无精打采，对饵料失去兴趣。

给蝴蝶鱼喂食是个很棘手的问题。虽然部分蝴蝶鱼属食草鱼类，但另外一些品种则必须喂食浮游生物，还有一些则需提供小型活饵。在准确找出它们爱吃的饵料之前得做好不断更换饵料品种的思想准备。有时活的盐水虾可以

⊙ 铜带齿蝶鱼对恶劣的水质很敏感，应放在成熟水环境中饲养。

⊙ 头巾碟鱼喜欢充裕的活动空间和部分绿色植物做的饵料。

⊙ 荷包鱼性情温和，但在购买前应注意鱼的进食状况是否正常。

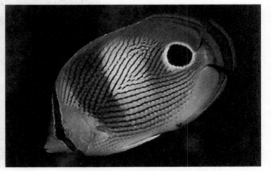

⊙ 四眼蝶产自加勒比海，在引入水族箱初期不容易进食，所以不适于新手饲养。

成为未成年蝴蝶鱼的饵料。同购买神仙鱼的注意事项相同，在购买蝴蝶鱼时要留心观察一下鱼的进食情况，并询问一下打算购买的鱼正在食用哪种饵料，以后就可以继续用同样的饵料进行饲养。

未成年的蝴蝶鱼拥有和成鱼不同的色彩和图案。有些品种，如排骨蝶，在夜晚或是受到惊吓时身体的颜色和花纹也会改变。不幸的是，根据潜海人员的观察报告，排骨蝶并不容易适应水族箱的饲养环境。

在所有的蝴蝶鱼中，黑领蝶和新月蝴蝶鱼这两个品种性情温和，饲养方法较简单。事实上，一旦黑领蝶能适应水族箱环境，或许就该是最容易饲养的品种了。这种鱼个头不大，尽管在印度洋－太平洋地区的自然水域中可长至12.5厘米，但在水族箱饲养环境中，体长几乎没有超过10厘米的。

若是希望饲养一条外貌特征稍有不同的品种，黄摄口鱼是个不错的选择。这种鱼特征醒目：体色鲜黄，头部乌黑，臀鳍的后缘长有一个假眼斑。摄食时，黄摄口鱼会将长吻戳进猎物藏身处和缝隙里，若在其低头取食时有食肉动物袭击，对方会攻击其假眼斑，这样黄摄口鱼就会仅受点小伤，而不是被咬下一大口鱼鳍，而且斑点还会重新长出来，黄摄口鱼就可以保住性命。

隆头鱼

隆头鱼科的鱼类数量较多、分布较广，且外表华丽。体型最小的品种体长仅有几厘米，而这个家族中的"大个子"身长却可达2米。这些鱼的体色和体型差异如此之大，却同属一个科类，的确让人很诧异。隆头鱼游动时靠胸鳍推动身体前进，强壮有力的背鳍会在身体启动的瞬间提供辅助动力，可以说背鳍的作用就有点儿像汽车上的一档。隆头鱼的嘴很小，牙齿凸出，但唇缘较硬。

在所有的热带隆头鱼身上，我们经常发现这样的特征：雄性隆头鱼可由具有雄性器官功能的雌鱼转变而成，用一个科学术语来概括，就是隆头鱼属于雌雄同体鱼类。隆头鱼繁殖的方式有两种：其一是，一整群的隆头鱼离开暗礁游向海面，在前进的途中产出卵子和精子，受精卵将被洋流卷走，之后，鱼群返回暗礁。其二是，

雄鱼殷勤地摆出各种姿势向雌鱼求爱，然后，结成对的雌雄亲鱼离开暗礁游向海面，它们会盘旋扭动身体排出卵子和精子，最后再双双返回暗礁的安全地带，完成整个产卵过程。经过24小时左右，隆头鱼的卵即可孵化，仔鱼会在浮游生物群里度过生命最初的1个月。

◉ 杂斑盔鱼是一个可以饲养在冷水海洋水族箱的品种，故乡在地中海和大西洋东部海域，投喂小型活饵会让它们茁壮成长。夜间它们可能会将身体埋藏于底沙中。

未成年的隆头鱼体色丰富多彩，活泼好动、易于喂养，很适合水族箱环境饲养。大多数隆头鱼对饵料品种的要求不高，小虾、蚌类及糠虾这类的冷冻饵料均可。

隆头鱼在从未成年时期发育到成鱼的阶段，体色会发生改变。蓝西班牙鱼就是个很好的例子，其鱼体的上半部分和背鳍在未成年时期呈黄中带蓝色，而到了成年期则变成黄色和红色。许多隆头鱼都会充当大型鱼的清洁工，这些大型的"客户"会在暗礁上的"清理站"上等候，这样，充当清洁工的隆头鱼就可以帮助清理它们身体部位的寄生物了。

到了夜晚，隆头鱼会寻觅一个安全的地方休息。有些会躲藏在岩石缝里，另一些则会把整个身体都埋藏在泥沙里，或仅把眼睛露在外面。在水族箱环境里，也会经常发现它们正藏身在泥沙里或沙砾层下面。若是在它们潜入到泥沙层时试图把它们捕捉上来，隆头鱼会十分生气。

隆头鱼中最有用的当数清洁鱼了。体型较大的鱼在接受清理时会保持身体静止不动，有时体色深的大型鱼会将身体的颜色褪去，这样，清洁鱼就可以看清寄生物，然后再用位于吻末端的嘴将寄生物清理

◉ 和许多其他品种的隆头鱼一样，未成年的斜斑普提鱼较之成鱼更易适应水族箱环境。

◉ 即使是在家用水族箱中，清洁鱼依然会从事自己的工作。这条清洁鱼正在给火焰神仙打扫卫生。

掉。不过在水族箱中饲养时，清洁鱼仅靠清理出的寄生物为食是不够的，还必须给它们补充投喂一些小型饵料，如活的盐水虾以及剁

碎的虾肉或其他肉类。需要注意的是：有一种叫作纵带盾齿䲁的鱼，外形和清洁鱼极其相似，体色也一模一样。最容易的区分方法是观察嘴的位置：真正的清洁鱼嘴巴是末端型，即位于吻的末端，而"冒牌"清洁鱼的嘴巴是半末端型的，即位于吻的下方。

还可以试养的其他隆头鱼品种有：金色海猪鱼、黄紫龙、龙隆头鱼及盔鱼属的一些品种，如露珠盔鱼和红喉盔鱼。但盔鱼类仅在仔鱼时期可放心饲养在水族箱内，发育成熟的盔鱼具有相当大的破坏力。

◉ 未成年的露珠盔鱼外观就像图中的这只，露珠盔鱼在整个成长阶段体色会发生巨大变化：成鱼的鱼体基色较深，布有无数蓝色斑点，鱼尾呈亮黄色。

观赏鲈鱼

鲈鱼属（蓝纹鲈科）分布于加勒比海和西太平洋流域，有时仅被用来指皇家丝鲈和袖珍丝鲈。

皇家丝鲈因其艳丽夺目的体色，当之无愧地成为最受水族养殖者欢迎的鱼类之一：它们的前半身为粉紫色，后半身为橘黄色，两色汇合处的鳞片像是在紫色背景上点缀了一些橘黄色斑点。

放在水族箱中饲养时，皇家丝鲈大部分时间会躲藏在洞穴或岩石缝隙里，只有在经过一番打量、认为四周安全时才会冒险游到光亮处。皇家丝鲈能和绝大多数的鱼类和平相处，但爱攻击同类，对栖息在同种避难所和缝隙中的鱼类并不友好。尽管如此，水族箱的空间足够大时，还是可以同时饲养几只皇家丝鲈的。一只雌性皇家丝鲈和一只雄鱼也许可以和睦相处甚

◉ 紫额锦鱼性情温驯，应避免将它们与喧闹的鱼类饲养在一起。

◉ 七带莲那鲷体长35厘米，需要饲养在大型水族箱中，与其混养的鱼类体型也应相近。

至繁殖后代。目前已经发现有水族箱饲养条件下皇家丝鲈频繁产卵的情况。亲鱼会搭建一个类似棘鱼巢穴的浅坑或洞穴，由个头较大的那只看护（一般认为那只是雄鱼）。但到目前为止，还未发现业余爱好者中皇家丝鲈仔鱼饲养成功的案例。

饵料选择方面倒没什么困难，皇家丝鲈能接受绝大多数像盐水虾这类的活饵、精细冷冻饵料和海生薄片状食物。

第二类鲈鱼是黑帽丝鲈，鱼体呈粉紫色，一条黑色的条纹从头顶伸至背鳍，从水族养殖爱好者那里有时可以见到。与皇家丝鲈相比，

⊙ 应给皇家丝鲈提供足够的避难所。它们会欣然接受冷冻饵料和加工饵料，但也应保证食物搭配中包含一些植物性饵料成分。

黑帽丝鲈的领地观念要强得多，一个水族箱里只能饲养一只。

狮子鱼

海水观赏鱼家族中有一类受到欢迎的有毒鱼科是鲉科鱼。鲉科鱼常被称作狮子鱼、蝎子或火鸡鱼，是海水水族箱里最威风八面的一类。狮子鱼的鳍条十分华丽。短须狮子鱼的胸鳍很长，如大桨般伸展开来，而白针狮子鱼则拥有长长的白色胸鳍鳍刺，使它们看起来就像浑身长满了大尖钉一般。狮子鱼的背鳍也可以十分华美，背鳍由数根硬刺条组成，有的刺条边缘长有肉质的鳍膜，有的没有。

请注意：如同毛虫凭借身体的警戒色威慑捕食它们的鸟类这一原理一样，狮子鱼同样依靠华美的鳍条和艳丽的体色向捕食者发出警告。狮子鱼的鳍条内有毒腺，被刺伤后，伤口疼痛难忍，所以应给这种鱼的水族箱贴上一个警戒牌：小心搬动。同处理鲉鱼刺伤的方法一样，被狮子鱼刺伤后，要用可承受的最高温度的热水浸泡伤口，帮助伤口内的毒液凝结，缓解疼痛。如果这种方法不能见效，应去医院就诊。

用水族箱饲养时，狮子鱼需要足够的空间才能尽情展示自己华美傲人的身姿，而不伤害美丽的鳍条。狮子鱼捕食时，身体朝猎物方向

⊙ 所有的狮子鱼嘴都很大，本图中是长须狮子鱼，可吞食体型较小的鱼类（包括其混养伙伴），只要一口即可吞下猎物。

移动，待离猎物足够近时将其一口吞下。野生状态下可以看到狮子鱼结伙在暗礁边缘地带捕食的场面，但毫无疑问，想在家庭水族箱里看到这样的场面是不可能了。刚放入水族箱的狮子鱼常常只食用小孔雀鱼或玛丽鱼这类的活饵，但狮子鱼戒除不掉吃活饵的习惯而无法改吃死饵的情况也极其少见。事实上，许多销售商在出售狮

⊙ 搬动任何一种狮子鱼如本图中这只白针狮子鱼时，都应该格外小心，一旦被它们的鳍条所伤，伤口会剧痛无比。

子鱼之前就已经让它们改食死饵了，不过这点在购买时还应核实一下，尤其在与喂食活饵的习惯相悖时更有核实的必要。水族饲养者经常发现他们的狮子鱼变得"手抚即驯服"。或许这个词还不够确切，改用"钳触即驯服"可能更符合事实，因为用饲养钳来给狮子鱼喂食对虾或者碎鱼块这类的碎块饵料比较合适，用手喂食容易被蜇到。

狮子鱼的性情温和，可与性情温和的其他鱼类放在一起饲养，但也别冒险将其与身型很小的鱼类共养，因为狮子鱼可能会将它们一口吞掉。

目前已有人观察到狮子鱼在水族箱饲养条件下的繁殖情况：一对亲鱼在向水面滑行的途中产下凝胶状的卵粒。孵化出的仔鱼在长至1厘米左右时会回到底部水域生活。根据一份报告的结果，在人工饲养条件下，龙须狮子会在凝胶状分泌物中产下直径0.8毫米的浮游卵粒，水温达到27℃～30℃时鱼卵会在24小时后孵化。

可以购买到的狮子鱼有几个品种：短须狮子鱼身型最小，饲养条件下大概可以长至10厘米（这里给出的尺寸是指不包含鳍条的体长，因为鳍条很长，所以这种鱼看起来要远不止这个尺寸）；白针狮子鱼和石狗公这两个品种在饲养条件下可长至15厘米左右；个头最大的品种是长须狮子鱼，整个体长可超过20厘米。

海马和尖嘴鱼

海马科鱼类（海马和尖嘴鱼）在水族箱环境下不太容易养殖。在水环境方面就给饲养人员提出了很高的要求：水族箱内水的平衡度要好，水质绝佳并且为熟水，此外，还需要不断提供新鲜的活饵。

海马科的品种嘴都很小，因此喂食小块的饵料就显得格外重要。饵料选择面很宽，无论是盐水虾还是新出生的孔雀鱼，只要是小块

的饵料都可以。海马和尖嘴鱼都需要勤喂食，至少每天喂5次。此外还必须保证手边有合适的饵料可以持续供应，为了做到这点，需要自己培育一些活饵，而饲养盐水虾可能是最方便的。不过海马和尖嘴鱼很喜欢经常变换饵料的品种，因此也可以饲养一些轮虫，这也可以作为它们的饵料。如果鱼儿已发出繁殖信号，就该停止饲养轮虫。如果没办法再提供其他种类

的饵料，偶尔喂食一点水蚤也是可以的。在购买海马或尖嘴鱼之前，一定要查明它们是否在正常进食，如果条件允许，可亲自给它们喂食观察一下。待它们适应水族箱环境之后，可以尝试让尖嘴鱼和海马食用一些更小的冷冻饵料，不过不要指望它们会只以这种饵料为食。

尖嘴鱼比海马的游泳水平更高一些，它们常常在暗礁的缝隙间摇桨似的划进划出。蓝纹尖嘴鱼是比较容易买到的品种，不过在购买之前一定要保证自己可以为它们提供足量的小型食饵。幼年尖嘴鱼会比成鱼更快地适应水族箱环境。

海马非常不擅长游泳，大部分时间里，它们会用具有抓握功能的尾巴将身体固定在珊瑚的枝杈上。在水族箱里饲养海马时必须确保已经为它们布置了这样的停靠点。海马喜欢安静的水族箱环境，不喜欢水流过快，也不喜欢与个头稍大、性格活泼的鱼类共同生活。像青蛙鱼这类生活于水域底部的鱼类是海马的最佳生活伙伴。

海马的繁殖方式也很有趣。雄海马的腹部有个育儿袋，求婚过程结束之后，一对雌雄海马会进行一个婚礼式的拥抱，这时，雌海马的输卵管即使不是搁在雄海马的育儿袋上，也会离它很近，此时雌海马会迅速将几枚卵产到育儿袋中。这样的过程会重复进行好几次，直至雌海马产卵结束。随后，雄海马会扭动身体，似乎是为了将卵重新整理一下。卵子受精的确切时间至今还无从知晓，但许多人都认为是在卵被放入育儿袋之后。

孵卵期的长短因海马品种的差异而有所不同，从2周到8周不等，如库达海马的孵化期就为4～5周。为了将幼海马从育儿袋中挤出，雄海马会先将身体前倾，接着再后倾，这样就可以让育儿袋向前伸出，凭借一种只能称之为爆发力的力量，1～2只的幼海马就会被推出育儿袋外。培育幼海马的过程非常艰辛，因为需要为它们准备大量上等的精细活饵。不过一旦饲养成功，所付出的种种心血也是非常值得的。

库达海马和灰海马是经常可以购买到的品种。

◉ 雄海马靠腹部的育儿袋来孵卵。这只"怀孕"的雄海马马上就要"生产"了。

◉ 雄海马用尾巴将身体固定在珊瑚的枝杈上。要确保水族箱里已为它们布置了合适的停靠点。

河鲀和二齿鲀

河鲀的名气源自其遭遇危险时身体充气膨胀的本领。河鲀属四齿鲀科，鱼鳞光滑，长有四颗牙齿，上下颌各具有两颗。通过这些特征很容易将其同二齿鲀科区分开来。

并非所有种类的河鲀都会将身体完全膨胀起来，四齿鲀属的河鲀（这个类属中含有部分淡水河鲀）身体会完全充气膨胀，而尖鼻鲀属的河鲀身体只能部分膨胀。河鲀是通过吸入海水或者空气来实现身体膨胀的。或许人们忍不住想让其养的河鲀表演一下这个绝活儿，不过最好别这样做，因为充气会给河鲀造成很大的压力感。

饲养河鲀需要足够大的水族箱，并配有良好的过滤装置帮助处理给它们喂食时残留的大量残渣。河鲀非常贪食，饵料可为剁成泥状的鱼肉和其他肉类。这些肉末会落到水族箱内的各个角落，有些甚至不能被吃掉，因此必须及时检查并清理出这些残留物，以防水槽受到污染。

常见的品种有：纹腹叉鼻鲀、点线扁背鲀及瓦氏尖鼻鲀。

二齿鲀科只有一对牙齿，上下颌各一颗。

⊙ 纹腹叉鼻鲀生有一副令人望而生畏的牙齿，得当心您的手指！

它们的牙齿很坚固，可以用来碾碎贝类和甲壳类饵料。二齿鲀科鱼类的饲养条件同河鲀相似，饵料同样也是剁成碎泥状的肉类饵料。这类鱼或许是"手抚即驯服"型，不过可一定得留心自己的手指，因为它们会用强健的牙齿使劲夹人的手指。

毫无疑问，无论是河鲀还是二齿鲀科的鱼类都不可与无脊椎动物同槽饲养，因为无脊椎动物只会成为它们的食物。

二齿鲀科中的两个品种六斑刺鲀和密斑刺鲀广泛分布于温带的海洋里。第三类是刺鲀，这个品种的河鲀分布范围就比较有限，仅限于热带地区的大西洋海域和加勒比海。由于品

⊙ 正常状态下网纹叉鼻鲀的身体是不充气的，只在受到威胁时才让身体充气膨胀。

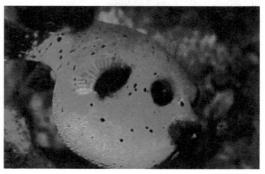

⊙ 在河鲀类充气膨胀时应抵制住用手去戳它们的冲动，否则会给它们带来不必要的压力感。

种的差异，在水族箱饲养时，二齿鲀科鱼类的体长为15～17.5厘米不等，但在野生条件下体型会稍大些。它们的行为习性也各异，六斑刺鲀不能与其他鱼类同槽饲养；密斑刺鲀则比较喜欢与其他鱼儿共同生活，并且一般都能和睦相处；刺鲀爱与同类争斗，更不必说其他鱼类。

搬运河鲀和二齿鲀科鱼类时需要小心谨慎。当被捉住时它们常常让身体充气膨胀，装入袋中之后，它们还常试图咬破袋角逃脱出来，充气膨胀时的二齿鲀科鱼类还会用刺将袋子刺破。推荐的方法是：口袋用双层或三层，再将袋角缚起，或者搬运时将它们放到桶或冰淇淋盒子这类的硬质容器中，同时盖紧容器盖。

鳞鲀

鳞鲀是另一种不可与无脊椎动物一起饲养的种类，拥有一副十分坚固的牙齿，会吃掉像海胆这样的无脊椎动物，人的手指也有可能成为攻击对象，所以得小心。尽管如此，有些鳞鲀是"手抚即驯服"型的，会从人的手指上灵巧地取食，但要想想值不值得冒这个险给它们喂食。

鳞鲀科中的鱼类因其能将背鳍锁住而得名。正常情况下，背鳍平放在背缘的凹沟内，但可以自由竖起，如果情况需要，它们可以通过第三根背鳍棘将背鳍固定到与身体垂直的位置。这种防卫方式可以使鳞鲀科中的鱼类挤进洞穴，或是在被捕食者吞到嘴里时让对方无法下咽，最后只能把它吐出来。

鳞鲀的身体大致为扁平的椭圆形，靠摆动背鳍和臀鳍在水中游动，尾鳍常被用来帮助鳞鲀紧急脱险，但有时也可在身体启动时提供最初推进力。白天里，鳞鲀会在水族箱里四处游弋。鳞鲀习惯独来独往，即使在野生环境下也只有在繁殖时才会聚在一起，所以饲养的原则是：每个水族箱只饲养一只即可。

鳞鲀在水族箱内繁殖的概率很小（尤其是在只饲养一只鳞鲀时），所以关于鳞鲀繁殖的具体行为仅限于潜水人员的观察资料：雄性鳞鲀会在暗礁上巡逻，查找哪个领域可能藏有几只雌性的巢穴或领地，这些巢穴常常是海洋底部表面的一些凹槽。

虽然有"只能饲养一只"的缺陷，但对水族养殖者而言，鳞鲀仍然很有吸引力。最受欢迎的两种鳞鲀是叉斑锉鳞鲀（毕加索鳞鲀）和红牙鳞鲀（魔鬼炮弹）。前一种鳞鲀色彩丰富，浅色的身体上"泼溅"着斑斓的颜色，让人不由联想起毕加索的画，因此才得俗名"毕加索鳞鲀"。魔鬼炮弹的体色很深，颜色也很普通，但

⊙ 叉斑锉鳞鲀（毕加索鳞鲀）在饲养条件下体长可达23厘米，生性大胆，有时有攻击性，但因其体色特征得到广泛饲养。

⊙ 红牙鳞鲀（魔鬼炮弹）几乎什么食物都吃，受到水族养殖爱好者的广泛青睐，"任何食物"当然也包括珊瑚虫和其他海洋无脊椎动物。

⊙ 花斑拟鳞鲀（小丑炮弹）不应该与体型较小的鱼类一起饲养，它们喜欢将缝隙当作夜间休息的场所，还会利用缝隙来躲避捕捉。

⊙ 和其他品种的鳞鲀一样，蓝纹弹也拥有一副令人生畏的牙齿，可以粉碎贝类和甲壳类动物，但也有可能变得十分驯服，甚至趁人不注意时从人的手上取食。

并不像名字所说的呈黑色，而是会随其情绪的变化由深绿色变成深蓝色，红色的牙齿十分惹眼。鳞鲀中还有一个种类——花斑拟鳞鲀（小丑炮弹），其体色也异常斑斓多彩。这三种鳞鲀在饲养条件下均可长至 22 ～ 23 厘米，所以除非有一个大水族箱，否则就不必考虑饲养鳞鲀了。

许多生活在底层海域的鳞鲀还有一种与众不同的摄食方法：在捕食棘冠海星时，为了防止被海星的刺扎到，它们会向海星喷射海水，这样，海星就会轻跳起来，背朝下翻转过来，暴露出腹部。鳞鲀在对付多刺的海胆时也会使用同样的方法。中层水域生活的鳞鲀靠浮游生物和绿色植物饵料生活。大多数的水族箱饲养的在摄食方面都很不用人操心，会接受冷冻的饵料和藻类。

夜晚，鳞鲀会躲到洞穴或岩石缝里休息，所以得保证设计水族箱背景时考虑到这类场所。此外，洞穴和岩缝还可以充当它们的避难所，鳞鲀要看见渔网，就会立即钻进这些地方躲藏起来。

青蛙鱼

鼠科鱼中有一种人们最钟爱的海洋观赏鱼类——青蛙鱼。市场上可以买到的青蛙鱼有两种：花斑连鳍（俗名光彩达）和绣鳍连鳍（俗名花斑鼠），在这两个品种中，花斑连鳍的体

⊙ 尖嘴炮弹体长至多为10厘米，与其混养的鱼类应安静、温和。

⊙ 绣鳍连鳍生活在底层水域。

色更为华美艳丽。青蛙鱼的体型小巧，同孔雀鱼的行动方式相似，它们会在海洋底部的岩石间迅速地游来游去，在海底的岩石上休息，或是躲进洞穴里，只把脑袋露在外面。如果受到惊吓，它们常会钻到沙子里。

雄性青蛙鱼的背鳍和臀鳍边缘更加长。到目前为止已发现青蛙鱼在水族箱产卵的案例，不过还没发现成功培育出青蛙鱼仔鱼的个案。青蛙鱼产卵时会游向水面，同时排出鱼卵和精子，随后受精卵会随着水流漂流。

⊙ 花斑连鳍是小体型的鱼，生性羞怯，雄鱼的背鳍上有一部分会较长。

饲养时，同一个水族箱可放养单只青蛙鱼或一对不同性别的青蛙鱼，如果是两只雄鱼，容易发生激烈争斗，甚至导致死亡。水族箱宜安静、设施完备，有足够的岩石供青蛙鱼藏匿，并栽培一些藻类供它们在其间穿梭和寻觅小型饵料。与它们混养的品种也应该是平静温和的鱼类。

青蛙鱼会贪婪地食用盐水虾幼体、水丝蚓和轮虫，但仅靠这几种饵料它们还无法存活，所以最好将它们饲养在成熟的水族箱环境中，这样的系统会含有大量海洋无脊椎动物，可以为青蛙鱼补充微生物饵料，野生条件下的青蛙鱼正是以这些微生物为食的。这些生性羞怯、爱躲藏起来的小鱼有时在饲养初期是很难喂养的。

鳢鱼科鱼类

如果喜欢大型食肉鱼类，那这里就有一些供选择的品种。由于种类不同，完全发育成熟的成鱼体型大小不一，从15厘米到1米不等。这些鱼都为食肉鱼类，以活鱼或其他活饵为食，但在饲养条件下可改吃银鱼等死的鱼类和鱼片、肉片、大蚯蚓等饵料。对于所有大型食肉鱼类来说，应只在它们饥饿时再给它们喂食，仔鱼几乎每天都要喂食，但发育成熟后就可以一周投饵一次——那时它们会狼吞虎咽地吃饵。

鳢鱼科鱼类有一个呼吸器官，这使它们可以在低含氧量的水域中生活，此外，和其他的迷鳃鱼类一样，它们常常在野生环境中"四处

⊙ 如果放在1米长的水族箱里饲养，红利鱼不但会失去其原本的魅力，连体色也不会再鲜亮。无法再从容应对时，才会发现给它们寻找一个新居是那么困难。

走动"，从一个池塘跑到另一个池塘觅食。显然，给水族箱安装一个可盖紧的顶盖很重要，如果养的鱼儿个头较大，可以增加顶盖的重量使其保持原位。

总的来说，鳢鱼科鱼类能容忍恶劣的水环境，但是这并不意味着可以不安装过滤器。

这些大型的食肉鱼类会排泄出高蛋白废物，以此需要安置过滤设施，阻止水族箱里像氨水这类的毒素的积累，定期部分换水可将水中的硝酸盐浓度降到最低限度。鳢鱼科鱼类的适应能力强，寿命较长，跟人熟悉以后就会从人的手指上取食。它们唯一的缺陷就是体型太大，但也并不会像可能想象的那样成为一个棘手的问题。如果喂养得当，它们就不会惹事生非，所以用大型水族箱饲养它们会很浪费。它们在长度至少为其成鱼体长的2倍，宽度至少与成鱼体长相当的水族箱里生活，就会很愉快了。这些鱼对水族箱的背景装饰并不挑剔，可以用沉木和水草创造出更自然的效果，但它们会很适应只铺上沙砾，没有任何水草装饰的水族箱环境。过滤设备可选用内动力过滤器，尽管对光线不敏感，但它们似乎很喜欢微弱的光线。水温在22℃～26℃之间即可。

在那些一般可以购买到的品种中，有一个品种在水族店里最常出现，但同时也最不适合

⊙ 考虑不周的水族养殖者购买红利鱼时可能根本没意识到这种鱼会长到多大。

养殖，那就是红利鱼，俗称红鳢鱼，因幼年时的体色而得名。小的红利鱼（这里强调的是仔鱼）的体长约为15厘米，两条黑色斑纹纵贯整个艳红色的鱼体，第一条斑纹以下部分的红色最为浓烈，十分惹眼。遗憾的是，随着它们的生长，红色会慢慢消退——黑色斑纹也会如此——最后所饲养的观赏鱼便不再拥有特殊魅力：1米的体长，鱼体上布满灰黑色的斑点。更值得尝试饲养的品种是东方鳢，这种鱼成熟后也只长到30厘米长，仔鱼是土褐色的，但一旦发育成熟，鱼体和鳍部便会散发出迷人的蓝色光泽，鳍的边缘镶有黑色和黄色线纹。

鳢鱼科鱼类往往独来独往，通常一个水族箱中只喂养一条。如果空间足够，也可以试着进行人工繁育。所有的品种都是雄鱼负责照顾鱼卵，有些品种是在口中孵卵，而其他品种则是看护浮于水面上并藏于浓密的水草丛中的卵粒。体型较大的品种的卵数量可达3000粒，但小型的口孵鱼产下的卵只有40粒左右。

梳萝

这些天竺鲷科的小鱼能忍受较艰苦的条件，是新手的理想选择。由于夜间活动的习性，梳萝得花一点时间才能适应明亮的水族箱环境。最常见的两个品种是：产自印度洋–太平洋地区的丝鳍高身天竺鲷和分布于西太平洋海域的斑纹天竺鲷（俗名美国大目仔）。这两

◉ 斑纹天竺鲷（俗名美国大目仔）有夜间捕食的习性。

◉ 丝鳍高身天竺鲷在饲养初期应投喂活饵。

种梳萝性情都很温和，混养伙伴需要同样安静平和的鱼类。

　　需要花很多心思才能让梳萝适应饲养环境，因为梳萝对饵料很挑剔，起初阶段经常只接受盐水虾这类的小型活饵，但梳萝最终也会接受冷冻的饵料。但不必劳神设法让它们接受人工饵料了，它们宁肯挨饿也不会吃的。

　　据了解，所有的梳萝都是口孵卵的，由雄性或者雌性梳萝担负起这个父母应尽的责任，有时雌鱼和雄鱼会一起尽孵卵的义务。

海水观赏鲇鱼

　　许多人因幼年鲇鱼的体色和行为特征而被鲇鱼所深深吸引。它们喜爱群集生活，遭遇危险时为了自我保护，整群鱼会紧紧地集成球状。幼年鲇鱼的这种行为在野生状态下潜海人员已目睹多次，但在水族箱饲养条件下由于饲养的数量不够很难见到这种景象。整群仔鱼不断翻腾，蜿蜒前进，看起来就好似海葵舞动的触手，靠这种方式，常常可以成功骗过捕食新手的眼睛。仔鱼待发育成熟后就会失去群集的习性，变得独来独往。对养殖爱好者而言，鲇鱼发育成熟导致的另一个缺憾是：成鱼将失去未成年时期拥有的亮白色纵向条纹，通身变成灰褐色。

　　线纹鳗鲇是一种体形长、类似鳗鱼的鲇鱼，它的嘴的四周长着4对覆有味蕾的触须，帮助鲇鱼觅食。第二根背鳍同尾鳍和臀鳍相连，也就是说，这几个部位的鳍结合在一起，这样鲇鱼的身体后部就形成了一块连续的鳍。鲇鱼的身上没有鳞，背鳍和胸鳍的刺呈锯齿状，且有毒性，人一旦被其刺中，容易造成伤口，伤口处红肿发炎，剧痛难忍，所以搬运时需要格外小心。万一不小心被鲇鱼刺到，应将伤口浸于温度高的热水中，可以缓解疼痛，如果情况没有好转，应到医院就诊，并说明是被何种鱼刺伤。此外，鲇鱼的刺还使它们容易缠到渔网上。

　　在澳大利亚，有几种具有代表性的鳗尾鲇

◉ 胡子鲇的仔鱼形成密集的鱼群来迷惑捕食者的眼睛。

科淡水鲇鱼，如斑点叉尾鲇或澳洲鲇。

单只的鲇鱼容易变得消瘦，所以饲养时每群至少6只为宜。鲇鱼会摄食落于底沙上的任何肉类，无论是死物还是活饵。喂食时应将鱼肉或其他肉类剁成适当大小。鲇鱼很贪食，如果吃得过量，身体看起来就胀得像吞下了个高尔夫球一样，发生这种情况时，应停止喂食，直至其腹部大致恢复到正常状态。尽管鲇鱼性情比较温和，但也应尽量避免将大群的鲇鱼同可能被它们一口吞下的鱼类一起饲养。

虽说大部分是出于偶然原因，但鲇鱼的确已可以在水族箱饲养环境中产卵繁殖，它们会将卵产在底沙的凹陷处，卵由雄性看护。仔鱼的饵料可选择盐水虾幼体这类小型活饵。

海水虾虎鱼

虾虎鱼科是海水观赏鱼中最大的一个科，包括2000多个属，可以为混养水族箱提供一些最色彩斑斓的小鱼。虾虎鱼的几个腹鳍连在一起，形成一个吸盘，使其能够在激流中仍然保持身体静止；有两个独立的背鳍，凭借这个特点可将其与鳚鱼区别开，因为鳚鱼只有一个背鳍。虾虎鱼广泛分布于全世界的各个海洋里，无论是寒冷的两极地区还是炎热的赤道地区，都能发现它们的踪影。有些虾虎鱼还属于淡水鱼类。

水族箱饲养时，这些深海的鱼类需要有足够的藏身场所，如果受到惊吓，它们就需要退避到这些地方等待危险过去。

只要您记住一点：虾虎鱼是体型较小的鱼类，因而需要小型的饵料，那么给虾虎鱼准备饵料就会变得非常简单，它们会接受所有常见的海鱼饵料，不过喂食肉类时应确保将鱼肉或其他肉类剁成适当大小。为了变换饵料的花样，可以偶尔喂食糠虾这样的活饵。

虾虎鱼会将卵产在洞窟里、岩石下、空的贝壳里或是类似的掩蔽处，将卵悬置在顶端，鱼卵孵化时由雄性看护。有几个品种的虾虎鱼已能够在饲养条件下定期繁殖，水族养殖爱好者或者商业性鱼类繁育人员都已取得了这方面的成功，但是，培育仔鱼确实是极其困难的。

新手可考虑选择这几个品种：橙色叶虾虎鱼、黄体叶虾虎鱼和霓虹虾虎鱼，但其中只有极少数品种能很好地适应水族箱环境。

霓虹虾虎鱼在市场上很容易买到，并已得到商业性的繁殖。这种鱼放在水环境平衡的水族箱里很容易饲养，食饵为小型饵料，如浮游生物、小盐水虾等。这种鱼还可以同体型较大的其他鱼类混养，因为它们会帮助清理大型鱼身体上的寄生物。

霓虹虾虎鱼会经常在家庭水族箱内繁殖。所以要为它们准备一小截塑料管（充当洞穴），将塑料管的一端埋入底沙中。雄鱼在向雌鱼求爱时，会很夸张地游动，摆出各种姿势，体色

⊙ 橙色叶虾虎鱼喂食简单、容易饲养，因此很适合新手饲养。它们停在珊瑚枝杈丛中或岩石表面休息。这种鱼分泌的黏液有毒，用来防范捕食者侵犯。

⊙ 最好将蓝带虾虎鱼饲养在专用水族箱，若希望其产卵和繁殖则更应该如此。

也会加深一些。雌鱼将卵产在塑料管内，约一周后卵开始孵化。提供一小截塑料管让它们在里面产卵，就可以很容易地将鱼卵和正在看护鱼卵的雄鱼转移到另一个水族箱里，方便孵化和喂养。孵化过程中，仔鱼需要像轮虫这样的最小型浮游生物饵料，在长至约2周大以前，体型还太小，不能食用新孵化的盐水虾这类饵料。

另一种适合水族箱养殖的品种是蓝带虾虎鱼，产于加利福尼亚，繁殖得比较频繁。水温的要求比大多数的热带鱼品种的温度要求稍低，保持在稍低于22℃时鱼会觉得最舒适。最好单独饲养。几只同箱饲养时，如果既有雄鱼又有雌鱼，而且喂食的饵料是小型活饵，它们就会以繁殖关系结成几小伙。

许多品种的虾虎鱼生命周期都很短暂，大约18个月或两年，所以别指望它们会活得更久一些。

鳚鱼

鳚鱼（属鳚科）通常非常活泼好动，生活于底层水域，是受水族爱好者钟爱的品种。野生状态下，许多类属的鳚鱼具有仿拟行为，会模仿其他鱼类。

最著名的例子是纵带盾齿鳚鱼（俗称冒牌清洁鱼，这个俗名有点误导性，因为这种鱼并不属于隆头鱼科）的拟态，纵带盾齿鳚鱼的名气主要源于其利用自己酷似清洁鱼的外形迷惑住大型鱼，让大型鱼误以为是清洁鱼，是来帮助清理寄生物的，而事实恰恰相反，它们会借机啄食大型鱼的鳞片或其他身体部位。它们不会总躲藏在海底沙床附近。

将鳚鱼放在带有模拟暗礁背景的水族箱内饲养，这样可以为它们提供足够的隐蔽场所。有些鳚鱼非常羞怯，水族养殖者喜欢把它们放在专用水族箱内单独喂养，或是与其他性情异常宁静温和鱼类混养。鳚鱼身体较长，有两条头发丝状的眼上须，喜欢在岩石上休息，休息时将脑袋高高抬起，观察周围的动静以保卫自己的领地。

大多数的鳚鱼喜欢以藻类和小型无脊椎动物为食，甚至还能接受冷冻饵料和人工饵料。适合新手饲养的品种有无须鳚和双色鳚。无须鳚是一种金黄色的小鱼，极少惹是非。

鳚鱼可能会水族箱内繁殖，通常雄性比雌性的个头大些，繁殖时体色会经历几次变化。例如，雄性双色鳚在产卵时体色会变成红色带有白色条纹，与正常状态下的棕色和橙黄色的体色形成鲜明对比；产卵结束时，鱼体会变成深蓝色，侧腹上带有浅色斑点。粘连的卵粒会被放置在洞穴的隐蔽处或岩石下面。

⊙ 双色鳚需要饲养在安静的水族箱环境中，与其混养的其他小型鱼类性情应温驯。随着时间的流逝，其怯懦的天性会逐渐减弱。

鹰鲷

鹰鲷的捕食习惯同其名字十分吻合，即有"蹲坐"于珊瑚枝杈丛中的习性，直至发现可能作为美餐的猎物，接着向猎物猛扑过去，再迅速返回"蹲踞点"。常见的大部分丝鳍鹰斑鲷科的鱼类体型都很小，体长不超过15厘米，不具攻击性。这些品种外形独特，身体强壮，头部较大，背鳍的鳍刺尖端都有一簇细丝。

鹰鲷实行"一夫多妻制"，每只雄性鹰鲷会控制一大片领地，拥有多达7只的雌性。白天，雄性鹰鲷会对雌性视而不见，不过等到黄昏时候，雄性鹰鲷就会变得热情高涨起来，开始逐一寻访"妻妾群"中的雌鱼，一旦发现其中一只即将产卵，就会与这只雌鱼双双向水面游去，路线呈弧线形。它们在弧线的最高点排出鱼卵和精子，之后，雌鱼返回暗礁，雄鱼继续寻找其他伴侣，整个行动过程在阳光消失之

⊙ 红鹰鲷因其引人入胜的体色和温和的习性而广受青睐，而且它们对饵料不挑剔，冷冻饵料和加工饵料都会接受。和其他的鹰鲷品种一样，偏爱珊瑚枝杈这类的"停靠点"。

⊙ 尖嘴格在繁殖期间实行"一夫多妻"制，雄鱼占据一个大范围的领地，四周围绕着几只雌鱼的领地，但规模较小。

前全部结束。

放在水族箱里饲养时，应给鹰鲷提供合适的"蹲踞点"，便于它们捕食猎物。水族圈里最有名的鹰鲷品种是尖嘴格，其突出特点是吻尖长。水族箱里的海水要求清澈、含氧量较高。尖嘴格很容易喂养，饵料可选用盐水虾、糠虾及冷冻的浮游动物。可以成对饲养，雌鱼的个头比雄鱼大，雄鱼的下颌呈深红色，腹鳍和尾鳍带有黑边。

另一种招人喜爱且适于混养的鹰鲷品种是红鹰鲷，一旦适应了水族箱环境，就会接受包括薄片在内的所有适口饵料。

◉ 尖嘴格这个品种可饲养一小群，很多时间里会"停靠"在珊瑚的枝杈上。

锯鳞鱼

锯鳞鱼（属金鳞鱼科）体型较大，体色通常为红色，喜夜间活动，白天通常躲藏在暗礁处，不过进口的那些专门用于水族箱饲养的锯鳞鱼很快就可调整生活习惯，开始在白天里四处游动。

锯鳞鱼生性活泼，需要用足够大的水族箱

◉ 白边锯鳞鱼是夜间活动的鱼类，需要借助它们的大眼睛在夜间搜寻猎物。但在饲养条件下能很快适应白天活动的生活方式——特别是在投饵时。

饲养。这种鱼喜欢群集，所以可以成群饲养。任何小体型的其他鱼类在与喧闹的锯鳞鱼共养时都会产生胁迫感，因此，与锯鳞鱼共养的鱼类应该与它们体型相近。

锯鳞鱼的眼睛很大，是夜间活动的鱼类的标志，大眼睛可以最大限度地利用光线。锯鳞鱼背鳍前半部分长有尖刺，而后半部分的鳍条则很柔软。在用网捕捞时需要留心，因为这种鱼的鱼鳞和鳃盖很粗糙，会连同背鳍的鳍刺一起缠在渔网上，如果发生了这种情况，把网和锯鳞鱼一起放回水族箱，通常它们就会自行从渔网上挣脱，如果这样还没有奏效，就需要用手将其从渔网上解下，操作时要格外小心，千万别弄掉鱼鳞、碰伤鳃盖或是撕破了鱼鳍，必要时可剪破渔网。饵料可选用各种肉类饵料，它们有时也会吃掉小体型的鱼类，所以给它们选择混养伙伴时需要留心。

经常见到的两种锯鳞鱼是多耙撒旦鲴和白边锯鳞鱼，可通过鳃盖后面是否长有大刺来区分：长有大刺的是多耙撒旦鲴，没有刺的是白边锯鳞鱼。

箱鲀

这些箱鲀科的鱼类绝对独树一帜：鱼体坚硬，覆盖着长合在一起的坚硬板骨，全身只有鳍和尾柄部位可以活动。箱鲀不可与清洁鱼同箱饲养，否则容易损伤清洁鱼敏感的表皮。

由于箱鲀的鱼体坚硬，所以很难搞清楚它们是不是已经吃饱了。购买时不要挑选鱼体表面看起来有凹陷的，凹陷可能是因饥饿所致，而且身体已经过了可恢复点。如果箱鲀不幸过了这样的恢复点，就不可能再让它们进食了，这种状态是很让人懊恼的，毕竟箱鲀比起许多海水观赏鱼类要好喂养得多，因为喂饵时只需要定时投喂然后观察它们是否已达到正常食量就可以了。箱鲀游动时小心翼翼，行动很缓慢，所以经常被别的鱼类抢先一步吃到饵料，这时，就需要在那些贪食的鱼类吃饱以后再多喂点儿饵料，看着箱鲀把饵料吃掉。

箱鲀科鱼类在受到威胁时能够向水中释放毒液，这在水族箱饲养或是搬运过程中都相当危险，因为毒素的浓度很高，不仅会让其他鱼类丧命，同样也可以致使箱鲀死亡。为了避免这样的灾祸发生，一些水族养殖人员建议：饲

⊙ 蓝点箱鲀需要绝佳的水质。这种鱼性情温和，混养伙伴也应是性情温和的鱼类；应投喂小型肉类饵料。较之其近亲角箱鲀而言，它的体型更小一些，但同样很有趣，也是水族箱里的"怪鱼"，但风格却不相同。

养时先将箱鲀安置到水族箱，之后再引入其他鱼类，这样就可以降低箱鲀受到威胁释放毒素的可能性。

箱鲀科中体型最大的要数角箱鲀了，这种鱼在饲养条件下体长可达40厘米，很容易通过头部两个骨质突出物（"角"）和身体后部的两个"角"来辨认。角箱鲀主要以藻类为食，辅以少量无脊椎动物；不能容纳同类，需要单独饲养。

相反，箱鲀科中体型最小的斑点箱鲀体长仅20厘米。这种箱鲀仅适合有经验的水族养殖者饲养，因为它们很

⊙ 角箱鲀可很容易地由其独特的外观辨认出来，也正是由于这样的外观，它们才被普遍地认为是水族箱中的"怪物"。角箱鲀的体型较大，体长40厘米，这样的尺寸很适合在大水族箱中饲养。

难适应水族箱环境，皮肤和眼睛还容易被细菌感染。

饲养斑点箱鲀时水质要求特别高，不然这种性情温和的箱鲀倒会成为很不错的水族箱观赏鱼品。雄鱼比雌鱼的体色丰富得多，鱼体为黑色，上面部分有白色斑点，侧腹部呈蓝紫色，带有黑色斑点；雌鱼通体深褐色，带有白色斑点。

雷达鱼

这种可爱的小体型鱼类属于塘鳢科，也常被称作火鱼。可以饲养单只的雷达鱼，如果水族箱的尺寸允许，也可成对饲养雷达鱼——但未必能从其外形特征辨别出性别，因此准确地说是两只雷达鱼。野生状态下的雷达鱼会成群盘旋游动于海底沙床上方，一旦发现危险，就立即撤回掩避所。但在水族箱饲养时，它们就不会那么包容同类了，如果同时饲养两只以上的雷达鱼，体质较弱的那只就会受到骚扰，被驱赶甚至是被同类严重咬伤而死亡。

水族养殖爱好者可以见到的雷达鱼有四种：雷达、紫雷达、紫玉雷达和喷射机，其中属紫玉雷达最为少见。

雷达背鳍延展的部分很长，不仅可以用来与同类互发信号，还可用于将自己固定于藏身处，这与鮨鱼将自己固定于岩石缝隙的方法一样。

最容易买到的雷达鱼是雷达，这种鱼很好喂养，以小型饵料为食，如果一周喂食 2 ~ 3 次活盐水虾则更佳。

雷达鱼对水环境也不挑剔，但它们喜欢水族箱里有流动的活水，习惯了水族箱环境以后便不再那么紧张不安，有人从水族箱旁边走过时它们也不再每次都躲藏到洞穴里了。不要将雷达同喧闹的鱼类一起饲养，否则它们就会躲藏到藏匿处，然后一直待在那儿，让你看不到它们的身影。

喷射机的体型较大，体长可达 12 厘米。如果水族箱较大，可将几只一起饲养。未成年的喷射机常常群集生活，但成年以后则喜欢成对生活。

雷达鱼能很好地适应水族箱的环境，在饲养和饵料方面也不会存在太大难度，只要饵料的品种丰富多样就可以，它们会接受包括人工饵料、冷冻饵料和活饵在内的任何饵料。与雷达不同的是，在受到惊吓时，它们会立即逃离现场而不是躲藏到洞穴里。可选择中等尺寸、性情温驯的鱼类和它们混养。

⊙ 与其他的食虫鱼类一样，雷达也需要挖洞穴，所以应确保底沙材料适于它们挖洞。

⊙ 如果论及各种鱼在水族箱环境中的饲养要求，Ptereleotris tricolor（中文名不详）该是最让人省心的品种，但要确保饵料品种富于变化。虽然这是个体型小的品种，但也不要尝试将两只以上饲养在一起，否则弱小的那只就会受到欺凌。

宽颚虾虎鱼

　　这里我们又能见到一种生活在底层水域的小体型的鱼类，只不过这次是来自宽颚虾虎科。无论是选择小体型鱼类的混养伙伴，还是选择可以饲养在包括一些无脊椎动物在内的混养水族箱的鱼类，宽颚虾虎鱼都是理想的鱼。

　　宽颚虾虎鱼最典型的姿势就是：几乎将身体直立着，盘旋游动于洞穴上方，一旦发现经过的猎物，无论其死活，立即向猎物突进。它们会将洞穴建在底沙里，所以得保证水族箱底部已很好地覆盖了一层底沙。夜晚，宽颚虾虎鱼会退避到洞穴里，尾巴先进洞，最后再用小贝壳或小鹅卵石将洞口堵住。如果水族箱里有足够的空间供它们搭建洞穴，就可以同时饲养几只。宽颚虾虎鱼的包容性最强，可以接纳同类和其他鱼类，只有在底沙中的洞穴过多，或是底层生活的鱼类太多，不能保证所有的宽颚虾虎鱼都有足够的躲避场所时，才有可能出现问题。

　　宽颚虾虎鱼以甲壳类动物这样的肉食饵料为主，如果有机会它们也会吞吃一些体型特别小的鱼类。

　　大帆鸳鸯是常见的水族养殖品种，具有宽

⊙ 可将几组大帆鸳鸯和其他小型温和鱼类饲养在混养水族箱中。这种鱼的雄鱼和雌鱼外观很相像。

颚虾虎鱼科的典型特征，遇到危险时快速退避到洞穴里，自不必说想要捕捉它们是何等困难。如果受到惊吓，它们还会跳跃，所以要把水族箱的盖子盖好。大帆鸳鸯没有明显的性别特征，所以有时可能您正饲养了一对雌雄鱼但自己却不知晓。但是，如果碰巧发现一只大帆鸳鸯正将卵含在嘴里孵化，那只便是雄鱼。

⊙ 大帆鸳鸯在躲避到洞穴里时会用小石子或小贝壳将洞穴入口掩盖起来。

海鲈

海鲈是食肉鱼类中的一个大类，深受水族养殖者的喜爱。七夕鱼科有 370 多个品种，广泛分布于热带和温带海域，由于这个科目鱼类数量众多，很难统一进行描述，所以本节仅介绍一般人可能有兴趣饲养的几个品种。

先来看一些体型较小的品种。长棘花鮨（七弦琴尾珊瑚鱼）在野生状态下体长可达 12.5 厘米，饲养状态下体型通常会更小一些，外形十分引人注目，体色呈亮橘黄色，长有深度分叉的七弦琴型鱼尾，腹鳍很长，喜群集生活，因此饲养时需要成群饲养。雄鱼比雌鱼的体色更为鲜亮，第 3 根背鳍更长一些，占据支配地位的雄鱼会统领一整群鱼。长棘花鮨喜欢活饵，但经过训练后可改食死的肉类饵料，不过在往水族箱内投饵时，可能还得将饵料投放到过滤器的回槽管附近，这样饵料看起来就好像在游动，能吸引长棘花鮨捕食。

驼背鲈也是一种很受欢迎的鱼类，在整个海鲈类中可能也是嘴巴最小的品种了。可与其他体型稍大或一般大小的鱼类混养，但不可与任何可能被它们当成饵料的鱼类一起饲养。幼年驼背鲈的鱼体为白色，周身包括鱼鳍部位都布满褐色或黑色的大斑点，等到发育成熟时，体色还是白色，但黑色斑点会增多，在家庭水族箱里这样的体色会很突出；但假若衬托在暗

⊙ 珍珠斑有食鱼的习性，所以不宜与体型太小、能让它们吃下的鱼类饲养在一起。鱼体上的斑点图案可使其在暗礁背景下伪装起来。

礁背景中时，这些斑点就会让它们与背景融为一体。如果水族箱有足够的空间，饵料也很充裕，就可以考虑同时饲养几条。只要有足够的耐性，可以使它们改食死的肉类饵料。饲养条件下驼背鲈最大体长能达到 30 厘米。

七夕鱼家族中最漂亮的两个成员是珍珠斑和彗星斑。这两种鱼很贪食，不可与体型太小、足以被它们当作饵料的鱼类一起饲养。珍珠斑和彗星斑的外表具有迷惑性：眼睛处的斑纹式样同覆盖在身体和鳍部的一致，都是白色的斑点图案，所以可以把眼睛很好地伪装起来，背鳍基部却长着一个异常醒目的"眼珠"状斑点。

⊙ 瑰丽七夕鱼也是食肉鱼类，体色非常特别。"眼珠"状斑点对捕食者很具有迷惑性，让它们搞不清哪端才是真正的头部。

⊙ 除非拥有一个超大型的水族箱，否则别去考虑饲养像图中的石斑鱼这样的观赏鱼，这种鱼能长到 3.7 米。

当有食肉鱼类前来袭击时，就会瞄准这只"眼睛"，因为多数情况下肉食性捕食者喜欢先吞下猎物的头部，这时捕食者便会大吃一惊，因为自己只不过咬下了一口鱼鳍和几片鱼鳞，而猎物早已趁机溜掉，等待着伤口愈合和重新长出新的鱼鳍。将它们放在水族箱中饲养时，珍珠斑和彗星斑需要过一段时间才能适应环境，开始时可能还需要喂食活鱼，但之后就可以投喂其他肉食饵料了。

一位荷兰水族养殖人员曾在水族箱环境下成功实现了珍珠斑的人工繁育。简单地说，就是会先出现一团鱼卵，粘附在洞穴的顶部，在黑暗的环境中卵经过 5 ~ 6 天开始孵化，仔鱼的颜色鲜艳，几乎是刚孵化出时就立即进食。在仔鱼长至 3 个月大时可具备成鱼的外形，在此之前体色和体形会经历几次变化，仔鱼会成群结队地去觅食。亲鱼的交配时机无从确定，但产卵时雌鱼和雄鱼的鱼鳍都会受损。卵由其中的一只亲鱼看护（通常认为这只是雄鱼），它在看护卵孵化的五六天里不会进食。

篮子鱼

在热带地区，人们广泛捕捉篮子鱼以食用。篮子鱼和刺尾鲷关系紧密，有时能发现这两种鱼生活在一起。

篮子鱼倾向于吃素，食物以海藻为主。不过放在水族箱中饲养时，它们也会接受加工饵料和活饵，这对我们而言无疑是个福音。搬运篮子鱼时要小心，因为它们背鳍和臀鳍的鳍刺有毒。实际上，无论是谁从它们栖息的水域趟过，只要不小心踩到一条，一定会被狠狠地刺上一下。篮子鱼活泼好动，水族箱里应有充足的活动空间。

狐狸倒吊是水族养殖爱好者最熟悉的品种，因其亮黄的体色和醒目的黑白相间的面部

◉ 蓝带篮子鱼主要为食草鱼类，以海藻为食，应确保给它们供应合适的饵料。

而受到广泛欢迎。只要保证饵料中有充足的植物性饵料成分，就十分容易饲养。

蓝带篮子鱼如今也再次出现在销售商的饲养槽里。和狐狸倒吊一样，蓝带篮子鱼也能很好地适应水族箱的饲养环境，但稍微有点儿不能包容同类。

◉ 狐狸倒吊是一种广受青睐的观赏鱼，在搬运或清理水族箱时都应小心，因为它们的背鳍硬刺有毒。

第三篇
适合垂钓的鱼类

鲃

▌体貌特征

鲃（Barbel，拉丁文名：Barbus barbus），体形为流线型的鱼雷状，具有珊瑚红色的鳍，这使得它与其他鱼相比起来容易识别。在鲃只有几十克重时，仅有鮈鱼（一种小型的亚欧淡水鱼）容易与其混淆。可人们很少钓到这般大小的鲃，如果钓到，可以看到鲃在嘴角处和口鼻处各有一对触须，而鮈鱼只在嘴角有对触须，且体表有较多的暗色斑点。

极有特色的触须能够帮助鲃找到食物，然后吞入它那上翘的嘴中，因此它非常适合在河床上觅食。鲃唇厚而富有弹性，这样可以防止被河床上尖锐的小石块划伤。一般来说底层觅食的鱼眼睛都偏大，视力较好，奇怪的是鲃的眼睛相对于它的体型来说非常小，且长在头的顶端。可见，鲃多数时候凭借它的触须来寻找食物，而很少依靠眼睛。据证实，钓鲃的最佳时机是晚上，且要采用肉制饵料垂钓。

▌分布

鲃是一种河鱼，但令人遗憾的是，虽然这种模样俊俏的生物不适于生活在拥有静水水

域的商业化渔场，但人们仍将它养在水塘里。

鲃原本生活在湍急的沙石河流里，在那里它们能很顺利地产卵，繁殖速度相当快。在一些静水水域中，它们也能很好地生长繁殖。如果说在某条河流内鲃的产卵率很低，那么这意味着该条河流内鲃的体型一定会很大。

上等鲃最喜欢出没在被人们称为蒸笼草、毛茛属的植物的附近，它们喜欢跟随池水泄闸后的尾流快速地游行。大鲃尤其喜欢生活在河流的暗礁边，而大多数的河流里面都能找到暗礁。

◉ 河流为鲃的生长提供了很好的水域环境。

▌体型

钓者一般很少钓到小鲃，钓到的鲃大多重0.91 ~ 3.62千克。体重超过4.54千克的鲃会被认为是标本鱼，现在许多河流里都生活着此类大小的鲃。鲃的体重相比以前有显著的增长，过去认为5.44千克的鲃就算是最重的了，而现在只有超过6.35千克的鲃才被人们所推

崇。也有人捕到过超过 6.8 千克的超大型怪鲃。

习性和食性

不管是冬天还是夏天，鲃都是极其贪婪的底层觅食者，尽管它们在水温低于 4℃时是间歇性觅食。大多数时间，鲃都是在河床底四处游窜，吞食着那里所有的生物和它所捕获的其他食物。鲃喜欢结成群逆流而上觅食，且鱼群前端的个别鱼会吞下一大口食物，然后顺流而下，游到队尾重新开始觅食。

在垂钓过程中，鲃很容易被引诱上钩，尤其是在使用大量的颗粒饵时。众所周知，大麻子可以用做优质的饵料，肉蛆、野豌豆、蚯蚓、苍蝇蛹和甜玉米也可作为饵料。鲃也喜欢肉制饵料，如加工过的肉制品和香肠肉。

一般来说在白天和晚上均可给鲃投饵。如果在白天河流水质较清，则只能投颗粒饵，对

◉ 图为一条大鲃，可以看到在其嘴角边缘有明显的触须。

那些大块的午餐肉，鲃会敬而远之。黄昏过后，鲃则完全凭借味觉和触觉来摄食，此时大块肉对它们就更具吸引力了。

暖冬的洪水为钓鲃提供了绝佳的时机，因为这个时候鲃食欲旺盛，很容易被四处漂移的肉制饵料和沙蚕饵料所引诱。一年之中的这个时段是最佳的钓鲃时机，只要付出努力就能钓到大量的鲃。

欧鳊

体貌特征

欧鳊（Bream，拉丁文名：Abramis brama）有两个种类——青铜色欧鳊和银白色欧鳊。钓者最感兴趣的是体型相对较大的青铜色欧鳊，而银白色的欧鳊（银鳊）分布并不广泛。

青铜色幼鳊体表为银白色，鳍为黑色，很容易与银鳊相混淆。由于其鱼体瘦长，呈盘子状，故人们喜欢称它为刮路机或锡盘鳊。青铜色幼鳊体重大约为 1.36 千克时，体色就开始

变为青铜色，但在废弃沙石矿坑池中有些甚至会变为黑色，可还是习惯叫它青铜色欧鳊。

随着欧鳊的不断生长，鱼身会变得越来越窄，背部逐渐凸起，全身沾满黏液，同时嘴唇明显上翘，上唇能自由伸缩。这些特征很难使人相信欧鳊是底层觅食鱼之王。此外欧鳊的身体呈扁平状，金褐色，胸鳍和腹鳍呈红色。

如果你钓到一条欧鳊，觉得它很可能是条银鳊，那么要记住辨别的一个简便方法就是看侧线处的鱼鳞数目，银鳊为 44 ~ 48 片，青铜色欧鳊为 51 ~ 60 片。

分布

欧鳊主要生活在一些水域宽广的地方，以及在一些水源保护区、风景湖区，欧鳊喜欢聚集成庞大的鱼群。它们同样也能生活于封闭水域以及一些流速缓慢的河里。

垂钓知识

垂钓季节

6月至来年3月，静水水域内全年可钓

食性

水螺、石蚕、昆虫的幼虫

垂钓技巧

大鱼一般在夜间活动。在下午投饵，然后黄昏开钓，很可能钓到欧鳊的标本鱼

⊙ 被捕获的大量的欧鳊。欧鳊喜欢群居，因此一次能捕获多条。在钓欧鳊之前最好要进行大范围撒饵。

目前最大的欧鳊是在沙石矿坑池中发现的，近20年来坑池独特的环境使得欧鳊体重发生了巨大的变化。

除了大型的欧鳊外，它们很少生活在急流中。一般欧鳊会聚集在河道曲折处较深且水流较缓的区域里，或者在水流相对较稳定的浅滩区。在高水位或者洪水期时，欧鳊通常喜欢聚集在河堤旁。

体型

不同水域里的欧鳊其体型也各有不同。一般来说，体重为4.54千克的欧鳊可称为标本鱼，当然有些水域还没有出现过这么重的鳊。

有些沙石矿坑池中，欧鳊最重可达5.9千克，但坑池的环境一般很难满足体型如此庞大的鱼类，所以这样的欧鳊还是很少遇见的。

习性和食性

欧鳊是底层觅食者，以水螺、石蚕和大量的类似红虫等昆虫的幼虫为食。欧鳊的嘴形适合在河底的淤泥中摄取食物，且它的尾鳍会不断地搅动，这样常使得河水浑浊，并不断地泛起水泡，借此我们可以判断欧鳊的位置。当欧鳊结成一个大鱼群时，这种特征会非常明显，从而留下清晰的觅食线路，人们称之为"巡逻线"。白天，钓者可以通过这条线预测欧鳊的去向。

超大型的欧鳊，尤其是那些生活在沙石矿坑池里的欧鳊，一直以来都被人所推崇，当然它们是最难以被了解和捕获的鱼。甚至当发现了它们的位置，但由于它们食物充裕，一般对钓者所提供的饵料不感兴趣，所以基本上很难钓到。

无论冬天还是夏天，任何时候都可以垂钓欧鳊，但很少有人在冬天钓到。大个儿的欧鳊通常在夜间觅食，例如沙石矿坑池里的欧鳊，在白天几乎是不可能钓到的。

鲤鱼

体貌特征

鲤鱼（Carp，拉丁文名：Cyprinus carpio）是以爱运动而闻名的鱼，也是鲤科鱼类中最大的一种。真正的野生鲤鱼全身布满大块黄铜色的鳞片，栗色的鳍，体瘦但肌肉发达，鱼尾非常大，能够让它快速行进。野生鲤鱼最重能够达到9.07千克，但一般而言野生鲤鱼不超过6.8千克。

目前人工培育出来的鲤鱼，数量猛增，正逐步取代野生鲤鱼，且体型也变得更加庞大。

垂钓知识

垂钓季节

6月至来年3月，湖泊内全年可钓

食性

昆虫的幼虫、软体动物、水面上的苍蝇和蛾

垂钓技巧

在宽阔的湖面上垂钓，并靠近入风口处

钓者也许会钓到各种各样的变种，如：全身覆鳞的普鲤，部分覆鳞的锦鲤，以及看上去没有鳞片、仅在肩部和背部可能有些小鳞片的毛鲤。

锦鲤本身还有许多亚种。真正的锦鲤通常体表覆盖着几片大的鳞片。而更为罕见的是有些锦鲤的鳞片均匀地沿侧线处分布，通常称之为线锦鲤。

鲤鱼长有两对触须，较大的一对分别位于嘴角边，相对较小的一对位于其旁侧。长而凹陷的背鳍分布着 20 ～ 26 根鳍刺，其形状与体型较小的欧洲鲫鱼完全不同，欧洲鲫鱼的尾鳍小而突出。

◉ 一条流速缓慢的河流，河水里长有杂草，两岸是柳树和白杨。鲤鱼喜欢在灯芯草周围摄食蚊、蚋、蠓的幼虫。

分布

鲤鱼是分布最为广泛的淡水鱼之一，它可以生活在各种水域里，无论在流动的水域还是在封闭的湖泊里都能很好地生长。最佳的鲤鱼垂钓地是静水水域，尤其是在庄园湖、水库和沙石矿坑池，后者中常生活着超大体型的鱼。鲤鱼经常出没在垂在水面上的树枝边缘，或长有睡莲、灯芯草和芦苇的水域附近，以及岩石块和河堤的端口处，也包括那些布满红蚯蚓的浅滩区和沙石矿坑池的沙石物周围。近海岸岛屿的边缘水域是非常安全的栖息地，特别适合体型超大的鲤鱼生活。鲤鱼喜欢在宽阔的湖面上顺着风向游行，当钓者没有其他定位工具帮

◉ 一条新鲜的普鲤，全身覆鳞，钓者正准备将它放生。

助时，在入风口垂钓是一个不错的选择。

体型

绝大多数水域里的鲤鱼体重都超过 4.54 千克，而 9 千克重的鲤鱼通常被认为是标本鱼。但近年来鲤鱼的体重不断增长，专家认为 13.61 千克甚至于 18.14 千克的鲤鱼才能称得上是标本鱼。当然，如今在很多水域都可钓到 18.14 千克甚至更重的鲤鱼，对于标本鱼捕获者来说，捕获如此大的鱼正是他们所期盼的。

习性和食性

鲤鱼天生喜欢捕食蚊、蚋、蠓的幼虫，其中红蚯蚓是鲤鱼最喜欢的食物。鲤鱼还摄食昆虫、软体动物、甲壳动物以及大量的植物，如丝状绿藻。在一些软底湖中，鲤鱼喜欢使用它宽而长的嘴唇，深深地扎到淤泥中捕食，这样河床上就会产生大量的气泡，水体颜色发生变化，钓者可以借此判断鲤鱼的位置。

鲤鱼是公认的喜欢游窜于灯芯草和芦苇丛的鱼类。当鲤鱼那庞大的身躯穿过灯芯草时，可以很明显地看到水草的摆动。同样，由于鲤鱼的游窜，常常可以看到杂草丛的表面呈隆起状，而这正是鲤鱼的背拱出来的。

鲤鱼是疯狂的底层觅食者，但它也会在河面上觅食，吞食蛾、昆虫及漂浮的面包屑，并且经常被浮饵所吸引。在河面摄食的鲤鱼，背

部会露出水面，因而很容易被发现。同时当它们游动时，还会掀起阵阵水波，当风浪不是很大时，水面上还能看到它们游动时留下的痕迹。鲤鱼在未受惊动时，会贪婪地吞食钓者的饵料。

尽管我们能很容易地发现鲤鱼，诱使它上钩，但在垂钓过程中仍有许多方法和诀窍，要知道鲤鱼可是出了名的狡猾和强悍。

淡水鲇鱼

▌体貌特征

鲇鱼（Catfish，拉丁文名：Silurus glanis），看起来像蝌蚪，通常不会和其他鱼相混淆。体形细长而强壮，小而圆的尾巴连接着臀鳍并在下端延伸到整个腹部。头部大而平，嘴巴很大，上面覆有细小尖锐的牙齿，上下牙齿看起来就像粗糙的维可牢黏扣（一种黏扣，两面一碰即粘合，一扯即可分开）。在嘴巴的背侧，长有坚硬的骨板，主要用来嚼碎贝类和甲壳动物的壳，以及饵鱼的骨头。在上颌角的顶端长有两条很长的触须或胡须，下颌还长有 4 个小的附属器官，可以用来寻找食物。

鲇鱼还具有高度灵敏的嗅觉，因此尽管它的眼睛小但在晚上也能捕食。其体色随着水域的不同而变化，在清水域里一般体色非常暗，有时接近黑色，在水色偏暗的水域里则呈中灰或浅棕色。所有的鲇鱼腹侧都有斑点，且腹部为奶油色。

垂钓知识

垂钓季节

全年可垂钓，暖季最佳

食性

河蚌、死鱼、青蛙、蟋蟀、水蛭

垂钓技巧

在潮湿、温暖、多云的夜晚，用有香味的饵料垂钓

▌分布

鲇鱼生活在水草肥美的湖泊。在那里许多鱼都可以很好地繁殖和生长，继而来满足具有掠食王者之称的鲇鱼的食欲。由于需求的不断增长，鲇鱼的生长区域也逐渐增多。在大多数水域里，鲇鱼通常在阴天时或晚上出来到靠近河岸的腐食堆里觅食，而在白天，鲇鱼很可能会在河里的某个遮蔽物下或河床的凹陷处度过。

⊙ 一条重达十几千克的鲇鱼

▌体型

使用钓线、钓竿钓得的最大鲇鱼超过了 45.36 千克，但由于鱼的来历不明，该纪录没有被

正式采用。大多数钓者认为 9.07 千克重的鲇鱼为标本鱼，而 13.6 千克的鲇鱼则有些罕见。

习性和食性

鲇鱼是一个贪婪的捕食者，也可以说是一个清道夫。晚上鲇鱼会游到河岸边，捕食河蚌、死鱼、小型哺乳动物、青蛙、蝾螈和水蛭。它们甚至连一些小水鸟也不放过，已有报道称小水鸭和苏格兰雷鸟也曾落入过鲇鱼的血盆大口。鲇鱼除了使用灵敏的嗅觉和触觉来准确地

◉ 一条巨型鲇鱼

觅食外，还有许多有效的捕食方法，如超灵敏的听觉和振动感。鲇鱼的鳔和耳部之间连接有微小骨头，这样能够扩大音量，哪怕是漆黑的夜晚，鲇鱼也能轻易地察觉从身旁经过的小鱼。在野外的钓者正是利用这一特征，用桨轻轻拍打水面就能吸引远处的鲇鱼。

用来钓鲇鱼的饵料有很多种，要么是活饵，要么是带有香味的饵料。使用活饵能在水里产生振动以此引起鲇鱼的注意，但如果有大量的白斑狗鱼在，这点振动就显得微不足道了。如果不受白斑狗鱼的影响，钓者通常会将聚苯乙烯球系于钓钩上使得饵料浮动，或者在钓钩

上放上 2 ~ 3 颗小颗粒饵料，使鲇鱼误以为是鱼群。鲇鱼饵料越香越好，可以用碎鱼块、鱿鱼、熟鱼肉、调味的香肠、肝块和大量味道浓重的午餐肉来引诱鲇鱼上钩。

总的来说，鲇鱼还是比较谨慎的，不轻易上钩，尤其是在那些出名难钓的水域里，它们强烈抵制人工假饵的行为几乎令人无法忍受。因此，在你准备好饵料之后，要合理使用你的钓具，有些水域面积比较小，鲇鱼通常在河岸边觅食，这样你就无须采用长线，应该使用无线竿或短竿。在施钓之前尽量投撒一些活饵来引诱鲇鱼。

圆鳍雅罗鱼

体貌特征

圆鳍雅罗鱼（Chub，拉丁文名：Leuciscus cephalus）是最容易辨别的淡水鱼之一，鳞片边缘宽大且呈黑色，唇呈白色且大而突出，头大而笨拙，常被人们戏称为"傻蛋"。

只有在两种情况下有可能会辨别错误。一

种情况是当圆鳍雅罗鱼与其他品种的鱼杂交后。据报道，圆鳍雅罗鱼和拟鲤有许多杂交品种，但非常容易区分，只有毫无经验的新手才会把它们误认为真正的圆鳍雅罗鱼。如果不是很确定，那么可以通过体征辨别，圆鳍雅罗鱼

⊙ 在夏天使用蛞蝓来钓到的圆鳍雅罗鱼。新鲜的蛞蝓是圆鳍雅罗鱼的常用饵料之一，在黎明时分收集蛞蝓最佳。

垂钓知识

垂钓季节

　　6月至来年3月，静水水域内全年可垂钓

食性

　　昆虫、青蛙、甲壳动物、小鱼、蛾和苍蝇

垂钓技巧

　　在冬季来临之前，使用面包屑投食圆鳍雅罗鱼，用面包片或面包皮施钓

的侧线处有 42 ~ 49 片鳞片，臀鳍和背鳍各有 7 ~ 9 条分支鳍刺。另一种情况是未成熟的圆鳍雅罗鱼，它常常与大雅罗鱼相混淆。它们的区别是圆鳍雅罗鱼的臀鳍呈凸起状，而雅罗鱼的臀鳍为明显的凹陷状。

分布

　　尽管圆鳍雅罗鱼主要属于河鱼，但它也能在静水水域，特别是沙石矿坑池里很好地生长，并长成很大的体型。静水水域里超大型的圆鳍雅罗鱼是公认的最难上钩的标本鱼之一。无论是湍急的浅水区，还是流速缓慢的深潭，它们都能在那里很好地繁殖生长。圆鳍雅罗鱼尤其喜欢生活在那些被人忽视的水草肥美的溪流中，标本鱼常出现在这样的水域里。

体型

　　在过去数年里，圆鳍雅罗鱼的平均体重一直在不断增加，史无前例达到了 2.27 ~ 2.72 千克，有些已经达到 3.18 千克。在多数河流里，圆鳍雅罗鱼体重一般在 2.27 千克左右，相差不到几十克，钓者常称其为标本鱼。

习性和食性

　　圆鳍雅罗鱼是最能满足钓者欲望的鱼类之一，无论是在炎热季节还是冰冻时节，它愿意吃任何东西。在夏天，大块的天然饵料，如蛞蝓（俗称鼻涕虫）、沙蚕，那是公认的美味饵料，而此时圆鳍雅罗鱼却在捕食小龙虾、小鱼，甚至是泥鳅、鲇鱼和鲦鱼，以及任何从树上掉下的昆虫。圆鳍雅罗鱼特别喜欢摄食青蛙、蝌蚪。

⊙ 钓者正在垂钓圆鳍雅罗鱼，这种鱼全年可以钓到。

在晚上，圆鳍雅罗鱼喜欢在水面上觅食，捕食蛾和苍蝇，尤为喜欢蜉蝣。

钓者可供选择的饵料品种非常多，圆鳍雅罗鱼会很乐意地吃单一的肉蛆料、干酪团、午餐肉或混合料。圆鳍雅罗鱼像鲅一样，也喜好大麻子，投撒大麻子和甜玉米会引来一大群圆鳍雅罗鱼。

圆鳍雅罗鱼以谨慎出名，如果钓者轻率地靠近它们，它们很容易受惊吓而逃窜。可以看出，圆鳍雅罗鱼喜欢生活在安静、遮阴、杂草丛生的支流里，甚至在冬天，它们喜欢躲在阴暗的地方。通常钓者都知道圆鳍雅罗鱼会出没在木筏边或杂物丛生处。

不像拟鲤和鲅，圆鳍雅罗鱼无法在泥水里生活。如果是在泥水里，圆鳍雅罗鱼常常禁食。我们可以注意到，在那些高水位浑浊的长河流里，钓到的圆鳍雅罗鱼通常看起来较瘦，像是患了贫血症。一旦等到水质转好、水位降低后，圆鳍雅罗鱼就会暴吃狂饮，以弥补禁食时期缺失的养分。洪水期过后，当河水变得清澈时，垂钓圆鳍雅罗鱼的最佳时机便到来了。

鲫鱼

▎体貌特征

鲫鱼（Crucian Carp，拉丁文名：Carassius carassius）与其近亲品种的鱼类不同，它的嘴角没有触须，尾巴呈圆状，背部高高凸起。其中一个可识别的特征是位于鳃开口上方位点到尾部自然弯曲点之间侧线处鳞片数目为31 ~ 33 片。

许多称为标本鱼的鲫鱼要么是鲫鱼和普通鲤鱼的杂交品种，要么是棕色金鱼。由于这些变种也没有触须，因而多数钓者常常把它们混

垂钓知识

垂钓季节

全年可垂钓，暖季最佳

食性

小虾、小螺、昆虫的幼虫、蚯蚓及浮游生物

垂钓技巧

鲫鱼是所有鱼类中最不容易上钩的。通常需要使用极为精细的浮漂来垂钓

淆。其实，杂交品种和棕色金鱼的尾巴都有明显分叉，背鳍长而凹陷，是典型的大鲤鱼品种。而真正的鲫鱼背鳍比较短小、全身覆鳞、粗壮，嘴唇粗糙富有弹性。

▎分布

鲫鱼一般生活在水库、湖泊和农场的池塘里，不幸的是因为鲤钓的盛行以及品种的杂交，一些较好的纯种鲫鱼的生活水域已被破坏。杂交品种红眼鱼的出现，又使纯种的鲫鱼减少了很多。现在最有可能发现纯种鲫鱼的地方是在那些未被人们开发的水域里，如一些僻静偏远的林场和农场池塘。鲫鱼喜欢生活在淤泥底处

⊙ 鲫鱼的头部特写，可以看到鲫鱼厚而富有弹性的唇，全身覆有鳞片，体色呈金褐色。

⊙ 一个纯天然的池塘。这是鲫鱼最理想的生活环境，也是可捕到纯种鲫鱼的水域之一。

的遮蔽物周围，尤其是河堤边的灯芯草附近。

▌体型

鲫鱼的记录最近才开始出现。那些在以前的记录非常不可靠，因为大多是杂交品种或者棕色金鱼的记录。所以，人们以0.45千克重的鲫鱼为标本鱼，而接近0.91千克的就很有可能是杂交品种或者棕色金鱼了。

▌习性和食性

鲫鱼喜欢群居，通常大大小小的鲫鱼会成群地四处游动。鲫鱼是杂食性鱼类，摄食范围广，几乎包括所有的食物。鲫鱼也可以说是草食性鱼类，它们可以摄食水生植物，同时也摄食淡水小虾、小螺、红蚯蚓、昆虫幼虫和普通蚯蚓。

鲫鱼摄食时会吞入一大口泥浆或泥沙，然后吐出废物。这种摄食方法会产生奇特的气泡，使得水面浑浊，如果出现上述现象，则表示该处有鲫鱼出没。

与大鲤鱼不同，鲫鱼在初次霜冻之后一般不会大量摄食。它们总是很精细地咀嚼食物，甚至在暖季，咬食动作也相当轻柔。如果在冬天，鲫鱼会显得没精打采，使得人们难以发现它们。

因此，垂钓鲫鱼的钓具要做得非常细致，以便吸引它们的注意力。鲫鱼非常没有耐心，就连很轻的浮漂也可能导致它们拒食饵料。在垂钓时，通常要使饵料在水中保持一定的深度，并且时刻注意浮漂的移动位置，哪怕是最轻微的变化，都要快速收钩。如果每次都在有轻微提示时收钩，那么相信你常常会有惊奇的收获，如果等到出现明显的上钩提示时，那么你定会一无所获，就等着换新的饵料吧。

⊙ 一位钓者正展示他钓到的鲫鱼，我们可清晰地看到鲫鱼全身覆有鳞片，体形接近圆形。

⊙ 盛夏，钓者正在水池边用网捕捞鲫鱼。鲫鱼喜欢在长满灯芯草的水域边觅食。

对于饵料来说，肉蛆就足以使鲫鱼上钩，当然最好的饵料是使用一粒玉米，采用14号的超级铲钩，钓线拉力值为0.91千克。尽管采用玉米饵料，很可能每15分钟就会脱钩，但还是值得的。如果再额外投放点胡桃大小的饵料球给鲫鱼作饵料，更容易使鲫鱼上钩。鲫鱼在晚上摄食能力也很强，垂钓时很容易上钩。值得推荐的钓鲫方法是，在晚上带上夜光灯，灯光不要太散太强，要刚好看到钓竿，饵料使用活的昆虫饵，并且在天黑前的2小时或黎明前1小时内进行垂钓。

雅罗鱼

▌体貌特征

雅罗鱼（Dace，拉丁文名：Leuciscus leuciscus）怎么看都像一条小圆鳍雅罗鱼，尤其对无经验者来说更难区分。这样一来垂钓雅罗鱼时就会产生许多疑问，如最高纪录是否有误。圆鳍雅罗鱼通常长有类似投球手的体征，但从整个外观和线条来看，两种鱼在幼时确实很相似。雅罗鱼与小圆鳍雅罗鱼的区别在臀鳍，雅罗鱼是

垂钓知识
垂钓季节 6月至来年3月
食性 昆虫和蚯蚓。水面上的苍蝇和蛾
垂钓技巧 寒冷的霜冻天气里，选择清澈的河水，采用轻便的钓具垂钓

凹陷的，而圆鳍雅罗鱼则凸起或者呈圆形。雅罗鱼鳍的整体体色比较柔和、暗淡，可从浅黄色变为浅褐色。而且雅罗鱼看起来非常端庄，不像圆鳍雅罗鱼看上去笨头笨脑又好斗的样子。

▌分布

雅罗鱼很少生活在静水水域里，除非那些靠近曾遭过水灾的河流系统的静水水域。它们一般生活在流动水域里，并与近血缘品系的苗

⊙ 4条用肉蛆钓到的雅罗鱼

鱼共同生活在有流水水域的深水区。夏天的下午，在河面上能看到它们掀起的阵阵水波。同样它们也喜欢湍急的流水，在那里会发现大群的雅罗鱼，大大小小地结成一大群。

体型

所有钓者几乎都不会吹嘘自己钓到过超过 0.45 千克重的雅罗鱼。不可否认，0.45 千克重的雅罗鱼可以说体型庞大，任何超过 0.3 千克的雅罗鱼都会被称为标本鱼。而即使是 0.3 千克重的雅罗鱼也是相当少见的。

◉ 雅罗鱼全年可垂钓，冬天是最佳的季节，此时雅罗鱼数量较多。图为一位钓者在使用肉蛆垂钓。

习性和食性

雅罗鱼的习性非常简单，它们在河水的主流里组成庞大的鱼群，等候着流水带给它们一切。它们非常沉着、冷静，看起来没有什么能够彻底打散它们，甚至连白斑狗鱼土匪式的袭击，也只能给它们带来片刻的不安，随后它们又会恢复平静。雅罗鱼极其贪食，钓钩上串满的肉蛆经常被它们一下子就吃光了。垂钓时可以先投撒饵料吸引大群雅罗鱼到来，然后投下装有稍大饵料的钓钩，投放位置要尽量靠近缓流水域，这样可以钓到那些喜欢在流速平缓的水域里觅食的大雅罗鱼。

雅罗鱼一点都不挑食，任何普通的饵料，

◉ 池塘的入水口处通常会有超大体型的雅罗鱼。

如用来钓拟鲤和圆鳍雅罗鱼的饵料，它们都会吃。它们尤为喜欢捕食水面上的活昆虫。使用飞钓来引诱雅罗鱼上钩非常有趣，但一般都钓不到，因为雅罗鱼能迅速地做出判断，决定面前的食物是否可以食用。在冬天尤其是结冰的天气里钓雅罗鱼是个不错的选择，这时钓者则需要注意保暖。不要无视小雅罗鱼群，大鱼很可能就在其中。

鳗鱼

▌体貌特征

在英国水域里只生活着一种鳗鱼（Eel，拉丁文名：Anguilla anguilla），这就是欧洲鳗鱼，它们原本生活在太平洋西部的马尾藻海，后来墨西哥暖流把它们带到了淡水河口。这样一些幼鳗则迁往上游，而许多鳗鱼则进入到很可能会被钓者捕获的静水水域里，并在那里生活数年。大部分的鳗鱼在需要产卵时，还是会返回马尾藻海，这个过程大概需要 6 年。静水水域里鳗的标本鱼是钓者最感兴趣的鱼之一。全世界有 20 多个鳗鱼品种。

鳗鱼具有独特的体征，全身肌肉发达，呈长蛇状，头部尖尖的，背部为黑色，腹部及两侧为奶油色。成年鳗具有长而窄的背鳍，一直无间断地延伸到尾部并与臀鳍相连，这样就像一个强有力的舵，可以快速地推动身体向前或向后游动。

鳗鱼有一个非常有趣的进化特征，成年鳗唇部形状各异，有的呈尖状，有的则宽而扁。这表明它们根据食物的不同而产生了变化，尖嘴鳗鱼主要进食无脊椎动物如蚯蚓，而宽嘴鳗

鱼主要进食小鱼。

▌分布

钓者一致认为鳗鱼是最喜欢夜间觅食的鱼类，白天的大部分时间它们用来休息。鳗鱼喜欢藏身在洞里、树根下、底层礁石等处。在运河里，鳗鱼喜欢生活在桥下的遮阳处，喜欢躲在浓密的杂草丛中，天黑时，它们便开始出来觅食。淡水鳗和同一品种的海鳗有一个相同的特点，喜欢把河流里或者河床上的残骸物占为己有，如废弃的树根、各种杂物的残骸。

尽管鳗鱼在各种水域里都存在，但一般人们都在静水水域里垂钓鳗鱼，尤其会在荒芜的湖泊、大的水库和沙石矿坑池里钓到大型鳗鱼。河流里的鳗鱼一般比较小，且往往会妨碍你钓其他的鱼种。

▌体型

大多数鳗鱼专家认为，超过 0.9 千克的鳗鱼才值得垂钓，超过 1 千克则为标本鱼。达到 1.5

◉ 图中是条重达 2 千克的鳗鱼。这样大的鳗鱼极其稀少。

千克的鳗鱼非常稀少，几乎很少人能够捕获得到。2 千克或更重的鳗鱼则甚为罕见。鳗鱼的最高纪录和人们所认为的标本鱼体重的差异相当大，也是所有淡水鱼当中差别最大的。许多鳗鱼爱好者就认为，仍有超大型的鳗鱼存在，其体重远远超过用钓线钓竿所钓得的鳗鱼。一条雌鳗鱼，如果一直生活在静水水域里，可以存活 25 年甚至更久。因此某些岛屿声称有重达 9 千克的鳗鱼并不是不可信的。

鳗鱼和河鲈的鳃后面都有一块骨头，被称为鳃盖。从它们的身体上取下鳃盖可以看到圈纹，就像树的年轮一样，每经过 1 年上面就有 1 个圈，由此可以推断出它们的年龄。鳗鱼垂钓专家约翰·西德利曾经为了制作一个鱼标本，杀死了一条重 2 ~ 3 千克的鳗鱼。从鳃盖上发现，这条鳗鱼居然已经有 68 岁了。约翰·西德利声称以后他再也不会去杀鳗鱼。

⊙ 一位钓者正用力抓一条大鳗鱼。鳗鱼能够沿着直线爬行，通常很难被制服。把它放在报纸上会好一些。

▎习性和食性

虽然在白天垂钓时，如果钓者持续地投撒肉蛆饵，随着饵料不断地顺着水流流走，会引诱出那些反应迟钝的鳗鱼，但大多数鳗鱼一般都是在黄昏或者黑夜里觅食。当夜色降临时，鳗鱼便从自己的藏身之所潜出，开始夜间的巡逻、觅食。鳗鱼是属于那种碰见什么就吃什么的鱼类，其食性非常广泛，摄食各种各样的动物和带刺激气味的饵料，包括青蛙、鱼卵、死鱼或动物的内脏，以及几乎所有种类的饵料。

鳗鱼的嗅觉十分灵敏，它喜欢摄食用来钓鲤鱼的煮成饵，而鲤鱼钓者对此非常反感。同

⊙ 绝大部分的大型鳗鱼生活在静水水域里，如果不被人类打扰的话能存活多年。在图中这条宁静的河流里，钓者曾捕获过许多大型鳗鱼。

样，鳗鱼也十分喜欢吃肉蛆，因此当河里有一群鳗鱼时，你再想钓其他的什么鱼几乎就不可能了。

大型的鳗鱼通常只在它的藏身处附近觅食，因此钓者要经过深思熟虑来确定鳗鱼的隐藏地。一旦上钩后，鳗鱼通常会立即拼命地游回自己的藏身地，因此需要使用结实的钓具来应付。

在晚上，鳗鱼会吃河底的死鱼，同时也吃河底的活饵。这就给梭鲈钓者带来了难题，因为花费大量时间钓上来的很可能是鳗鱼，同时也会消耗掉钓者大量的饵料。

河鲈

▌体貌特征

河鲈（Perch，拉丁文名：Perca fluviatilis）嘴巴非常大，腹侧带有明显的条纹，背部有鳍刺，鳍为深红色，通常很容易识别，不会与其他淡水鱼相混淆。全世界范围内，淡水和海水里的鲈鱼具有许多品种。有趣的是所有品种的鲈鱼都有两个背鳍，在第一个鳍上有鳍刺，鳃上也有。

从河鲈身上那明显的条纹和超大的眼睛中，我们就可以推测到河鲈天生就是肉食性鱼类，条纹可以用做很好的掩饰，以便轻易地接近猎物，大眼睛则表明能凭借视力来找到猎物。无论什么时候看河鲈，它都像一只水中的老虎。当受到惊吓或袭击时，其带刺的背鳍会完全竖起，威吓入侵者，且可以用来保护自己不落入大型肉食动物口中，如鲇鱼、白斑狗鱼。但还不是很清楚这种做法是不是很有效，因为据发现，当鲇鱼、白斑狗鱼和河鲈在一起时，白斑狗鱼还是能轻而易举地吃掉河鲈。

◉ 图中是一条非常漂亮的河鲈，有着巨大的带刺的直线型背鳍。该河鲈是在初秋的河里钓到的。

垂钓知识

垂钓季节

　　6月至来年3月，静水水域里全年可钓

食性

　　鱼、甲壳动物、蚯蚓和昆虫幼虫

垂钓技巧

　　在黎明时分河鲈食欲旺盛。在刚出现亮光的时刻垂钓最佳

▌分布

河鲈生活于泥塘、大湖泊、滞流的河道和湍急的白垩质溪流，以及其他所有想象得到的水域里。非常有趣的是几乎大多数洪水期形成的新水域，总会被河鲈抢先占据，很可能是因为河鲈的卵非常黏，很容易粘到那些行踪不定的水鸟的脚或羽毛上，从而被带到其他不同水域里。

由于河鲈的眼睛非常大，对光线极其敏感，因此它在浑浊的泥水环境里也能很好地捕食。在那些照不到光的地方，如树荫下、河堤断口处、厚厚的水草筏下等等，河鲈具有它独特的视力优势。同样在深水区域里，河鲈也常常出没在黑暗区域里。它们一般生活在静水水域的深水区里，当你钓到后，快速拉出水面时常会导致所谓的"爆裂"现象。因为通常河鲈的鱼鳔内空气压低于正常大气压，它只能通过缓慢

⊙ 在冬天使用沙蚕作饵料钓到的3条较小的河鲈。在冬天真正吸引河鲈的饵料是小河鲈。

地适应而来改变。同样道理，那些深海鱼如快速地游到水面，则常常会受伤。

体型

任何超过0.9千克的河鲈都被认为是条好鱼，1.3千克重则为标本鱼。目前河鲈标本鱼的重量有很强的上升趋势，似乎捕获1.8千克重的河鲈很可能实现。事实上，许多钓者做梦都不可能钓到超过1.8千克重的河鲈。

钓者钓到的河鲈体重多在0.45千克以下，因水域不同大概会相差50～225克。因此如何选择合适的垂钓地，常常令钓者心烦。

习性和食性

河鲈常常躲避强光，因此在夏天黎明时刻河鲈常常在浅水区拼命觅食，而当太阳出来后，则退回到深水区。在河流的沙石浅水区和沙砾坑的高地里，河鲈会整夜地捕食小鱼。晴朗的天气里，河鲈会在天亮之前结束觅食。

在阴冷天气及较凉爽的月份里，河鲈的捕食时间会延长，随着小鱼的减少，它们的食物品种明显增加，如甲壳动物、蚯蚓和昆虫幼虫，河鲈标本鱼则会捕食成年小龙虾。

河鲈是会同类相食的，事实上对河鲈标本鱼最好的饵料就是小河鲈。因此我们就可以采用河鲈作饵，在夏天黎明时分，当它们最贪食时捕获它们。通常只要有大河鲈在，小河鲈就会躲得远远的。

河鲈天生长有伪装性条纹，就像老虎伪藏在杂草丛中那样。大河鲈会很长时间一动不动地埋伏在河床上，非常像水里的芦苇丛，当小鱼经过时河鲈会抓住时机突然袭击。因此，钓者应该尽量靠近河鲈，饵料要接近河床，越接近越能钓到河鲈。

在寒冷的冬天，大河鲈占据着河流的深水区域。这时候使用沙蚕作饵料或者使用念珠式钓钩也许会有所帮助。

白斑狗鱼

体貌特征

白斑狗鱼（Pike，拉丁文名：Esox lucius）具有非常典型的天然伪装色。白斑狗鱼的体色和杂草搭配得颇为和谐，它常常会花大量时间埋伏在杂草丛中。其背部为深橄榄色，两腹侧呈现灰色、绿色和黄色镶嵌的大理石状斑，富有银白色的光泽。背鳍位于背部的后侧，刚好在臀鳍正上方，并与尾部相连，这样就形成一个强大的推动器，使白斑狗鱼具有令人难以置信的游动速度。

白斑狗鱼的头部特征非常明显，头长而扁平并有一张最可怕的全副武装的嘴。嘴巴的上颌有许多排针尖状的牙齿，下颌每边都有5～6颗大牙齿，大牙齿之间又有多排小牙齿。嘴巴内侧上部和舌头也带有小型牙齿，这就使得白斑狗鱼可以捕食达到自身体重 10%～25% 的鱼。

分布

大多数河流、湖泊和池塘里都生活着白斑狗鱼，这使得白斑狗鱼成为分布最广泛的鱼类之一。在许多湖中，能很轻易地捕获到标本白斑狗鱼。对于许多人来说，垂钓白斑狗鱼是件极具诱惑力和颇具神秘感的事情。

白斑狗鱼天生靠视觉捕食，凭借遮盖物神不知鬼不觉地接近猎物。人们常常能够在树根下、河床上、树荫下发现白斑狗鱼。白斑狗鱼尤其喜欢躲在溪流、湖泊或河底的凹陷处，这样不太容易被发现。白斑狗鱼的最佳垂钓地点是水库的天然凹陷处，因为这样的凹陷处比起周边要深，当活水进入水库时会在那里形成水流，吸引各种各样的鱼到来。

在河流里，大多数的鱼喜欢生活在急流与缓流的交汇处。河钓者应该注意河流的这种地带，白斑狗鱼很可能就在那里捕食。在那里可以捕获大量的拟鲤、雅罗鱼和圆鳍雅罗鱼，还有白斑狗鱼。

体型

近些年来，白斑狗鱼以及丁鲹和欧鳊的体重并没有很大的增长，但增长的比例主要还是随着其食物的供应而变化的。在一些有鳟鱼的深水水库中由于其他鱼类的增多，也曾经出现

⊙ 使用带有旋转器的浮漂钓到的一条漂亮的白斑狗鱼

过重达 13.61 千克的白斑狗鱼。

同鲤鱼和鲹鱼一样，通过人工饲养以获得大型白斑狗鱼的实践少有成功。对白斑狗鱼来说，当它被人工养殖后，随着环境的变化，会出现不可避免的生理衰退。其次，白斑狗鱼不喜欢人工养殖的压迫感，一旦被人工养殖，白斑狗鱼很难再像以前那样平静地生活。有些钓者曾经尝试过放生捕获的白斑狗鱼，但放生后的白斑狗鱼却非常容易被捕获，如此反复多次后，最终会导致白斑狗鱼体重减轻或者死亡。重达 9.07 千克的白斑狗鱼被称为超级标本鱼。如果想要获得 14 千克的白斑狗鱼，那么很可能要花费你一生的时间去追寻。

习性和食性

白斑狗鱼的捕食依赖于它的 3 种感觉：视觉，借此能闪电式地捕食到快速游动的鱼；嗅觉，借此能定位河底的死鱼；知觉，感受振动，借此发现受伤或者垂死的鱼类。过去，人们认为白斑狗鱼决不会摄食腐鱼，但现在我

⊙ 钓者正在给白斑狗鱼解钩。白斑狗鱼有锋利的牙齿，中等大小的去钩器是钓者必备的装置。

们知道白斑狗鱼也会摄食死鱼。钓取白斑狗鱼最有效的方法就是采用死饵。使用死饵钓到的白斑狗鱼数目远比使用其他饵料钓到的多。几乎所有的鱼在长到很大时都会变得很懒。例如一条大的白斑狗鱼，通常会去捕食成堆出现的鲱鱼，而不会花费大量的时间和精力去追捕敏捷的拟鲤。

白斑狗鱼天生具有攻击性，当它不饥饿时，也会受刺激而进行捕食。如果有鱼从白斑狗鱼的视野范围内经过，白斑狗鱼通常会受到刺激，并进行攻击。因此在垂钓时，尽量采用木塞式假饵、匙状假饵和旋叶式假饵来刺激它。

拟鲤

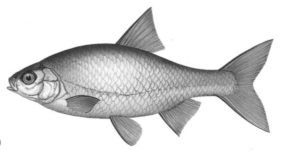

▎体貌特征

拟鲤（Roach，拉丁文名：Rutilus rutilus）的颜色和形状会随着水体颜色及周围环境的变化而改变。拟鲤的身体通常呈银白色，在极少数情况下，鱼体的鳞片能够完全变成金黄色。金黄色的鱼在沙石矿坑池中很容易被大的肉食性鱼发现，因此白垩质的溪流里最为典型的拟鲤体色为银白色。一般而言，拟鲤体色变化为从背部呈蓝绿色到背侧呈暗银色，腹部白色。腹鳍可从黄色变成橙黄色，这常导致纯种拟鲤与它同红眼鱼的杂交品种相混淆。拟鲤的背鳍和尾鳍易呈红褐色。

成年拟鲤经常同红眼鱼、鳊鱼杂交，因此体形是重要的识别特征。纯种的拟鲤臀鳍有9～13根分支鳍刺。实验检测表明：拟鲤和红眼鱼或鳊鱼的杂交品种，其尾鳍通常至少有

垂钓知识

垂钓季节

河流内从6月到来年3月，湖泊里全年可垂钓

食性

水生昆虫、水螺、蚯蚓、石蚕、丝状绿藻

垂钓技巧

拟鲤喜欢栖息在洪水区。使用沙蚕作饵料，在主流的上方垂钓

17根鳍刺且色泽较暗。

纯种拟鲤与它同红眼鱼的杂交鱼种比较难辨别。但由于拟鲤上唇突出，而红眼鱼下唇突出，其杂交鱼种的唇一般为水平状。然而，最容易的识别的方法是看背鳍和腹鳍的相对位置，拟鲤两鳍的边缘成水平状，而其杂交鱼的背鳍明显比腹鳍靠后。

▎分布

拟鲤主要生活于清澈湍急的河流、沙石矿坑池、水沟、水库以及农场的小泥塘。它们在不同的水域里都能长成正常大小，哪怕是废弃的水坑或者是杂草丛生的

◉ 高水位的河流给垂钓大拟鲤提供了很好的条件。

水池，因此很容易捕到一条大拟鲤。

体型

体重超过 0.91 千克的拟鲤一般被认为是标本鱼，许多水域里的鱼体重不会超过这个数。而达到 1.13 千克的是很稀少的，超过 1.36 千克的就更为罕见了。

习性和食性

拟鲤的食性非常广，包括水生植物、水生昆虫和水螺，以及其他各种类型的饵料，如各种类型的面包、肉和面团、肉蛆和苍蝇蛹等。拟鲤尤其偏爱蚯蚓，大拟鲤则更喜欢整条的沙蚕。无论是炎热夏天的下午，还是冰冷冬天的夜晚，拟鲤都不会因为温度的变化而拒食。在各种浅滩中，尤其是浅水区，小拟鲤很容易被钓到。当其慢慢长大后，拟鲤更喜欢在水域底部觅食。

较大的拟鲤有个值得注意的特征：或许是由于过度谨慎，大拟鲤渐渐变成夜间觅食，黄昏时便出来疯狂摄食。甚至在冬天的晚上，大拟鲤也出来觅食。在同等条件下，大拟鲤更喜

⊙ 一条0.91千克的拟鲤。这是一条拟鲤的标本鱼，许多钓者都不可能钓到这么大的拟鲤。

欢有色水域或者涨潮区。那些特大型的拟鲤通常是单独生活或者在小群体中生活的，并且它们喜欢生活在深水区或流速平缓的水域里。在沙石矿坑池里大拟鲤会在沙石滩上觅食，在水库里则在含有底流沙石的底流觅食。许多水库由于水流、风和人工抽水的作用在多个区段内形成底流。这些水下的底流最吸引大拟鲤。

在河流里，大拟鲤跟圆鳍雅罗鱼一样，喜欢生活在那些遮荫的水流端处，如沙石底的冲击河床或大树底下的流水处。它们也喜欢生活在远离主流的缓流里，可以在高水位处钓到。

红眼鱼

体貌特征

红眼鱼（Rudd，拉丁文名：Scardinius erythrophthalmus）看起来和拟鲤很相似，但它的体色更鲜艳一点，鳍为深红色，眼睛为鲜黄色且带有红色的斑点。但有些沙石矿坑池里的拟鲤的体色较深，鳍为橘黄色，与流动水域里的红眼鱼有着根本的不同。

另一个显著的区别是红眼鱼下唇明显地向外突出，这使得红眼鱼成为了典型的上层水域觅食鱼类，而拟鲤则相反，上唇突出。背鳍的位置也不同，红眼鱼的背鳍位于腹鳍后侧处，而拟鲤的背鳍和腹鳍的边缘处在同一个垂直线上。之所以难以识别红眼鱼是因为红眼鱼的杂交品种越来越多，以至于纯种红眼鱼越来越少。

许多红眼鱼和拟鲤的杂交品种几乎无法与纯种红眼鱼区分开来，人们也无法指出它们的区别。

分布

毫无疑问，红眼鱼是最漂亮的鱼之一，但遗憾的是其分布不是很广泛，一些盛产红眼鱼的水域也正逐渐消失。几乎在所有的水域里，只要有拟鲤的存在，红眼鱼就会变得非常少。只有在那些偏僻的农场湖里盛产上等的红眼鱼。如果能找到这样的水域，那么就抓住机会，相信你一定会收获颇丰。

▋体型

在大多数的有红眼鱼的水域里都生活着大群的小红眼鱼，体重有可能达到或超过 0.9 千克，较好一点的水域也可能达到 1.3 千克，这通常被认为是标本鱼。

▋习性和食性

在传统的盛产红眼鱼的水域里，红眼鱼主要以上层水域的食物为食，它们会将上层水域中各种类型的昆虫吞于腹中。它们在大水域里常常结成一个大群四处游动，同时它们又非常谨慎，常常远离河岸。在湖里垂钓时，可不断用鱼竿轻柔地探测周围的浅滩，直到红眼鱼群被惊吓，水面激起水花，然后在逆风处垂钓，装上浮饵，采用咬饵指示器或者浮漂开始垂钓。一旦受到惊吓，大红眼鱼便开始变得紧张起来，纷纷四处逃窜，在大红眼鱼逃离你的垂钓范围前你最多能钓到 2 ~ 3 条。

在一些比较舒适的水域里，白天大部分时间红眼鱼都用来晒太阳或者在浓密的草丛中觅食，天黑时才会冒险游到岸边去觅食。只有在阴暗多风的天气里，它们才会在风浪中游来游去，捕食蛹、蚊、蚋、蠓等类的幼虫。以前认为红眼鱼只在水面上觅食，其实它们只有在夏天才会在水面上觅食。

红眼鱼在沙石矿坑池中是底层觅食者，在冬天它会在很深的洞穴里觅食。这样我们就可以使用标准的垂钓策略对付它。片状的各种肉

⊙ 从沙石矿坑池钓到的一条漂亮的纯种红眼鱼

垂钓知识

垂钓季节

河流内从 6 月到来年 3 月，湖泊里全年可钓

食性

喜欢摄食水面上的昆虫、苍蝇和蛾。也进食水底的蛹、昆虫幼虫、水生昆虫和蚯蚓

垂钓技巧

在沙石矿坑池里红眼鱼能在任何一个水域深度觅食。使用轻钩，并安装上可以缓慢下沉的饵料，这样在饵料的下沉过程中很可能被红眼鱼截取

⊙ 在鱼繁殖最旺盛的水域之一，钓者钓到纯种红眼鱼的概率很高。

蛆的混合料就是最好的饵料之一。在沙石矿坑池中，经常可以见到一些小体型或者重达 0.9 千克的红眼鱼。

因此，钓大型的红眼鱼要在底层垂钓。值得推荐的方法是用死肉蛆或苍蝇蛹先喂饱那些小鱼，然后用 10 号的钓钩，装上 2 ~ 3 粒玉米或使用大块的片状饵作为饵料。

在所有的标本鱼中除了肉食性鱼类，大红眼鱼是中层水域中最贪食的鱼。如果深水湖或沙石矿坑池只有 6 米深，那么在 2.5 米

深的水下经常能发现红眼鱼。是否能够钓到大红眼鱼取决于放饵的深度是否恰当。一个比较笨的方法就是把装好浮性饵料的钓钩连接到一个水下投饵器上，并一同投掷出去，随后浮性饵料和吸引鱼的投饵料会一同从水底漂浮起来，这时你很可能钓到大型的红眼鱼。

丁鲹

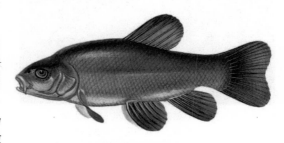

▌体貌特征

丁鲹（Tench，拉丁文名：Tinca tinca）为淡水鱼中最容易识别的鱼类之一。体色可由橄榄绿变为深青铜色，腹部非常光亮。丁鲹全身覆有细小的鳞片，与欧鳊不同，它可分泌大量的黏液，摸起来非常光滑。丁鲹的鳍呈圆形、桨状，雌雄很容易区分，雄性的腹鳍为杯状，根部有强健的肌肉。嘴角的两侧各有一根触须，眼睛为鲜红色。

▌分布

丁鲹主要生活在静水水域或流速缓慢的流河里，它们通常在黎明时分出没在睡莲边。它们喜欢在河岸尤其是那些芦苇丛生的岸边觅食，初夏时则喜欢待在阴凉处直到产完卵。丁鲹的产卵期比较晚，有时候要等到 7 月份，但与其他鱼类相比，产卵期晚并没有对它产生不利的影响。

▌体型

打破 20 世纪 60 年代以来丁鲹的体重纪录对许多钓者来说是梦寐以求的事情，因为这在当时是令人难以置信的纪录，从此会在淡水鱼垂钓中占据着独特的地位。3.8 千克的纪录曾经维持了相当长的时间，似乎不可能被打破，因为 2.2 千克重的丁鲹已非常少见，2.7 千克重的几乎就没有听说过。但现在，丁鲹的体重已经发生了巨大的变化，在任何一个季节，都有数以百计的超过 4 千克的丁鲹出现，甚至有些超过 4.4 千克。当前 6.4 千克的纪录也极可能被打破。随着水域的变化，已经很难精确地计算出丁鲹的平均体重。在一些比较好的水域里，钓者一般不关注 3 千克以下的丁鲹，这在以前

垂钓知识

垂钓季节

全年可垂钓，暖季为佳

食性

主要是在底层觅食蚯蚓、虾、小螺和河蚌

垂钓技巧

丁鲹喜欢出没于庄园湖边的睡莲周围。最佳的垂钓时机是在盛夏黎明时分，在睡莲周围使用沙蚕做饵料，再配上一个简单的羽毛管浮漂

几乎不可想象。

▌习性和食性

丁鲹有时在中层水域摄食，有时在上层水域，但它们主要还是在底层水域觅食，喜欢结集成群。它们通常捕食昆虫幼虫、软体水生动物、甲壳动物和蚯蚓，也摄食一些水生植物，尤其喜欢红蚯蚓。在软底的湖泊里，它们喜欢把嘴伸到淤泥中寻找食物，同时会吐出大片的水泡，我们可以借此判断出它的位置。丁鲹的鳃耙非常精细，摄食时产生的水泡小而独特，就像洗碗时候冒出的泡沫。在食物非常充裕的水域里面，它们具有很强的领地观念，觅食时间也比较固定。一般而言，黎明时分它们的食欲最旺，随着太阳的升起，食欲逐渐减弱。在黎明时分，大块的饵料都会被丁鲹毫无保留地吃掉，随着白天的到来，就连小饵料丁鲹都会非常谨慎地摄食。

沙石矿坑池的丁鲹几乎过着游牧的生活，

⊙ 图中为一条4千克重的丁鲹，显示了底层觅食鱼极具特色的嘴和其闪亮的眼睛。丁鲹的平均体重自从20世纪60年代以来飞速地增长，现在这么重的丁鲹已比较常见。

⊙ 使用肉蛆钓到的两条大丁鲹，每条超过4千克。丁鲹的食物范围很广，摄食颗粒料和沙蚕，大丁鲹尤其喜爱肉蛆。

觅食地分布得非常零散，甚至有时需要在几个地点间来回觅食。丁鲹摄食时间也很难预测，有时能够在炎热的正午钓到，而这在庄园湖里几乎是不可能的。在晚上很少能钓到丁鲹，而黎明是最有可能钓到丁鲹的时候。

丁鲹可食一般性的饵料，它们比较喜欢颗粒状饵料，如苍蝇蛹和大麻籽。肉蛆是钓丁鲹最好的饵料，如果钓单条丁鲹的话，使用大沙蚕做饵料是再好不过的了。

在夏季丁鲹繁殖旺盛，利于垂钓，而第一次霜冻之后，则开始变得困难。它们会变为半冬眠状态，除了在那些特别暖和的天气里，它们几乎不摄食。如果要在冬天垂钓，则要使用细小的饵料，因为这时候的丁鲹非常挑食。

梭鲈

▌体貌特征

梭鲈（Zander，拉丁文名：Stizostedion lucioperca）是鲈鱼家族中的一员，它有自己的品种特征，并不是杂交鱼。鱼体与河鲈一样呈流线型，其鳞片坚硬，有两个背鳍，靠前的一个背鳍带有尖刺。梭鲈的适应能力很强，眼睛很大，在光线很弱的环境里也能捕食。有些钓者称其一动不动的大眼睛是被催眠过的。一张庞大的嘴里镶满尖齿，在前部可以非常明显地看到两颗长长的尖牙，用来刺伤和咬紧猎物，正因为如此，梭鲈被称为水生世界里的"吸血鬼"。

⊙ 一条钓到的上等的梭鲈

▌分布

1870年以来，梭鲈被引入渔场养殖，而直到1963年，97种外来鱼被放入河里放生，梭鲈才开始大量繁殖，并深受钓者的喜欢。随着排水系统的延伸，梭鲈的分布区域猛增。直到现在，梭鲈的分布区仍然在不断扩散。那些发现有大型梭鲈的水域，以前都是非法的放养地。

体型

一般而言，大多数梭鲈体重为 0.9 ~ 3.6 千克，任何超过 4.5 千克的梭鲈都被认为是标本鱼。

习性和食性

梭鲈主要捕食各种

⊙ 钓者正在一条河流的岸边钓梭鲈。梭鲈通过眼睛来捕食，它喜欢摄食新鲜的淡水饵料。

垂钓知识

垂钓季节

河流里面为6月至来年3月，湖泊里面全年可垂钓

食性

鱼

垂钓技巧

梭鲈喜欢新鲜的淡水饵料，因此垂钓之前最好先钓一些小鱼作为新鲜饵料

⊙ 钓者正小心翼翼地为梭鲈解钩。

小鱼，最大的猎物能够达到 175 克重，尽管有时候梭鲈会被狗鱼所捕食。梭鲈为结群性捕食鱼，群里形体大小基本一致，发现小鱼群时，它们会一同快速地进行袭击。在渔场里生活的梭鲈有个明显的特征，因为害怕自身被其他鱼捕食，它们喜欢在密集鱼群中捕食以寻求对自身的保护，但事实上它们很少被其他猎食者发现。同其他的鱼一样，当梭鲈逐渐长大后会变得越来越独立。如果你准备去钓梭鲈的标本鱼，那么一开始请不要去钓小梭鲈，那是极不明智的。

梭鲈同河鲈一样不喜欢吃海水饵料，因此可以使用淡水活鱼或死鱼做饵料。死饵适合底层垂钓，活饵则适合在远离底层处垂钓。最好的死饵是用鳗鱼块做成的。梭鲈和河鲈很相似，它们很容易受到惊吓，所以当有梭鲈上钩后，不要忘记给其他梭鲈投喂饵料来吸引它们。

梭鲈的大眼睛显示出它有很强的捕猎能力，尤其是在光线弱的环境里面。梭鲈是夜间性觅食鱼，许多鱼都不适应在寒冷的夜晚出来觅食，而梭鲈则不然。它们非常喜欢褐色的洪水水域，会在那里待一整天并欢快地觅食。秋季的洪水期可谓最佳的梭鲈垂钓时机，这时它们刚从夏天的产卵期恢复过来，而且此时水温仍然相对较高。

当发现猎物时，梭鲈会聚集起来奔向猎物，可以明显地看到梭鲈群围集在周围，通常可以在桥边、静水水域的暗礁边、芦苇根丛中目睹这一壮观景象。

长嘴硬鳞鱼

长嘴硬鳞鱼（Garfish，拉丁文名：Belone belone），或者称"绿色骨头"，是体力很好并且非常活跃的一种鱼。它是热带飞鱼的"远房亲戚"，它上钩时经常表演"尾巴走路"的杂技绝活。它的身体类似被缩小了的剑鱼，头上长着长长的向外突出的鱼嘴，嘴里布满锋利的牙齿，重量一般不超过 0.68 千克。

长嘴硬鳞鱼身体又长又瘦，有着蓝绿色的背部以及银色的鱼腹，在成群的鲭鱼中经常可以看到长嘴硬鳞鱼的身影。长嘴硬鳞鱼是英国西南海岸在夏天常见的鱼种，它们经常在海水的浅层觅食，有时往往贴着海水表面。当它们上钩时，经常从水中跃起或者用力摇摆鱼尾试图挣脱钓钩。

垂钓知识

垂钓季节

　　4～10月

食性

　　主要在海水表层捕食，以小鱼为食，如小银鱼

垂钓技巧

　　用拉力值为2.72千克的轻型钓线和小浮漂，以小片鲭鱼做饵料，这将会让你领略长嘴硬鳞鱼上钩时矫健的身姿

对初学者来说，长嘴硬鳞鱼是比较容易钓到的，可以尝试在码头用轻型浮竿钓到。它也可以作为鲭鱼存在的指示标，因为只要有长嘴硬鳞鱼出现，那么鲭鱼也定会出现。

海鳗

海鳗（Conger Eel，拉丁文名：Conger conger）体形硕大，但却是一种胆小的海洋鱼类，它们一旦觉察到危险的来临就会逃之夭夭。海鳗充满了好奇心，经常离开自己的巢穴出去觅食。海鳗也是一种矫健有力的鱼，一旦上钩，会用身体死死地拽住海底的任何物体，来抵抗钓线的拉力。

海鳗的体色取决于它所生活的水域水质和深度。大多数海鳗有着深烟灰色的背部和浅银黄色的腹部，在深水中海鳗的背鳍边缘是深黑色的。它的牙齿深深地埋在下颌中，几乎看不见，但下颌力气非常大。海鳗喜欢用它有力的双颌紧紧地咬住捕获的猎物，然后再放到嘴里咀嚼。它们喜欢在中层水域活动，但在捕食时通常会停留在海底，以小鱼为食。大多数大海鳗是钓者乘船在深海区的沉船残骸附近钓到的。海鳗一生只产一次卵。一条海鳗可以产1500万枚卵，这些卵会随着北大西洋洋流缓慢地流向大陆架。

垂钓知识

垂钓季节

　　全年可钓，6～10月是黄金时期

食性

　　小型鱼种，如条鳕、鲷鱼、普通龙虾、鱿鱼和章鱼

垂钓技巧

　　整条新鲜的鲭鱼制成的饵料是海鳗最喜欢的饵料

大型海鳗生活在沉船残骸附近或者多岩石地貌的海域，因此商业捕鱼对海鳗的总贮存量基本上没什么影响。生活在这些海域的重量超过45.36千克的大海鳗也是相对安全的，很少有被捕杀的危险。海滩边钓到的海鳗体型要小得多，通常于夜晚时在多岩石地貌的海域或者岩石海岸能钓到。晚上海鳗会游到近海来觅食，因为近海有丰富的食物，这正是吸引它们的地方。

条鳕

条鳕（Pouting，拉丁文名：Gadus luscus）有时叫作"围兜鱼"，是鳕鱼家族的一员，是一种令海钓者比较头痛的鱼种，因为这种鱼经常咬钩后逃走。这种鱼的体型一般不是很大，在海边钓到的此类鱼其平均重量在 0.45 千克以下。在船上垂钓可以钓到较大的种类，假如可以钓到重量在 1.3 千克左右的，那么就可以称得上是佳品了。

和其他鳕鱼一样，条鳕的下颚上也有小触须，不过要比大头鳕的小一些。其鱼体从鱼头后面到鱼尾都泛着粉红色的光泽，背部呈深铜色。腹部呈乳白色，胸鳍的底部有一黑色的斑点。一旦离开水，它那粉红的光泽会消失殆尽，而被黄铜色所取代。条鳕在深冬或早春产卵，鱼卵在 2 周左右的时间内孵化。小型条鳕喜欢生活在沙滩边或者岩石地貌的海岸边。有时为了觅食也会游到江河入海口。大型条鳕则生

垂钓知识

垂钓季节

全年可钓

食性

小虾，螃蟹，贝壳类，沙蚕，鱿鱼

垂钓技巧

使用短的钓线，因为条鳕喜欢在海潮中打转，容易使钓线打结

活在沉船残骸附近的海域或者多岩石地貌海域。一旦被抓住，条鳕的鱼鳞容易粘在钓者的手和衣服上，很难去除。

条鳕是钓一些大型鱼的最佳饵料，如大头鳕、海鳗和海鲈。每年有成千上万的条鳕被捕捞上来，做成鱼粉和肥料。

大头鳕

大头鳕（Cod，拉丁文名:Gadus morrhua）有着一张大嘴，以对食物"来者不拒"而著称。它长着圆圆的大肚子和圆柱状的身体，所以并不是很活跃好斗的鱼种。大头鳕体色多样，但主要以绿棕色和橄榄灰色为主，通常有淡淡的大理石花纹，或者在侧面和背部有很多斑点。上颚比下颚要长，所以整张嘴是向外凸出的，在嘴的下侧有很大的触须。大头鳕喜欢生活在深水区，喜欢以海底生物为食。

在近海岸处，大头鳕为了寻找食物会游到有大礁石的地貌复杂的海域，或者水位比较高时在鹅卵石地貌的海域觅食。而船钓者则可以在深海区的沉船残骸附近海域钓到大头鳕。大头鳕就像海里的清道夫，它们基本上把所有能找到的食物往嘴里送，如沙蚕、虾、小比目鱼、

垂钓知识

垂钓季节

全年或者10月至来年2月

食性

蚯蚓、虾、螃蟹、鱿鱼、乌贼、小比目鱼等

垂钓技巧

使用现代的双股尼龙钓线会使船钓更容易，这样钓线不会太紧，鱼咬钩就更显而易见，而且钓者手感比较好。这就可以使钓者较早地发现鱼咬钩的情况

蟹、鱿鱼和乌贼。大头鳕可以用金属管假饵或者其他人工假饵为饵料钓到。

翅鲨

翅鲨（Tope，拉丁文名：Galeorhinus galeus）是鲨鱼家族的一员，以顽固好斗著称。和大鲨鱼不同，翅鲨在海底觅食，生活在平坦的、布满沙砾的海底。人们有时会将翅鲨和星鲨混淆。二者最重要的区别是翅鲨的背部没有白色的斑点，但拥有锯齿状的锋利牙齿，而星鲨却没有。翅鲨与大鲨鱼的体形相似，但是体型要小得多。翅鲨身体圆滑，背部和侧翼呈灰棕色，腹部为白色。在头的后面，胸鳍附近两侧各有 5 片鳃裂。雌鱼和雄鱼可以通过对鳍的观察来分辨。雄鱼在臀鳍旁有肉质丰满的附属肢体，称为鳍脚，这是雌鱼所没有的。雌鱼每次产卵 20 枚左右，有时多达 50 枚。翅鲨的眼睛非常精巧，它有着"第 3 张眼皮"———一张独立的被膜，可以覆盖翅鲨的整个眼球，驱除杂物，净化眼睛，捕食时对其眼睛进行保护。

船钓捕获的翅鲨平均重量为 18 千克。然而

垂钓知识

垂钓季节

5～10月，尤其是6月和7月

食性

以众多海底生物为食，如海星、龙虾。主要以小鳕鱼、牙鳕、比目鱼和条鳕为食

垂钓技巧

鲭鱼和新鲜的海鳗是最佳饵料

体重超过 31 千克的翅鲨也不在少数，而且翅鲨上钩后是非常好斗和强悍的，这给垂钓带来了难度。滩钓捕获的翅鲨要小一些，体重大约 9 千克，它们在浅滩以小比目鱼为食。翅鲨的标本鱼生活在深海区。由于翅鲨好斗，许多钓者在钓到翅鲨后经常又让它逃掉。

海鲈

海鲈（Bass，拉丁文名：Dicentrarchus labrax）是鲈鱼家族的一员，它全身覆盖着银蓝色的小而硬的鱼鳞，使它熠熠生辉，非常醒目。它有着强健的流线型鱼体。作为掠食性鱼类，海鲈经常以极快的速度追捕猎物。海鲈体色各异，看起来与鲻鱼很像，但是海鲈背鳍有长而尖的刺和硬鳃盖，凭这两点就很容易和其他鱼类区别开来。

通常可在入海口钓到小海鲈，它们经常随着上涨的潮水游到上游水域，甚至淡水区。随着潮水退去，海鲈又会随之游回大海中，尽情地享用退潮带来的丰富的海洋生物。近十几年来，由于商业捕鱼者的过度捕捞，海鲈的数量锐减，现如今在海滩边上已经不太可能钓到大海鲈了。虽然偶尔还能钓到大海鲈，但是钓者最好选择乘船去海上垂钓。体型较大的海鲈喜欢生活在幽静的深海中，但是在暴风雨的天气里，海鲈

垂钓知识

垂钓季节

5～10月(如果天气较暖的话垂钓期可以更长)

食性

甲壳类、小虾、毛背鱼。大海鲈是肉食动物，主要以鲱鱼、鱿鱼、蟹和鲭鱼为食，偶尔以海鳟为食

垂钓技巧

以活毛背鱼为饵，用小铅坠，如带裂口的小炸弹坠或穿孔子弹坠，这样重型的铅坠可以允许毛背鱼自由自在地在水中游动，自然就可以让海鲈上钩了

会游到近海的礁石和暴风侵袭过的海岸觅食。在恶劣的天气里，汹涌的海浪会把躲在洞里的竹蛏和蟹冲出来，这正是海鲈最鲜美的食物。

巴蓝隆头鱼

巴蓝隆头鱼（Ballan Wrasse，拉丁文名：Labrus bergylta）是隆头鱼家族体型最大、最常见的鱼。巴蓝隆头鱼有着结实强健的体格，它那大而长的背鳍从头后面开始一直延伸到尾部。位于背部正中央的背鳍部分有 20 根放射状的锋利鳍刺，对此钓者要多加小心，谨慎处理。它的双颌强而有力，并且有着富有弹性的鱼唇及锋利的牙齿。它的牙齿非常锋利，可以轻松地把贝壳类海洋生物坚固的甲壳咬碎，把里面的肉剥离出来，使之成为它的口中餐。它那亮白的像钉子一样坚固锋利的牙齿赋予了它随意撕裂猎物的能力。在巴蓝隆头鱼的嘴后部还有另外一副牙齿，位于咽部，可以帮助巴蓝隆头鱼在吞咽时进一步研磨食物。巴蓝隆头鱼的体色因其生活地点的不同而不同。

巴蓝隆头鱼体色丰富而多变，这给初学者正确地识别它带来了困难。总的来说，巴蓝隆头鱼体表呈绿棕色，腹部为微红色或者亮橘色。

巴蓝隆头鱼的平均体重在 0.9 ~ 1.3 千克

垂钓知识

垂钓季节

4~10月

食性

帽贝、普通贻贝、螃蟹以及其他甲壳类和软体动物

垂钓技巧

尝试浮钓的方法，或者以硬壳的小沙滩蟹为饵沉底钓，很快就会有动静。这种小沙滩蟹可以在垂钓地点附近的大石头下或杂草附近寻找，大小在2.5厘米左右

之间，对于海钓者来说重量为 3.1 千克的巴蓝隆头鱼可能一生中只能碰上一次。大巴蓝隆头鱼生活在礁岩地貌复杂且沟涧纵横的深海区。在茂盛的海草和海藻的庇护下，巴蓝隆头鱼可以随意地捕获甲壳类海洋生物如蟹、龙虾。小巴蓝隆头鱼经常在防浪堤和码头附近钓到，而且钓起来比较容易，钓巴蓝隆头鱼给很多海钓初学者带来了乐趣。

牙鳕

牙鳕（Whiting，拉丁文名：Merlangius merlangus）是鳕鱼家族的成员之一，也是最常见的鱼种之一。整个冬天，你都可以在海岸边钓到牙鳕。牙鳕体型较小，一般不会长到很大。只要看过牙鳕锋利的牙齿，你就可以知道牙鳕是名副其实的食肉动物。牙鳕的上颌向外凸，嘴里有着小而密的锋利牙齿用来捕食海里的小鱼。牙鳕体色鲜亮，有时初学者容易把它与条鳕混淆。牙鳕背部呈棕色，通常泛着粉红色的光泽，还有银的侧翼和白色的腹部。牙鳕在 3 ~ 6 月产卵，大一点的雌鱼可以产上万枚卵。鱼苗长得很快，2 年就可以达到原来的 2 倍，在第 4 年就可达到 45 厘米长。

垂钓知识

垂钓季节

8月至来年1月

食性

任何一种小鱼，特别是鲱鱼

垂钓技巧

鲭鱼条是船钓的最佳饵料。沙蚕与鱿鱼条或者鲭鱼条制成的混合饵料是滩钓的最佳饵料

牙鳕可以在海岸边的浅水区大量捕获，因为它们喜欢生活在这个海域。船钓捕获的牙鳕

数量上要少得多，但是体型较大，有时重量可达 1.3 千克以上。在每年的 8 月底牙鳕会游到近海来捕食，这是垂钓牙鳕的大好时机。在这个时候，深夜潮位比较高，在海滩边或者码头垂钓就可以满载而归了。冬天时，浅滩、沙滩和海湾是最好的垂钓地点。

黑鳕

黑鳕（Coalfish，拉丁文名：Pollachius virens）生活在苏格兰海域，被称为"绿青鳕"，是鳕鱼家族的成员之一。与绿鳕较为相似，这两种鱼经常被混淆。它们最大的区别在于绿鳕的下颚凸出而且长有触须，而黑鳕没有。在黑鳕侧翼颜色很深的底色上有一条闪亮的白色侧线，这与绿鳕是不同的。和其他海鱼一样，黑鳕的体色随着生活的海水层不同而深浅不一。海滩边钓到的黑鳕通常来自相对较浅的水域，因此鱼体呈现闪亮的银光，并且全身呈闪亮的金绿色，腹部是乳白色的。深水区的黑鳕呈灰绿色，腹部是灰白色的。它们是非常活跃的捕食者，经常成群地捕捉小鱼。有时它们会游到食物供应丰富的海域觅食，这些食物包括鲱鱼、银鱼等；

垂钓知识

垂钓季节

9 月至来年 3 月

食性

任何一种小鱼，特别是鲱鱼和小银鱼

垂钓技巧

鳗鱼块是钓黑鳕的绝佳饵料

此外，黑鳕喜欢在 5 月里捕食小鳟鱼。

在深海区的沉船残骸附近，钓者用不同的饵料能钓到体型较大的黑鳕。天黑时，人们经常可以在近海的岩礁边钓到小黑鳕。

鳕鱼

鳕鱼（Ling，拉丁文名：Molva molva）是鳕鱼家族中体型最大且数量最多的成员。它的体重可高达 36.3 千克，通常可以钓到的鳕鱼在 4～22 千克之间。鳕鱼是一种深水鱼，它的身体外形与海鳗相似，但是要更长一些，长度通常可以达到 1.83 米。鳕鱼是一种肉食性的捕食者，它锋利的牙齿可以吞食各种小型鱼和各类饵料。和大头鳕一样，鳕鱼在下颚处有一根触须。它修长的身体包裹着一层黏液，这层黏液像一层保护膜，能防止鳕鱼感染各种疾病。鳕鱼的体色多数为灰棕色，腹侧呈乳白色。

大多数鳕鱼是被船钓者钓到的，一部分鳕鱼会在礁石较多而海水又较深的海滩被钓到。在海滩边美丽的夜晚，人们曾经钓到过重达

垂钓知识

垂钓季节

全年可钓

食性

小型鱼种，如鲱鱼、比目鱼、幼鳕和条鳕

垂钓技巧

用大金属管假饵在深海区的沉船残骸附近垂钓

9.07 千克的鳕鱼。鳕鱼以各类小型鱼为食，钓鳕鱼的最佳饵料莫过于幼鳕和条鳕了。对海钓初学者来说，鳕鱼为乘船出海的钓者增添了不少垂钓乐趣，因为鳕鱼比较容易钓到。钓鳕鱼的最佳饵料是一个大大的金属管假饵。

牙鲆

牙鲆（Flounder，拉丁文名：Platichthys flesus）是非常受人喜爱的鱼种，通常在溪流中和入海处被钓到，是比目鱼家族的一员。它的侧翼有一条从头至尾的侧线，侧线周围是许多粗糙的凸起，这是辨认牙鲆的标志。牙鲆的背部体色较深，头和嘴很大，与侧线附近的粗糙体表不同，牙鲆背部是光滑的。牙鲆在水质较咸的水域中生活，通常在海水和淡水汇合处可钓到。

牙鲆的个头并不大，多数被捕获的牙鲆重量在 0.9～1.3 千克之间。用轻型钓具钓牙鲆是一种非常有趣的休闲运动，而且钓起来相对简单。其最重可达 2.7 千克，标准的牙鲆在 1.8 千克左右。牙鲆全年都可以钓到，最佳垂钓季节是冬季。它们在其他鱼类不常觅食的季节尤其是气候极其寒冷时觅食。当夏季来临时，它们离开江河的入海口，返回到浩瀚的大海中产卵。它们喜欢在泥泞或者多沙的河床底部安家，

垂钓知识

垂钓季节

全年可钓，尤其是冬季

食性

甲壳类、沙蚕、蚶子、小螃蟹

垂钓技巧

在距离钓钩约 15 厘米的钓线处系一条匙状的假牙鲆饵料可以吸引牙鲆来咬钩

在海岸附近的江河入海口、由退潮而形成的水槽中或者雨水沟中栖息。毫无疑问，钓牙鲆的最佳饵料莫过于去壳蟹。在爱尔兰附近沿海的暴风海岸，当人们用去壳蟹钓海鲈时，可以意外地钓到较大的牙鲆。

黄盖鲽

黄盖鲽（Dab，拉丁文名：Pleuronectes limanda）是比目鱼家族中体型最小的鱼种。它的长度很少有超过 30 厘米的。黄盖鲽的体色是和黄沙一样的棕黄色，腹部是乳白色的。初次垂钓的钓者经常把黄盖鲽误认为小欧鲽。辨认黄盖鲽的一个比较快速的方法就是查看黄盖鲽体侧顶部的侧线。仔细观察黄盖鲽的侧线，你可以发现侧线从鱼鳃盖口的鱼头部起始，起始段稍稍向上弯曲，而后走直线直到尾部。而欧鲽的侧线从鱼头鳃盖处起始一直到尾部，整条都是笔直的。另外一种辨认方法是用手指从头至尾触摸这两种鱼的背部。黄盖鲽摸上去体表较粗糙而欧鲽的要光滑些。黄盖鲽刚出生时体形是圆的，随着它的不断生长，其左侧的眼球逐渐从鱼

垂钓知识

垂钓季节

3～8 月

食性

蟹、沙蚕、鱼苗、软体动物以及几种海草和藻类

垂钓技巧

因为黄盖鲽的嘴较小，用小型的钓钩和小型的饵料来钓黄盖鲽最好。许多钓者用短柄的 6 号淡水鲤钓钩

头的左侧移动到右侧。黄盖鲽经常以左侧面贴地躺在海床上，这样不会影响到它的视线。在视野开阔的沙滩垂钓时，你很有可能钓到黄盖鲽。

欧鲽

因为容易辨认，欧鲽（Plaice，拉丁文名：Pleuronectes platessa）可能是比目鱼家族里最常见的鱼种了。欧鲽的体色随着生活海域深度的不同而稍有不同。然而，欧鲽有着醒目的识别标志，典型的欧鲽有深棕色的背部，全身长着橘黄色或者猩红色的斑点。和其他的比目鱼一样，欧鲽的眼睛长在整条鱼的最前方，这个特殊的位置使欧鲽平躺在海底时拥有开阔的视野。雌欧鲽在每年的1月和2月产卵，每次大约能产25万枚。

欧鲽的体型不会长得很大，一条2千克的欧鲽可以算是很珍贵的标本鱼了。海底铺有细沙和鹅卵石的海域是欧鲽的最佳垂钓地点。欧鲽经常出没在小型贻贝大量繁殖的区域，因为这些小型贻贝是欧鲽的主要食物。许多较大的欧鲽是船钓者在海水很深的沙滩边钓到的，但是欧鲽有时也会冒险游到近海，尤其是冬天。钓者可以尝试去海岸垂钓。几乎所有的饵

垂钓知识

垂钓季节

2～9月末

食性

多数甲壳类，如竹蛏、贻贝和鸟蛤。欧鲽有力的嘴巴可以咬碎、研磨贝壳，从而吃到贝壳里的肉。欧鲽同时也以多种沙蚕为食

垂钓技巧

在钓钩上加上6个左右闪亮的、彩色的串珠或者金属薄片可以吸引欧鲽上钩。因为和其他比目鱼一样，欧鲽的好奇心是非常强的

料都会吸引欧鲽来咬钩，沙蚕和鱿鱼制成的混合饵料是欧鲽最喜欢的饵料。

绿鳕

绿鳕（Pollack，拉丁文名：Pollachius pollachius）是在用轻型钓具垂钓时，表现非常活跃、非常顽强的一种鱼类。绿鳕有着顽强搏斗的能力，当它们上钩时会拼命地挣扎，企图挣断钓线逃跑，因此钓绿鳕要经历令人心跳加速的搏斗场面。作为鳕鱼家族的一员，绿鳕与鳕鱼家族的其他成员经常被混淆。事实上，绿鳕很容易辨认，因为绿鳕有着明显凸出的下巴。它那凸出的下巴使绿鳕能成功地捕捉到游到它身体下方的猎物，并且有把猎物撕裂的能力。体色是把绿鳕与其他鳕鱼家族成员区分开来的另外一种方法。绿鳕的体色是绿棕色的，边上有一条颜色很深的侧线，而和它同属鳕鱼家族的黑鳕的

垂钓知识

垂钓季节

全年可钓

食性

小螃蟹、巴蓝隆头鱼、毛背鱼、鳕鱼和对虾

垂钓技巧

用人工鳗鱼为饵，用轻型的钓具在沉船残骸附近垂钓最佳。把挂有鳗鱼的长4.6米的钓线抛向海床，当绿鳕上钩时要以一定的速度缓慢地把钓线往回收。如果感觉绿鳕正咬住饵料并试图吞下饵料逃脱的话，不要停止收钓线，直到钓钩深深地扎入绿鳕嘴中

体色则是蓝黑色。绿鳕的尾鳍是方形的，而黑鳕的尾鳍是刀叉形的。绿鳕是一种强壮的、游动速度很快的鱼种。作为掠食性鱼种，绿鳕游动速度相当快，这使它能有效地捕捉到猎物。绿鳕在多岩石地貌的海域生活，但是较大的绿鳕通常在深海区生活。一旦气候开始变暖，较小的绿鳕会冒险游到浅水区觅食，尤其是黄昏后。绿鳕在每年的年初产卵，时间通常在 3 ~ 4 月底。

在海边钓到的绿鳕体重很少有超过 1.36 千克的。假如你想要钓体型较大的绿鳕，那么就需要到深海区的沉船残骸附近海域垂钓。在这种海域体重在 5 ~ 7 千克的绿鳕成群结队地生活着。用鳗鱼块做饵料就可以钓到这种绿鳕。

对初学垂钓的人们来说，较小的绿鳕是值得一钓的鱼种，在美丽的海港之夜，用浮漂钓法来垂钓绿鳕不失为一种很好的休闲方式。

蓝鲨

蓝鲨（Blue Shark，拉丁文名：Prionace glauca）是鲨鱼家族的成员。之所以叫蓝鲨是因为它有深蓝色的背部和浅蓝色的侧腹部。但是一旦蓝鲨被人们从海里捕上岸，杀死以后，它那外皮的蓝色就会褪去，逐渐变成暗灰色。蓝鲨是贪婪的肉食者，有时甚至会攻击在海边游泳的人们。

蓝鲨可以长到超过 3.66 米，人们曾经捕获到重量超过 90.72 千克的蓝鲨。有证据表明蓝鲨可以长得更大更长，总的来说，在海洋里更常见重量在 21 ~ 31.75 千克的蓝鲨，也易于捕获。对初学海钓的人们来说，重量在这个范围内的蓝鲨是最好的尝试对象。

像鲨鱼的其他种类一样，蓝鲨的眼睛后面有一个喷水孔，这个喷水孔与蓝鲨的鱼鳃相连接，是蓝鲨呼吸系统的控制器。蓝鲨体内没有鱼鳔，它们通过调节体腔内水容量的多少来控制身体的沉浮。

垂钓知识

垂钓季节
5 ~ 10 月

食性
小型鱼类，其中鲭鱼和鲱鱼是两种典型的食物

垂钓技巧
钓鲨鱼时，不要光钓鲨鱼，可以钓鲭鱼等其他鱼类。因为钓其他鱼类的同时可以吸引鲨鱼游到船只附近

蓝鲨好动，它们在汪洋大海中悠闲地游来游去。在遍布礁石、峭壁林立的海岸的深水区中，可以发现蓝鲨的踪迹。哪里有丰富的食物供给（即有小型鱼类大量生活的地方），哪里就有蓝鲨出没。在温暖的季节里，蓝鲨也会冒险游到海岸边来追捕它们的猎物。

团扇鳐

团扇鳐（Thornback Ray，拉丁文名：Raja clavata）可以说是鳐类里最常见、分布最广、最常钓到的鱼种。团扇鳐以它那长在尾部和双翼的成排棘刺而得名。团扇鳐的嘴位于鱼身下侧，这种结构使团扇鳐在海底游动时能把它所喜欢的食物摄入口中，然后再送入锋利的牙齿间研磨咀嚼，它的牙齿锋利而有力，足以咬碎贝类和海中的软体动物。尽管团扇鳐的眼睛位于头顶，但是它的视力极弱，幸运的是团扇鳐

垂钓季节

3～10月末

食性

作为肉食者，喜欢小型鱼类，如小比目鱼、毛背鱼、鲱鱼、西鲱和甲壳类

垂钓技巧

一块新鲜的鲱鱼肉是团扇鳐的最佳饵料。随着夏季降临，新鲜的去壳蟹则成了最合适的饵料

体内有一个雷达系统。这个雷达系统是由电磁波和一系列的震动系统驱动的，团扇鳐依靠这个雷达系统感知周边的环境。在其眼睛后面有两个小孔，称为通气孔或者"气门"。团扇鳐

的体色由它生活的海底环境决定。成年团扇鳐通常呈较浅的棕黄色，全身布满了成片的黑色斑点。从身体后方的皮肤上一直延伸至整个尾部通常有棕红色的色素斑。团扇鳐不常在深海区出没，它生活在海底是沙子或者泥浆的近海海域中。团扇鳐是船钓者驾着游艇出游时的一种绝佳猎物，也是钓者在近海垂钓的绝佳选择。钓团扇鳐时，需要耐心地等待团扇鳐来咬钩，并且直到它咬紧以后再拉竿，然后将它捕获。

一般来说，被钓上来的团扇鳐体型不是很大。一条6.8千克重的团扇鳐是会令人惊讶的，超过这个体重的团扇鳐一般都是雌鱼。团扇鳐经常在江河入海口附近海域出没，有时甚至会游到江河入海口来寻找它们喜爱的食物，如毛背鱼。

厚唇鲻鱼

当钓者外出钓鱼时，在海边最有可能钓到3种鲻鱼，它们分别是金灰色的鲻鱼、薄唇鲻鱼和最常见的厚唇鲻鱼（Thick-lipped Mullet，拉丁文名：Chelon labrosus）。厚唇鲻鱼的幼鱼容易与海鲈混淆，但它们之间有一些区别有助于你准确地辨别它们。鲻鱼全身都布满了鱼鳞，甚至在鳃盖上也有，这点与海鲈是完全不同的。

人们还可以通过数鲻鱼身上的鱼鳞与鱼鳞之间的一条条分界线来确定一条成年鲻鱼的年龄。厚唇鲻鱼的整个背部是深灰色的，而腹部是白色的。从厚唇鲻鱼的名字来看，我们不难猜出它有着一对很厚的嘴唇，但是令人难以置信的是厚唇鲻鱼很少咬钩，而且即使咬钩以后，也很容易脱钩，这是因为鲻鱼的嘴唇很柔软。尽管鲻鱼是一种性情羞怯、聪明的鱼种，且经常会无视钓者的饵料，但钓者还是可以想办法钓到鲻鱼的。钓到鲻鱼以后，钓者可以看到鲻鱼的嘴唇相当粗糙。

厚唇鲻鱼在浅滩中活动，以甲壳类生物和海洋植物为食。它们的牙齿并不发达，所以它

垂钓季节

4～10月

食性

主要以海洋植物、小型甲壳类生物和海藻为食

垂钓技巧

在洋葱制成的小袋子里装入面包屑，然后慢慢地把袋子放到防浪堤旁，这样可以把海里的鲻鱼吸引到海面上。用轻型的钓具配以面包薄片为饵料是垂钓鲻鱼的最佳方法

们只能把食物吞进胃里消化分解。厚唇鲻鱼经常出没在近海，夏天，它们会出现在海港和江河入海口。如果在温暖的时节来到海港，你将可以看见厚唇鲻鱼就在海面附近悠闲地觅食，或者觅食渔船下面的残羹冷炙。由于厚唇鲻鱼能忍受有咸味的水质，因此经常在河流的下游以及江河的入海口处被钓到。

大西洋鳐

大西洋鳐（Common Skate，拉丁文名：Raja batis）属于鳐鱼家族，鳐鱼家族中有3种鳐对钓者来说意义重大，分别是白鳐、长鼻鳐和大西洋鳐。由于大西洋鳐刚从海里捕捞上来时，体色通常是灰蓝色的，因此有时被称为青鳐或者灰鳐。大西洋鳐的头顶通常是深绿棕色的，而腹部则呈灰白色，散布着圆孔状的斑点，背部则布满了金色的斑点和粉红色的条带状花纹。整个鱼体像一块宝石，身体前端近似于铲头。和其他鳐类一样，大西洋鳐的眼后有两个大通气孔，大西洋鳐用这两个通气孔呼吸。因为当水进入大西洋鳐的嘴巴后，每一次呼吸就意味着满嘴的泥沙要从嘴巴滤过，如果没有这两个通气孔，大西洋鳐将无法存活。

大西洋鳐通常能长很大，体长可达2.44米，生活在深达183米的深海中。人们曾捕到过重达68千克的大西洋鳐，甚至有更重的。很多钓者为了保护大西洋鳐这种珍稀的海洋生物，会把他们煞费苦心钓到的大西洋鳐放生。在多沙

垂钓知识

垂钓季节

5~10月，9月是一年中最好的垂钓时节

食性

角鲨和小型的鳐鱼是大西洋鳐的主要食物，小比目鱼、食用蟹和海星也是大西洋鳐喜欢的食物

垂钓技巧

用很大的饵料来钓大西洋鳐如3条鲭鱼或者1.8千克重的绿鳕

或者多泥的海底生活着大型的大西洋鳐，它们喜欢把身体半隐半露地藏在海床上度过一天中的大多数时光。这种多沙或者多泥的海床是大西洋鳐捕食猎物的自然屏障。小型的大西洋鳐则生活在较浅的海域中。

鲭鱼

鲭鱼（Mackerel，拉丁文名：Scomber scombrus）是最好斗、最活泼的海洋鱼种之一。鲭鱼的外形酷似它的近亲金枪鱼，有着惊人的速度和力量。鲭鱼的头尖尖的，身体圆滑纤细，酷似鱼雷。它的尾巴很大，呈刀叉状。鲭鱼的体色非常有特点，背部是海军蓝的，并且有一条条黑色的柱状条纹。一旦离开它生活的水域，鲭鱼体色很快就会变成暗淡的灰色。它那白色的侧翼和腹部被一层银色的、粉红的、金色的或者蓝色的薄膜覆盖着，这层薄膜在阳光下闪闪发光，就像彩虹一样。

鲭鱼几乎把时间都用在寻找它们喜欢的食物——鱼苗和毛背鱼上，一旦发现猎物，它们

垂钓知识

垂钓季节

4~10月，其中6月和7月是在海滩垂钓鲭鱼的黄金时节

食性

浮游生物、鱿鱼、小鲱鱼、银鱼、毛背鱼以及其他小鱼苗

垂钓技巧

当用浮钓法钓鱼时，要把饵料放得浅一些，把饵料定位在1.22米左右的水域或者更浅的水层。因为鲭鱼大多数时间都在靠近海面的水层追逐鱼苗

会以相当快的速度张着嘴迎头向猎物冲过去，然后扭动，转弯，直到把它们的猎物吞进嘴里为止。

人们经常用羽毛状假饵或者用浮钓法来钓鲭鱼。鲭鱼喜欢成群活动，因此可以成批量地捕到。我们可以这样认为，鲭鱼是从不停止游动的。而且因为它们总在游动，所以可以使更多的水经过它的鳃，这使它们的呼吸更加顺畅，

保证了鲭鱼能快速地在水中活动。鲭鱼在每年的 1～6 月产卵，且生长非常缓慢。据说重达 0.45 千克的鲭鱼就已经有 8 岁了。在寒冷的冬天，鲭鱼会游向更深、更温暖的海域。当春天来临时，它们又会游回浅水区。在炎热的夏天，人们经常能在海上看到一群群大鲭鱼在追逐小鲱鱼或者毛背鱼。

猫鲨

猫鲨（Lesser-spotted Dogfish，拉丁文名：Scyllium canicula）是狗鲨家族最常见的鱼种。它是鲨鱼家族的成员之一，尽管与大鲨鱼有着相似的外表，但是猫鲨的体型要小得多。由于猫鲨有着沙皮纸一样的外皮，因此通常被称为"粗暴的猎犬"。对于初学垂钓的人来说，猫鲨是很容易识别的，因为它的背上和腹侧有一些棕色斑点。猫鲨的背部是橘黄褐色的，腹部是乳白色的，这使它与其近亲黄貂鲨相区别。相比之下，黄貂鲨的斑点要大一些。此外，这两种鱼的鼻部鳃盖位置也有所不同。黄貂鲨的鼻部鳃盖是不相连的，位置在鱼嘴的上部，而猫鲨的鼻部鳃盖是不相连的，而且几乎与鱼嘴相连。猫鲨的视力很差，它们依靠灵敏的嗅觉来追捕猎物。猫鲨的牙齿细小而锋利，可以轻易地咬住并撕裂猎物。

在海滩边和船上都可以钓到猫鲨，它们在

垂钓知识

垂钓季节
　　4～11 月

食性
　　螃蟹、龙虾、小虾、对虾、毛背鱼和小比目鱼

垂钓技巧
　　用锚钩的念珠式钓线，2/0 号海钩，以鲭鱼或者毛背鱼做饵料是钓猫鲨的最佳方法

有沙砾的海域生活。一旦猫鲨钓上来以后，从抄网中取出来时，很难被钓者抓住，而且钓者的手很容易被它那粗糙的外皮刮伤。正确方法是握住猫鲨的头后部，把它的尾巴提起来一起握住，这样就可以使猫鲨安静下来了。猫鲨有一副软骨骨架，而不是普通的骨质骨架，用上述方法可以抓住猫鲨又不至于弄伤猫鲨。

大菱鲆

大菱鲆（Turbot，拉丁文名：Scophthalmus maximus）是比目鱼家族中最珍贵的鱼种之一，而且是钓者餐桌上最美味的菜肴之一。不管在外形上还是习性上，它与滑菱鲆都很相似。可以通过这两种鱼的体形，对它们加以识别，因为大菱鲆的体形要圆得多。另外一种辨别依据是根据尾鳍上的鳍刺的数目。大菱鲆的尾鳍上

大约有 46 根鳍刺，而滑菱鲆大约有 60 来根鳍刺，而且滑菱鲆的尾鳍要大一些。大菱鲆的体色与周围海域的环境相一致，头部通常是浅棕

色或者沙色。

大菱鲆有着如同大理石表面一样的光亮表皮，当大菱鲆半遮半掩地藏身于多沙的海底时，它俨然成了一个伪装和隐藏自己的能手。当大菱鲆的下颚完全伸展时，它的大嘴可以装得下整条小鱼。大菱鲆的牙齿相当锋利，可以轻易嚼碎食物。大菱鲆在每年的 3 ~ 6 月产卵，一条雌大菱鲆可以产大约产 1 000 万枚卵，鱼卵直径大约 1 毫米。

大菱鲆喜欢生活在有丰富食物的多沙的海湾，或者有沙滩斜坡的较浅的水域。大菱鲆也出没在江河入海口附近以及许多深海区的沉船残骸附近。大菱鲆的重量可达 13 千克。对钓者来说，当大菱鲆被轻型的钓具钓住时，是非

垂钓知识
垂钓季节 5~10 月末
食性 小虾、毛背鱼、西鲱、牙鳕和小比目鱼
垂钓技巧 用 2.44~3.66 米的长钓线，以毛背鱼和鲱鱼条为饵料

常好斗、难以对付的。在有沙滩斜坡的水域中，一旦海水开始涨潮，用饵料在沙质的海床上漂移，那么大菱鲆就会来追逐饵料，从而上钩。它们会先追着漂移的饵料游动一段距离，然后再靠近饵料来咬钩。

多佛鳎鱼

多佛鳎鱼（Dover Sole，拉丁文名：Solea solea）是比目鱼家族的成员之一。多佛鳎鱼名称的由来可以追溯到很久远的年代，当时多佛鳎鱼被不远千里地从肯特郡运送到伦敦的豪华饭店，供当地的达官贵人们食用。因为多佛鳎鱼的体型小，而且酷似动物的舌头，有时鳎鱼也被叫作"滑片鱼或者舌头鱼"。多佛鳎鱼有着淡棕色的外皮，且体表布满了深色的斑点。

一般来说，多佛鳎鱼不会长得太大，体重在 0.9 千克左右的多佛鳎鱼就可以算得上是优良的标本鱼了。与比目鱼家族的其他成员一样，多佛鳎鱼的眼睛紧凑在一起，嵌在鱼身的右侧或者上侧，鱼腹下部是纯白色的。但是有时候海洋中也生活着长得比较奇怪的多佛鳎鱼，它们的腹部也是彩色的。

多佛鳎鱼右侧胸鳍的末端长有深色的斑点，这可以作为一种快速辨别它的方法。多佛鳎鱼的嘴巴非常小，这就可以解释为什么很多喜欢使用大饵料的钓者通常钓不到多佛鳎鱼了。

多佛鳎鱼的整个鱼身，除了鱼头下端的一小部分，都覆盖着细小的鱼鳞，这使多佛鳎鱼的体表比起柠檬鳎鱼来要粗糙得多，并且其背上有较大的斑点。商业性渔船捕捞的多佛鳎鱼和平时

垂钓知识
垂钓季节 4~9 月末
食性 甲壳类、软体动物、毛背鱼、沙蚕和各类小鱼
垂钓技巧 让饵料慢慢被多佛鳎鱼咬住，因为多佛鳎鱼的嘴巴非常小，所以即使用很小的饵料，要它们完全咬钩也要花一点时间，不能急于收线

我们在饭桌上食用的多佛鳎鱼都是已经去了皮的，多佛鳎鱼的皮可以整个地从鱼身上剥下来。

多佛鳎鱼在每年的 3 ~ 5 月，于近海的暖水域中产卵。当寒冷的季节来临时，多佛鳎鱼会游向深海，在极其寒冷时，多佛鳎鱼差不多就冬眠了。多佛鳎鱼喜欢多沙砾的海床，它们喜欢把身体掩埋在海底的沙砾下面，这样它们就可以有效地躲避追捕它们的掠食性鱼类。如果要钓多佛鳎鱼的话，需要用小钓钩，以小块的沙蚕或海蚯蚓为饵。

黑鲷

黑鲷（Black Bream，拉丁文名：Spondyliosoma cantharus）具有海鱼家族的许多特点。它的体色暗示了它的名称由来，它那肥厚的鱼身与淡水鲷相似。黑鲷的体色取决于它所生活的海域和海水深度。它的侧翼通常是灰色或者银白色的，背部是深灰色的且泛着蓝色的光泽。

黑鲷的整个身体都布满了鱼鳞，背鳍上长着锋利的鳍刺，还有一条相对较短的尾鳍，尾鳍上长有 3 条更长的鳍刺。相对整个鱼身来说，黑鲷的头很小，上颚不仅有着一排锋利、雪白的牙齿，而且在这排牙后面还有另外一排针状的牙齿。黑鲷在每年 4 月或者 5 月产卵，而且与其他鲷科鱼类不同的是，黑鲷喜欢在海底做窝产卵。

黑鲷一般不会长很大，一条重约 1.36 千克的黑鲷就可以看作一条相当好的标本鱼。黑鲷通常在多岩石地貌的海域或者布满岩石和礁石的海域被船钓者钓到。有些小一点的黑鲷也会在水域较深的海岸边被钓到。沉船残骸和暗礁周围是垂钓黑鲷的最佳地点。这些海域比较深而且相对安全，黑鲷以这里的甲壳类、软体动物和海草为食。用合适的钓具来钓黑鲷的话，黑鲷会表现得相当善于搏斗。

垂钓知识

垂钓季节

5~9 月

食性

小鲇鱼、甲壳类、沙蚕，蜉蝣生物和海草

垂钓技巧

沙蚕是很好的饵料

白斑角鲨

作为鲨鱼家族的成员，白斑角鲨（Spurdog，拉丁文名：Squalus acanthias）是很容易与其他狗鲨区分开来的。有两个主要特征可以用来识别白斑角鲨，其一是白斑角鲨有两个背鳍，背鳍的最前方各有一根异常尖锐的鳍刺。钓者稍不注意，就可能被这两根尖锐的鳍刺严重割伤，严重时甚至需要上医院包扎。处理这种鱼时，需要一只手抓住鱼尾的细长部位，另一只手从下面抓住鱼头的喉咙处。这样就可以有效地防止白斑角鲨用尾巴缠住钓者的手臂或者手腕。另外一个特征是，白斑角鲨没有其他狗鲨所拥有的臀鳍。虽然看起来很像鲨鱼，但是白斑角鲨没有鲨鱼家族拥有的可以保护和清洁眼球的"第 3 张眼皮"——被膜。然而，白斑角鲨有时还是会被没有经验的新手误认为是翅鲨。白斑角鲨的体色是单一的，背部是淡灰色的，腹部是白色的。它那长而瘦削的身体是专为它的游动速度设计的。当它们追捕猎物时，喜欢结群行动，并且一般在中层水域活动。白斑角鲨

垂钓知识

垂钓季节

5~11 月，有时候会持续到 12 月下旬

食性

任何一种小鱼，例如鳕鱼、鲱鱼、沙丁鱼、鱿鱼以及毛背鱼

垂钓技巧

鲱鱼是最佳饵料。在某些地区，大块的长嘴硬鳞鱼肉是最佳饵料

有着一口锋利的牙齿，这足以使它们轻易地撕裂并咬碎食物。

多数白斑角鲨是钓者驾船在海上钓其他鱼种时意外钓到的。这是因为白斑角鲨喜欢生活在海底多沙的、清澈的深海区。尽管如此，还是有一部分白斑角鲨在海滩边被钓到，钓上来的通常是雌鱼，这可能是因为雌鱼通常在 8 月和 9 月时游到浅水区产卵的原因。

大西洋大马哈鱼

▌体貌特征

对许多猎用鱼的钓者来说，大西洋大马哈鱼（Atlantic Salmon，拉丁文名：Salmo salar）是猎用鱼中最珍贵的一种。大西洋大马哈鱼通常是随着上涨的潮水游到淡水水域的，它是一种非常令人惊叹的、漂亮而高贵的鱼种。它有着闪亮的银色侧腹，有时微微地泛着紫色的光晕，和深色的背部相互衬托。大西洋大马哈鱼体形健壮，鱼体上的线条非常流畅，尾部尖尖的。其身上通常都带有海虱子，一旦大马哈鱼从海里被钓上来，这些海虱子就会掉下来。因此，我们可以根据海虱子的数量来判断大西洋大马哈鱼的新鲜程度。假如大西洋大马哈鱼在淡水中生活了很长一段时间的话，那么它那近乎完美的外表就会慢慢地发生变化：侧腹的颜色会慢慢地暗淡下来，变成另一种颜色。在淡水中生活过久会使大西洋大马哈鱼失去它原本完美的体形，雄大马哈鱼的鱼体上会出现斜方形的红棕色斑点，而且它的嘴巴会变成大大的钩形嘴，被称作"变异"。这样的外形说明大马哈鱼正处于繁殖期，假如钓到的话应该把它放回大自然。尽管大西洋大马哈鱼只在 10 ~ 12 月这段时间产卵，但是在一年中的任

何一个月它们都会游到河流中来，所以有的大马哈鱼可能会在淡水中生活上整整一年，直到把它们平时所积攒的脂肪全都耗尽为止。

▌分布

大西洋大马哈鱼出现于美国和加拿大的东部海域以及欧洲北部。在西班牙和葡萄牙的南部及北部也有分布。此外，它们还分布于英国苏格兰、威尔士所有的河流系统中，以及爱尔兰西部海域。

▌习性和食性

大马哈鱼是溯河产卵的，虽然它们在海洋里捕食和生活，但是它们会游到淡水流域来繁殖。一旦雌大马哈鱼和雄大马哈鱼相遇以后，它们就会在河底的沙砾中挖出一个产卵的坑，雌大马哈鱼会在它们事先准备好的这个小坑里产下鱼卵，而雄大马哈鱼会帮助这些鱼卵受精。总共大概需要 100 天的时间来孵化这些鱼卵，小鱼孵化出来以后会在沙砾中停留上几个星期。一旦裹在大马哈鱼幼鱼外面的卵黄囊被吸收以后，幼小的大马哈鱼就可以被叫作小鱼苗了。这个时候它们就可以离开亲鱼给它们建造的小窝，自己出去觅食了。随着鱼苗慢慢长大，长到 2 岁大时，它们就叫作"幼鲑"。它们的身体开始发生变化，侧腹逐渐变成银色，这整

个过程需 2~4 年的时间。到了这个时候，年轻的大马哈鱼就可以迁徙到河流的下游，游到大海里去了。它们的迁徙时间大多在 5 月份。

离开它们出生的河流以后，大多数大马哈鱼在格陵兰和法罗群岛附近的海洋中觅食，然后在 1 年、2 年或者 3 年以后，再回到河流中来产卵。有的大马哈鱼一生在海中只度过一个冬天，因此被叫作"溯河产卵鲑"，然后到来年夏季再返回淡水水域。这时，它们的重量为 1.81~3.63 千克。

在海洋中生活了一个以上冬天的大马哈鱼，回到河流时其重量通常为 2.72~9.07 千克。大西洋大马哈鱼最重可达 32 千克或者更重，但是这种大马哈鱼是非常少的，事实上很少有人钓到体重超过 13.6 千克的大马哈鱼。

⊙ 春季，大马哈鱼正被钓者钓起来。

⊙ 一个早春的日子里，钓者正在用旋叶式假饵钓大马哈鱼。

大马哈鱼既可以在河流钓到又可以在湖泊中钓到。它们依靠雨水从大海迁徙到河流中，而夏天时小河里的水位比较低，大量的大马哈鱼会游到江河入海口生活。雨水充足时，河里的水会涨起来，流入上游水域，途中大马哈鱼会时不时地躲在岩石后面休息。事实上，任何可以保护大马哈鱼免受湍急的水流冲击的地方都可以成为它们的栖息之地。大马哈鱼会跳跃着冲过小瀑布和其他主要障碍物，比如河坝，直到到达产卵地为止。

在英国，大马哈鱼生活的河流主要可以分成两种。第一种是大型河流，这些河流都有相当容量的淡水储量可供大马哈鱼在其中自由自在地生活，即使是夏天水位较低时，有相当数量的大马哈鱼还是会游到这类河流里。另外一种河流是小型河流，大马哈鱼只有在雨水丰富、河水暴涨的季节才会顺着奔腾的急流游到这些小河里。这些河流大都波涛汹涌、水流湍急，而且布满礁石。在暴雨来临的季节里，汹涌的流水很快就会从这些小河里淌过去，钓大马哈鱼的黄金时间可能就只有几个小时。几个小时以后，这些河流的水位又会下降，更不用说几天以后了。因为大马哈鱼在淡水中不进食，所以钓者在垂钓时一定要想办法刺激它们的食欲。水质对大马哈鱼的食欲影响很大，在水质好的河流更容易钓到大马哈鱼。

春季和夏季是一年中钓大型大马哈鱼的最佳季节。每年，钓者都可以用飞蝇饵或者旋叶式假饵钓到体重超过 13.6 千克的大马哈鱼。

可惜的是，此类大马哈鱼现在已经越来越难碰到，尤其是被称作"跳跃者"的大马哈鱼。这主要是由于人们在海洋里用大型渔网大量捕捞大马哈鱼造成的。现在许多在淡水流域垂钓的钓者已经在尽最大的努力来增加大马哈鱼的数量，他们通常会把钓到的大马哈鱼放回大自然。钓者有时也会钓到正在产卵或者孵化中的大马哈鱼，甚至还有尚未长大的小鱼苗，这些鱼都会被钓者放回河流中，这样大马哈鱼的数量有望不断增加。

除了在河水泛滥时，我们可以钓到大马哈鱼以外，在适宜垂钓的季节里，我们可以用飞蝇饵钓到大马哈鱼。但是随着各方面条件的变化，钓大马哈鱼的技巧必须做适当的调整。春季在河水的水位仍然很高，而且天气仍然很冷时，最适合用沉线和飞蝇饵来垂钓大马哈鱼。在小型河流或是大型河流中垂钓，假如河流水位比较低，那么使用任何一种钓鳟鱼用的钓具都有可能钓到大马哈鱼。事实上，在水位非常低时，用 10 号或者 12 号飞蝇饵和 7 号钓竿垂钓大马哈鱼，比起常规使用的标准大马哈鱼钓竿效果要好得多。

在内河流域也可以钓到大马哈鱼。通常使用的办法是乘船去那些水域中露出水面的礁石附近或者任何众所周知的垂钓地点垂钓。用飞蝇饵在船上垂钓时，可以让船只随着河面上的风在河流中漂移，这是一种非常经典的在内河流域垂钓的钓法。在内河流域垂钓时，要使用浮线和 3 个一组的湿飞蝇作饵，飞蝇接钩类型

⊙ 一条刚被钓者用飞蝇饵钓上来的新鲜大马哈鱼。夏季是垂钓大马哈鱼的黄金季节，大多数河流都有小的大马哈鱼分布。

可以选择黑色彭内儿饵、彼得罗斯饵和凯特麦克拉伦饵。根据大马哈鱼的大小和抗拉力性，可以选用拉力值为 3.63 ~ 4.54 千克的接钩线。

有时，钓者很难分清钓上来的鱼是大马哈鱼还是海鳟，尤其是刚钓上来时，鱼体的颜色都是闪亮的银色。这里有几个要点可以帮助钓者分清这两种鱼。比如，大马哈鱼的尾鳍是刀叉型的，鱼尾部比较宽，足以让钓者牢牢地抓住它。而海鳟的尾鳍是方形的或者是向外凸的，鱼尾部非常细，很难把它稳稳地抓住。另外，当大马哈鱼的嘴巴闭上时，鱼嘴的上唇后缘和眼睛的后缘是水平的，而海鳟上唇的后缘要超出其眼睛的后缘。还有一点就是，大马哈鱼鱼身上的斑点是"X"形的，而海鳟的斑点是圆形的。

海鳟

▋体貌特征

海鳟（Sea Trout，拉丁文名：Salmo trutta）看上去就像生活在海里的褐鳟，和大马哈鱼一样，它是溯河产卵的，即要从海洋中游到淡水流域来产卵。与大马哈鱼不同的是，海鳟时不时地会在淡水中觅食。当海鳟第一次游到河流中时，其体色是亮银色的，几乎没有任何

斑点。但是海鳟在淡水中生活得越久，它们的体色就会变得越深，在产卵季节快要结束时，体色几乎完全变成了黑色。这时，它们差不多就可以产卵了，假如钓到这种海鳟就要小心地把它们放回河流中去。

垂钓知识

垂钓季节
　　4～9月

食性
　　毛背鱼、无脊椎动物和小鱼

垂钓技巧
　　晚上在河流中垂钓，在内河流域中垂钓时将饵料轻放在水面来钓海鳟

分布

　　像大马哈鱼一样，近几年，海鳟正面临着前所未有的危机。在许多地区，海鳟的数量锐减，许多渔业公司不得不限制捕捞的数量。近几年来大量兴起的大马哈鱼渔场对海鳟数量的急剧下降要负起主要的责任，在这里用非常大的渔网在沿海海域饲养着成千上万条大马哈鱼，而这些海域也正是海鳟生活的地方。引起海鳟数量减少的原因并不是由于大马哈鱼的大量繁殖对海鳟造成了威胁，而是由于大马哈鱼身上寄生的海虱子。虽然渔场的养殖者对寄生

⊙ 晚上，钓者正在把钓到的一条大海鳟捞上岸来。假如鳟鱼愿意咬钩的话，晚上钓鳟鱼是一件非常让人兴奋的事情。

在大马哈鱼身上的海虱子采取了一定的处理措施，但是大马哈鱼的大量繁殖使海虱子的数量急剧上升，很快便致使野生海鳟的生存环境受到了严重破坏，最终大量死去。此外，近海和江河入海口的过度捕捞也是海鳟数量减少的原因之一。过度捕捞使得游到淡水中去产卵的海鳟数量大量减少，海鳟的繁殖受到了威胁。还有就是现在商业性捕捞毛背鱼制作大马哈鱼饲料的做法，也给海鳟的生存带来了危机。毛背鱼是海鳟主要的天然食物，过度捕捞毛背鱼使海鳟的食物供应来源大大减少。

　　不过，情况还不至于到令人绝望的地步。在大马哈鱼养殖业并不是那么兴旺的许多流域中，生活着大量的海鳟，包括一些非常大的海鳟，体重可达到十几千克。

习性和食性

　　当海鳟到了产卵的年龄，它并不会像大马哈鱼那样需要依靠猛涨的潮水来带动它们迁徙。虽然大量的水流可以帮助海鳟从海洋游到河流中，但是它们在夏天水位非常低时还是可以依靠自己的力量游到河流上游。大多数海鳟通常在6～9月份开始迁徙，其中7月和8月是高峰期。在非常特殊的环境条件下，海鳟也可以提早在3月里就向淡水流域迁徙或者推迟到10月份才开始迁徙，海鳟确切的产卵时间为10月到来年1月份。和大马哈鱼一样，海鳟在开始游向大海之前要经历几个阶段，它们要从鱼卵长到幼鱼，然后发育成2岁大的"幼鳟"。

　　海鳟在淡水和海水中都可钓到。通常来讲，钓者们会在湖泊和河流中钓海鳟，但现在越来越多的钓者开始在海边寻找可以钓到海鳟的地点。钓海鳟用的钓具非常简单，可以选用一套轻型的旋叶式假饵钓具或者中等重量的飞蝇饵钓具，与在水库使用的假饵钓具相似。飞蝇的类型也很相似，其中最有效的要属大的彩色飘带型的飞蝇，看上去就像小鱼一样。

　　虽然现在在海边钓海鳟已经越来越流行了，但是大多数海鳟还是从淡水中钓上来的。在淡水流域垂钓时，用天然饵料、旋叶式假饵或者飞蝇饵都可以钓到海鳟。用蚯蚓做饵是非常好的方法，尤其是当水位比较高、水质比较浑浊时。相反，河水非常清澈时，小的旋叶式

假饵或者轻型的鲦鱼假饵是海鳟的致命诱惑。特别是在水位很低时，轻型鲦鱼假饵也会起到非常好的效果，使用时通常是在上游投饵而不是下游。

河流水位比较低时——尤其是夏季时——最好用飞蝇饵垂钓。虽然海鳟在白天也可以用飞蝇钓到，但是在清澈的低水位河流中垂钓时，最好趁天黑来钓海鳟——这时海鳟最容易上钩。趁天黑垂钓海鳟，即使垂钓时会有些不方便的地方，却仍是一件非常令人兴奋的事情。抛投和涉水是其中最麻烦的两件事情，假如你是第一次在一条陌生的河流中垂钓，那么非常有必要在白天时先仔细观察一下地形，然后在夜色降临之前弄清河流的主要特征。

夜幕降临时，成群的海鳟便出来活动了，它们会游到浅水域觅食——白天海鳟喜欢躲在河堤边或者深潭里。海鳟非常喜欢捕食飞蝇。河水水位比较低时，用外形像鳟鱼的飞蝇，比如布彻饵或者彼得罗斯饵，装在 10 号钓钩上来垂钓海鳟非常奏效。但是通常情况下，用大一点的飞蝇，比如黑色飞蝇或者药用飞蝇效果更好。这些大飞蝇要用浮线或者慢速下沉的钓线

◉ 晚上钓起的一条相当不错的大海鳟。注意看它凹缘形的尾鳍。

来抛投，抛投时要投到河流的下游。

在湖泊垂钓海鳟时，要使用标准的湿飞蝇钓具。用时也要轻轻地把饵料投在水面上，方法是：把羽毛浓密的大飞蝇从船头抛出去，使用绒线来连接飞蝇和钓线，羽毛和绒线都比较轻，可以让飞蝇浮在水面上。我们也可以用旋叶式假饵来垂钓海鳟，使用时先把假饵抛投出去然后再往回收钓线，另外也可以用船来拖钓海鳟。

褐鳟

▌体貌特征

褐鳟（Brown Trout，拉丁文名：*Salmo trutta*）是在英国和欧洲北部大多数地区广泛分布的一种本土鱼种。褐鳟的体型很大，有时体重可以超过9.01千克，但是平均体重在0.45千克左右。其体色多变，基本上没有统一的体色，这主要是由它们的栖息地来决定的。在水色较深的水域中或者水底有泥炭的水域中生活的褐鳟体色通常比较黑而且有许多黑色的大斑点。相反，生活在水质很好且光线充足的河流中的褐鳟，其体色要浅得多，侧腹通常不是白色就是银色。生活在后一种水域中的褐鳟其体型要小得多，身体上的斑点也要比在前一种水域中生活的褐鳟要少得多。

大多数褐鳟的背部是棕黄色的，侧腹上布

满了斑点。通常来说，褐鳟的尾鳍上没有斑点，这是把褐鳟与虹鳟区分开来的一个非常有效的方法。一般来说，褐鳟侧腹上的斑点大且黑，但有时，一些生活在小溪里的褐鳟其身上的斑点可能是红色和黑色相混杂的。还有少数一部分褐鳟的腹部是醒目的淡黄色，看上去明丽动人。还有一些褐鳟身上几乎没有斑点，它们的侧腹是醒目的银色，看上去非常像它们的近亲——海鳟。

▌分布

褐鳟可以用多种方式来垂钓，其中包括使用天然饵料、旋叶式假饵和飞蝇饵的垂钓方法。

垂钓知识

垂钓季节

4~9月，在一些静水水域中全年都可以垂钓

食性

水蚤、石蛾、飞蟪蛄、幼鱼和蟓虫

垂钓技巧

在水库用沉底的假饵垂钓

褐鳟的养殖方式与虹鳟一样，但是由于褐鳟不能忍受很高的水温，而且比虹鳟生长得慢，因此养殖褐鳟的成本要比虹鳟高得多。然而，由于人工养殖的兴起，现在我们还是可以在很多原来并没有褐鳟分布的水域钓到褐鳟，其中最常见的就是小型的渔场和大型的低洼水库。

有些比较小的水域养殖了大量的褐鳟。这些褐鳟体型很大，钓到4.54千克或者这个重量以上的褐鳟是很常见的。此外，在养殖褐鳟的水库里，假如褐鳟一生都在这里觅食生长的话，那么一条标本褐鳟的体重至少有2.27千克。即使是在水库长大的褐鳟，有时体重也非常重，

⊙ 图为一条以飞蝇为食的虹鳟。许多水资源丰富的低洼水库，可以给虹鳟提供充足的食物，使它们发育成熟。

在有些水库每年都可以钓到体重达十几千克的褐鳟。然而，假如是在天然的河流中，能钓到体重达到1.81千克的褐鳟就是非常难得的了。

大多数小型湖泊和水库都养殖着褐鳟，但是现在人们已经开始在一些本来就有野生褐鳟分布的河流里养殖褐鳟，以增加褐鳟的数量。虽然这种做法就目前来讲能大大增加褐鳟的总体数量，但是褐鳟养殖给人们带来了新的问题：假如人工养殖的褐鳟和野生褐鳟交配繁殖的话，那么野生褐鳟的遗传基因的完整性会不会遭到破坏呢？为使野生褐鳟的遗传基因的完整性免遭破坏，很多明智的渔场主已经开始观察褐鳟的栖息环境，并且把钓到的野生褐鳟重新放回天然水域中去，以保持野生褐鳟的存活数量以及生物的多样性。

虽然年轻人喜欢用装有鲦鱼的旋叶式假饵和轻轻烤过的蚯蚓来垂钓——这两种垂钓方法事实上效果不错——但大多数褐鳟是用飞蝇饵钓上来的。钓褐鳟时，最复杂最有难度的钓法莫过于在清澈的大型溪流中用干飞蝇或者蛹来垂钓了。相对而言，在静水水域中用湿飞蝇垂钓是比较常用的方法。

在许多大型的天然湖泊中，至今仍然生活着相当数量的野生褐鳟。这些地区的钓者有着垂钓褐鳟的悠久传统，他们通常使用内河垂钓的方法来垂钓褐鳟。这种方法是：驾船让风力带动船只漂移在水面上，然后用一组湿飞蝇作饵料把钓线抛投出去。

从船头利用自然界的微风把饵料轻轻刮到

⊙ 钓者正在船上钓一条上钩的虹鳟。

水面上也是一种非常有效的垂钓方法。这种方法一般使用羽毛比较多的大飞蝇或者天然昆虫作饵，比如类似大蚊子的盲蛛。在把饵料轻投到水面上时，要用绒线和比较长的钓竿——超过 3.66 米，利用微风就可以把飞蝇刮到水面上了。这种方法可以用来钓任何大小的褐鳟，其中对标本鱼的诱惑力要更大，每年都可以用这种方法钓到体重超过 4.54 千克的褐鳟。

钓者们每年都能用大型旋叶式假饵或者死饵钓上无数的野生褐鳟。大内河或者港湾都是很著名的出产野生大褐鳟的地点。生活在其中的大褐鳟，是非常凶狠的掠食性鱼类。它们不喜欢捕食小型的无脊椎动物而喜欢捕食水中的鱼类（比如河鲈），而且特别喜欢生活在深水中的红点鲑，因为水中能让它们捕食的鱼种实在太少了。这些营养丰富的食物能让这些大褐鳟长到 4.54 ~ 6.8 千克重，有的甚至可以长到 9.07 千克以上，钓者偶尔可以钓到这么重的大褐鳟。

习性和食性

褐鳟非常喜欢抢占地盘，尤其是在河流里。一旦褐鳟找到了觅食的地点，它就会尽可能地保护自己的地盘，当其他褐鳟往这个地方靠近时，它就会设法把它们赶走。褐鳟会找到一个

⊙ 一条非常漂亮的虹鳟

非常理想的觅食地点，这些地方通常生活着它们喜欢吃的水生昆虫（比如石蝇）的成虫和蛹，以及小型的甲壳类动物，这些生物都是顺着水流漂移到下游来的。在河流里，褐鳟甚至有机会有滋有味地品尝到幼鱼的味道，而且它们不会排斥大头鱼或者米诺鱼，尤其是在每年的年初，当其他种类的食物还非常稀少时。

可以在任何地方找到褐鳟，从山上的小溪到雨水冲刷成的河流，都可以找到褐鳟的踪影。褐鳟最终到达的河流主要是根据这些河流食物的供应情况决定的。大型溪流、内河和港湾里的褐鳟有着极其丰富的食物来源，比如水生昆虫和甲壳类生物，这些水流中各类生物的体型通常都要比雨水冲刷成的河流和小溪里的要大得多，所生存的天然昆虫在数量上也要多得多。

茴鱼

体貌特征

茴鱼（Grayling，拉丁文名：Thymallus thymallus）非常容易识别，不会和其他任何鱼种混淆，因为它的外形极具特色。茴鱼有着十分漂亮的船帆状背鳍和带有精美的紫色条纹的流线型身体。茴鱼的侧翼上有许多不规则的黑色斑点，每条茴鱼身体上的斑点都有所不同，这有点像不同的人有不同的指纹一样，这是识别每一条茴鱼的特有标志。作为鳟鱼家族的成员之一，茴鱼有着肥厚的背鳍和一片刀叉样的尾鳍。在背鳍和尾鳍的上叶之间，有一个凸起的小结节。

茴鱼有着小巧的头部，整体看上去尖尖的，牙齿细小而紧密，茴鱼就是用这细小紧密的牙齿来咬碎食物的。茴鱼有着一种奇特的味道，这正是它的拉丁文名"Thymallus"的由来，也正是它的味道鲜美的原因。

分布

茴鱼喜欢生活在水流湍急的水域中，而它的大背鳍也有助于对抗湍急的流水。它们在水质纯净的大型浅溪流中生活，并且与鳟鱼共同

垂钓知识

垂钓季节

6月至来年3月

食性

昆虫，小的甲壳类动物，鱼苗和水蜗牛

垂钓技巧

最适合在冬天清澈的水域中用飞蝇做饵垂钓。垂钓时，时不时地把浮漂往回拉让饵料刚好位于水面下

生活。不幸的是，像茴鱼这种外表如此美丽的鱼种对水污染是非常敏感的，因此它们不能大范围地繁殖，只能生活在特定的水域。

小型的茴鱼和茴鱼在水位比较浅、水流湍急的水域成群地生活着；而体型大一点的茴鱼更趋向于生活在急流和缓流的交汇处。真正的标本茴鱼则和其他鱼种一样，生活在水流比较平缓的深水水域中，因为在这样的环境中，茴鱼不需要消耗过多的能量便能平静、慵懒地生活着。

▌体型

茴鱼体型通常不会很大，一条 0.45 千克的茴鱼就很值得钓者去垂钓，重达 0.91 千克的茴鱼可以称得上是很好的标本鱼。

▌习性和食性

茴鱼的天然食物有小型甲壳类动物、某些昆虫的蛹、水蜗牛、鱼苗以及游过它身边的任何昆虫。茴鱼喜欢在河底生活，但是在昆虫的蛹孵化成成虫的时节，它们也喜欢游到上层水域觅食。它们喜欢群居，这与斜齿鳊、鲹鱼、

白鲑不同，淡水钓者们不可能用普通的饵料把它们钓上来。一旦在某个水域成群聚居，它们就会一直在那里生活直到它们准备迁徙为止。对钓者来说，最好先搞清楚茴鱼的聚居地，然后再设法投饵垂钓。

茴鱼全年都需捕食，特别是在寒冷的冬季其食欲最强，而在这种寒冷的季节其他鱼种大概只有鲹鱼还需吃食。在冬季，茴鱼喜欢成群聚集在一起，个别的茴鱼喜欢在水面附近活动，它们时不时地从水中跃起，然后落入水中，溅起层层浪花。对钓者来说，这正是寻找茴鱼的一个很好的信号。飞蝇是茴鱼最喜欢的食物，所有用来钓鳟鱼的方法都可以用来钓茴鱼。昆虫的蛹不管是单个的还是以几个为一组的蛹都是垂钓茴鱼的好饵料。但是在一定的条件下茴鱼会以浮在水面上的飞蝇饵为食，在冬季飞蝇是最传统的饵料，不管是湿飞蝇还是干飞蝇都值得一试。如果你想用淡水钓法来钓茴鱼，那么使用肉蛆作饵料和普通的钓线来钓茴鱼，效果很不错。钓茴鱼时，使用浮漂是最好的钓法。一般来说，一开始，茴鱼喜欢在水底觅食，但是随着食物越来越少，各类鱼对食物的竞争也越来越激烈，此时茴鱼就会被迫游到各个水层觅食。但是对成群的大茴鱼来说情况却不是这样的，大茴鱼喜欢在水底来回游动，摄取任何经过它们身边的海底生物。这些大茴鱼特别喜欢捕食蚯蚓，钓时隔一段时间用大蚯蚓来替代肉蛆，把浮漂投到比普通垂钓时更深的水域是一种非常好的钓法。

任何大小的茴鱼都喜欢以水生蛆为食，而且对移动的饵料反应很强烈。垂钓时慢慢地把浮漂往回收，饵料就会在水中摆动起来，这样会提高茴鱼的上钩率。

⊙ 两条质量上等的茴鱼

⊙ 在水中可以非常清楚地看到茴鱼的大背鳍。

第四篇

鱼类趣谈

鱼的潜行

　　鱼类在捕食或躲避敌人时，有许多掩饰自己的方法，它们有时甚至会假扮成其他物种的食物，以便更好地捕捉那些物种。

　　其中最简单的掩饰手法可能是反向隐蔽，鲨鱼就是如此。这些动物的背部颜色深于腹部，从下面往上看时，显得全身颜色均匀，与天空融为一体，因此当它们接近猎物时不会被发现。

　　好几个物种都具有与背景融为一体的能力或有保护色。大菱鲆和孔雀鲆这样的比目鱼在海底等待猎物时，都能主动变色，它们的色素

⊙ 大西洋瞻星鱼埋藏在海底的碎石间，几乎不可见，它们的背部棘刺有毒。

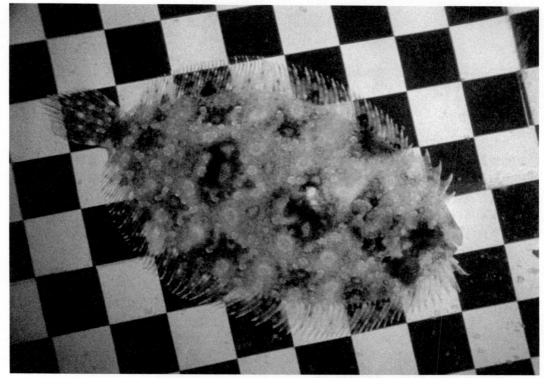

⊙ 肉食性孔雀鲆能将自身颜色变得与基质相似，从而不会引起猎物的警觉。在试验中，它们的惊人模仿能力甚至能模拟出背景棋盘的图案。

细胞能使其迅速变为与周围环境相似的颜色。

叶海龙则是被动地改变身体的形状和颜色以掩藏自己，这种保护色十分有效。它们的身体形如碎段，与栖息地的杂草丛融为一体，不论是敌人还是猎物，都不会将它们视作鱼类。另一些物种的掩饰策略虽不及叶海龙这样引人注目，但却也行之有效，它们将身体埋入基质的洞穴中，仅将具有很强的掩护色或与岩石几乎一样的头部露在基质外。毒鲉就是后者的典型代表物种，它们的身体甚至也与周围的岩石十分相似，上边布满了斑驳的藻类。就连潜水员一不小心都容易碰到毒鲉，并被其可怕的强力毒刺所扎。

某些鱼类具有超强的模仿能力。琵琶鱼（蟾鱼物种）能用"钓竿和线"——肉茎和貌似其目标猎物所喜爱的食物诱饵——来钓鱼，因此也得名"垂钓鱼"。它们这种令人叫绝的身体结构是由其第一背鳍的棘刺发育而来的，在不用时还能折叠起来。

⊙ 叶海龙的身体形如海藻，它们所栖息的礁石环境能有效地为其提供掩护。

鱼类的魅力

人类与鱼类的关系像谜一样。首先，鱼类的栖息地是人类难以企及的，除非借助现代科技手段带上部分人类自己的环境（空气），才能去一探究竟。然而，许多人对鱼类的了解仅仅限于它们可以作为食物，或能作为观赏水族，或为栖身在池塘的物种。

但情形并非总是如此。古埃及人将鱼类视作神圣之物——他们的主神伊希斯的一个形态就具有鱼形头部。而当地的巨型尼罗河鲈则被人们奉为神灵。埃及人还将 Esueh 城命名为 Latopolis，即希腊语中"鱼"的意思，这是因为古希腊时期，当地人曾将数千条鱼抹上防腐药物，埋藏在该城下。

在古代和中世纪时期，鱼类总是与奇迹的发生有关。在数个人类文明中流传的神话都具有相似的情节：无意或有意扔到水中的戒指，被鱼吞吃到腹中，又在晚餐时，作为食物被端到主人的面前。这样的故事在不同的神话中都有记载，如希腊神话《萨摩斯岛的暴君波利克拉特斯》，《一千零一夜》，以及《圣肯迪格恩的生命》。

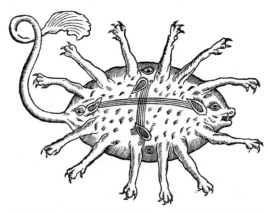

◉ 康拉德·格斯纳出版于 1551～1558 年间的《动物历史》中，既有对许多动物的真实刻画，也有一些不切实际的想象，譬如图中这个不明水生脊椎动物。

1558 年，瑞士自然学家康拉德·格斯纳叙述了这样一个故事：一个带着骡子去湖边饮酒的人，他的骡子被狗鱼咬住嘴唇不放，骡经过激烈挣扎，将狗鱼拖出水面，获得了胜利。另一个更为可信的说法是，作者只是在描述现存有数幅画像的所谓的"帝王狗鱼"。1497 年，就有人在德国捕捉到了一条狗鱼，它的"脖子"上还套有一个铜环，上有"1230 年由腓德烈大帝放生"的字样。这条巨型大鱼体长 5.8 米，重约 250 千克。它的骨骼在曼海姆大教堂保存了好几个世纪，既是其被捕获的证明，也可供后人保存。然而，19 世纪的科学家们在研究这条狗鱼骨骼时，却发现这是个骗局——它的头骨来自一条狗鱼，而身体却是由几条狗鱼的身体拼接而成的！

为了满足大众对海底奇形怪状的杂交鱼类的迷信，随后人们关于鱼类的伪造更是异想天开。从 16 世纪至 19 世纪，甚至兴起了一种以伪造具有人类头颅和鬼怪外表的"海怪"为生的职业。这些人将鱼和猴的骨骼缝合在一起，做成传说中美人鱼的样子，或者将鳐或犁头鳐伪造成有翼的"水鬼"。这些怪物经过日晒脱水，被欧洲和美洲的水手和航海家带回本国，做成幻灯片或在当地的马戏团展览。

另一个奇特的水生现象则具有一定的事实依据，而绝非欺诈。过去的千年间，人们曾多次目睹鱼雨的出现，引起极度恐慌和不安。现在人们已经明白，这一现象是由反常的气候条件造成的，譬如经过海面的龙卷风可能形成海上龙卷风，能将鱼和水一起卷至半空，风停时，鱼又会从空中落下来。被海上龙卷风卷起的鱼类多为小型物种，但在印度的一次鱼雨中，部分鱼却重达 3 千克！偶尔小型鱼类会被龙卷风卷至冰雹形成的高空层中，因此落下的时候周身都裹着冰。

水手间流传的民间故事中，常有许多深海

的鬼怪和海蛇，这些传说中的鬼怪经过艺术家们的想象加工，出现在许多中世纪的地图和航海图上。事实上，水手们只是将一些罕见的鱼类当成了鬼怪而已，譬如桨鱼、太阳鱼（翻车鲀物种）、鲸鲨和大口鲨。同样，排列成行的海豚和鼠海豚在海水中游动时，会定期浮到海面上呼吸空气，天气条件恶劣或从较远处看时，它们也酷似海蛇。尽管人们已经深知其中的奥妙，但有关海蛇的传说还是流传至今。1892年，海牙动物园园长 A.C. 奥德曼斯博士在自己的

著作《巨型海蛇》中记录了160多个近年来他认为比较真实的目击海蛇的记录。其中部分记录由皇家航海舰队船长提供，他们不仅具有严谨的作风，而且还装备有望远镜，因此这些记录比较真实可信。

偶尔鲨鱼也会攻击人类，并因此留下许多骇人的故事。2001年一个著名的网络骗局中，一幅伪造的照片正显示着这样的情形：一个倒霉的潜水者悬挂在直升飞机下的起落架上，几乎就要被从水中跃起的大白鲨吃掉！

⊙ 图中公元前2世纪庞贝人宅中的镶嵌壁画证实了古罗马人对鱼类强烈的欣赏和关注。画中红色和灰色的鲔鱼、电鳐、狗鲨和海鳗等都被描绘得栩栩如生，是罗马贵族的珍贵藏品。

藻海的秘密

鳗鱼中最为人所熟知的便是欧洲鳗鱼（鳗鲡科），尽管鳗鲡科是唯一一个几乎终生栖息在淡水中的物种科，但欧洲鳗鱼生命史的特性却足以代表其他鳗鱼科物种，这绝不仅仅只因为几个世纪以来，人们对鳗鱼的生殖繁衍仍然存在许多疑点。

早在古希腊罗马时期，鳗鱼就是重要的食物来源，亚里士多德和普林尼就曾描写到，大鳗鱼游入海洋，而小鳗鱼则从海洋游至淡水中。其他淡水鱼类在繁殖季初期产下卵或精子，而鳗鱼却并非如此，因此人们断定鳗鱼是"异类"，由此产生的揣测不胜枚举。亚里士多德认为新生鳗鱼来自于"地球的内部"，而普林尼则认为它们是由鳗鱼成鱼的皮肤被岩石刮蹭下来的碎片发育而来的。在他们之后的各种推测更加不着边际，譬如，18 世纪流行的说法是鳗鱼系由马尾中的毛变化而来，19 世纪时人们又将小甲虫视为鳗鱼的源头。而最终所发现的真相，几乎如同侦探小说的结局一般，出乎所有人的意料。

过去几个世纪中，人们曾经捕获及食用了数以百万计的鳗鱼，而直到 1777 年，才由博洛尼亚的蒙蒂尼教授首次确认鳗鱼发育中的卵巢。1788 年，斯帕兰扎尼对蒙蒂尼的发现提出质疑，他认为科马基奥湖中出产的 1.52 亿条鳗鱼从来都不曾具有这种卵巢结构，但遗憾的是，斯帕兰扎尼忽略了一点，即鳗鱼能游至海洋，甚至能在潮湿的夜间穿越陆地。1874 年，在波兰，人们在一条鳗鱼身上发现了无可争议的睾丸器官。但直至 1897 年，人们才在墨西拿海峡捕获到第一条性成熟的雌性鳗鱼。至此，所谓的甲虫神秘演变说终于告一段落。可以确定的是，鳗鱼一定是在海洋中产卵的，但究竟在哪里呢？当鳗鱼重新出现在海岸附近的水域中时，已经长约 15 厘米，为什么人类从未捕捉到更小的鳗鱼呢？

其实早在 1763 年这个问题就有了答案，只是当时的人们尚未意识到这一点，提出这个答案的动物学家西奥多·格诺威尔斯用图画描绘出一种类似柳叶的透明鱼，并称之为柳叶鳗。133 年后（1896 年），格拉西和卡兰多西奥（发现性成熟的雌性鳗鱼的 2 个生物学家）捕捉了 2 条柳叶鳗并将其养殖在水族箱中；他们在靠近海岸处捕捉的这两条柳叶鳗正处于变形期，因此它们在水族箱内的变形过程至少揭示了鳗

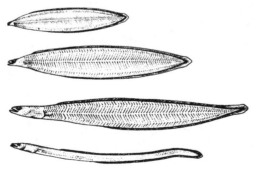

⊙ 图为通体透明的鳗鱼柳叶鳗幼鱼，它形如柳叶，在变形为成鱼前会逐渐收缩。

⊙ 鳗鱼

⊙ 普通鳗鱼的柳叶鳗幼鱼（上图）

不同鳗鱼物种的成鱼从欧洲及北美游至藻海，它们中的部分个体甚至穿越了数千千米的路程，并在那里交配、产卵（它们仅与来自原栖息地的其他个体进行交配）。幼鱼又经过长途跋涉，返回其亲体的原栖息地。左侧地图显示了欧洲鳗鱼在湾流中的跋涉路径。

■ 第一年　　■ 第二年
□ 第三年　　□ 第四年

鱼繁殖的部分秘密。

此后人们就开始积极寻找柳叶鳗和鳗鱼的繁殖场。约翰尼斯·斯米特依照体型减小的顺序追踪柳叶鳗的个体，最后他发现这些柳叶鳗中最小的个体体长 1 厘米，来自于北纬 20°～30°，西经 48°～65° 的大西洋西部：藻海。

在随后的许多研究成果的支持下，如今我们已然知晓欧洲鳗鱼的繁殖期可能开始于 2 月末，直至 5 月或 6 月，位于水下约 180 米的中

等深度（经过 6400 千米的迁徙后，成鱼眼睛变大了），水温则约为 20℃，藻海就是少数几个在 180 米深度还能保持这个温度的水域之一。

鳗鲡属在全世界有 16 个物种，都在较深的温暖水域中繁殖，但只有欧洲鳗鱼和美洲鳗鱼 2 个物种在藻海繁殖。然而，人们还从未在藻海捕获到任何鳗鱼成鱼，也没有在该地区搜寻到鳗鱼卵的踪迹。

水外之鱼

地球上人类的存在说明了这样一个事实，即自 3.5 亿年前的泥盆纪开始，就有部分古代鱼类脱离水，逐渐适应陆地环境，经过不断进化……其结果之一就是产生了人。如今，部分硬骨鱼也能脱离水生活一段或长或短的时间，尽管这并不意味着它们变化的最终结果必然如其先祖的进化结果那么惊人。

需要指出的是，鱼类所具有的能呼吸空气的能力并不等同于能脱离水生活的能力，关于肺鱼的特性我们将在本书的其他地方另述，这里，仅讨论能主动离开水生活的鱼类。一般说来，鱼类离开水活动的能力也可划分为不同程度：从能暂时掠过水面以躲避敌人追捕的小鱼，到能离开水生活十分钟的太平洋海鳗，乃至其他能在陆地上生活更长时间的鱼类。

离开水的鱼类会面临怎样的问题呢？一般说来有如下几个，包括：呼吸、温度控制、视像、干燥和运动（排序不分先后）。

离开水的鱼类所面临的首要问题便是，它们精细的鳃丝由于没有水中浮力的支持，不再

彼此分开而是合于一体，因此其呼吸面积也随之减小，有时还会发生鳃的干涸。因此，它们必然具有其他呼吸方式，或有能保护鳃不会干涸的方法。通常，这些鱼类具有能将吸入的空气存贮起来的囊，这种囊或腔有潮湿的内层，并布满了丰富的血管（血管分布）。也有一些特例，例如智利鲇鱼生命中的相当一部分时间都在水外度过，它们的吸盘前端有一层由腹鳍形成的、布有血管的皮肤，当它们需要氧气时，身体前端就会离开岩石，使这块皮肤暴露在空气中。包括攀鲈在内的迷鳃鱼亚目的迷鳃鱼或斗鱼，以及与之毫无关联的包括胡鲇在内的胡鲇科物种所采用的呼吸方式则更为"正统"：它们的鳃室上还有小囊，囊内层的皮肤旋绕延伸，使表面积增大。电鳗能在陆地上度过一小段时间，它们会用自己的鳃呼吸空气；而能在陆地上度过大部分生命时间的弹涂鱼（弹涂鱼物种）则可用皮肤呼吸。

陆地上的鱼类还要面临如何保持身体凉爽的问题，许多"半陆生"的鱼类都栖息在热带地区，这个问题就显得更加严峻。智利鲇鱼虽然生活在寒冷的气候中，但它们仍然具有保持身体的清凉的方法：其肌肉运动不会产生热量。正如人们所描述的那样，此物种在离开水后，能保持休眠状态，以至于很难确定它们是不是已经死亡。它们也能栖息在海滨，因为那里的海浪会不时溅到它们身上。

智利鲇鱼在陆地上能待的时间长短主要取决于当时的天气状况。多云时，它们能在陆地上生活约 2 天，体内水分仅流失 10%；而人工养殖的数据显示，流失约 25% 的水分才会

⊙ 成熟的欧洲鳗鱼在迁徙回海洋的过程中，如果有必要就会从潮湿的陆地上穿过。

⊙ 弹涂鱼用"拐杖"来移动——它们将胸鳍转向前，用腹鳍支持身体的重量，然后用胸鳍向下、向后挤压，从而使自己的身体向上、向前运动。

致其死亡。在野外死亡的智利鲇鱼体内的水分几乎很少流失，但太阳的照射会使其身体的温度高达约 24℃，这对它们来说简直是致命的。智利鲇鱼成鱼不会通过吸盘前布满血管的皮肤连续呼吸，而是将空气存储在嘴和咽内，通过它们潮湿的内层与之交换气体。

鱼类到了陆地上必须具备能视物的能力，而在没有产生任何适应性变化之前它们都是近视的。为了适应陆地上的视物需要，它们可能产生两种物理反应：改变晶状体的形状，或虽保持晶状体呈球形，但同时改变角膜的形状。弹涂鱼同时具有上述适应性改变，因此它们视力极佳，甚至能捕捉到飞行中的昆虫。

眼睛是十分脆弱精细的器官，因此陆地上的鱼类必须悉心保护自己的眼睛。弹涂鱼用一层清澈的厚皮肤来保护眼睛不会受到物理伤害。为保持眼睛的润滑（鱼类没有泪腺），它们还不断使眼球在潮湿的眼眶中旋转。胡鲇（胡鲇物种）在陆地上无法看见 2 米开外的物体，它们用一层位于其身体外部轮廓之内的清澈的厚皮肤来保护眼睛，也就是指，这层皮肤不会从头部的一侧凸出去。由于陆地上的环境比水中更明亮，为了使视网膜适应这种多余的强光，部分鱼类（特别是那些鳉鱼物种）能产生一层有色层，等同于鱼类的太阳镜。

鳗鱼及鳗形鱼在陆地上的运动就如同游泳一般，例如，胡鲇物种以胸鳍刺为支撑，依靠身体的扭动或游泳般的波动在陆地上移动。非洲的尖齿胡子鲇或北美鲇鱼在干涸的池中掘穴，并在夜间从洞穴中出来觅食。关于它们的迁徙记录曾有 1000 多个，人们推测它们可能是用触须（鳃须）来彼此联系的。胡鲇原产自东南亚，被引入佛罗里达并在那里繁衍开来。不足为奇的是，当这些时常迁徙的胡鲇在道路上"行走"偶尔被路人看见时，定会在当地引起许多骚动和不安。

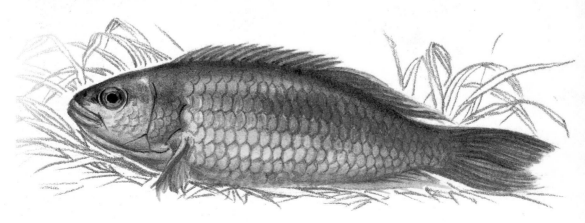

⊙ 如果保持南亚攀鲈的辅助呼吸机制——"迷鳃"器官潮湿，那么它们就可在水外存活数天乃至数周。

回归本源

栖息于太平洋西北部的红大马哈鱼的生命史足以代表其他溯河产卵的物种——那些大部分时间栖息在海洋，但需返回淡水流域产卵并最终在淡水中死去的鱼类物种。红大马哈鱼比其他鲑鱼洄游的距离远得多，其迁徙距离能达1600千米，实在令人叹为观止。

从春季直至夏末，大量红大马哈鱼成群逆流而上，历尽千辛万苦返回其最初被孵化出来的地方。它们沿阿拉斯加（卡希洛夫、肯奈、俄罗斯）和加拿大的不列颠哥伦比亚省（弗雷泽、斯基纳、纳斯和努特卡）境内的河流而上，途中遇到无数障碍物和诸如急流及瀑布这类的险境。它们出众的"归乡"能力主要依赖其记忆力和嗅觉，鲑鱼出生流域周遭的石块、土壤、植物和其他因素所产生的综合化学物质能被鲑鱼成鱼记住，它们正是据此洄游而上的。在自然环境中，鱼类的洄游方向偶尔也会有些偏差，一旦它们发现更适宜栖息的地点时，其分布范

◉ 图为冬末孵化出来的初孵仔鱼，它们小小的身体上附着着大的卵黄囊，初孵仔鱼就是从卵黄囊中获取营养物质的。橙色的卵黄囊内含蛋白质、碳水化合物、维生素和矿物质，这些物质之间的配比十分均衡。

围便得以扩展了。

在洄游时，雄性一般先行，而产卵场则由雌性选，雄性在产卵场向雌性展开热烈的求偶攻势。在发育成熟的过程中，红大马哈鱼体内

◉ 许多鲑鱼都在逆流洄游的行程中因精力耗竭、敌人捕食或环境的污染而死去。当它们遇到阻拦其洄游的水电站大坝时，便会筑成"鱼梯"以便使整个鱼群到达孵化场。

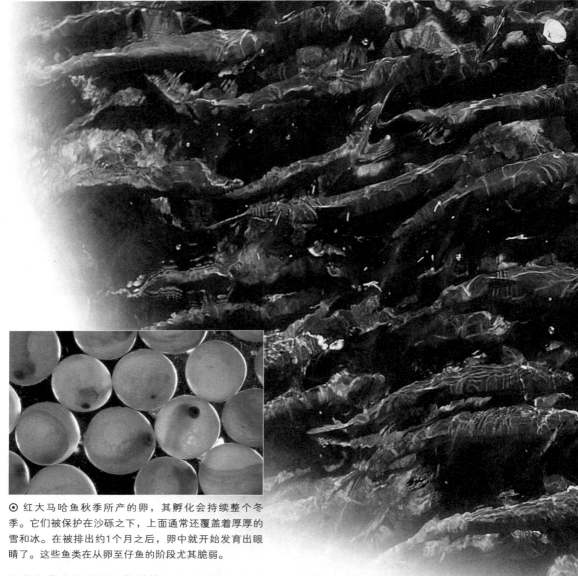

⊙ 红大马哈鱼秋季所产的卵，其孵化会持续整个冬季。它们被保护在沙砾之下，上面通常还覆盖着厚厚的雪和冰。在被排出约1个月之后，卵中就开始发育出眼睛了。这些鱼类在从卵至仔鱼的阶段尤其脆弱。

的荷尔蒙变化剧烈，使其体色也有所改变（头部变为绿色，背部变为深红色），雄性的颌变长，形如钩状，被称为钩颌。（大马哈鱼属的全部7个太平洋鲑鱼物种和红大马哈鱼都具有明显的钩颌，即"带钩的颌"。）

雌性积极地摆动自己的尾巴，在产卵场中的合适基质上挖出一个长达3米、深30厘米的巢或产卵所。雌性红大马哈鱼能产卵2500～7500个，具体数量依据成鱼的体型不同而异。一对成鱼横靠在一起产卵时，它们的身体剧烈抖动，颌张开。雄性红大马哈鱼往卵上喷射出包含了精子的乳状液体（精液），使其受精，雌性随即用沙砾覆盖在受精卵上，对其进行保护，直至受精卵被孵化出来。它们的每次产卵约持续5分钟，整个产卵周期约为2周，其间成鱼会在河床的深洞中稍作休息。每次产卵期后，它们的产卵所会被填满，需要挖掘出新的产卵所。由于红大马哈鱼在洄游的旅途上耗尽气力，又为掘巢和护卵殚精竭虑，因此在其产卵完成约1周后它们就会死去。

在孵化后，新生的红大马哈鱼在其出生的淡水或邻近湖泊中经过1年左右的发育成为仔

⊙ 加拿大不列颠哥伦比亚省内亚当斯河的理想产卵环境中，每年都有迁徙回来的大片红大马哈鱼群，它们头呈绿色，身体呈红色，十分醒目。奇数年的洄游群比偶数年的洄游群要大得多。

鱼，然后便顺流而下回到海洋中，成为幼鲑或幼鱼。它们一旦进入太平洋便迅速分布至海中央及阿留申群岛南部，在那里它们经过 2 ~ 4 年的时间发育成熟，此时其肉质呈特有的橘红色，深受太平洋西北部沿岸渔民的青睐。在其

生命的第四年夏天，这些成鱼又会游向内陆的大河河口，重复其生命循环。

红大马哈鱼是所有太平洋物种中最具经济价值的一种，原住民及其他渔民多用围网和刺网捕捉红大马哈鱼。它们脂肪含量高（这些脂肪是存储起来以备长途迁徙之用的），因此肉质特别丰润，口感上佳。

活鱼之光

　　人类作为陆生动物，在醒着的时候就已经习惯于光亮，因此对那种必须面对无休止黑暗的生活方式毫无感知。然而如果没有发光生物体的话，在大洋深处的生活就是在无边的黑暗中。请不要把这种生物发光和磷光或荧光混为一谈，所谓磷光或荧光是通过"激发"或"刺激"晶体，由非活性物质所产生的光，而生物发光却是在活着的生物体内由物质之间的化学反应所产生的光，这种物质通常是指虫荧光素和荧光素酶这类化合物。陆地上也有生物发光现象，最好的例子便是在夜空中闪光的萤火虫，或是在森林里的地面上发光的真菌。而淡水鱼类却没有这种生物发光现象。就生物发光强度和多样性而言，都以海生物种为最。

　　在现存的20000余个鱼类物种中，有1000～1500个物种能进行生物发光，其中包括6种生活在中部和海洋底部（底栖）的鲨鱼物种属，以及近190种海生硬骨鱼物种属，不过尚未发现七鳃鳗、盲鳗和肺鱼具有这种功能。这种现象最常见于灯笼鱼（灯笼鱼科）、圆罩鱼（钻光鱼科）以及几种有须龙鱼（巨口鱼科）的几个亚科（譬如无鳞黑龙鱼亚科、柔骨鱼亚科或松颌鱼、蝰鱼亚科），还有平头鱼、管肩

⊙ 树须鮟鱇科的印度须角鮟鱇正伸出发光的诱饵。该科物种的喉部伸出悬挂的触须，能发出光亮。

鱼（管肩鱼科）和琵琶鱼（多个物种科）。几个浅水和底栖物种科中也有能产生生物发光的物种，它们易于被人们捕获并进行研究，因此人们对它们的生活习性与生理特征了解得较为清楚，这其中便包括马鱼、狗腰鲗或三角仔（鲗科）、灯眼鱼（灯颊鲷科）、松果鱼（松球鱼科）、蟾鱼（蟾鱼科）物种以及数种天竺鲷（天竺鲷科）。

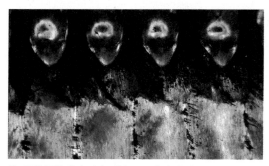

⊙ 图为深海斧鱼（银斧鱼属）复杂的发光器官，图中所示是其常见的发光器官类型。发光器官产生的光被有色细胞部分过滤后，又被反射层返回晶状体，有时发出的光被过滤后会导致颜色的改变。

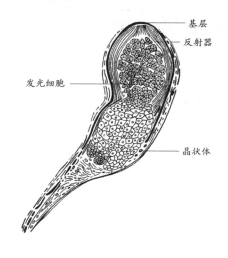

基层
反射器
发光细胞
晶状体

它们的发光源及其相关化学机制可简单分为两类。第一类是那些拥有能自发光的发光器官的物种，这些器官通常是排列成行的特殊结构，由高度发达的晶状体、反射器和有色屏组成。皮肤上的发光器官能通过发光（产生光的）细胞产生光亮，并通过晶状体和角膜状表皮（透明的皮肤组织）将光亮反射出去。平鳍蟾鱼的腹部有800多个发光器官，能产生柔和的光亮，有时甚至能发出强光，它们能慢慢调节光的强度，使之与投射在沙质水底的月光融为一体。

第二类是那些拥有发光细菌共生体的物种，这类共生体是指能与其鱼类宿主和谐相处的细菌。这些细菌生存于宿主的复杂器官中，依靠宿主的营养而生，同时为宿主产生更为明亮的光。鱼类不能控制这种外来（在外部产生）光亮的强度，也不能对细菌发出的光进行调整。针对这一不利之处，鱼类宿主便进化出一些十分有趣的机制，譬如有的鱼类有盖结构，当细菌发出的光成为宿主的阻碍或宿主不需要这些光时，就能用盖将其掩盖住。

那么鱼类的生物发光又有什么作用呢？对于大多数深海鱼类来说，这其实是一种反照明的伪装方式。在清澈的热带水域里，即使是在1 000米的深度，灯笼鱼都会被自上而下的光照得清清楚楚，从而会被向上觅食的捕食者发现。但由于灯笼鱼身体下侧的几排发光器官能发出微光，就能抵消它们的投影，从而使灯笼鱼如同"消失"了一般。灯笼鱼身体其他部位的发光器官则可彰显其物种和性别。奇巨口鱼、巨口鱼和柔骨鱼的大型眼底发光器官（位于眼睛之下的器官）能发出红光，它们还有对红色十分敏感的视网膜，因此能像"红外线夜视镜"一样来捕食那些只能看见蓝绿色光的猎物。生物发光在深海中的作用还包括诱惑猎物，譬如很多无鳞黑龙鱼长长的发光颌须，以及琵琶鱼由背部第一根背鳍刺尾部发育而成的发

光饵（诱饵）。此外，生物发光还可负责掩护，人们推测平头鱼以及某些长尾鳕或鼠尾鳕（鼠尾鳕科）能像乌贼和章鱼一样，对敌人喷出一团发光的雾并借机逃逸。

由于有了配备潜水装备的夜间水底观测者以及各水族馆收集和管理能力的提升，人们对浅水鱼类的生物发光特性才有了更深的了解。

松果鱼（日本松球鱼和澳洲光颌松球鱼）栖息在浅水中，它们显然是利用其嘴和颌中的发光器官来诱捕夜间活动的甲壳类动物。利用生物发光的完美典范是色盲的灯眼鱼，这种栖息在礁石附近的黑色小鱼眼睛下都有许多发光器官，所发出的强光30米开外都能看到。在夜晚的微光中，它们从深海游至礁石边觅食，待到天亮时分又躲入礁石深处的凹槽里。它们的生物光有多种用途，能用于觅食、吸引猎物、个体交流以及躲避敌人。灯眼鱼能开合发光器官上的黑色眼皮状结构，或能将整个发光器官在黑囊中旋转，从而产生持续的闪光。灯眼鱼所发出的光是迄今为止发现的最强的。

以上关于生物发光的简单介绍反映了人们对夜间海洋中生命的了解是何等有限。随着人类深入到夜间深海能力的增强，必定能发现更多与生物发光有关的奇特行为模式，届时人类的知识必会得到极大的扩展。

⊙ 断齿黑星衫鱼的侧翼和下侧都有黯淡的发光斑点，通过紫外线拍摄的这一特殊物种的照片上，显示了它们身体和触须上的荧光发光器官。

地下之鱼

世界上约有 40 个分属约 13 科的物种终生栖息在无光的地下水域中。究竟地下（地下生）种群是一种完全不同的独立物种，还是仅为地面（地上生）物种的高度变异，还难有定论。

洞穴鱼本没有颜色，但看上去呈粉色，这是由于它们的微小血管（毛细血管）紧贴皮肤表面，而血管中又流淌着血液的缘故。很多情况下，它们的血管（特别是那些与肋骨平行的血管）十分明显，用肉眼就能看见。

洞穴鱼通常只有退化的鱼鳞，不同物种的鱼鳞退化程度也不尽相同。事实上，其中至少有印度盲鲇鱼一个物种是无鳞的。并非所有的洞穴鱼都在洞穴栖息，例如有些物种会栖息在含水层或呈蜂窝状并布满水管的岩石层（含水土层）中。

地下鱼分布在未受近期冰河作用影响的热带和温带的温暖地区，如沙塘鳢和泥沼鳗或黄鳝都栖息在澳洲西北角的雅笛溪井中。马达加斯加分布着 2 种沙塘鳢，非洲刚果共和国分布着 1 种鲃鱼，黄鳝鱼分布于毛里塔尼亚，胡鲇分布于非洲纳米比亚，而在非洲索马里还有 3 种鲇鱼和 2 种鲤鱼。

有两种墨头鱼属鲤鱼分布于阿曼，还有一种地下鲃鱼和另一种墨头鱼类鲤鱼则分布于伊朗。另一种墨头鱼、伊拉克盲鲃和更加稀少的盲鲤则分布于伊拉克，其中前两者都栖息在哈蒂酋长神殿的污水池中。印度南部卡拉拉邦的井中栖息着印度盲鲇，这是一种胡鲇科中的小型物种。中国境内近期也发现了 3 个洞穴鱼物种（2 种鳅鱼和另一种墨头鱼）。古巴分布着 2 种淡水鼬鳚鱼——它们是海生新鼬鱼的近族。墨西哥境内也有 1 种淡水鼬鳚鱼，此外还分布着 1 种脂鲤和 1 种黄鳝物种。巴西的地下动物群也包括鲇鱼和脂鲤。美国境内的许多地方都蕴藏着丰富的洞穴物种，从密苏里州到坎伯兰郡高原乃至德州，其中便包括鲇鱼和洞鲈。洞

穴鱼也遍及新几内亚和泰国，但其分布尚未延伸至欧洲。

目前已知的一些洞穴物种所属的科或亚科基本都为海生物种科，但大多数洞穴鱼却分布在淡水中。譬如古巴、墨西哥和巴哈马群岛的鼬鳚鱼就栖息于淡水石灰岩井或池塘中，古巴洞穴中的冥河蛇鳚也都是如此，它们所属的物种科（深蛇鳚科——鼬鳚目中的一科，也可称为鼬鳚科）包括 90 余个物种，只有极少数为海生物种。

究竟这些鱼类是如何进入到淡水中的，至今人们对此仍有很多猜测。地质史上，洲际板块的漂移使陆地板块分开，分布于地下含咸水层的鱼类便可能陷入地下水中，经过很长的时间，它们慢慢适应了那里的淡水或咸水环境。这种说法虽可以解释古巴的盲脂鲤和盲须鳚的存在，但人们仍就这些物种何以在这类环境中生存的种种可能争论不休。目前已有一些证据显示洞穴鱼具有预适应性，至少美洲洞穴鱼的近族沼泽鱼便是如此。例如，亮鳉的眼睛很小，能主动避开光线，因此在沙漠地区，这些鱼类很可能随着地下水位的下降进入地下环境中生存。

洞穴鱼的进化是达尔文很钟爱的研究课题，他认为这是一种隔离与自然选择的结果，但近期的适应迁徙理论却推翻了达尔文的看法，这一新观点认为穴居物种能适应黑暗，同时仍然能与其栖息于表层的近亲交叉繁殖——墨西哥脂鲤的盲物种和有眼物种就是如此，它们会在水流进出其栖身洞穴处交汇，也可在实验室交叉繁殖。然而，最新的研究又表明达尔文的隔离理论可能仍是正确无疑的。现在脂鲤目中的丽脂鲤属的 DNA 轮廓清楚地显示，洞穴鱼与栖息于水面的物种虽然栖息地点十分接近，但却是泾渭分明的 2 个不同类群。这意味着洞穴鱼并非是有眼物种的下沉所形成的，而

是在很久以前在洞穴中自行进化而来的。

就人们所掌握的资料来看，洞穴鱼比其生活在表层水域的近族寿命更长，这可能是它们对食物来源的不规则和稀少所产生的适应性反应，它们的食物有的是在洪水季节涌入的碎屑，有的是由其他洞穴动物提供的，总而言之，最终都依靠"外界"供给。

古巴的鼬鳚鱼能产下发育完全的幼鱼，除此以外，人们还从未在野外观测到洞穴鱼的繁殖，因此，其他洞穴鱼可能是产卵物种。墨西哥盲穴脂鲤或丽脂鲤是唯一一种在水族馆进行人工繁殖（主要由观赏鱼爱好者或商业养殖者实施）的物种，直到近期人们还只是将其视为广泛分布的墨西哥脂鲤的一种洞穴物种形态而已。在繁殖策略方面，栖息在表层水域的物种和地下物种是相似的，以至于至少有一个物种能进行交叉繁殖，产下各种类型的后代，包括有眼后代、有色后代、粉色后代，乃至全盲后代。

能进行洞穴鱼的繁殖具有重要意义，这是因为它们的野生种群分布十分有限，数量稀少，而且如果不进行洞穴鱼的繁殖，那么就无从了解它们的特性，自然也就无法提升其生存的几率了。有时，置于繁殖环境中的洞穴鱼，会因为某些至关重要的因素的缺失而导致无法产卵或死亡。这时人们便需要确定这类自然产生的刺激或关键触发点究竟是什么。譬如对刚果共和国的盲须鲃而言，它们所栖息的奔腾急流可能对其繁殖特别重要（也可能并非如此），这些神秘鱼类物种大多面临着野外的重重生存危机，但目前人类对它们的了解仍然十分匮乏。

⊙ 墨西哥盲穴脂鲤是墨西哥的本地物种，它们栖息在圣路易斯波多的中央地区，在产卵时会把卵藏在岩石缝隙中。

性寄生

在那些最奇怪和迷人的动物中，栖息在大洋约 300 米深处的深海角𩽾𩾌鱼是所有脊椎动物中所含物种丰富度最高的类群，它们与其他现存生物体在很多方面都有显著的差异，其中最惊人的一点是，其物种呈现一种极强的两性二态性，还具有独特的繁殖模式：矮小的雄性能暂时性或永久性附着在相对巨大的雌性身上。其中部分角𩽾𩾌物种科的雄性成鱼体型小得惊人，例如，树须鱼科的部分物种在成熟时仅长 8 ~ 10 毫米，是"世界最小的脊椎动物"头衔的强有力竞争者。另一方面，部分物种的雌性却又十分巨大：奇𩽾𩾌和大角𩽾𩾌的雌性标本体长可达 30 ~ 40 厘米；而疏刺𩽾𩾌属雌性的体长记录则是 46.5 厘米；角𩽾𩾌的雌性可长至至少 77 厘米，这也是迄今所知的最大的角𩽾𩾌鱼物种。

角𩽾𩾌鱼的雄性不仅体型比雌性小，而且没有钓具。但大部分物种的雄性却具有十分发达的大眼和相对巨大的鼻孔。人们推测，在一片漆黑的深海，雄性通过一双大眼，以及通过雌性散发出的该物种独有的气味来寻找雌性。雄性幼鱼发育为成鱼后，其普通的颌齿会脱落，并由长在颚前端的一组钳状小齿所取代，这些钳状齿能助其迅速抓住期望的交配对象。一旦发现心仪的异性，雄性琵琶鱼就会一口咬住雌性的身体——一般都在雌性的腹部，也可能在其他任何部位，如头部、嘴唇、鱼鳍，甚至会咬住雌性钓具尖端的生物发光钓饵。

大多数角𩽾𩾌鱼的雄性仅在雌性的身体上附着一小段时间，一旦产卵完成后就会离开并开始寻找下一个雌性。不过，少数类群（已确认的 11 个角𩽾𩾌物种科中的 4 科：茎角𩽾𩾌科、角𩽾𩾌科、新角𩽾𩾌科和树须鱼科，仅指这 4 科中的区区 8 个属）雄性的附着会使两者的组织结合在一起，最终它们的循环系统也融为一体，这样雄性就永久地依赖雌性的血液所传送的营养物质而活，而雌性则成为一种自我受精的雌雄同体物种。这就是所谓的"性寄生"，这种世界上独一无二的繁殖方式只为深海𩽾𩾌鱼的少数几个类群所有。通常一个雌性个体仅有一个附着的雄性，但有些雌性上会附着 2 或 3 个雄性，极少数情况下甚至会有多达 7 或 8 个的雄性附着其上。

最早捕获深海角𩽾𩾌鱼的记录是在 1833 年，当时这条被冲到格陵兰岛西南海岸的大型雌性深海角𩽾𩾌鱼已经被鸟吃了一半并已深度腐化了。直到 1837 年，丹麦动物学家约翰尼斯·莱哈德才正式将之描述为多指鞭冠𩽾𩾌。

虽然在随后的几十年间人们获得了数百个它们的标本，但并没有人对其进行深入的研究，甚至没有生物学家发现它们都是雌性的。关于雄性究竟在哪里的问题可能要到下个世纪才会被提出并解决吧。

1922 年，冰岛鱼类生物学家本贾尼·萨姆森（1867 ~ 1940 年）在研究一个丹麦科研船丹娜号在"环绕地球"的深海探险之旅所获的标本时，震惊地发现 2 条小鱼用它们的长吻

⊙ 变形的琵琶鱼被包裹在保护性凝胶状皮肤中，图为雌性琵琶鱼，它们的吻触手（钓具）位于其眼睛之上。

⊙ 在雌性的召唤下，2条寄生雄性将自身与雌性琵琶鱼融为一体。

附着在体型较大的雌性深海琵琶鱼的肚皮上，这种琵琶鱼则是霍氏角𩾃𩽾。萨姆森并没有认出这两条小鱼就是矮小的雄性琵琶鱼，因而将其描述为同一个物种的幼鱼。仅仅3年之后，当英国研究员查尔斯·塔特·雷根（1878～1943年）解剖了附着在另一条雌性霍氏角𩾃𩽾身上的小鱼后发现它其实是一个寄生的雄性个体，萨姆森的观点便被更正过来。雷根写道：这条雄性鱼"不过是附在雌性个体上的一个附属物，完全依靠雌性来获得营养，……这种配偶联合体是如此完整而又完美，能确保其生殖腺同步发育成熟，不难想象雌性可能具有控制雄性精液释放的能力，以确保其释放时机正好符合雌性卵受精的需要"。

角𩾃𩽾鱼的性寄生如今已是一种科学常识，但人们对这种奇特的繁殖模式的认知还存在许多盲点，例如人们尚未研究其性寄生实现的生理机制，这一研究十分有趣，对生物医疗研究也可能具有潜在的重要意义。此外人们面临的另2个特别重要的问题就是：随着其循环系统的融合，雌性的体液会冲淡雄性的体液，那么雄性如何调整精子产生所必需的内分泌控制呢？在雄性和雌性组织结合时，它们又是如何压制正常的免疫反应呢？这些问题及其他许多相关问题还有待将来的部分研究者去探讨解决。

最灵敏的"电子感受器"

在某种程度上，所有的鲨鱼都能接收到水中猎物的微弱电讯，以利于捕食。对于大多数鲨鱼而言，它们的这种感觉一般只起到辅助的作用，真正起决定性作用的通常是听觉、嗅觉和视觉。尤其在袭击前的那一瞬间，这些感觉系统能充分发挥作用。但是对于槌头双髻鲨来说，这种接收电讯的能力是至关重要的，这也许就是它们头部的形状（头骨呈铁锤状）如此古怪的原因之一吧。

鲨鱼有特殊的电子感受器，感受器由数百个微小的、黑色的小孔组成，称为"劳伦茨尼器"。劳伦茨尼器是一条很深的信道，富胶质，能把接收到的微弱电讯传导到每个感觉孔的神经末梢。普通鲨鱼的吻部和下颚处都遍布着这种感觉孔，那些黑色的小孔看起来就像清晨刮脸的人傍晚已长出的短髭，感觉有些奇怪。

槌头双髻鲨也有许多感觉孔，它们分布在双髻鲨的长方形头部下侧，这些感觉孔就像金属探测器一样能扫描布满沙粒的海底。用其他方式无法找到的猎物，用这种方法却往往十分灵验，像黄貂鱼和比目鱼都喜欢埋藏在沙子里，静静地一动也不动，而且没有什么特别的气味，其他掠食者根本就发现不了，但槌头双髻鲨用感觉孔却能发现它们。

槌头双髻鲨不仅能探测到水中猎物的身体和海水交互作用产生的微弱的直流电，甚至连猎物心脏跳动引起的肌肉收缩而产生的极其微弱的交流电也能感觉到。8 种类型的槌头双髻鲨比大多数其他种类的鲨鱼感觉更灵敏，其中最大型的槌头双髻鲨，大约有 6 米长，也许是感觉最灵敏的鲨鱼。

⊙ 槌头双髻鲨通过其灵敏的"电子感受器"，能探测到埋藏在沙子里的猎物。

最灵敏的杀手

　　锯鳐在它那灵敏、扁平的大鼻子（或称吻）的边缘长满了锯齿状的外露利齿。通过左右游动，锯齿被用作撕扯浅海鱼类的武器。尽管锯鳐通常被认为是一种行动迟缓而温驯的动物，但很多鱼类诸如鳎和青鱼常在海底被它猎杀。在浅而浑浊的水中，锯鳐利用它的锯齿捕食甲壳类和其他猎物。由于不停地捕食，锯齿容易受到磨损，但它会不断地从牙床生长以保持牙齿的锋利。

　　与它的近亲鳐鱼相似，锯鳐善于在海底伪装，又与它的远亲鲨鱼类似，它以一种波浪形的方式在水中游泳，并且与它们一样，它的颌部完全由软骨组成，无任何硬骨组织，牙齿呈锯齿状。它还有一点与它们相似的地方，就是它也有一套叫作"劳伦茨尼器"的电子系统，长在它的锯齿上和头上。有了这个系统，锯鳐便能通过猎物身上发出的电场准确地找到猎物的藏身之处。

　　雌性锯鳐面临的一个问题就是生育带锯齿的小锯鳐，不过这些小锯鳐的锯齿被一层膜所包裹着，这样就能够避免出生时伤害到母体。现在所有的锯鳐（可能有 7 种）都面临的问题是生存的浅滩被污染和开发，以及被过度捕捞而濒临灭绝。

◉ 尽管锯鳐行动迟缓，然而借助其灵敏的嗅觉和"电子系统"，它们也能够成为海洋中的致命"杀手"。

最令人震惊的活"电池"

　　提起电鳗就让人想起活"电池"。电鳗能长到 2 米多长，但是它的器官都挤满在头部后面，剩下 80% 的身体都是产生电流的装置。在电鳗的尾部堆满多达 6000 个专门适合发电的肌肉细胞（或者称之为电路板），这些细胞并排地生长，就像电池的电极一样。每一个电路板都能发出低压脉冲，加起来可以达到 600 伏特，足以使人失去知觉。电鳗身体的尾端为正极，头部为负极。在游泳时它的身体一直保持笔直的状态。它用那长长的尾鳍做推动，从而可以保持身体周围有一致的电场。

　　电流几乎会影响电鳗的每一个举动。它不但会用高压电击晕或杀死猎物，还会用电流与其他电鳗进行交流，并且还会用电子定位器（一种电子反馈系统）探测水中的物体以及其他生物。鱼和青蛙是它最主要的猎物，电鳗能探测到这些动物或其他生物所产生的极其微弱的电流。电鳗的视觉不发达，但是这对它的影响不大，因为它主要在夜间活动，而且喜欢住在黑暗的水域里。

　　其他会放电的鱼类还有与之相关的刀鱼，它们周围会产生微弱的电场，使之能感觉到物体和猎物，并与同类进行交流。电鳐和电鲇也会放电，但是它们都不如电鳗放的电流令人震惊。

⊙ 海洋中的每一只电鳗就是一只移动着的"电池"。

最迅捷的吞食速度

一条很小的鱼发现一条比它还小的鱼缓慢地、诱人地朝着一块珊瑚礁游去，当它冲向那条"小鱼"时，它感觉到一股强大的吸力，一切都变黑了，这也将是它意识到的最后一件事情，因为它成为郇鱼的猎物了。

郇鱼的种类有 43 种，有不同的颜色（具有会随着周围的环境而变色的功能），大小也不尽相同，还有各种各样的伪装手段：有的看起来像海绵，有的看起来像有一层外壳的石头，有的像一簇簇的海藻，还有的像在水面上漂浮的、柔软的块状物。但是它们都有一个共同点，那就是它们都有能力使自己看起来像无生命的或者其他有生命的物体。它们还有一个背鳍已经演变成

钓鱼竿，有一根线和假的钓饵，假钓饵还会像鱼儿、蠕虫或小虾一样地摆动。它们的嘴能像巨穴一样张开，吸起东西来就像喷气飞机引擎的前端，然后又闭起来，整个过程仅仅需要 1/6 秒。

郇鱼伪装自己的方法多种多样，富有独创性，看起来都极其丑陋。但是它们的演变并不是为了取悦人类的感官。它们只是演变成一种这样的动物：能张大嘴巴，一口吞掉它们的猎物，速度比任何其他的食肉动物都要快（吞食的速度以及具体动作甚至要等到发明了高速摄影技术时才能知道）。郇鱼能完整吞掉比它们自身体积还要大的动物，这在食肉动物中并不多见。当然，它们还是世界上最高明的伪装者。

⊙ 伪装巧妙的郇鱼晃动着眼前的"钓饵"，等待猎物前来。

最令掠食者头疼的膨胀

这也许是有最多普通名称的生物了。仅仅在英语里，它就可以叫作有刺的河豚、箭猪鱼、气球箭猪鱼、棕色箭猪鱼、泡泡箭猪鱼、斑点箭猪鱼、跳远箭猪鱼、树篱猪鱼和气球鱼。所有这些名字都与它的防御硬刺有关，或者与它的膨胀能力有关，或者两者兼而有之。当它处于松弛状态时，它看起来相当普通。但是如果它受到攻击，它就会迅速使自己膨胀起来，变成一只全身带刺的球体，比它原来的体积大3倍，就像一只篮球，上面钉满了数百枚又长又细的钉子。它是通过快速吸进大量的水到肚子里办到这一切的。

它的胃在进化的过程中已经逐渐变得没有用处了（食物不在胃里消化，而是通过胃直接进入肠子），当它的身体没有膨胀时，胃就折叠成褶皱状。事实上，胃的褶皱里又有褶皱，褶皱包着褶皱，这些褶皱只能在显微镜下才能看见。

当刺鲀觉察到危险时，它立即吸入大量的水，胃就会展开，皮肤也膨胀，鳞片——平常的时候紧紧贴着皮肤——这时会突然像刺一样弹起来。它不仅不再需要胃的正常功能，而且还不需要大多数骨骼（特别是肋骨，肋骨很明显会影响它的身体的膨胀），除了脊椎以外。与刺鲀腹部膨胀相似的口腔膨胀也能用于防御：如与刺鲀亲缘关系最近的同科动物扳机鱼，也会吸入水，然后朝着海胆喷射出水，同时翻转身子以掩盖它们柔软的腹部。

⊙ 刺鲀身上长满尖刺，当它遇到危险时，身体便极速膨胀，长刺也会迅速地竖起。

游得最快的鱼

　　要测出鱼类的游泳速度是一件相当难办的事情，因为没有人能举行一场公开的鱼类游泳比赛，我们只能依靠渔夫们的估计。旗鱼的掠食行为以及它的身体构造都表明它具备快速游泳的条件。它的鼻子像喷气机，吻部似长箭，这种流线型的结构使它前进时遇到的阻力很小。毫无疑问，它的游速很快，据记录一只旗鱼在3秒钟之内就把一名渔夫的线放出了91米远，比全速奔跑的猎豹的速度还要快（虽然估计陆地上的跳跃速度与水中的全速游泳速度并不完全一样）。

　　游泳速度紧排在旗鱼之后的其他的鱼类按顺序排列有：箭鱼、枪鱼、黄鳍金枪鱼和蓝鳍金枪鱼。旗鱼以及其他的游得快的食肉动物游速快的秘诀就在于它们的肌肉组织。旗鱼有大量的白色肌肉（有利于加速，而不是为了耐力），还有大块的红色肌肉（需要更多的氧，但是有利于保持较快的游速）沿着侧腹向前推进。由红色肌肉纤维产生的大量热量被血液动脉的特殊的网状物保留住，使得血液比外面的水的温度要高。它还能把血液传到大脑和眼睛，这有利于它发现并追踪在又冷又深的水中的猎物。

　　人们发现它那大大的背鳍的实际功能就像船帆一样，在急速转弯时能帮助它控制方向，当它在围捕猎物时大大的背鳍使它的块头看起来更大。它在水面上时，背鳍起到船帆的作用，当它暴露在阳光下的时候，背鳍还能帮助体内的血液变暖。

◉ 在水中巡游的旗鱼

牙齿数量最多的鱼

要说哪种动物的牙齿数量最多还真是个难题。这要取决于你是如何定义牙齿的、牙齿替换的频率如何以及这种动物的寿命多长。我们认为哺乳动物有牙齿（珐琅质的、嵌在下巴里的、一生只换一次），而且哺乳动物当中牙齿最多的可能是纺锤形的海豚了，有 272 颗。鳄鱼有约 60 颗，但是这些牙齿要换多达 40 次，因此它们一生当中就有 2400 颗牙了。但是，如果算是牙齿的话，蜗牛和鼻涕虫的就更多了。它们口腔里有一条齿舌，能自由伸缩，往复活动，像锉一样刮取、磨碎食物，并且有很多排，多达 2.7 万颗。这些牙齿在显微镜下才能看到，由壳质组成，磨损了就会换牙。

鲨鱼的牙齿有规律地松散地嵌在肌肉纤维里，也就是相当于牙床。新老更替的过程中，老的牙齿会不断流血被新的牙齿取代。牙齿数量最多的鲨鱼很可能是鲸鲨，令人惊讶的是，它的口腔就像一个巨大的过滤器。它的口腔里有几千颗细小的、钩状的牙齿，每一颗大约长 2～3 毫米，排成 11～12 排，排列在上下颌。这些牙齿至少一年更换两次。那么倘若鲸鲨的寿命和人类一样长的话，它真的可以称得上是牙齿最多的动物了。但是，它是否确实使用了这么多的牙齿至今还是个谜。

◉ 鲸鲨的张开的口腔里布满了细小的牙齿，能咀嚼、过滤细小的鱼虾。

最小的鱼

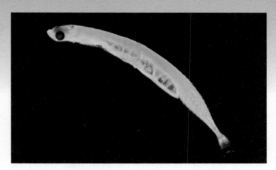

⊙ 身材娇小的胖婴鱼

　　胖婴鱼不但是所有鱼类当中最小的鱼，而且还是目前人们所知的最小、最轻的脊椎动物（即有脊椎的动物）。它打破了以前的纪录保持者——菲律宾的酏虎鱼所创造的纪录，胖婴鱼比酏虎鱼还要小 0.5 毫米，但是雌鱼要稍微大一点，也更胖些。它很奇怪，不但因为它的体型小，而且因为它那幼稚的形态——成年鱼还保持着幼鱼的特征，婴鱼由此而得名。而且，它无齿、无鳞、无腹鳍、无色（除了眼睛以外）。它的眼睛很大，但是没有人知道为什么，因为人们在自然条件下还没有观察过它。如果它的嘴巴很大但没有牙齿的话，那么它很可能是以浮游生物为食了。

　　胖婴鱼通过选择一种幼稚状态的生活方式来达到快速成熟的状态，而且也许只能生存 2 个月，这种全身透明的、蝌蚪似的鱼的繁殖速度相当快，因此进化得也快。也许正是它的这种能力使得它们生活在受人类保护的大堡礁的泻湖里相当自由，从来没有受到温度上升和风浪袭击的威胁——如果全球气温变暖，环境发生巨大改变的话。

　　澳大利亚的生物学家目前只采集到了 6 个标本，但是他们推测胖婴鱼的数量可能很多，也是食物链中的一个有意义的组成部分。这种鱼直到最近才被发现，是在确认的海洋深入研究区域发现的，于 2004 年才正式命名。由此可见，世界上还有许多别的海洋种类未被发现，很可能其中还有比胖婴鱼更小的鱼类呢。

最细长的鱼

⊙ 皇带鱼

　　这种像蛇一样的鱼被认为是某些海怪的化身。虽然有人看到过这种闪闪发光的、带状的生物靠近水面，但是它更可能生活在较深的海水里，因此它的行为和生活情况大部分对于我们来说还是个谜。它没有尾巴，但是整个长长的身体上有一条背鳍（在靠近水面或靠岸时背鳍呈亮红色），游水时随波起伏。皇带鱼利用背鳍在水中遨游，它有时还在水中垂直地游上游下——完全不像是一条鱼。皇带鱼还有两条长长的腹鳍，已经缩成了两条细长的线，像两根黄蓝色的穗一样，它们就相当于皇带鱼的桨。

　　见过皇带鱼在水中游水的人很少说它游得快，甚至有人说它很古怪。它的眼睛大大的，令人想起深海的食肉动物。因为没有牙齿，所以它其实根本不伤害人类，有人认为它是滤食动物。它确实有一个相当大的、可伸出的嘴巴，估计能吸入小虾、小鱼和鱿鱼。它的长长的腹鳍和头上细长的、像触角一样的刺毛很可能是它用来钓鱼的饵或者是它敏感的触须，因此它把它们悬起来等待猎物，而它那细长的、银白色的身体反射在蓝色的海水里使得它很难被发现。皇带鱼对于那些横向游水的掠食者来说肯定是个谜，特别是当它决定逃跑时，它垂直身体，尾部先拐弯，然后以惊人的速度游走。

现存最古老的鱼种

腔棘鱼不但很古老而且是腔棘鱼科唯一一种活着的类种，它是最古老的脊椎动物。人们以为它们早在 6500 万年前就灭绝了，可是在 1938 年，人们却在南非沿海用渔网网上了第 1 条活着的腔棘鱼。现存的腔棘鱼分布于整个西印度洋（包括科摩罗群岛、马达加斯加岛、肯尼亚、坦桑尼亚、莫桑比克和南非），最近人们在距离印度尼西亚的苏拉威西岛数千千米远的地方又发现了第 2 种与它相关的种类。

现存的腔棘鱼与它们的祖先没有什么不同，体长达 2 米，有 7 个有裂片的、像桨一样的鳍——与在 3.5 亿年前来到陆地上的动物是远亲。在海面上人们没有发现过活着的腔棘鱼，也许是因为这些鱼喜欢生活在 100 米以下寒冷的氧化水里，在温暖的水面上会死亡，因为那里根本没有液化氧。

腔棘鱼的鱼卵最大，大概有柚子那么大，重达 350 克。雌腔棘鱼一次可以产 26 个这样大的卵，怀孕期约为 13 个月——真的负荷很重。它似乎在嘴里也有一个电感器官，也许在黑暗中可以帮助它觅食。科学家还发现它们聚集在洞穴里，并且头朝下倒立着。生物学家现在正在使用特殊的潜水技术试图发现更多有关于这种神秘的"活化石"的群居方式。

⊙ 腔棘鱼是现存最古老的鱼种，被称为"活化石"。

寻找"古老的四腿鱼"

生物学中普遍认为没有生物学的记载并不意味着物种的真正绝种，腔棘鱼就是一个很好的例证。

1938年一个炎热的夏天，古森特船的船长尼润将船停靠在了南非东伦敦港口。那时，玛罗丽·考特内·拉蒂莫是东伦敦博物馆的馆长，到达此地的船长们习惯性地把她接到船靠岸的码头进行巡视，以便她收集一些鱼类标本放在博物馆中进行展示。12月22日上午10点30分，尼润船长打电话告诉她给她带来了一些鱼类标本。鱼网中是一条巨大的蓝色的鱼，长着像四肢一样的鱼鳍和一条她以前从未见过的三叶尾鳍。几经努力，终于有一位出租车司机愿意把她和这条1.5米长、油滑发臭的战利品送到博物馆。在翻阅了许多参考文献后，她最初认为这条鱼是一条"发酵的肺鱼"。

她感觉到这件事情非常重要，于是试图和位于格拉汉姆斯顿镇的罗得斯大学的鱼类研究者史密斯博士（他的名字将永远和这条鱼联系起来）取得联系。当时正值南非的夏至，温度很高。该如何保存这个重要的科学发现呢？当地的停尸房拒绝将这个鱼标本贮存在冷藏室内，最终，在当地的动物标本剥制师R.森楚先生承诺将鱼填塞处理后，停尸房才愿意接纳。他用布将这条鱼包裹起来，将其浸泡在福尔马林溶液中。

12月26日，仍然没有得到史密斯博士的回复。试验表明福尔马林并没有渗入到鱼的身体内部，其内部器官正在逐渐腐烂。实用主义的人主张将即将腐烂掉的部分扔掉，没有腐烂的部分自然会保留下来的。

1939年1月3日，史密斯博士发出了一份电报，上面

写到：骨骼和鳃，即最重要的部分要保留下来。但搜寻当地的垃圾堆都没有找到扔掉的器官。现在出现了两个麻烦。最初拍摄的有关这条鱼的照片已经被弄坏了，当时博物馆的保管人并不认为这条鱼很重要，命令将鱼皮像以前一样制成标本。2月16日，史密斯到了。他愤怒地看着这张制成标本的鱼皮，说道："我一直认为，在某一地点，或是其他某一原因下，自然界中的原始鱼类将会出现。"

为了纪念玛罗丽·考特内·拉蒂莫的发现和鱼的捕捉地库鲁模纳河，他将这条鱼命名为腔棘鱼。

为什么在如此长的时间内人们都不知道这种带有明显多刺鱼鳞的鱼的存在呢？大大的眼睛和潜伏性食肉动物外形使它看上去好像并不生活在东伦敦港附近。除了捕捉到的这一活标本，在这条鱼被捕获的地方一定还会存在更多相同的鱼——但是到底在哪里呢？

捕捞活动艰辛而又刺激。历经14年，做了大量的工作，甚至包括启用了南非总统的私人飞机。所有的工作细节都显示在J.L.B.史密斯关于"古老的四腿鱼"的著作——《腔棘鱼

⊙ 阿瑞纳·艾德曼正在与拉蒂莫鱼游泳。苏拉威西岛的渔民曾在很长时间里一直把本土的腔棘鱼认为是若加哈·劳特鱼，或者"海洋之王。"

的传说》（伦敦：朗曼出版社，格林路，1956 年）中，另外还有基斯·汤姆斯所著的书名类似的著作——《活化石：腔棘鱼的传说》（哈钦森·雷底斯出版社，1991 年）。

就在 1952 年（再一次说明这个时间）圣诞节前，史密斯接到了在科摩罗群岛的依瑞特·罕特船长的电报。电报中写到：刚接到的转发电报说到 5 条注射了福尔马林的腔棘鱼的标本捕杀于 20 号，藻德济。

虽然这个发现让科学界感到兴奋，然而科摩罗群岛（藻德济岛位于其中）的居民们却不以为然。他们非常熟悉这种鱼，管它叫蒂迈鱼（指"禁忌"，和其难吃有关），认为捕捉它们毫无意义，尽管这种鱼身上粗糙的鱼鳞可以用来给破旧的自行车轮胎补胎。

随后所有腔棘鱼都是在科摩罗群岛海域附近发现的，这使得在许多年间这片海域成为腔棘鱼的唯一分布地。随后，在 1997 年 9 月，迈克和生物学家阿瑞纳·艾德曼在印度尼西亚苏拉威西岛（距科摩罗群岛大约 10 000 千米）度蜜月时，在该海域中遇到了一种鱼，这极大更新了腔棘鱼的传说，打破了认为地球上只有科摩罗群岛是腔棘鱼的分布地的专断说法。

苏拉威西岛发现的鱼确切地说也是腔棘鱼，只是外形稍有不同。10 个月之后，当其活的标本搁浅后确认了这一事实。这些腔棘鱼颜色有别于科摩罗群岛发现的腔棘鱼（闪着金色斑点的褐色，而不是闪着粉白斑点的蓝色）。DNA 试验证实了这一点，新发现的腔棘鱼

⊙ 腔棘鱼的发现是历史上动物学领域的又一重大发现。玛罗丽·考特内·拉蒂莫仔细地勾勒出腔棘鱼的轮廓，（见右图）并指出这便是她于 1938 年在东伦敦码头周围发现的腔棘鱼。14 年之后，即 1952 年，第一个完整的腔棘鱼标本的长期搜寻工作告一段落，J.L.B. 史密斯（前左二）和依瑞特·罕特（前左三）自豪地展示着他们在科摩罗群岛中的藻德济岛发现的腔棘鱼。

⊙ "古老的四腿鱼"其实在某种程度上是不正确的描述，因为腔棘鱼习惯于游泳，而并非如史密斯所推断的那样，利用自己强壮的腹鳍和臀鳍在海底爬行。图中这条腔棘鱼来自科摩罗群岛附近。

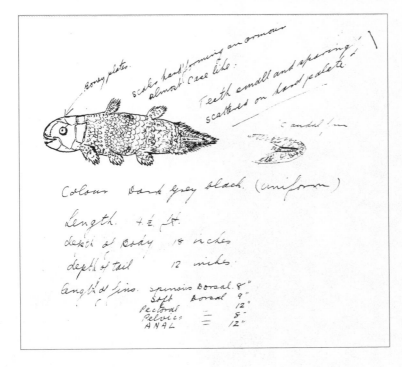

被命名为拉蒂莫鱼。

2000 年 10 月 28 日，潜水员耶西·卡亚在索德瓦那海湾，即远离南非夸祖鲁－纳塔尔海岸北部的海洋保护区，在 104 米的海域深度处发现了 3 条腔棘鱼。1 个月之后，在同一区域又发现了 3 种新的腔棘鱼的身影。这些发现说明腔棘鱼的分布与以前所推测的不同，它们可能广泛分布在整个印度洋区域。

潜入到 104 米这样的深度是非常危险的，整个行动以其中的一个潜水员发生危险而中止，他浮出水面后就停止呼吸了，再也没有恢复意识。

最长的鳍

我们知道的长尾鲨有 3 种——普通的、大眼睛的和远洋的——有迹象表明还有第 4 种长尾鲨，在墨西哥的贝加－加利福尼亚，还有待我们去描述和命名。但是普通长尾鲨是它们当中最大的，尾巴也是最长的，或者说尾部的鳍最长——最大的个体的尾鳍可能有 3 米长。

但是所有的长尾鲨的体型都基本相同，都有特别长的像镰刀形的背叶——其实几乎就是它的尾鳍。它并不是世界上最长的鳍——很可能这项纪录属于驼背鲸，驼背鲸的胸鳍或者叫鳍足非常大，可能长达 5 米多。但是相对于体型而言长尾鲨的鳍算是最长的了。

⊙ 在海洋中巡游的长尾鲨，其长长的尾鳍清晰可见。

人们认为长尾鲨利用它的尾鳍作为鞭子，当它在一群小鱼或鱿鱼周围游泳时，它不断缩小包围圈，然后用尾鳍进行有力的重击，打晕或杀死受惊的动物。有人见过长尾鲨用这种方法杀死海鸟，但是很少看到这些鲨鱼在水下觅食，所以实际上没有直接的证据可以支持上面的引起人们兴趣的理论。然而，在世界上的部分地区，杀人鲸也使用类似的技术。据有的钓鱼者证实，曾经用活饵捕到过长尾鲨，但鱼钩并不是在嘴里，而是在尾巴里。和世界上的鲨鱼一样，长尾鲨的鳍也具有商业价值，被用来制作昂贵的鱼翅汤，因此它们也被大量捕杀。

最擅长改变性别的动物

　　小丑鱼可能最出名的一点是它们对海葵的有毒的刺细胞具有免疫力，还有它们终生与某些特殊海葵的共生关系也为人津津乐道。但是它们还有一个更加特殊之处：一般来说最多6条小丑鱼占据一个海葵，其中只有两条繁殖后代，其余4条只是在那里居住，它们遵守着严格的等级制度。

　　雌鱼占据着主导地位，它的体型也最大。排在第2位的是它的配偶雄鱼，第3位是剩下的鱼当中最大的，然后依此类推。这种鱼控制着它们自己的生长，每条鱼都按照长幼强弱次序排列，每条排在后面的鱼只是排在它前面的鱼的个头的80%。任何一条失去控制而比规定

大小长得大的鱼都会被驱逐出那个海葵的家，再没有海葵的触手的保护（所有其他的海葵通常已经被占据了），所以最后肯定是面临死亡的威胁。

　　因此小丑鱼对于它们的成长很谨慎，因为它们寿命很长，它们这个小团体可以不受干扰而存在数十年。但是，当其中一条死去的时候，每一条在它之下的鱼都会受到鼓舞而长大一点，这样就又可以接纳一条幼鱼了。但是如果当家的雌鱼死了又会怎么样呢？谁来代替它呢？当然是那一对夫妻中的雄鱼了。它不但能控制自己的体型，而且还能控制自己的性别，使自己转变成雌鱼。

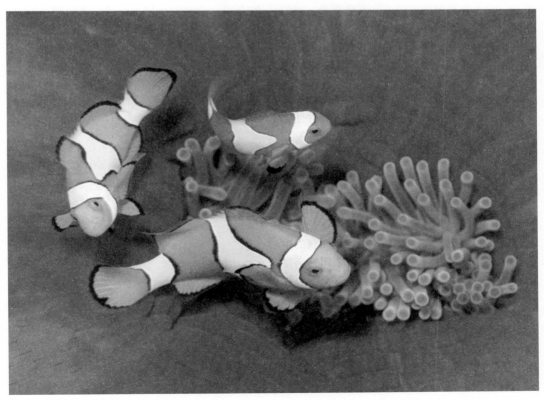

◉ 躲在海葵丛中的小丑鱼

"免费旅行家"——鮣鱼

　　鮣鱼又称印头鱼、吸盘鱼、粘船鱼，是世界上最懒的鱼。体细长，前端平扁，向后渐尖，渐成圆柱状。头稍小，头及体前端的背侧平扁，有一长椭圆形吸盘；吻很平扁，宽，前端略尖；眼小，侧位，距鳃孔较距吻端近；眼间隔很宽平，全由吸盘占据；背鳍2个，第一背鳍变成吸盘，第二背鳍长，始于肛门后上方的附近，前端鳍条较长，最后鳍条的末端伸不到尾鳍基。小鱼尾鳍尖形，大鱼渐变为叉状。广布世界热带亚热带和温带海域，中国沿海均产。

　　鮣鱼一般体长20～45厘米，最长不超过90厘米，按理说身形不大的它应该是个游泳能手才对。可事实上恰恰相反，鮣鱼的游泳能力很差，它主要是利用头顶上的特殊吸盘，吸附在鲨鱼、海龟、鲸和其他大型鱼类的腹面，跟随这些大型鱼类漫游海洋的。有时它还吸附在远洋轮船的底部，周游世界，人们称它为"免费旅行家"。

　　在欧洲的古典文学著作中，有一个古老而神秘的传说：海洋中有一种鱼能拖住船并使它放慢速度，甚至停止前进。这种鱼就是鮣鱼。

　　鮣鱼身体细长，头部宽阔扁平，第一背鳍变成了椭圆形的吸盘，很像一枚印章紧紧地嵌在头顶的背面，故得名。

　　鮣鱼吸附在大鱼的腹面，既能依仗这些庞然大物，狐假虎威地免受敌害侵袭；又能不花气力得到大鱼吃剩的食物，过着不劳而获的生活，真是一举两得的美事。每到一个饵料丰富的地方，鮣鱼就会离开它"乘坐"的"免费船只"美餐一顿，然后再寻找一条新的"船"，继续免费旅行。

　　通常体长不足1米的鮣鱼为什么能有这么大的本事呢？原来当鮣鱼把吸盘吸附在某一物体上时，就挤出盘中的水，形成真空，借助大气和水的压力，吸盘就能牢固地吸附在物体上，需要用很大的力气才能把它拉开。鮣鱼的这一特性早已被渔民发现了，渔民们将它当作一种捕获大海中珍贵动物的工具。

　　海洋世界中除了鮣鱼之外，还有大约100种鱼在使用吸盘，但这都是一些小型鱼，它们小到了吸盘长30厘米就可以被称之为"大鱼"的程度，而且吸盘长在它们的胸部，这与鮣鱼截然不同。更重要的是，它们使用吸盘并非为了"免费旅行"，而是要使它们牢牢地固定在海底某一点上不被水流冲走。

　　由此可见，只有鮣鱼才有资格被称为"免费旅行家"。据说，桑给巴尔岛的渔民在抓到鮣鱼后，会把它的尾部穿透，再用绳子穿过，为了保险，再缠上几圈系紧，拴在船后，一旦遇到海龟，他们就往海里抛出2~3条鮣鱼，不一会儿，这几条鮣鱼就吸附在大海龟的身上。鮣鱼原想高高兴兴地周游一番了，谁料到，这时渔民已在小心地拉紧绳子，一只大海龟连同鮣鱼便又回到了船舱里。

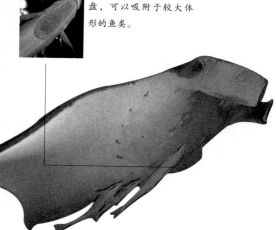

鮣鱼头顶上的椭圆形吸盘，可以吸附于较大体形的鱼类。

⊙ 吸附在魔鬼魟体表的鮣鱼，它们之间是合伙关系。

"孕男"雄海马

　　海马和马并没有什么特别的联系，它并不是生活在海里的马，而是一种长相奇特的小型鱼类。它有一个像"龙"似的外形，与马相似的头，一条明显的向外突起的骨栉状脊椎，从头部和躯干相交的直角状顶端一直延伸到卷绕的尾尖。它在水中游动时，利用背鳍的扇动，将身子垂直着上下游；当它停下来休息时，则依靠蜷曲的尾部将水藻缠住以固定身体。

　　海马以小型甲壳动物为食，主要分布在北太平洋西部的浅海地区。我国的海域里也有这种小型鱼类，南海、东海分布最多。

　　海马生儿育女的方式非常特殊，就是由雄性海马代替雌海马怀孕和生产。这主要是由雄性海马独特的生理结构决定的。海马的生理结构具有明显的鱼类特点。在雄海马的臀鳍末端，有一个类似于袋鼠"育儿袋"的"孵卵袋"，由两层皮膜折叠而成。袋壁中有为"胎儿"提供足够营养的大量血管。

　　雄海马要完成"怀孕"和"分娩"两个过程。海马的繁殖期大约在每年谷雨过后。交配的时候，雌海马把突出的输卵管插进雄海马的育儿袋中，将成熟的卵一粒一粒地送进孵卵袋。与此同时，雄海马也排出精子，这样，精子和卵子在袋里相遇、受精，雄海马孕育下一代的重任就从此开始了。

　　大约二三十天后，海马宝宝渐渐地发育完全，雄海马的育儿袋也越来越大，"分娩"即将到来。在"分娩"之前，雄海马的呼吸开始变得急促，情绪紧张。一般在黎明时分开始生产。此时，雄海马的身体剧烈地前后伸屈，腹部强烈地收缩。经过几次抽搐、痉挛后，小海马终于一尾一尾地从育儿袋中出来了。刚刚出生的小海马非常小，通常只有几毫米长，但可以独自在海水中游泳。

　　"父亲生子"虽然是动物界非常奇特的现象，但我们可以看到，生育过程不管由谁来完成，每一个小生命的诞生都凝聚了父母的心血。因此，所有的人都应该学会感恩，感谢赋予我们生命的父母。

臀鳍

鱼鳞

卷绕的尾巴

◎ 蜷缩着身体的海马

◎ 海马的身体外部构造

飞鱼的飞行技术

"海阔凭鱼跃，天高任鸟飞。"这句话讲的不仅是做人的道理，也是动物的生活习性。众所周知，鱼儿离不开水，但是却有一种鱼例外，它就是飞鱼。

皮色泛着蓝光的飞鱼主要生活在热带和亚热带海区。这些长相奇特的鱼，身体呈流线型，又细又长又扁。两鳍展开的时候就像鸟儿展翅。有时它们会浩浩荡荡地冲出海面，可一会儿又潜入海中，没过多久又冲出海面飞翔。这些飞鱼之所以能飞，主要依靠的是它们发达的长可达臀鳍末端，宽约 7 ~ 10 厘米的胸鳍。每当它们展开胸鳍飞翔时，不仔细看就像燕子一样，所以飞鱼还有一个名字，叫"燕儿鱼"。

飞鱼以海中细小的浮游生物为主食，每年的四五月份，它产"崽"，繁殖后代。它的卵又轻又小，卵表面的膜有丝状突起，非常适合挂在海藻上。渔民们根据飞鱼的产卵习性，在它产卵的必经之路，把许许多多几百米长的挂网放在海中，重重叠叠的渔网使飞鱼如同游进了密密的马尾藻林，它们自投罗网，在网中产卵，并怡然自得。

飞鱼长相奇特，胸鳍特别发达，像鸟类的翅膀一样。长长的胸鳍一直延伸到尾部，整个身体像织布的"长梭"。它凭借自己流线型的优美体形，在海中以每秒 100 米的速度高速运动。它能够跃出水面十几米，在空中停留的最长时间是 40 多秒，飞行的最远距离有 400 多米。飞鱼的背部颜色和海水接近，它经常在海水表面活动，颇似一架掠浪而过的"小飞机"。

飞鱼练就一身飞翔的本领也是残酷的生存环境逼出来的。原来，飞鱼的视力很差，所以

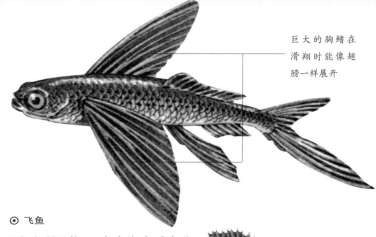

⊙ 飞鱼

巨大的胸鳍在滑翔时能像翅膀一样展开

在大海中觅食非常困难。为了生存下去，既要吃饱又要防范其他海洋生物的攻击，飞鱼就必须练就"一技之长"。它们只能飞起来，以水面上的昆虫为食。同时，飞鱼飞行的绝招也使得它们避免了大鱼的追逐，逃脱了天敌的攻击，从而得以保存性命。

其实，从生物学的角度讲，飞鱼的飞行并不是真正的飞行，只是滑翔。没有翅膀的它们，由于身体两边紧挨头部的地方生有一对又宽又长的胸鳍，所以每当它从水底高速地游近水面并跳出水面时，它身体两侧的又长又宽的胸鳍就像翅膀一样展开，这样产生的浮力会把它送上天空，飞鱼会随着上升的气流像鸟儿一样飞在天空，其实这只是一种滑翔。一般情况下，飞鱼滑翔的高度与持续的时间都很短，一般高度是距离水面 1.2 米，最高也不会超过 10 米，时间则不超过 60 秒。

但是，当它受到水下凶猛生物的进攻时，

它能以每小时 40 多千米的速度迅速飞离水面。假如顺风且风力适当，飞鱼还可以在离开水面达四五米的空中飞行二三百米呢。

飞鱼多年来引起了人们的兴趣，随着科学的发展，快速摄影揭开了飞鱼"飞行"的秘密。其实，飞鱼并不会飞翔，每当它准备离开水面时，必须在水中高速游泳，胸鳍紧贴身体两侧，像一只潜水艇稳稳上升。飞鱼用它的尾部用力拍水，整个身体好像离弦的箭一样向空中射出，飞腾跃出水面后，打开又长又亮的胸鳍与腹鳍快速向前滑翔。它的"翅膀"并不扇动，靠的是尾部的推动力在空中作短暂的"飞行"。仔细观察，飞鱼尾鳍的下半叶不仅很长，还很坚硬。所以说，尾鳍才是飞鱼"飞行"的"发动器"。如果将飞鱼的尾鳍剪去，再把它放回海里，那么，没有像鸟类那样发达的胸肌，本来就不能靠"翅膀"飞行的断尾的飞鱼，就再也不能腾空而起，只能在海中默默地生活，度过"残生"。一般地，飞鱼用跳向空中的方法逃离敌手。飞鱼冲出海面能在空中滑翔 100 米之远，然后再跳入水中。飞鱼的"翅膀"是扩大了的鳍。有些飞鱼用一对鳍滑翔，有些如下图所示用两对鳍滑翔。

南极鳕鱼的抗冻本领

大千世界，无奇不有。在南极水域生活着一种鱼——鳕鱼，这种鱼极为耐寒。

在 –1.9℃ 的水中，如果是温带鱼，一放进去，马上就被冻成了冰块；而鳕鱼却能自由自在地游来游去。在 –2℃ 的水中，鳕鱼的代谢速度相当于热带鱼 10℃ ~ 20℃ 时的水平。如果温度上升到 6℃ 时，就会因受"热"而死。

原来在它的血液中含有一种肝糖蛋白质。这种肝糖蛋白质是一种生物大分子，由 2 个半乳糖和 3 个氨基酸组成一个单元，许多单元又通过化学键连成一根长长的链条，在血液中盘绕蜷曲成松散的线圈——无规线圈。由于表面张力的缘故，使得这种无规线圈的表面结冰，需要极低的温度。而一旦结了冰，表面的不规则性又会增大。这样反复几次，冰点就会大大降低，鳕鱼便因此具有了极强的抗冻能力。

生物抗冻素的发现，给了科学家极大的启发，假如冰冻确实可以保存生命，那么许多重要的器官（大脑、心脏等）的移植以及垂危病人的抢救等医学问题就可以迎刃而解了。如今，医学上已成功地用局部冰冻损伤的方法来治疗癌症和溃疡，有效利用低温来保存血液、精液等。除此之外，生物抗冻素和低温酶等活性物质的发现及其机理的阐明，使人类有可能通过基因工程的手段来人工控制基因。

⊙ 太平洋鳕

⊙ 五须鳕

能自我爆炸的魔鬼鲨

"魔鬼鲨"的学名为加布林鲨鱼，是一种生活在深海的凶猛的食人鲨，"魔鬼鲨"之名也由此得来。它的牙齿就如同一把把寒光闪烁的三角刮刀一般锋利异常。特别是它的鼻吻，比以凶猛残忍著称的虎鲨还要尖、还要长，样子十分恐怖狰狞，让人望而生畏。

加布林鲨鱼的特别之处并不在其凶猛，而在于它的自我爆炸。到目前为止，世界上还没有任何人看到过一条活的魔鬼鲨，更别说捉到一条完整的魔鬼鲨了，因为魔鬼鲨一旦身陷困境而又不能脱身时，它就会将自身炸得粉碎，情愿粉身碎骨也不愿成为"阶下之囚"。所以一般情况下，人们见到的只不过是魔鬼鲨支离破碎的残体而已。

魔鬼鲨自爆后留下的身体碎块，与砖石或瓷器的破碎情况极为相似，几乎所有的断口都参差不齐。魔鬼鲨的皮肉很厚，缺乏韧性和弹性，表皮坚硬得如同陶器制品一样。瓷器碎片

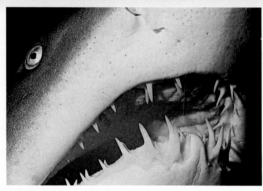

⊙ 魔鬼鲨

的断口可以完全拼接在一起，爆炸后的魔鬼鲨碎片也可以拼接，甚至可以丝毫不差地呈现其本来面貌。

到现在为止，人类对魔鬼鲨在危难关头自爆身亡的秘密还一无所知，因而究竟是魔鬼鲨的哪些身体构造可以爆炸，仍是一个谜团。

电力强劲的海底伏击者

电鳐鱼多生活在大西洋中，它身长约2米，体重足有100千克。它的身体是扁的，头部和胸部相连，很像一个大圆盘，后面还连着一根粗棒似的长尾巴，整个体态就跟一把芭蕉扇差不多。它的皮肤是暗褐色的，上面还有许多蓝色或黑色的大斑点点缀着，色彩十分鲜艳。其身上没有鳞片，很光滑。这种鱼在我国东海、南海时常可见。

至于生活习性，电鳐鱼喜欢潜伏在海底泥沙里，一般只露出一双眼睛观察周围的动静。当它从泥沙中钻出来的时候，那就表示已饿得不行了。这时，它会将过路的鱼、虾当成猎食目标，

向它们放电，等这些被它看上的猎物被击昏之后，它就把它们吞掉。饱餐之后，电鳐鱼又重新沉入海底，趴在那里一动不动了。当有敌害来侵犯时，它会马上施展放电的本领用来自卫。

电鳐鱼的发电形式与我们常用的交流电或直流电不同，它所发的是脉冲电。因此在每次放电完毕之后，它都需要稍事休息，然后再放电，再休息。它的脉冲频率比较快，一般可在10～30分钟内放电1000～2000次。不过，在捕捉它的时候并不存在危险。因为电鳐鱼在落网后，会不断地放电，等到被提上甲板时，它已经筋疲力尽，没有力量放电了。

海洋鱼类中的"歌唱家"

唱歌，既不是人的专利，也不是鸟儿的专利，海洋里的鱼类也会唱歌。有所不同的是，鱼类婉转动听的歌声可能会给人类带来一些麻烦。

在我国辽阔的东南海域生活着一种叫作鲂鮄的鱼。这种鱼有一对特别漂亮的翅膀，更令人惊叹的是它们能发出像哨笛一样的优美声音。在地中海地区有一种鱼，叫作鹰石首鱼。每当夜深人静的时候，人们就能在船上或海边听到一种美妙的"歌声"。与鹰石首鱼相比，蟾蜍的歌声可能算得上是鱼类歌唱界的"个性摇滚"了，因为它竟然能发出猪叫一般的声音。南美鲇则能发出与海水低沉的轰鸣类似的声音，而它一旦出水，即使在几十米之外也能听到它的声音。不过，这些会唱歌的海洋鱼类都有一个共同之处，那就是它们在产卵期或摄食时，发出的声音都特别洪亮。这可能是它们互相联络的一种信号吧！

这些海洋生物的"美妙"歌声在特殊的情况下，也曾给人类带来一些麻烦。第二次世界大战期间，为了防御德国潜艇的袭击，美国在大西洋切萨皮克湾入口处设置了海底声呐站。1942 年春季的一天，美军声呐兵突然接收到强烈的声信号。他们认定是大队的德国潜艇向自己驶来了，于是立即出动，准备进行一场反潜战。可等了很长时间，也没有发现潜艇的任

⊙ 海洋中的"歌唱家"

何踪影。事后，他们才知道原来这些强烈的声信号来自一群细须石首鱼发出的声音。它们的"歌声"有的像鼓声，有的像碾轧声，有的像猫叫或人的口哨声，而有的又像蜜蜂和鸟的飞翔声。难怪会引起美军的一场虚惊。

海洋生物发声的现象给了人类很多的启示。目前，对海洋生物声波通信的研究正在进行之中，相信在不久的将来，人类就可以揭开其中的奥秘。

比目鱼的两只眼睛为何生长在同一侧

比目鱼分布在从热带到寒带的广阔水域，多生活于沿大陆架中等深度的海水中，但有些则有时进入或永久生活于淡水中。

比目鱼的模样长得很奇怪：扁扁的身体，左右很不对称，一边突出，一边平，仿佛是鱼的半边。更有趣的是，两只眼睛长在身体的同一侧，背鳍则一直伸到了头前面。我国古代就有关于比目鱼的记载，《尔雅·释地》说："东方有比目鱼焉，不比不行，其名谓之鲽。南方有比翼鸟焉，不比不飞，其名谓之鹣。"《本草纲目》中也说："鱼各一目，相并而行。"古时候，人们以为比目鱼是雌雄双双并排在一起游动的，好像夫妻并肩前进，因此就有"凤鸟双栖鱼比目"的佳句，用鹣鲽比喻恩爱夫妻。

其实，比目鱼并不是两条鱼携手同行，而是一条鱼，嘴偏在头一旁，眼睛都长在同一侧。

普通比目鱼类　　　　大比目鱼，一种扁平的大海鱼

鲽，比目鱼的一种，一种扁平的海水鱼　　　　孙鲽，比目鱼的一种

⊙ 群居的比目鱼类

当然，不同类的比目鱼，头眼也生得不同。鲆和舌鳎（又叫箬鳎鱼）的两眼长在左面，鲽和鳎的两眼却长在右面。比目鱼身躯呈长椭圆形，扁得像只鞋底，因此，比目鱼又叫"偏口鱼"、"鞋底鱼"。

比目鱼常常单独栖息在海底，侧着身体躺在海底沙滩上，那突出的长着两眼的一面，总是朝上，凝视着水域里的动静。它向上一边体色较深；向下一边体色较淡，没有眼睛。它游泳的时候，身躯微微偏斜，仍旧是有眼的一边向上。

⊙ 海滨的比目鱼

深海鱼类结群游动之谜

　　无论是在关于海底世界的纪录片中，还是在海洋馆中，我们都可以看到成群的鱼儿游来游去。它们排着整齐的队伍，仿佛训练有素的军队。它们这样游动有什么好处吗？

　　科学家在海洋中研究鱼群时发现，鱼群在游动中都遵循一定规律。首先是它们的个头大小都差不多，并且十分整齐地排列着，有前排、后排之分。有意思的是，在鱼群游动的过程中，前排和后排的鱼儿每隔一段时间还会自觉变换方向。

　　许多人都很奇怪，许多生活在陆地的群居动物中，总有一名是首领，然后大家在这名首领的指导下，相互协作，这样有利于群体御敌或捕食。但并没有鱼王存在于鱼群中，它们为什么一定要过集体生活呢？

　　经过研究，科学家们发现鱼群向前游动时，前排的鱼带动水流，后面的鱼在前排的鱼带动

⊙ 飘忽不定的洋流有时会打乱五彩斑斓的深海鱼类的游动路线。

　　的水流之中，不需要消耗太多的能量，身体就能很容易地随着水流向前游动，并且游动的速度和前排的鱼保持相同。

　　由此可以看出，后几排的鱼都在前排的鱼产生的水流的冲击下，轻松地向前游。科学家说，庞大的鱼群中，至少有一半的鱼是在同伴的帮助下采用这种省力方法向前游的。像黄鱼、带鱼等很多需要进行长距离洄游的鱼类，都是以庞大的队伍向前游动的，在漫长的旅程中，通过这种方法，它们节约了许多能量。

　　由此可见，鱼类的结群并不像别的动物一样，是为了捕食或害怕孤独等。从它们的行为中，或许我们可以借鉴一些，应用在航天、航海中。

科学工作者从鱼类结群游动中得到启示，正努力发掘奥妙无穷的海底世界。

⊙ 许多鱼类喜欢成群结队作集体防御和觅食，图中的鱼群便是一例。

撞物的箭鱼是怎样防备自我伤害的

如果告诉你有一条鱼能够击沉一艘军舰，你一定会以为是在开一个不着边际的国际玩笑。的确，对一般的鱼来说，去撞击军舰，无异于鸡蛋碰石头。但有一种鱼却是千真万确地能够击沉庞大的军舰，并且自己毫发无伤。这种鱼叫作箭鱼。

在第二次世界大战期间，有这样一个真实的故事。那是在二战快结束时，一艘名为"巴尔巴拉"号的英国轮船在一次横渡大西洋的定期航行中，值班水手突然在船的左舷发现了鱼雷。顿时，轮船上警报声四起，所有人都惊慌失措地往甲板上跑去。当时主舵手以为是敌人的鱼雷来了便拼命地转舵以改变航向。人们从船舷看过去，只见一个椭圆形的黑色物体正以极快的速度冲向轮船，在它的身后还掀起了一道白浪。紧接着便听到一声震耳欲聋的巨响，轮船立刻开始剧烈地震动起来。船上所有的人都被这从天而降的"鱼雷"吓呆了。可是惊魂未定之时，轮船并没有像所担心的那样爆炸，只是船底被撞出了一个大窟窿，海水从大窟窿里大量地涌了进来。而此时那可怕的"鱼雷"又突然改变了方向，往另一个方向冲去。此时，船员们才弄清楚，所谓的"鱼雷"原来只是一条巨大的箭鱼。

科学研究者发现，箭鱼的身躯重达半吨，在它猛力攻击的刹那，其最大的前进速度可以达到每小时 120 千米，在这个速度下，可以形成巨大的作用力。一旦用于进攻，是十分骇人的。

在英国的自然历史博物馆里，直到现在仍然陈列着这样的物品：被箭鱼击穿的半米厚的船板。在"二战"期间，美国也有一艘油轮在横渡大西洋时，被箭鱼击穿船舷，当时船上的美国人就像目睹了一个奇迹一样，他们对箭鱼的力量感到不可思议。前几年还有更令人吃惊的报道说一艘英国军舰居然被箭鱼击沉。这样看来，"活鱼雷"的称号对箭鱼来说是毫不夸张的。

看到这里也许会有读者提出这样的问题：一条箭鱼，也不过是血肉之躯，何以能够承受住冲击时产生的巨大的反作用力呢？它在撞物时何以能够避免自我伤害呢？答案还需从箭鱼的身体构造找。

原来，箭鱼身体两侧的肌肉非常结实，而且它身上脊椎间有一个软骨悬垫，这是它冲击时极好的避震器和缓冲器。而箭鱼的"箭"的基部骨骼的结构是蜂窝状的，每一个蜂窝孔中都充满油液，就像一个多孔的冲击消除器。箭鱼的头盖骨结合得非常紧密，同时还与"箭"的基部形成一个整体。正是箭鱼身体的这种特殊构造，使它不但能猛烈地冲击外物，而且能使自己免受伤害。

箭鱼击沉军舰的现象引起了很多工程技术人员尤其是航天飞机设计师们的极大兴趣。他们发现箭鱼的身体结构包含了很多复杂的力学原理。相信通过对箭鱼的研究，我们一定可以从中得到不少的启发。

⊙ 装甲很厚的军舰在"活鱼雷"箭鱼面前显得无能为力。

◉ 海明威自豪地向人们展示一条重达400千克的箭鱼。

鲨鱼不患癌症之谜

鲨鱼是一种典型的大型肉食性动物。它们非常贪婪，海洋中的各种动物，甚至海鸟、木箱等统统都是它的腹中美食，甚至它还吃自己的同类。这一切都得益于鲨鱼高超的游泳技术、灵敏的感觉器官和一副好胃口。现在的鲨鱼约有 8 个目、30 余科、350 多种，分布在全球各个大洋的水域里。每一种动物能够在大自然"物竞天择"的规律下生存下来，自然有其先天和后天的优势，鲨鱼也不例外。

天性凶残的鲨鱼是当今最大型的鱼类之一，和鳐鱼、银鲛同属软骨鱼类。它在地球上出现的时间比恐龙和人类还早，至少有 3.5 亿年。

科学家们通过对鲨鱼的研究，发现鲨鱼很少得病，更不会患癌症，即使在海洋污染相当严重的今天，鲨鱼仍不会受到疾病的侵袭。许

⊙ 用从鲨鱼体内提炼出来的鱼肝油制成的药片

多科学家都试图揭开鲨鱼抵抗癌症的秘密，以求给人类治疗癌症带来福音。

经过多年深入研究，美国一些科学家发现了一种非常奇怪的物质，这种物质几乎存在于鲨鱼所有的细胞中。这种物质是一种效果奇佳的"抗生素"，能够杀死几乎所有外来的病原

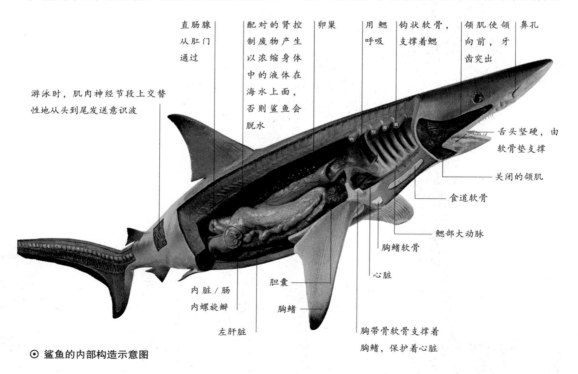

直肠腺从肛门通过

配对的肾控制废物产生以浓缩身体中的液体在海水上面，否则鲨鱼会脱水

卵巢

用鳃呼吸

钩状软骨支撑着鳃

颌肌使颌向前，牙齿突出

鼻孔

游泳时，肌肉神经节段上交替性地从头到尾发送意识波

舌头坚硬，由软骨垫支撑

关闭的颌肌

食道软骨

鳃部大动脉

胸鳍软骨

心脏

内脏／肠内螺旋瓣

胆囊

胸鳍

左肝脏

胸带骨软骨支撑着胸鳍，保护着心脏

⊙ 鲨鱼的内部构造示意图

体微生物。因此，科学家们推测，鲨鱼之所以具有超强的抗病能力，正是因为有了这种神奇物质的保护，科学家将这种物质命名为"鲨鱼素"。

"鲨鱼素"的杀菌本领是任何现有的抗生素都比不上的，其最大的特点就是能够快速有效地杀菌。癌症的重要诱因是病毒的侵袭，而鲨鱼靠着"鲨鱼素"能成功抵御病毒入侵，从而得以成功地摆脱癌症的侵袭。

有学者研究认为，鲨鱼能在海底500～1000米深处的恶劣环境下自由自在地生活，其旺盛的精力和生命力来自其肝脏中所含有的特殊成份鲛鲨烯。鲛鲨烯又名鲨烯，是一种碳氢化物。鲨烯能向细胞供应大量氧气，使细胞恢复活力，提高身体的自然治愈能力。鲨烯的功能主要分为四方面：促进血液循环，帮助预防及治疗因血液循环不良而引致的病变，如心脏病、高血压、低血压及中风等；活化身体机能细胞，帮助预防及治疗因机能细胞缺氧而引致的病变，如胃溃疡、十二指肠溃疡、肠炎、肝炎、肝硬化、肺炎等；全面增强体质，延缓衰老，提高抗病（包括癌症）的免疫能力；消炎杀菌，帮助预防及治疗细菌引致的疾病，如感冒、皮肤病、耳鼻喉炎等。鲨烯具有类似红细胞摄取氧的功能，生成活化的氧化鲨烯，随血液到机体末端细胞中释放出氧，从而增加机体组织氧的利用能力，活跃体内生物氧化还原反应，提高能量的利用效率，加速缺氧引起的各种疾病的恢复。

鲨鱼的超级免疫系统和如此强大的生命力引起世界科学界的关注。研究发现，鲨鱼身上能够分泌出一种抑制癌细胞的化学物质。这样，就从另一方面诱发人们去尝试着从它们身上提取抗癌物质。现在，人们已能从鲨鱼软骨内提取出一种具有抗动脉粥样硬化和抗血管内斑块功效的"硫酸软骨素"。这种物质能降低心肌耗氧量，降低血脂及改善动脉供血不足，对治疗心脏病有一定效果。科学家把鲨鱼体内各个器

官组织分解提取其中心物质，分析其化学结构，发现鲨鱼软骨中含有多种有效成分。鲨鱼软骨是动物机体最重要的无血管组织，其中除含有丰富的"血管生成抑制因子"外，还富含人体必需的软骨素、钙、磷、锌、黏多糖等多种矿物元素，对人体关节起消炎作用，还能修复受损关节，抑制关节退化，对中老年腰腿痛、关节痛、肩周炎等疗效显著。其丰富的黏多糖、矿物质成分迅速被人体细胞吸收及活化，长期服用可保持身体强健，防止骨质疏松。鲨鱼软骨所特有的"血管生成抑制因子"使为癌症服务的血管增生受阻，无法供应营养而使癌细胞萎缩；肿瘤又因自身细胞代谢的毒素无法通过血管排出而被抑制。所以，鲨鱼软骨制品在发达国家又被视为抑制癌症肿瘤的理想食品。

目前，癌症这种恶性疾病严重危害着人类的健康，其发病率也在逐年升高，已经成为许多国家中居民死亡的第二号杀手。科学家们一直在攻克癌症的道路上努力探索着，他们不断研究一些从来不得癌症的动物或植物，试图从它们身上得到一些启示。因此，他们当然希望能将鲨鱼素应用到癌症的治疗中，但这需要极高的技术条件。值得高兴的是，研究人员已经发现，鲨鱼素的分子结构与引发冠心病等病症的胆固醇极为相似。目前，科学家们已经成功合成了这类物质，看来人类在与癌症的对抗中更为主动了。

⊙ 在海底游弋的鲨鱼

鱼类变性绝技探秘

　　某些鱼类真奇妙，生长到一定阶段后，"男"会变成"女"，或者"女"变成"男"。比如脸上有一两条白色条纹、颇似京剧中的丑角的"小丑鱼"。小丑鱼的鱼群通常具有等级制度，雌鱼位于最顶层。如果最顶部的雌鱼死亡，具有最高统治地位的雄鱼就变成雌鱼并取代她的地位。这就是我们常说的"变性"，生物学上也叫"性逆转"。性逆转的动物主要是因为体内既有雄性生殖器官又有雌性生殖器官，一般状况下只表现出一种，而当某些时候，被抑制的另一个器官被激发，便显示出另一种性别。

　　其实，变性现象在低等海洋动物中并不少见。有些鱼类更加奇特，如珊瑚礁中的石斑鱼，当这一海域雄性多、雌性少时，一部分雄性石斑鱼就会变成雌性；而当这一海域雌性多、雄性少时，一部分雌性石斑鱼就会变成雄性。更为奇特的是，生活在美国佛罗里达州和巴西沿海的蓝条石斑鱼，一天中可变性好几次。每当黄昏之际，雄性和雌性的蓝条石斑鱼便发生性变，甚至反复发生5次之多。这种现象既叫变性，又叫"雌雄同体"和"异体受精"。科学家们分析，或许是因为鱼的卵子比精子大许多，假如只让雌性产卵，负担太重，代价太高。而假如双方都承担既排精又排卵的任务，繁殖后代的机会会更多一些。红鲷鱼变性的例子更加典型。

　　红鲷鱼的家庭很大，一般由一二十条组成，由一条雄鱼当"一家之主"，其余的都是它的"妻子"，可以说是典型的"一夫多妻制"。但当这条雄红鲷鱼死了，雌红鲷鱼就会悲伤地在它的周围游动着。时隔不久，一条较为健硕的红鲷鱼就会逐渐由雌性变成雄性，充当"一家之主"，带领其他雌红鲷鱼维系新的家庭生活。

　　有一位生物学家专门做了一个有意思的实验，来证实红鲷鱼确实能够变性。他从深海里捕来一群红鲷鱼，养在一个玻璃缸里仔细观察。雄红鲷鱼游在最前面，一群悠然自得的雌红鲷鱼跟在它的后面。后来生物学家将这条雄红鲷鱼放在另一个玻璃缸中，两个鱼缸紧紧相临，使雄红鲷鱼和雌红鲷鱼可以互相望见。在这种情况下，雌红鲷鱼依然如往常一样生活着。可是当生物学家将雄红鲷鱼与雌红鲷鱼彻底隔离时，雌红鲷鱼便开始慌乱，一条健壮的雌红鲷鱼很快就变成了雄红鲷鱼。

　　那么，红鲷鱼怎么会突然变性了呢？这得从红鲷鱼的身体特征说起，原来雄红鲷鱼身上有雌红鲷鱼非常敏感的色彩，而且还能在水下发出一种特殊的信号。如果雄红鲷鱼的色彩消失了，身体最强壮的雌红鲷鱼的神经系统便会最先受到影响。它身体内的腺体会分泌出大量

⊙ **雄红鲷鱼和它的"妻妾"们**
红鲷鱼有火红的保护色，外形美丽，通常群体是由一条雄红鲷鱼作为"家长"带领，其余全为雌性。当"家长"死后，雌性中体格健壮的红鲷鱼会变为雄性率领这个群体。

⊙ 雌樱鱼体长17厘米，雄鱼20厘米，雄鱼较大。但幼鱼全是雌的，它们长大产卵后，身体较大的雌鱼将变为雄鱼。

的雄性激素，然后卵巢消失，精巢长成，同时身体更加健硕，鳍也随之变大，一条雄红鲷鱼就这样形成了。

其实从地理学和分类学的角度来说，生命周期中存在变性现象的动物非常多，包括鱼类、棘皮动物和甲壳类动物等。但是，这些动物在有性生物中只占很小比例。与变性现象相关的理论大都将注意力放在与雄性和雌性相关的生殖成功方面，并且大都是基于大规模的实验模型。科研人员得出结论，鱼类变性，由个头来决定。我们知道，鱼类首先进行的是躯体生长，也就是营养生长，并且躯体生长达到一定程度时性腺生长（生殖生长）才开始进行。发生变性的鱼类主要有两种，一种是首先出现雌性，即第一次性成熟为雌性的卵巢，以后转变为雄性的精巢，称为"首雌特征"；有的则是性成熟为雄性，具有精巢组织，然后再转变为雌性，称为"首雄特征"。

鱼类变性的目的，主要是为了能最大限度地繁殖后代和使个体获得异性刺激。而为什么脊椎动物中只有鱼类会发生变性现象呢？专家认为，高等脊椎动物个体间的分化不断增加导致了这种现象的发生。

现在科学已经证明，外源激素能让不能变性的鱼类也过一把变性瘾，无论是仔鱼还是成年鱼类，经过适当的处理，就可得到单性或原发单性种群。因为，雄性的鱼类普遍都比它们的雌性伙伴重，而且生长速度也更快。因此，为了给人们的餐桌上增加更多的鱼肉，人们在保证外源激素对人体无害的前提下，利用性别控制技术，提高鱼类的产量和品种。

性逆转是变性鱼个体发育的一个重要阶段，这一阶段必定是由多个基因参与的复杂的生命过程，在这一阶段内，调控鱼类生长的各种基因的表达应是今后研究的重点，对于鱼类性逆转的机制还有待分子生物学的进一步研究。

⊙ 由雄变雌

把幼期的克氏双锯齿盖鱼的雌鱼一条和雄鱼两三条放在一起。以后如果雌鱼消失了，在雄鱼中则会有一条变为雌鱼而繁殖子代。

"水中恶魔"食人鱼

食人鱼栖息在干流或较大支流的较宽且水流较湍急处。在巴西的亚马孙河流域，食人鱼被列入当地最危险的四种水族生物之首。在食人鱼活动最频繁的巴西马把格洛索州，每年约有1200头牛在河中被食人鱼吃掉，一些在水中玩耍的孩子和洗衣服的妇女不时也会受到食人鱼的攻击。食人鱼因其凶残的特点被称为"水中狼族"、"水鬼"。

成熟的食人鱼雌雄外观相似，具鲜绿色的背部和鲜红色的腹部，体侧有斑纹，听觉高度发达。其两颚短而有力，下颚突出，牙齿为三角形，尖锐，上下互相交错排列。咬住猎物后会紧咬不放，以身体的扭动将肉撕下来。牙齿的轮流替换使其能持续觅食，而强有力的齿列可导致严重的咬伤。

食人鱼为什么这么厉害？这是因为它的颈部短，头骨特别是颚骨十分坚硬。其上下颚的咬合力大得惊人，可以咬穿牛皮或坚硬的木板，甚至能把钢制的钓钩一口咬断。平时在水中称王称霸的鳄鱼，一旦遇到了食人鱼，也会吓得缩成一团，翻转身体面朝天，把坚硬的背部朝下，并立即浮上水面，以使食人鱼无法咬到其腹部。

食人鱼有胆量袭击比它自身大几倍甚至几十倍的动物，而且还有一套行之有效的"围剿战术"。当它们猎食时，总是首先咬住猎物的致命部位，如眼睛或尾巴，使其失去逃生的能力，然后成群结队地轮番发起攻击，一个接一个地冲上前去猛咬一口，然后让开，为后面的鱼留下位置，迅速将目标化整为零，其速度之快令人难以置信。

◉ 看似普通的食人鱼

附录

一些垂钓常识

淡水钓饵料

在夏季,最有效的钓鱼方法是使用天然饵料和普通钓线。天然饵料在大多数地方都可以使用,并已经成为一些鱼种推荐使用的专业饵料。

天然饵料

自古以来,多数鱼的传统饵料为蚯蚓。直到现在,蚯蚓和肉蛆仍是许多钓者的最爱,特别是在夏天,与其他饵料比起来,许多鱼还是喜欢吃蚯蚓和肉蛆。

沙蚕和红蚯蚓

沙蚕是使用最广泛、最有效的饵料之一,也是最容易获得的饵料之一。在雨后选择一个气候温和、静谧的傍晚,在天黑后2小时,前往草被割除的田地里。要穿上软底鞋,带上灯光微弱的手电筒。你会看到许多沙蚕完全暴露在洞穴外,有的则只露一半身体在外面。抓住它们的身体,把它们轻轻地拉出洞穴,以免拉断它们的身体。若被拉断沙蚕很快就会死掉,进而会导致同一个洞穴其他沙蚕的死亡。如果你想贮藏沙蚕,你可以找些较湿的土壤放在盒子中,每过几天就往里面放些烂菜叶,并用粗麻布盖住。如果盒子内空间宽敞,沙蚕数量适当,又能保持凉爽和潮湿,那么沙蚕在里面生活数月都没有问题。

体型较小的红蚯蚓同样是非常好的饵料。如果你在自己花园的某个阴凉处,使用杂草、树叶、厨房垃圾和动物粪便来进行堆肥,那么

⊙ 早上收集到的蛞蝓

在那里会获得许多很好的红蚯蚓。因为当堆肥开始腐烂时,就会出现大量的红蚯蚓。

蛞蝓

在夏天钓圆鳍雅罗鱼时,推荐使用蛞蝓,并且其体型越大效果越好。但使用蛞蝓也存在一个问题,就是它们的供源不是很确定,而且很难长时间保持新鲜。最好是在垂钓的前一天傍晚,或当天的黎明时分收集蛞蝓。在带有露水的早晨,你会发现许多蛞蝓爬在潮湿的蔬菜叶背后,尤其是灯芯草和牛蒡草根部。尽可能将新鲜的蛞蝓轻轻放在饵料盒中,盖上大量潮湿的绿色叶子,如大片的莴苣叶,以使它们处于阴凉的环境中。

蛤和虾

虾也是很好的饵料,问题是它们很容易碎,也很昂贵。使用蛤时,最好去鱼市上买新鲜带壳的蛤,不要买已经加工去壳并存放在瓶子里的蛤,因为这些蛤通常会浸在醋中以供人食用,而不能用做饵料。

肉蛆和苍蝇蛹

肉蛆和苍蝇蛹也在最有效的淡水鱼饵料之

⊙ 保存在湿润土壤里的沙蚕和红蚯蚓

⊙ 肉蛆

⊙ 绿蝇幼虫

列。它们在夏天和冬天都可以使用，但大多数情况下会联合水下投饵器一同使用。

在夏季，肉蛆和苍蝇蛹被公认为淡水钓的大众饵料，在大钓钩上可以整整放上一堆这种饵料。使用肉蛆作饵料时，应选择那些流速缓慢的河流或相对平静的河流。同样，在投饵时最好使用饵料滴管器，这样可以确保投出去的饵料能够在河床上聚集起来。肉蛆饵料本身具有很强的牵引力，容易脱钩。若是单独使用，你需要准备足够的量来补充，一般来说，至少需要 2.2 升的肉蛆。如果你担心收集到的肉蛆会快速地爬走，在垂钓前可将其烫伤或冷冻起来。一般情况下推荐使用活的肉蛆作饵，但当用做投饵时，死肉蛆与活肉蛆一样有效。

通常用做饵料的肉蛆有 3 种，一种是大个青蝇的幼虫，体型偏大，是最普通的饵料；另外两种为绿蝇幼虫和家蝇幼虫，它们体型偏小，也能够作为饵料，但通常它们都被用来水面撒饵或水下投饵。

如果使用苍蝇蛹，则可以将它与大麻子掺和。在颗粒饵料中添加大麻子要严格限量，而苍蝇蛹中只要按照 473.17 毫升蛹与 1 892.68 毫升大麻子配比就可以了。当然，单独使用苍蝇蛹作饵料也很有效，但成本会很高。

▌加工过的饵料

目前加工过的饵料种类繁多，钓者完全可以尽情地挑选，其中最普通的要算是各种各样的面包饵了。

面包

农家烤制的面包外皮坚硬，为最佳的面包饵料。当然也可以从面包店购买新鲜的面包，起初若是表皮比较脆，则把它密封好放在聚乙烯包内，过几个小时后，外皮将会变得粗糙坚硬，很难从面包上剥离。用做饵料时，撕下一小片面包皮，上面会连带一块面包片，然后将它对折，皮朝外。将钓钩穿过对折的面包皮，然后松开手，这时面包皮两侧会展开，自然固定在钓钩上。制作完成后的饵料能够经受得住任何流水的冲击。

用做投饵时，与糊状面包一样，你也可以用新鲜压碎的面包屑来投撒。面包屑一碰到水，就会迅速地扩散形成团状，这对鱼具有很大的吸引力。当然，使用液化面包效果会更好。液化面包的制作也很容易，去除新鲜面包的外皮，然后切碎面包，使用掺和器加水液化，就可以制成。使用面包片饵料，连上带有液化面包的投饵器，钓鱼效果极佳。

面包片饵料，取自于新鲜面包的中间层。从中撕下一层宽约 1 厘米、长约 4 厘米大小的小片。然后置于钓钩钩柄，进行撮捏固定，把钩尖暴露出来。如果你使用小型钓钩，用面包片作饵料，那么这种新鲜柔软的层状面包最合适不过了。

面包可以做成各种各样的饵料。通常可以做成浮性、沉性和悬浮饵。钓者任何时候都可以改变面包饵的大小。使用面包皮饵，并适当增加钓钩的型号，饵料在水里便能缓慢下沉，

⊙ 一位装备齐全的钓者携带的大量饵料，包括甜玉米、面包片、肉蛆、苍蝇蛹和沙蚕。

⊙ 可以用午餐肉作饵料钓许多鱼种，而且效果不错，尤其是圆鳍雅罗鱼和鲃。也可以给午餐肉涂颜色或添加风味剂。装钩时，要用型号足够大的钓钩，以免投掷时脱钩。

而不像有些饵料一下子就沉到河底去了。使用面包片饵，将它压成圆盘状，可以用做浮饵。在冬天，钓圆鳍雅罗鱼最适合使用面包饵，几乎所有水色较深的水域里，都可以使用面包饵。

午餐肉

午餐肉现已成为某些鱼种的标准饵料，尤其是圆鳍雅罗鱼和鲃。钓圆鳍雅罗鱼时，你可以采用各种各样的罐头肉，包括午餐肉、熏烤肉、火腿肉块和猪肉条，这些肉都可以直接从商品罐头里获得。用做圆鳍雅罗鱼饵料时，将肉切成丁。当然在钓鱼过程中若是过了一整天都没有鱼来咬饵，那你应该考虑更换一下，采用新鲜的肉块，而不应该仍然采用原来的肉块。通常钓者都会犯这个错误，大多数这种类型的肉块，风味并不浓厚，一旦浸泡在水里，它们的自然风味很快就会消失，变得淡而无味，起不到诱食的作用。

如果你选择带有风味的肉，那么选什么样的品牌并不重要，最重要的一点就是要考虑肉的质地和韧性，你必须能够确保在投掷时，肉制的饵料不脱钩。

有许多钓者使用方法不当，他们在小型钓钩上使用大块午餐肉，然后经常抱怨说肉饵最容易脱钩了。若使用边长约 1 厘米或 2 厘米的肉块，那么你必须选择相应的钓钩来搭配使用，钓钩尺寸至少为 6 号。安装肉饵时，按压钓钩，使钩斜穿过肉饵，然后扭转钓钩，轻轻拉一下钓线，使钩尖重新扎到肉饵里面。采用这种方法安装肉饵，就不会产生脱钩的现象，而且还

可以轻易地把钩拉出，只要你选用了正确的肉饵的话。

肉肠

肉肠饵的使用有两种方法，要么是直接利用肉肠块，要么把它们制成肉酱再用。如果单独使用肉肠，最好是带有外皮的那种，因为没有皮的话，肉肠饵会很软，容易脱钩。当采用带皮的肉肠作饵料时，注意要确保钓钩穿过肉肠的外皮。

香肠

棒状香肠，一般在超市里都能购买到。香肠作为饵料非常方便，无须额外的准备，且密封包装后可以保存相当长的时间。使用时切下一小块，在扁平的断口端穿上钓钩，这样你便拥有了一个上等饵料。因为它有坚韧的外皮，装钩时，需要用小刀剥开一个小口，方便钓钩穿入。如果你想尝试下它们的不同效果，那么你可以多多选择其他品种的香肠进行实验。

浆饵

浆饵很实用且种类繁多，大多数鱼都喜欢。现在市场上可以购买到现成的成品浆饵，当然你也可以在家自己制作。最容易制作的是面包浆和奶酪浆。若亲手制作浆饵，应留意鱼对浆饵的反应，相信你定会受益匪浅。在有了一定的经验后，你便能轻易地制作出合适的浆饵了。

面包浆

目前面包浆的使用率在下降，但它的确是非常好的饵料，与那些高蛋白的浆饵相比价格低多了。制作面包浆，需要将面包去皮，并切成薄片，且面包至少是两天之前制作的，因为新鲜面包制成的面包浆常常结块，不足以吸引鱼上钩。制作时将面包片弄湿搅混，加水不宜过多，然后把水尽可能地压出，接着用一块干净的白布捏制。若用手来捏，皮肤上自有的油脂会弄脏面包浆，使面包浆变色，香气也会消失。最后制成的面包浆应该是光滑、柔软且具有一定硬度的白色物。

如果想改变一下这个标准的做法，你可以尝试加入些粉状添加剂，如奶油粉、牛奶草莓粉。可供选择的风味物质种类是相当多的。

肉浆

肉浆对于许多鱼种来说是上等的饵料，最

⊙ 使用奶酪浆钓到的一条毛鲤。大多数鲤科鱼类都喜欢吃浆饵。

普通的肉浆取自于肉肠和精细的块装罐头肉，或松软的宠物食品。你可以把肉、香肠和干面包片黏合剂混合起来制作成肉浆。当然也可以选择你所喜欢的黏合剂，这些在熟食店里面都有。3 种最常用的黏合剂是面包屑、饼干末和黄豆粉。

奶酪浆

最为常用的浆饵可能要算是奶酪浆了，许多种鱼都非常喜欢它，如圆鳍雅罗鱼、鲃、欧鳊、鲤鱼、丁鲹和拟鲤。奶酪浆的制作如下：将 284 克冰冻酥皮糕点辗平，然后加入 170 克烤熟的英国切达干酪和 115 克的丹麦蓝纹奶酪，再重新进行混合搅拌，反复搅拌直到完全混合，最后用手将其捏成一个大球。在一个大的冰冻食品袋中加入 2 毫升切达干酪香料，然后将捏制成的浆球放入，封口冷冻保存，以备使用。当奶酪浆融化后，会持续不断地散发出奶酪的芳香，对于鱼类来说具有超强的吸引力。

当然，你也可以将标准的面包浆作为奶酪浆的原料，但冷冻奶酪浆使用起来更为方便和快捷，而且，奶酪浆的质地相当好，使用起来会非常有帮助。

在夏季，当水温很高时，可以单独使用奶酪浆作为饵料，把它捏成球状固定在钓钩上。而在冬天，要求准备饵料数量要充足，由于天气寒冷奶酪浆在水里很容易变得坚硬，钓钩也不易穿透鱼体。当然，用下图所示方法制作奶酪浆就可克服这一问题，且能使奶酪浆保持原本的柔软和芳香。

大麻子粉浆

大麻子粉浆非常适合钓鲃和圆鳍雅罗鱼，尤其是那些需等候很长时间才上钩的鱼。在有大量鳗鱼的河里钓这些鱼时，大麻子粉浆饵料的效果值得称赞。因为鳗鱼通常会干扰其他鱼，它会不时地咬食饵料，而使用大麻子粉浆饵料不存在这个问题，不知道为什么鳗鱼不喜欢吃大麻子粉浆。

制作大麻子粉浆可以采用奶酪浆的制作方法，用酥皮糕点皮来做原料。制作时，碾碎煮熟的大麻子，确保不要含太多的液体，因为你需要捏制成一个黏状而又不能太软的糊状物，然后把酥皮糕点皮和大麻子粉均匀混合。制作过程中稍不注意就会将浆做得很湿，这样的浆饵起不到什么作用。

▎人造浆饵

商业化的煮成饵混合物可以做成柔软的浆饵，这是非常好的饵料。当然并不是所有的煮成饵混合物都能捏制成湿糊状以用做浆饵料。有些鱼粉的混合物质地有点粗糙，必须要煮过后才能使用。在钓具商店里，有许多优质的现成人造浆饵出售。同样，当人造浆饵同面包皮饵一起使用时，可以用做混合悬浮饵料。

在制作人造浆饵之前，应该考虑使用质量相对好一点的原料，然后决定是否要添加其他粉料如香味剂、着色剂或甜料，或者使用它们的液体制剂。

⊙ 一位职业竞技钓者的颗粒饵。如果其中一种颗粒饵不奏效，那么可以尝试另一种，还可以将它们混合起来使用。

如果你选择粉末添加剂如咖喱粉、奶酪粉，或者是蟹、贻贝和花蜜的天然浸膏，那么这些在加入黏合剂之前，必须和原料充分搅匀。

你若使用50/50普罗米克斯，完全可以选择加些水或鸡蛋。但若想把硬的煮成饵做成浆饵，那么在制作时一定要加入鸡蛋。一般制作稍柔软点的浆饵都要加入鸡蛋，这样的浆饵就具有柔韧性和光滑性。

如果你选择加入其他的液体、风味剂、油或者其他加强剂，其效果完全胜过加入的鸡蛋。添加时，要缓慢加入，尽可能地混合均匀，不能太急于求成。你若放入太多的添加粉，一开始就使得混合物非常干燥，这样就没有办法再挽回了。如果做好的浆饵球非常软，那么在外面放置5分钟，你会发现在空气里浆饵会变得紧绷起来。

若想把浆饵冷冻起来，在冷冻时浆饵也会变得紧绷。如果你不想破费去购买现成原料，也可以自己制作。有很多产品可供选择，如鳟鱼和锦鲤颗粒小球，或者使用罐头食品，或宠物食品混合物，这些都非常便宜，从一般商店和超市就能购买得到。

某些配料如宠物食品或者罐头鱼，本身就具有黏性，因此不需要添加太多的黏合剂。例如，雀巢奇巧巧克力棒与面包屑的混合物就是种很好的浆饵。

如果你想使用干的原料来制作浆饵，如幼鳟鱼碎屑，那么加入的原料必须具有黏性，确保与水或鸡蛋一起混合的时候不松散。最简单的就是使用麦麸，但制作过程中必须注意不能加入太多，否则会做成像橡胶一样的浆饵料，无法引诱鱼摄食。

采用麸子做成的浆饵不易嚼碎，可以通过加入少量的牛奶蛋白或者婴儿奶粉来使其易咀嚼，使浆饵的各种原料混合得更加均匀且口感更佳。

颗粒饵

鱼类非常偏爱各种小颗粒食物，在进食小颗粒食物时，常常会不由自主地全神贯注起来，例如在摄食一大堆红蚯蚓时，鱼常常会变得非常专注。为了使饵料也能达到这种效果，钓者常常将大量的小颗粒饵料投放在同一水域，这样鱼就会拼命地摄食它们。

颗粒饵本身比较大，可以单独作为饵料使用，或者在大型钓钩上与其他饵料搭配使用，如搭配甜玉米、鹰嘴豆、紫花豌豆、花生和虎坚果。一些小型煮成饵也常被钓者当颗粒饵使用。

制作颗粒饵时，要确保种子、豌豆、坚果和豆子在使用前经过浸泡或煮熟，这样可以避免饵料在被鱼摄食后发生肿胀，从而使鱼患病。将颗料饵蒸煮也能防止它们自然发芽，但要注意，那些预先浸泡过的豆子只需煮几分钟即可。蒸煮过度的话会破坏饵料对鱼的吸引力，若是这样的话整个垂钓过程会变得非常艰难。当颗粒料制作完成后，把它保存在水中可以增加饵料的风味。但饵料一旦产生酸腐的气味，就不能再使用了。

在浸泡和蒸煮过程中，通过对水的处理，可以给颗粒饵着色或添加风味。人工合成的风味添加剂在蒸煮时容易蒸发掉，因此最好使用天然风味剂或糖浆，如枫糖浆、糖蜜、咖喱酱或牛尾汤。

一些劣质的颗粒饵对鱼来说可能是致命的，因此在制作过程中应该仔细遵照颗粒饵制作说明。

⊙ 甜玉米是颗粒饵的基本成分，从顶端顺时针往下分别是：甜玉米和红虫，染色的甜玉米和肉蛆，装有4颗甜玉米的长钩，甜玉米和午餐肉，染色的甜玉米和面包片；中间的是单颗甜玉米和苍蝇蛹。

甜玉米是使用最广泛的颗粒饵之一，其制作过程十分简单。罐头包装的往往比冰冻的甜玉米要好，因为罐头内含有黏性液体可以增加饵料的风味。如果使用大量的甜玉米，则无法有效吸引丁鲹、鲃和鲤鱼等鱼类。这时可以通过改变甜玉米的颜色和风味，使它焕然一新。玉米可使饵料风味更佳，在钓具店里你可以购买到各种各样的上等着色剂和风味玉米。

块状饵

显然越小块的饵料越能使鱼在摄食时全神贯注。块状饵通常比标准的颗粒饵要小，就像一颗谷物的大小。经常使用的块状饵是大麻子，其他如野豌豆、米、小麦和珍珠麦。

使用块状饵通常有两种情况，要么单独使用大块饵料如沙蚕，要么使用一串块状饵。如使用 20 颗大麻子粘在大钩上，或者将数串饵料粘在钓钩弯处。也可以采用块状饵配大饵料使用的方法，人们熟知的两个例子是午餐肉配大麻子的饵料，用来钓圆鳍雅罗鱼和鲃，或者使用大肉蛆配上家蝇幼虫。

死饵

死饵主要用来钓白斑狗鱼。最为普通的死饵有鲱鱼、沙丁鱼、胡瓜鱼、西鲱和鲭鱼。比较好的淡水鱼死饵有拟鲤、小圆鳍雅罗鱼、鳗鱼或七鳃鳗鱼块、小鳟鱼和未成熟的白斑狗鱼。

⊙ 钓者在一次钓白斑狗鱼的途中，比较明智地带上了各种各样的死饵，尤其当白斑狗鱼有点拒食时，则需要准备大量的饵料。胡瓜鱼、鲭鱼尾、沙丁鱼或西鲱都是很好的饵料。

最大的海水鱼死饵要算是采用半条鲭鱼或者整条沙丁鱼做的饵料了。特别是沙丁鱼，它是上好的饵料，但需要预先进行冷冻，因为它们非常柔软，易断裂。事实上，大多数的死饵需要冷冻处理，才便于使用，这样可以投掷得更远。因此，一个上好的冷冻盒是白斑狗鱼钓者的基本配备。

死饵在冷冻后通常呈僵直状，故在冰冻之前要预先用冷冻袋或保鲜膜分别包好。如果你想用块状的死饵，那么在冰冻之前应该把它们切成一段一段的。在霜冻的清早，在河岸上将已经冷冻的饵料切成两半不是件好玩的事情。

在淡水鱼死饵中，鳗鱼或七鳃鳗鱼块是上好的饵料。当白斑狗鱼大口吞咽鳗鱼时，在有鳗鱼的水域使用鳗鱼做饵料是再好不过的了。至于七鳃鳗鱼块饵的说法就有点神秘了，因为生活在内陆水域里的白斑狗鱼很少有见过七鳃鳗鱼长什么样的，但它确实是不错的饵料。梭鲈偶尔也会摄食七鳃鳗鱼块。

使用死饵钓白斑狗鱼时，要带上各式饵料，这一点非常重要。因为

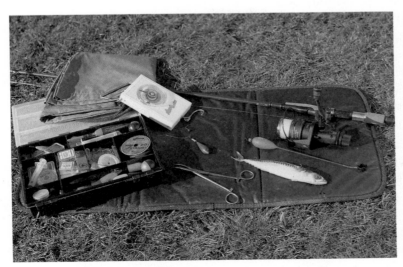

⊙ 使用死饵钓白斑狗鱼所用的装备

⊙ 对摄食鱼苗的白斑狗鱼来说小型死饵是最有效的。同样，小型死饵对其他鱼种如河鲈、鲇鱼和圆鳍雅罗鱼也很有效。

它们很不容易上钩，你有可能需要钓好多天，例如使用鲭鱼死饵就不能很好地引诱它们，但胡瓜鱼死饵就不同了，它能够引来许多白斑狗鱼抢食。用半条鲭鱼做饵料对鱼的吸引力也很低，可先用沙丁鱼死饵进行投饵，这时候白斑狗鱼往往会抢食沙丁鱼，之后再使用大块的鲭鱼作饵料。在晚秋，白斑狗鱼极为注重饵料的大小，它们通常不会咬食大饵料，这时需要用体型相对较小的胡瓜鱼或西鲱。

一般情况下，钓者都会在死饵中加入各种各样的风味剂，这使得饵料风味可口，尤其在有微风的湖泊里，湖面下的水波能将香味推送很远。为了便于在可封口的三明治袋里给饵料添加风味剂，应预先在袋内倒入少许油，且要涂抹均匀，然后冷冻保存，香味便会覆于鱼体表面。

在投饵之前，通常还使用颜料刷处理鱼体，使得它在全身充满香味的同时，表面又显得十分光滑。这样白斑狗鱼在咬食死饵时，会有一种油滑感。用这种方法在风平浪静的日子钓鱼一定会有激动人心的收获。在垂钓时，尝试添加鱼油，如给鲭鱼、胡瓜鱼和鳗鱼添加鱼油。有人曾经在钓白斑狗鱼时使用胡椒和草莓香料的死饵料，听起来似乎是不可思议的，但是它确实很有效。

小型的淡水鱼死饵如鲦鱼、欧鲹鱼、小拟鲤或杜父鱼，都可以用做饵料。梭鲈、河鲈、鳗鱼、鲇鱼、圆鳍雅罗鱼和鲃都喜欢摄食这类饵料。甚至连欧鳊和鲤鱼，在被逮到后可能会从口中咳出所摄食的小拟鲤。在河流里，鲦鱼死饵可以说是钓圆鳍雅罗鱼、河鲈和鲃最好的饵料，尤其当它们在浅滩处刚产完卵时。

静水水域里的圆鳍雅罗鱼具有很强的捕食倾向，英国牛津的沙石矿坑池是盛产圆鳍雅罗鱼的水域之一，里面含有超大体型的圆鳍雅罗鱼，曾经有钓者使用整条鲭鱼做饵料钓到过它们。通常钓大圆鳍雅罗鱼使用鲭鱼肉块底饵装置，当然使用钓丝装置效果会更佳，因为用钓钩需费力地穿透结实的鲭鱼肉。

活饵也常用来垂钓白斑狗鱼、河鲈、梭鲈和鲇鱼。但有时候采用活的小鱼如鲦鱼，也能钓到杂食性的圆鳍雅罗鱼或鲃。

重量在115～175克之间的银鱼、雅罗鱼、圆鳍雅罗鱼和拟鲤可以说是最理想的活饵，当然也有些例外，如钓白斑狗鱼最好的活饵是欧洲鲫鱼，标本河鲈最好的活饵则为小河鲈。使用活饵的最大问题是使用之前你必须先捕获它们。

▌煮成饵

如今，煮成饵已经成了许多水域里的标准饵料之一。毫无疑问，煮成饵的出现改变了传统的鲤鱼垂钓方式。多数人会去购买现成的煮成饵，但行家还是喜欢自己制作煮成饵，以保持自己的垂钓水平，并确保饵料的原料搭配和制作方法都正确无误。

如果你决定自己制作煮成饵，可以通过两种方式进行，要么在买来的基料里面加入自己的配料，要么自己准备制作基料。现在市场上有许多制作好的原料，多数以鸟食为主，混有坚果、鱼肉或奶制品，或它们的混合物。

基料有很多种，有些基料含有高蛋白或很高的营养价值，有些则保质期非常长，有些能快速地吸引鱼上钩，有些则在某一特定季节使

⊙ 当饵料煮过后，放置户外冷却。如果不急着使用，将它们放入冰冻袋冷冻保存。图为各种不同形状及大小的煮成饵。

用。因此在购买前要考虑清楚，你到底需要什么样的饵料。

如果你想自己制作基料，那么有许多不同种类的配料可供选择。制作前先要确定你需要什么配方，不然的话你会很迷茫。配料包括食用级干酪素、钠、酪蛋白钙、乳清蛋白、各种坚果、各种混合鱼肉、大豆粉、面筋、米粉、小麦粉、麦麸、燕麦片、宠物食品以及其他饵料。此外，还有各种各样的矿物质和蛋白添加剂可供选择，如甜菜碱等。可以通过选择合适配料，控制饵料最终的蛋白含量。但在操作过程中，可能有些理论上可行的配料，在实际配料过程中是不可取的，所以应该预先采用少量的可选配料进行实验。

通常，奶制品，如酪蛋白、酪蛋白盐和乳清蛋白同肉和鱼肉一样，含有较多的蛋白。低蛋白含量的配料包括大多数的坚果和谷类粉，但大豆粉和麦芽的蛋白含量中等。

制作煮成饵的第一步是将所选择的干原料充分混合，包括一些着色剂、增加剂、甜味剂、维生素添加剂和基料。第二步，将鸡蛋打碎加入用于调制饵料的大碗中，并进行搅拌，然后加入液体添加剂，再进行搅拌。加入多少鸡蛋取决于基料的组成，一般而言450克干燥的混合物需要4个大鸡蛋，当然你也可以加6个鸡

蛋，这样可以使饵料更加光亮柔软。

然后，往碗中缓慢地加入第一步时完成的干燥的混合物，用木制调羹将它与打碎的鸡蛋搅拌，直到呈轻微的黏性浆状，静置10分钟，然后它会变得略微僵硬，柔滑不粘手。

捏制浆饵，分成大小合适的块状，将其碾制成所需大小的香肠状。然后切成小块，用手揉成小球状。当然你也可以使用饵料枪和碾压板来制作，可以大大减轻工作量。

接下来，对饵料的表面进行加工，将其投入沸水中，煮1～2分钟即可。使水保持沸腾，这一点很重要，因此一次不要放太多。如直径为16毫米的饵球，一次最多放30颗，使用大的平底锅或者铁丝篮盛放。如果钓者想要在家里制作大量的煮成饵，那么购买经过特殊设计的煮成饵制作器无疑是最佳的选择，这样一次就可以制作大量的饵料。完成蒸煮后，从沸水里取出，冷却风干，然后装入袋中。

浮饵

许多鱼经常在水面上摄食，因此可以使用浮饵来垂钓。看着鱼在水面上摄食浮饵是件非常兴奋的事情，这是钓者的一大乐趣。

浮性煮成饵

浮性煮成饵或弹出饵可作为水面觅食鱼类很好的饵料。在市场上可直接购买到，也可以将自己的煮成饵放在烤炉或微波炉里烤一段时间，然后就可以作为浮饵使用了。或者，在煮制煮成饵之前将饵浆捏成软木塞状，这也可以作为浮饵使用。浮饵装钩时使用钓丝装置，浮饵可以安装在钓钩的钩柄处，或者使用一种专门用来存放鲤鱼饵料的特制饵料袋。

高蛋白浮饵

在水面垂钓，用来作浮饵的海绵球可以自

⊙ 浮性煮成饵   ⊙ 烘烤的煮成饵（弹出饵）

⊙ 宠物食品混合饵

⊙ 鲤鱼饵料球

⊙ 鳟鱼饵料球

已制作，将煮成饵连同与它 2 倍体积的鸡蛋混合，形成一个混合物然后放入烤炉内，像制作蛋糕一样进行烘烤，这样就能变成松软的浮饵。不同原料的煮成饵制作的浮饵质地不同，有些非常轻，有孔隙，而有些则比较结实。当然不是所有的煮成饵都能顺利做成好的浮饵，这需要你不断地尝试和修正。

宠物食品浮饵

宠物食品，尤其是那些用它作配料制成的饵料，非常适合水面垂钓。它们一般大小适中、颜色鲜艳，在水面上可以漂浮很长时间。宠物食品混合饵很容易就能粘在钓钩柄上，或者装在饵料袋上。在垂钓前如果先用宠物饵预饲一下，效果会更佳。

锦鲤和鳟鱼饵料球

同宠物食品混合饵一样，锦鲤和鳟鱼饵料球是十分常见的浮饵。一旦鱼开始摄食，那么鱼很快就会疯狂地喜欢上它们，并会围在一起拼命地抢食，直到有鱼被钓上岸，才会惊散。锦鲤和鳟鱼饵料球比宠物食品混合饵要小，因此很容易粘在钓钩钩柄上便于捕捉鱼类。

膨化麦粒

膨化麦粒能够很好地作为钓鲤鱼、红眼鱼、圆鳍雅罗的浮饵，只要你有足够多的膨化麦粒来引诱它们。由于膨化麦粒十分轻，适合在风平浪静的天气里使用。膨化麦粒的浮性相比鳟鱼饵料球来说要差，装钩时外加一个小浮漂，这样可以防止由于钓钩本身的重量而造成浮饵下沉。

面包皮

面包皮是最普通也是用途最广的浮饵，在静水水域和流动水域里都能使用。在流动水域里，完全可以用面包皮作饵料，用普通线钓圆鳍雅罗鱼、雅罗鱼、拟鲤、红眼鱼或鲤鱼。理想的面包皮浮饵来自农家烤制的面包的坚硬外皮。装钩时，将面包皮对折，外皮在外，钓钩穿过面包皮，然后让面包皮蓬松开来。垂钓时采用加润滑脂的钓线，防止因钓线过重而沉饵。

在静水水域的水面上，面包皮浮饵能够固定很长时间，这对钓者来说非常有利，特别是在钓大型的鲤鱼时。取自罐头面包的白面包皮浮饵，在水面上可以像软木塞一样漂浮着，肉眼很容易看到。

沙蚕

数年前人们发现在沙蚕内注满空气用做浮饵可以成功地钓圆鳍雅罗鱼。借助这一方法，人们捕获了大量的圆鳍雅罗鱼，继而人们将这一方法推广开来。随着沙蚕体内空气逐渐地排

⊙ 钓大型欧鳊时，饵料的选择是非常重要的。

空，沙蚕会缓慢地下沉，整个过程显得十分自然，就像天然饵料一样，这对鱼来说是个致命的诱惑。

那些徘徊于浮饵附近的鱼，碰到缓慢自然下沉的沙蚕，几乎会毫无顾忌地上去摄食。在往沙蚕体内注入空气时，要非常小心，尽量使注射器远离自己。注射完毕后，要将注射器及时收起来，以免不小心扎到自己。

现成的饵料

如果不想自己动手制作煮成饵或浮饵，那么可以在钓具店里购买现成的饵料。

煮成饵

煮成饵分冷冻饵和有保质期的饵料两种。正如你所想的那样，煮成饵的使用期限是依据储存时间或去掉包装前存放时期的不同而定的。当然，现代具有保质期的煮成饵质量不可能绝对上乘，但毫无疑问这些饵料使用起来非常方便，尤其适合经常出国垂钓以及缺乏冷冻设备的钓者。

市场上出售的煮成饵大小不一，饵料直径大多为6～25毫米，同时也可作为浮饵或弹出饵。目前市场上有许多优秀的供应商，供应的煮成饵质量非常好。

颗粒饵

许多钓具店出售加工过的袋装大麻子粉和野豌豆，且价格一般都比较适中。若是对品质不那么在乎，可以去种子供应商那里购买，然后自己制作。正如前面所提到的甜玉米，你完全可以去超市购买玉米罐头，一些玉米饵具有很好的香味，品质也远远胜过你自己制作的玉米饵。

投饵

钓具店里可供选择的饵料种类繁多。你若仅仅想使用面包屑作为投饵，那么你可能要联系当地的面包店了，通常你能够以较低的价格买到一大袋面包屑，或者购买剩下的面包条。

鲤鱼投饵

现在市场出现了一些上等的鲤鱼投饵。其由精细碾压过的大麻子粉和其他油性颗粒料制成，品质非常好。

球状饵

在饵料使用的不断普及过程中，球状饵料正以惊人的速度增长，尤其是大麻子粉球饵。有些生产商制作的风味球状饵料，能够与煮成饵相媲美。

基料

市场上有各种各样的基料，有些需要在加水或鸡蛋后使用，有些则要求添加额外的配料。但多数基料能够满足鱼的胃口。那些加工好的管装风味剂同基料一样，可从供应商处获得，且质量上乘，价格也比较低廉。

粉剂和饵料浸出液

正如风味剂一样，添加剂的使用越来越广泛，效果最明显的添加剂要算是粉状引诱剂，添加后能够钓到大量的鱼。

饵料浸出液或饵料压榨物在市场上也有销售，它们可以增强饵料对鱼的吸引力。对常在不同地点垂钓的钓者来说，使饵料增效的最佳方法是采用饵料浸出液的风味喷雾剂，使用相当方便。

风味剂、着色剂、增强剂和精油

尽管可以使用厨房里的食品对饵料做以修饰以增强饵料的使用效果，如将面包片浸入蜂蜜中，或者在面包皮上涂上奶酪，但如今已经有专门的人工合成产品可用来使饵料增效，这些产品都可以在钓具店和饵料供应商处买到。

风味剂

市面上出售的风味剂大多数以高浓缩的形式出现，添加时很容易超量，一旦过量饵料就会变得带有苦味，无法引诱鱼类。一般而言，

⊙ 钓具商店里有各种各样的风味剂和添加剂，初学者很容易将它们混淆。使用时，只需选择一小部分就可以了。

450 克的人工饵料最多添加 5 毫升风味剂。如果是传统的饵料如面包、肉蛆、午餐肉，添加的量要尽量少。

生产商大都会在产品的容器或小册子上附有剂量的使用说明。若是超过使用剂量水平，那么饵料引诱效果的持续时间便会十分短暂，且很快就会失效。

给面包皮或面包片添加风味剂时，在一个大冷冻袋里加入大约 5 毫升风味剂，并将风味剂涂于冷冻袋内外两侧，然后放入面包，密封冷冻保存。当解冻时，面包里会充满风味剂的味道。你也可以使用这种方法来为面包屑和液态面包添加风味剂。而给糊状面包添加风味剂时，只需要在制作时把风味剂添加到水里就可以了。给肉蛆饵添加风味剂时，在饵料盒里加入 5 毫升风味剂，并添加少量的水，然后放入肉蛆饵，盖上盖子，左右摇动，使它们充分混合。数小时后，肉蛆饵就会吸收所有带有风味剂的液体，原本潮湿的盒子将会变得干燥。

给肉蛆饵添加风味剂时，采用粉状的风味剂效果比较好，如姜黄根粉末或咖喱粉，因为粉末混合得比较均匀。添加时，在肉蛆饵上面均匀地播撒，让肉蛆不断地接触风味剂。粉状风味剂同样可以添加于潮湿的饵料中，如午餐肉。

如果想在肉饵中添加液态风味剂，你可以将肉饵简单地浸蘸其中，或者你可以将它们混合。然后用煎锅缓慢烤混合物，不要烤太长时间，因为时间太长的话，肉饵本身的味道会消

⊙ 颜色是区分同类饵料的有效方法。图中的蛤被染成红色、黄色和橙色。

失。给午餐肉添加风味剂有个很好的方法，用风味剂浸湿午餐肉，然后用粉状风味剂涂于表面。冷冻能够将风味剂固定在饵料里面，确保饵料装上钓钩之后能够保持数小时的味道。

着色剂

着色的饵料与天然饵料相比有明显的优势，有些钓者采用着色剂完全是为了来区分不同的饵料。也有些钓者声称，天气比较好时深色饵料在清澈的河水里很有效。例如，据了解，鱼会避开粉色的午餐肉，而摄食染成黑色的午餐肉，或者进食深红色玉米饵，而排斥普通的黄色玉米。

有些鲤鱼钓者坚信在深色的河床上要用颜色鲜亮的饵料，有些白斑狗鱼钓者坚持使用着色的死饵。但事实并非人们所想象得那样，大概只有在水深 1.8 米之内的地方才可辨别颜色，当超过这个深度时，大多数颜色看起来是一样的。

增强剂

市场上有各色各样的风味增强剂、维生素补充剂、甜味剂、食欲促进剂和牛油添加剂，你很容易将其混淆。这些增强剂主要用来辅助人工合成的鲤鱼饵料，使用时要有目的地去选择一些，并观察效果，然后确定种类，这样做比较明智。

⊙ 饵料着色剂。在浅水区钓鱼时给饵料染色很重要。

由于增强剂种类繁多，生产商的建议便至关重要。一般情况下都是将甜味剂和食欲促进剂添加于含天然甜味的风味剂，如草莓、糖蜜，而甜味剂可以用一些含有香味的风味增强剂来替代，如奶酪、香料、鱼肉或其他肉制品。许多带有甜味或香味的饵料，也可在尚未制作成饵料时的干原料中加入少量盐来增强味道。

精油

精油是天然植物榨出的高浓缩物，添加时要非常细心和爱惜。例如天竺葵、胡椒薄荷、墨西哥洋葱的榨出物，它们是经过高浓缩的，每500克基料添加数滴精油就能产生强大的效果。

许多鲤鱼钓者常常制作一些能够长期保存的饵料，这时采用不同组合的精油就能保持饵料的品质，当然这些钓者采用的配方是保密的。

▌投饵和预饲

投饵，也常被人们称为"打窝子"，就是垂钓之前在选定的水域内进行撒饵吸引鱼群，而预饲指钓鱼前花费数小时、数天甚至几周来训饲，直到鱼习惯性地游到指定水域来摄食。预饲在钓鱼过程中非常重要。首先，可以使鱼在你想要垂钓的区域里聚集起来；其次，预饲饵料，可以使垂钓时饵料更容易被鱼接受；最后，可以使鱼选择性地偏爱你的饵料，从而使你战胜其他钓者。

投饵

投饵的种类不计其数，从精细的谷物粉末到混合的颗粒料，或者两者的混合物。如果你

⊙ 使用饵料弹弓能达到相对很远的区域。只要你经常练习，你会投掷得远而精确。

想在不预饲的情况下使鱼对你的饵料有很好的反应，那么使用纯粉末状的片投饵最为理想。竞技钓者为了寻求大群的小鱼，通常会采用这种方法。片投饵的制作方法有多种，可用纯面包屑，或者肉和引诱剂的混合料来制作。钓具店里有大量的投饵产品可供钓者选择，可以选购适合在河流里使用的油腻的混合料、在运河使用的清淡的饵料、欧鳊料、鲤鱼料，等等。

有些专业的钓者为了寻求大型鱼常使用肉和颗粒料的混合料，或者单独使用颗粒料。鲤鱼钓者则主要使用相应的煮成饵。主要分为两类，第一类如丁鲅、欧鳊钓者，他们使用棕色的面包屑作为载体，再混合颗粒饵料如大麻子、玉米、大米、珍珠麦、苍蝇蛹和肉蛆。第二类包括使用大麻子和玉米训饲的鲹鱼钓者，以及投撒虎坚果的鲤鱼钓者。

预饲技巧

投饵球通常用手或饵料弹弓抛出，这样可确保投饵球在飞行时不碎裂。投饵的位置越精确，诱食效果越明显。如果使用船或者投饵船，那么你的投饵可以是松软和糊状的面包，因为它们无需投掷就能够垂直地沉到水底。对预饲的颗粒饵来说，你若近距离投喂鲅，那么采用大麻子。投饵过程中若使用饵料滴管器，会带来很大的便利，并且投放位置十分精确。同样，饵料筒或饵料竿也非常实用，它们的柱状底部带有浮性物质，柱内可以装满颗粒饵，并采用硬质竿和重线来投掷。投饵器一旦落入水里，便会下沉，饵料会散落出来并堆积在所需要的位置上。

在用煮成饵预饲时，尽管无线电遥控的投饵船以远距离快速投饵受到了越来越多的鲤鱼钓者的青睐，但最常见的两种方法还是使用弹弓和投掷手杖。

弹弓构造简单容易操作，投掷手杖则是一种比较精密的工具，需要做一些练习才能正确使用。如果想提高投饵的成功率，煮成饵的大小必须一致，形状为圆形，否则在投掷过程中投饵可能会四处乱飞，鱼就不会聚集在一起摄食了，而是会分散开来摄食，这会破坏投饵效果，而使所做的预饲工作白白浪费。若是自己制作煮成饵的话，市场上有一种特制的碾压板，可以确保你制作的投饵球形状大小一致。

海钓饵料

　　一般来说，钓者都有一套自己制作饵料的方法，或者可以直接从海边找到所需要的免费饵料。从沙蚕到竹蛏，一个经验丰富的钓者从不会缺少饵料。在现代钓具专卖店里也出售各种各样的冰冻饵料，这种饵料一般来讲是非常新鲜的。尤其是大商店，一般到周末都会出售新鲜的活蚯蚓、去壳蟹。你也可以在捕鱼者们白天捕鱼归来后，在鱼市直接购买你所需要的新鲜饵料。甚至当地鱼贩的店里也可能会有你所需要的饵料。通常就钓鱼来说，饵料是影响钓鱼的第 2 位因素，然而，比起仅仅使用昂贵钓竿的钓者来说，新鲜的饵料加上钓者丰富的经验更有可能钓到好鱼。对钓者来说，是没有理由说找不到好饵料的，因为你完全可以自己去制作。如果你既能够找到好的饵料又能结合钓鱼的技巧，那么你就可以期待有丰厚的收获了。

▌去壳蟹

　　去壳蟹可能是最常用的且最受海钓者欢迎的饵料了。在海边用去壳蟹垂钓，可以钓到各种各样的鱼。去壳蟹名称的由来是因为去壳蟹一生中要蜕好几次皮。毫无疑问，正在蜕皮的

⊙ 去壳蟹被广大钓者看作垂钓各种鱼的最佳饵料。

去壳蟹是钓者们要寻找的最佳饵料。根据供求关系，在钓具店里，冬季时去壳蟹价格会暴涨，因为这个季节能供应的去壳蟹是很少的。假如你正好住在去壳蟹栖息的江河入海口附近，那么在水位较低时就可以自己去捉去壳蟹。很多钓者在去壳蟹生活的海滩边上布置了去壳蟹的捕捉器。这种捕捉器一般是由一条破管子或者半圆形的瓦片做成的，因为去壳蟹蜕皮时喜欢躲在这些东西下面。当潮水退去时，人们就可以找到躲在捕捉器下面的去壳蟹。捉去壳蟹是很不容易的，在有的地区 100 个捕捉器里可能只有 5 只去壳蟹。但是假如你在冬季里参加钓鱼比赛的话，去壳蟹是非常值得去捉的，因为它实在是一种绝佳的饵料。

⊙ 钓者们经常将蟹肉和其他饵料结合起来使用。图中就是钓者用沙蚕加在蟹肉的后面连接成的饵料。

⊙ 退潮时，人们在海滩边寻找由潮水带来的丰富的饵料。

去壳蟹被广泛用作垂钓比目鱼和大头鳕的饵料，而且很容易装在钓钩上。如果你仔细看，会看到在去壳蟹的背面的蟹壳底部临近蟹脚的地方有一条裂痕。用你的大拇指和食指轻轻地把蟹壳往上掰，就可以把蟹壳取下来。这样去壳蟹就只剩下一张柔软的外皮了。一旦外壳被剥下来去壳蟹就成了很好的死饵。

要更好地利用去壳蟹来做饵料，可以把去壳蟹切成两部分。方法是从去壳蟹身体的正中间用小刀把去壳蟹分开，保留蟹腿，因为蟹腿本身也是很好的饵料。去壳的蟹腿可以用来固定钓钩上的蟹肉，也可以单独做成饵料。只要把蟹腿末端的硬壳去掉，那么剩下的外壳很容易就可以去除，剥出柔软的蟹肉。

存放去壳蟹的最好方法是，把它们收集起来后放在水桶里，上面盖上湿的海草。如果你要将它们养上好几天的话，那么要经常更换海草以防其干枯。假如有个别去壳蟹死掉或者快要死掉的话，那么最好把它们从水桶里拿出来，放进冰箱里冷冻，但是在冷冻之前要把去壳蟹的壳去掉。要把去壳蟹一只只分开冷冻，并用干净的保鲜膜把它们包裹起来，以防蟹肉被冻坏。这里有一个小问题，就是冷冻时，最好把去壳蟹眼睛下方的蟹鳃去掉，这样有利于长时间的冷冻保存。

要制作最好的饵料，就要把去壳蟹的壳彻底去掉，同时要去除蟹鳃和蟹腿。去壳时，要连蟹腿的壳一起彻底清理干净。装钩方法是：把去壳蟹背朝下放好，然后用小刀沿着蟹身把蟹肉分成两部分。一份饵料使用半只蟹，用钓钩从蟹腿的一端穿进去，然后再穿过去壳蟹的身体，穿到另外一端，这样这半只蟹就牢牢地被固定在钓钩上了。

如果要远距离垂钓，那么最好把蟹腿放到蟹身下面穿到钓钩上，这样可以加固饵料，让蟹身紧紧地固定在钓钩上。这样装钩的另外一个好处是，给人感觉这是一整只活的去壳蟹而不是半只。如果你要把饵料抛向比较远的地方，而且抛线时要在钓钩上加一定的重力的话，那么用有弹性的棉线把饵料固定在钓钩上会更保险一些。

鲭鱼

鲭鱼是最容易被捕获的，并且也是非常好的饵料，可以用来钓各种各样的鱼。可以用羽毛状假饵来钓鲭鱼。冷冻的鲭鱼可以在钓具店买到，而新鲜的鲭鱼可以在鱼店里买到。

把鲭鱼装到钓钩上有许多方法，既可以整条装，也可以切成小块装。大多数钓者先把鲭鱼从两侧切开，然后再切成小块。假如要把鲭鱼肉从鱼骨头上去掉，首先要把鲭鱼平放在砧板上，用手抓住鲭鱼头，然后从鱼鳃后面的部

⊙ 冷冻的鲭鱼可以在当地的钓具店买到，一般是两条装或者更多。假如要钓大型鱼种如海鳗、狗鲨和大头鳕，或者要驾船出海又钓不到新鲜的鲭鱼，那么买整条的冷冻鲭鱼是一个不错的选择。要注意买鱼身笔直的鲭鱼，这样在制作饵料时会比较方便。

⊙ 新鲜的鲭鱼可以用羽毛状假饵从海里钓上来，钓上来的鲭鱼既可以食用又可以用做饵料。

位开始，往里切直到碰到正中央的鱼骨头，然后把鲭鱼从头到尾切下来。切时要使刀刃保持水平，紧贴着正中央的鱼骨头，一直切到鱼尾处为止。这样鱼肉可以一次性地、完整地与鱼骨剥离。

如果你需要许多条状的鲭鱼肉的话，那么可以把整块鱼片切成条状。假如你用浮漂钓鱼法在海滩边垂钓鲭鱼或者长嘴硬鳞鱼的话，那么最好把鲭鱼切成条状。

船钓者在垂钓鳗鱼、翅鲨或者鲨鱼时，会把鲭鱼做成"快板"的模样，即把鲭鱼鱼身中央的鱼骨去除，留下整个由鱼头相连的鱼身，这样鱼身就像两片可以拍打的快板。把鲭鱼装到钓钩上以后，这种快板状的鲭鱼在水中就像在游动一样。假如你出游垂钓时钓到了不少鲭鱼，那么可以把它们冷冻存放起来，这样需要时可以随时拿出来作饵料。冷冻鲭鱼时，最好先把肠子去掉，然后清洗干净，再用塑料膜一

条条分开包裹起来存放，这样可以防止鱼肉被冻坏。

在船上垂钓时，经常使用整条或者半条鲭鱼作饵料，具体用量要根据所钓的鱼种来决定。对大型鱼来说（如海鳗），一整条鲭鱼是标准的饵料用量。垂钓大鱼时，要把鲭鱼整条装到钓钩上，装饵的钓钩也很大，整个饵料叫作"快板饵料"。它是由去除了鱼骨的整条鲭鱼做成的，投到水中会让海鳗觉得这是一条活的正在游动的鲭鱼，然后就不知不觉上钩了。这种装饵方法同时也会使鲭鱼散发出一种特殊的香味，引诱着海里的鱼来追踪目标。装饵时，要选用 6/0、8/0 号的钓钩，让钓钩从鲭鱼的头部穿过去，直到把钩尖露出来。

当垂钓海鲈鱼或者大头鳕时，使用一片鲭鱼肉作饵料就足够了。用钓钩从一整片鲭鱼肉的最顶部穿过，来回穿两次，这就可以保证饵料被牢牢地固定在钓钩上了，同时鲭鱼的尾部又可以在水中自由地活动，看上去酷似一条小鱼在水中游动。

钓者倾向于用较小的鲭鱼块作饵料来垂钓长嘴硬鳞鱼、大头鳕、狗鲨、牙鳕以及其他鲭鱼。最常见的装配饵料的方式是把鲭鱼肉切成细长条，然后拿一块鲭鱼肉装到小钓钩上，比如 1/0 号的小钓钩。切时最好有一定的角度，这样每块鲭鱼肉的末梢都是逐渐变细的，两头尖尖的。钓钩从鲭鱼条的顶端穿过，只穿一次。这样投入水中的饵料，就像一条小鱼或者鱼苗，而这正是大鱼们所寻找的食物对象。

海蚯蚓

黄尾巴海蚯蚓深得钓者的青睐，因为它是一种很好的天然饵料。黄尾巴得名的起源是因为一旦这种海蚯蚓被抓到以后，它的尾部会分泌一种黄色的液体，会使钓者手上的皮肤染上黄色。黑海蚯蚓得名是因为它是黑色的。黑海蚯蚓可以在退潮时，在沙滩上找到。海蚯蚓既可以在钓具店里买到，也可以自己去挖。如果你要自己去挖的话，那就要准备一把铁锹或者一种叫作饵料泵的工具。此外还需要一只水桶来装海蚯蚓。如果用铁锹来捉上百条海蚯蚓的话，那么要有花很长时间的心理准备。

饵料泵是一种类似水泵功能的金属管，使

用时要将泵插入泥浆里。当你把饵料泵的手柄往上拉时，海蚯蚓就会被泵从泥浆里吸起来进入金属管的管腔里。使用之前首先需要找到海蚯蚓生活的地方，松动的、往上拱的泥土，是寻找海蚯蚓的最好标志。

然后把饵料泵放置在海蚯蚓的洞穴上，轻轻地往下推到泥浆里。然后把手柄往上拉，这样就会把泥浆和海蚯蚓一起吸到金属管的管腔里。随后把泵从泥浆里拔出来，把手柄推回去，这样管腔里的海蚯蚓和泥浆会一起被喷到地上。这个时候你就可以把你捕到的海蚯蚓挑出来，放进水桶里了。

在较大规模的钓具店里也有特殊的铁锹出售，假如要找生活在深洞穴里的海蚯蚓，比如有些海蚯蚓的洞穴可能有 60 厘米那么深，买一个特制的铁锹来挖海蚯蚓是值得的。捉来的海蚯蚓如果要保存起来的话，可以用比较浅的盘子，稍微加点海水来饲养。盘子要放到冰箱的底层，因为保存海蚯蚓需要一个温度较低的恒温条件。盘子里的海水需要一天一换，假如有死的或者快要死的海蚯蚓，那么要把它们清理出来。你也可以把海蚯蚓冷冻起来，在冷冻前先把海蚯蚓体内的东西挤出来，然后用报纸把它们分开包裹起来，这样就可以保存相当长的一段时间了。解冻以后这种质地粗糙的海蚯蚓正是冬季钓大头鳕的最佳饵料。

普通海蚯蚓，通常被叫作吐泥海蚯蚓，一般生活在多沙的环境里。它们可以在许多海岸线上被挖到，也可以在江河入海口处被挖到，

⊙ 普通海蚯蚓可以在海滩上挖到。

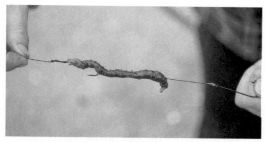

⊙ 海蚯蚓是一种很好的饵料，可以穿在螃蟹或者鱿鱼后面连成串。

是许多鱼种的最佳饵料之一，比如牙鳕和大头鳕。和黄尾巴海蚯蚓一样，普通海蚯蚓喜欢挖洞，这样在沙滩上就会留下它们松动过的沙土的痕迹，这样就很容易识别它们生活的地方。然而和黄尾巴海蚯蚓不同的是，普通海蚯蚓喜欢挖 U 形的隧道或者洞穴，洞穴的深度一般不超过 38 厘米。在寻找海蚯蚓的洞穴时，一旦你发现了地面上有一块松动的沙土，最好寻找一下离这块沙土不远的吐泥洞。这样在动手挖海蚯蚓之前，就大概知道了所挖海蚯蚓的具体位置。

在挖海蚯蚓时，你需要一只水桶和一把铁锹。在天气比较暖和时，用铁锹就能很容易地把海蚯蚓从沙子或者泥浆里挖出来。然而，在寒冷的日子里海蚯蚓会把洞穴挖得比平时深，寻找起来比较困难。要保存这些海蚯蚓的话，只要简单地在水桶里装一点海水就可以了。如果要保存好几天，那么可以用平而浅的盘子把海蚯蚓装起来，然后在盘子里稍微放点水，再放到冰箱里，这种方法可以使海蚯蚓存活相当长的一段时间。冷冻过的普通海蚯蚓并不是一种好饵料，因为它的主要成分是水。

垂钓大头鳕往远处抛钓线时，把 5 ~ 6 条普通海蚯蚓装到同一个钓钩上是比较有效的。如果钓钩的钩柄比较长的话，在装饵时，只要把钩尖对准海蚯蚓的头部中心点穿进去，然后一直沿着海蚯蚓身体的中心轴穿到底。最好将整条海蚯蚓固定在钓钩的钩柄上，从尾巴一直穿到眼睛，最后露出钩尖。如此反复几次，直到海蚯蚓的整个身体都穿在钓钩上。

通常最后一条海蚯蚓的尾巴会悬挂在钓钩外面来引诱鱼儿上钩。假如要把钓线往远处抛，那么最好让整个钓钩都穿满海蚯蚓，因为活的

海蚯蚓是很柔软的，抛线时产生的力量会使海蚯蚓在抛掷的过程中从钓钩上滑脱下来。假如使用冷冻过的黑海蚯蚓作饵，那么你就可以放心了，因为黑海蚯蚓很少脱钩，这是因为它的外皮很厚，而且很粗糙。这里有个小常识，就是许多钓者在抛线前会往海蚯蚓的外皮注射一种香料或者香油，如果不往其中注射香料，可以在海蚯蚓解冻前把其体内的东西清除掉。

毛背鱼

　　无论是活的还是冷冻的毛背鱼都是一种用途广泛的饵料。在英国的西南海岸线，你可以看见毛背鱼被捕鱼者用大鱼网从海里捕捞上来的情景。垂钓时，最好用活毛背鱼做饵料，很多鱼种，比如海鲈、绿鳕和鳐鱼都以它为食。毛背鱼被捕捉上来以后，可以借用木制的盒子放在海里存放很长一段时间，这种盒子被叫作鱼饵篮。鱼饵篮可以放在海水中，系在系泊浮筒上。一旦你需要饵料时，可以很方便地从中取出。这种盒子的边上有很小的孔可以让海水冲进盒子里然后冲出来，这样有利于毛背鱼存活。不管是船钓还是滩钓，你最好带上有通风装置的水桶，这样可以使毛背鱼一直处于最佳的状态。活的毛背鱼是钓海鲈的最佳饵料之一。

　　使用小型钓钩来装饵比较合适，因为小钓钩不会扎坏毛背鱼也不会使毛背鱼处于不平衡的状态。钓钩要从毛背鱼下颌的鱼皮穿过去，这样毛背鱼就可以自由活动了。一般来说，钓线上最好用小一点的铅坠或者不用铅坠，一些海鲈的垂钓专家喜欢使用一个穿孔的弹珠作铅坠，这样可以让毛背鱼在海浪中往下沉。如果你抓不到活毛背鱼，那么另外一种做法是使用冷冻的毛背鱼作饵。许多生产饵料的公司用快速冷冻的工艺使毛背鱼像刚抓到时那

⊙ 可以在钓具店里买到活的毛背鱼和冷冻过的毛背鱼。假如你能找到活的毛背鱼的话，那么效果更好。

么新鲜。冷冻的毛背鱼可以是整条包装的，也可以是半条装，也可以是片状的。在夏天时，可以在退潮时的海水与海岸交界线上的沙子里挖出毛背鱼。抓毛背鱼需要准备一把铁锹而且要眼明手快，当毛背鱼正往柔软的沙子里钻洞时马上抓住它们。

毛背鱼装钩

　　在海浪中垂钓海鲈时，最好用长脑线加上小铅坠。一枚穿孔的弹珠可以用来把毛背鱼往海水深处拖，而且还可以让毛背鱼自由地活动。如果你需要更重一些的铅坠来对抗潮水的力量，可以将一只穿孔的小球穿到钓线上，小球是可以在钓线上活动的。在装钩时，要保证海鳗只是轻轻地被挂在钓钩上的，要保证它还可以自由地活动。用1号或者2号阿伯丁型钓钩（后文有介绍）穿过毛背鱼的下颚而且只能穿一次。假如用冷冻的毛背鱼来钓鱼的话，基本上和上面的活毛背鱼装钩的方法是一样的，装饵时钓钩要从鱼嘴里穿进去然后从鱼鳃处穿出来。这样钓钩会起到支撑作用，毛背鱼的身体保持笔直，尾巴又能在海水中自由地摆来摆去。对其他鱼种来说，如鳐鱼，以钓钩穿过鱼身为好。钓钩的钩尖要从鱼尾处穿出来。这样做是由于鳐鱼喜欢花点时间把整个饵料吞进嘴里。它们会从毛背鱼的身后来接近毛背鱼，这样钓钩正好在最适当的位置，牢牢地钩住鳐鱼，即使鳐鱼挣扎着要脱钩也不是那么容易的。

⊙ 最好的装饵方法是把活的毛背鱼挂在单个钓钩上，这样毛背鱼就能很自然地在海水中游动。它们是钓海鲈的上等饵料。

毛背鱼可以切成两半，用其中一半装钩，不管是新鲜的还是冰冻的，都可以系到浮漂下面来钓绿鳕、鲭鱼以及长嘴硬鳞鱼。

竹蛏

竹蛏是非常好的饵料，被广泛用做钓海鲈、大头鳕和比目鱼的饵料。它因剃刀样的外壳而得名。

风暴过后，通常可以在海滩边和海水与沙滩交界处的沙子下面找到竹蛏。曾经搜集过竹蛏的钓者都知道把竹蛏从沙子里挖出来的小窍门。准备一袋食盐，在海滩上寻找像钥匙孔一样的小坑，这正是竹蛏生活的孔穴，找到以后将食盐撒在小坑里。不一会儿，竹蛏就会因为找食盐的来源跑到沙滩上面来，这就暴露了它们的藏身之处。发现竹蛏以后，不要发出任何声音，因为一旦竹蛏发现人类的存在，它们会往孔穴深处钻。你需要带上铁锹来抓竹蛏，而且要有心理准备，竹蛏一旦发现情况，就会很快地往地下钻。抓到竹蛏以后，下一步就是将小刀小心翼翼地插在壳和肉的相连处，把竹蛏的肉从壳里面撬出来。这时候，不要用力把壳掰开，不然的话，容易把里面的肉捣碎。竹蛏作为饵料最重要的部分就是它那两条肉质饱满的腿。装饵时，就是这两条腿将整个竹蛏固定在钓钩上的。最好用新鲜的竹蛏作饵，因为新鲜的竹蛏肉质比较有韧性。一旦冷冻以后，竹蛏的肉质就变软了，不容易装钩。如果你有相

当多的竹蛏，想要冷冻起来的话，可以在冷冻之前用开水把竹蛏烫一下。这样可以使肉质变得更韧一些。然而，和其他饵料一样，新鲜的竹蛏还是冬天用来钓海鲈和大头鳕的一种不可替代的好饵料。

竹蛏装钩的最好的方法是像挂海蚯蚓一样把小竹蛏挂在钓钩上。这些步骤包括把竹蛏肉从外壳里撬出来，然后把钓钩从竹蛏肉的正中央穿过去。因为竹蛏通常只有7.5厘米长，所以一个钓钩上最好穿两个竹蛏。大竹蛏也可以单个装钩，方法和小竹蛏一样。因为竹蛏两条腿的肉质很饱满又有韧性，所以可以保证整个竹蛏挂在钓钩上。把竹蛏切成小块以后，接到海蚯蚓的后面，连接起来做成的饵料是大头鳕最喜欢的饵料之一。因为竹蛏肉质比较有韧性，所以可以使肉质比较软的海蚯蚓固定在钓钩上。

鱿鱼

鱿鱼是常用的海钓饵料之一。商业性渔船捕获的鱿鱼个头比较大，外皮是乳白色的，肉是带点嫩黄色的白色。而枪乌贼要小一些，15～20厘米长，体色和鱿鱼差不多。鱿鱼是通

⊙ 最受欢迎的鱿鱼种类是枪乌贼，它大概有15厘米长。整条枪乌贼是大型鱼种的最佳饵料，比如海鲈和大头鳕。

⊙ 各种各样的竹蛏。竹蛏可以冷冻起来做饵。在风暴过后的沙滩上可以找到活竹蛏，保存时要放在海水里。橘黄色的竹蛏肉是钓海鲈的最佳饵料之一。

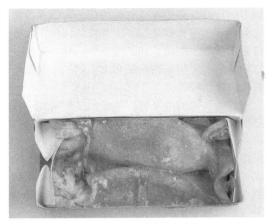

⊙ 许多钓者会购买大包装的冷冻枪乌贼。

⊙ 可以在海滩边拣到蛤，它是钓各种比目鱼的最佳饵料之一。

用的饵料，可以单独使用，也可以和其他饵料连接成一串长饵料。在钓具店买到的冷冻鱿鱼一般像枪乌贼一样大，解冻以后可以用两种方法作饵。当驾船出海，在深海区钓海鲈、大头鳕、海鳗时，可以用整条鱿鱼做饵。因为鱿鱼制成的饵料在海底能漂浮起来，所以看起来像活的一样，是许多鱼种最喜欢的食物之一。钓者一般会把鱿鱼体内像塑料一样的脊柱去除掉，然后切成小块。切成的鱿鱼条可以穿到钓钩的针眼处，又可以留出一段悬挂在钩尾，这样看上去就像海蚯蚓一样，是垂钓黑鲷和红鲷的最佳饵料。

钓个头较大的鱼种，比如海鲈和大头鳕，使用整条枪乌贼穿在双钩的彭内儿装置上是最好的装钩方法。这样装钩会使鱿鱼看起来像活的一样。如果只用一个钓钩来挂整条枪乌贼的话，最好把枪乌贼的身体部分系到钓眼上端的钓线上，这样可以防止枪乌贼从钓钩上脱落。用大的普通鱿鱼作饵时，要把它体内的东西去除并清洗干净后再使用。在鱿鱼的身体中央可以找到它用来保护自己、迷惑敌人的墨袋。翻开鱿鱼的背面，你可以找到一块透明的、像塑料一样的脊柱。制作饵料时要把这块骨头去掉，然后把外皮剥掉，露出白色的鱿鱼肉。用锋利的小刀把鱿鱼的身体切开，切成各种大小的鱿鱼条。垂钓大型鱼种时要把鱿鱼条切得大一些，垂钓小型鱼种比如鲷鱼和牙鳕时可以切得小一些。

蛤

蛤很容易在海滩边抓到，而且蛤是钓黄盖鲽以及其他比目鱼的上等饵料。海边水位比较低时可以拣到大量的蛤，其中铺满鹅卵石的海边和江河入海口处蛤最多。若想亲自去拣蛤，就要准备一把园艺用的耙子和一只用来装蛤的大袋子。把表面的沙子耙开以后，可以在下面找到成群的蛤。

要制作饵料的话，最好把蛤用沸水煮几秒钟，然后用比较尖锐的工具如小刀把壳撬开。如果你将蛤保存起来以备不时之需的话，可以把装蛤的袋子系到系泊浮筒上。

蛤是钓黄盖鲽和牙鳕的上等饵料。在钓黄盖鲽时要用比较小的钓钩，如6号淡水钓钩就可以。钓者可以在一个钓钩上穿上三四只蛤，这样大的饵料是比较理想的。

蛤不仅可以单独用做饵料，还可以和其他

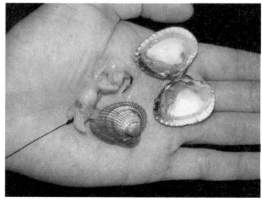

⊙ 因为蛤体型较小，所以一次用2～3只蛤来装钩，直到把钓钩装满为止。

饵料合用，比如可以接在海蚯蚓或者沙虫后面，这样可以吸引更多的鱼来咬钩。

因为蛤体型较小，所以钓者经常将几个蛤一同穿在钓钩上。制作饵料时，先把蛤的壳撬开，把蛤肉挑出来。然后把蛤肉穿到钓钩上，往上推到钓钩的针眼处，然后再穿几个蛤，直到整个钓钩都穿满为止。要把最后一只蛤的腿部穿到钓钩上，因为这部分蛤肉的质地比较有韧性，有助于把饵料固定在钓钩上。

沙虫

沙虫家族有 4 类沙虫是钓者们经常使用的，它们是国王沙虫、白沙虫、海港沙虫和红沙虫。海港沙虫是沙虫中最小的，大多用于钓鲻鱼或者牙鲆。红沙虫是 4 种沙虫中最容易找到的，用它做成的饵料大多用于钓海鲈和比目鱼。

最受钓者欢迎的两种沙虫是国王沙虫和白沙虫。国王沙虫用途最广，可以在钓具店里买到或者自己去海边挖，可以挖到长约 60 厘米的国王沙虫。不过，一般来说，国王沙虫的平均长度在 36 厘米左右。钓者在处理国王沙虫时要特别小心，因为国王沙虫的嘴巴里长着一对"钳子"，这对"钳子"往外突出来，末端往里钩，因此一旦被沙虫咬到，是非常疼的。挖沙虫时，首先要在水位比较低的海岸找个沙滩，准备一个园艺用的耙子和一只装沙虫的袋子。水位比较低时，在江河入海口处铺满鹅卵石的岸边泥浆里，可以轻易地在短时间内抓到

⊙ 沙虫和海蚯蚓既可以在沙滩上挖到，也可以在钓具店买到。保存时要用报纸包起来放在温度比较低的地方。

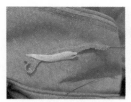 

⊙ 沙虫装钩时要沿着沙虫身体的中央把钓钩穿过去，直到把沙虫的头穿过钓钩的钩眼。鱿鱼条可以用来穿在沙虫的后面，这是欧鲽和其他比目鱼鱼种最好的饵料之一。

⊙ 对比目鱼来说，如欧鲽和牙鲆，由沙虫和去壳蟹连接成的饵料是非常好的饵料。

⊙ 大一点的沙虫如国王沙虫可以用整只来装钩，如上图所示。装钩时，钩尖要对准沙虫身体的中心，从沙虫的头部开始，直到穿到钓钩上面的钓线上，把尾巴悬挂在钩尾。

很多沙虫。当在海边寻找沙虫时，要留意泥浆的表面，那些用脚一踩往外喷水的地方说明孔穴底下有沙虫。有些沙虫喜欢把自己埋得很深，所以有时挖得深一点是非常必要的，比如挖到 60 厘米深或者更深。为了长期储存沙虫，要把它放在装有海水和通气泵的浅罐子里。当发现有已经死了或快要死的沙虫时，一定要把它们清理掉，要不然其他所有的沙虫都会被污染。如果要在第二天使用它们，那么就用报纸把沙虫包起来放进冰箱里保存。最好隔几个小时换一次报纸，这样可以使沙虫保持干燥，从而更好地保持沙虫外皮的韧性，有利于更好地将它固定在钓钩上。冷冻后的沙虫不是理想的饵料，因此最好用新鲜的沙虫作饵。

白沙虫比国王沙虫体形要小得多，从它的名字我们就可以猜到这是一种白色的或者淡棕

色的沙虫。在滩钓比赛中，沙虫深受参赛者们的青睐。白沙虫可以用和国王沙虫一样的方法来搜集。

白沙虫大多数生活在柔软的沙子中，或是比较细小的鹅卵石铺成的海岸边以及风平浪静的海湾或者类似的海域。白沙虫极少有超过20厘米长的。白沙虫一般来说很容易被挖到，因为它们就生活在沙土表层下面。可以将它们保存在盛有少量海水的塑料容器里。白沙虫是一种比较娇嫩的沙虫，在装钩时要加倍小心。和国王沙虫一样，白沙虫不宜冷冻，用活白沙虫作饵比较好。

大的国王沙虫应该用钩尖从身体中心穿到钓钩上，沙虫的头要穿过钓钩的钩眼直到钓线。沙虫的身体穿在钓钩的钓柄上，尾巴挂在钓钩的弯曲处。用沙虫作饵料时，最适合选用金属材质的钓钩，用金属钓钩可以很容易地把沙虫穿上去。小一点的沙虫如海港沙虫可以一次在钓钩上穿上 4 个或者 5 个，穿法是一样的，直到钓钩穿满为止。沙虫是夏天垂钓鲻鱼的最好饵料之一。

▌帽贝

退潮后，在海边的岩石上可以找到大量的帽贝，它们通常紧紧地贴在礁石上。这种廉价的饵料经常被钓者忽视，但是在暴风雨的天气或者暴风雨刚过时，帽贝是一种最佳的饵料。

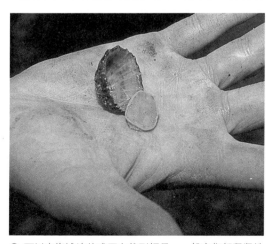

⊙ 可以在海滩边的礁石上找到帽贝，一般它们都紧紧地贴在礁石上，是钓比目鱼的最佳饵料之一。去壳以后，可以一次在钓钩上穿上 2～3 只帽贝。

因为这个时候，许多帽贝会从礁石上冲刷下来，漂浮在海浪中，一些鱼种，如海鲈和比目鱼就会来觅食这种不起眼的食物。

常用的帽贝有两种，一种是普通帽贝，另一种是美国帽贝。普通帽贝要小一些，带壳，大约有 5 厘米长。在海边的礁石上经常可以找到成堆的帽贝。帽贝的外壳形状有点像圆屋顶。

一般可以在页岩或者鹅卵石中找到美国帽贝，它们通常生活在白沙虫附近。它们在体型上要比普通帽贝大，看起来像贻贝。它们是钓牙鲆和黄盖鲽的上好饵料。寻找帽贝时，要准备一把锋利的小刀和一只装帽贝的水桶。当你发现一只帽贝时，将刀插入它圆屋顶样的贝壳的一端，把它往另一边挤，这样可以让空气进入贝壳的底部，给帽贝一个往外的力，以减少吸力。最好用活帽贝做饵料，如果你有多余的帽贝，可以先把它们腌渍起来，然后冷冻保存，这样可使其肉质更有韧性。

两种帽贝中，美国帽贝更适合做饵料。美国帽贝其肉质比普通帽贝更鲜嫩，肉色也更鲜亮。去壳后，将钓钩从帽贝的肉中穿进去，然后把帽贝的腿部装到钓钩的钩尖上，这样可以保证帽贝固定在钓钩上。对小一点的鱼种来说，如黄盖鲽，只需要在小钓钩上穿一个帽贝，钓钩可以用 6 号的。假如要钓海鲈或者巴蓝隆头鱼，用 1/0、2/0 号的钓钩，至少要穿上 6 只帽贝才行。

帽贝是一种非常好的饵料，可以用做饵料尾坠。事实上，沙虫加上帽贝是垂钓大头鳕和黄盖鲽的最佳饵料。

▌贻贝

贻贝是另一种贝壳类饵料，很容易在海边找到。当潮水退去时，可在海边的礁石上找到这种贝。贻贝很容易识别，它的壳细长，呈蓝黑色，在礁石上和防浪堤上可以找到成堆的贻贝。一般有 8 种不同的贻贝。对钓者来说，其中的两种是比较常用的，即普通贻贝和马贻贝。

去壳的贻贝要用钓钩反复穿几次，才能使它完全固定在钓钩上。贻贝是近海船钓时的上佳饵料，因为船钓可以把非常柔软的贻贝慢慢地沉到海水中而不是抛掷。在海边抛掷时容易把贻贝抛出钓钩，因为贻贝的肉质十分柔嫩，

⊙ 贻贝是非常受欢迎的贝壳类饵料，在海滩边很容易找到，是既好又便宜的饵料。

除非用有弹性的纱线把它绑起来否则容易脱钩。也正是因为这一点，钓者常常用冷冻过的贻贝做饵料，这可使钓者将钓线抛得更远。一旦饵料到了海水中，它就会慢慢解冻，但是整个饵料仍然是完整的。在冬季这是一种钓大头鳕和幼鳕的上等饵料，因为这类饵料可以抛得很远。

保存时要将贻贝放在冰箱底层，且把温度调得低一点。最好用海水浸湿过的布把贻贝包起来保存，注意要保持布的湿润度。如果按这个方法正确操作，那么可以保存一个星期或者更久。要想把贻贝撬开又不破坏贝肉的话，最好使用刀刃比较锋利的、单面刀刃的小刀，一般不建议使用有刀尖的、锋利的刀具，因为这种刀具容易把贝肉切碎而且很可能会伤到钓者的手。

用两面都有刃的短刀插进贻贝两片贝壳间，然后转动刀柄，贻贝的壳就被撬开了。在撬开壳时，要有耐心，因为如果撬壳时用力过猛，很有可能把里面的贝肉捣碎，那么就不能用来做饵料了。

因为贻贝的肉比较软，所以用钓钩挂住贻贝后要用棉线把贻贝固定在钓钩上。在装饵时，尽量多次用钓钩来穿贝肉，要不厌其烦地反复从贝肉较硬的部位穿过去，直到整个饵料都牢牢地固定在钓钩上为止。假如用新鲜的贻贝肉做饵料，最好用有弹性的棉线绑住饵料，以使其固定在钓钩上。这样在抛钩时，饵料就不容易脱落。

钓大头鳕和绿鳕时，一个钩上装2只或者3只贻贝比较合适，尤其是船钓时。和其他贝壳类饵料一样，贻贝也可以用来连接在其他饵料的后面，挂在钓钩的末端。与沙虫一起或者和鱿鱼一起穿到钓钩上是垂钓欧鲽的最佳饵料。

▌其他饵料

对钓者来说，还有其他许多种类的饵料可以用来垂钓。每一个钓者都要试着找到自己喜欢的饵料，而且这种饵料的原料最好比较容易得到。虽然做每一件事情都是投入的越多产出的越多，但是对钓者来说，有些能在海边找到或者很便宜就可以买到的饵料用起来比在钓具店里买到的昂贵的饵料效果更好。

寄居蟹

寄居蟹是很好的一种饵料，可以在海边的礁石堆里找到，一般用来钓海鲈，用时把整个寄居蟹装到钓钩上即可。

鲱鱼

鲱鱼是一种在鱼市上就能买到的饵料，适合钓海鳗和鳕鱼。鲱鱼是种非常油腻的鱼种，而且会散发出一种浓烈的特殊味道，这种味道足以吸引捕食它们的食肉鱼种和食腐鱼。

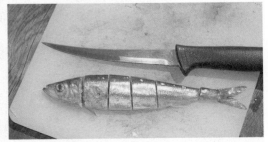

⊙ 鲱鱼是又便宜又好用的饵料，鲱鱼的肉质比较油腻，很能吸引海中的捕食者。如上图所示把鲱鱼切成几段。在垂钓海鳗或者鳕鱼时可以将1块或者2～3块鲱鱼块装在大钓钩上。

淡水钓如何查看水情

如果想钓到鱼，就必须选对鱼所在的水域，但是大多数钓者会选择那些自己心目中理想的水域，而不首先考虑该水域是否真正有所要搜寻的鱼。为了使得各种钓法都能获得成功，必须要学会如何查看水情，找出鱼生活的水域。

▌夏季河流

即使只在冬天到河流里钓鱼，也还是值得去花费一定的时间查看一下夏季河流。盛夏时水位较低，水较清澈，且水底的水草和岸边的杂草非常茂盛，比较容易查看水情，容易找到鱼的栖息场所。在夏末时，岸堤较荒凉，水位很高，水很浑浊，这时候就很难辨别鱼所处的水域环境。同样，在夏天比较容易了解到不同鱼种的生活区域，它们的觅食区域在冬天往往也是很好的垂钓地点。

查看水情包括查看浅滩、睡莲边、岸堤断层处、河床洼地、水下障碍物、高水位岸堤下的深流等等。所有这些地方对大多数鱼都具有吸引力。雅罗鱼、拟鲤和茴鱼喜欢生活在水流湍急的沙石上，同样尤其在晚上鲃鱼也喜欢这

样。大型河鲈最喜欢岸堤的断层处以及孤立的深水处。在河流洼地可以发现圆鳍雅罗鱼、鲃和大河鲈，而欧鳊和丁鲹最喜欢在睡莲边游动。长满杂草的边缘水域是白斑狗鱼最喜欢的埋伏点。钓者若要搜寻鲃和圆鳍雅罗鱼的标本鱼，那么千万不要忘记去搜寻水下的障碍物。

在冬天任何有树枝垂下的缓流区域都是许多鱼的聚集地，尤其在那些树枝碰到水面，而周围又漂浮着杂草和树叶的地方是鱼最喜欢的地方。这些大多是肉眼可见的，但是如果河水足够浅，你可以趟水过去细细检查一番，这是一种快捷的方法，你可以迅速地探测到河底的轮廓。如果你觉得蹚水不是很舒适，或者河流很深，那么尽量对所有肉眼看不见的水域进行探测，然后把结果仔细地记录下来。

有许多钓者只在冬季钓鱼，毫无疑问这个时候是钓鱼的高峰时期，钓者们凭借他们以往的经历，以及查看水域的情况来搜寻合适的垂钓地点。在那些带有明显特征和流速变化的河流里，钓者能够精确地探测出鱼群的位置。如果是深水区域，那么就比较难以搜寻鱼的所在水域。

▌冬季的河流

有很多河流在夏季可以钓到鱼，冬季也同样能够钓到，除非河流的环境改变迫使鱼群转移栖息地。水位高、

⊙ 小溪流里清澈的浅水滩和闪烁的沙石使钓者能够很容易探测到水的深度。沙石底也是很理想的垂钓地点。

流速湍急会迫使鱼群迁移，鱼会一直游直到找到舒适的栖息水域为止。因此，在冬天查看水流变化是重新搜寻鱼群栖息点的关键所在。

在冬季要检查河流的方向和流速，找出那些流速和方向都没有改变的水流。通常在河流中有数不尽的支流，并介于急流和缓流之间，有些水流可以很清晰地被辨别出来。

水面

无论水的流速怎么样，水面本身可以给我们提供重要的线索，如水下的地貌轮廓和水草。有些水域表面很平静，而有些则会持续或间歇性地产生波浪。不管水面是轻柔的水波还是剧烈的浪花，这些起伏不定的现象都是由于水下地貌的不规则性所导致的。连续的水花或涡流要么是由于水流冲击河床，要么是水流碰到了大障碍物如老树树桩而产生的。如果河床上有凸出的大石块，那么往往会形成支流。在形成这些支流的地方是天然的"食物蕴藏地"，可吸引各种鱼群的到来。但事实上鱼群需要该区域附近的水流要相对平静。若是水流相当激烈并形成连续的浪花，那么鱼群会撤离该区域。

那些由于河底不规则的杂物而持续不断产生浪花的水域，是不值得钓者花费时间来查看的。杂物产生的旋涡使得鱼很难去适应这些持续变化的流水。但有一种情况除外，就是那些由于大石块或者其他类似物造成小范围的浪花的水域。在障碍物背后的顺流水域会形成一块洼地，它富含天然食饵，如果钓者在此进行逆流垂钓，效果会非常好。

对钓者来说将大型残骸物造成严重断流的水域和浅水域区分开来是非常重要的。浅水域底层有细小的沙石，水面上会形成水波，大多数情况下可以在该水域进行垂钓。但是洪水期时，高水位的水流形成的波浪区域，则不适合进行垂钓。

洼地

浅水域河床的洼地可以说是极好的鱼群聚集地，尤其是圆鳍雅罗鱼、拟鲤和鲃。哪怕是一片小小的洼地都可能是很好的垂钓地点，尤其在浅水域里，这样的小洼地很可能是该区域唯一的鱼群聚集点，特别是在高水位时期非常明显。你也许会非常惊讶，居然会有那么多的大鱼聚集在这样一个小小的洼地。

水生植物的影响

水面上断断续续的波动显示出河床上长满杂草。浸没在水下的灯芯草使水面产生了波纹，如果在浅水域里出现不断变化的水纹，是因为水位不是很高，灯芯草的茎常常会从水下伸出来，而"打破"了水面的平静。同样水下的灯芯草丛也常将水流分隔开，形成两支分流。由于大片的草根牢牢地扎在水流中，在草根顺流方向的后侧，两支分流的交汇处形成一块缓流区。在这样的缓流区聚集着大量的鱼，尤其是圆鳍雅罗鱼、鲃和白斑狗鱼，因此是非常好的垂钓地点。河流分支的形成也使得水下杂草丛附近出现"折痕"。

长有毛茛属植物和杂草的水流，由于长枝条和水草随着水流上下来回摇摆，因此水面上明显呈现出不规则的水波。当引起水流波动的枝条从水面上沉下后，水流便会变得非常平缓。

⊙ 长有大量树木的岸边是十分常见的鱼类聚集地。圆鳍雅罗鱼尤其喜欢摄食树上掉下的昆虫。

这种类型的波动常常时间很短,很快便消失了。

在水草区钓鱼

在水草区钓鱼要尽量避免钓线缠绕水草,因此要使饵料远离水草。较好的方法是将饵料投掷于水波起伏的水域里,通过水流的冲击使得饵料很自然地避开杂草,而刚好落在没有杂物的沙石块上。水流速度越快水域越深,那么投掷时要远离水面波动的区域。毫无疑问,特别是在高水位时期,水草引起的水流波动会给钓者带来极大的干扰。

同时,有些天然渔场的支流里也生长着许多毛茛属植物,垂钓时首先要去了解水域里的情况。起初,先花几分钟时间观察,并默记下水域的各种水面特征。你会看到许多地方由于水草随水流来回摇摆,而在水面上不断地搅动和拍打。但最重要的还是那些水面狭窄的区域,在那里水流平缓,水面没有浪花。这表明河床间有光滑的沙石底。此时进行钓鱼,要求饵料为圆形,并放置于邻近水草的下方。如果刚好有鱼在那里,那么上钩率是非常高的。

折痕流

折痕流是由主流突然转向而形成的。流水不断地冲击沙石岸堤形成折痕流,而流速相对缓慢的水域则是较好的垂钓地点。顺流漂下的食物也随流回转,进而汇集起来,漂在水上如同一条狭窄的带子,鱼群则快速地优先占有那些容易获得的食物。河流回转造成的第二个结果是在流速快的主流和流速相对缓慢的水域之间形成了一条明显的分界线。在水位高、流速快的水域里,鱼群通常不愿意去对抗湍急的主流,而会朝着折痕流的方向游去,或者游到远离分界线的、流速相对缓慢的水流里。

所以,急流和缓流的交汇处都可以被看成折痕流,其种类繁多。如一段凸出的岸堤、老树桩、河面投饵器、河流的弯曲段以及岸边的杂草都能引起主流的转向,从而形成折痕流。在一般情况下,两条河流的交汇处最有可能是鱼群的聚集点。

如果说在冬季垂钓有一条最佳准则的话,那就是寻找一片水流平缓、水面光滑的水域,而不必考虑它的深度。在那里你极有可能会钓到许多品种的鱼。

鱼类生活的水域的特征

在那些水流湍急、水域特征明显的浅水区里也经常会有一些支流,这些支流一般较深、流速非常缓慢,河道笔直,肉眼看去几乎没什么明显特征。尽管这些水域并不足以引起人们的注意,但这些水域里很可能生活着大型鱼。同样人们很难辨别出许多河流的浅水冲击区域的深度和流速。

如果水域中适合鱼类生存的特征很少,那么要尽量锁定那些容易辨别特征的水域,因为这些水域很可能会吸引大量的鱼聚集。

在水域特征不明显的支流里搜寻到的任何特征都是相当重要的,值得去勘查一番。例如,小溪流或排水沟里不大明显的细流往往会吸引拟鲤,而支流的汇集处则往往被大型河鲈所占据。河岸边的矮树丛也是很重要的特征,树枝条能够确保周围区域少受干扰,矮树丛尤其是山楂和李树的根部能够切断岸堤,这样给鱼提供了一个安静的庇护场

⊙ 在冬季一片水位高、水色浑浊的水域,风微微地吹着,把饵料吹送到鱼的嘴边。这些自然条件看起来非常理想,许多钓者都梦想找到这样的水域。在这里钓者们能够钓到大量的拟鲤以及其他鱼种。

⊙ 在冰雪覆盖的冬天钓到的一条圆鳍雅罗鱼。该鱼是在水流中部的洼地里钓到的。

所，这在没有其他特征的支流里则非常显眼。

　　一般在支流里钓鱼之前，有必要用铅坠先探测一下水下地形，查看水下是否有不规则状的物体存在，如河床的洼地。同样也可以探测到水下杂物或者水底的杂草丛。在河床上即使是一个很小的杂物如一块沙石都有可能是鱼群的聚集地。

　　花时间详细查看各种自然条件是很明智的，但有时在许多流速相对缓和的支流里进行垂钓极其艰苦，或者完全可以说是凭运气。显然如果你想要每次垂钓都很成功，光靠运气是不行的。如果你面对的是特殊类型的支流，河流里没有任何适合鱼类生存的明显特征，那么就无法确切地了解鱼的栖息地。这时候你就必须不断地尝试，或者人工制造一些栖息地点，期待鱼的到来。

▎静水水域

　　与其他类型的河流相比，在静水水域更难观察鱼的生活环境。静水水域有许多独特的特征，但通常不容易被发觉，当然，通过学习你会发现观察这些特征还是有规律可循的。在一些小型的静水水域可以很快地学会如何勘测，但如果是大型的鳟鱼湖或者水库则需要较长的时间。

庄园湖

　　通常，庄园湖湖底淤泥很多，且长满杂草。香蒲、芦苇和睡莲等水生植物最为常见，它们是很多鱼摄食的场所，也是最佳的垂钓地点。在冬天钓白斑狗鱼就应该着重留心水域中的睡莲区域，因为在冬天拟鲤喜欢在睡莲枯草根附近摄食，而这正好是白斑狗鱼的天然掩饰物。

　　庄园湖和沙石矿坑池两者之间的本质区别在于大多数庄园湖湖底比较平坦。通常底层平坦的水域有较多摄食地点，因此许多鱼可在庄园湖湖底摄食，而无须像在沙石矿坑池中那样四处摄食。例如，拟鲤和欧鳊会在某些区域内长久定居，且它们的摄食次数可以被估测到。其中欧鳊通常会按照固定的线路去摄食。许多庄园湖尤其是天然形成的或者周边长有树木的，边缘区域的水非常深，这很可能是由于底层断层造成的。岸边的深水区域上方常常有树枝垂下，水下的残木能够吸引大量的鱼苗，可以说是白斑狗鱼和河鲈的生活天堂，同样鲤鱼也很喜欢生活在那里。

　　由于庄园湖通常相对较小且封闭，故湖面上风对鱼的影响要比大型的开放水域小得多。但鲤鱼是个例外，与其他鱼种比起来鲤鱼更容易受风的影响，在风速平稳时鲤鱼会游向迎风的岸堤侧。

⊙ 在一个庄园湖里，鲤鱼正在水面上觅食。通常采用浮饵能够钓到很好的鲤鱼。

显然，直接查看鱼本身有助于栖息场所的勘查。肥沃庄园湖的浅水区中的拟鲤有一种值得注意的习惯，就是在黎明和黄昏时分喜欢在水下滚动，在夜晚也是如此。而红眼鱼是一种喜欢游动性摄食的鱼，它喜欢在大型水域里四处游动，游动时背鳍常常会凸出在水面上。

鲤鱼通常会在水面滚动、前进、甩尾或打转。有很多种迹象可以表明鲤鱼的存在，如产生旋涡，当鲤鱼在水面游动时，水面会产生旋涡。水面成隆起状，是由于鲤鱼鱼背向上顶起，从而使得水面上的水草神奇地凸起。鲤鱼可以搅动淤泥，使得所在处呈现一片浑浊。另一种常见的现象是水面上"V"形的水纹，是由鲤鱼游行时背鳍的顶端划过水面而形成的。在庄园湖里搜寻丁鲅，只需在边缘区域进行。在灯芯草或睡莲附近最有可能发现丁鲅，在黎明时分，查看水里的"针状水泡"的路线，这是找到丁鲅的最好方法。

在庄园湖里——正如在所有的水域里一样——白斑狗鱼的猎物在哪儿，它们也就在哪儿生活。岸堤的灯芯草床边或向湖面凸起的灯芯草下都是白斑狗鱼的栖息处。长满灯芯草的凸起岸堤是白斑狗鱼最为常见的栖息地。

河鲈常常在庄园湖的水湾处诱捕鱼苗。在所有的庄园湖中，对大型河鲈最具吸引力的要算那种小而深的农场池塘，在这里生活着许多未成熟的红眼鱼和欧洲鲫鱼，其他鱼种却很少见到。在这样的深水池里钓大河鲈时，水下任何有杂物的地方都是河鲈的栖息地，同样，岸侧树根和上方有枝条垂下来的水域也是不错的垂钓地点。

沙石矿坑池

沙石矿坑池布满了沙石块、沟渠、沙石高地、陡坡和水草。在查看时还需要了解池底的结构和底层水草的特征，尤其是那些不长杂草

⊙ 钓者向沙石矿坑池中部的沙石块处投掷死饵。图上可见钓者正在安装咬饵指示器。

的水域。钓欧鳊或白斑狗鱼时要特别留意这种水域。欧鳊喜欢在不长杂草的区域里摄食，而丁鲅则喜欢在浓密的水草丛中游动觅食。

有些特征可以通过观察河岸周边的环境来辨别。例如，河岸呈现平缓的斜坡则表明周边的沙石矿坑池具有相似的坡度，如果河岸很陡峭则表明水域边缘是很深的沟渠。在寻找鱼类栖息地的过程中，最重要的迹象是凸起的河岸或者池中凸起的高地，这些往往表明水下有大型的沙石块，这种石块能够吸引各类鱼聚集此处。

其他迹象可以通过水鸟的活动来获取，如天鹅、水鸭和鹬鹈的活动。天鹅只吃它能接触到的底层水草，而水鸭则将底层水草几乎全部摄于腹中，但它不太喜欢在深水域觅食。如果看到水鸭在某一个水域点不断地扎进水中觅食，那么你很可能发现了一个重要的沙石高地。白斑狗鱼和河鲈钓者应该去研究一下鹬鹈的活动，因为它们会在有大量鱼苗的水域不断地扎进水中摄食。

在坑池中寻找鱼的栖息处是一个艰巨而漫长的过程，如果可以使用船，尤其是那些配备有回音探测器的船，进行勘查就显得相对容易些。如果没有船，只要你有一定的经验，采用铅坠勘测的方法也是相当有效的。安装一个大型的、容易辨别的白斑狗鱼滑动浮漂，外加50克重的铅坠。浮漂装得稍低一点，大约离铅坠1.22米，然后投掷到左手边最远的区域处，

以便在水面上容易观察。如果浮漂要下沉的水域很深，那么显然它会像石头一样下沉。然后开始缓慢地收线，一次收起大概1.83米，且使钓线保持一定的松弛度，以便滑动浮漂起到作用。如果铅坠移动到离水面1.22米以内的浅滩处，浮漂将会弹出水面。通过这种方法，且不断调整浮漂的位置，很快就能探测出水域的底层特征。

在钓鱼时也许你需要一个持久的标记物，这可以自己制作。一旦发现鱼类的栖息地，在滑动浮漂防松结上方30厘米处切断钓线。在端口处分别系一个环，并且将两个环用PVA紧紧地系起来，然后投掷到所需的地点。停留几分钟后PVA溶解，收回主线，使得标记物停留在该地点。在钓鱼结束时，使用连有锚钩的抓钩坠将标记物从水面上取回。

水库

水库可以分成两种类型，一种是天然水库，另一种是人工水库。

最好的淡水钓是在水库中进行的，如果你想获得较高的上钩率，钓鱼之前完全有必要勘测一下水下的地形。碗状的水库其深度通常较为统一，两端可能会略微浅些。在这种类型的水库里其底层深度很少会突然改变，如果存在的话，那么是非常值得关注的。

在天然水库里钓鱼非常有趣。汇流到水库的溪流是最重要的鱼类栖息地，因为它们一般都很深，底层为坚硬的沙石，两岸都是泥。同时在入口处能形成鱼喜欢的天然水流，且当溪流里沉积了雨水或水位较高时，入口水域会第一时间变浑浊。查明溪流线路的简单方法就是下过大雨后去查看水库，查看时要尽量站在高处。通常会看到浑浊的水在溪流河床里迂回前进。当然这也需要钓者保持冷静，如果有风且水流很急，那么浊水和清水很快就会混合，片刻之间都会变成清水。

水库四周的岸堤可以精确地显示出边缘水域底层的地形。一段陡峭的岸堤表明附近水域同样很深，底层很陡。同样，在岸边水域较浅、底层倾斜的岸堤，钓者能够找到浅水鱼，如河鲈和拟鲤。

记录好寻找到的所有勘查线索，然后在手工绘制的地图上注明。

风和气候对静水水域的影响

鲤鱼、红眼鱼和欧鳊是最易受强风影响的鱼，它们一般会迁徙到迎风水域里。鲤鱼喜欢在迎风的浅滩沙石块附近摄食，同样它们也喜欢游动于底层缓慢上升的浅滩区。环境恶劣时，丁鲅也会在浅滩处疯狂觅食，这很可能是由于恶劣的环境刺激了它们的食欲。

拟鲤对强风也有反应，尽管影响不是很大，但对钓者来说很重要，比如强风能使水库的水面下形成水流。如果溪流里涨满了雨水，水流在风的影响下会形成各种复杂的支流，常被称为底流。拟鲤一般会在离溪流河床不远的浑浊水域中活动。对于肉食性鱼来说，气候和水况会影响它们的分布。

在欧洲垂钓

淡水鱼如拟鲤、丁鲅、欧鳊、鲃和梭鱼，在欧洲的许多地方都能找到它们的踪影，尤其是在法国、德国、荷兰和比利时。

鲇鱼

法国盛产鲇鱼，在索恩河和罗亚尔河都发

⊙ 在法国钓到的巨鲇

现过超过 45.4 千克的鲇鱼。在索恩河最佳的钓鱼区域有 161 千米长,大约从里昂延伸到沙隆。罗亚尔河在迪塞斯镇和吉祥镇之间的区域盛产鲇鱼。在法国还有几个湖泊盛产超大型的鲇鱼,比较有名的有卡西安湖,几年前该湖中有过超过 45.4 千克的超大怪鱼。

另一条拥有大型鲇鱼的欧洲河流是多瑙河,它曾有过 136 千克重的超大鲇鱼,它流经德国、奥地利、罗马尼亚和匈牙利。在沿途流经的国家里能钓到质量上乘的鲇鱼。至于静水水域,在奥地利、匈牙利和瑞士的大多数大型湖泊里都生活着大型鲇鱼,其中一个最有名的鲇鱼渔场是南斯拉夫的弗兰斯科湖。

对于大多数钓者来说,他们最感兴趣的是去德国和西班牙钓鲇鱼。德国南部的大多数湖泊里有鲇鱼,最有名的渔场是在纽伦堡附近的斯克南克茜。在西班牙埃布罗河有大量的鲇鱼,有些鱼体重超过 45.4 千克。

对那些真正寻找超大型怪鱼的钓者来说,现在俄罗斯的杰斯纳河和伏尔加河经常生活着超过 181 千克的鲇鱼。在你打算出国远行钓鲇鱼之前,要确保获得正确的和最新的信息。

鲤鱼

法国盛产鲤鱼。卡西安湖、赛拉古湖和圣考克斯湖都是盛产鲤鱼的水域。法国大多数静水水域里都生活着鲤鱼,同样,其他许多河流里也有,如塞纳河已经出现了一些大型鲤鱼。

同法国一样,在全球其他水域里也生活着大型鲤鱼。在欧洲大多数湖泊里都能找到大型鲤鱼,同样加拿大、美国、加那利群岛、亚洲、非洲和澳大利亚也盛产大型鲤鱼。荷兰可以说是鲤鱼的最佳产地,生活着许多巨型鲤鱼。

如果非专业的鲤鱼钓者想要出国去碰碰运气,那么需要联系一下鲤鱼协会,因为有些海外的水域只允许鲤鱼协会会员垂钓。

白斑狗鱼

在欧洲,最大的白斑狗鱼产于苏格兰湖、爱尔兰湖、威尔士和英格兰的鳟鱼湖。此外,荷兰的一些大型水域里也盛产超大型鱼,并且潜力相当大,与欧洲的其他国家比起来鱼大得多。

由于白斑狗鱼生长很慢,对环境的适应能力差,因此大型的白斑狗鱼越来越少。但是在整个英国范围内仍然有上好的白斑狗鱼垂钓地点。瑞典同样有一些大型白斑狗鱼,如在波罗的海的港湾里有超过 22.7 千克重的白斑狗鱼,但在瑞典垂钓白斑狗鱼是受到严格控制的。

◉ 在法国钓到的一条漂亮的流线型的鲤鱼

◉ 3条巨大的瑞典白斑狗鱼

海钓

海钓，不管是进行矶钓还是船钓，不管是骁勇的海鲈还是生活在地貌复杂的海域里的海鳗，与之斗智斗勇，都是令人兴奋的。如果你想要做一个成功的钓者，那么你就需要学习并掌握远投的技巧，并且不断尝试，最终找到最好的饵料和钓具。而且，毫无疑问，假如你体会到了钓鱼的乐趣，你就会为了钓到你想要的鱼在海边度过许许多多迷人的夜晚。对很多钓者来说，大型鱼种是他们的主要垂钓目标，比如海鳗、欧洲鳕、青鳕，在有沉船残骸的海域或者大礁石附近的海域可钓到这些鱼种。

海钓是一种富于挑战性的高雅的体育运动。钓者一般从码头和防浪堤周围的海域开始学习垂钓。首先在这些海域附近找到合适的垂钓地点，然后把装好饵的钓钩投入水中，剩下的事情就是等着鱼上钩了。一旦年轻钓者的垂钓技艺得到很大的提高以后，他们可能就会去比较远的海岸边垂钓。在很多海岸边，我们可以看到钓者把色彩斑斓的浮漂投入碧波荡漾的海中，然后耐心地等待鱼上钩。

经过一段时间后，初学者会不断地从经验丰富的钓者那里学到新的垂钓技巧。于是，初学者就会慢慢地在不同的地点垂钓，如码头、海滩，或者地貌比较复杂的岩石海岸，这些区域都是钓者们的上好选择，同时，初学者也开始有目标地垂钓各种不同的鱼类。最后，随着技艺的增长，他们会选择驾船去深海中那些有沉船残骸的地方和大礁石附近进行垂钓。

和淡水钓一样，对于每一个钓者来说，垂钓的乐趣在于不断地丰富垂钓知识，不断地学习并实践新的钓技，最终可以应用这些钓技钓到更多更大的鱼。

▌垂钓地点

海钓可分为两种，一是船钓，二是矶钓。矶钓又可分为海港垂钓、码头垂钓及海滩垂钓。这种分类可以说是人为的，因为在这些地点垂钓所使用的技巧是一样的，但每一种不同的垂钓技巧适用于不同的鱼种。

每一个钓者要学会的第一件事就是要搞清楚各个海域都生活着哪些鱼种。在码头和海港可以钓到很多不同种类的鱼，比如在海港可以钓到狗鲨、长嘴硬鳞鱼、鲭鱼及鲻鱼。此外，每个初学者都要尝试以其中的某一种鱼为目标，最后捕获它。然后反复垂钓不同的鱼种，

⊙ 盛夏在海港的防浪堤边垂钓。许多年轻人和儿童在暑假里开始了他们的第一次垂钓之旅。

直到把每一种鱼的习性都搞清楚。如果你能去岩石地貌的海滨，那么你将能有机会钓到海鲈、绿鳕、条鳕、隆头鱼、牙鳕、鲷鱼，甚至生活在海岸边的海鳗。假如你生活在遍布细沙的海岸边或者江河的入海口处，那么你将会捕获牙鲆、黄盖鲽、欧鲽以及在冬季才出现的幼鳕。鱼的栖息地随着季节变化不断地改变，假如你有幸能常年接近大海，那么你就可以尝试在一年中不同的时节有目的地垂钓不同种类的鱼。

对钓者来说，还需要掌握垂钓的技巧，比如对某一种鱼用哪一种饵料，而这些不同的饵料又怎么去搜集，又比如用哪种钓竿和钓线最好，并且能帮你钓到想要的鱼。所有这些垂钓技巧都需要花时间去掌握。

那些拥有自己的海船，或者属于海钓俱乐部会员（这种俱乐部专门组织各种海钓活动）的钓者有着许多垂钓机会。其中最让人羡慕的就是去那温暖的海域中钓大鲨鱼，钓鲨鱼可是钓者最大的追求。如果你想做一个收获丰厚的钓者，那么你可以尝试着去垂钓团扇鳐，这种鱼现在只生活在苏格兰高地的西部海域。初学者第一次垂钓时，可以先尝试着用羽毛状假饵来垂钓鲭鱼，或者钓大头鳕和比目鱼。当你的技艺不断提高后，你就会知道什么样的钓具和饵料可以让你成功地钓到鱼，你也会学到怎么

⊙ 英国南部一个拥挤的海港，钓者正准备驾船出发去海上垂钓。

在地形复杂的遍布暗礁的海域里垂钓。

海钓是一种非常令人着迷的运动。垂钓的鱼类和垂钓的方法多种多样，各种方法之间有着基本的相似点，却又是变化无穷的。为了钓到大鱼或者珍贵的鱼种，钓者需要去了解潮水涨落的规律以及在水面下栖息的各种各样的鱼类的食性和特征。学习海钓是一个永无止境的过程，因为每一次垂钓都会有不同的情况，钓者必须不断地调整垂钓方法来应对随时会出现的变化。没有哪两次垂钓旅途是完全相同的，不管是船钓还是滩钓，从来都不会遇到一模一样的情况，这正是海钓让人如此着迷的原因。

⊙ 夕阳西下，两个钓者正在海滩边用旋叶式假饵垂钓海鲈。深夜是垂钓的最佳时机之一。

垂钓大马哈鱼

垂钓大马哈鱼一向被看作是一项令人兴奋的垂钓运动，而且这个说法是有理有据的。现在大西洋大马哈鱼正在遭受非常严峻的生存威胁，在深海和江河入海口的渔网捕捞已经对大西洋大马哈鱼的生存构成了极大的威胁。现如今，大马哈鱼数量锐减，人们正在尽最大的努力来保护这种珍稀鱼种，而且在许多河流都实行了"把钓上来的鱼放回大自然"的政策，以保护那些游回河流产卵的大马哈鱼。

▌用飞蝇垂钓大马哈鱼

大马哈鱼可以用飞蝇做饵来钓，同时也可以用旋叶式假饵、蚯蚓以及对虾来钓。但是对于大多数经验丰富的钓者来说，使用飞蝇做饵来钓大马哈鱼是一种最好的也是最有效的方法。而且现在，许多河流都有保护大马哈鱼的政策，多数河流规定只能用飞蝇做饵来钓大马哈鱼。即使在一些大马哈鱼数量很多的河流，现在也规定禁止用旋叶式假饵和天然饵料钓大马哈鱼。

用飞蝇钓大马哈鱼主要有两种方法。第一种方法是在水温比较低时使用的，每年的年初和年末的几个月天气都非常寒冷，气温在9℃以下。这种垂钓方式要用5厘米长或者更长的大型飞蝇做饵，用沉线来垂钓。另外一种方法是在春季和夏季使用的，春季到来以后，水温会上升到9℃以上，这时用小型的飞蝇系在浮线上垂钓是最有效的组合方式。

根据河流情况，不同的钓法也可以用相同的钓具来完成。用飞蝇饵垂钓大马哈鱼时，标准的钓具包括一根长达4.57米的双手钓竿和一根重量为AFTM9～11的钓线。这种类型的钓竿足以满足钓者的抛投距离和应付大型河流的所有水域情况，而且可以让钓者完成头顶挥动抛投法或者斯佩耶尔抛投法的动作。夏季垂钓或者在小型河流垂钓时，可以使用任何一款长为3.66～4.27米的钓竿，此类钓竿可以帮助钓者顺利地达到垂钓目标，而且足以让钓者应付各种水域情况。

此外，你还需要用绕线轮来配合钓竿使用，选用的绕线轮要装载足够的钓线以及长达183米、拉力值为13.61千克的备用线。现代的绕线轮设计有可以交互使用的线轴，一个装沉线，一个装浮线。另外，还需要一段尼龙接钩线，

⊙ 用飞蝇钓上来一条新鲜的大马哈鱼。这一刻被钓者称为"一生中最令人喜悦的伟大时刻之一"。

⊙ 被钓上来的一条大马哈鱼

401

根据水域深度和季节的不同，接钩线的拉力值从 3.63 千克到 9.1 千克不等，所要使用的飞蝇大小为 3 号到 8 号或者 10 号。大马哈鱼可以用很小的鳟鱼飞蝇钓到，而使用大型飞蝇来垂钓是一种常见的错误钓法。最流行的现代飞蝇款式有威利耿氏、艾丽虾、姆恩洛、白鼬尾部蝌蚪等，尽管现在有数不胜数的大马哈鱼飞蝇可以选择，但是原先的一些老式的设计要漂亮得多，而且名称非常具有浪漫色彩，比如绿色高地、洛奇修士和卡罗琳小姐等。

用飞蝇钓大马哈鱼是经典的湿飞蝇垂钓的一个翻版。垂钓时，钓线先要抛投在河流下游，这样在流水的作用下，飞蝇在深潭中摇摆着，就像活飞蝇一样，这对喜欢捕食飞蝇的大马哈鱼来说是一种非常大的诱惑。抛投后，钓者可以向河流下游走一两步，然后再次抛投。用这种方法可将整个深潭中的水域覆盖到，不会有遗漏。你可以让钓线随着水流自然漂移，或者时不时地拉动一小段钓线，这样飞蝇就可以在水流中摆动起来，看上去颇像游动的小鱼。大马哈鱼随时都可能咬钩，但是大多数大马哈鱼会在飞蝇跳动的那一刹那或者飞蝇快"摇摆"完时咬钩。

用飞蝇钓大马哈鱼时，假如要成功钓上大马哈鱼，是需要一些特殊条件的。成功率最高的条件是：水质很好；空气温度比水温高；在雨水过后，暴涨的河流开始自我净化。

用飞蝇垂钓大马哈鱼时，还有其他 3 种方法可供钓者选择。第 1 种是在用传统方法在深

潭里垂钓过一次后立即再回深潭垂钓。使用这种钓法时，钓者先要站在深潭的尾端，再彻底地"清扫"每一处水域，每次抛投之后往站立位置的上游走三四步，与此同时要平稳而缓慢地把钓线收回来。这种方法使飞蝇可以连续地彻底搜寻整个水域。在用这种方法垂钓时，假如河岸比较平坦连贯的话，那么钓者的收获会更多。

其他两种方法是专门用于夏季垂钓的：第 1 种方法是用干飞蝇垂钓的，需要连续几个小时来反复抛投垂钓同一条大马哈鱼——这可以最终刺激大马哈鱼咬饵。这个方法在水温到达 15℃时效果最好。另外一种方法叫作"点穴"，这种方法要先把大型飞蝇投到水下，然后想办法让飞蝇的一半身体浮在水面上。这个时候，可以使用浮管达到这一效果。另外一种"点穴"的方法需要使用两个飞蝇来完成，其要点在于让飞蝇在水面上摇摆起来。

在用干飞蝇垂钓时，只要你看见钓线有动静就要马上收竿，但是在用点穴的方法垂钓时，要耐心等待大马哈鱼把整个飞蝇都吞下去以后再往回收钓线，这就需要钓者有很好的自我控制能力，要沉得住气。

用旋叶式假饵垂钓大马哈鱼

在有些河流中垂钓时，假如河流中的水流非常急，那么使用旋叶式假饵垂钓是最佳的选择。在每年年初，当河流还处于冬季洪水泛滥期时，用大型的旋叶式假饵，比如托比假饵，或者黄肚皮的德文郡米诺鱼假饵或者极具诱惑的橡胶尾巴旋叶式假饵垂钓是一种非常有效的方法。

这个方法要选择深潭为垂钓水域，然后耐心地等待大马哈鱼上钩。垂钓时，先把旋叶式假饵抛投到河流的下游，然后等一两秒的时间让饵料沉下去，再把钓线慢慢地收回来。在水域中所需要的抛投距离和使用的旋叶式假饵的重量是由水流的强度决定的。其中，托比假饵尺寸繁多，重量可达 28 克。德文米诺鱼假

◉ 一位钓者正在垂钓大马哈鱼。

⊙ 一位钓者正在用旋叶式假饵垂钓大马哈鱼。

⊙ 一个天气晴朗、风平浪静的日子，钓者正在钓鳟鱼。

饵需要加上额外的铅坠来增加装置的重量才可以用来抛投，一般钓者会在这两种假饵上加上螺旋形的铅坠。至少要用一个转环，用两个转环更好，两个高强度的转环可以用来防止钓线缠绕在一起。

　　用旋叶式假饵来钓大马哈鱼的装置包括一根长度为 3.05 ~ 3.35 米的旋叶式假饵钓竿，这种钓竿能抛投重达 50 克的铅坠。此外还要配上一个固定轴绕线轮，或者一个多功能绕线轮，装载 228.6 米长、拉力值为 6.8 ~ 9.07 千克的尼龙钓线。

用天然饵料垂钓大马哈鱼

　　垂钓大马哈鱼最普遍的饵料要属蚯蚓了。不管是体型很大的沙蚕，还是体型较小的红蚯蚓都可以用来垂钓大马哈鱼。

　　根据水流的湍急程度，可以使用单个蚯蚓或者成串的蚯蚓来垂钓。在抛投时，把蚯蚓装在钓钩上以后，还要在钓线上挂上炸弹式铅坠或者穿孔的子弹铅坠，这样可以保证饵料沉到水底。用蚯蚓来钓大马哈鱼最有效而且最巧妙的一种方法是先把装置抛到钓者站立位置的水流上游，然后让装置在水底慢慢地移动，抛投速度要比水流速度慢一些。

　　用蚯蚓做饵垂钓大马哈鱼的钓具包括一根 3.66 米长的钓竿和一个固定轴绕线轮，装载有 228.6 米长、拉力值为 4.54 ~ 6.8 千克的尼龙钓线。钓钩通常要选用 4 号到 8 号的、带有倒刺的钓钩，有助于把蚯蚓固定在钓钩上。钓钩装上蚯蚓后，要系在一个大的穿孔子弹铅坠的一端，铅坠可以穿在钓线上来回活动也可以固定在钓线上作为底饵的一部分。使用铅坠的数量由水流的强度决定。

　　大马哈鱼喜欢的另外一种天然饵料是虾，如对虾或者明虾。明虾有很多种不同的颜色，可以用自然色的虾，也可以对它进行染色，其中红色和紫色是最流行的两种颜色。装饵时，首先把虾拉直，然后在它的身体中插入一枚大头针，最后插入一个锚钩，再把整个钓钩和饵料用橡皮筋捆在一起。

垂钓海鳟

海鳟主要生活在两种水域。一种是有大群海鳟生活的河流，另外一种是某些内河和湖泊——这些内河和湖泊有一段比较短的河段和大海相连，是著名的海鳟垂钓地点。

▌要准备的钓具

有时很难用确切的理由来说清楚为什么有的河流有很多海鳟，而另外一条河流却相对要少得多。有大马哈鱼的河流就有海鳟，但是数量特别少，不值得为了钓海鳟而专门跑一趟，而临近的河流中可能有很多海鳟生活在其中，换个垂钓地点可能会有意外的收获。

钓法由于垂钓地点的不同而有所不同。在海鳟生活的河流垂钓时，要在夜幕降临之后垂钓。而在湖泊和内河钓海鳟时，要在白天垂钓。

在河流中钓海鳟的钓具主要根据河流的大小来选择。总体来说，假如是在一个相当大的河流中用飞蝇钓海鳟，那么你就要准备一根长2.9 ~ 3.2米的单手钓竿，而且钓竿要有足够的强度来抛投重量为AFTM7 ~ 8的钓线。准备一根适合在大水库使用的钓竿是最理想的。所使用的接钩线拉力值应为3.18 ~ 4.54千克，并且需要准备浮线或者最前端装有一段沉线的浮线和慢速下沉的沉线或者中速下沉的沉线，并分开装在线轴或装线盒里。钓海鳟时，你必须准备很多不同种类的飞蝇，不光是要准备一些非常受海鳟喜欢的飞蝇，比如蓝色和银色水鸭，还有松鸡和红葡萄（几种飞蝇饵料，后文将讲到），还需要准备任何一种仿制飞蝇，模仿极受海鳟喜爱的昆虫。此外，还需要带上一些假饵，包括深夜用沉线垂钓用的沉式假饵和水面垂钓用的软木制成的浮式假饵。

除了钓竿、绕线轮、尼龙钓线和飞蝇以外，还需要带上晚上垂钓海鳟要用的雨靴、防水服和涉水拐杖、抄网，存放鱼要用的鱼袋、剪刀、打鱼槌、太阳镜（假如需要的话），最后，也

是最重要的一点是要带上一个装有新电池的、质量比较好的手电筒，要保证在漆黑的夜晚垂钓时，即使使用到凌晨一点半，手电筒的灯光也不会暗下来。

▌夜晚垂钓

对于没有经验的钓者来说，夜晚垂钓是不可以随便去做的，初学者必须要去本地渔业公司或者钓友那里咨询，了解所要垂钓的河流的情况以及钓海鳟的技巧和策略。假如是第一次

◉ 在漆黑的夜晚，一位钓者正用抄网捞起一条非常漂亮的海鳟。在晚上垂钓，尤其是在水流汹涌的河流里垂钓，叫上一个伙伴一起去是非常明智的做法。

⊙ 一条漂亮的新鲜海鳟

在晚上出去垂钓，初学者必须为此做好充分的准备。如果晚上你要一个人去一条完全陌生的河流垂钓，那么白天必须先去要垂钓的河流探察地形，找出水域中所有你能看见的深水潭。记住要在你认为有海鳟生活的水域做一次抛投测试，假如必要的话，用彩色记号笔轻轻在钓线上做个记号，或者根据抛出的钓线长度记住饵料到达水底所要使用的钓线长度。深夜，海鳟通常会在小溪里游来游去，寻找食物，然后回到深潭——这是海鳟白天休息和隐藏自己的地方。

用2个一组的飞蝇垂钓，而不是3个一组的，因为2个飞蝇比起3个飞蝇来更不容易打结或者缠绕在一起。用普通的湿飞蝇抛投到深潭中试探性地开始垂钓。假如在深夜之后，还没有海鳟来咬钩，而且当地的法规允许你用其他饵料来垂钓的话，可以尝试着把钓线换成沉线，把飞蝇换成可以下沉到水底的假饵来垂钓。晚上垂钓的另外一个技巧是假如你听到海鳟在水面上跳跃时发出的拍打水花的声音，要马上把饵料换成浮式假饵，抛投到水面下，然后慢慢地把钓线从水下往水面上收，这样很容易刺激海鳟咬食的欲望。

用这个方法通常可以钓到比较大的海鳟，但是一定要记住：几乎没有条件完全相同的两条河流，所以垂钓前对当地的河流进行探察是非常值得的。

在静水水域中垂钓

在静水水域中钓海鳟的情况和在河流中垂钓的情况大相径庭。在许多流域中都适用的一种比较理想的方法是用飞蝇轻轻地投放在水面上来垂钓。首先你需要一根3.35～3.66米长的钓竿，这种钓竿的竿体比较柔软，用来钓海鳟非常理想。除此之外，你还需要一个绕线轮和一些绒线。垂钓的技巧是：先剪下一段长约4.57米的绒线，然后用绒线打出一些线结。这样做会使钓线变短一点，但却是非常必要的，否则的话绒线就会磨损得很严重。然后在绒线的末端接上一条长1.22米、拉力值为3.18～3.63千克的短接钩线，用一个挂钩把它们连接起来，最后再把绒线连接到缠绕在线轴上的钓线上。把飞蝇挂在一个挂钩上，在挂钩的钩尖上再挂上一个钓海鳟的飞蝇，比如松鸡和红葡萄。

开始垂钓时，自然界的微风是很有利的，垂钓时先把绒线全部从线轴里拉出来，然后让绒线随着微风从船头吹出去，先不要管钩尖的飞蝇，让飞蝇在船正前方水面的水波上摆动起来。钩尖上挂的飞蝇事实上只是起固定挂钩的作用，否则挂钩在强烈的风力吹送下很不容易

⊙ 春季，一个钓者正在用抄网捞虹鳟。

控制（即使有时海鳟也会来吞食钩尖的飞蝇）。然而大多数海鳟还是会以在水面上漂浮的飞蝇为主要目标，它们咬钩时会溅起很多水花，这时你一定要冷静沉着，不要着急把飞蝇收回来，要把注意力集中在水面上的飞蝇上，等待着海鳟深咬钩，再收线。

通常，船上垂钓时，一个钓者可以用钓竿把饰毛飞蝇轻轻地抛投到水面上，而另外一位钓者可以用另一根钓竿装上一组湿飞蝇抛投到水下。用湿飞蝇的钓者必须保证为另外一个钓者让出足够的抛投饰毛飞蝇的水域，让饰毛飞蝇轻轻漂移在水面上。用湿飞蝇垂钓的钓者要确保游过来的海鳟在不吞食饰毛飞蝇的情况下，用湿飞蝇来吸引海鳟的注意力。

▌用天然饵料垂钓

在河流中，当水位比较高时，我们可以在白天用飞蝇钓到海鳟，此外用旋叶式假饵、蚯蚓和肉蛆来做饵垂钓通常也非常有效。

在海里，我们也可以钓到海鳟。在海里钓海鳟通常收获会比较丰厚，最好在一些离海比较近的静水水域垂钓。这些水域经由一小段溪流与大海相连，或者在夏天水位低时通过河流与大海相连。在海鳟聚集到近海的季节里，用飞蝇或者轻型的旋叶式假饵，在水位最高的两次涨潮高峰时垂钓，可以钓上来很多海鳟。在远海垂钓通常可以钓到大海鳟，但在这种水域垂钓最容易在海底礁石附近的海草丛中丢失上钩的海鳟。另外一个垂钓的好地点是近海河流中随潮水涨落的深水潭。假如在这种水域垂钓，

⊙ 一位钓者正在一条小河里钓海鳟。有时可以在白天发现小海鳟，它们通常被称为西海鳟或者回游幼鲑，用小的干飞蝇作饵，在站立位置的上游水位垂钓可以钓到这种小海鳟。使用轻型的钓具来垂钓小海鳟是一件非常有趣、非常令人兴奋的事情。

用蚯蚓作饵料效果最佳。

海鳟在过去的 20 年里经历了严峻的生存危机。海鳟的数量已经明显地减少了，这主要是由于大马哈鱼的养殖渔场兴起，大量寄生在大马哈鱼身上的海虱子污染了海鳟生活的水域。此外，对毛背鱼的商业性捕捞夺走了海鳟赖以生存的食物来源。

现在一些原本有海鳟分布的水域已再也看不到海鳟的踪迹了。我们希望并相信这种情况正在改变，现在人们正在不断地采取各项保护措施，而且已经收到了一定的成效。现在，在晚上垂钓大海鳟或者用飞蝇轻投水面垂钓海鳟已成为可能，而且这种经历是非常令人兴奋和着迷的。

⊙ 一位钓者正在用干飞蝇向上游水位抛投。

干飞蝇垂钓

　　许多钓者把用干飞蝇垂钓视为垂钓生涯的一个顶峰。在过去，用干飞蝇垂钓被视为一种高雅的艺术，这种垂钓方法实在太复杂太难了，因此只有少数钓者可以掌握。现如今，用干飞蝇垂钓已经变得较为普遍，而且在河流和静水水域都可以尝试。然而，用干飞蝇垂钓仍然是一种令人痴迷的钓法。用干飞蝇垂钓时，钓者先要寻觅在水面上跳跃的鱼类，识别鳟鱼喜欢吞食的各种昆虫，然后把钓线抛投到所钓鱼种生活的水域，接下来要做的是屏住呼吸，等待并仔细观察抛出去的飞蝇在水中的动静——飞蝇通常顺着水流的方向漂向海鳟。最后就可以看见飞蝇在水中漂浮起来又被鳟鱼拉到水下的场面，这是一种非常美妙的体验，是每个钓者都希望去体验的经历。

▌在河流中垂钓

　　用干飞蝇垂钓的必要条件是有大量水生昆虫比如石蝇孵化，或者有陆生昆虫大量落入水中（陆生的昆虫经常会被风吹入水里）。当有大量飞蝇繁殖时，鳟鱼就会把注意力从虫蛹和甲壳类生物身上转移到生活在水面上的飞蝇身上。

　　干飞蝇垂钓的要点在于要让飞蝇看上去像浮在水面上的水生小生物。虽然有一些类型的飞蝇（比如那些带有饰毛的飞蝇，注入了天然的植物油）不需要特殊处理就可以在水面上漂

浮起来，但是大多数飞蝇需要使用一些特殊的漂浮剂来防止它们被水浸湿。漂浮剂主要有两种类型，一种是喷雾剂，另一种是膏剂，这两种漂浮剂使用时只需很少剂量，分布比较分散均匀，因此不会把飞蝇精致的饰毛粘在一起。

　　在河流中垂钓时，钓者最感兴趣的昆虫是飞蝼蛄。它是蜉蝣科昆虫家族的成员之一，蜉蝣科昆虫包括很多种属，其中有蓝翼橄榄色蜉蝣、中等橄榄色蜉蝣、铁蓝色蜉蝣和飞蝼蛄。它们是鳟鱼和茴鱼的主要食物。鳟鱼在水面上吞食这些昆虫，而且主要以其中两个生长阶段的蜉蝣为食。第一个生长阶段是虫蛹刚刚孵化出来时，这个阶段的蜉蝣叫作蜉蝣幼虫或者亚成虫，孵化以后它们会在河流下游漂浮一段时间，直到翅膀干燥以后，它们才有能力挥动翅膀脱离水面。大多数蜉蝣幼虫都有灰色的翅膀和橄榄色或者草黄色的身体。一两天后蜉蝣幼虫开始进入性成熟阶段，变成成虫。雌虫和雄虫会在空中完成交配，之后雌虫重新回到水中产卵，然后死去。当雌虫产完卵时，它们会漂浮在水流的下游，翅膀呈一个

⊙ 一只停在岸边植被上的蓝翼橄榄色蜉蝣。这种飞蝇在晚上孵化，是晚上垂钓的最佳饵料之一。

⊙ 一条大鳟鱼正游向水面上的蓝翼橄榄色蜉蝣，从而在水中形成了一个肾形的漩涡。

"十"字形完全伸展开，这种蜉蝣被称为"枯虫"，意思为已经产完卵，完成了使命而筋疲力尽的昆虫。成虫通常有着红色的身体，长长的尾巴和薄纱式的翅膀。

在河流中用干飞蝇垂钓时，最普遍的方法是用单个飞蝇系在锥形接钩线上抛投。对垂钓的成功率来说，准确性比抛投的距离起着更重要的作用。锥形的接钩线有助于传送抛投的力量且便于改变钓线的方向，将飞蝇准确地抛投到鳟鱼觅食的水域。每一次成功的垂钓都需要钓者花上很大一番工夫来观察水域的情况，找出鳟鱼觅食的飞蝇类型并且了解水流的流向和强度——判断水流是否存在拖曳飞蝇的可能性，或者抛投时是否会惊吓到鳟鱼。

在夏季的几个月里，水面漂浮的那些昆虫很可能是蜉蝣幼虫的一种。这种蜉蝣非常容易识别，它们在水流下游的水面上漂浮着，就像一艘艘迷你型海船。假如漂浮在水面上的是蜉蝣幼虫的话，那么14号或者16号CDC蜉蝣幼虫假饵是垂钓鳟鱼的一种理想假饵。假如不知道漂浮在水面上的是哪一种昆虫的话，那么可以用一种更普通的飞蝇比如亚当斯或者野兔耳朵（两种干飞蝇假饵，后文将讲到），型号也是14号或者16号，这种普通的飞蝇饵料是一开始用来试探鳟鱼喜好的最佳选择。

下一步要确定垂钓地点。站在水流的下游，利用岸边任何一种植被来躲避鳟鱼的视线。必须用抛投的方法把钓线抛到水流上游，这样飞蝇就可以落在离你站立位置比较远的地方，直接落入鳟鱼觅食的水域。然后飞蝇就会漂移到鳟鱼的视线内，假如使用的飞蝇类型和垂钓方法刚好符合鳟鱼的喜好，鳟鱼就会慢慢地游过来把飞蝇吞下去。在整个垂钓过程中，最重要的是要让飞蝇在水中漂移时看上去近似一只真正的昆虫。假如你的确已经做到了所有的动作要领，比如你的确拉动钓线让飞蝇在水面上滑翔，然而鳟鱼却迟迟不来咬钩的话，采用逆流抛投钓线可能会有帮助，但是要把钓线抛得弧度大一些，这样钓线总体来说是松弛的，可以保证飞蝇在水中自由地漂移而不会被钓线拖住。松弛的钓线可以允许飞蝇漂移足够长的时间来骗过聪明谨慎的鳟鱼。

在河流中用干飞蝇垂钓的钓具包括一根长为 2.44 ~ 2.72 米的钓竿、一根重量为

ATFM4～6的双锥形浮线或者比较长的粗钓线。接钩线要用锥形的尼龙线，长度为2.74米，拉力值为1.36千克。垂钓效果好的飞蝇有亚当斯、野兔耳朵、CDC蜉蝣幼虫和格林维尔的格拉饵。

在静水水域中垂钓

干飞蝇垂钓已经被公认为在静水水域中垂钓的一种有效钓法。除了一些特殊的飞蝇仿制饵以外，比如那些貌似盲蛛和湖泊橄榄蜉蝣的飞蝇，静水水域中使用的飞蝇和河流中使用的飞蝇截然不同。

在静水水域中使用的飞蝇除了对制作飞蝇身体的材料要求很高以外，对制作飞蝇饰毛的材料要求也同样苛刻，较多的饰毛可以保证整个飞蝇漂浮在水面上，还有很多独特的材料和设计款式可以让飞蝇沉落到水下不同深度。许多飞蝇都是模仿孵化的摇蚊的外形设计的，比如鲍勃饵。摇蚊是湖泊和水库中一种常见的昆虫。

在静水水域中用干飞蝇垂钓，地点通常是在河岸或者在船上。在鳟鱼对食物非常挑剔时，用单个飞蝇系在一条比较短的锥形接钩线上是比较有效的，钓线末端拉力值为1.81千克。锥形钓线可以使抛投的精确度更高，这样可以保证飞蝇正好落在鳟鱼巡游的水域。但是，在用干飞蝇垂钓时，必须使用一种特殊的漂浮剂使飞蝇的饰毛不被水浸湿，而且钓线要涂上脱脂剂才能沉到水面下。这样可以保证不会因为接钩线漂浮在水面上而干扰前来捕食的鳟鱼。

在静水水域中用干飞蝇垂钓要用2.74～3.05米长的钓竿、重量为ATFM6～7的前置的浮线，这样不仅可以保证抛投的距离而且可以保证抛投的精确度。

垂钓时，要使用一根3.66米长、拉力值为2.27千克的尼龙接钩线，然后要用两个挂钩分别挂上飞蝇，这两个挂钩之间的距离为1.22米。典型的飞蝇款式有鲍勃饵和霍珀饵，其颜色多种多样，此外在湖泊橄榄色蜉蝣孵化的季节使用CDC蜉蝣幼虫饵也是非常有效的，在盲蛛或者豆娘在水中大量繁殖的季节，使用仿制这两种昆虫的飞蝇也是非常有效的。

⊙ 在水流湍急的水域，一位钓者用干飞蝇抛投到站立位置的水流上游垂钓。在这种水域环境，敏锐的视力和精确的抛投是最重要的两个要素。

⊙ 用干飞蝇垂钓。钓者把重心放在左腿上，正在抛出一小段钓线，而钓线正好在钓者的身后被拉动起来。在这种水域垂钓鳟鱼时抛投的精确度远比抛投距离重要得多。

虫蛹垂钓

从定义上来讲，虫蛹垂钓意思就是把飞蝇虫蛹抛投到水面下来垂钓，因为虫蛹是水生昆虫一生之中尚未成熟的一个阶段，通常是在水面下生活。再确切点说，虫蛹就是一些水生昆虫（比如孵蜉、豆娘或者石蝇，这些水生昆虫到蛹期的终末期就会游到水面上去，然后在水面上进化到它们一生之中第一个有翅膀存在的阶段，称为亚成虫）出现在水面上之前的一个阶段。然而，飞蝇钓者把虫蛹这个名词更加通俗地解释为任何的水生无脊椎动物，可以是虫蛹、幼虫甚至是甲壳类的生物，比如虾。

▍用虫蛹逆流垂钓

用虫蛹垂钓的关键之处在于要把虫蛹假饵投放得尽可能自然，要尽量模仿真正的昆虫的活动方式。在河流中通常采用的方法是向站立位置的水流上游抛投虫蛹假饵，然后让它自由地漂移在水流中。在自然界，真正的橄榄蜉蝣虫蛹或者小虾遭遇敌人以后，通常会随着水流漂浮上一小段距离，然后再重新振作起来，因此让饵料在水中自由地漂移正是模仿了这种昆虫的天然习性。

向站立位置的水流上游抛投虫蛹假饵垂钓

⊙ 一只天然的橄榄蜉蝣虫蛹正往水面上游去。

时，要朝着水流上游把钓线抛投到水面下，这样飞蝇就可以朝钓者的方向漂移过来，并且和水流的流速保持一致。同时，因为钓线是抛在站立位置的水流上游的，那么越往钓者的方向漂移，钓线就越松弛，这样假饵可以自由地随着水流漂移，不会发生因钓线过紧致使饵料脱离水面的情况。事实上，钓线会沉到鳟鱼捕食的水层，慢慢地随着水流往下漂移，看上去就像真的虫蛹一样。为了很好地控制虫蛹假饵，钓者要稍稍收回一些钓线——这并不是要把钓线绷紧，以钓线的活动来判断鳟鱼是否咬钩，而是要确保鳟鱼咬钩之后，不会有太多松散的钓线妨碍钓者把上钩的鱼捞上来。而且收回一些钓线有助于钓者及时收竿。

上述方法是非常简单的，真正的难点在于如何察觉鳟鱼咬钩的情况。因为垂钓时钓线很松弛，不可能通过钓线来感觉到鱼咬钩的情况。那么怎样才能发现鱼咬钩的情况呢？在清澈的水域中用眼睛观察是很容易的。戴上偏光镜（使用偏光镜可以避免水面反射过来的强烈光线刺痛眼睛）就可以很清楚地看到鳟鱼吞食虫蛹饵料的情况——咬钩时，可以看见水面上泛出一道银光，这是鳟鱼正在张合着嘴巴。但是在水面不平的流域，或者在阳光照射的角度和强度让钓者不可能看见水里的鳟鱼的地方，就很有必要找出另外一种方法来观察鳟鱼咬钩的情况了。这种情况下，我们可以通过观察钓线的末端而不是直接观察水中的鳟鱼来判断咬钩情况。这要求钓者专心致志。当钓线随着水流向钓者漂移过来时，整个装置的运动是稳定的、缓慢的，而且没有任何阻碍。只有在虫蛹假饵碰到水中杂物或者鳟鱼咬钩时，漂移的虫蛹饵料才会停顿下来被拽到水面下去。要准确判断这两种情况，钓者需要不断地积累经验，但是最好的辨别方法是：鳟鱼咬钩时，钓线会突然被拉走或者钓线的运动速度会突然加快而不是和水流保持一致，因为鳟鱼喜欢突然行动，快速吞下食物。相对而言，假如水草缠住了饵料或者饵料撞在了河底，钓线一般是被稳稳地卡住不动了。但是，这并不是一种非常可靠的判断方法。通常，钓者应该对钓线漂移时出现的任何一次摆动或者停滞都保持警觉，以便及时收竿收线，以免使鱼跑掉。

为了让钓线的末梢更加清晰可见，可以事先把钓线的末梢涂成荧光橘色，也可以用荧光橘色或者黄色的线环连在接钩线上。垂钓时，一个清晰可见的浮漂或者咬钩指示器是非常有用的。用有浮力的材料（比如聚苯乙烯）制作的浮球绑在接钩线上（一般在离虫蛹饵料一两米的地方），是非常有效的一个方法，同时这样又可以帮助钓者控制虫蛹假饵的下水深度。

滚动虫蛹垂钓

与上述方法相似的一种方法是滚动虫蛹的钓法。这个方法要将虫蛹假饵挂在一段非常短的钓线上来垂钓，虫蛹假饵会在河流的底部滚动前进，因为连接假饵的钓线很短，因此虫蛹假饵几乎是贴着钓竿的竿梢移动的。这种方法不需要钓者抛投钓线，但是钓者必须小心地下水，直到站立的位置离鳟鱼生活的水域大约有一根钓竿的长度那么远时再停下来投放装置。

垂钓时，只需要把一小段飞蝇钓线和接钩线拉到竿梢的导线环外就可以了。投放钓线时，要将虫蛹假饵轻轻地投放到水流上游，让水流把虫蛹带到鳟鱼活动的水域。竿梢的虫蛹假饵会在水中下沉，直到到达水底为止。虫蛹假饵随着水流移动的同时，钓者要紧随着饵料慢慢地挪动钓竿，饵料和钓竿的活动在时间上要保持一致。当假饵移动到钓者正前方的水下时，要把钓竿提起来，然后把钓线收回来，再重新抛投。

在整个装置移动的过程中，鳟鱼随时都有可能咬钩。咬钩时，钓者可以看到钓线被鳟鱼一下子拽走的情形，或者更多的情况下，整个装置会停滞在水中，不再按原来的速度挪动。毫无疑问，在虫蛹接近鳟鱼活动区的最后那段时间，上钩率是最高的，虫蛹正好移动到钓者正前方水域并开始向水面上移动的那一刻，鳟鱼是最有可能来咬钩的。

钓具

采用上述两种方法垂钓，要用长度为2.59 ～ 3.05米的钓竿，重量为ATFM5 ～ 6的钓线。钓线本身要能够浮起来，而且颜色要艳丽一些，可以选用橘黄色或者黄色的钓线，醒目的色彩有助于观察咬钩的情况。

向站立位置的水流上游抛投虫蛹垂钓时，要使用2.44 ～ 2.74米长的接钩线，款式上要选用锥形尼龙线。钓具末端的钓线拉力值根据使用的虫蛹假饵的重量决定，对标准的12 ～ 16号钓钩来说，选用拉力值为1.36 ～ 2.27千克的钩线比较合适。一次可以在装置上挂上一个或者两个虫蛹假饵。其中的一个虫蛹假饵要选用质量比较轻的款式，可以用短的挂钩或者直接把虫蛹假饵连接到体形较大、重量较重的虫蛹假饵的钩线上（用长15 ～ 30厘米的尼龙钓线连接）。垂钓效果较明显的虫蛹假饵款式有雉鸡尾假饵、野兔耳朵和蓝铁假饵。

用滚动虫蛹假饵的方法垂钓时，要保证装置以较快的速度到达鳟鱼活动的水域深度，虫蛹的款式就要选用那些体积比较大、重量比较重的。接钩线要短，以不超过钓竿的长度为宜，

⊙ 一条非常漂亮的褐鳟被钓者用虫蛹假饵钓上了岸。注意钓线是白色的，醒目的颜色有助于钓者注意到鳟鱼咬钩的情况。

上面系上 3 个虫蛹假饵或者昆虫，其中两个要用挂钩分开一定的距离均匀地悬挂。10 号虫蛹假饵是用这种方法垂钓时的标准假饵，款式可选用野兔耳朵和虾米饵，这些假饵重量都足够重，足以使装置沉到水面下。

▌在静水水域中用虫蛹假饵垂钓

在湖泊和水库垂钓鳟鱼时，虫蛹也是常用的饵料。和在河流中用虫蛹垂钓一样，虫蛹在静水水域中也是一种非常有效的饵料。大多数在静水水域的渔场中生活的鳟鱼都是人工养殖的。大多数渔场都把虹鳟和少量的褐鳟混合起来养殖，偶尔有少数溪流中的鳟鱼生活在其中。在水库和大型湖泊中，鳟鱼体重通常为 0.45 ~ 0.68 千克，0.68 千克以上的鳟鱼通常是以甲壳类、昆虫和小鱼为食的。以天然昆虫为食的鳟鱼有时对食物非常挑剔，它们不会随便以飞蝇或者假饵为食，这时需要用其他因素来刺激它们的胃口。

对静水水域中的鳟鱼来说，最常见的天然食物是摇蚊的幼虫和蛹。用仿制摇蚊的假饵来垂钓，尤其是仿制摇蚊的幼虫来垂钓是在静水水域中垂钓鳟鱼最有效的方法之一。摇蚊的幼虫生活在湖泊和水库底部的淤泥中，当它们的蛹开始孵化时，这些虫蛹就会游到水面上进化成有翅膀的成虫。

易受鳟鱼攻击的水生生物，比如摇蚊的蛹，非常受在水库里生活的鳟鱼的喜爱，鳟鱼一次可以吃上百只虫蛹。虫蛹分布在水域的任何层面中，从底部到水面都有虫蛹存在。使用 3 个仿制虫蛹的假饵是在静水水域中垂钓的最有效的方法之一。垂钓时，把它们分别悬挂在水底、中层和水面上。这可以通过使用一条浮式的飞蝇钓线和一条特别长的接钩线（超过 6 米）来实现，中间由相距 1.22 ~ 1.83 米的两个挂钩来连接。这 3 个虫蛹都要有足够的重量，可以快速沉到水下去，其中重量最大的一种要挂在装置的最前端，这样虫蛹就可以以最快的速度到达水底了。

这个方法可以在河岸上使用也可以在船上使用，但是因为这种方法需要虫蛹以一定的速度慢慢移动，这就需要选择天气比较好的日子垂钓，尤其是在船上垂钓时，船要在一个地方

静止不动。在河岸上垂钓，在水位为 2.44 ~ 4.57 米的水域垂钓效果是最好的，这个深度范围的水域通常是河流中比较突出的陆地或者大坝的堤岸边，通常靠近这些地方的水域相对较深。

另外一种用虫蛹垂钓的方法是在天然昆虫大量孵化的季节进行的，要用虫蛹紧贴着水面垂钓。

⊙ 各种虫蛹假饵

湿飞蝇垂钓

湿飞蝇垂钓是垂钓鳟鱼和茴鱼的传统方法，许多钓者已经开始在小溪和小河中用湿飞蝇来垂钓鳟鱼。现在，许多年轻人和孩子们都会用 3 个一组的飞蝇假饵作饵料，然后把它们顺流抛投，等待游过来的鳟鱼攻击投在水中的飞蝇。在过去的几年里，钓者已经发明了许多在静水水域中用湿飞蝇垂钓鳟鱼的方法，现在人们已经可以用湿飞蝇在水库和传统的湖泊以及内河中钓鳟鱼了。

▌用湿飞蝇在河流中垂钓

在河流中用湿飞蝇垂钓的标准方法是横向顺流钓，就是说钓线要朝与水流呈一定角度的方向顺流抛到水下，这样可以让飞蝇在钓者变换位置之前在水流中做一次彻底的搜寻。钓线收回来以后，钓者需要再往下游走一段距离换个位置垂钓。然后不断重复这个过程，直到整段河流或者整个深潭都被覆盖到，保证每一寸水域都用饵料搜寻过。

当用横向顺流钓的方法垂钓时，飞蝇要投在水下，且要紧贴着水面，钓者要尽可能地让钓线持紧，这样一旦有鳟鱼从水中游上来吞食飞蝇或者一旦感觉到钓线被鳟鱼拖走了，钓者立即就能作出反应，把钓线收回来。抛投时，需要有一定的角度，而且要把装置抛投到站立位置的河流下游，要让飞蝇在鳟鱼活动的流域来回摆动。用这种方法钓鳟鱼是非常有效的，尤其是在受雨水影响很大的河流中垂钓时，因为这种河流中的鳟鱼在捕食时是个机会主义者，只要有食物经过它是不会轻易放过的。

用这个方法垂钓时，自始至终都要控制好钓线，这是很重要的。在湍急的河流里，飞蝇运动的速度会相当快，这种情况下，虽然也能够把鳟鱼钓上来，但是比起在水流比较平缓的河流中，钓上来的鳟鱼数量会少得多，而且体形上

也会小得多。

在水流比较平缓的河流中垂钓时，抛投的方向和水流的流向之间的夹角应该小于 45°，这样饵料就可以在水域中到处搜寻。但是在水流湍急的河流中，假如要减小水流对装置的

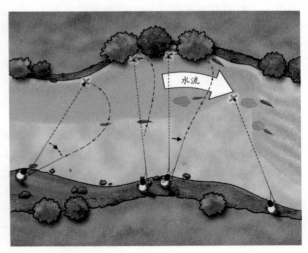

⊙ 用湿飞蝇垂钓

a.当使用传统的横向顺流钓方法垂钓时，钓者要站立在河流中深潭的前端。假如水域足够深，在再次抛投之前，飞蝇可以漂移到钓者垂钓时所站立的河岸边。用这个方法垂钓时，整个过程中最重要的一点是要尽可能地使钓线绷直。

b.钓者用特威德方式用横向顺流钓的方法垂钓，先让飞蝇漂流了一小段距离，然后再次抛投。当鳟鱼在远处水域活动时使用这种钓法效果最好，因为钓者可以使飞蝇漂流到鳟鱼活动的地方。

c.钓者正在深水潭的末端用一组湿飞蝇抛投到站立位置的水流上游垂钓，这种方法可以避免在浅水域垂钓时吓跑觅食的鳟鱼。当你在这种水域垂钓时，一定要仔细寻找水面上的水波。这意味着这个地方有大礁石可以供鳟鱼暂时栖身。垂钓时要确定整个可能有鱼的水域都覆盖到了。

⊙ 早春，一位钓者正在河边垂钓。在每年的年初用湿飞蝇垂钓可以成功地钓到很多鱼。这个季节飞蝇很少孵化，而且鳟鱼在产卵后开始慢慢恢复到最佳的身体状态。这个时候，最宜选用饰毛柔软的蜘蛛形飞蝇。

在飞蝇活动的过程中，鳟鱼随时都有可能咬钩，通常只要拉紧了钓线，就会感觉到鳟鱼咬钩的情况。假如感觉到钓线上有一股很大的拉力而鳟鱼又并没有完全上钩，那么可以让飞蝇在水中再潜伏一会，因为有时鳟鱼会在几秒钟以后再次回来吞食飞蝇。假如你拉动了钓线而鳟鱼却没有完全咬钩，只需要轻提一下钓竿就可以重新在水中放置装置了。

在普通的河流中用湿飞蝇钓鳟鱼或者茴鱼，最好选用一根长 2.74 ～ 2.9 米的钓竿。钓竿要有弹性，这种钓竿可以减轻鱼咬钩时对钓线造成的冲击力，而且能够抛投重量为 AFTM5 ～ 7 的钓线。在较小的河流里垂钓时可以选用更轻便的钓具。一般来说，假如水流特别快的话，使用末梢是沉线的钓线或者可沉的接钩线效果比较好，因为沉线可以防止飞蝇在水面上漂起来。

虽然我们可以使用单个飞蝇来垂钓鳟鱼，但更常见的做法是用 3 个一组的飞蝇系在长约 2.74 米的接钩线上。飞蝇之间用挂钩连接起来，彼此间隔为 0.61 ～ 0.91 米。接钩线的拉力值为 1.36 ～ 2.27 千克，假如水比较清澈而且鳟鱼很难上钩，可以用更轻的接钩线。

垂钩效果较为有效的飞蝇类型包括野兔耳、布朗野兔、山鹬和黑蜘蛛，使用时要装在 12 ～ 16 号的钓钩上。通常，用饰毛稀疏的飞蝇垂钓效果比较好。在一些河流中，钓者多数选择在深水潭中垂钓。最有效的垂钓方式是把一组湿飞蝇或者虫蛹抛投到河流的对岸，让饵料随着水流往下游漂流一小段距离，然后再次抛投。在整个过程中，飞蝇不能沉到河底，而且速度不能快于水流。在鳟鱼以孵化的虫蛹为食的季节，使用这个方法是非常有利的，因为在这种钓法中湿飞蝇的活动方式和干飞蝇的活动方式是一样的。在再次抛投之前，慢慢地将飞蝇拖动到最下游的位置，这时通常是鳟鱼最

影响，抛投时应该以大于 45°的夹角把钓线抛出去，有时甚至可以以 90°的夹角抛出去，这就要由水流速度来决定了。垂钓前，要事先判断河流的流速，想出正确的垂钓方案。垂钓时，飞蝇的运动速度只需比水流的流速稍微快一点即可。要做到这一点，必须在站立位置的水流上游做一些修正工作：在抛投之后，立即把钓竿提起来，让钓竿平行于水流，然后用钓竿的竿梢把钓线投放在站立位置的水流上游。这样有助于把钓线拖到上流水域，让飞蝇在水中搜寻得更加流畅。

钓线在水流中的作用和使用滑水橇滑行的效果是一样的。滑水橇的作用原理是：通过两侧水橇的滑动，使船只在水中的速度加快。垂钓时我们需要做的是要利用这个原理的反面效应：把钓线拉到站立位置的水流上游，会起到减慢装置活动速度的作用。在水流湍急的水域垂钓时，这样可以使整个装置的活动速度与水流的流动速度保持一致——这近似于鳟鱼的猎物在水中运动的形式。唯一不同的是：当钓线基本上已经到达了钓者的站立位置的下游时，装置再也不能利用水流的推动往下游漂移，飞蝇就开始在水面上浮上来了。有些钓者会在整个过程中时不时地稍微加快飞蝇的移动速度，这通常可以促使鳟鱼来咬钩，因为它们以为捕食的猎物正要企图逃走。

容易咬钩的时刻，这种方法类似在大型溪流垂钓时使用的一种"驱动鳟鱼咬钩"的方法，即将虫蛹拉到鳟鱼鼻子底下的时刻也是鳟鱼最容易咬钩的时刻。

用湿飞蝇也可以在深水潭末端水域较浅的地方垂钓，钓者假如用常规的在下游垂钓的方法垂钓，很容易吓跑鳟鱼。最好的方法是把钓线抛投到站立位置的水流上游然后把飞蝇向下拖，一直拖过鳟鱼活动的位置为止。

▌用湿飞蝇在静水水域中垂钓

在静水水域中用湿飞蝇垂钓鳟鱼的方法与在河流中用湿飞蝇垂钓的方法是不一样的。因为静水水域中没有水流的动力，因此没有水流带动飞蝇移动的有利条件。

传统的内河垂钓方式

坐船在水上垂钓时，一种最流行的传统钓法叫作内河钓法。这个方法最先起源于在苏格兰内河流域和爱尔兰港湾垂钓褐鳟时。钓者往往坐在船上，让风力带着船只在水上任意漂流。这种情况下，船只给两位钓者提供了很稳定的平台，船上的掌舵者要确保船只在鳟鱼活动的水域上。有很多鳟鱼分布的大型天然湖泊一般来说水比较浅，深度在 0.6 ~ 2.44 米。用桨划船沿着河岸、岛屿的边缘还有礁石以及露出水面的岩层附近活动。

一般来说，内河钓法使用的钓线比较短，这就是说钓者抛投的钓线最长不超过 9.14 米。通常先在船只的正前方把装置抛投出去，然后再从波浪中把整个湿飞蝇装置慢慢地收回来。这个钓法的要点在于在收线的最后一刻和最上面的挂钩要投放在波浪的表面时所要掌握的技巧。这是个非常有效的垂钓技巧，因为在飞蝇移动的整个过程中，鳟鱼都会跟在飞蝇的后面，收线的最后一刻钓者会轻轻地把钓竿往上提，处于最顶端的挂钩上的飞蝇就会在波浪上摆动，鳟鱼通常会在这时咬钩。

在现代人工水库中垂钓

虽然传统的内河钓法至今仍然被广泛采用，但是这种钓法已经被

钓者们改进了，以适应在低洼水库垂钓。现在，不但可以用浮线来垂钓，各种不同密度的沉线也已经被广泛用于鳟鱼的垂钓，这些可以以不同速度沉到水面下的钓线可以让钓者在垂钓时覆盖任何深度的水层。在水库生活的鳟鱼，特别是虹鳟，主要以水生生物为食，比如摇蚊的幼虫和蛹，以及水蚤（一种小型的水生浮游生物）。这些水生动物（尤其是水蚤）对光线非常敏感，光线越强，它们就越往水库深处钻。因此，为了成功地在水库钓到鳟鱼，把装置投到鳟鱼捕食水蚤的深度是非常重要的。这个方法要用沉线系上湿飞蝇来探察不同的水层，找出鳟鱼活动的水域，直到找出有鳟鱼咬钩的位置。

除非很明显就可以看到鳟鱼在水面上活动，很多情况下我们还是需要让装置经过不同的水层来探察鳟鱼活动的深度。通常的做法是：先用下沉速度最快的钓线开始垂钓，比如 Hi － D 或者 Di － 7 型钓线。把钓线从船的正前方抛出去，距离要达到 27 米，这样可以保证在钓者开始收线之前，钓线已经沉到了水底。垂钓时，让钓线往水下沉，同时不断放线，直到装置沉到水底，这样装置就明显覆盖了从水面到水底的整个水层。

可以对收钓线的速度进行不断的调整，可以慢慢地收钓线，也可以以很快的速度把飞蝇拉到船上来。收线时，通常在再次抛投之前先让飞蝇在水面上停留几秒钟，因为鳟鱼通常会一直跟在飞蝇的后面直到飞蝇靠近水面，假如

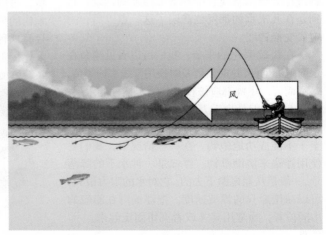

◉ 在水库垂钓，钓者正在使最上端的挂钩轻轻地摆动起来。这种方法在有微风的时候效果最好，这时水面上会有波浪形成。

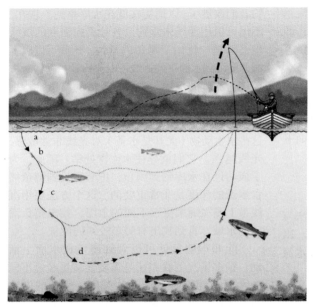

⊙ 在水库垂钓时使用的一种用成组的虫蛹垂钓的方法。钓者把沉线抛投在a点，然后慢慢地等待钓线沉到不同的深度b点、c点和d点，当然，这种技巧并非仅仅局限于这3个层面。当飞蝇到达d点时，把它们往回拉，使钓线垂直于水面停留几秒钟，因为鳟鱼通常会跟在飞蝇后面，直到到达水面附近它们才会咬钩。

收线太快的话，会把这些鱼吓跑。当有鳟鱼咬钩以后，钓者就可以判断出鱼群生活的水层深度了。假如刚开始拉钓线时就有鳟鱼来咬钩，那么鱼群极有可能生活在水库的底部，其他可以以此类推。然而，假如鱼群在船只附近活动，钓者应该尝试着把钓线换成下沉速度比较慢的钓线比如维尔塞或者中等下沉速度的钓线，特别是在几次垂钓都反复证明了这一点以后，一定要变换钓线。

在摇蚊孵化的季节，我们可以看见鳟鱼在水面附近觅食，这时就要及时换用浮线来钓鳟鱼。基本而言，飞蝇都应该投放到鳟鱼捕食的水层，不要太深，但是也千万不要离水面太近。然而，在风力非常强时，船只漂流的速度会很快，以至于不能成功地施钓。在一些情况下，我们要使用浮锚来协助垂钓。浮锚是一种水下的降落伞，一般是从船尾抛下去的。它对水的阻力很大，可以减慢船只的漂流速度。把浮锚绑在船舷的中间位置，通常用桨叉或者夹钳固定起来。

钓具

传统的内河垂钓法所使用的钓具包括一根

长度为 3 ~ 3.35 米的中等调性的钓竿，以及能抛投 AFTM6 ~ 7 的钓线，钓线通常是浮线。接钩线的长度为 3 ~ 4.5 米、拉力值为 2.3 ~ 3.2 千克。接钩线通常要挂上两个挂钩，挂钩相距 0.91 ~ 1.22 米，能够让 3 个一组的飞蝇挂在上面。用长度为 3.05 ~ 3.2 米的钓竿和重量为 AFTM7 ~ 8 的钓线配合使用，是最佳的组合。接钩线通常要长一些，一般为 3.66 ~ 5.49 米，挂钩之间的距离为 1.22 ~ 1.83 米，尤其当水域较深时。

使用的飞蝇类型包括银蚁、杜比力、帕默水手、必欧、帕默桃子、奥克汉桔、野鸭和红葡萄。在组建一个装置时，通常要把较重的飞蝇放在最顶端，而饰毛较多的掌形飞蝇要放在中间那个挂钩上。饰毛较多的飞蝇对水的抗阻力比较大，在水面上摇摆起来非常灵活。

在湖泊垂钓时，用湿飞蝇在岸上垂钓也是非常有效的。最基本的钓具和飞蝇与在船上垂钓时使用的差不多。整个水域要通过钓者的抛投来覆盖，每收一次线移动一次垂钓地点。高地通常是寻找鳟鱼的最佳地点，尤其是风从高地吹过或者吹来时。风会把鳟鱼喜爱的食物吹到河岸附近，使钓者可以在抛投范围之内钓到鳟鱼。在静水水域中垂钓鳟鱼，可以用假饵垂钓，这种方法是现代湿飞蝇垂钓的另一个翻版。同样可以使用浮线和沉线，只是这种装置使用的假饵体形比较大，抛投起来比较重。

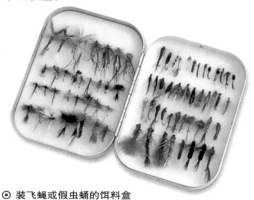

⊙ 装飞蝇或假虫蛹的饵料盒

路亚钓

在大多数垂钓方法中，假饵主要是指旋叶式假饵、木塞式假饵或者金属管假饵。但是在飞蝇钓中，假饵这个名词通常专指系在8号或者8号以上的长直柄钓钩上的大飞蝇。许多假饵的颜色非常鲜艳，其中鳟鱼最喜欢橘黄色、粉红色和白色，但是与之相反的是，有一种黑色与荧光绿的组合对鳟鱼来说是一种致命的诱惑，尤其是在春季及初夏的几个月里。采用路亚钓来钓褐鳟和虹鳟通常只限于静水水域。

▌在静水水域的路亚钓

有些钓者只把假饵看作一种对鳟鱼的吸引物或者刺激物，其实假饵还可以作为一种昆虫的模拟物来吸引鳟鱼。其中最明显的一个例子是小鱼苗的仿饵，这种仿饵是专为引诱普通的淡水鱼（比如拟鲤和欧鳊）而设计的。通常，鳟鱼喜欢捕食体形较大的活鱼，其中长为7.5厘米或者以上的鱼是它们的主要猎食目标。要想成功地钓到鳟鱼，那么在挑选假饵时，必须选用与飞蝇大小近似的型号，这样钓到鳟鱼的可能性更大。

虽然假饵可以与湿飞蝇钓具配合使用，但是由于假饵的型号很大而且它们对空气的阻力也很大，因此最好把假饵与专门为假饵垂钓设计的钓竿和钓线配合使用。假饵可以与各种不同密度的钓线配用，不同密度的钓线从浮线到下沉速度最快的沉线都有。此外，假如鱼群生活的水域的确很深的话，假饵还可以和铅坠一起使用。假饵的款式中像可浮式小鱼苗（这是一种模仿濒临死亡的小鱼的假饵。当小鱼的生命即将结束时，它们会浮在水面上）。这一类假饵要与浮线配合使用。而其他的假饵类型都可以和沉线配用，它们组合成的装置可以顺利地投到湖泊的水底。一般来说，虽然大多数鱼群栖息的水域深度为2.44～4.57米，而在河岸上垂钓时，最佳抛投深度为1.83～3.05米，但是在天气非常炎热或者寒冷时，鳟鱼会游到更深的水域，这就需要我们用一些特殊的方法来帮助装置来到达更深的水层。假如无法乘船垂钓，那么在水库大坝的坝堤边垂钓是一个很好的选择，因为大坝坝堤边的水域非常深，是在岸上垂钓时可以接触到的最深的一个水域，而且也是上钩率最高的一个水域。

假如可以驾船垂钓，那么最好使船成为一个抛投平台，或者让船随着水流漂流，这样船只可以借着风力的作用漂流到更广阔的水域，以便寻找鳟鱼栖息的地方。有两种让船随风漂流的方式：可以让船的侧面对着风向漂流，这近似于用湿飞蝇假饵垂钓的内河垂钓方式；或

⊙ 一条8号回收线

417

者也可以让船尾对着风向漂
流。其中让船的侧面对着风向
漂流的方式，在很多时候效果
都出奇得好。在鱼群喜爱缓慢
移动的假饵时，这种方法可以
允许船只缓慢地移动，且有助
于钓者更好地控制装置所到达
的深度，使钓者始终把装置锁
定在鳟鱼活动的水层。当鳟鱼
喜欢跟着漂流的船只游动时，
这种方式又可以使钓者始终牵
引着假饵，诱使鳟鱼上钩。假
如钓者可以牵引着假饵在船只
附近的水下一两米的地方停留
上几秒钟的话，那么鳟鱼必定
会成为钓者的囊中之物。因为

⊙ 一位钓者正在水库的河岸上垂钓。在河岸垂钓，有时远距离抛投是非常
必要的。

当移动的假饵到达船只附近忽然在水中停留下
来时，从移动到停顿这种运动速度的改变对紧
随其后的鳟鱼来说是一种致命的诱惑，这个时
刻，它们会毫不犹豫地上来吞掉假饵。

以船尾对着风向漂流的方式可以让船只的
移动速度加快。船只的方向既可以通过船舵控
制，又可以通过系在船尾的浮锚控制。这种方
式通常被称为北安普敦方式，可以允许船上的
两个钓者在船只的任何一端抛投，可以使钓线
在收竿之前以很大的弧度在空中伸展开。钓线
伸展的弧度越大，它所覆盖的水域就越广。那
么通过使用快速下沉的钓线，就可以使钓者搜
寻非常大的一片水域和各个水层。我们可以通
过使用不同下沉速度的钓线，或者在收线之前
默记钓线下沉的时间，通过变换每次收线的时
间，来改变假饵到达的水域深度直到有鱼来咬
钩为止。

在河岸上垂钓时，通常需要进行远距离的
抛投，大多数时候都需要把假饵连接在重量前
置钓线或者子弹头钓线上。子弹头钓线是由一
条 9.14 ~ 10.97 米的飞蝇钓线与一条用尼龙辫
线或者普通单丝尼龙线制成的发射线相连而做
成的，在远距离抛投时十分有效。在所有条件
都非常合适的情况下，用这种钓线抛投，可以
投到 36 米以上的距离。

路亚钓的钓具包括一根长 2.9 ~ 3.2 米的
钓竿，这种钓竿具有抛投重量为 ATFM8 ~ 10

钓线的能力，标准的专为重量为 ATFM8 ~ 10
钓线设计的绕线轮，以及普通的重量前置钓线。
或者，选用子弹头钓线和直径很大的绕线轮配
用，直径大的绕线轮可以让备用线缠起来比较
顺滑，防止钓线打结。

回收线的选用可以根据需要进行调整。在
水温仍然很低的垂钓季节早期，选用回收起来
速度比较慢但比较稳的 8 号回收线效果最好。当
水温开始回升，鳟鱼更活跃时，选用回收速度
比较快的回收线效果要更好。但是使用海鹅假
饵是个例外，因为即使在天气暖和的日子里，有
时还是需要以非常慢的收线速度来垂钓鳟鱼，
这个时候带浮眼的回收线使用起来效果最好。

不管使用哪一种假饵，要使鳟鱼上钩，关
键在于要不断改变回收速度直到找出鳟鱼活动
的水层深度。因为垂钓时要使用大飞蝇，所以
接钩线的拉力值应为 2.72 ~ 4.54 千克。假饵
可以单个或者两个一组、3 个一组地连接到一
条长为 3.66 ~ 4.57 米的接钩线上。其中第二
个假饵可以用挂钩连接到接钩线上，与最顶端
的假饵相距 1.22 米。

非常有效的假饵款式包括猫胡须（白色、
荧光绿或者其他颜色）、威士忌飞蝇、黑大头
和海鹅。在鳟鱼以鱼苗为食的季节，可选用鹿
毛飞蝇、兔毛饵、貂形饵和体形较大的白色飞
蝇，将其做成单个或者一个紧接一个的串状的
鳟鱼爱吃的钓饵，可以钓到最多的鱼。

1 钓者用浮性假饵钓鱼。尽管浮性假饵具有浮性，但还需在浮性假饵上装上旋转叶片，以便在收线时帮助浮性假饵潜到水面下。钓者收线越快浮性假饵潜得越深。有经验的钓者能够使浮性假饵在水中上下来回振动，以引起白斑狗鱼的注意。

2 挑选一块区域来抛竿。无论采用什么样的诱饵，都可以用诱饵来搜寻位于你面前的整个水域。刚开始时在你的左前方，然后在一个圆形的弧度内慢慢地移动，以覆盖水域的每一部分。

3 一旦浮性诱饵到达流水水域的中央后，关闭绕线轮的固定臂。然后开始慢慢地将诱饵拉回，并不断地变换速度。有节奏的急拉动作往往会引起正在远处漫游的白斑狗鱼的注意，它会马上游过来看个究竟。

4 仔细查看水里白斑狗鱼游动的迹象，并且紧紧握住钓竿，因为在拉动过程中白斑狗鱼很可能会猛烈扯拉诱饵。戴上偏光太阳镜可看清水下不同深度的物体，当白斑狗鱼靠近时仔细地观察诱饵。

5 当诱饵拉到钓竿顶端时，开始慢慢停止拉动，如果有白斑狗鱼跟随饵料的话，这个时候白斑狗鱼会摄食，因为它喜欢进攻缓慢移动的目标。常常会在你把诱饵拉离水面时，白斑狗鱼就开始咬食。

6 白斑狗鱼上钩后，开始挣扎，并猛烈地甩动。钓者跪在岸堤上可以很好地控制住白斑狗鱼。图中的白斑狗鱼是在诱饵拉离水面的那一刻开始摄食的。

7 白斑狗鱼挣扎得筋疲力尽，被钓者完全控制住。这条白斑狗鱼入钩并不深，在它的嘴边可以清晰地看到浮性诱饵上的锚钩。

⊙ **用路亚钓钓白斑狗鱼过程解析**

8 白斑狗鱼被安全地钓上岸，钓者展示了正确的抓鱼方式，手指成V字形扣住鱼的颌骨。拇指夹住鱼的外颚以便牢牢抓紧。如果没有抄网的话，就可以采用这种方法来抓白斑狗鱼。但是注意不要把手指伸入到鱼的嘴中。

9 在卸钩时使用解钩垫。将白斑狗鱼的背靠在垫子上，采用长嘴的钳子来处理。通过用两个手指插入鱼鳃里按其下颚的方法，将鱼的下颚打开。拇指按住下颚强迫其打开。这样不会对鱼造成任何伤害，解钩后可以将它安全地放回水中。

猎用鱼的保护

现在，很多种猎用鱼正在面临各方面的生存威胁，海鳟和大马哈鱼的生存压力从来没有像现在这么大过。商业性捕捞使迁徙性猎用鱼（比如大马哈鱼和海鳟）的数量大大减少，同时猎用鱼的生活环境也遭到了破坏，尤其是大马哈鱼产卵的水域环境的破坏，使猎用鱼繁衍后代的概率也大大减少，猎用鱼的数量难以补充上来。

▎环境污染

环境污染是猎用鱼数量减少的原因之一。由于大量使用化石燃料——比如煤炭和石油——而形成的酸雨造成了许多水域的水质酸化，导致了水的 pH 值降低。有些地区的土壤和水域已经被酸雨严重酸化了，比如泥炭沼泽地和针叶树林，这是非常糟糕的现象，有时会致使附近生活的鱼群丧失繁殖的能力。繁殖能力的丧失，对褐鳟和迁徙性猎用鱼比如大马哈鱼来说，确实是一个非常严重的问题。为了拯救遭受酸雨威胁的猎用鱼，许多环境保护主义者和钓者往水中投放石灰石或者石灰粉，以提高水的碱性和改善水质使水域条件适合鱼卵和幼鱼的生存。

虽然飞蝇钓者所钓到的猎用鱼仅占猎用鱼总数的一小部分，但是假如这些钓上来的猎用鱼被钓者们杀死或者食用的话，那么猎用鱼的数量还是会因此而减少。钓者通常会以大型的标本鱼作为垂钓对象，而这部分猎用鱼正处于性成熟期，它们背负着增加和维持猎用鱼的数量的重担，那么把钓上来的猎用鱼再次放回大自然是非常重要的。过去有一段时期，几乎所有钓上来的猎用鱼全部被钓者杀死了，这使猎用鱼的数量大大减少。

▎猎用鱼放生

现在，越来越多的钓者已经逐渐意识到，要想保证将来有足够数量的海鳟和大马哈鱼生活在水域中，那么就必须用一种更合理的垂钓手段来垂钓猎用鱼。现在，钓者在钓到鱼以后

通常会把它们放生。世界上大多数的大型猎用鱼渔场现在已经开始认识到了猎用鱼的生存价值，而且已经开始积极地采取各种保护措施，确保使尽可能多的鱼重新返回它们生活的水域。然而，这能解决的只是问题的一小部分，因为假如不能集中力量保护猎用鱼的产卵地，妨止它们的栖息地遭受破坏，减少商业性捕捞，那么猎用鱼的数量还是会继续减少下去。

是应该把钓上来的猎用鱼放回大自然还是把它们屠杀掉，其实并没有非常明确的答案，现在这仍然是一个让钓者犹豫不决的问题。在一些能保持猎用鱼数量的流域，人们对这个问题的争论显得更加激烈。而且在一些养殖鳟鱼的渔场或者在一些猎用鱼不能繁殖的水域，把钓上来的猎用鱼放回水中其实并不能使它们的数量有所增加。事实上，有时候与之相反的做法才是正确的，比如在一些猎用鱼数量非常多的小河里，天然食物的供应非常有限，这些食物的数量并不足以维持猎用鱼的大量繁殖。假

⊙ 一条漂亮的大褐鳟正被钓者放回水中。

⊙ 一位钓者正在把一条茴鱼放回水中。茴鳟在夏季产完卵以后通常身体非常糟糕，但是到秋季它们就会恢复到最佳状态。

如把钓到的猎用鱼放回小河中，那么猎用鱼的过度繁殖必定会导致它们的食物链被破坏，从而失去生存的必要条件，最终只能大量饿死。

对某些稀有的猎用鱼鱼种来讲，把它们放回大自然是一种非常有益的做法。把钓到的猎用鱼毫发无损地放回大自然要求钓者在遛鱼时方法要正确，使用的力度要恰到好处，这样钓上来的鱼就不会精疲力竭。要先把手润湿然后再去抓鱼，这样鱼身上的保护性黏膜就不会被破坏掉。在河流中放生时，要让鱼头顺着水流的方向，这样水流很容易漫过鱼鳃。假如是在湖泊中放生，那么要把鱼垂直地放到深水区，越深越好。这么做的原因是，尤其是夏季时，湖泊的表面温度非常得高，水中的氧气非常稀薄。在这种环境里，猎用鱼很难恢复体力，因此要想使它们安全地回到水中生活，必须把它们安置到水温比较低、氧气比较充足的深水区。

一旦把猎用鱼垂直地放在水中之后，不要太快放开它。尤其是体形较大的猎用鱼，因为它已经在与钓者的抗争中耗费了大量的体力，在被钓起来以后它们通常已经精疲力竭，所以在放生它们之前必须给它们足够的时间来恢复体力。通常，这段让猎用鱼恢复体力的时间是至关重要的，这种重要性需要反复强调。有时候，当钓者感觉到手中的鱼又开始活动起来时，就认为钓上来的鱼已经重新恢复了体力，于是就松手让它游走了。其实并非如他们想象得那样，以这种方式被放生的鱼通常过一会儿就翻身朝向水底，然后身体就软下来，死在水底了。所以，只有当钓上来的鱼恢复了力气并且可以在水中强而有力地游动时，才能把它们放开。

最好先让鱼在水中休息一会，你可以用手轻轻抓住它，或者用抄网把它放到水中。各项研究已经表明，假如猎用鱼在被放生之前，曾被从水中捞起来从而脱离水的话，放生以后它们的生存率就会大大降低。因此假如你想保存钓上来的猎用鱼，最好在摘除钓钩之前先让它待在水里。为了易于摘除钓钩，我们可以使用没有倒刺的钓钩或者在垂钓之前先用锤子把钓钩上的倒刺砸掉。虽然使用这种方法处理过的钓钩可能导致丢鱼，尤其是当钓线很松时，但是为了卸钩时比较方便，同时为了防止有倒刺的钓钩对猎用鱼造成伤害，这样做是很值得的。

⊙ 把钓上来的猎用鱼小心地放回水中是非常重要的。

钓具

选择昂贵的钓具如钓竿之前，首先必须确定你的目的，你要用来完成什么样的任务，使用起来是否顺手，是否会带来乐趣。具体选择时还有很多的考虑因素，如你用来钓什么样的鱼、鱼的大小、钓竿的重量和投掷的距离、钓线的拉力值等等。当选定好你喜欢的钓竿后，你还要考虑一下你选用的钓竿是否合适。例如，也许你从不喜欢使用硬调性钓竿，但当采用长线远距离钓鱼时，你就不得不妥协一下，因为这个时候用硬调性钓竿是最合适不过的了。

▌竿的调性

竿体的软硬程度为竿的调性，通常分成 3 种类型。第一类为软调，收钩拉线时，由于鱼的拖拽，竿体会变成标准的光滑曲线状。毫无疑问，用这样的钓竿钓鱼会给钓者带来最大的乐趣。第二类硬度则稍微大一点，为中调，鱼上钩收线时钓竿也会呈现一定的弧度，但钓竿柄部是强健有力的，能够很好地用来掌控大型的标本鱼。最后一类是硬调钓竿，其竿体的柄部非常坚硬，顶端具有很好的韧性，这样的设计可以进行远距离投掷和快速收线。

全能的淡水钓者都会配备多种钓竿，以便在不同的垂钓环境中垂钓。在下页的表内推荐了一些钓竿，当然也有其他厂商的优质产品可供选择。一次购买一种类型的钓竿，然后再慢慢地添加。

曲线检测值是指把钓竿顶端拉到与竿柄部成 90° 角所需的重量。它表示钓竿的投掷能力。

▌绕线轮

通常有 3 种基本类型的绕线轮，几乎所有

垂钓类型	推荐钓竿
	（除个别说明外其他均为中调型竿体）
普通的浮饵移钓	4.27米长的德莱南浮竿 曲线检测值0.45千克
浮钓大型鱼	3.96米长的哈里森牌高级标本鱼浮竿 曲线检测值0.45千克
普通钓鲃	3.45米长的世纪牌鲃鱼动力竿 曲线检测值0.62千克
逆流钓鲃	3.66米长的世纪牌逆流动力竿 曲线检测值0.79千克
短或中距离钓鲤鱼、白斑狗鱼	3.66米长的哈里森牌高级鲤钓竿 曲线检测值1.02千克
长距离钓鲤	3.66米长的哈里森牌高级竿 曲线检测值1.13千克
死饵钓白斑狗鱼	3.96米长的世纪牌手握竿 曲线检测值1.36千克
钓大型圆鳍雅罗鱼	3.35米长的世纪牌钓圆鳍雅罗动力竿 曲线检测值0.57千克
钓拟鲤和中等圆鳍雅罗鱼	3.35米长的禧马诺牌稳定竿 曲线检测值0.45千克
中或长距离带投掷器垂钓	3.66米长的哈里森牌高级竿 曲线检测值0.68千克

淡水钓者都需配备这些设备。

固定轴绕线轮

在目前流行的绕线轮中，固定轴绕线轮是最为常见的。在钓鲃和丁鲹时，进行投饵以及在静水水域里垂钓，采用禧马诺牌无振动 GTM 4010 的绕线轮比较好。它含有针对不同钓线质地的 3 个线轴，带有双平衡处理系统，收放钓线时很顺利，几乎没有振动。固定的线轴和双速挡风装置能确保投线顺利进行。GTM 4010 配有强制拖拽系统，双段离合器机制，在拖拽的过程中能够自动调节离合器的松紧。

有一种小型绕线轮，即 Aero 2000 可以与禧马诺牌竿联合，使用起来非常轻便，平衡性好，离合器效果也不错。

对于鲤鱼和白斑狗鱼而言，它们上钩后会拼命地挣扎，并会游得很远。这时就需要很长的钓线，体形较大的 GTM 6010 绕线轮能够容纳较大的线圈，并配有动饵装置系统。该系统可以允许上钩后的鱼拖着钓线游很远，这样钓

⊙ 201 多功能绕线轮

GTM 6010 绕线轮剩余的线轴

中轴绕线轮

GTM 6010 绕线轮

GTM 4010 绕线轮

⊙ **固定轴绕线轮**

⊙ 4.27米长的普通浮性移钓竿，配有中轴绕线轮。

⊙ 4.27米长的鲤钓竿，配有固定轴绕线轮。

⊙ 3.35米长的轻质底饵竿，配有固定轴绕线轮。

钩会固定地更紧，也可以防止钓线缠结。

中轴封闭型绕线轮

钓者进行移钓（一种钓鱼方法）时适合采用中轴封闭型绕线轮，在强风下封闭的固定型线轴完全不受风的影响。

许多钓者用中轴绕线轮钓鲃，并采用可视的浮漂来提示自己鲃咬饵。但是如果你不能适应它的抛线方式，那么雷沃尔顿市场上有一种旋转中轴，它像固定轴绕线轮一样进行投饵，但它的收线方式还是同原来的中轴型绕线轮一样。如果你仅仅用中轴来悬钓，那么选用这种旋转中轴比较好。

多功能绕线轮

若要采用大型线圈远距离钓白斑狗鱼或大鲇鱼，那么多功能绕线轮是最佳的选择。但在购买之前，应该详细询问钓具商。

▎钓钩

钓钩种类繁多，也有很多的款式，选择余地非常大。这里没有足够的篇幅对所有生产商的钓钩作以深度的比较，为简便起见，此处主要介绍德莱南所产的钓钩，那里提供了钓者需要的所有钓钩款式。

对钓钩性能优劣的认识仍有很多争论，例如钓钩是否要带倒钩，是物理加工还是化学加工，圆形弯曲还是水晶状弯曲，直形尖端还是喙形等等。建议最好亲自去尝试一下，你会发现到底哪一种更适合你。例如，你想要制止上

| 10号 | 12号 | 14号 | 16号 | 18号 | 20号 | 6号超强带倒钩锚钩 | 8号超强带倒钩锚钩 |

⊙ 淡水钓钩

⊙ 钓钩贮存器

钩后的大鱼四处游窜，那么采用顶端为喙形的物理加工带带倒钩的钓钩，通常情况下它的承受能力较强，而采用化学加工或无倒钩的钓钩不是很理想。但另一方面，如果你想远距离垂钓，那么化学加工的钓钩是个不错的选择，因为你可以拖着鱼在水中移动一段距离而无须太用力。

如果你还是比较喜欢采用无倒钩的钓钩，那么标本直钩和碳质直钩性能相当不错。上页表格为推荐的一些钓钩。

▌钓线

单丝钓线的质量现在已有了很大的提高，直径大大减小，拉力值大大增加。有些新型的碳氟化合物钓线在水里用肉眼无法看到。

单丝钓线

无论你使用什么样的钓线，都要经常更换你的钓线，这是一条任何时候都适用的规则。所有的单丝钓线经过一定的时间都会老化，若经常暴露在太阳下会坏得更快，因此你一个季节至少要更换3次钓线。

推荐使用3种钓线：德莱南的标本加强线、伯克利的三氯乙烯XT线和苏匪斯合成线。如果你需要使用各种不同拉力值的钓线，则选用德莱南标本加强线比较好，而若需要更耐磨损

的钓线，则伯克利和苏匪斯钓线更好。但若是用来连接钓钩，由于这3种钓线具有一定的弹性，不太适合使用。德莱南双强度线则是一种优秀的标准细钓线。在使用细线时也存在一定的问题，如它们往往比较硬。如果你想要又细又柔软的钓线，那么超软的三氯乙烯XL线或超细线一定会满足你。

近些年，钓线的生产技术有了惊人的突破，出现了碳氟化合物钓线，它与水有相同的折射指数。也就是说碳氟化合物钓线在水里面会变得和水一样，几乎区分不出来。

其他钓线

在钓鲤鱼和鲅时，大多采用柔软的辫线作钓线。如果经常在漂有很多木块的暗礁处钓鱼，而且经常会缠带起木头碎片，那么辫线很容易被磨损。同样，辫线不适合在急流里使用，尤其是在钓线因水流冲击而不断晃动的逆流中，此时钓线很容易缠结而受到磨损。在这种情况下你就可以采用德莱南强涤纶线，或用光滑的带有涂层的辫线。

⊙ 盛夏，一位全副武装的钓者正走向河边。相比以前，现在许多现代化的钓具非常地轻便和结实。在出远门钓鱼时千万不要忘记携带任何重要的装备，在出发之前最好先检查一遍。

另一个是来自哈钦森钓具公司的专业产品——边峰加强线，它是一种以纯铅为线心的辫线。使用这种钓线连接钓钩，不仅对连接的主线起加固作用，还免去了鱼咬线的烦恼。钓鲃时，铅心辫线会使主线略微下沉。

超级辫线

目前，小直径、高强度的超级辫线越来越受人们的欢迎。超级辫线强度高、直径小、无弹性，能安装连接精细装置的饵料，许多钓者既将它们用作主线，又用作钩线。如果你采用这样的钓线，也要多加注意。一根13.6千克的高拉力值辫线的粗细等同于3.1千克的单丝钩线，但如果鱼上钩后躲进遮掩物里，你完全可以用力将它拉回来而不会折断钓线。连接钓钩的钓线应采用高拉力值的辫线，但如果主线拉力值不够的话，钓线也有可能会折断，鱼便会逃之夭夭。

高拉力值的辫线有两种线型：圆形和扁平形。有些扁平状的辫线在大风的情况下也会突然断裂。有些线质地非常坚硬，虽然克服了普通辫线拉力值不够的弱点，但它常常会缠绕在投掷器上面。我们推荐使用苏菲斯强力线，拉力值为5千克，直径相当于1.36千克的单丝钓线。使用它你可以采用精细的垂钓方式，用小型钩来钓大鱼，如丁鲹和鲃。苏菲斯强力线唯一的不足是它比较软，连接时需要缠绕多次。

脑线

在钓白斑狗鱼之前，先搜寻一下它的行踪绝对

是个不错的主意。采用拉力值为9千克的绞合线做脑线，将其连接上转环，通过转环再连接锚钩，转环长度至少为2.5厘米。绞合线很细致，质地很柔软，方便打结，而塑胶的线则比较硬，不适合采用。无论使用什么样的脑线来追踪白斑狗鱼，都要保证拉力值为9.07千克以上，并且钓线的长度至少要有45厘米长。

⊙ 一些可在钓具店里买到的钓线。每种都标有用途、直径和拉力值。无论在什么情况下，都要采用低塑性的不变形的钓线。这种线不会打结，钓鱼过程中不容易缠绕其他杂物。

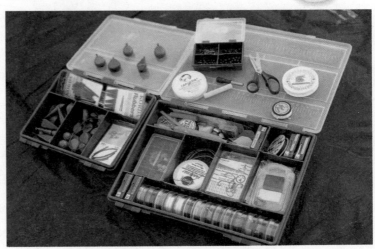

⊙ 钓者必备的钓具盒，内含有隔板，可以装钓线、钓钩、铅坠和其他一些必备的工具。

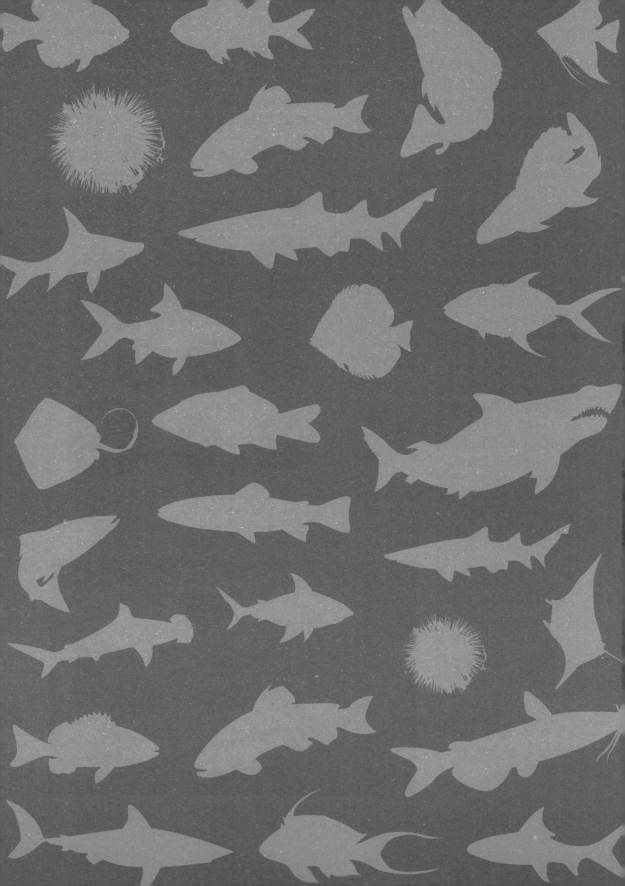